Thomas Borys

Codierung und Kryptologie

Thomas Borys

Codierung und Kryptologie

Facetten einer anwendungsorientierten
Mathematik im Bildungsprozess

Mit einem Geleitwort von Prof. Dr. Jochen Ziegenbalg

VIEWEG+TEUBNER RESEARCH

Bibliografische Information der Deutschen Nationalbibliothek
Die Deutsche Nationalbibliothek verzeichnet diese Publikation in der
Deutschen Nationalbibliografie; detaillierte bibliografische Daten sind im Internet über
<http://dnb.d-nb.de> abrufbar.

Dissertation Pädagogische Hochschule Karlsruhe, 2011

1. Auflage 2011

Alle Rechte vorbehalten
© Vieweg+Teubner Verlag | Springer Fachmedien Wiesbaden GmbH 2011

Lektorat: Ute Wrasmann | Britta Göhrisch-Radmacher

Vieweg+Teubner Verlag ist eine Marke von Springer Fachmedien.
Springer Fachmedien ist Teil der Fachverlagsgruppe Springer Science+Business Media.
www.viewegteubner.de

Umschlaggestaltung: KünkelLopka Medienentwicklung, Heidelberg
Gedruckt auf säurefreiem und chlorfrei gebleichtem Papier
Printed in Germany

ISBN 978-3-8348-1706-8

Geleitwort

Auf Codierung und Kryptologie basierende Techniken durchdringen unsere Gesellschaften heute auf Schritt und Tritt; ohne Codierung und Kryptologie ist unser modernes Leben nicht denkbar. Jegliche computerbasierte Kommunikation, jede elektronische Transaktion beruht auf diesen Fundamentaltechnologien. Deshalb war es hochgradig angezeigt, dass auch die Bildungsrelevanz dieses Themas zum Gegenstand einer wissenschaftlichen Untersuchung gemacht wurde. Thomas Borys hat dies in der vorliegenden Arbeit getan. Und vor allem hat er es aus einer angemessenen Perspektive heraus getan: Die fachdidaktischen Prinzipien, allen voran das genetische Prinzip, und die mit dem Thema verbundenen fundamentalen Ideen stellen die Leitlinien für seine sehr breit angelegte, im Überschneidungsbereich von Mathematik und Informatik liegende Arbeit dar.

Seiner Einleitung stellt Thomas Borys das Zitat „Toutes les choses de ce monde ne sont qu'un vray chiffre" von Blaise de Vigenère (1523-1596), einem der Pioniere der modernen Kryptologie, voran. Es verdeutlicht die allumfassende Bedeutung von Codierung und Kryptologie für unser gesamtes Leben – und dies nicht erst seit den Zeiten des Internet. Thomas Borys untermauert dies durch eine Fülle von Beispielen, an denen er aufzeigt, wo Verfahren der Kryptologie in unserer Welt eine zentrale Rolle spielen. Er weist darüber hinaus anhand einer eigenen empirischen Studie nach, dass der Kenntnisstand von Studienanfängern in diesem Themenbereich derzeit als außerordentlich bescheiden eingestuft werden muss. Einen Beitrag zur Verbesserung dieser Situation zu leisten, ist eines der zentralen Anliegen seiner vielfältigen Aktivitäten im Bereich von Codierung und Kryptologie.

Im Rahmen einer solchen Arbeit sind natürlich die Anforderungen zu diskutieren, die eine moderne Kommunikations- und Wissensgesellschaft an ihr Bildungssystem stellt. Thomas Borys gründet seine diesbezüglichen Überlegungen auf eine breit angelegte Bestandsaufnahme und fädelt sie geschickt in die neuere kompetenzorientierte Diskussion von Bildungszielen ein. Seine eingehende Studie von Lehr- und Bildungsplänen und deren „kommissions"-basierten Formulierungen können dem unverbildeten Leser gelegentlich durchaus ein Schmunzeln abgewinnen; so z.B. wenn im Bildungsplan des Jahres 2004 (Baden-Württemberg) für den Russischunterricht die Kompetenz gefordert wird, einen Computer (sic) „kyrillisieren" zu können – was auch immer im Detail damit gemeint sein mag.

Mit seiner außerordentlich umfangreichen, perspektivreich und umsichtig angelegten Arbeit zeigt Thomas Borys, dass er in der Lage ist, ein fundamentales wissenschaftliches Thema angemessen zu strukturieren, die richtigen Schwerpunkte zu setzen und anstehende Einzelfragen kompetent zu bearbeiten. Die Schilderung der historischen Entwicklung im Bereich der Kryptologie als Konsequenz seiner Wertschätzung für das genetische Prinzip (besonders im Abschnitt „Historische Entwicklung der Verschlüsselungs- und Codierungsverfahren von der Antike bis zur Moderne") stellt an sich schon eine sehr verdienstvolle eigenständige wissenschaftliche Leistung dar. Seine Diskussion und Neubewertung der fundamentalen Ideen von Mathematik und Informatik im Hinblick auf den Themenbereich „Codierung und Kryptologie" schließt eine Lücke in der fachdidaktischen Diskussion.

Thomas Borys verharrt nicht im Bereich des Theoretisierens; formale Darstellungen werden bei ihm auf ein Mindestmaß reduziert. Alle seine Thesen bauen auf Erfahrungen aus seinen

Projektarbeiten mit Studierenden- und Schülergruppen auf (bis hin zu Projekten auf den „Science Days" im Europapark Rust). Das Wechselspiel zwischen allgemeinen Betrachtungen und konkreten Überlegungen und Beispielen wirkt sich auf die Aussagefähigkeit der Arbeit außerordentlich positiv aus. Diese Arbeit stellt eine entscheidende Bereicherung der fachdidaktischen Diskussion im Themenbereich „Codierung und Kryptologie" dar.

Berlin, April 2011   Jochen Ziegenbalg

Dank

Viele Personen haben mich bei der Entstehung dieser Arbeit begleitet und unterstützt. Bei Ihnen möchte ich mich an dieser Stelle sehr herzlich bedanken.

Allen voran danke ich Herrn Prof. Dr. Jochen Ziegenbalg für das Thema und die ausgezeichnete jahrelange Betreuung sowie fachlichen und auch persönlichen Rat. Er hatte immer ein offenes Ohr für alle Wege, die ich beschreiten wollte. Auch möchte ich mich für die vielen konstruktiven Diskussionen, die mich jedes Mal ein Stück weiter gebracht haben, bedanken. Allen Mitgliedern des Forschungskolloquiums von Herrn Prof. Dr. Ziegenbalg danke ich für die sehr hilfreichen und anregenden Diskussionen. Herrn Prof. Dr. Volker Ulm danke ich für seine wertvollen Hinweise und Anmerkungen. Er hat jahrelang die Arbeit mit regem Interesse verfolgt und mich persönlich durch viele gewinnbringende Gespräche unterstützt.

Dem Institut für Mathematik und Informatik an der Pädagogischen Hochschule Karlsruhe danke ich für das gute und produktive Arbeitsklima. Frau Prof. Dr. Christiane Benz möchte ich für die Hilfe bei der Organisation meiner täglichen Arbeit danken. Des Weiteren haben mich viele Mitglieder der Fakultät III der Pädagogischen Hochschule Karlsruhe immer wieder auf meinem Weg bestärkt, auch ihnen möchte ich dafür danken.

In der Arbeit sind viele praktische Beispiele zu finden, die bei den verschiedensten Gelegenheiten entstanden sind. Dabei gilt mein Dank Herrn Hans-Martin Bratzel, der es mir in der Willy Brandt Realschule ermöglichte, dass ich ein Schuljahr mit Schülerinnen und Schüler Codierung und Kryptologie praktisch betreiben durfte.

Danken möchte ich auch den vielen Studierenden, deren wissenschaftliche Hausarbeiten ich begleitete, für die unterrichtspraktischen Impulse.

Auf der Wissenschaftsmesse „Science Days" konnte ich viele verschiedene Eindrücke sammeln, wie Schülerinnen und Schüler mit den erstellten Materialien umgehen. Für die Anregung und die gemeinsame Projektarbeit bei diesem Messestand sowie für den persönlichen Zuspruch bedanke ich mich bei Herrn Roland W. Forkert.

Schließlich danke ich meiner Frau für ihre Geduld und Durchhaltevermögen, sie hat mich immer wieder motiviert, weiterzumachen.

Karlsruhe, April 2011 Thomas Borys

Inhaltsverzeichnis

I   Einleitung

„Toutes les choses de ce monde ne sont qu'vn vray chiffre."[1]

Dieser Satz, dass alle Dinge in der Welt in Wahrheit Chiffren sind, stammt von dem berühmten französischen Diplomaten und Kryptografen Blaise de Vigenère (1523-1596) und ist seinem berühmtesten Buch *„Traicté des Chiffres"* von 1586 entnommen. Das Zitat ist heute noch genauso gültig wie damals und reicht von den Anfängen der Geschichte der Menschheit bis hin ins heutige Internetzeitalter. Die ersten bildhaften Aufzeichnungen der Menschheit sind ca. 30.000 Jahre alt und befinden sich in Höhlen so z. B. in der Chauvet-Höhle im Flusstal der Ardèche (34.000-32.000 v. Chr.)[2] oder in der Höhle von Lascaux im Tal der Vézère bei Montignac im französischen Departement Dordogne (18.000 v. Chr.).

Abb. I.1: Höhlenmalerei aus Lascaux [3]

Der Inhalt des Bildes (siehe Abb. I.1) ist unbekannt und stellt für uns heute eine Chiffrierung dar. So wie dieses Beispiel sind viele der Höhlenmalereien für uns heute nicht mehr verständlich und rätselhaft, der Sinn und Zweck ihres Daseins lässt sich nur erahnen. Auch die ägyptischen Hieroglyphen waren lange Zeit eine Geheimschrift für die Menschheit, bis sie der französische Sprachwissenschaftler Jean-François Champollion (1790-1832) im 19. Jahrhundert übersetzte. Mit ihnen wurden schon vor 4000 Jahren von Schreibern in Ägypten u. a. Beschriftung für Monumente und Gräber angefertigt. Auch wurden die Hieroglyphen zur Darstellung religiöser Texte verwendet, die nur von der Priesterschaft entziffert werden konnten. Für das einfache Volk stellten diese Schriften ein Geheimnis dar, das von der Priesterschaft übersetzt werden musste. So wurde durch die Geheimschrift der Hieroglyphen die Macht der Priester gestärkt.[4] Die folgenden Abbildungen zeigen ein mit Hieroglyphen beschriftetes Pfeilerfragment von König Sethos I. vor dem Gott Osiris aus dem Jahr um 1290

---

[1] Vigenère (1586), S. 53r

[2] Homepage der Chauvet-Höhle vom Ministère de la culture et de la communication, URL: http://www.culture.gouv.fr/culture/arcnat/chauvet/en/index.html (Stand 21.09.2010)

[3] Bild entnommen aus der Homepage der Höhle von Lascaux vom Ministère de la culture et de la communication, URL: http://www.lascaux.culture.fr/index.php?fichier=02_07.xml (Stand: 21.09.2010)

[4] nach Wrixon (2006), S. 17

v. Chr. vom Grab des Pharaos Sethos I. im Tal der Könige. An den beiden vergrößerten Kartuschen kann man ablesen, wem dieser Pfeiler gewidmet war. In der hieroglyphischen Schrift sind Kartuschen dieser Art für Eigennamen z. B. von Gottheiten und Pharaonen reserviert.

Abb. I.2: Pfeilerfragment mit Vergrößerung[5]

Die beiden Kartuschen bedeuten übersetzt nach der hochdeutschen Behelfsaussprache[6; 7]:
linke Kartusche:

   Übersetzt: Men-maat-Re.

Das ist der Thronname von Sethos I., der soviel heißt wie „Bleibe (Beständig) ist die Weltordnung des Re". Dieser Name wurde den ägyptischen Pharaonen bei der Thronbesteigung verliehen und dem Eigennamen hinzugefügt.
rechte Kartusche:

                                               Übersetzt: Usirisethimerienpath

Das ist einer der Eigennamen von Sethos I., dieser bedeutet „Osiris-Seti, geliebter von Path".

Die beiden Eingangsbeispiele haben einerseits den Charakter einer Geheimschrift für die, die diese nicht lesen können, anderseits sind es für die, die sie lesen können, Codes zur Mitteilung

---

[5] Pfeilerfragment im alten Museum in Berlin (eigenes Foto).
[6] Die Hieroglyphen für den Computer sind z. B. unter URL: http://www.blinde-kuh.de/egypten/hieroglyphen. html (Stand: 21.09.2010) zu finden.
[7] Die Übersetzungen stammen von URL: http://de.wikpedia.org/wiki/Sethos_I. (Stand: 21.09.2010) und den Unterlagen eines Schreibkurses für Hieroglyphen.

von Informationen. Die Menschheit hat sich schon immer zur Informationsweitergabe gewisser Codierungen bedient. Genauer gesagt, wenn Menschen die mündliche Sprache in einer schriftlichen Form darstellen möchten, müssen sie sich irgendeiner Form eines Zeichensystems bedienen, seien es bildhafte Darstellungen, phonetische Zeichen, oder Schriftzeichen etc. Das Aufschreiben von gesprochener Sprache ist also ein Codierungsvorgang. Beim Verwandeln von schriftlicher Sprache in die mündliche Sprache handelt es sich um eine Decodierung. Jeder der Lesen und Schreiben möchte, muss diesen einfachen Vorgang des Codierens und Decodierens beherrschen.

In der heutigen modernen Kommunikations- und Wissensgesellschaft sind wir im Alltag von vielen weiteren Formen der Codierung „regelrecht umzingelt", das zeigt sich exemplarisch an den folgenden Beispielen:

- *Kinder* verschlüsseln Informationen mit dem Löffelcode bzw. der Löffelsprache. Diese habe ich von Schülern einer 5. Klasse kennengelernt. Ein Wort wird in Silben aufgeteilt und nach den folgenden Regeln werden die drei zusätzlichen Buchstaben *„lew"* eingefügt. Besteht die Silbe nur aus einem Anfangskonsonanten und einem Vokal, wird die Silbe *„lew"* und der vorangegangene Vokal angehängt z. B. ja → jalewa. Kommen nach dem Vokal in der Silbe noch ein oder mehrere Konsonanten vor, werden diese am Ende angehängt z. B. ich → ilewich, nein → neilewein („ei" werden hier als Vokal aufgefasst), Wort → Wolewort, Guten Tag wird in Silben aufgeteilt: Gu-ten Tag → Gulewu telewen Talewag.

- *Biologen*[8] entziffern die Erbanlagen mit dem genetischen Code.

- *Händler* beschriften Verpackungen mit Strichcodes, die dazu dienen, Produktnamen maschinenlesbar zu machen. Eng damit verbunden ist die EAN[9]. *Buchhändler* verwenden dazu die ISBN[10], die jedem Buch eine weltweit einzigartige Nummer zuordnet.

- *Computernutzer* arbeiten mit dem American Standard Code for Information Interchange (kurz: ASCII), der dazu dient, Buchstaben des Alphabets, Zahlen, Satz- und Steuerzeichen in computerlesbare Zeichen zu übersetzen oder mit Datenkompressionscodes wie z. B. dem Huffman-Code, der der Reduktion von Datenmengen dient.

- *Internetnutzer* bedienen sich verschiedener Verschlüsselungscodes, z. B. beim Onlinebanking oder Onlineshopping.

- *Blinde* können durch den Braillecode bzw. die Blindenschrift lesen.

- *Funkamateure* übertragen Informationen beispielsweise mit dem Morsecode, der den Buchstaben des Alphabets kurze und lange Signale zuordnet.

- *Leser eines Spionageromans* entziffern geheime Informationen mit dem Cäsarcode, ein Code zur buchstabenweisen Verschlüsselung einer Nachricht.[11]

---

[8] Aus Gründen der besseren Lesbarkeit wird in dieser Arbeit auf die weibliche Form verzichtet, was selbstverständlich in keiner Weise diskriminierend wirken soll.
[9] European Article Number
[10] International Standard Book Number
[11] Genaueres siehe Abschnitt 3.

- *Elektronikbastler* nutzen den IEC[12]-Farbcode zur Angabe des elektrischen Widerstands.

- *Seefahrer* verwenden das Flaggenalphabet zur Übertragung von Nachrichten auf hoher See mithilfe verschiedener Flaggen.

- *Heimhandwerker oder Maler* kennen den RAL[13]-Farbcode, der in seiner klassischen Form „*RAL-Classic*" schon seit 75 Jahren existiert. Er ordnet 213 verschiedenen Farbtönen eine vierstellige Nummer zu.

Diese Beispielsammlung ist nicht abschließend, es handelt sich hierbei nur um eine subjektive Auswahl. An ihr wird deutlich, welche wichtige Rolle Codes an den unterschiedlichsten Stellen des Lebens spielen. Alleine nur der simple Vorgang, wie die Kassiererin im Supermarkt den Rechnungsbetrag erhält, bedarf eines ausgefeilten Codierungssystems, das ohne Erklärung der Strichcodes nicht ausreichend erläutert werden kann.

Aus der Vielzahl der Beispiele ergibt sich, dass das Codieren bzw. Decodieren eine essenzielle Kulturtechnik ist. Dabei ist es unerheblich, ob es sich um einen Code handelt, bei dem die Verschlüsselung bekannt oder unbekannt ist. Unbekannt bedeutet in diesem Zusammenhang, dass die Menschheit nach dem Wissen zur Entzifferung noch suchen muss (z. B. der genetische Code) oder die Menschheit das Wissen darüber verloren hat z. B. bei alten Schriften (minoische Schrift Linear A), also auch wieder danach forschen muss. Des Weiteren bedeutet unbekannt in diesem Zusammenhang auch, dass durch eine Codierung ohne bekannten Schlüssel eine Information absichtlich zur Geheimhaltung verschlüsselt wurde.

Inwieweit Codes heutzutage im „modernen Leben" eine wichtige Rolle spielen, um seine Umwelt zu verstehen, wird noch an einem persönlichen Beispiel demonstriert. Als Onlinenutzer des Internetangebots meiner Bank erhielt ich 2007 ein Schreiben meiner Hausbank. Darin waren die folgenden Sätze zu finden:

„Sie können über uns die VR-NetWorld Card bestellen. Diese Signaturkarte unterstützt den FinTS 3.0 – Standard als Weiterentwicklung des ursprünglichen HBCI-Standards und trägt alle Informationen zur Authentisierung im Bank-Kundenkontakt. Die Eingabe der bislang gültigen PIN und TANs ist hiermit nicht mehr erforderlich. Die Transaktionen sind elektronisch signiert und mit einem sogenannten Hash-Wert, der auf der Karte gebildet wird, verschlüsselt.
Des Weiteren benötigen Sie einen Chipkartenleser, der das Chipkarten-Betriebssystem Seccos sowie FinTS 3.0 unterstützt."

Ich denke, dass sich das für den Standardnutzer der Bank, der keine Vorbildung in modernen Verschlüsselungstechniken hat, sehr mystisch anhört. Daher entstand bei mir die Frage, ob angehenden Studierenden an der Pädagogischen Hochschule in Karlsruhe diverse Codierungen bekannt sind. So wurde zu Beginn der Vorlesungszeit des Wintersemesters 2007/2008 eine Studie zu Kenntnissen von Studierenden im ersten Semester über Computer, Codierung und Verschlüsselung durchgeführt. An dieser Studie nahmen 549 Studierende teil. Die Studie wurde anhand eines Fragebogens durchgeführt. Die folgende Eingangsfrage wurde zum Themenkomplex Codierung und Verschlüsselung gestellt:

---

[12] International Elektrotechnical Commission
[13] Früher: Reichsausschuß für Lieferbedingungen gegründet 1952, heute: Deutsches Institut für Gütesicherung und Kennzeichnung e. V., URL: http://www.ral-guete.de/ral-guete-historie.html (Stand: 21.09.2010))

	gut	eher gut	eher weniger	gar nicht
PIN	☐	☐	☐	☐
ISBN	☐	☐	☐	☐
EAN	☐	☐	☐	☐
Strichcodes	☐	☐	☐	☐
https	☐	☐	☐	☐
TAN	☐	☐	☐	☐
Unicode	☐	☐	☐	☐
ASCII	☐	☐	☐	☐
Cäsar-Verschlüsselung	☐	☐	☐	☐
RSA-Verschlüsselung	☐	☐	☐	☐
Enigma	☐	☐	☐	☐

Abb. I.3: Auszug des Fragebogens zu Kenntnissen über Compter, Codierungen und Verschlüsselungen

92 % aller Studierenden gaben an, dass Ihnen die PIN eher gut oder gut bekannt sei, über zwei Drittel behaupteten, dass sie gleichrangige Kenntnisse über die TAN besitzen. Außerdem behaupteten über die Hälfte aller Studierenden, dass ihnen https, ISBN und Strichcodes eher gut oder sogar gut bekannt sind. Erstaunlich ist, dass die weitverbreitete EAN den Studierenden größtenteils nicht bekannt ist, 88 % kreuzten hier „eher weniger" oder „gar nicht" an. Die RSA-Verschlüsselung ist den Studierenden größtenteils gar nicht bekannt (91 %), dies gilt in ähnlicher Weise für die Cäsar-Verschlüsselung (90 %), den ASCII-Code (84 %) und der Enigma (80 %).

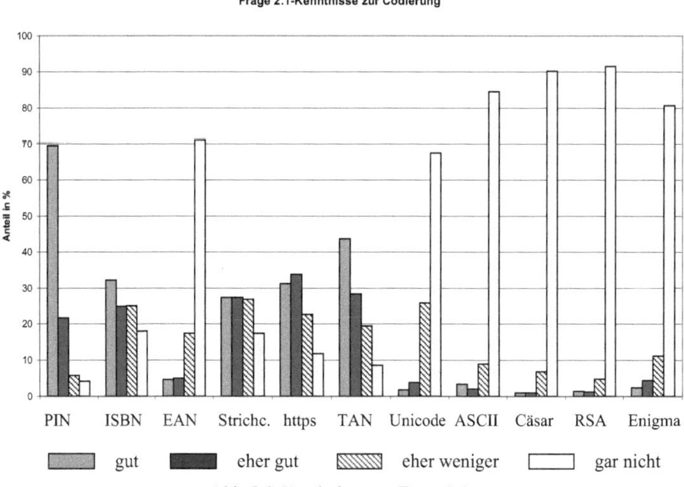

Abb. I.4: Ergebnisse zur Frage 2.1

Die Vermutung, dass Verschlüsselungen im Unterricht eher eine untergeordnete Rolle spielen, konnte man bei Frage 2.2 („Wie oft wurde das Thema „Verschlüsselung" in Ihrem Schulunterricht behandelt?") sehen. 90 % aller Studierenden des ersten Semesters kreuzten hier „selten" oder „gar nicht" an. Auf die Frage 2.3 („Nennen Sie Beispiele aus dem täglichen Leben, bei denen Verschlüsselungsverfahren eine Rolle spielen.") antworteten die meisten Studierenden mit Verschlüsselungen im Bereich des Bankwesens und des Internets (z. B. E-Mail, Log-in, Kontozugriff im Hochschulalltag etc.). An dritter Stelle standen bei den Befragten Verschlüsselungen im Umfeld des Handys, Strichcodes wurden erst an vierter Stelle genannt. Alle anderen Beispiele für Verschlüsselungsverfahren im Alltag, wie z. B. ISBN, Geheimbriefe etc. wurden nur sehr selten aufgeführt. Insgesamt zeigt die Befragung, dass Studienanfänger an der Pädagogischen Hochschule Karlsruhe sehr geringe Kenntnisse im Bereich der Codierung und Verschlüsselung haben. Bedenkt man, dass es sich bei den Befragten um angehende Lehrer handelt, so ist zu befürchten, dass diese Unkenntnis weiter tradiert wird. Angeregt durch die beschriebene zentrale Bedeutung des Codierens und Decodierens von Informationen in unserer Kultur angefangen von der Verschriftlichung der Sprache bis hin zur Kommunikation in der modernen Gesellschaft und dem niederschmetternden Ergebnis der Befragung wird in dieser Arbeit die Thematik der Codierung und Kryptologie aus dem Blickwinkel der mathematischen Bildung aufgearbeitet. Da Codes und Kryptologie eine wichtige Thematik in der Informatik darstellen, werden an vielen Stellen auch Aspekte der Didaktik der Informatik berücksichtigt. Diese Arbeit ist somit im Überschneidungsgebiet der Didaktik der Mathematik und Informatik anzusiedeln, allerdings mit dem eindeutigen Schwerpunkt in der Mathematik. Der Thematik dieser Arbeit wird sich aus verschiedenen Perspektiven angenähert.

Im zweiten Kapitel wird die Perspektive der Anforderungen an die Bildung für die Kommunikations- und Wissensgesellschaft eingenommen. Die Überlegungen dazu erfolgen exemplarisch an Hand zweier verschiedener Studien. In einer Längsschnittstudie der Lehr- und Bildungspläne der letzten 30 Jahre des Landes Baden-Württemberg wird gezeigt, wie sich die Anforderungen an die informatorische Bildung geändert haben. In einer Querschnitts-studie der aktuellen[14] Bildungspläne der verschiedenen Bundesländer in Deutschland wird dargelegt, wie die Landesregierungen die informatische Bildung sicherstellen wollen. Da für das weitere Verständnis der Arbeit die Begriffe Codierung und Kryptologie von konstitutiver Bedeutung sind, werden diese im dritten Kapitel aufgearbeitet. Die folgenden Kapitel, in denen die Bildungsrelevanz codierungstheoretischer und kryptologischer Inhalte beleuchtet werden, bilden das Zentrum der Arbeit. Im vierten Kapitel erfolgt dies in einem ersten Schwerpunkt aus der Perspektive der Allgemeinbildung. Ein zweiter Schwerpunkt in diesem Kapitel bildet die Beleuchtung der Bildungsrelevanz codierungstheoretischer und krypto-logischer Inhalte aus der Sicht des genetischen Prinzips, wobei dessen historische Entwick-lung aus allgemeindidaktischer und mathematikdidaktischer Sicht dargelegt wird. Des Weiteren wird die geschichtliche Entwicklung der Codierung und Kryptologie exemplarisch skizziert. Durch eine bildungstheoretische Analyse aus der Perspektive der Fachdidaktik für Mathematik bzw. Informatik im fünften Kapitel wird gezeigt, dass viele fundamentale Ideen der Mathematik und Informatik durch die Inhalte aus Codierung und Kryptologie thematisier-bar sind. Für diese Analyse wurden die fundamentalen Ideen der Mathematik ausgewählt, da diese grundlegend die Bildungsinhalte des Mathematikunterrichts beschreiben. Diese Analyse wird im Kapitel sechs an Hand konkreter Verfahren aus der Codierung und Kryptologie fort-gesetzt und mit entsprechenden Hinweisen, die ein effektives Arbeiten mit Schülern ermög-lichen, abgerundet. Schließlich wird im siebten Kapitel ein Curriculum zur integrativen Be-handlung codierungstheoretischer und kryptologischer Inhalte im Rahmen des Mathematik-unterrichts aufgestellt.

---

[14] Stand Frühjahr 2010.

II Anforderungen an die Bildung für die Kommunikations- und Wissensgesellschaft

Nach Aussagen führender Politiker, Wirtschaftsvertreter und Wissenschaftler sind wir auf dem Weg vom Industrie- ins Informationszeitalter. Dazu meint der ehemalige Bundespräsident Roman Herzog in seiner Rede *„Erziehung im Informationszeitalter"* anlässlich der Eröffnung des Paderborner Podiums im Heinz Nixdorf-Museumsforum:

> *„Unsere Industriegesellschaft wandelt sich mit hoher Geschwindigkeit in eine Kommunikations- und Wissensgesellschaft."*[1]

Zur Erläuterung wird exemplarisch gezeigt werden, wie sich das Leben schon verändert hat bzw. ändert und welche Konsequenzen dies für die Bildung mit sich bringt.

1 Allgemeine Überlegungen

1.1 Veränderungen auf dem Weg in die Kommunikations- und Wissensgesellschaft

In inhaltlicher Anlehnung an die oben genannte Rede des ehemaligen Bundespräsidenten werden die folgenden zwei Bereiche als Beispiele der gesellschaftlichen Veränderungen der Lebensumwelt plakativ illustriert:

- Wandel der Gesellschaft aus der Perspektive der Arbeitswelt und der

- Informationstechnischen Durchdringung des Alltags.

Zuerst ein kurzer Blick zurück: Eine tief greifende Veränderung der Arbeitswelt stellte in der Geschichte der Wandel von der Agrar- hin zur Industriegesellschaft dar. Die Arbeitswelt hatte sich dadurch verändert, dass Maschinen Arbeiten übernahmen und auf die Menschen andere Tätigkeiten, wie beispielsweise das Bedienen und Überwachen der arbeitenden Maschinen, zukamen.

Ähnlich verhält es sich auch heute, so *„dringt im Informationszeitalter der Computer in immer neue bisher dem Menschen vorbehaltene Bereiche vor."*[2] Computer übernehmen die routinemäßige Verarbeitung von Daten (z. B. bei Banken das Erstellen der Kontoauszüge) oder die Steuerung und Überwachung von Produktionsprozessen (z. B. Industrieroboter stellen selbstständig Karosserieteile für Autos her). Im Jahre 2008 teilte das Statistische Bundesamt mit, dass der *„Anteil der Beschäftigten, die regelmäßig während ihrer Arbeitszeit einen Computer nutzen, ... seit Januar 2003 um 14 Prozentpunkte auf rund 60 % im Januar 2008 gestiegen"*[3] ist. Damit wird deutlich, welche zentrale Bedeutung der Computer zwischenzeitlich in der Arbeitswelt erlangt hat. Des Weiteren spielt die Vernetzung der Computer eine immer größere Rolle in der Arbeitswelt. So verfügten im Januar 2008 schon 53 % der Beschäftigten über einen Internetzugang.[4] Daran wird auch deutlich, wie wichtig die Rolle der Informationstechnik in der Kommunikation der Unternehmen mit der Außenwelt bereits ist. Nach einer Pressemitteilung des Statistischen Bundesamts von 2009 kommunizieren inzwischen 53 % aller Unternehmen in Deutschland auf elektronischem Weg mit den öffentlichen Verwaltungen.[5] Gegenüber dem Jahr 2003 ist dies eine Steigerung um 21

---

[1] Herzog (1998), S. 1
[2] Ebd.
[3] Statistisches Bundesamt (2008)
[4] Statistisches Bundesamt (2008)
[5] Statistisches Bundesamt (2009, 1)

Prozentpunkte. Im Bereich des Onlinebankings waren es 2009 bemerkenswerte 77 % der Unternehmen, die ihre Bank- und Finanzgeschäfte online erledigten.

Die Veränderung der Arbeitswelt lässt sich auch daran erkennen, dass alte traditionelle Industriezweige teilweise in Deutschland auf dem Rückzug sind, so z. B. die Schwerindustrie. Firmen, die ihr Geld mit Produkten rund um den Computer verdienen sind auf dem Vormarsch. So wurde die Firma SAP[6] AG, die auf dem Geschäftsfeld der Unternehmenssoftware tätig ist, im Jahre 1995 in den wichtigsten Deutschen Aktienindex dem DAX[7], welcher die 30 wichtigsten Aktiengesellschaften in Deutschland repräsentiert, aufgenommen. Ein weiterer Hinweis für die Wichtigkeit dieser Branche ist beispielsweise daran abzulesen, dass die Exporte im Jahr 2004 aus Deutschland von Produkten der Informations- und Kommunikationstechnik (IKT) einen Wert von 76,2 Milliarden Euro hatten, dies waren 10,4 % des deutschen Gesamtexports. Damit exportierte Deutschland 2004 erstmals mehr IKT-Produkte als es importierte, was im Jahr davor noch umgekehrt war.[8]

Die Veränderung der Arbeitswelt durch den Computer wird auch in der Bildungspolitik gesehen, so schreibt beispielsweise der renommierte deutsche Pädagoge Hartmut von Hentig in der Einführung zum Bildungsplan von Baden-Württemberg für Gymnasien:

> *„Die Neuen Medien etwa verändern das Verhältnis von Wissen, Denken und Erfahrung in der Bildung; sie verändern auch das Verhältnis des Menschen zu Zeit und Entfernung, Geld und Arbeit."[9]*

Vom sächsischen Kultusministerium findet man dazu in der Mitteilung: *„Eckwerte der informatischen Bildung"* die folgende Bemerkung:

> *„In Ländern mit ausgeprägter Industrialisierung ist in den letzten Jahrzehnten die Wertschöpfung durch Dienstleistungen und Produkte, die dem Bereich Informationserzeugung, -verarbeitung und -nutzung zuzurechnen sind, überproportional gestiegen. In diesem Zusammenhang wird sehr oft von einem Übergang der Industriegesellschaft in die Wissensgesellschaft gesprochen."[10]*

Inzwischen hat sich die Schlüsselrolle der IT-Wirtschaft verstärkt. In einer Pressemitteilung vom 03. März 2010 teilt der Bundesverband Informationswirtschaft, Telekommunikation und Neue Medien e. V. (kurz: Bitkom) – Spitzenverband der deutschen IT-Wirtschaft – Folgendes zur künftigen gesamtwirtschaftlichen Bedeutung der IT-Industrie in Deutschland mit:

> *„Die Software- und IT-Dienstleistungsbranche in Deutschland entwickelt sich zu einem eigenständigen Wirtschaftsfaktor, dessen Bruttowertschöpfung und Beschäftigung sich in den nächsten zwei Jahrzehnten verdoppeln wird. Bis 2030 steht ein Beschäftigungswachstum von 80 Prozent bevor, was rund 452.000 neuen Arbeitsplätzen entspricht."[11]*

Weiter teilt Bitkom mit, dass der Arbeitsmarkt im Jahr 2030 im Bereich des Software- und IT-Dienstleistungssektors knapp 1,016 Mio. Beschäftigte, des Maschinenbaus etwa 0,947 Mio. gefolgt vom Fahrzeugbau mit rund 0,885 Mio. Arbeitsplätzen umfassen wird. Nach die-

---

[6] früher: SAP = **S**ystem**a**nalyse und **P**rogrammierung, heute stellt die Abkürzung den offiziellen Firmennamen dar
[7] DAX = **D**eutscher **A**ktienind**e**x
[8] vgl. Pressemitteilung des Statistischen Bundesamtes (2005)
[9] Bildungsplan von Baden-Württemberg 2004, S. 9
[10] Eckwerte zur informatischen Bildung 2004, S. 2
[11] Bitkom (2010)

ser Prognose wird im Jahr 2030 der Software- und IT-Dienstleistungssektor zu einer Schlüsselindustrie in Deutschland angewachsen sein. Als Quelle dieser Zahlen gibt der Branchenverband Bitkom eine Studie des Fraunhofer-Instituts für System- und Innovationsforschung in Karlsruhe zum Thema „*Die Softwareindustrie in Deutschland*" an. Ziel dieser Studie ist es,

> *„eine Ausgangsbasis für eine Diskussion der gegenwärtigen und zukünftigen Bedeutung und Potenziale der Software- und IT-Dienstleistungsbranche zu schaffen. Denn erst öffentliche Wahrnehmung und Verständnis ermöglicht es, die Rolle der Software- und IT-Dienstleistungsbranche als eigenständigen Faktor und wesentliche Kernkompetenz der Wissensgesellschaft zu verstehen."*[12]

Viele Beispiele aus dem Alltag belegen, dass die Informationstechnik neben der Berufswelt auch immer mehr den Alltag der Menschen durchdringt. So werden viele Tätigkeit des täglichen Lebens mithilfe der Informationstechnik erledigt z. B. werden diverse Tickets online bestellt, die Urlaubsfotos und -filme werden mit dem Computer archiviert, die Steuererklärung wird digital ausgefüllt, durch die reale Welt bewegt man sich mit einem Navigationsgerät, Handys mutieren zu kleinen Taschencomputern, ja sogar ein Ticketautomat für den Kauf einer Fahrkarte kann eine informationstechnische Herausforderung sein. Auch die folgenden Zahlen vom Statistischen Bundesamt belegen die Durchdringung des Alltags durch die Informationstechnologie. Verwendeten noch im Jahr 2003 nur 62 % der privaten Computernutzer den PC jeden Tag oder fast jeden Tag, so stieg der Anteil dieser regelmäßigen Nutzer 2008 auf 75%[13].

Durch die Vernetzung der modernen Kommunikationsmedien ist die ganze Welt miteinander verbunden. So dauert es inzwischen nur Minuten, bis die ganze Welt z. B. von einem Erdbeben oder anderen Katastrophen erfährt. Einen erheblichen Anteil an dieser Entwicklung geht auf das Konto des fulminanten Anstiegs der Internetuser. Verfügte 2003 nur gut die Hälfte der Haushalte (51 %) über einen Internetzugang, so erhöhte sich der Anteil auf 69 % im Jahr 2008[14]. Außerdem hat auch die Ausstattung der Privathaushalte mit Breitbandanschlüssen sehr stark zugenommen. Gaben noch 2003 nur 9 % der Haushalte mit Internetanschluss an, die Breitbandverbindungen als Internetzugang zu nutzen, so schnellte deren Anteil 2008 schon auf 50 % hoch[15]. Nach einer Pressemitteilung des Statistischen Bundesamts nutzten 14,2 Millionen Menschen in Deutschland im ersten Vierteljahr 2008 das Internet zum Radiohören oder Fernsehen[16]. Dabei ist der Anteil der jungen Menschen sehr groß, so machten 39 % aller 16- bis 24-jährigen davon Gebrauch. Durch die scheinbar unbegrenzte Kommunikation öffnen sich die Grenzen zwischen Staaten, Institutionen etc. Jede Idee oder Botschaft auch aus dem entlegensten Teil der Welt kann einfach an die Weltöffentlichkeit gelangen. „*Das Wissen, das irgendwo auf dieser Welt entsteht, kann jederzeit und fast an jedem Ort abgerufen werden*"[17]. Dies stellt für die Kommunikation zwischen den Menschen einen nie da gewesenen Vorteil dar. So kann jeder zu jederzeit mit jedem über alles kommunizieren. Allerdings stehen dieser ungebremsten Kommunikation auch Kehrseiten gegenüber, so überwältigen Medien nahezu „unsere Vorstellungen von der Welt mit Bildern, die sie uns Abend für Abend ins Haus senden"[18]. Auch steht dieser Bilderflut immer weniger Wissen aus eige-

---

[12] Fraunhofer-Institut (2010)
[13] Statistisches Bundesamt (2009, 2)
[14] Statistisches Bundesamt (2008)
[15] Statistisches Bundesamt (2008)
[16] Statistisches Bundesamt (2009,2)
[17] Herzog (1998), S. 2
[18] Ebd.

nen primären Erfahrungen gegenüber. So besteht die Gefahr, dass der Mensch seine Umwelt nur noch über eine mediale Brille wahrnimmt.

1.2 Bildung in der Wissens- und Kommunikationsgesellschaft

Welche Anforderungen hat die Kommunikations- und Wissensgesellschaft an die Bildung? Einerseits erfolgt der Zugang über Aussagen von hochrangigen Politikern, andererseits von einem hochrangigen Bildungsexperten. Dabei ist zu beachten, dass diese Ausführungen nur von exemplarischer Bedeutung sind.

Der ehemalige Bundespräsident Herzog geht von einer „Lebenskompetenz" aus, unter der er Folgendes subsumiert:

> *„Selbstständigkeit und Bindungsfähigkeit, Verantwortungsbereitschaft und Verlässlichkeit, Kreativität, Wahrnehmungsfähigkeit und Urteilskraft, Toleranz, Kultur- und Weltoffenheit. Aber auch ein In-sich-selbst-ruhen, das zur gelassenen Auseinandersetzung mit Problemen und anderen Menschen befähigt und das Unsicherheiten aushalten lässt."*[19]

Außerdem gehört für ihn *„im Zeitalter von Computer und Internet und neuer Kommunikationstechnologie selbstverständlich die Medienkompetenz"*[20] dazu. Daneben spricht er sich aus, dass die Grundfertigkeiten des Lesens, Schreibens und Rechnens bald durch eine weitere ergänzt werden, nämlich durch *„Das Verstehen, Beurteilen und Verarbeiten medialer Zeichensysteme"*[21]. Man bezeichnet diese Kompetenz auch als *vierte Kulturtechnik*. In seiner Rede zur Eröffnung der Konferenz *„21st Century Literacy Summit"* am 07. März 2002 in Berlin sprach der ehemalige Bundeskanzler Gerhard Schröder (SPD) von der Wichtigkeit dieser vierten Kulturtechnik:

> *„Diejenigen, die die vier Kulturtechniken – Lesen, Schreiben, Rechnen und Medienkompetenz – nicht beherrschen, werden ins Abseits geraten."*[22]

Der emeritierte Inhaber des Lehrstuhls für Empirische Pädagogik und pädagogische Psychologie an der Ludwig-Maximilian-Universität München Heinz Mandl schreibt zu den Forderungen der Wissensgesellschaft an die Bildung:

> *„Bildung muss den Lernenden in die Lage zu versetzen, mit den Anforderungen der Wissensgesellschaft zurecht zu kommen, und ihm damit Partizipation am öffentlichen Leben und an demokratischen Prozessen ermöglichen."*[23]

Dabei geht er vom Konzept des *„gut informierten Bürgers"* aus[24], wie dies erstmalig von dem aus Österreich stammenden Philosophen und Soziologen Alfred Schütz (1899-1959) vor einem halben Jahrhundert gefordert wurde. Daraus folgert Mandl, dass die Bildung den Einzelnen befähigen muss, sich *„gut zu informieren"*[25]. Damit die Information und das Wissen sozial verträglich genutzt werden, sieht er die Notwendigkeit einer entsprechenden Werteorientierung und formuliert den folgenden Auftrag an die Bildung:

---

[19] Herzog (1998), S. 2
[20] Ebd.
[21] Ebd.
[22] Schröder (2002), siehe URL: http://www.neuss.de/bildung/medienentwicklungsplan/24.html (Stand: 21.09.2010)
[23] Mandl (2001), S. 4
[24] Vgl. Baacke (2002), S. 12
[25] Mandl (2001), S. 4

„Auftrag der Bildung ist daher neben dem der Vermittlung von Basisfähigkeiten und Fachwissen die Förderung der Persönlichkeitsentwicklung sowie einer fächerübergreifenden Lernkompetenz, die lebenslanges Lernen ermöglicht."[26]

In dem obigen Zitat von Mandl ist u. a. ein Begriff versteckt, der der genaueren Beschreibung bedarf: Was sind Lernkompetenzen bzw. welche Kompetenzen beinhalten sie? Dazu wird zunächst der grundlegende Begriff der Kompetenz näher erläutert.

Im Fremdwörterbuch (Duden) findet man die folgende Umschreibung des Kompetenzbegriffs: *„Vermögen, Fähigkeit"*.[27] Betrachtet man das Wort „Fähigkeiten", so dient es in der Pädagogik zur begrifflichen Abgrenzung der Begriffe „Kenntnisse" und „Einstellungen". Dem internationalen Trend folgend hat man zur Aufhebung der begrifflichen Trennung den Begriff der *Kompetenz* eingeführt.[28] Hentig illustriert dies am Beispiel der Kompetenz „*Lesefähigkeit*". Durch das Voranstellen des Kompetenzbegriffs wird die reine Lesefähigkeit durch die Lesebereitschaft, Lesegewohnheit, Freude am Lesen, dem Willen zur „Entzifferung" der schriftlichen Botschaft erweitert.

Diese Erweiterung des Begriffs „Fähigkeit" sieht auch der bedeutende deutsche Psychologe Franz Weinert (1930-2001) bei der Definition des Kompetenzbegriffs. Er versteht den Begriff der Kompetenz wie folgt:

„Dabei versteht man unter Kompetenzen die bei Individuen verfügbaren oder durch sie erlernbaren kognitiven Fähigkeiten und Fertigkeiten, um bestimmte Probleme zu lösen, sowie die damit verbundenen motivationalen, volitionalen und sozialen Bereitschaften und Fähigkeiten, um die Problemlösungen in variablen Situationen erfolgreich und verantwortungsvoll nutzen zu können."[29]

Nach diesem Verständnis ist Kompetenz *„eine Disposition, die Personen befähigt, bestimmte Arten von Problemen erfolgreich zu lösen, also konkrete Anforderungssituationen eines bestimmten Typs zu bewältigen."*[30] Weinert ist der Meinung, dass die individuelle Ausprägung durch verschiedene Facetten bestimmt wird: Fähigkeit, Wissen, Verstehen, Können, Handeln, Erfahrung und Motivation.

Mithilfe des Begriffs der Kompetenz prägt Mandl den Begriff der Lernkompetenz. Darunter versteht er die *„Fähigkeit zum erfolgeichen Lern-Handeln"*[31]. Er isoliert die drei folgenden Lernkompetenzen für die Bildung in der Wissensgesellschaft: *„Selbststeuerungskonzept, Kooperationskompetenz und Medienkompetenz"*[32]. Sehr interessant an dieser Zusammenstellung ist, dass Mandl die Medienkompetenz als sehr wichtige Metakompetenz einstuft. Der Grund für ihn ist, dass die Informations- und Kommunikationstechnologien eine immer größere Rolle in der Wissensgesellschaft spielen werden. Somit ist seines Erachtens eine zusätzliche übergeordnete Kompetenz vonnöten, die *„die Fähigkeit zum reflektierten Umgang mit (neuen) Medien"*[33] beinhaltet.

---

[26] Mandl (2001), S. 4
[27] Duden, das Fremdwörterbuch, S. 545
[28] Vgl. Hentig im Bildungsplan von Baden-Württemberg für Gymnasien (2004), S. 14
[29] Weinert (2001), S. 27
[30] Klieme (2003), S. 72
[31] Mandl (2001), S. 10
[32] Mandl (2001), S. 10
[33] Mandl (2001), S. 10

An dieser Stelle möchte die vorliegende Arbeit ansetzen. Durch die Bearbeitung von Problemen aus der Codierung und der Kryptologie gelingt es, die vierte Kulturtechnik bzw. die geforderte Medienkompetenz zu fördern. Allerdings erfolgt die Förderung auf eine ganz besondere Art und Weise, nämlich sehr inhaltsbasiert mit einem mathematischen und informatischen Schwerpunkt. Es geht nicht um den kompetenten Umgang mit Medien, sondern um ein mathematisches Verständnis dieser Technologie, frei nach der Devise: Die Mathematik ist die Technologie hinter der Technologie, die es zu heben gilt und für Schüler zugänglich gemacht werden muss, damit diese zu einem reflektierten Umgang mit den Neuen Medien kommen.

2 Aspekte der Kommunikations- und Wissensgesellschaft im Spiegel der Bildungspläne gestern und heute

Die Informations- und Kommunikationstechnologie hat sich in den letzten 30 Jahren sehr stark gewandelt. Dieser Wandel hatte natürlicherweise Veränderungen der Bildungsanforderungen an die Schüler auf dem Weg in die Kommunikations- und Wissensgesellschaft zur Folge. Am Beispiel der informatischen Bildung wird skizziert, wie sich die Anforderungen geändert haben. An dieser Stelle wurde die Perspektive der informatischen Bildung exemplarisch ausgewählt, da sie u. a. die Informations- und Kommunikationstechnologie zum Gegenstand hat und sich bei ihr Anforderungsveränderungen an den Schüler auf diesem Weg gut feststellen lassen. Die Skizzierung der Anforderungen an die informatische Bildung erfolgt beispielhaft und längsschnittartig an den Lehr- und Bildungsplänen der letzten 30 Jahre des Landes Baden-Württemberg. Dabei werden verschiedene bildungstheoretische Ansätze, unter denen die Entwicklung der Didaktik der Informatik stand bzw. steht, deutlich zutage treten. Des Weiteren wird untersucht, inwieweit Elemente der Codierungstheorie und der Kryptologie in den verschiedenen Lehr- und Bildungsplänen des Landes Baden-Württemberg zu finden sind.

In einem zweiten Teil wird querschnittsartig an den aktuellen Bildungsplänen der verschiedenen Bundesländer Deutschlands gezeigt, wie die verschiedenen Landesregierungen die Bildung auf dem weiteren Weg in die Kommunikations- und Wissensgesellschaft sichern wollen. Auch für diese Untersuchung wird wieder exemplarisch die Perspektive der informatischen Bildung eingenommen. Außerdem wird untersucht, inwieweit Elemente der Codierungstheorie und der Kryptologie in den Lehr- und Bildungsplänen der verschiedenen Bundesländer Niederschlag gefunden haben.

2.1 Entwicklung informatischer Inhalte am Beispiel von Baden-Württemberg

Für die Längsschnittstudie in Baden-Württemberg wurden die Lehr- und Bildungspläne für das allgemeinbildende Gymnasium ausgewählt, da für diese Schulart unter den allgemeinbildenden Schulen die meisten Hinweise für die informatische Bildung zu erwarten sind. Alleine schon wegen der Oberstufe wird dort mehr zu finden sein als bei allen anderen Schularten. Zur allgemeinen Übersichtlichkeit werden nur Teile aus den entsprechenden Lehr- und Bildungsplänen zitiert. Die vollständigen Vorschriften der zitierten Fächer befinden sich im Anhang A der Arbeit.

2.1.1 Verschiedene bildungstheoretische Ansätze der informatischen Bildung

In Schwill[34], Hubwieser[35] und Humbert[36] findet man eine Vielzahl verschiedener bildungstheoretischer Ansätze der Informatik, die die Inhalte des Informatikunterrichts aus verschiedenen Ausgangspunkten her betrachten. Zur Erstellung der Längsschnittstudie der informatischen Bildung in Baden-Württemberg der letzten 30 Jahre wurden die folgenden bildungstheoretischen Ansätze ausgewählt, wobei zuerst der Ausgangpunkt des Ansatzes genannt ist[37] und nach dem Pfeil eine eher markantere Formulierung[38]:

- Rechenanlage → Rechner- bzw. Hardwareorientierung

- Algorithmus → Algorithmenorientierung

- Anwendung → Anwendungsorientierung (im informatischen Sinne)

- Benutzer → Benutzerorientierung.

Diese verschiedenen Unterrichtsansätze entstanden parallel zu der sich ständig weiter entwickelnden Informationstechnologie. Stand anfangs der späten 60er- und der frühen 70er Jahre der Rechner als neues Objekt für den Unterricht an Schulen in Vordergrund, so steht bei der Benutzerorientierung der Nutzer des Computers im Vordergrund, da der Rechner an sich kein neues Objekt mehr darstellt und die weltweite Vernetzung der Rechner von zentraler Bedeutung geworden ist. In einem kurzen Überblick werden die verschiedenen Ansätze mit Hinweis auf entsprechende Literaturstellen erläutert. Allerdings wird an dieser Stelle nicht deren Eignung für den Informatikunterricht diskutiert, dafür wird auf die einschlägige Literatur verwiesen[39].

Rechner bzw. Hardwareorientierung

Bei diesem Ansatz wird das Objekt der Rechner in den Vordergrund gestellt und dient als Ausgangspunkt für die weiteren Überlegungen, man sprach in diesem Zusammenhang auch von Rechnerkunde[40] oder Datenverarbeitung[41]. In Meißner (1972, 1975) findet man beispielsweise den Aufbau von Datenverarbeitungsmaschinen, Aufbau einer Handrechenmaschine, Algorithmen in Form von Flussdiagrammen, schaltalgebraische Grundlagen und deren Umsetzung, Programmiersprachen (ALGOL[42], BASIC[43], Assembler). Insgesamt wird *„die Informatik als technische Disziplin gesehen, deren Forschungsgegenstand der Computer (als technisches Gerät betrachtet) ist"*[44].

Kritik an diesem Ansatz kam allerdings auch schon 1972, so wurde die Frage *„Wie lässt sich Informatik im Unterricht verwirklichen?"* wie folgt beantwortet:

> *„Also soll das Hauptgewicht nicht gelegt werden auf das Kennenlernen des technischen Aufbaus von Rechenanlagen oder auf das Erlernen einer*

---

[34] Schwill (2004), S. 23
[35] Hubwieser (2007), S. 50 ff.
[36] Humbert (2005), S. 48
[37] Vgl. Hubwieser (2007), S. 50
[38] nach Claus (1991), siehe dazu Schwill (2004), S. 20
[39] Vgl. beispielsweise Baumann (1996, 1), Schwill (2004), Humbert (2005), Hubwieser (2007)
[40] Titel eines Buchs von Frank u. Meyer (1972)
[41] Meißner (1972, 1975)
[42] ALGOrithmic Language
[43] Beginner's All purpose Symbolic Instruction Code
[44] Schwill (2004), S. 23

Programmiersprache. Die Schüler sollten vielmehr eingeführt werden in Methoden der Strukturierung, Mathematisierung und Algorithmisierung von Problemkreisen aus verschiedensten Gebieten ... sowie vor allem in die Methoden des systematischen Programmierens und Möglichkeiten des Einsatzes von Datenverarbeitungssystemen zur Behandlung komplexer Aufgaben ... "[45]

Algorithmenorientierung

Bei diesem Ansatz, etwa ab Mitte der 70er Jahre, steht der Begriff des Algorithmus im Vordergrund und dient als Ausgangspunkt. So ging damals der Fachausschuss Ausbildung der Gesellschaft für Informatik für seine Empfehlungen zur Zielsetzung und Lerninhalten des Informatikunterrichts am Gymnasium davon aus, *„dass jeder Schulabgaenger Faehigkeiten besitzen muss, Probleme zu analysieren, Loesungsverfahren zu entwickeln und deren Beschreibung so zu praezisieren, dass sie schließlich in Form von Programmen auf einer Rechneranlage realisiert werden koennen.* "[46] Brenner fordert sogar: *„So soll zum Beispiel im Informatik-Unterricht eine spezielle algorithmische Sprache eingeführt werden, deren Sprachelemente fuer die Programmierung moderner algorithmischer Sprachen der Informatik charakteristisch sind.* "[47] In seinem Buch *„Informatik Didaktische Materialien für Grund- und Leistungskurse"* von 1982 findet man den algorithmischen Ansatz bei einem Richtziel des Informatikunterrichts:

> *„1. Vertrautheit mit Algorithmen und ihrer Programmierung*
> *(a) Vertrautheit mit dem Begriff Algorithmus, Faehigkeit zur Analyse und Darstellung von Algorithmen.*
> *(b) Faehigkeit zur Programmierung von Algorithmen. Verstaendnis fuer den Zusammenhang zwischen Algorithmus und Programm.*
> *(c) Faehigkeit, algorithmische Loesungen zu Problemen zu finden.* "[48]

An diesem Richtziel wird deutlich, wie *„der algorithmische Ansatz versucht ... einen fachwissenschaftlichpropädeutischen Unterricht zu realisieren"*[49].

Anwendungsorientierung (im informatischen Sinne)

Dieser Ansatz geht nach Forneck auf die Forderung von Robinsohn zurück:

> *„Robinsohn band die Lernzielbestimmung nicht an den Erwerb von Kenntnissen, Fertigkeiten und Fähigkeiten in einem Unterrichtsfach, das wiederum an ein wissenschaftliches Fachgebiet gebunden war, bzw. sich von diesem her bestimmte. Vielmehr war nun Bildung ‚Ausstattung zum Verhalten in der Welt'*[50], *Bewältigung von Lebenssituationen in einer sich durch Wissenschaft und Technik andauernd verändernden Welt.* "[51]

Mit Anwendung ist in diesem Zusammenhang die *„Anwendung der Informatik in Verwaltung, Produktion und Wissenschaft und deren Auswirkung ... Ausgangspunkt für den Unterricht"*[52]. Nach dieser Forderung könnte man vermuten, dass der Schwerpunkt dieses Ansatzes ganz in

---

[45] Vgl. Hubwieser (2007), S. 50
[46] Brenner (1982), S. 33
[47] Ebd., S. 19
[48] Ebd., S. 17
[49] Forneck (1990), S. 23
[50] Robinsohn (1975), S. 13
[51] Forneck (1990), S. 26
[52] Arlt (1981), S. 19

der Anwendung liegt. Allerdings wurde in der Didaktik der Informatik die Anwendung nicht nur in dieser einfachen Form gesehen, sondern man verband damit auch das algorithmische Problemlösen, sodass der anwendungsorientierte Bildungsansatz in der Informatik differenzierter zu sehen ist. Deutlich wird diese Verbindung an den fünf folgenden Fähigkeiten, die Schüler nach Ansicht der Gesellschaft für Informatik von 1976 bei einem Informatikunterricht herausbilden sollen:

> *„1. Die Fähigkeit, algorithmische Lösungen von Problemen systematisch zu finden.*
>
> *2. Die Fähigkeit, die algorithmische Problemlösung als Programm zu formulieren.*
>
> *3. Das Gelernte zu vertiefen durch Anwendung auf praxisorientierte Probleme und Problemkreise, insbesondere unter Berücksichtigung geeigneter Datenstrukturen und DV-Organisationsformen.*
>
> *4. Die Fähigkeit, die Auswirkungen der Datenverarbeitung auf die Gesellschaft zu erkennen.*
>
> *5. Das Gelernte möglicherweise zu vertiefen durch Erarbeiten von theoretischen oder technischen Grundlagen der Informatik. "*[53]

An dieser Aufzählung fällt im Vergleich zum rein algorithmenorientierten Ansatz auf, dass durch die Punkte 1, 4 und 5 der Forderung nach mehr Lebensvorbereitung Rechnung getragen wird. Das Problem dieses Ansatzes liegt nach Hubwieser darin, dass alle zu behandelnden Probleme algorithmisierbar sein müssen. *„Die Fülle der intendierten Lernziele ist so nicht erschließbar, da für komplexere Probleme in der Schule oft kein Lösungsalgorithmus entwickelt werden kann. "*[54] Bei diesem umfassenden Anspruch des Fachs Informatik kommt es zu einer Überforderung von Lehrern und Schülern. So blieb *„der Informatikunterricht oft auch in der Phase stecken, in der algorithmische Problemlösungen bzw. Programmiersprachen erlernt"*[55] wurden. Der eigentliche Aspekt der Anwendungsorientierung blieb dabei oft auf der Strecke.

Benutzerorientierung

Der Überforderung des Informatikunterrichts durch die Forderungen des anwendungsorientierten Ansatzes wollte man begegnen, in dem man *„auf die Programmierung verzichtet und Anwendersysteme im Unterricht benutzt. "*[56] Damit sollte eine *„lebenspraktische Orientierung"*[57] vermittelt werden. Dieser Entwicklung gingen nach Hubwieser (2007) verschiedene technische Neuerungen in den 80er Jahren voraus: So drang die inzwischen preisgünstig gewordene Mikroelektronik in die Freizeit und das Familienleben vor (dieser Trend hält nach wie vor sehr stark an). Unterstützt wird dieser Prozess durch die Weiterentwicklung kommerzieller Software mit ihren verminderten Einarbeitungszeiten und der Vernetzung von Informations- und Kommunikationstechnologien. Primäre Ziele des benutzerorientierten Ansatzes sind:

> *„1. Qualifizierung zum rationalen Umgang mit den Informations- und Kommunikationstechnologien.*
>
> *2. Beurteilung ihrer Anwendung und Auswirkungen.*

---

[53] Brauer u.a. (1976), S. 35
[54] Hubwieser (2007), S. 52
[55] Forneck (1990), S. 39
[56] Forneck (1990), S. 39
[57] Hubwieser (2007), S. 52

3. Bewältigung der durch die Ausarbeitung und Weiterentwicklung der Informations- und Kommunikationstechnologien entstehenden Probleme. "[58]

Daraus ergeben sich nach dem LISW (Landesinstitut für Schule und Weiterbildung in Soest) die folgenden Lernziele.
Schüler sollen:

„- den Einfluß und die Wirkung der Informations- und Kommunikationstechnologie im eigenen Umfeld und in den weiteren Bereichen der Lebenswelt erfahren und bewußt wahrnehmen;
- die Auswirkungen der Informations- und Kommunikationstechnologien auf Gesellschaft und Individuum in Arbeitswelt und Freizeit reflektieren und bewerten;
- die geschichtliche Entwicklung der Informations- und Kommunikationstechnologien erfahren und auf künftige Entwicklungen vorbereitet sein, um positive Aspekte, aber auch mögliche Bedrohungen zu erkennen;
- Grundwissen über Hard- und Software erwerben und einen Rechner bedienen können;
- Probleme mit algorithmischen Methoden lösen können;
- Anwendersysteme und Simulationsprogramme nutzen können;
- verschiedene Einsatzbereiche der Informations- und Kommunikationstechnologien z. B. Verarbeitung von Daten und Texten sowie Steuern von Geräten kennenlernen, dabei ihre Grenzen erfahren und ihren Einsatz bewerten. "[59]

In dem 1. bis 3. und dem 7. Lernziel zeigt sich der benutzerorientierte Ansatz. Allerdings geht die obige Zusammenstellung über den benutzerorientierten Ansatz hinaus und enthält alle vorhergehenden Ansätze: den rechnerorientierten Ansatz in 4., den algorithmenorientierten Ansatz in 5. und die Anwendungsorientierung in 6.
Nach Hubwieser mag dieser Ansatz für ITG[60] gut sein, aber *„für einen systematischen Informatikunterricht fehlt ihm jedoch die intellektuelle Tiefe, die bei den bisher beschriebenen Ansätzen durch die Algorithmisierung erreicht wurde.* "[61] Hubwieser kommt zu dieser Äußerung, da bei der Verwendung von Standardsoftware nur die äußere Programmoberfläche zu sehen ist und die interessanten dahinter liegenden Datenstrukturen oder Problemlösungsstile nicht sichtbar werden. Diese Kritik führt Hubwieser zu einem informationszentrierten Ansatz[62], der allerdings wegen seiner Aktualität nicht in der historisch orientierten Längsschnittstudie berücksichtigt wurde.

Die Ansätze sind nicht trennscharf, da auch bei der Algorithmenorientierung die Anwendung vorhanden ist, allerdings nicht in dem Maße wie bei dem anwendungsorientierten Ansatz. Allerdings wird sich in der nun folgenden Längsschnittstudie herausstellen, dass alle bildungstheoretischen Ansätze der Didaktik für Informatik in den Lehr- und Bildungsplänen des Landes Baden-Württemberg wieder zu finden sind.

---

[58] Forneck (1990), S. 43
[59] LISW (1987), S. 16
[60] Informationstechnische Grundbildung
[61] Hubwieser (2007), S. 53
[62] Vgl. Hubwieser (2007), S. 78 ff.

2.1.2 Lehrplan von 1977

Zum ersten Mal findet man im Lehrplan vom 25.10.1977 für die Jahrgangsstufen 12 und 13 des allgemeinbildenden Gymnasiums das Fach Informatik als einen erstmaligen Hinweis auf eine informatische Bildung in einem Lehrplan einer baden-württembergischen Schule. Dieses neu geschaffene Fach setzt sich aus zwei Grundkursen mit je zwei Wochenstunden zusammen. In diesem sind die beiden folgenden Themenkreise vorgesehen[63]:

- *„Themenkreis A: Algorithmen und ihre Programmierung"*

- *„Themenkreis B: Aufbau und Funktionsweise eines Rechners"*

Im Themenkreis A werden *„Kenntnisse und praktische Erfahrungen im Programmieren und Umgang mit dem Rechner"*[64] vermittelt. Die Kenntnisse aus dem Themenkreis A stellen eine *„unerläßliche Voraussetzung"*[65] für den Themenkreis B dar. Sollten Vorkenntnisse im Programmieren z. B. aus dem Mathematikunterricht oder einer Arbeitsgemeinschaft vorhanden sein, liegt der Schwerpunkt des Fachs auf den Themenkreis B.

Man findet im Lehrplan folgende Zielsetzungen bzw. Inhalte für den Grundkurs Informatik:

> *„Themenkreis A: Algorithmen und ihre Programmierung*
> *Übergeordnete Lernziele:*
> *Der Schüler soll algorithmisierbare Probleme für die Bearbeitung durch die zur Verfügung stehende Maschine aufbereiten und von der Maschine abarbeiten lassen können, d. h. er muß*
>> - *Lösungsalgorithmen in übersichtlicher sprachlicher oder graphischer Form beschreiben können,*
>> - *Algorithmen in einer zur Verfügung stehenden Programmiersprache formulieren können,*
>> - *die vorgegebene Anlage bedienen können, soweit dies für den Ablauf seiner Programme notwendig ist,*
>> - *Programmfehler erkennen und beheben können. "*[66]

Themenkreis A teilt sich in sechs Kapitel mit bis zu drei Unterkapiteln auf:[67]

> *1. Lineare Programmierung: (ca. 10 Std.)*
>   *1.1.   Programmtechnische Variable und Wertzuweisung*
>   *1.2.   Arithmetische Ausdrücke*
>   *1.3.   Anweisung und Programme*
> *2. Verzweigte Programme (ca. 20 Std.)*
>   *2.1.   Bedingte Anweisungen*
>   *2.2.   Sprunganweisungen*
>   *2.3.   Laufanweisungen*
> *3. Verschiedene Variablentypen, Felder (ca. 8 Std.)*
> *4. Strukturiertes Programmieren (ca. 12 Std.)*
> *5. Erster Einblick in den logischen Rechneraufbau (ca. 4 Std.)*
> *6. Peripherie und Betrieb eines Großrechners (ca. 6 Std.)*

---

[63] Kultus und Unterricht Amtsblatt des Kultusministeriums Baden-Württemberg, Lehrplanheft (9/1977), S. 2
[64] Ebd.
[65] Ebd.
[66] Ebd., S. 3
[67] Ebd., S. 4-8

Im Gegensatz zu Themenkreis A gibt es für den Themenkreis B keine Angabe zu übergeordneten Lernzielen, sondern nur Angaben von konkreten Lernzielen. Der Themenkreis B teilt sich in vier Kapitel mit bis zu vier Unterkapiteln auf:[68]

1. Codierung und Zahldarstellung: (ca. 16 Std.)
   1.1. Codierung (Begriff der Codierung); Zahl der für eine gegebene Zahlenmenge benötigten Bits, Codebaum, Umcodierung und Decodierung, Codesicherung (z. B. durch Paritätsbit), Redundanz, Datenträger, Datentransport
   1.2. Interne Zahldarstellung
2. Aufbau und Arbeitsweise der Zentraleinheit eines Rechners: (ca. 20 Std.)
   2.1. Bauteile der Zentraleinheit
   2.2. Arbeitsweise der Zentraleinheit
3. Übergeordnete Gesichtspunkte von Rechnerstruktur und Programmierung: (ca. 16 Std.)
   3.1. Steuerung und Operationsausführung
   3.2. Beschreibung der Steuerung durch Programme
   3.3. Funktionseinheiten
   3.4. Problemorientierte Sprache und Maschinensprache
4. Philosophische und gesellschaftsbezogene Aspekte (ca. 8 Std.)

Um einen genauen Überblick über die Gewichtung der verschiedenen bildungstheoretischen Ansätze in diesem Lehrplan zu bekommen, wird jedem Kapitel ein Ansatz zugeordnet:

Themenkreis A:
1. Lineare Programmierung (10 Std.): algorithmenorientiert
2. Verzweigte Programme (ca. 20 Std.): algorithmenorientiert
3. Verschiedene Variablentypen, Felder (ca. 8 Std.): algorithmenorientiert
4. Strukturiertes Programmieren (ca. 12 Std.): algorithmenorientiert
5. Erster Einblick in den logischen Rechneraufbau (ca. 4 Std.): rechnerorientiert
6. Peripherie und Betrieb eines Großrechners (ca. 6 Std.): rechnerorientiert

Themenkreis B:
1. Codierung und Zahldarstellung (ca. 16 Std.): rechnerorientiert
2. Aufbau und Arbeitsweise der Zentraleinheit eines Rechners (ca. 20 Std.): rechnerorientiert
3. Übergeordnete Gesichtspunkte von Rechnerstruktur und Programmierung (ca. 16 Std.): algorithmenorientiert
4. Philosophische und gesellschaftsbezogene Aspekte (ca. 8 Std.): benutzerorientiert

Durch Addition der Richtstundenzahlen ergibt sich die folgende Übersicht:

Ansatz nach der Didaktik der Informatik	Richtstundenzahl im Lehrplan von 1977
Rechnerorientierung	ca. 46
Algorithmenorientierung	ca. 66
Anwendungsorientierung	implizit
Benutzerorientierung	ca. 8

Tab. II.1: Bildungstheoretische Ansätze des Fachs Informatik im Lehrplan von 1977

---

[68] Ebd., S. 9-13

An dieser Übersicht wird deutlich, dass der Schwerpunkt des Unterrichts auf der Rechner-orientierung und der Algorithmenorientierung lag. Dies entsprach den Anforderungen der damaligen Gesellschaft, nur wenige hatten damals einen Computer im privaten Umfeld. So gab es bis 1974 keine Computer, mit dem nur eine Person arbeitete. Bis dahin waren Computer sehr groß und teuer. Sie waren nur einer sehr kleinen Zahl von Menschen zugäng-lich und standen üblicherweise in Rechenzentren. Erst Anfang 1975 war mit dem Altair 8800 des Herstellers MITS (Micro Instrumentation and Telemetry Systems) der erste Mikro-computer kommerziell erhältlich, er verkaufte sich immerhin 2000-mal[69]. Im Jahre 1977 kam in den USA und 1978 in Deutschland der eher für den privaten Bereich entwickelte Computer Commodore PET[70] 2001 auf den Markt. Daher ist eine Benutzerorientierung im Lehrplan von 1977 nur in Ansätzen vorhanden und die Anwendungsorientierung wird gar nicht explizit thematisiert.

2.1.3 Bildungsplan von 1984

Nach einer mehrjährigen Revisionsarbeit wurden am 01.08.1984 die neuen Lehrpläne (ab jetzt Bildungspläne) für alle allgemeinbildenden Schulen in Kraft gesetzt. Diese Bildungs-pläne sind nach Fachlehrplänen aufgeteilt. Den Begriff des Computers findet man im Bildungsplan für das Gymnasium erstmals im Fachlehrplan Mathematik in dem allgemeinen Erziehungs- und Bildungsauftrag des Fachs Mathematik: *„Im einzelnen gelten folgende Ziele: ... Beurteilen von Einsatzmöglichkeiten des Computers zur Bearbeitung von Aufgaben aus verschiedenen Anwendungsbereichen ...“*[71] Im Fachlehrplan Mathematik findet man für die Klasse 9 für den mathematisch-naturwissenschaftlichen Zug in der Lehrplaneinheit 6b (15 Richtstunden) und im sprachlichen Zug in der Lehrplaneinheit 5 (10 Richtstunden) das Thema: *„Elemente der Informatik“*[72]. Diese Lehrplaneinheit wird durch die folgenden Lern-ziele, Inhalte und Hinweise konkretisiert[73]:

Der Schüler soll den Computer als Werkzeug zur Lösung von Problemen aus ver-schiedenen Anwendungsbereichen kennenlernen. Dabei soll er die Fähigkeit er-werben, Lösungen so zu entwickeln und zu beschreiben, daß diese mit einem Computer bearbeitet werden können.

Geeignete Themenkreise	*Die Beispiele sollen geringe Vor-kenntnisse erfordern, leicht ver-ständlich und für die Bearbeitung mit dem Computer geeignet sein.*
Analyse eines Problems	
Erarbeiten und Beschreiben des Algorithmus	
Entwicklung und Erproben des Programms	
Ausführung, Anwendung und Dokumentation	

---

[69] vgl. Weller (2010)
[70] Personal Electronic Transactor
[71] Kultus und Unterricht Lehrplanheft (8/1984), S. 774
[72] Kultus und Unterricht Lehrplanheft (8/1984), S. 795
[73] Ebd.

Betrachtet man diesen Teil des Bildungsplans unter den verschiedenen bildungstheoretischen Ansätzen der Didaktik der Informatik, fallen verschiedene Dinge auf. So handelt es sich hierbei um einen anwendungsorientierten Ansatz, der Computer soll als Werkzeug zur Lösung von Problemen aus verschiedenen Anwendungsbereichen herangezogen werden. Im Vordergrund steht die Problemlösung. Des Weiteren ist eine Algorithmenorientierung zu finden, da ein Algorithmus zur Lösung des Problems erarbeitet und in Form eines Programms erprobt werden soll. Eine Rechner- bzw. Benutzerorientierung ist nicht zu finden.

Im Fachlehrplan Mathematik findet man für die Klasse 11 als Wahlpflichtgebiet die *„Boolesche Algebra"* (28 Richtstunden) mit den folgenden Lernzielen und Inhalten (nur Auszüge):

> *„Die gemeinsame mathematische Struktur so unterschiedlicher Gebiete wie Aussagelogik, Mengenalgebra und Schaltalgebra führt zur Abstraktion und damit zum Axiomensystem der Booleschen Algebra. ... Unter weitgehendem Verzicht auf technische Einzelheiten werden mit der Schaltalgebra Grundeinsichten in die Funktionsweise digitaler Schaltungen geschaffen.*
> * *Wahrheitsalgebra und Mengenalgebra*
> * *Boolesche Algebra*
> * *Schaltalgebra*
> * *Zusatzthemen:*
>   o *Lösung einfacher aussagelogischer Probleme*
>   o *Ausblick auf EDV-Anlagen*
>   o *Serienaddierer"*

Unter dem Blickwinkel der verschiedenen bildungstheoretischen Ansätzen der Didaktik der Informatik kann man diese Lehrplaneinheit der Rechnerorientierung zuordnen, allerdings eher theoretischer Art, da auf technische Details verzichtet werden soll und die Anwendung in der EDV nur als Zusatzthema vorgesehen ist.

In der Oberstufe steht für die Informatik eine Anzahl von 120 Stunden (wobei 8 Stunden für Klassenarbeiten vorgesehen sind) für die Einrichtung eines Grundkurses über 4 Schulhalbjahre zur Verfügung. Der allgemeine Erziehungs- und Bildungsauftrag stellt sich wie folgt dar:

> *„... Kernbereich des Informatikunterrichts ist eine vertiefte Einsicht in das Wesen und die Darstellung von numerischen und nichtnumerischen Algorithmen. Der Algorithmus als detaillierte Beschreibung zur Lösung von Problemen ist das wichtigste Bindeglied zwischen Fragestellungen aus allen Stoffgebieten des schulischen Unterrichts und den Programmen, nach denen der Computer arbeitet. Der Schüler lernt im Unterricht eine problemorientierte Programmiersprache kennen, mit deren Hilfe er den Lösungsalgorithmus in ein Programm für den Computer übersetzt. ...*
> *Das Testen der Programme am Computer soll den Schüler zu einem sorgfältigen und exakten Arbeiten bei der Anwendung der Programmiersprache erziehen.*
> *An Anwendungsaufgaben aus der Verwaltung, Produktion und Wissenschaft werden dem Schüler Auswirkungen der Datenverarbeitung in der Lebenswelt deutlich; er lernt ihre Möglichkeiten und Grenzen sowie ihren Nutzen und ihre Gefahren kennen."* [74]

---

[74] Auszüge aus dem Bildungsplan von 1984, Kultus und Unterricht Lehrplanheft (9/1984), S. 1286

Der Grundkurse ist in elf Lehrplaneinheiten aufgeteilt. Für jede Lehrplaneinheit gibt es Lernziele, Inhalte und Hinweise sowie die Angabe einer Richtstundenzahl. Ein Auszug dieses Lehrplans ist im Anhang A zu finden.

Wie bereits für den Lehrplan 1977 erfolgt, wird jeder Lehrplaneinheit schwerpunktmäßig ein bildungstheoretischer Ansatz aus der Didaktik der Informatik zugeordnet:

Lehrplaneinheit		bildungstheoretischer Ansatz
Nr.	Titel	
1	*Algorithmen (5)*	algorithmenorientiert
2	*Verzweigte Algorithmen (13)*	algorithmenorientiert
3	*Variablentypen und Felder (10)*	algorithmenorientiert
4	*Prozeduren und Funktionen (12)*	algorithmenorientiert
5	*Datenverarbeitung (4)*	benutzerorientiert
6	*Aufbau, Peripherie und Betrieb einer Rechenanlage (6)*	rechnerorientiert
7	*Aufbau und Arbeitsweisen einer Zentraleinheit (10)*	rechnerorientiert
8	*Maschinenorientierte und problemorientierte Programmiersprachen (12)*	rechnerorientiert
9	*Schaltnetz und Schaltwerke als Bausteine der Zentraleinheit (8)*	rechnerorientiert
10	*Geschichtliche Entwicklung und gesellschaftsbezogene Aspekte (10)*	benutzerorientiert
11	*Angewandte Informatik (12)*	anwendungsorientiert

Tab. II.2: Bildungstheoretische Ansätze des Fachs Informatik im Bildungsplan von 1984

Zum besseren Vergleich des Lehrplans von 1977 mit dem Bildungsplan von 1984 werden die Richtstundenzahlen der einzelnen Lehrplaneinheiten, die dem gleichen bildungstheoretischen Ansatz zugeordnet sind, addiert und in der folgenden Tabelle zusammengefasst:

Ansatz nach der Didaktik der Informatik	Richtstundenzahl			
	Lehrplan von 1977		Bildungsplan von 1984	
	absolut	relativ	absolut	relativ
Rechnerorientierung	ca. 46	38 %	ca. 36	32 %
Algorithmenorientierung	ca. 66	55 %	ca. 40	36 %
Anwendungsorientierung	implizit	0 %	ca. 12	11 %
Benutzerorientierung	ca. 8	7 %	ca. 24	21 %

Tab. II.3: Bildungstheoretische Ansätze des Fachs Informatik im Lehrplan von 1977 & Bildungsplan von 1984

Im Vergleich zum Lehrplan für das Fach Informatik in der Oberstufe von 1977 sind verschiedene Dinge auffällig:

- Die beiden Pläne weisen im Kern sehr viele Gemeinsamkeiten auf.

- Wie im Lehrplan von 1977 sind auch im Bildungsplan von 1984 unter der Berücksichtigung der Klausurzeiten 120 Unterrichtsstunden für den Grundkurs Informatik ausgewiesen.

- Beide Pläne sind in ihren Schwerpunkten algorithmenorientiert, das beispielsweise an folgendem Satz aus dem allgemeinen Erziehungs- und Bildungsauftrag für das Fach Informatik deutlich wird: *„Kernbereich des Informatikunterrichts ist eine vertiefte Einsicht in das Wesen und die Darstellung von numerischen und nicht-numerischen Algorithmen.“*[75]. Das bestätigt sich auch bei der Betrachtung der eingeplanten Unterrichtszeit für die Algorithmenorientierung. Bei beiden Plänen ist dafür am meisten Zeit eingeplant: 55 % (1977) und 36 % (1984).

- Die Rechnerorientierung spielt nach wie vor eine wichtige Rolle, für sie ist die zweit höchste Unterrichtszeit (32 %) eingeplant.

- Der anwendungsorientierte Ansatz wird sehr stark weiter entwickelt und ausgebaut. So sind in der Lehrplaneinheit 11 für die Bearbeitung einer konkreten und komplexen Anwendungsaufgabe 12 Unterrichtsstunden vorgesehen, das 11 % der zur Verfügung stehenden Unterrichtszeit ausmacht. Vorher war dieser Ansatz nur implizit realisiert worden.

- Auch die Benutzerorientierung wird durch die in der Lehrplaneinheit 5 dargelegten Inhalte der Datenverarbeitung und die Inhalte der Lehrplaneinheit 10 (geschichtliche Entwicklung und gesellschaftsbezogene Aspekte) ausgebaut.

Wie schon der Lehrplan 1977 dem damaligen Zeitgeist entsprach, gilt dies auch für den Bildungsplan von 1984, zu dieser Zeit kamen die ersten Computer in die Haushalte. Auch in der Industrie und Verwaltung war der Computer durchaus noch nicht als Standardwerkzeug beheimatet. Das bekannteste Beispiel aus dieser Zeit ist der *Commodore 64*, dieser kam 1982 auf dem Markt und wurde bis 1993 etwa 30 Millionen[76] mal verkauft[77]. Betrieben wurde dieser Computer über den Fernsehbildschirm als Standcomputer, von einer weltweiten Vernetzung, war zu dieser Zeit bei Weitem noch keine Rede.

2.1.4 Bildungsplan von 1994

Mit dem Bildungsplan von 1994 findet eine entscheidende Wende in der Vorbereitung der Schüler auf die Herausforderungen der Informations- und Kommunikationsgesellschaft statt. Erstmals wurden in einem Bildungsplan des Landes Baden-Württemberg für das Gymnasium in der Mittelstufe Unterrichtsstunden für eine informatische Bildung verbindlich für alle Schüler vorgeschrieben. So sind im Bildungsplan von 1994 für das Gymnasium 30 Unterrichtstunden des Fachs Mathematik in der Klasse 8 für die *„Lehrplaneinheit 5: Informationstechnische Grundkenntnisse“*[78] vorgesehen. Damit verfolgte das Kultusministerium einen integrativen Ansatz, in dem es die Aspekte der informatischen Bildung in der Mittelstufe in ein anderes Fach integrierte und kein eigenes Fach Informatik dafür errichtete. Ziel dieser Einheit ist:

---

[75] Ebd., S. 1286
[76] Vgl. URL.: http://de.wikipedia.org/wiki/Commodore_64 (Stand: 21.09.2010)
[77] Kahney (2003)
[78] Kultus und Unterricht Lehrplanheft (4/1994), S. 284

„Die Schülerinnen und Schüler erhalten Einblick in die verschiedenen Einsatzmöglichkeiten des Rechners. Sie bedienen den Rechner, setzen Programmierumgebungen und Programme ein und erstellen einfache Programme selbständig. Sie werden für die Auswirkungen der Informationstechnik auf ihr persönliches Leben, auf die Gesellschaft und auf die Arbeitswelt sensibilisiert. Sie lernen die Wechselbeziehungen zwischen den Werkzeugen, den Anwendungen und den Auswirkungen kennen. Dadurch werden sie auch auf einen verantwortungsbewußten Umgang mit der Informationstechnik vorbereitet. Bei der Arbeit am Rechner ist kooperatives Verhalten gefordert, das Mädchen und Jungen die gleichen Chancen einräumt.“[79]

Im Vergleich zu allen bisherigen Ansätzen liegt hierbei der Schwerpunkt auf der Benutzerorientierung, andere bildungstheoretische Ansätze sind zwar noch vorhanden, erfahren allerdings nicht diese Betonung. Dieser Eindruck wird durch die Betrachtung der Inhalte und Hinweise zu obiger Lehrplaneinheit noch deutlich verstärkt:

„Die Lehrplaneinheit ist grundlegend für den Rechnereinsatz in anderen Fächern. Sie soll unter einem Leitthema aus der Erfahrungswelt der Schülerinnen und Schüler zusammenhängend und anwendungsorientiert behandelt werden. Die Erstellung von Programmen steht nicht im Vordergrund, jedoch sind den Schülerinnen und Schülern die Schritte Problemanalyse, Algorithmenentwurf, Programmentwicklung und -ausführung exemplarisch bewußt zu machen.“[80]

Informationstechnische Werkzeuge	*Rechner, Peripherie, Programme*
Grundbegriffe	*Hardware, Software, Mikroprozessor, Speicher, Chip, Diskette, Algorithmus, Programmiersprache, Programm, Datei, Betriebssystem*
Handhabung	*Rechner starten, Programme bzw. Dateien laden, editieren, ausführen, speichern, kopieren und drucken, Disketten formatieren*
Zusammenwirken der Komponenten	*Tastatur, Zentraleinheit, Speicher, Monitor, Drucker, Laufwerk, Festplatte, Maus, Schnittstelle, Sensor, Aktor*
Einsatzmöglichkeiten *Einsatz von Programmen und Programmierumgebungen*	*Praktische Arbeit am Rechner, auch mit fertigen Programmen, AV-Medien, u. a. Filme des Schulfernsehens* *Möglichkeiten und Grenzen*

---

[79] Ebd., S. 284
[80] Ebd.

Erstellung und Ausführung einfacher Programme	*Auch nichtnumerische Themen Elementare Programmierbefehle zu Ein- und Ausgabe, Wertzuweisung, Ablaufsteuerung*

Auswirkungen
  Veränderungen in verschiedenen Lebensbereichen
  Rechte des Einzelnen
	Privatbereich, Gesellschaft, Wirtschaft, Einfluß auf die Lebensqualität (Beruf, Freizeit) Chancen und Gefahren, Datenschutz, Urheberrecht[81]

Zur genaueren Analyse wird jedem einzelnen Thema in der linken Spalte ein bildungstheoretischer Ansatz des Informatikunterrichts zugeordnet:

Unterrichtsthema	**bildungstheoretischer Ansatz**
Informationstechnische Werkzeuge Grundbegriffe	je zur Hälfte rechner- bzw. algorithmenorientiert
Handhabung	benutzerorientiert
Zusammenwirken der Komponenten	rechnerorientiert
Einsatz von Programmen und Programmierumgebungen	benutzerorientiert
Erstellung und Ausführung einfacher Programme	algorithmenorientiert
Veränderungen in verschiedenen Lebensbereichen	benutzerorientiert
Rechte des Einzelnen	benutzerorientiert

Tab. II.4: Bildungstheoretische Ansätze des Fachs ITG im Bildungsplan von 1994

An Hand obiger Tabelle wird die Umsetzung der Forderung einer Benutzerorientierung nochmals ganz deutlich, von den 7 Themen der vorliegenden Lehrplaneinheit haben 4 einen benutzerorientierten Ansatz. Eines der Themen ist ganz der Algorithmenorientierung zuzuordnen. Das erste Thema „Grundbegriff" ist aber so vielschichtig, dass eine eindeutige Zuordnung nicht gelingt und dieses der Algorithmen- und Rechnerorientierung zugeordnet wird. Mit diesem Plan verfolgte das Kultusministerium in der Unter- und Mittelstufe einen integrativen Ansatz der Informationstechnischen Grundbildung. Dabei erfolgte in der Unter- und Mittelstufe schwerpunktmäßig eine Eingliederung in das Fach Mathematik, ein eigenes Fach Informatik, welches auch denkbar gewesen wäre, wollte man zu diesem Zeitpunkt nicht einführen. Der integrative Ansatz für die informatische Bildung dieses Bildungsplans zeigt sich auch darin, dass sich neben der Mathematik und Informatik (Grundkurs) andere Fächer auf vielfältige Art und Weise mit dem Computer auseinandersetzen sollen. Dabei geht es meistens weniger um den Computer als solches, sondern mehr um den Computer als Hilfsmittel in Form eines Textverarbeitungs-, Messwerterfassungs-, Auswertungs-, Simulations- und Übungssystems oder um die gesellschaftlich ethische Dimension des Computers. Im Folgenden sind dazu zwei Beispiele angegeben, für weitere Beispiele in den diversen Unterrichtsfächern sei auf den Anhang A verwiesen:

---

[81] Ebd., S. 284 ff.

- Im Abschnitt Erziehungs- und Bildungsauftrag der Naturwissenschaften des Bildungsplans von 1994 findet man den folgenden Hinweis: *„An geeigneten Beispielen sollen die Schülerinnen und Schüler den Einsatz des Computers im naturwissenschaftlichen Unterricht bei der Erfassung und Auswertung von Meßwerten sowie bei der Simulation von Naturvorgängen erleben.“*[82]
  Physik:
  Klasse 10: *„Lehrplaneinheit 2: Struktur der Materie“*[83]

Kernzerfall, Halbwertszeit	*M, LPE 2: Exponentielles Wachstum Bei Zählratenmessungen kann der Computer eingesetzt werden.*

- Erdkunde:
  Klasse 5: *„Lehrplaneinheit 2: Natur und Mensch im Heimatraum“*[84]

Einführung in die Karte	*Vom Bild zur Karte, Veranschaulichen im Gelände*
Maßstab, Legende	*Messen und Zeichnen Üben mit Hilfe eines einfachen Computerprogramms*

Alle diese elementaren Erkenntnisse und Erfahrungen mit dem Computer bilden das Rüstzeug, mit denen die Schüler den Grundkurs Informatik in der Oberstufe Klasse 12 und 13 beginnen können.

Im Abschnitt zum Erziehungs- und Bildungsauftrag des Grundkurses Informatik wird klar hervorgehoben, wie schon 1994 die Informations- und Kommunikationstechnik in das alltägliche Leben eingedrungen war:

„Das Fach Informatik am allgemeinbildenden Gymnasium trägt wesentlich zur Orientierung in einer komplexer werdenden Lebensumgebung bei. Diese wird durch den Einsatz von Informationstechnik und Anwendungen der Informatik in nahezu allen Bereichen menschlicher Tätigkeiten verändert und nachhaltig beeinflußt.“[85]

Daraus wird der allgemeine Bildungsauftrag des Grundkurses Informatik abgeleitet und wie folgt konkretisiert:

„Das Fach Informatik vermittelt Kenntnisse und Fähigkeiten zum Einordnen und Bewerten maschinell aufbereiteter Informationen und zur kritischen und verantwortungsvollen Nutzung von informationstechnischen Hilfsmitteln. Dabei werden Einsichten in Chancen, Risiken und Gefahren gewonnen, die mit dem Rechnereinsatz verbunden sind, und es werden praktische und prinzipielle Grenzen des Computers aufgezeigt.“[86]

Bei diesem Auftrag würde man einen sehr benutzerorientierten Ansatz für diesen Grundkurs erwarten. Ob diese Vermutung stimmt, soll mit einem genaueren Blick in die Lernziele, Inhalte und Hinweise zum Grundkurs Informatik geklärt werden. Der zweistündige Grundkurs Informatik ist in acht Lehrplaneinheiten aufgeteilt, dabei ist eine Richtstundenzahl von

---

[82] Ebd., S. 29
[83] Ebd., S. 486
[84] Ebd., S. 66
[85] Ebd., S. 33
[86] Ebd.

92 vorgesehen. Im Vergleich mit dem Bildungsplan von 1984 fällt auf, dass im Bildungsplan von 1994 die Anzahl der Richtstunden gesunken ist. Dies stellt kein Indiz für weniger Unterricht dar, sondern damit wurde die Freiheit zur Schwerpunktsetzung für den einzelnen Lehrer erhöht. Darüber hinaus sollte mit dieser Absenkung das fächerverbindende Arbeiten ermöglicht werden. Auch wurde die Anzahl der Lehrplaneinheiten um drei gekürzt, für die genauen Inhalte sei wieder auf einen Auszug des Bildungsplans im Anhang A verwiesen.

Wie bereits für die Inhalte der Informatikgrundkurse des Lehrplans von 1977 und des Bildungsplans von 1984 wird jeder Lehrplaneinheit schwerpunktmäßig ein bildungstheoretischer Ansatz aus der Didaktik der Informatik zugeordnet:

Lehrplaneinheit		bildungstheoretischer Ansatz
Nr.	Titel	
1	*Grundlagen für das algorithmische Problemlösen (4)*	algorithmenorientiert
2	*Elemente strukturierter Programme (22)*	algorithmenorientiert
3	*Strukturiertes Problemlösen: Methoden und Anwendungen (10)*	anwendungsorientiert
4	*Informationsverarbeitende Systeme, Anwendung und Auswirkung (12)*	benutzerorientiert
5	*Aufbau und prinzipielle Arbeitsweise des Computers (18)*	rechnerorientiert
6	*Wahlpflichtthemen (18)*	anwendungsorientiert
7	*Praktische und theoretische Grenzen des Computereinsatzes (5)*	algorithmenorientiert
8	*Verantwortung im Umgang mit informationsverarbeitenden Systemen (3)*	benutzerorientiert

Tab. II.5: Bildungstheoretische Ansätze des Fachs Informatik im Bildungsplan von 1994

Bei der Einordnung der Lehrplaneinheiten in die verschiedenen Ansätze für den Informatikunterricht wird eine Schwerpunktsverschiebung hin zum anwendungsorientierten Ansatz deutlich. Den rechnerorientierten Ansatz findet man schwerpunktmäßig nur noch in der Lehrplaneinheit 5 (*„Aufbau und prinzipielle Arbeitsweise des Computers"*), im Bildungsplan von 1984 waren es noch 4 verschiedene Lehrplaneinheiten, die diesen Schwerpunkt hatten, im Lehrplan von 1977 deckte dieser Ansatz sogar ca. 40 % der Unterrichtszeit ab. Dem algorithmenorientierten Ansatz kann man schwerpunktmäßig die Lehrplaneinheit 1 (*„Grundlagen für das algorithmische Problemlösen mit dem Computer"*) und die Lehrplaneinheit 2 (*„Elemente strukturierter Programme"*) zuordnen. Im Vergleich zum Bildungsplan von 1984 ist dies eine Reduktion um 2 Lehrplaneinheiten, wobei im Lehrplan von 1977 für diesen Ansatz 56 % der Unterrichtszeit vorgesehen war. Dem anwendungsorientierten Ansatz kann man schwerpunktmäßig die Lehrplaneinheit 3 (*„Strukturiertes Problemlösen: Methoden und Anwendungen"*) und die Lehrplaneinheit 6 (Wahlpflichtthemen) zuordnen. Im Vergleich zum Bildungsplan von 1984 ist dies ein Zuwachs um eine Lehrplaneinheit, wobei im Lehrplan von 1977 dieser Ansatz nicht explizit erwähnt ist. Die Lehrplaneinheiten 4 und 8 (*„Verantwortung im Umgang mit informationsverarbeitenden Systemen"*) sind dem benutzerorientierten Ansatz zuzuordnen. Zum besseren Vergleich der verschiedenen Lehr- und Bildungspläne von 1977, 1984 und 1994 werden die Richtstundenzahlen der einzelnen Lehrplaneinheiten, die dem gleichen bildungstheoretischen Ansatz zugeordnet sind, wieder addiert und in der folgenden Tabelle zusammengefasst:

Ansatz nach der Didaktik der Informatik	Richtstundenzahl					
	Lehrplan von 1977		Bildungsplan von 1984		Bildungsplan von 1994	
	absolut	relativ	absolut	relativ	absolut	relativ
Rechnerorientierung	ca. 46	38 %	ca. 36	32 %	18	20 %
Algorithmenorientierung	ca. 66	55 %	ca. 40	36 %	31	34 %
Anwendungsorientierung	implizit	0 %	ca. 12	11 %	28	30 %
Benutzerorientierung	ca. 8	7 %	ca. 24	21 %	15	16 %

Tab. II.6: Bildungstheoretische Ansätze in den Lehr- und Bildungsplänen von 1977 – 1994

Im Vergleich der verschiedenen Lehr- und Bildungspläne ist Folgendes auffällig:

- An der Tabelle ist ein deutlicher Rückgang des prozentualen Anteils der zur Verfügung stehenden Richtstundenzahl der Rechnerorientierung zu erkennen, von erstmals 38 % (1977) auf 32 % (1984) und auf 20 % (1994). Diese so frei gewordenen Kapazitäten dienten hauptsächlich der Stärkung der Bereiche der Anwendungsorientierung. Aber auch der prozentuale Anteil der Algorithmenorientierung an den Richtstundenzahlen wurde zugunsten dieses Bereiches von 55 % auf 34 % reduziert.

- Betrachtet man nur die beiden Bildungspläne von 1984 und 1994 fällt auf, dass der prozentuale Anteil an der Richtstundenzahl der Benutzerorientierung von 21 % auf 16 % zurückging. Also ist die eingangs aufgestellte Vermutung, dass der Grundkurs Informatik eher einen benutzerorientierten Ansatz verfolgen wird, falsch. Einerseits könnte man jetzt leichtfertigerweise folgern, dass der Bildungsplan die Benutzerorientierung schwächt. Anderseits wird aber durch die Einführung einer Lehrplaneinheit „*Informationstechnische Grundkenntnisse*" in der Klasse 8 diese massiv gestärkt. Addiert man die 30 Richtstunden der Klasse 8 und die 15 Richtstunden des Grundkurses, so erhält man insgesamt 45 Richtstunden für den benutzerorientierten Ansatz, also insgesamt eine Stärkung dieses Ansatzes im Bildungsplan von 1994.

Auch dieser Bildungsplan entsprach dem Zeitgeist, zum Zeitpunkt der Einführung des Bildungsplans 1994 war der Computer bereits zu einem Standardwerkzeug in Industrie und Verwaltung geworden. Auch fanden die ersten PCs Einzug in die privaten Haushalte. Allerdings waren zu dieser Zeit die PCs noch nicht so vernetzt wie heute. Erst 1993 wurde der erste grafikfähige Browser „NCSA Mosaic" des National Center for Supercomputing Applications entwickelt, der zu einer sehr starken Vereinfachung der Nutzung des Internets führte. So findet die weltweite Vernetzung der Computersysteme erst im Bildungsplan von 2004 ihre Berücksichtigung.

2.1.5 Bildungsplan von 2004

Mit dem Bildungsplan von 2004 für das allgemeinbildende Gymnasium für Baden-Württemberg betritt das Kultusministerium von Baden-Württemberg Neuland. Es findet eine Abkehr von einem lernzielorientierten Bildungsplan hin zu einem Bildungsplan statt, der sich an Bildungsstandards orientiert. Ihm liegt der allgemeine Kompetenzbegriff zugrunde, so werden weniger konkrete Inhalte vorgeschrieben sondern Kompetenzen, die nach zwei Schuljahren zu erreichen sind. Dies stellt eine Abkehr von einer Gliederung nach Schuljahren, hin zu einer Gliederung nach Doppelschuljahren (Klassen 5-6, 7-8 und 9-10) dar. Als weitere Neuerung wird die Schulzeit des Gymnasiums um ein Schuljahr gekürzt. Mit dem Bildungsplan von 2004 für das Gymnasium hat sich das Kultusministerium vorgenommen, der großen Durchdringung unserer Gesellschaft durch die Informationstechnologie Rechnung zu tragen. So wird schon auf der Seite 15 beschrieben, welche Fähigkeit die Schüler im Umgang mit dem Computer erwerben sollen:

> *„Im Zeitalter des Computers ist eine Beherrschung dieses Gerätes und ein sinnvoller Gebrauch des Internet-Zugangs unerlässlich. Neben dem Computer als Arbeitsmittel und dem Internet als Ressource bleiben Einrichtungen wie Bibliotheken, Videotheken, Museen und Sammlungen notwendige, insbesondere in der Schule und durch die Schule zugänglich zu machende Hilfsmittel. Die Schülerinnen und Schüler lernen, sich der Auskunftsmittel – vom Sachbuch und Nachschlagewerk bis zur CD und CD-ROM – geläufig zu bedienen.* "[87]

Betrachtet man diese Forderung des Bildungsplans von 2004 unter den bildungstheoretischen Ansätzen des Informatikunterrichts, wird eine deutliche Abkehr von den „alten" dominierenden Ansätzen (Rechnerorientierung, Algorithmenorientierung und Anwendungsorientierung) hin zu einer Benutzerorientierung deutlich.

Auch im Bildungsplan von 2004 wird ein integrativer Ansatz der informatischen Bildung verfolgt. Allerdings nicht so wie im Bildungsplan von 1994 durch eine zentral verankerte Lehrplaneinheit *„Informationstechnische Grundkenntnisse"* im Fach Mathematik der Klasse 8, sondern durch ein integratives Modell, das sich über alle Fächer hinweg erstreckt. So findet man im Bildungsplan von 2004 einen eigenen Bildungsplanteil: *„Informationstechnische Grundbildung"*[88], der für alle Fächer gilt. In diesem Teil wird in den Leitgedanken zum Kompetenzerwerb der integrative Ansatz des Fachs *„Informationstechnische Grundbildung"* wie folgt definiert:

> *„Die Informationstechnische Grundbildung soll im Zusammenspiel verschiedener Fächer beziehungsweise in Projekten bis zum Ende der Sekundarstufe I aufgebaut werden. Sie beschränkt sich auf ein für alle verpflichtendes Grundgerüst, auf das in der Sekundarstufe II im AG- und Wahlbereich Informatik aufgebaut werden kann.* "[89]

Dabei ist das erklärte Ziel: *„Die von den Schülerinnen und Schülern zunehmend erworbene Sicherheit im Umgang mit den entsprechenden Geräten und Programmen befähigt sie, Informations- und Kommunikationstechnologie selbstständig im Fachunterricht als Medium des Arbeitens und Lernens einzusetzen.* "[90] Allerdings *„ohne dabei unbedingt originär informationstechnische Inhalte zu thematisieren.* "[91] Auch an dem letzten Zitat wird das Ziel, die völlige Abkehr von den bisherigen bildungstheoretischen dominierenden Ansätzen, deutlich. Ob dieses Ziel auch erreicht wird, ist Gegenstand der folgenden genauen Untersuchung der Inhalte der Informationstechnischen Grundbildung. Die im Bildungsplan beschriebenen

---

[87] Ministerium für Kultus und Sport für Baden-Württemberg, Bildungsplan von 2004 Gymnasium, S. 15
[88] Ebd., S. 310
[89] Ebd.
[90] Ebd.
[91] Ebd.

Kompetenzen und Inhalte sind jahrgangsübergreifend für alle Jahrgänge beschrieben, sie sind aufgeteilt in drei große Kategorien[92]:

- Selbstständiges Arbeiten und Lernen mit informationstechnischen Werkzeugen

- Erfolgreich zusammenarbeiten und kommunizieren

- Entwickeln, Zusammenhänge verstehen und reflektieren.

Diesen drei Kategorien sind ganz konkrete Kompetenzen und Inhalte zugeordnet und jeder Inhalt bzw. jede Kompetenz ist wiederum einer Jahrgangsstufe zugeordnet. Leider ist keine Richtstundenzahl angegeben, damit bleibt unklar, wie viel Unterrichtszeit die einzelnen Inhalte einnehmen soll.

Wie bei den anderen Lehr- und Bildungsplänen erfolgt, soll auch hier eine Zuordnung der einzelnen bildungstheoretischen Ansätze des Informatikunterrichtes erfolgen. Allerdings kann dies nicht nach Lehrplaneinheiten (wie bisher) erfolgen, da es diese im Bildungsplan von 2004 nicht mehr gibt. So erfolgt die Zuordnung jeden einzelnen Inhalts zu einem bildungstheoretischen Ansatz:

> *1. Kategorie: Selbstständiges Arbeiten und Lernen mit informationstechnischen Werkzeugen[93]*
>
> *Die Schülerinnen und Schüler kennen*
>
> - *gängige Ein- und Ausgabegeräte eines Computers (Hardware) (6); (Rechnerorientierung)*
>
> - *Quellen, Orte und Techniken zur Informationsbeschaffung (6); (Benutzerorientierung)*
>
> - *die gängigen Datenformate und deren Eigenheiten (6). (Benutzerorientierung)*
>
> *Die Schülerinnen und Schüler können*
>
> - *die gängigen Ein- und Ausgabegeräte eines Computers (Hardware) sinnvoll einsetzen (6);* (Rechnerorientierung)
>
> - *Texte zweckorientiert gestalten (6) und dabei auch multimediale sowie erweiterte Funktionen effektiv, auch zur Präsentation, einsetzen (8); (Benutzerorientierung)*
>
> - *Bilder digitalisiert benutzen (6) und bearbeiten (8); (Benutzerorientierung)*
>
> - *erhaltene Daten übernehmen, verwalten und weiterverarbeiten (6) und beherrschen die dazu nötigen Vorgehensweisen (8); (Benutzerorientierung.)*
>
> - *Quellen, Orte und Techniken zur Informationsbeschaffung beurteilen. (8) (Benutzerorientierung)*
>
> *2. Kategorie: Erfolgreich zusammenarbeiten und Kommunizieren[94]*
>
> *Die Schülerinnen und Schüler kennen*
>
> - *gängige Werkzeuge zur Kommunikation über Netze (6); (Benutzerorientierung)*
>
> - *Anwendungen informationstechnischer Systeme des Internets beziehungsweise Intranets im privaten, öffentlichen und betrieblichen Umfeld (6); (Benutzerorientierung)*

---

[92] Ebd., S. 312 ff.
[93] Ebd., S. 312
[94] Ebd., S. 312

- *grundlegende Strukturen von Netzen (8);* (Rechnerorientierung)
- *rechtliche Aspekte im Umgang mit Informationen (8).* (Benutzerorientierung)

Die Schülerinnen und Schüler wissen

- *um die Verantwortung für publizierte Inhalte (6);* (Benutzerorientierung)
- *um die Problematik der Sicherheit und Authentizität von Mitteilungen in globalen Netzen und kennen Möglichkeiten zur Wahrung der Persönlichkeitssphäre (8).* (Benutzerorientierung)

Die Schülerinnen und Schüler können

- *gängige Werkzeuge zur Kommunikation über Netze zweckorientiert einsetzen (8);* (Benutzerorientierung)
- *Anwendungen informationstechnischer Systeme und des Internets beziehungsweise Intranets im privaten, öffentlichen und betrieblichen Umfeld einschätzen (8).* (Benutzerorientierung)

3. Kategorie: Entwickeln, Zusammenhänge verstehen und Reflektieren[95]

Die Schülerinnen und Schüler kennen

- *grundlegende Ideen und Konzepte digitaler Informationsbearbeitung: Informationsbegriff, Kodierung (8), Ablaufsteuerung (10);* (Rechnerorientierung)
- *die geschichtliche Entwicklung der Rechenmaschinen und Informationsmedien im Überblick (8);* (Rechnerorientierung)
- *Steuern und Regeln als technischen Sonderfall der Verarbeitung quantifizierbarer Daten (10);* (Anwendungsorientierung)
- *verschiedene Strategien, um mit informationstechnischen Methoden angemessene Probleme zu lösen (10).* (Anwendungsorientierung)

Die Schülerinnen und Schüler können

- *geeignete Programme zur Erfassung, Visualisierung und Verarbeitung numerischer und nicht numerischer Daten zielorientiert einsetzen (8);* (Benutzerorientierung)
- *technische und gesellschaftliche Chancen und Risiken der Automatisierung an konkreten Beispielen aufzeigen (8);* (Benutzerorientierung)
- *Programme oder Programmiersprachen zur Berechnung und Lösung entsprechender Probleme einsetzen und numerische und grafische Lösungen sachgemäß interpretieren (10);* (Algorithmenorientierung)
- *grundlegende Ideen und Konzepte digitaler Informationsbearbeitung anwenden: Informationsbegriff, Kodierung, Ablaufsteuerung (10);* (Rechnerorientierung)
- *verschiedene Strategien anwenden, um mit informationstechnischen Methoden angemessene Probleme zu lösen, und diese beurteilen (10);* (Anwendungsorientierung)
- *die erkenntnistheoretischen Grundlagen (Reduktion und Quantifizierung) der informationstechnischen Vorgehensweise und ihre Tragfähigkeit und somit die Möglichkeiten des Computereinsatzes überhaupt kritisch reflektieren (10).* (Benutzerorientierung)

---

[95] Ebd., S. 313

Fasst man die erfolgte Zuordnung in einer Tabelle zusammen und bezieht man die absoluten Nennungen der bildungstheoretischen Ansätze der Informatik auf die Gesamtzahl der beschriebenen Inhalte und Kompetenzen, so ergibt sich das folgende Bild für die Informationstechnische Grundbildung:

Ansatz nach der Didaktik der Informatik	Anzahl der Nennungen	
	absolut	relativ
Rechnerorientierung	6	23 %
Algorithmenorientierung	1	4 %
Anwendungsorientierung	3	12 %
Benutzerorientierung	16	61 %

Tab. II.7: Bildungstheoretische Ansätze des Fachs ITG im Bildungsplan von 2004

An dieser Tabelle wird deutlich, dass im gesamten Unter- und Mittelstufenunterricht wenig Wert auf eine Algorithmenorientierung gelegt wird. So macht die Benutzerorientierung mehr als 60 % der Inhalte aus. Diese Entwicklung, weg von eigentlichen informatischen Inhalten, die im Bildungsplan von 1984 in der Lehrplaneinheit „Elemente der Informatik" der Klasse 9 noch zu finden sind, hin zu „weicheren" informationstechnischen Kompetenzen im Unterricht der Unter- und Mittelstufe nahm mit dem Bildungsplan von 1994 schon ihren Anfang. Sie findet ihren derzeitigen Höhepunkt im Bildungsplan von 2004.

Wie schon bei der Bildungsplananalyse des vorherigen Bildungsplans werden im Folgenden unterschiedliche Stellen der verschiedenen Fachpläne des Bildungsplans von 2004 aufgezeigt, die den integrativen Ansatz des Fachs „Informationstechnische Grundbildung" noch unterstreichen:

- Ethik:
  - *Klasse 8: Problemfelder der Moral[96]*
    Medien
  - *Die Schülerinnen und Schüler können*
    - *verschiedene Arten von Medien und deren Bedeutung im Alltag beschreiben;*
    - *Chancen und Gefahren der Mediennutzung analysieren und erörtern.*

- Deutsch:
  - *Klasse 6: 1. Sprechen[97]*
    Informieren
    Die Schülerinnen und Schüler können
    - *Informationen beschaffen (aus Lexika, Bibliotheken, durch einfache Recherche mit dem Computer);*
    - *Informationen adressatenbezogen weitergeben. Sie erproben dabei auch einfache Formen der Präsentation und Visualisierung;*
      ...

---

[96] Ebd., S. 66
[97] Ebd., S. 79

- o *Klasse 6: 3. Lesen / Umgang mit Texten und Medien[98]*
  Umgang mit literarischen und nichtliterarischen Texten
  Die Schülerinnen und Schüler können
  - *Methoden der Texterschließung (Markieren, Gliedern und typographisches Gestalten, auch mit dem Computer) anwenden; ...*
- o *Klasse 6: 4. Sprachbewusstsein entwickeln[99]*
  Wortbedeutung
  Die Schülerinnen und Schüler können
  - *Wortbedeutungen mithilfe von Umschreibungen, Oberbegriffen und Wörtern gleicher oder gegensätzlicher Bedeutung klären und dazu auch Nachschlagewerke und den Computer benutzen; ...*
- o *Klasse 8: 2. Schreiben[100]*
  Schreibkompetenz
  Die Schülerinnen und Schüler können
  - *die spezifischen Möglichkeiten des Computers nutzen (Textverarbeitung); ...*
- o *Klasse 8: 2. Lesen/Umgang mit Texten und Medien[101]*
  Medienkompetenz
  Die Schülerinnen und Schüler können
  - *produktiv und kreativ mit dem Computer (Textgestaltung, grafische Gestaltung) umgehen.*
- o *Klasse 10: 1. Sprechen[102]*
  Praktische Rhetorik
  Die Schülerinnen und Schüler können
  - *verschiedene Vortrags- und Präsentationstechniken und -formen (Vortrag/Referat, auch Gruppenreferat, Thesenpapier, computergesteuerte Präsentation) funktional einsetzen.*
- o *Klasse 10: 2. Schreiben[103]*
  Schreibprozess
  Die Schülerinnen und Schüler können
  - *Texte planen und überarbeiten. Sie nutzen dabei auch die Möglichkeiten des Computers; ...*

- Mathematik:
  - o *Leitgedanken zum Kompetenzerwerb:[104]*
    Problemlösen
    Die Schülerinnen und Schüler können
    - *Hilfsmittel und Informationsquellen wie Formelsammlungen, Lexika, Taschenrechner, Computerprogramme, Internet sachgemäß nutzen; ...*
  - o *Klasse 10: Leitidee „Vernetzung"[105]*
    Inhalte

---

[98] Ebd., S. 80
[99] Ebd., S. 81
[100] Ebd., S. 82
[101] Ebd., S. 83
[102] Ebd., S. 85
[103] Ebd., S. 86
[104] Ebd., S. 92
[105] Ebd., S. 100

- ▪ *Umgang mit Hilfsmitteln wie Formelsammlung, grafikfähiger Taschenrechner, Rechner mit geeigneter Software, elektronische Medien, Internet; ...*

- **Englisch:**
  - o *Klasse 8: 5. Methodenkompetenz[106]*
    Medienkompetenz und Präsentation
    Der Umgang mit dem Computer soll nicht nur zur Textverarbeitung, sondern auch zur Präsentation von landeskundlichen Inhalten eingeübt werden. Das Internet stellt eine wesentliche Informationsquelle dar, wozu Recherchestrategien für den Umgang mit Suchmaschinen und Datenbanken entwickelt werden müssen.
    Die Schülerinnen und Schüler können
    - ▪ *Kurzpräsentationen zu Aspekten der Landeskunde gestalten und vorstellen;*
    - ▪ *einige Visualisierungstechniken anwenden;*
    - ▪ *Anwendungssoftware zu Vokabeln, Grammatik und Textverarbeitung einsetzen;*
    - ▪ *das Internet als Informations- und Kommunikationsmedium nutzen.*

- **Russisch:**
  - o *Klasse 10: 5. Methodenkompetenz[107]*
    Medienkompetenz und Präsentation
    Die Schülerinnen und Schüler können
    - ▪ *global den wesentlichen Inhalt russischer Informationen mit traditionellen und neuen Medien bearbeiten;*
    - ▪ *mit Standardsoftware zur Verarbeitung und Erstellung russischer Texte umgehen;*
    - ▪ *E-Mails zur schnellen Weitergabe von russischen Informationen nutzen;*
    - ▪ *einfache Tabellen mit russischen Informationen verbalisieren;*
    - ▪ *ihre Arbeitsergebnisse einzeln und im Team präsentieren und dabei gelegentlich geeignete Medien nutzen;*
    - ▪ *einen Computer kyrillisieren.*

- **Naturwissenschaften:**
  - o *Leitgedanken zum Kompetenzerwerb[108]*
    Die Schülerinnen und Schüler können
    - ▪ *den Computer als Arbeitsmittel einsetzen.*

- **Physik:**
  - o *Klasse 10: Spezifisches Methodenrepertoire der Physik[109]*
    Die Schülerinnen und Schüler können
    - ▪ *computerunterstützte Messwerterfassungs- und Auswertungssysteme im Praktikum unter Anleitung einsetzen; ...*

---

[106] Ebd., S. 117
[107] Ebd., S. 153
[108] Ebd., S. 174
[109] Ebd., S. 184

- Geschichte:
  - *Leitgedanken zum Kompetenzerwerb:[110]*
    Die Schülerinnen und Schüler kennen Formen traditioneller und computergestützter Präsentation und können diese in der den jeweiligen Arbeitsergebnissen angemessenen Weise anwenden.

- Geografie:
  - *Klasse 8: Fachspezifische Methodenkompetenz*
    Die Schülerinnen und Schüler können
    - *multimediale Computerprogramme einsetzen und Computersimulationen themenspezifisch anwenden; ...*

- Wirtschaft:
  - *Leitgedanken zum Kompetenzerwerb[111]*
    Insbesondere werden Fähigkeiten der Interpretation, Beurteilung und Erstellung von Modellen entwickelt sowie Kompetenzen gefördert, komplexe wirtschaftliche Sachverhalte in Simulationen zu analysieren und zu beurteilen (computergestützte Modelle, spieltheoretische Modelle, Planspiele, Szenariotechnik); ...

- Naturwissenschaft und Technik:
  - *Leitgedanken zum Kompetenzerwerb[112]*
    Dazu gehört auch die Verwendung des Computers als Werkzeug und die kritische Nutzung des Internets.
  - *Klasse 10: Mess- und Arbeitsmethoden:[113]*
    Die Schülerinnen und Schüler können
    - *Computer als Werkzeug nutzen für*
      - *Messwerterfassung und -auswertung;*
      - *Simulation dynamischer Systeme;*
      - *Steuerung oder Regelung von Prozessabläufen; ...*

An diesen vielen Beispielen wird deutlich, dass der integrative Ansatz des Faches Informationstechnische Grundbildung nicht nur durch die eigenen Bildungsstandards fest geschrieben wird, sondern auch durch die vielen Bezüge in den verschiedenen Fachlehrplänen. Die Formen der angedachten Computernutzung sind dabei sehr unterschiedlich:

- Textverarbeitungs-,

- Messwerterfassungs- und Auswertungs-,

- Simulations-,

- Übungs-,

- Steuerungs-,

- Präsentations-,

- Kommunikations-,

---

[110] Ebd., S. 217
[111] Ebd., S. 251
[112] Ebd., S. 399
[113] Ebd., S. 402

- Recherchesystem (unter Einbezug des Internets).

Beim Vergleich der geforderten Einsatzmöglichkeiten des Computers und den damit verbundenen Medien in den Bildungsplänen von 1994 und 2004 fällt auf, dass die Systemformen
der Präsentation, Kommunikation und Recherche im Bildungsplan von 1994 noch nicht explizit als Einsatzmöglichkeiten des Computers genannt waren. Diese sind erst im Bildungsplan von 2004 zu finden. Auch gewinnt der Computereinsatz und die damit verbundenen
Medien vor allem im Sprachunterricht an Bedeutung, so wird er nicht nur zur Textgestaltung,
sondern auch zur Kommunikation, Recherche und Präsentation intensiv genutzt. Das wird
auch deutlich an einem im Bildungsplan verankerten Vorschlag zur Umsetzung der
Informationstechnischen Grundbildung, die Schulen sollen ein Basis- bzw. Leitfach für die
Umsetzung jedes Standards der Informationstechnischen Grundbildung festlegen. *„Es wird
angeregt, für die Standards 6 das Fach Deutsch als Basisfach zu benennen."*[114] Die restlichen
Leitfächer werden im Schulcurriculum der einzelnen Schulen extra festgelegt. So hat das
Karlsruher Fichte Gymnasium die Fächer Deutsch, Englisch und Französisch für die Klassen
5/6 und 7/8, die Fächer Mathematik, Deutsch, Englisch und Französisch für die Klassen 9/10
festgelegt.[115]

Der Bildungsplan trägt mit dem integrativen Ansatz der gesellschaftlichen Entwicklung
Rechnung. Der *„vernetze Computer"* steht nicht nur Spezialisten zur Verfügung, sondern nun
auch der breiten Bevölkerung, wie in Abschnitt 1 schon dargestellt. Auch ist der Computer
aus fast keinem Bereich in Wirtschaft, Verwaltung und Wissenschaft mehr wegzudenken.

Die Erkenntnisse aus der Mittelstufe können dann in einem Informatikkurs (Wahlbereich des
Oberstufenunterrichts) vertieft werden: *„Das Fach Informatik baut auf diesen elementaren
Kenntnissen der Rechnernutzung auf"*[116].

In den Leitgedanken zum Kompetenzerwerb im Informatikunterricht steht, dass dieser sich
*„auf die grundlegenden informatischen Prinzipien, Konzepte, Arbeitsweisen und Methoden
[konzentriert]. Er liefert damit einen wichtigen Beitrag zur Allgemeinbildung."*[117] Durch
diese Forderung an den Informatikunterricht wird damit der allgemeinbildende Charakter ein-
gefordert. Im Folgenden wird ein erzieherischer Aspekt des Informatikunterrichts deutlich,
denn der *„Informatikunterricht vermittelt Kenntnisse und Fähigkeiten zum Einordnen und
Bewerten maschinell aufbereiteter Informationen und erzieht zur kritischen und verantwortungsvollen Nutzung von informationstechnischen Hilfsmitteln. Die hier erlernten
Techniken zur Analyse und Lösung von Problemen reichen weit über spezielle Aufgabenstellungen der Informatik hinaus. Die Abbildung von Aufgaben der Umwelt in eine vom
Rechner bearbeitbare Form schult das Abstraktionsvermögen. Die Übertragung in eine
formalisierte Sprache der Informatik erfordert genaues Denken und Handeln ... Informatikunterricht fördert die Bereitschaft und Fähigkeit, sich einer Aufgabe zu stellen, die längeres
konzentriertes und selbst organisiertes Arbeiten erfordert."*[118]

Inhaltlich ist der Bildungsplan für den Informatikkurs durch die folgenden Leitideen gegliedert:

---

[114] Ebd., S. 311
[115] Vgl. Schulcurriculum des Fichte Gymnasiums, S. 91
[116] Ministerium für Kultus und Sport für Baden-Württemberg, Bildungsplan von 2004 Gymnasium, S. 438
[117] Ebd.
[118] Ebd.

1. Information und Daten

2. Algorithmen und Daten

3. Problemlösen und Modellieren

4. Wirkprinzipien von Informatiksystemen

5. Informatik und Gesellschaft[119]

Was sich hinter diesen Leitideen versteckt, kann in einem Auszug aus dem Bildungsplan im Anhang A nachgelesen werden.

Damit ein Vergleich der Inhalte mit denen der älteren Lehr- und Bildungspläne möglich ist, werden den Inhalten die bildungstheoretischen Ansätze zugeordnet. Das stellt sich hier viel einfacher dar als bei den Inhalten der *„Informationstechnischen Grundbildung"* im Unterricht der Mittelstufe, da jeder Leitidee ein Ansatz des Informatikunterrichts zugeordnet werden kann.

Leitidee		bildungstheoretischer Ansatz
Nr.	Titel	
1	*Information und Daten*	rechnerorientiert
2	*Algorithmen und Daten*	algorithmenorientiert
3	*Problemlösen und Modellieren*	anwendungsorientiert
4	*Wirkprinzipen von Informatik-Systemen*	rechnerorientiert
5	*Informatik und Gesellschaft*	benutzerorientiert

Tab. II.8: Bildungstheoretische Ansätze des Fachs Informatik im Bildungsplan von 2004

Ein direkter Vergleich der vorgesehenen Unterrichtszeit jeder Leitidee mit den Richtstundenzahlen der Lehrplaneinheiten der älteren Lehr- und Bildungspläne ist leider nicht möglich, da im Bildungsplan von 2004 keine zentralen Vorgaben der Richtstundenzahlen vorgesehen sind. So bleibt allein nur ein inhaltlicher Vergleich. Nach wie vor sind alle vier bildungstheoretischen Ansätze vertreten, allerdings haben sich die Schwerpunktsetzungen im Laufe der Jahre verändert. Die Rechnerorientierung war im Lehrplan von 1977 mit 38% an Unterrichtszeit stark vertreten, im Bildungsplan von 1994 war ihr Anteil auf 20% gesunken. Im Bildungsplan 2004 sind zwei von fünf Leitideen der Rechnerorientierung gewidmet, die somit gestärkt wurde. Dies liegt daran, dass im Bildungsplan von 2004 erstmals die Vernetzung von Computern durch die Leitidee „Wirkprinzipien von Informatiksystemen" thematisiert wird, z. B. mit dem *„Client-Server-Prinzip"*[120]. Des Weiteren wurden Inhalte wie z. B. die Idee der Digitalisierung, welche in allen Lehr- und Bildungsplänen, wenn auch oft versteckt, zu finden ist, weiterhin beibehalten. Die Algorithmen- und Anwendungsorientierung sind in ähnlicher Weise wie im Bildungsplan von 1994 vertreten. Bei der Benutzerorientierung sind Aspekte der Datensicherheit stärker thematisiert, so findet man unter der Leitidee *„Informatik und Gesellschaft"* den Satz: *„Durch die einheitliche Darstellung [von Daten] sowie die globale Vernetzung sind auch unerwünschte Eingriffe von Seiten Dritter möglich"*[121]. Als Inhalte sind die Verschlüsselung und die digitale Signatur vorgeschrieben. Somit sind erstmalig in einem Bildungsplan für den Informatikkurs der Ober-

---

[119] Ebd., S. 439
[120] Ebd., S. 441
[121] Ebd.

stufe in Baden-Württemberg Elemente aus der modernen Kryptografie erwähnt. Damit wird die Bildungsnotwendigkeit dieses Themas von ministerieller Seite bestätigt.

Wie schon seine Vorgänger spiegelt der Bildungsplan von 2004 den Zeitgeist wieder. Begann beim letzten Bildungsplan von 1994 der eigentliche Einzug des Computers in die privaten Haushalte, so ist er heute nicht mehr wegzudenken.

2.1.6 Codes in den Lehr- und Bildungsplänen[122] von 1977 – 2004

Für einen ersten Überblick zu diesem Thema sind in der Tab. II.9 entsprechende Stellen der verschiedenen Lehr- und Bildungspläne, die sich direkt mit der Codierung befassen, zusammengefasst.

1977

Betrachtet man den Lehrplan unter dem Blickwinkel der Codierungstheorie, so fällt auf, dass der Codierung das ganze Kapitel 1 des Themenkreises B gewidmet ist. Es umfasst eine Richtstundenzahl von 16 Stunden, das entspricht immerhin 13 % der zur Verfügung stehenden Unterrichtszeit, was sehr beachtlich ist. Inhaltlich soll der Begriff der Codierung etc. (s. o.) behandelt werden. Als Ziel ist formuliert: Schüler sollen *„Außer der Dualzahldarstellung von Zahlen zwei Binärcodes genau kennen und damit arbeiten können"*[123]. Als Binärcodes werden der ASCII- bzw. der Hollerith-Code vorgeschlagen.

1984

Im Bildungsplan des Fachs Mathematik gibt es zwar eine LPE *„Elemente der Informatik"* in der Klasse 9, allerdings ist in dieser die Codierung nicht explizit erwähnt. Im Bildungsplan des Informatikkurses der Oberstufe ist die Codierung in der Lehrplaneinheit 8 explizit angeführt, wobei es hier um Zahlen- und Zeichendarstellungen (binäre Zeichen), Codes als Mittel zur Darstellung von Zeichen (ASCII, BCD, Codebaum) und maschinenorientierte Sprachen (Maschinencode, Assembler) geht.

1994

Sucht man den Begriff der Codierung im Bildungsplan von 1994 in den Fächern Mathematik und Informatik fällt auf, dass dieser weder im Bildungsplan der Klasse 8 zum „Informations technischen Grundwissen" im Fach Mathematik noch im Bildungsplan des Informatikkurses der Oberstufe erwähnt ist.

Interessanterweise ist der Begriff des Codes bzw. der Codierung in den Bildungsplänen anderer Fächer, beispielsweise im Bildungsplan für den Grundkurs Biologie *„LPE 5: Aufnahme und Verarbeitung von Informationen im menschlichen Körper"*, beim Thema *„Nervenzelle … Codierung und Weiterleitung der Information"*[124] und *„LPE 3: Grundlagen der Molekulargenetik"*, beim Thema *„DNA als stoffliche Grundlage der Erbinformation … Genetischer Code und seine Entschlüsselung … Übungen zur Codierung"*[125] zu finden.

---

[122] Dieser Untersuchung wurden die Lehr- und Bildungspläne des Landes Baden-Württemberg für das allgemeinbildende Gymnasium zugrunde gelegt.
[123] Kultus und Unterricht Lehrplanheft (9/1977), S. 241
[124] Ministerium für Kultus und Sport für Baden-Württemberg, Bildungsplan von 1994 Gymnasium, S. 765
[125] Ebd., S. 769

Bildungsplan		Inhalte der Codierung
Jahr	**Klasse**	
1977	Oberstufe	Informatikkurs Themenkreis B: 1. Codierung und Zahldarstellung 1.1 Codierung (Begriff der Codierung), Zahl der für eine gegebene Zahlenmenge benötigten Bits, Codebaum, Umcodierung und Decodierung, Codesicherung (z. B. durch Paritätsbit), Redundanz, Datenträger, Datentransport 1.2 Interne Zahldarstellung
1984	Mathematik 9	LPE [126] 6b: Elemente der Informatik nicht explizit erwähnt
1984	Oberstufe	Informatikkurs: LPE 8: Maschinenorientierte und problemorientierte Programmiersprachen: – Zahlen- und Zeichendarstellungen (binäre Darstellung) – Code als Mittel zur Darstellung von Zeichen (ASCII, BCD, Codebaum) – Codierung und Decodierung – Maschinenorientierte Sprachen (Maschinencode, Assembler)
1994	Mathematik 8	LPE 5: Informationstechnische Grundkenntnisse Codierungen hier nicht explizit erwähnt
1994	Oberstufe	Informatikkurs: Codierungen hier nicht explizit erwähnt
2004	Unter- und Mittelstufe	Informationstechnische Grundbildung: Die Schüler kennen grundlegende Konzepte digitaler Informationsbearbeitung: ... Kodierung Die Schüler können grundlegende Ideen und Konzepte digitaler Informationsbeschaffung anwenden: ... Kodierung ...
2004	Oberstufe	Informatikkurs Leitidee: Information und Daten Die Schüler können die Bedeutung der Digitalisierung darlegen (Inhalte: Kodierung, Bit, Byte, einfache Formate für Text und Grafik).

Tab. II.9: Übersicht zum Thema „Codes" in den Lehr- und Bildungsplänen
des Landes Baden-Württemberg von 1977 – 2004

---

[126] LPE: Lehrplaneinheit

2004

Im Gegensatz zum Bildungsplan von 1994 ist die Untersuchung nach codierungs-theoretischen Inhalten des Bildungsplans von 2004 weitaus erfolgreicher. So ist die Codierung im Zusammenhang mit dem Informationsbegriff zweimal erwähnt.
Die Codierung ist explizit in der Leitidee 1 *„Information und Daten"* in Verbindung mit den Begriffen Bit und Byte erwähnt. Hierbei geht es um die Frage: *„Wie kommen die Buchstaben in den Computer und was bedeuten die Begriffe Bit und Byte bzw. was geben sie an?"* Des Weiteren ist in selbiger Leitidee auch die Digitalisierung genannt: *„Die Schülerinnen und Schüler können die Bedeutung der Digitalisierung darlegen"*[127]. Mit der Digitalisierung ist die Umwandlung kontinuierlicher Analogsignale in eine diskrete Folge von meist ganzzahligen numerischen Werten gemeint[128]. Damit handelt es sich um eine klare codierungstheoretische Aufgabe. Des Weiteren sind in der ersten Leitidee die Inhalte: *„Einfache Formate für Text und Grafik"*[129] vorgeschrieben, die auch in die Codierung zählen. Im Informatikkurs wird unter der Leitidee: *Daten und Information* der Gedanke der Digitalisierung und der damit verbundenen Codierung fortgeführt, auch hierbei ist die Codierung in Zusammenhang mit Dateiformaten genau benannt.

Verfolgt man die Entwicklung des Begriffs der Codierung durch die verschiedenen Lehr- und Bildungspläne wird deutlich, dass seit dem erstmaligem Auftreten der Informatik in einem Lehr- bzw. Bildungsplan des Landes Baden-Württemberg die Codierung immer schon ein Thema war, so ist ihr bereits 1977 ein ganzes Kapitel eines Themenkreises gewidmet. In den darauf folgenden Bildungsplänen wurde die Codierung immer mehr an den Rand gedrängt, so war sie im Bildungsplan von 1984 nur noch ein Teil einer kleinen Lehrplaneinheit im Informatikkurs der Oberstufe. Im Bildungsplan von 1994 wurde sie weder in der LPE 5 (*„Informationstechnische Grundkenntnisse"*) noch im Informatikkurs der Oberstufe explizit erwähnt. Allerdings, wie bereits erwähnt, in den Bildungsplänen anderer Fächer z. B. Grund-kurs Biologie.

Im Bildungsplan von 2004 erfährt die Codierung (nun als Kodierung geschrieben) eine Renaissance. Im Bildungsplan der Informationstechnischen Grundbildung wird sie im Zu-sammenhang mit der Informationsbeschaffung und der -bearbeitung genannt, im Bildungs-plan des Informatikkurses für die Oberstufe im Zusammenhang mit der Digitalisierung.
Als Schlussfolgerung der gesamten Analyse hinsichtlich der codierungstheoretischen Inhalte kann man sagen, dass die Codierung immer schon ein grundlegender Inhalt für die Ent-wicklung informationstechnischer Kompetenz ist und immer in den Bildungsplänen zu finden war.

2.1.7 Kryptologie in den Lehr- und Bildungsplänen[130] von 1977 – 2004

In der Übersicht Tab. II.10 ist die Entwicklung des Themas Kryptologie in den Lehr- und Bildungsplänen des Landes Baden-Württemberg zusammengefasst.

---

[127] Ebd., S. 439
[128] Nach Henning (2000), S. 29
[129] Ministerium für Kultus und Sport für Baden-Württemberg Bildungsplan von 2004 Gymnasium, S. 439
[130] Dieser Untersuchung wurden die Lehr- und Bildungspläne des Landes Baden-Württemberg für das allge-meinbildende Gymnasium zugrunde gelegt

1977 und 1984

Betrachtet man den Lehrplan von 1977 und den Bildungsplan von 1984 unter dem Hintergrund der Kryptologie, so fällt auf, dass die Kryptologie bzw. Elemente der Kryptologie explizit nicht in ihnen zu finden sind.

1994

Aspekte der Kryptologie sind im Bildungsplan von 1994 im Unterricht der Mittelstufe und der Oberstufe nicht explizit vorgesehen. Allerdings war sie impliziert bei den folgenden Lehrplaneinheiten: in der Klasse 8: *„Informationstechnische Grundkenntnisse"* durch das Thema Datenschutz und in der Oberstufe: *„Verantwortung im Umgang mit informationsverarbeitenden Systemen"* beim Thema Sicherheit von Informations-, Kommunikations- und Steuerungssystemen sowie in der LPE *„Informationsverarbeitende Systeme, Anwendungen und Auswirkungen"* mit Datenschutz und Datensicherheit. Bei der letzten LPE handelt um eine besondere Einheit. Diese soll im Verlaufe des Informatikkurses integrativ bei der Behandlung der Inhalte anderer LPE'en vermittelt werden und nicht als eigenständige LPE.

Bildungsplan		Inhalte der Kryptologie
Jahr	**Klasse**	
1977	Oberstufe	Elemente der Kryptologie nicht explizit erwähnt.
1984	Mathematik 9	LPE: Elemente der Informatik
1984	Oberstufe	Elemente der Kryptologie nicht explizit erwähnt.
1994	Mathematik 8	LPE 5: Informationstechnische Grundkenntnisse Kryptologie nicht explizit erwähnt
1994	Oberstufe	Informatikkurs: nicht explizit erwähnt, allerdings impliziert z. B. in: LPE 8: Verantwortung im Umgang mit informationsverarbeitenden Systemen Sicherheit von Informations-, Kommunikations- und Steuerungssystemen
2004	Unter- und Mittelstufe	Informationstechnische Grundbildung: nicht explizit erwähnt, allerdings impliziert in: Die Schüler wissen um die Problematik der Sicherheit und Authentizität von Mitteilungen in globalen Netzen und kennen Möglichkeiten zur Wahrung der Persönlichkeitssphäre.
2004	Oberstufe	Informatikkurs Leitidee: Informatik und Gesellschaft Die Schüler kennen die Datensicherheit (Inhalte: *Verschlüsselung, digitale Signatur).*

Tab. II.10: Übersicht zum Thema „Kryptologie" in den Lehr- und Bildungsplänen
des Landes Baden-Württemberg von 1977 – 2004

2004

Die Untersuchung des Bildungsplans 2004 nach kryptologischen Inhalten fördert dieses Mal Erstaunliches zutage. So findet man in den Kompetenzen und Inhalten für die Informationstechnische Grundbildung unter der Leitidee: *„Erfolgreich zusammenarbeiten und kommunizieren"* folgendes Ziel: *„Die Schülerinnen und Schüler wissen um die Problematik der Sicherheit und Authentizität von Mitteilungen in globalen Netzen und kennen Möglichkeiten zur Wahrung der Persönlichkeitssphäre"*[131]. Die dargestellte Forderung, dass Schüler die Sicherheitsproblematik im Umgang mit globalen Netzen kennen sollen, impliziert die Kryptologie. Hierbei handelt es sich um die erste ganz konkrete Stelle in einem Bildungsplan von Baden-Württemberg, in der eine solche klare Forderung nach der Behandlung kryptologischer Inhalte im Unterricht gestellt wird. Des Weiteren wird deutlich, wie der Umgang mit modernen Medien kryptologischer Kompetenz bedarf.

Wie sieht es nun im Bildungsplan für den Informatikkurs der Oberstufe aus?
Auch hier sind eindeutige Hinweise auf kryptologische Inhalte zu finden. In den Kompetenzen und Inhalten für die Informatik in der Oberstufe ist unter der Leitidee: *„Informatik und Gesellschaft"* folgende Zielsetzung formuliert:

> *„Informatiksysteme dienen oft als Grundlage für weitreichende Entscheidungen. Die Zuverlässigkeit der dabei gelieferten Ergebnisse ist abhängig von der Güte der Daten, ihrer fehlerfreien Bearbeitung und ihrer Integrität. Durch die einheitliche Darstellung sowie die globale Vernetzung sind auch unerwünschte Eingriffe von Seiten Dritter möglich. Die einfache Möglichkeit, bestehende auch verteilte Daten zu verknüpfen, birgt die Gefahr einer missbräuchlichen Nutzung. Nur mit Kenntnissen grundlegender informatischer Konzepte und Zusammenhänge lassen sich global vernetzte Systeme verantwortlich einsetzen sowie Chancen und Risiken ihrer Nutzung beurteilen."*[132]

In dieser Ausführung weisen die Integrität von Daten und der Schutz vor unerwünschten Eingriffen Dritter auf Daten, welche in Kapitel III als Grundaufgaben der Kryptologie definiert sind, auf die Kryptologie hin. Insgesamt betrachtet geht es im Kern um den Aufbau einer kryptologischen Kompetenz. Gerade um dieser Forderung gerecht zu werden, dient auch diese Arbeit.

Unter oben genannter Leitidee ist u. a. als Kompetenz gefordert, dass die *„Schülerinnen und Schüler Aspekte der Datensicherheit kennen"*[133]. Dies stellt wiederum eine Grundaufgabe der Kryptologie dar. Inhaltlich sollen die oben genannten Anforderungen u. a. durch die vorgeschriebenen Themen: *„Verschlüsselung, digitale Signatur"*[134] erreicht werden. Dabei handelt es sich eindeutig um Themen, die direkt in der Kryptologie beheimatet sind. Das ist wohl der bisher stärkste und eindeutigste Hinweis auf kryptologische Inhalte in einem baden-württembergischen Bildungsplan einer allgemeinbildenden Schule.

Betrachtet man im Gesamtblick die Entwicklung des Themas Kryptologie in den Lehr- und Bildungsplänen des Landes Baden-Württemberg, ist ein eindeutiger Trend hin zu kryptologischen Inhalten zu verzeichnen. So ist dieses Thema im Lehrplan von 1977 und im Bildungsplan von 1984 nicht einmal erwähnt. Im Bildungsplan von 1994 ist es immerhin

---

[131] Ebd., S. 312
[132] Ebd., S. 441
[133] Ebd.
[134] Ebd., S. 441

schon implizit beim Thema Datensicherheit aufgeführt. Im Bildungsplan von 2004 erfährt dieses Thema in den baden-württembergischen Lehr- und Bildungsplänen seinen vorläufigen Höhepunkt, mit den vorgeschriebenen Inhalten der Verschlüsselung und der digitalen Signatur.

2.2   Vergleich informatischer Inhalte aller Bundesländer

In einer Querschnittsstudie über alle Bildungspläne der verschiedenen Bundesländer hinweg soll gezeigt werden, welchen Ansatz diese hinsichtlich der informatischen Bildung einschlagen. Allerdings muss an dieser Stelle darf hingewiesen werden, dass der Begriff des Bildungsplans in Baden-Württemberg geläufig ist, vergleichbare Vorschriften in den anderen Bundesländern heißen Lehrplan, Rahmenplan etc. Wenn im Folgenden vom Bildungsplan gesprochen wird, sind alle vergleichbaren Vorschriften damit gemeint. Dieser Studie werden die Bildungspläne der allgemeinbildenden Gymnasien der verschiedenen Bundesländer zugrunde gelegt (Stand: März 2010), da unter den allgemeinbildenden Schularten in dieser Schulart die meisten Hinweise für die informatische Bildung zu erwarten sind. Des Weiteren wird untersucht, inwieweit Elemente der Codierungstheorie und der Kryptologie in den Lehr- und Bildungsplänen der verschiedenen Bundesländer Niederschlag gefunden haben.

In den folgenden Abschnitten ist eine kurze Charakteristik der informatischen Bildung in jedem Bundesland dargelegt, anschließend werden die Ergebnisse der Studie in einer Gesamtschau dargestellt. Eine tabellarische Übersicht der verschiedenen Vorschriften zur informatischen Bildung in den einzelnen Bundesländern ist im Anhang B zu finden.

2.2.1 Kurze Charakteristik der informatischen Bildung in jedem Bundesland

Die charakteristische Darstellung der informatischen Bildung in Deutschland wird mit einer kurzen Darstellung der *„Einheitlichen Prüfungsanforderungen in der Abiturprüfung (EPA)“*, auf die sich die Bundesländer im Rahmen der Kultusminister-Konferenz geeinigt haben, eröffnet. Die EPA stellen ein Metacurriculum für den Unterricht in der Oberstufe, über alle Bundesländer hinweg, dar. In diesen Prüfungsanforderungen sind die fachlichen und methodischen Kompetenzen sowie die fachlichen Inhalte festgelegt, die jeder Informatikschüler am Ende der Schulzeit beherrschen soll. In den EPA für die Informatik fordert die KMK, dass *„der Informatikunterricht in der gymnasialen Oberstufe ... einen spezifischen Beitrag zur Allgemeinbildung [leistet], indem er den Erwerb eines systematischen, zeitbeständigen und über bloße Bedienerfertigkeiten hinausgehenden Basiswissens über die Funktionsweise, die innere Struktur sowie die Möglichkeiten und Grenzen von Informatiksystemen ermöglicht.“*[135] Als inhaltliche Anforderung an die Abiturprüfung werden die folgenden Inhalte[136] festgelegt:

1. Grundlegende Modellierungstechniken

2. Interaktion mit und von Informatiksystemen

3. Möglichkeiten und Grenzen informatischer Verfahren.

Dabei findet man im zweiten Inhalt folgende Themen mit einem codierungstheoretischen Schwerpunkt:

- Repräsentation von Information

---

[135] KMK (2004), S. 3
[136] Ebd., S. 5 ff.

- Kommunikation zwischen Computern, Netze (z. B. einfaches Kommunikationsprotokoll, einfaches Schichtenmodell)

und folgendes Thema, das einen kryptologischen Schwerpunkt hat:

- Datenschutz und Datensicherheit (z. B. Kryptologie, Zugriffskontrolle).

Durch die Aufnahme codierungstheoretischer und kryptologischer Inhalte in die EPA wird deren Bedeutung für den Unterricht an den allgemeinbildenden Schulen deutlich.

Baden-Württemberg[137]

In Baden-Württemberg ist seit dem 01.08.2004 der Bildungsplan für das achtjährige Gymnasium in Kraft, dieser wird allerdings erst sukzessive in den verschiedenen Jahrgangstufen eingeführt. Zum Zeitpunkt seiner Einführung war er nur für die Klasse 5 gültig. Im Jahr 2012 werden die ersten Abiturienten, die nach diesem Bildungsplan gelernt haben, die baden-württembergischen Gymnasien verlassen. Dieser Bildungsplan basiert auf dem Kompetenzbegriff[138], so sind die Bildungsziele als Kompetenzanforderungen beschrieben und nicht mehr als Lernziele. Die angestrebten Kompetenzen sind für die Fächer Mathematik und Informatik in verschiedene Leitideen aufgeteilt.

Für die informatische Bildung wird ein integrativer Ansatz der Informationstechnischen Grundbildung gewählt, daher gibt es für diese einen eigenen Abschnitt im Bildungsplan. Wann und in welcher Form die konkrete Integration in die verschiedenen Fächer erfolgt, wird im Schulcurriculum der entsprechenden Schule festgelegt[139]. Schließlich wird die informatische Bildung am Gymnasium durch einen zweistündigen Wahlkurs in der Oberstufe Klasse 11 und 12 abgerundet.

Bayern

Wie in Baden-Württemberg wurde auch in Bayern im Jahre 2004 ein neuer Lehrplan in Kraft gesetzt, der z. Zt. noch nicht für allen Klassen gültig ist. Als eine Neuerung wurde im Fach Natur und Technik, welches in den Klassen 5-7 Pflicht ist, ein neuer Schwerpunkt Informatik integriert. Auf diesen Schwerpunkt entfällt in den Klassen 6 und 7 ein Drittel der Unterrichtzeit des Fachs Natur und Technik, d. h. eine Unterrichtstunde pro Woche. Als ein weiteres Element der informatischen Bildung ist in den Klassen 9 und 10 am naturwissenschaftlich-technologischen Gymnasium das Fach Informatik vorgesehen. In der Oberstufe Klasse 11-12 wird ein zweistündiger Wahlkurs Informatik angeboten.

Berlin

Die Länder *Brandenburg, Mecklenburg-Vorpommern und Bremen* haben sich 2004 auf einen gemeinsamen Rahmenlehrplan für die Grundschule geeinigt. Der besseren Übersichtlichkeit und zur Vermeidung von Redundanzen wird dieser im Rahmen der Ausführungen zum Land Berlin dargestellt. Ziel dieser Einigung ist es, die Anzahl der curricularen Vorschriften der Bundesländer zu verkleinern. Nach dem Vorwort zum Rahmenlehrplan der Grundschule existieren mehr als 2000 dieser Vorschriften in den verschiedenen Bundesländern, *„die die Gefahr der Ungleichheit bei der Bildungsteilhabe fördern und bei einem Umzug von Land zu*

---

[137] Für genauere Ausführungen vgl. Abschnitt 2.1 dieses Kapitels.
[138] Vgl. Abschnitt 1 dieses Kapitels
[139] Siehe z. B. das Schulcurriculum des Fichte Gymnasiums in Karlsruhe.

Land erschwerend wirken"[140]. Daher werden in der Übersicht im Anhang B für die Länder Bremen, Brandenburg und Mecklenburg-Vorpommern keine weiteren Angaben zur Grundschule gemacht. An dieser Stelle erfolgt ein kurzer Blick ins Detail, da sich immerhin vier Bundesländer auf einen gemeinsamen Plan verständigt haben. Im Rahmenlehrplan zum Sachunterricht der Grundschule ist ein Beitrag zur informatischen Bildung zu finden, so gibt es ein Themenfeld *„Medien nutzen"*. Dieses ist wiederum unterteilt in die beiden Themen:

1) Medien verwenden, bewerten und produzieren

2) Mit dem Computer arbeiten

Im zweiten Thema wird der grundlegende Umgang mit dem Computer thematisiert.

Für den Unterricht in der Sekundarstufe I verfolgt das Land Berlin mit dem Rahmenlehrplan für ITG und Informatik (gültig ab Schuljahr 2006/2007) eine eigene Strategie für die informatische Bildung: Einerseits einen integrativen Ansatz in den Klassen 7-8 in Form einer informationstechnischen Grundbildung, wobei die Stunden individuell von den Schulen auf die Schuljahre und Fächer verteilt werden. Andererseits wird in den Klassen 9-10 ein Wahlpflichtfach Informatik angeboten.

Für die gymnasiale Oberstufe haben sich die Länder Berlin, Brandenburg und Mecklenburg-Vorpommern auf gemeinsame Rahmenlehrpläne geeinigt. In der Sekundarstufe II (Klassen 11-12) kann das Fach Informatik als Grund- bzw. Leistungskurs gewählt werden. Diese sind inhaltlich nahezu identisch, so sind für den Leistungskurs im Rahmen der verschiedenen Themen nur zusätzliche Ergänzungen vorgesehen. Im Rahmenlehrplan sind die inhaltlichen Vorgaben unter der Rubrik *„Kompetenzen und Inhalte"*[141] zu finden, die wiederum für jedes der drei Bundesländer gleich sind. Allerdings ist die Verteilung der Inhalte auf die Kurshalbjahre für jedes Land individuell gelöst, so unterscheidet das Land Berlin sehr deutlich zwischen Grund- und Leistungskurs und gibt auch zwei verschiedene Verteilungen der Inhalte an. Im Gegensatz dazu gibt das Land Brandenburg eine gemeinsame Verteilung der Inhalte für den Grund- bzw. Leistungskurs an. Mecklenburg-Vorpommern hingegen macht keine Angaben über die Verteilung der Inhalte auf die Kurshalbjahre. Da es sich dabei nur um sehr kleine Unterschiede und nicht um echte inhaltliche Unterschiede handelt, werden diese Details in der Übersicht im Anhang B nicht berücksichtigt.

Brandenburg

Wie auch im Land Berlin beginnt in Brandenburg die Sekundarstufe in der Klasse 7. Die Schulen können im Rahmen der Schwerpunktsetzung Informatik als Wahl- oder Pflichtfach in den Klassen 7/8 anbieten. In den Klassen 9-10 kann Informatik als Wahl-, Pflicht- oder Wahlpflichtfach weiter geführt werden[142]. Der Tabelle im Anhang B liegt ein Minimalplan für ein zweistündiges Fach Informatik zugrunde. In diesem Plan wird nach Kompetenzen und Themen unterschieden, dabei sind die Kompetenzen prozessorientiert und die Themen inhaltsorientiert. In der Übersicht werden nur die Inhalte untersucht. In der Oberstufe kann das Fach Informatik als Grund- bzw. als Leistungskurs gewählt werden (weitere Angaben siehe Berlin).

---

[140] Senatsverwaltung für Bildung, Jugend und Sport Berlin, Rahmenlehrplan Grundschule Sachunterricht (2004), S. 45

[141] Senatsverwaltung für Bildung, Jugend und Sport Berlin, Rahmenlehrplan für die gymnasiale Oberstufe Informatik (2006), S. 18 ff.

[142] Vgl. Ministerium für Bildung, Jugend und Sport des Landes Brandenburg, Implementationsbrief zum Rahmenlehrplan Sekundarstufe I Informatik (2008), S. 1

Bremen

Im Bundesland Bremen verfolgt man für die informatische Bildung einen integrativen Ansatz im Fachunterricht. Zur Konkretisierung dieser Integration gibt es im Bildungsplan der Sekundarstufe I einen eigenen Rahmenplan für das Fach Medienbildung. Dabei geht man von einem weiten Medienbegriff aus, wobei der Computer eine zentrale Rolle einnehmen soll. Dies zeigt sich an folgendem Auszug aus dem Rahmenplan:

> *„Unter ‚Medien' werden in diesem Rahmenplan alle elektronischen Geräte zur Verarbeitung und Übertragung von Text, Ton, Bild und Video verstanden. Den Informationstechniken und insbesondere dem Computer als allgemeiner symbolverarbeitender Maschine mit seinen vielfältigen Vernetzungsmöglichkeiten kommt in diesem Bereich eine zentrale Rolle zu."*[143]

Das Fach Medienbildung soll in zwei Stufen an den Schulen umgesetzt werden:

- Stufe 1: Technische Grundbildung in den Klassen 5-6

- Stufe 2: Bis zur Klasse 10 soll eine Unterrichtseinheit umgesetzt werden, wobei das Thema der Unterrichtseinheit aus einem Themenkatalog (siehe Übersicht im Anhang B) ausgewählt werden kann und mit einem Portfolio abgeschlossen werden soll.

Schließlich kann das Fach Informatik in Bremen als Grund- oder Leistungskurs gewählt werden.

Hamburg

Wie in anderen Bundesländern verfolgt man für die informatische Bildung in den Klassen 5-10 auch in Hamburg einen integrativen Ansatz und nennt ihn *„Medienerziehung"* Allerdings gibt es dafür keinen gesonderten Rahmenplan, man hat die Medienerziehung in einen Rahmenplan für verschiedene Aufgabengebiete integriert. Zu diesen Aufgabengebieten gehören beispielsweise *„Berufsorientierung, Gesundheitsförderung, globales Lernen"*[144]. Allen diesen Aufgabengebieten ist gemeinsam, dass sie *„nicht eindeutig einem einzelnen Unterrichtsfach zugeordnet werden können oder mehrere Fächer zugleich betreffen"*[145]. Inhaltlich handelt es sich bei dieser Art der Medienerziehung nicht um reine informatische Inhalte, sondern es geht eher um den mündigen Umgang mit den Medien, siehe folgendes Zitat:

> *„Die selbstbestimmte Nutzung der Medienangebote und -möglichkeiten erfordert nicht nur eine sichere Bedienung und Handhabung von Geräten und Programmen, sondern auch eine reflektierte Wahrnehmung der Medien sowie Kenntnisse der ‚Mediensprache', um die Wirkungsabsichten erkennen zu können."*[146]

Für die Klassen 8 und 9 besteht die Möglichkeit, im Rahmen des Wahlpflichtfaches Informatik als zweistündiges Fach zu wählen. Die Oberstufe setzt sich aus einer Vorstufe in Klasse 10 und einer Studienstufe in den Klassen 11 und 12 zusammen. In der Studienstufe wird das Fach Informatik auf einem erhöhten bzw. grundlegenden Niveau unterrichtet. Der Übersicht liegen die Inhalte des erhöhten Niveaus zugrunde.

---

[143] Senator für Bildung und Wissenschaft Bremen, Rahmenplan für die Medienbildung (2002), S. 4
[144] Freie und Hansestadt Hamburg Behörde für Bildung und Sport, Rahmenplan Aufgabengebiete, Bildungsplan achtstufiges Gymnasium Sekundarstufe I (2004), S. 3
[145] Ebd., S. 4
[146] Ebd., S. 24

Hessen

Im Land Hessen erfolgt die Sicherung informatischer Bildung durch eine informations- und kommunikationstechnische Grundbildung (IKG):

> *„Das Ziel der informations- und kommunikationstechnischen Grundbildung (IKG) ist es, die Schülerinnen und Schüler in die Grundlagen des Umgangs mit dem Medium Computer einzuführen. Dabei soll gewährleistet werden, dass allen Schülerinnen und Schülern unabhängig von ihrer Vorbildung und unabhängig von außerschulischen Möglichkeiten ein chancengleicher Zugang und gleiche Grunderfahrungen mit den neuen Medien eröffnet werden."*[147]

Die IKG besteht in Hessen aus sieben Modulen, die im Fachunterricht erarbeitet werden. Die Inhalte sind in getrennten IKG-Hinweisen zu den Lehrplänen vom hessischen Kultusministerium ausgewiesen worden. Zur Absicherung, dass die IKG auch in den Gymnasien tatsächlich erfolgt, sollen die Gymnasien ein strukturiertes Mediencurriculum entwickeln. Nach Meinung des hessischen Kultusministeriums sollte der Bildungsgewinn der Schüler durch IKG dokumentiert werden und führt dazu aus: Es *„bietet ... sich an, den Schülerinnen und Schülern den Erwerb eines allgemein anerkannten Computer-Zertifikats zu ermöglichen."*[148] Als mögliche Zertifikate empfiehlt das hessische Kultusministerium drei verschiedene Zertifikate:

- *Europäischer Computerführerschein (ECDL)*

- *Microsoft Office Specialist Certifikat und*

- *Europäischer Computer Pass Xpert Master.*

Zurzeit wird im Land Hessen die Schulzeit im Gymnasium auf 8 Jahre verkürzt. Da zum Zeitpunkt der Untersuchung die neuen Lehrpläne für das Fach Informatik noch nicht vorlagen, werden der Untersuchung die Lehrpläne für das neunjährige Gymnasium zugrunde gelegt. Danach haben die Schüler die Möglichkeit, in den letzten Jahrgangsstufen der Sekundarstufe I die informatische Bildung im Rahmen des zweistündigen Wahlpflichtfaches Informatik zu vertiefen. Da es hierzu keinen Lehrplan des hessischen Kultusministeriums gibt, haben sich die hessischen Fachleiter für Informatik auf ein Curriculum verständigt, welches als Empfehlung für die Gymnasien zu sehen ist. Diese Empfehlung wird der Übersicht zugrunde gelegt. In der Klasse 11 ist dabei ein zweistündiger Grundkurs vorgesehen, in den Klassen 12 und 13 (Qualifizierungsphase) ein dreistündiger Grund- bzw. ein fünfstündiger Leistungskurs.

Mecklenburg-Vorpommern

Die informatische Bildung erfolgt in Mecklenburg-Vorpommern in mehreren Stufen, beginnend bei der Grundschule (siehe Berlin). Daran schließt sich die Orientierungsstufe (Klassen 5-6) an, in der für die informatische Bildung im Gegenstandsbereich *„Arbeit-Wirtschaft-Technik und Informatik"*[149] ein zweistündiges Fach vorgesehen ist. Für die Sekundarstufe (7-10) gibt es für die informatische Bildung einen eigenen Rahmenplan Informatik. In den Klassen 7 und 8 wird sie im Rahmen eines integrativen Ansatzes fort-

---

[147] Röhner (2006), S. 9
[148] Hessisches Kultusministerium, IKG-Hinweise zu den Lehrplänen (2006), S. 2
[149] Ministerium für Bildung, Wissenschaft und Kultur des Landes Mecklenburg-Vorpommern, Steckbrief Informatik (2007), S. 1

geführt. In den Klassen 9 und 10 kann Informatik als Wahlpflichtfach gewählt werden, wobei nach der derzeit gültigen Stundentafel in Klasse 9 mindestens eine[150] Stunde Informatik gewählt werden muss, allerdings kann die Informatik je nach Angebot der Schule und der Wahl der Schüler bis zu drei Unterrichtsstunden in der Woche umfassen. Dieser Unterschied wird in der Übersicht durch die angeführten fakultativen Themen verdeutlicht. Schließlich kann in der Oberstufe das Fach Informatik als Grund- bzw. Leistungskurs gewählt werden, wobei die Inhalte dieses Kurses im *„Kerncurriculum für die Qualifikationsphase der gymnasialen Oberstufe Informatik"* zu finden sind und wie bereits erwähnt, identisch mit den Inhalten für das Land Berlin sind (weitere Angaben siehe Berlin).

Niedersachsen

Für das Bundesland Niedersachsen sind keine besonderen Rahmenrichtlinien für die informatische Bildung vorgesehen. Sie ist integriert in die Rahmenrichtlinien für die einzelnen Fächer, wobei in jeder Schule die Fachkonferenzen *„ein fachbezogenes und fachübergreifendes Konzept zum Einsatz von Medien"*[151] entwickeln, damit die Schüler in diesem Bereich entsprechende Kompetenzen aufbauen können. Für den Mathematikunterricht ist beispielsweise eine frühzeitige Nutzung der Tabellenkalkulation vorgesehen. Als weitere Medien sind für den Mathematikunterricht: *„grafikfähige Taschenrechner, Computer-Algebra-Systeme, ... Dynamische Geometrieprogramme, weitere Software sowie das Internet"*[152] genannt. Für die Oberstufe liegen die neuen Rahmenrichtlinien noch nicht vor, so wird auf die für das neunjährige Gymnasium aus dem Jahre 1993 zurückgegriffen. Diese sehen vor, dass Informatik im Rahmen der Vorstufe bzw. der Kursstufe gewählt werden kann.

Nordrhein-Westfalen

Wie in anderen Bundesländern wird auch in Nordrhein-Westfalen ein integrativer Ansatz für die informatische Bildung gewählt. So ist für die Klassen 7-9 eine informations- und kommunikationstechnologische Grundbildung (IKG) im Umfang von 60 Unterrichtsstunden vorgesehen. Schwerpunktmäßig soll diese in Klasse 8 erfolgen. In den Klassen 9-10 kann Informatik als Wahlpflichtfach gewählt werden. Die Lehrpläne in Nordrhein-Westfalen sind zurzeit teilmodernisiert und stellen sich etwas uneinheitlich dar, so sind in den Kornfächern Deutsch, Mathematik und erste Fremdsprache die Kernlehrpläne aus dem Jahr 2005, die sich an den Bildungsstandards der KMK orientieren, bereits in Kraft getreten. Allerdings wurde das Fach Informatik noch nicht umgestellt, folglich liegt der Übersicht der Lehrplan der Informatik Sekundarstufe I aus dem Jahre 1993 und die vorläufigen Rahmenrichtlinien zur IKG zugrunde.

Sehr interessant ist der Ansatz des modernisierten Lehrplans für das Fach Mathematik unter Einbezug von Elementen der informatischen Bildung. Dieser stellt sich wie folgt dar:

---

[150] Ebd., S. 2
[151] Niedersächsisches Kultusministerium, Kerncurriculum für das Gymnasium Schuljahrgänge 5-10 Mathematik (2006), S. 41
[152] Ebd., S. 10

Fachbezogene Kompetenzen					
Prozessbezogene Kompetenzen			**Inhaltsbezogene Kompetenzen**		
	Argumentieren/ Kommunizieren	kommunizieren, präsentieren und argumentieren		Arithmetik/ Algebra	mit Zahlen und Symbolen umgehen
	Problemlösen	Probleme erfassen, erkunden und lösen		Funktionen	Beziehungen und Veränderung beschreiben und erkunden
	Modellieren	Modelle erstellen und nutzen		Geometrie	ebene und räumliche Strukturen nach Maß und Form erfassen
	Werkzeuge	Medien und Werkzeuge verwenden		Stochastik	mit Daten und Zufall arbeiten

Abb. II.1: Übersicht der mathematische Kompetenzen im Kernlehrplan für das Fach Mathematik[153]

An der obigen Übersicht ist sehr gut die wichtige Rolle der Medien als Werkzeug für die Mathematik sichtbar. Im Kernlehrplan, der von einem weiten Medienbegriff ausgeht, werden folgende Medien[154] festgelegt: Lineal, Geodreieck, Zirkel, Plakat, Tafel, Lerntagebuch, Merkheft, Taschenrechner, Tabellenkalkulation, Geometriesoftware, Lexika, Internet, Funktionenplotter. Für die informatische Bildung sind hier die Werkzeuge: Tabellenkalkulation, Geometriesoftware, Internet und Funktionenplotter interessant. An dieser gelungenen Integration wird der Werkzeugcharakter der informatischen Bildung sehr plastisch. Für die Oberstufe liegt der Lehrplan aus dem Jahre 1999 vor, der die Inhalte für den Leistungs- bzw. Grundkurs Informatik festgelegt.

Rheinland-Pfalz

Auch im Bundesland Rheinland-Pfalz gibt es keinen besonderen Lehrplan für die informatische Bildung. Diese ist in die einzelnen Lehrpläne der verschiedenen Fächer integriert, so gibt es im Lehrplan für das Fach Mathematik einen Abschnitt zur Nutzung elektronischer Medien im Mathematikunterricht. Darin findet sich der folgende Passus:

> *„Aufgabe der Gesamtkonferenz einer Schule ist es, Vereinbarungen zu treffen, wie grundlegende Kenntnisse (z. B. in Textverarbeitung, Informationsrecherche und Präsentation), gesellschaftliche Auswirkungen und Aspekte der Medienbildung durch Zusammenwirken der verschiedenen Fächer vermittelt werden"[155].*

Auch sind darin aufzubauende Kompetenzen vorgegeben, die bei anderen Bundesländern eher im Bereich der informationstechnischen Grundbildung zu finden sind, beispielsweise: *„entwickelte Algorithmen können ausgeführt und auf ihre Funktionstüchtigkeit überprüft werden"[156].* Für die Klassen 9 und 10 ist ein Wahlpflichtfach Informatik vorgesehen und für die Oberstufe (Klassen 11-13) kann das Fach Informatik als Grund- bzw. Leistungskurs gewählt werden.

---

[153] Ministerium für Schule, Jugend und Kinder des Landes Nordrhein-Westfalen, Kernlehrplan für das Gymnasium – Sekundarstufe I in Nordrhein-Westfalen Mathematik (2004), S. 12

[154] Ebd., S. 32

[155] Ministerium für Bildung, Frauen und Jugend, Lehrplan Mathematik (Klassenstufen 5 – 9/10) (2006), S. 9

[156] Ebd., S. 10

Saarland

Für die informatische Bildung geht man im Saarland einen integrativen Weg, allerdings soll diese im Rahmen einer informationstechnischen Grundbildung schwerpunktmäßig in Klasse 5 erarbeitet werden. Damit ist in den nachfolgenden Klassen eine *„nachhaltige Integration des Computers als Unterrichtsmedium im Fachunterricht"*[157] möglich. In der Klasse 10 kann die informationstechnische Grundbildung im Rahmen des Wahlpflichtfachs als eine einstündige[158] Einführung in die *„Neuen Medien"* oder als zweistündiges Fach *Informatik* fortgeführt werden. Der Übersicht im Anhang B liegt das Fach Informatik zugrunde. Das zweistündige Wahlfach Informatik dient als Einführungsphase für das spätere Fach Informatik im Unterricht der neuen Oberstufe (11-12). In der Oberstufe kann das Fach Informatik als Grundkurs mit zwei oder vier Unterrichtsstunden pro Woche gewählt werden.

Sachsen

Im Land Sachsen geht man für die informatische Bildung der Schüler einerseits einen integrativen Weg, anderseits gibt es in bestimmten Jahrgangsstufen das Fach Informatik. In den Klassen 5 und 6 beschreitet man beide Wege, einerseits wird das Fach Technik/Informatik angeboten. Allerdings liegt der Informatikanteil nur bei ca. 20 % der zur Verfügung stehenden Unterrichtszeit. Andererseits findet man den integrativen Anteil in diesen Klassen beispielsweise im Lehrplan für das Fach Mathematik in folgenden Lernbereichen:

- Dynamisieren geometrischer Objekte

- Finden von Vermutungen mit dynamischer Geometrie

- Primzahlen.

Im Abschnitt über Primzahlen wird sogar auf die Anwendungsmöglichkeit der Primzahlen in der Kryptografie hingewiesen. In den Klassen 7-8 ist für das Fach Informatik eine[159] eigene Unterrichtsstunde vorgesehen. Ziel dieses Unterrichts ist *„die systematische, wissenschaftsorientierte informatische Grundlagenbildung im Rahmen des Fachunterrichts"*[160]. In den Klassen 9-10 wird die informatische Bildung profilbezogen weiter geführt, dabei werden folgende Profile angeboten: gesellschaftswissenschaftliches, künstlerisches, naturwissenschaftliches und sportliches Profil. In den Lehrplänen der einzelnen Profile sind Elemente informatischen Inhalts in den verschiedenen Lernbereichen eingearbeitet. Für die Übersicht wurde der Lehrplan für das naturwissenschaftliche Profil ausgewählt, da in diesem Profil der größte Anteil an informatischer Bildung zu erwarten ist. Schließlich kann für die Klassen 11 und 12 das Fach Informatik als Grund- bzw. Leistungskurs gewählt werden.

Sachsen-Anhalt

In Sachsen-Anhalt wurde 2004 für die Klassen 7 und 8 das Wahlpflichtfach: *„Einführung in die Arbeit mit dem PC"* eingeführt. Aufgabe dieses Faches *„ist es, den Schülerinnen und Schülern Grundbegriffe, Grundkenntnisse und Grundfertigkeiten im Umgang mit dem PC und*

---

[157] Ministerium für Bildung, Kultur und Wissenschaft des Saarlandes, Informationstechnische Grundbildung im achtjährigen Gymnasium (2001), S. 2
[158] Siehe Stundentafel für das achtjährige Gymnasium im Saarland
[159] Aktuelle Stundentafel für das Gymnasium – Sekundarstufe I, S. 30 (in Anlage 13)
[160] Staatsministerium für Bildung und Schulentwicklung Sachsen, Lehrplan Informatik (2004), S. 2

für die Nutzung ausgewählter Softwareprodukte zu vermitteln"[161]. Dieses Fach *„berührt die Kernprinzipien der informatischen Bildung und verwendet die Begriffe aus der Informatik*"[162]. Wie in vielen anderen Bundesländern kann das Fach Informatik in den Klassen 10-12 als Wahlpflichtfach gewählt werden.

Schleswig-Holstein

Nach Auskunft des Instituts für Qualitätsentwicklung an Schulen Schleswig-Holsteins (IQSH) gibt es für Schleswig-Holstein keinen eigenständigen Lehrplan für die informationstechnische Grundbildung, diese Inhalte sind in die einzelnen Fachlehrpläne integriert. Für die Übersicht wurde der Fachlehrplan für das Fach Mathematik ausgewählt. In diesem Lehrplan ist jeweils in den Klassen 6 und 8 ein Thema mit informatischem Inhalt vorgesehen. In der Oberstufe (Klassen 11-13) kann Informatik als Grund- bzw. Leistungskurs gewählt werden.

Thüringen

Im Land Thüringen wird ab dem Schuljahr 2009/2010 beginnend ab Klassenstufe 5 *Medienkunde* integrativ unterrichtet. Für die folgenden Schuljahre 6-10 ist geplant, dass die Medienkunde für zwei Wochenstunden integrativ in einem Fach unterrichtet wird. Der Tabelle wird der Kursplan Medienkunde, der erst ab dem Schuljahr 2010/2011 verbindlich wird, zugrunde gelegt. Zur Charakterisierung der Medienkunde findet man in der Einleitung zum Kursplan folgenden Satz: *„Neu ist, dass der Kursplan medienkundliche und informatische Inhalte vereint und verknüpft.*"[163]
In der Oberstufe (Klassen 11 bis 12) kann Informatik als Grund- bzw. Leistungsfach gewählt werden.

2.2.2 Gesamtübersicht der untersuchten Kriterien

So vielfältig wie die deutsche Bildungslandschaft ist, so ist auch die Umsetzung der informatischen Bildung. Die einen weisen dafür teilweise ein eigenes Fach Informatik aus (beispielsweise Sachsen), andere gehen einen völlig integrativen Weg und weisen wie beispielsweise Schleswig-Holstein nicht einmal ein eigenes Konzept der informationstechnischen Grundbildung in den Bildungsplänen aus.
Zur Erstellung eines sinnvollen Gesamtüberblicks der Umsetzung der informatischen Bildung in den verschiedenen Bundesländern in der Sekundarstufe werden die Klassen 5 bis 12 (13) in drei Altersstufen eingeteilt:

- in der Altersstufe 1 (Klassen 5 bis 8) verfolgen die meisten Bundesländer den Weg eines integrativen Ansatz zur informationstechnischen Grundbildung,

- in der Altersstufe 2 (Klassen 9 bis 10) kann in den meisten Bundesländern Informatik als Wahlpflichtfach gewählt werden und

- in der Altersstufe 3 (Klassen 11 bis 12 (13)) kann man Informatik meist als Grund- bzw. Leistungskurs wählen.

---

[161] Kultusministerium Sachsen-Anhalt, Rahmenrichtlinien Gymnasium Einführung in die Arbeit mit dem PC Wahlpflichtfach: Schuljahrgänge 7–8 (2004), S. 6
[162] Ebd.
[163] Thüringer Kultusministerium, Kursplan Medienkunde (2009), S. 3

Altersstufe 1 (Klassen 5 bis 8):

Dafür werden die Länder in die drei folgenden Kategorien eingeteilt, die in den Bildungs-plänen zu finden waren:

- **integrativ:** rein integrativer Ansatz ohne gesonderte informationstechnische Grundbildung im Bildungsplan (z. B. Schleswig-Holstein)

- **integrativ+:** rein integrativer Ansatz mit gesonderter informationstechnischer Grundbildung im Bildungsplan (z. B. Baden-Württemberg)

- **Koppelung:** integrativer Ansatz mit klarer Koppelung an ein anderes Unterrichts-fach (z. B. Bayern).

Kategorien	integrativ	integrativ+	Koppelung
Anzahl	3	10	3

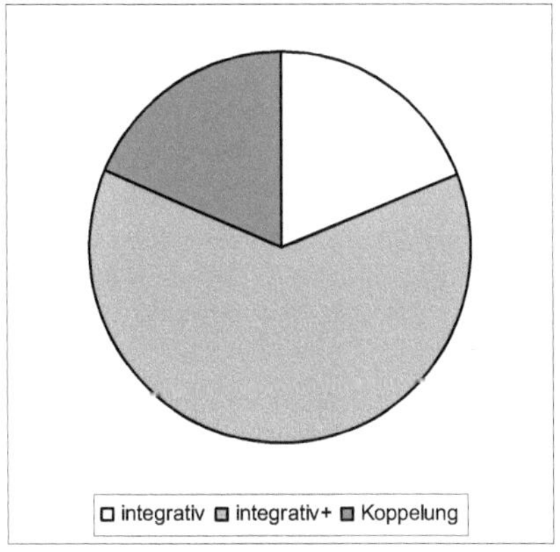

Abb. II.2: Übersicht zur informatischen Bildung der Altersstufe 1 aller Bundesländer

An der Tabelle und im Diagramm wird klar deutlich, dass die meisten Bundesländer, zehn von sechzehn, d. h. mehr als 60 % aller Bundesländer den „integrativ+" Ansatz verfolgen. Wenn man die Länder mit einem rein integrativen Ansatz ohne ein spezielles Curriculum für die informationstechnische Grundbildung hinzunimmt, verfolgen mehr als 80 % aller Bundes-länder einen integrativen Ansatz bei der informatischen Bildung in den Klassen 5-8. Die Bundesländer Bayern, Mecklenburg-Vorpommern und Sachsen gehen Sonderwege. Die Ausweisung eines eigenen Fachs Informatik in den Klassen 7 und 8 in Sachsen ist einzigartig in Deutschland. Damit geht Sachsen in der informatischen Bildung am Weitesten. Im Bildungsplan findet man hierzu die folgende Begründung:

„Zur Bewältigung zukünftiger Lebensaufgaben in einer modernen, technisch ge-prägten Wissens- und Informationsgesellschaft benötigen die Schüler fach-wissenschaftlich fundiertes, anwendungsbereites Wissen für ein grundlegendes Technikverständnis, für den Umgang mit Modellen, für den Umgang mit Informationen sowie für die Nutzung und Beherrschung moderner Informations-

und Kommunikationstechnologien. Dabei spielt der Fachunterricht Informatik eine zentrale Rolle im Prozess informatischer Bildung am Gymnasium."[164]

Altersstufe 2 (Klassen 9 bis 10):

In dieser Altersstufe wird die informatische Bildung in den meisten Bundesländern durch ein eigenes Wahlpflichtfach Informatik gesichert.

Informatik als Wahlpflichtfach	ja	nein
Anzahl der Bundesländer	11[165]	5

Tab. II.11: Übersicht zur informatischen Bildung der Altersstufe 2 aller Bundesländer

Damit sind also ca. 70 % der Bundesländer einig über die Umsetzung der informatischen Bildung in den Klassen 9-10 und bieten dafür ein Wahlpflichtfach Informatik an. Dieses bedeutet wiederum nicht, dass in den anderen 30 % der Bundesländer keine informatische Bildung stattfindet, sondern diese wird integrativ fortgeführt. Außerdem gibt es in manchen Bundesländern, wie beispielsweise Baden-Württemberg, keinen Wahlpflichtbereich in den Klassen 9-10.

Einerseits kann durch ein Wahlpflichtfach Informatik die informatische Bildung sehr gestärkt werden, so findet man im Lehrplanentwurf für das Wahlfach Informatik für das Land Rheinland-Pfalz folgende Begründung:

„Informations- und Kommunikationstechnologien sind zu einem wesentlichen Bestandteil unserer Gesellschaft geworden. ... Mit der fortschreitenden Ausbreitung drängen diese Technologien in fast alle Bereiche des gesellschaftlichen und privaten Lebens und betreffen somit inzwischen jeden."[166]

Andererseits hat der Ansatz des Wahlpflichtfachs Informatik den Nachteil, dass man nicht alle Schüler erreicht, sondern nur eine kleine Auswahl. Damit ist also keine flächendeckende allgemeinbildende informatische Grundbildung gewährleistet.

Altersstufe 3 (Klassen 11 bis 12 (13)):

In der Oberstufe wird die informatische Bildung meistens durch entsprechend belegbare Kurse gesichert. Diese Kurse gibt es als klassische Grund- und Leistungskurse oder Wahlkurse mit einem grundlegenden bzw. erweiterten Niveau. Mehr als 80 % der Bundesländer bieten noch Grund- und Leistungskurse mit dem Fach Informatik an. Stellvertretend für die Bundesländer, bei denen die Grund- und Leistungskurse abgeschafft sind, sei Baden-Württemberg erwähnt, das Informatik in der Oberstufe nur noch als zweistündigen Wahlkurs anbietet, der im Wahlpflichtbereich angesiedelt ist und als mündliches Prüfungsthema beim Abitur gewählt werden kann.

---

[164] Sächsisches Staatsministerium für Bildung und Schulentwicklung, Lehrplan Informatik (2003), S. 2
[165] Die Bundesländer Bayern und Thüringen werden mit „ja" in der Tabelle berücksichtigt, obwohl es in Bayern ein Wahlpflichtfach Informatik nicht gibt. Allerdings gibt es im naturwissenschaftlich-technologischen Gymnasium das Fach Informatik und in Thüringen beginnt das Wahlpflichtfach Informatik bereits in der Klasse 8, in Sachsen-Anhalt dagegen erst in Klasse 10.
[166] Ministerium für Bildung, Wissenschaft, Jugend und Kultur des Landes Rheinland-Pfalz, Lehrplanentwurf für das Wahlfach Informatik an Gymnasien (2005), S. 2

Oberstufe	Grund- bzw. Leistungskurs	Wahlkurs
Anzahl der Bundesländer	13	3[167]

Tab. II.12: Übersicht zur informatischen Bildung der Altersstufe 3 aller Bundesländer

Zusammenfassung der Altersstufen 1-3

Betrachtet man die drei Altersstufen insgesamt, ist ein klarer Trend zur Durchführung der informatischen Bildung in Deutschland zu erkennen:

- Altersstufe 1 (Klassen 5 bis 8):
  Mehr als 60 % der Bundesländer gehen einen integrativen Weg mit eigenen curricularen Vorgaben für eine informationstechnische Grundbildung.

- Altersstufe 2 (Klassen 9 bis 10):
  70 % der Bundesländer vertiefen die informatische Bildung durch ein Wahlpflichtfach Informatik.

- Altersstufe 3 (Klassen 11 bis 12 (13)):
  Alle Bundesländer haben sich für Grund-, Leistungs- bzw. Wahlkurse zur Vertiefung der informatischen Bildung in der Sekundarstufe II entschieden.

Codierungstheoretische und kryptologische Inhalte

In den Bildungsplänen der einzelnen Bundesländer finden sich verschiedene Inhalte, die das Thema Codes zum Gegenstand haben. Die folgenden zentralen Themen sind inhaltliche Gegenstände der Bildungspläne:

- *Informationserzeugung:*
  Die zentrale Tätigkeit in diesem Zusammenhang ist die Digitalisierung. Unter der Digitalisierung versteht man, dass eine kontinuierliche Größe in eine diskrete Größe umgewandelt wird, die mit binären Größen darstellbar sein muss, damit diese der Computer verarbeiten kann. In den Bildungsplänen findet man dazu z. B. *„Digitalisierung als Wandlungsvorgang mit den Parametern Ausschnittbildung, Anzahl der zahlenmäßig erfassten Einzelereignisse pro Ausschnittseinheit (Auflösung) sowie Zahlbereich für einen einzelnen Wert (Genauigkeit)“*[168].

- *Informationsdarstellungen und -speicherung:*
  Für die Darstellung von Informationen werden einfache Codierungen z. B. ASCII-Code, Unicode, Bit, Byte, BCD-Code, Hexadezimal, Warencodes benannt. In den Bildungsplänen finden sich zur Speicherung von Information die folgenden Dateiformate:
  - Textformate
  - Grafikformate, Vektor- und Pixelformate, dazu werden auch die Farbmodelle gezählt (RGB, CMYK) sowie die physikalischen Grundlagen der additiven und subtraktiven Farbmischung
  - Audioformate (MP3, WAV, ...)

---

[167] Das Land Sachsen-Anhalt wird im Bereich der Wahlkurse berücksichtigt, da es nur einen zweistündigen Wahlpflichtkurs Informatik in den Klassen 10-12 anbietet.
[168] Vgl. Senatsverwaltung für Bildung, Jugend und Sport Berlin, Rahmenlehrplan der Sekundarstufe I ITG, Informatik Wahlpflichtfach (2006), S. 30

    – Kompressionsformate (JPEG, Gif, ...).

- *Informationsaustausch:*
  Dieses Thema reicht von einfachen Formen des Informationsaustausches (Handzeichen, Lichtsignale etc.) über einfache Sender-Empfänger-Modelle bis hin zu modernen Computernetzen (z. B. Client-Server-Modellen). Computernetze arbeiten mit Protokollen, dazu findet man in den Bildungsplänen: TCP/IP, HTTP, POP, SMTP und FTP.

- *Informationssicherung:*
  Diese Aufgabe kommt der Kryptologie zu, die in Kapitel III noch genauer beschrieben wird. In den Bildungsplänen findet man dazu die Tätigkeiten: Ver- und Entschlüsseln einer Nachricht, Signieren von Nachrichten und Schützen der Information (z. B. durch Passwörter, Firewall etc.). Die Lehrpläne Informatik des Saarlandes sind dazu sehr detailliert.

Beim Vergleich aller Bildungspläne ist festzustellen, dass die vier obigen Themen am intensivsten in der Oberstufe bearbeitet werden, was zu erwarten war. Trotzdem werden auch in der Mittelstufe die Themen in den Wahlpflichtfächern Informatik allesamt intensiv behandelt. Betrachtet man die informatische Bildung außerhalb dieser „Sonderfälle", dann fällt das Urteil sehr unterschiedlich aus. Dabei spielt es keine Rolle, ob ein integrativer Ansatz oder ein eigenes Fach für die Informatik vorliegt. So gibt es Länder, die einen integrativen Ansatz haben und die obigen Themen weniger intensiv behandeln wie z. B. Baden-Württemberg bzw. Länder, die diese Themen trotz eines integrativen Ansatzes sehr intensiv behandeln wie z. B. Thüringen. Bei den Ländern mit einem eigenen Fach Informatik sticht das Land Sachsen durch eine intensive Behandlung der obigen Themen hervor.

Insgesamt kann man festhalten, dass auch ein eigenes Fach Informatik kein Garant dafür ist, dass die obigen wichtigen Themen behandelt werden. Daher wird in den folgenden Abschnitten genau untersucht, inwieweit zentrale und für eine gute Allgemeinbildung notwendige Inhalte aus der Codierungstheorie und Kryptologie gewinnbringend im Mathematikunterricht vermittelt werden können, da über den Mathematikunterricht alle Schüler erreicht werden.

III Begriffliche Grundlagen

1 Zum Begriff der Codierung

1.1 Terminologie der Codierung

Die folgende genauere Begriffsdefinition ist im Fremdwörterduden zu finden:

> *„Code (Kode): System von Regeln, das die Zuordnung von Zeichen[folgen] zweier verschiedener Zeichenvorräte erlaubt ... .“*[1]

Die alte DIN-Vorschrift (44300) sagt aus: *Code*:

> *„1. Eine Vorschrift für die eindeutige Zuordnung (**Codierung**) der Zeichen eines Zeichenvorrats zu denjenigen eines anderen Zeichenvorrats (**Bildmenge**),*
>
> *2. der bei der Codierung als Bildmenge auftretende Zeichenvorrat.“*[2]

Die Erste der beiden Definitionen unterscheidet nicht zwischen dem Code als Zuordnungsvorschrift und dem Code als Bildmenge. Dies wird bei der zweiten Definition deutlicher. Allerdings wird in der zweiten Definition nicht auf die Zeichenfolgen eingegangen. Einen anderen Hinweis, was man unter dem Wort „Code" versteht, erhält man, wenn man die Frage beantwortet: Woher kommt das Wort „Code"?
Im Herkunftswörterbuch steht:

> *„Kode (auch) Code: Die Bezeichnung für ‚System von verabredeten Zeichen; Schlüssel zur Entzifferung von Geheimnachrichten' wurde im 19. Jh. im Bereich der Fernmeldetechnik und des militärischen Nachrichtenwesens aus gleichb. engl. code bzw. frz. code entlehnt und geht letztlich auf lat. codex ‚Schreibtafel; Buch; Verzeichnis' zurück.“*[3]

An dieser Umschreibung wird noch eine andere Dimension des Begriffs „Code" deutlich, nämlich dass man darunter auch den Schlüssel versteht, den man zur Entschlüsselung eines Geheimtextes benötigt. Zu einer noch genaueren Definition gelangt man, in dem man folgendes einfaches Schema der Nachrichtenübertragung zugrunde legt:

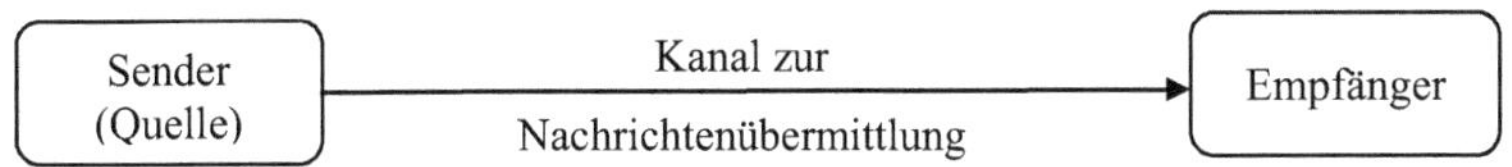

Abb. III.1: Einfaches Schema für die Nachrichtenübertragung[4]

Dieses Schema verdeutlicht das Grundprinzip der Nachrichtenübertragung: Der Sender, der auch Quelle der Information genannt wird, möchte über eine definierte Möglichkeit, genannt Kanal, eine Nachricht an den Empfänger übermitteln. Wenn beispielsweise zwei Menschen miteinander sprechen, dient als Kanal die Luft und die Information wird akustisch übertragen. Damit sich die beiden verstehen, müssen sie sich der gleichen Sprache bedienen. Diese setzt sich aus einer Folge von Zeichen zusammen. Für unsere Betrachtungen reicht es, die Menge

---

[1] Duden (2005), Das Fremdwörterbuch, S. 532
[2] Nach Bauer (1982), S. 34
[3] Herkunftswörterbuch, S. 424
[4] Ziegenbalg (2007, 2), S. 2

der benutzten Zeichen als endlich anzunehmen. Diese Zeichenmenge oder auch Zeichenvorrat nennt man ein Alphabet:

> *„Ein Zeichen ist ein Element einer endlichen Menge von unterscheidbaren ‚Dingen', dem Zeichenvorrat. Ein Zeichenvorrat, in dem eine Reihenfolge (lineare Ordnung) für die Zeichen definiert ist, heißt Alphabet."*[5]

Alphabete sind beispielsweise die 26 lateinischen Buchstaben, die der deutschen Sprache zugrunde liegen oder die Symbole „0" und „1", die das binäre Alphabet bilden.

> *„Unter einem Wort der Länge n (n $\in N$) über einem Alphabet A versteht man ein n-Tupel ($z_1,z_2,$ ... ,z_n) von Elementen aus A, es wird meist ohne Klammern und Kommata geschrieben: $z_1z_2.. z_n$. Dabei heißt z_i die i-te Komponente (bzw. der i-te Buchstabe) des Wortes."*[6]

Alle Wörter der Länge $n \in N_0$ werden in der Menge A^n zusammengefasst, wobei man für n=0 das „leere Wort" erhält. Bei dieser Begriffsauffassung des Wortes sind auch sinnlos Aneinanderreihungen z. B. ABCDE als Worte erlaubt. Zusammengefasst werden alle Wörter in der Menge A*, die wie folgt definiert ist:

$$A^* = \bigcup_{i=0}^{\infty} A^i$$

Die wichtigste Operation auf der Menge A^* wird Concatenation (Zusammensetzung) genannt. Damit ist gemeint, dass zwei Worte ohne Verwendung eines Leerzeichens zusammengefügt werden. Sind Beispielsweise w_1=*KARLS* und w_2=*RUHE* Worte, so ist deren Concatenation *concat*(w_1,w_2)=*KARLSRUHE*[7].

Zurück zur Nachrichtenübermittlung: Für die Übermittlung einer Nachricht muss diese an die technischen Begebenheiten des Kanals angepasst werden, beispielsweise arbeitet dieser optisch, akustisch, elektronisch, elektromechanisch etc. Außerdem können folgende Probleme auftreten: technische Beschränkung beispielsweise in der Übertragungsrate des Kanals, Störungen des Kanals, Lauschangriff, Verfälschungen etc. Um diesen Problemen begegnen zu können und die Anpassung an technische Begebenheiten zu bekommen, muss meist das Alphabet gewechselt, also codiert werden. Dies wird in der folgenden Abbildung verdeutlicht:

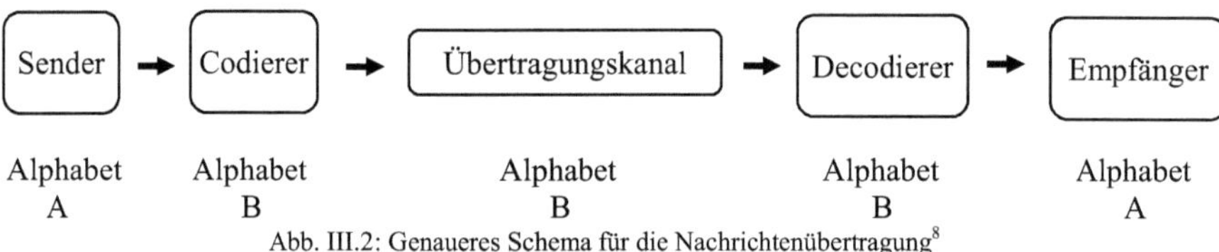

Abb. III.2: Genaueres Schema für die Nachrichtenübertragung[8]

Legen wir zur Erläuterung dieses Modells einen Nachrichtenaustausch, der auf dem Flaggenalphabet beruht, zugrunde. Der Sender möchte eine Nachricht, die in seiner Sprache im Alphabet A vorliegt, übermitteln. Dazu codiert er die Nachricht, in dem er jedes Zeichen durch eine Flagge ersetzt, dabei verwendet er das Alphabet B. Durch das Zeigen der einzelnen

---

[5] Bauer (1982), S. 24
[6] Ziegenbalg (2007, 2), S. 3
[7] Ebd.
[8] Ebd., S. 2

Flaggen wird die Nachricht optisch im Alphabet B übermittelt. Bevor der Empfänger die Nachricht lesen kann, wird sie vom Decodierer wieder in das für den Empfänger verständliche Alphabet A umgewandelt. Mit den nun besprochenen Begriffen wird der Begriff des Codes und der Codierung genauer gefasst.

„Seien A und B nichtleere Mengen und $N \in \mathbb{N}$; dann lässt sich eine injektive Abbildung

$$\underline{c} : A \to \bigcup_{i=1}^{N} B^i \quad \textbf{(Codierung des Alphabets } A \text{ durch Wörter über } B\textbf{)}$$

zu einer Abbildung $\underline{c}^*$ von der Menge A^* der Wörter über A in die Menge B^* fortsetzen, indem sukzessive jeder Komponente das Bild unter $\underline{c}$ zugeordnet wird, genauer:

$$\underline{c}^* : \underline{c}^*(a_1 a_2 \ldots a_n) := \underline{c}(a_1)\, \underline{c}(a_2) \ldots \underline{c}(a_n) \ (und\ \underline{c}^*(\emptyset) = \emptyset).$$

*$\underline{c}^*$ heißt wie $\underline{c}$ **Codierung**, das Bild von $\underline{c}$ **Code**, seine Elemente **Codewörter**.“*[9]

Beispiele:
- Binäre Codes mit B = {0, 1}
- Ternäre Codes[10] mit B = {0, 1, 2}
- Flaggenalphabet = die Menge B besteht aus den unterschiedlichen Flaggen[11]
- Blindenschrift = die Menge B besteht aus den erhabenen Punktemustern[12]

Wegen der geforderten Injektivität der Abbildung in der obigen Definition gilt diese nur für verlustfreie[13] Codierungen, nur bei dieser Art der Codierung kommt es zu keinem Datenverlust. Da verlustbehaftete Verfahren in dieser Arbeit weniger in Betracht gezogen werden, ist die obige Definition völlig ausreichend.

Eine besondere Form der Codes sind die sog. *präfixfreie Codes*[14]. Diese spielen in dieser Arbeit eine besondere Rolle. Präfixfreie Codierungen zeichnen sich dadurch aus, dass kein Codewort Präfix eines anderen Codeworts ist. Ein alltägliches Beispiel hierzu ist das Telefonnummernsystem des Festnetzes.

„Wählt man beispielsweise die Nummer „110“, dann „weiß“ das System, es folgen keine weiteren Ziffern und man wird mit der Polizei verbunden. Das Senden eines Endzeichens entfällt. Dies liegt daran, dass die Telefonnummer ,110' nie Anfangsteil (=Präfix) einer anderen Telefonnummer ist, d. h. in unserem Telefonnetz gibt es beispielsweise keinen Telefonanschluss mit der Nummer ,1101'. Genauso ist jede Telefonnummer nie vollständig im Anfang einer anderen Telefonnummer enthalten.“[15]

Ein Gegenbeispiel hierzu ist der Morsecode, bei diesem muss nach jedem Wort zum Abschluss des Codes ein Endzeichen gesendet werden.

---

[9] Schulz (2003), S. 32
[10] Codes, die aus drei Zeichen bestehen.
[11] Siehe Kapitel VI
[12] Siehe Kapitel VI
[13] Verlustfrei bedeutet, dass durch die Codierung keine Information verloren geht.
[14] Präfixfreie Codes werden auch als Präfixcodes bezeichnet.
[15] Borys (2006), S. 15

1.2 Verwendungszwecke von Codes

Die Einsatzmöglichkeiten von Codes sind sehr vielfältig:

- „Anpassung an technische Gegebenheiten der Weiterleitung"[16]
  z. B. optische Übertragung beim Flaggenalphabet oder den Strichcodes;

- „Reduzierung der Datenmenge"[17]
  z. B. Datenkompression mithilfe des Huffman-Codes;

- „Sicherung vor Fehlern, insbesondere vor zufälligen Veränderungen"[18]
  z. B. das Prüfziffernverfahren bei der ISBN, EAN;

- „Geheimhaltung, Sicherung vor unbefugter Kenntnisnahme"[19]
  z. B. beim Cäsar-Code durch Verschiebung des Alphabets;

- „Schutz vor unbefugter Veränderung, Beweis der Urheberschaft, Nachweis der Abwicklung"[20]
  z. B. mithilfe des RSA[21]-Algorithmus erzeugte digitale Unterschrift;

- „Schnelle Verständlichkeit für einen großen Personenkreis auch über Sprachgrenzen hinweg"[22]
  z. B. Morsecode und Farbcodes bei Widerständen.

In der Codierungstheorie unterscheidet man verschiedene Codes meist nach ihrer Aufgabe bzw. Eigenschaften. Eine gelungene Gliederung ist bei Helmut Witten[23] zu finden, an die ich mich auch im Folgenden halten werde.

Quellcodierung:

Nachrichten liegen selten in einem Zeichensystem vor, so dass sie direkt beispielsweise elektronischer Form übertragen werden können. Sie müssen an die technischen Gegebenheiten angepasst werden. So mussten beispielsweise in früheren Zeiten Nachrichten, die per Telegraf übertragen werden sollten, zuerst in den Morse-Code umgewandelt werden. *„Diese Art der Codierung nennt man Quellcodierung, weil sie direkt beim Sender vorgenommen werden muss"*[24].

Kanalcodierung:

Von einer Kanalcodierung spricht man, wenn man die Nachricht unempfindlich gegenüber Störungen machen möchte, die vom Übertragungskanal herrühren, z. B. kommt ein Bit beim Empfänger nicht an. Um solche Übertragungsfehler zu vermeiden, gibt es *fehlererkennende* und *fehlerkorrigierende Codes*.
Fehlererkennende Codes haben die Eigenschaft, dass durch die Übermittlung einer Zusatzinformation der Empfänger in der Lage ist nachzuprüfen, ob die übermittelte Nachricht

---

[16] Schulz (2003), S. 31
[17] Ebd.
[18] Schulz (2003), S. 3
[19] Schulz (2003), S. 3
[20] Ebd.
[21] Genaueres siehe in den folgenden Kapiteln.
[22] Dankmaier (1994), S. 5
[23] Witten (1994), S. 27
[24] Witten (1994), S. 26

stimmt. Dazu gehören die Codes, die auf einem Prüfzifferverfahren beruhen, z. B. ISBN, EAN. Bei einer einfachen binären Codierung wird dies beispielsweise durch die Übersendung eines sog. Paritätsbits erreicht. Dieses wird an das Ende eines binären Codes gehängt, es hat den Wert „0" (gerade Parität), falls die Anzahl der Zahl „1" des Codes gerade ist und es hat den Wert „1" (ungerade Parität), falls die Anzahl der „1" ungerade ist. So ist die Gesamtsumme der einzelnen binären Zeichen immer durch zwei teilbar.[25] Das bedeutet, wenn man einen binären Code mit ergänztem Paritätsbit empfängt, der nicht teilbar durch 2 ist, dann ist der empfangene Code falsch.

Fehlerkorrigierende Codes übermitteln redundante Informationen, damit eine fehlerbehaftete Übermittlung korrigiert werden kann. Die einfachste Möglichkeit ist beispielsweise, ein Zeichen dreimal zu wiederholen. So werden 0 und 1 wie folgt codiert:

$$0 \rightarrow 0\,0\,0 \quad \text{und} \quad 1 \rightarrow 1\,1\,1.$$

An der folgenden Tabelle[26] ist abzulesen, wie ein falsch übermitteltes Zeichen korrigiert wird:

übermittelter Code	korrigierter Code	Nachricht
000 001 010 100	000	0
111 110 101 011	111	1

Dieses Beispiel wird so in der Technik nicht angewendet, sondern es dient nur der Veranschaulichung der Idee des fehlerkorrigierenden Codes. Komplexere fehlerkorrigierende Codes werden bei CD[27]- oder DVD[28]-Formaten eingesetzt.

Datenkompression

Codierungen mit dem Ziel der Datenkompression dienen der Verkleinerung der Datenmenge. Einerseits ist das Speichern von Daten aufgrund der benötigten Speicherkapazität kostenintensiv. Andererseits kostet auch das Übertragen von Daten viel Geld bzw. ist nur bis zu einer gewissen Datendichte möglich. So kann durch die Datenkompression viel Zeit und Geld gespart werden.

"Bei den gängigen Kompressionsverfahren unterscheidet man zwischen verlustfreien und verlustbehafteten Verfahren. Verlustfreie Kompressionsverfahren codieren Daten so, dass bei möglichst geringem Speicherplatzbedarf immer noch alle Informationen vorliegen. Anders ist dies bei verlustbehafteten

---

[25] Siehe Schulz (2003), S. 77
[26] Ebd.
[27] **C**ompact **D**isc
[28] **D**igital **V**ersatile **D**isc

Verfahren, bei denen ein gewisser Informationsverlust zugunsten einer besseren Komprimierbarkeit in Kauf genommen wird."[29]

Ein typisches verlustfreies Verfahren ist die Huffman-Codierung, typische verlustbehaftete Kompressionsverfahren verbergen sich hinter dem JPEG-Format[30] für Bilder, MPEG-Format[31] für Video oder MP3-Format[32] für Audiodateien.

Chiffrierung bzw. Dechiffrierung

Durch die Chiffrierung von Daten sollen diese vor Zugriffen von Unbefugten gesichert werden, damit kein Missbrauch mit den Daten erfolgen kann. Für genauere Betrachtungen sei auf den folgenden Abschnitt verwiesen.

Authentisierung

Die Aufgabe der Authentisierung teilt sich in zwei Teile. Erstens wird mit ihrer Hilfe die Ursprünglichkeit bzw. Unversehrtheit einer Nachricht gewährleistet. Zweitens wird durch die Authentisierung die Urheberschaft einer Nachricht sichergestellt. Für weitergehende Informationen verweise ich ebenfalls auf den folgenden Abschnitt.

2 Kryptologie und Steganografie

> *„The message may be hidden in two basic ways. The Methods of 'steganography' conceal the very existence of the message. Among them are invisible inks and microdots and arrangements in which, for example, the first letter of each word in an apparently innocuous text spells out the real message. ... The methods of cryptography, on the other hand, do not conceal the presence of a message but render it unintelligible to outsiders by various transformations of the plaintext."*[33]

Nach dem obigen Zitat kann man eine Information für Unbefugte auf zwei verschiedene Weisen unzugänglich machen. Die erste Möglichkeit besteht im *Verbergen der Existenz einer Information*, d. h. alleine durch das Verstecken der Information wird diese geschützt. Diese Methode gehört zur Steganografie, welche im Abschnitt 2.4 dargestellt wird. Eine andere Möglichkeit besteht im *Verschleiern der Information*, d. h. hier wird nicht die bloße Existenz der geheimen Information geleugnet, sondern sie wird durch eine geschickte Verschlüsselung geschützt bzw. für einen Nichteingeweihten unkenntlich gemacht. Die Methode gehört in die Kryptografie und wird wegen ihrer zentralen Bedeutung für diese Arbeit sofort im folgenden Kapitel genauer besprochen.

2.1 Terminologie der Kryptologie

„Seit es Kommunikation zwischen Menschen gibt, gibt es auch das Bedürfnis nach vertraulicher Kommunikation."[34] Die Anfänge der Kryptologie sind unbekannt, allerdings gibt es schon Überlieferungen aus dem Altertum.

---

[29] Borys (2006), S. 9
[30] Kompressionsstandard der Joint Picture Expert Group
[31] Kompressionsstandard der Motion Picture Expert Group
[32] Fällt unter den MPEG-Standard (Abkürzung für MPEG I Layer 3)
[33] Kahn (1967), S. XV
[34] Beutelspacher (2005), S. 1

Beispielsweise findet man bei Herodot, wie die Kunst der Geheimschrift Griechenland vor der Eroberung durch den persischen König Xerxes rettete, das war 500 v.Chr[35]. So stammt auch das Wort Kryptologie aus dem griechischen: *„Kryptos"*, das *„Verbergen"* bedeutet. Die Verwendung des Suffix *„-logie"* bedeutet, dass es sich um eine wissenschaftliche Disziplin handelt.

Im Fremdwörterduden findet man dazu die folgende Beschreibung des Begriffs Kryptologie: *„Wissenschaftliche Disziplin, deren Gegenstand die Kryptografie ist."*[36] Der Nachteil an dieser Beschreibung ist, dass sie die Kryptoanalyse nicht berücksichtigt und das Fremdwort Kryptologie durch ein neues Fremdwort, der Kryptografie, erklärt.
In verschiedenen Enzyklopädien sind folgende Beschreibungen gegeben:

> Kryptologie in der Enzyklopädie Brockhaus
> *„Wissenschaft, deren Aufgabe die Entwicklung von Methoden zur Verschlüsselung (Chiffrierung) von Informationen (Kryptographie) und deren mathematische Absicherung gegen unberechtigte Entschlüsselung (Dechiffrierung) ist (Kryptoanalyse)".*

> Kryptologie in der multimedialen Enzyklopädie Encarta:
> *„Wissenschaft von der Ver- und Entschlüsselung von Sprachzeichen bzw. dem Ver- und Entschlüsseln von Geheimsprachen."*

> Cryptology in Encyclopædia Britannica:
> *„Science concerned with communication in secure and usually secret form. It encompasses both cryptography and cryptanalysis. The former involves the study and application of the principles and techniques by which information is rendered unintelligible to all but the intended receiver, while the latter is the science and art of solving cryptosystems to recover such information."*

Aus diesen Beschreibungen folgt, dass die Kryptologie ein Überbegriff zweier wissenschaftlicher Teildisziplinen ist: einerseits der Kryptografie, andererseits der Kryptoanalyse. Bei der Kryptografie handelt es sich um das Absichern von Information durch Verschlüsselung. Die Kryptoanalyse als ihr Gegenstück ist die Kunst des Entschlüsselns. Dabei handelt es sich um das Reproduzieren einer Information ohne Vorhandensein des notwendigen Schlüssels. Die Beschreibung im Brockhaus geht an dieser Stelle noch weiter, mithilfe der Mathematik soll die Absicherung der Information gegen unberechtigten Zugriff erfolgen. Allerdings ist diese Beschreibung bei näherer Betrachtung doch recht diffus, da die mathematische Absicherung zwei Aspekte aufzeigt. Erstens wird durch mathematische Algorithmen die Information geschützt. Zweitens kann mithilfe der Mathematik eine Verschlüsselung auf ihren Grad der Sicherheit hin überprüft werden. Wegen des ersten Aspekts, der eigentlich eine Aufgabe der Kryptografie beschreibt, werden die Grenzen der Begriff Kryptografie und Kryptoanalyse an dieser Stelle verschleiert.

Der zweite Aspekt wird bei folgender Beschreibung des Begriffs Kryptologie von Schulz besser herausgearbeitet.

> *„Die Kryptologie (oft ebenfalls Kryptographie genannt) umfasst die beiden Gebiete der **Kryptographie** (im engeren Sinne), also die Beschreibung von Datenschutz durch Verschlüsselung und **Kryptoanalyse**, d. h. die Untersuchung*

---

[35] Für weitere historische Informationen sei auf das Kapitel VI verwiesen.
[36] Duden (2005), Das Fremdwörterbuch, S. 577

der Sicherheit eines Systems im Hinblick auf die Möglichkeit unberufener Entzifferung. "[37]

Allerdings versteckt Schulz in dieser Beschreibung den Aspekt der Kunst des Entschlüsselns ohne Schüssel, der Kryptoanalyse. Dieser Aspekt ist jedoch im Hinblick auf die Schule sehr interessant und soll daher in dieser Arbeit Berücksichtigung finden.

Die folgende Beschreibung von Bauer berücksichtigt beide Aspekte der Kryptoanalyse:

> *„Die **Kryptologie** (engl. cryptologie) ist die Wissenschaft von den (offenen) Geheimschriften **(Kryptographie)**, von ihrer unbefugten Entzifferung **(Kryptanalyse**[38], engl. cryptanalysis) und von den Vorschriften, die dazu dienen sollen, die unbefugte Entzifferung zu erschweren (**Chiffriersicherheit**, engl. cryptanalytical security).* "[39]

Bei der Beschreibung von Bauer wird die Kryptografie mit Geheimschriften gleichgesetzt. Für die klassischen kryptografischen Verfahren ist das auch sehr passend, diese sind meist schriftorientiert.

Aufgrund moderner Anwendungen z. B. des Mobilfunks oder des E-Commerce, sieht Beutelspacher keine Gefahr darin, die Begriffe Kryptologie und Kryptografie synonym zu verwenden[40]. Den Begriff der Kryptografie definiert Beutelspacher wie folgt:

> Kryptografie
> *„ist eine öffentliche mathematische Wissenschaft, in der Vertrauen geschaffen, übertragen und erhalten wird.* "[41]

Für eine genaue begriffliche Schärfung soll in einer eigenen Beschreibung des Begriffs der Kryptologie zwischen der Kryptografie einerseits und der Kryptoanalyse andererseits unterschieden werden. In Anlehnung an die bereits oben genannten Definitionen und Überlegungen hierzu wird dieser Arbeit die folgende eigene Beschreibung des Begriffs der Kryptologie zugrunde gelegt:

> *Wissenschaft, die einerseits zur Geheimhaltung von Information durch Verschlüsselung (Kryptographie) dient. Andererseits beinhaltet sie die Kunst des Entschlüsselns (Kryptoanalyse), die ihrerseits auch die Sicherheit von Verschlüsselungen analysiert.*

Mit dieser Beschreibung werden die verschiedenen Aspekte der Kryptoanalyse gewürdigt. Des Weiteren wird durch den Begriff der Information die reine Schriftorientierung zurückgestellt und die mathematisch orientierte Methodik moderner Verfahren besser berücksichtigt.

Welches sind nun die Aufgaben der Kryptologie?

Ihre wohl wichtigste Aufgabe ist die klassische Geheimhaltung von Information, um Vertraulichkeit zu schaffen. Mit dieser Form der Kryptologie setzten sich schon die Griechen in der Antike auseinander. Ziel ist es, eine Nachricht von einem Sender zu einem Empfänger zu schicken, ohne dass ein Dritter diese Nachricht versteht. Aufgabe des Senders ist es, die

---

[37] Schulz (2003), S. 199

[38] Bauer verwendet hier den Ausdruck Kryptanalyse, vermutlich in Anlehnung an den englischen Begriff *cryptanalysis*.

[39] Bauer (1997), S. 34

[40] Vgl. Beutelspacher (2005, 1), S. 2

[41] Beutelspacher (2005, 1), S. 1

Nachricht so zu verändern, dass die gesendete Botschaft nur vom Empfänger, der vielleicht über einen zuvor ausgemachten Schlüssel verfügt, gelesen werden kann.

Bei modernen Anwendungen der Kryptologie spielen noch ganz andere Aufgaben eine Rolle. So soll durch die Kryptologie

- Authentizität

- Integrität

- Verbindlichkeit

- Anonymität

geschaffen werden[42].

Authentizität

Diese Eigenschaft trennt man in die Teilnehmer- und Nachrichtenauthentizität. Mit Teilnehmerauthentizität meint man, dass sich mindestens von einem Teilnehmer (Sender oder Empfänger) dessen Echtheit eindeutig nachweisen lässt. Eine der einfachsten Formen ist hierbei die PIN[43], die man benötigt, um z. B. an einem Geldautomaten sein Geld zu erhalten oder sein Handy einzuschalten. Unter Nachrichtenauthentizität versteht man, dass sich der Empfänger der Nachricht zweifelsfrei vom Ursprung der Nachricht überzeugen kann.

Integrität

Bei dieser Eigenschaft geht es darum, dass kein Dritter die versendete Nachricht ändern kann, d. h. die Nachricht beim Empfänger unverändert ankommt. Diese ist beispielsweise verletzt, wenn man von jemandem eine E-Mail mit einem geänderten Inhalt erhält.

Verbindlichkeit

Für einen Empfänger ist eine Nachricht eines Senders verbindlich, wenn er dem Sender nachweisen kann, dass er von ihm die Nachricht bekommen hat. Somit kann der Sender nicht behaupten, dass er die Nachricht nicht verschickt hat. Dies gelingt beispielsweise durch digitale Signaturen. Das ist mehr als die Nachrichtenauthentizität, denn der Empfänger kann sogar gegenüber Dritten beweisen, dass er die Nachricht vom Sender bekommen hat.

Anonymität

Diese sichert den Kommunikationspartnern nicht nur zu, dass ihre ausgetauschte Nachricht verborgen bleibt, für einen Dritten soll sogar verborgen bleiben, dass der Sender und der Empfänger überhaupt miteinander kommuniziert haben. Dieses kann man beispielsweise durch blinde Signaturen, z. B. beim E-Cash, erreichen.

An den Aufgaben und den verschiedenen Beispielen wird deutlich, dass die Kryptologie hinter vielen Computeranwendungen steckt, diese sogar teilweise erst möglich macht. Eine sehr alte Geheimwissenschaft ist moderner und unmittelbarer als je zuvor. Sie findet nicht nur in den geheimen Laboren der Nachrichtendienste statt, sondern wir begegnen ihr alltäglich, allerdings meist unbewusst.

---

[42] Beutelspacher (2005, 1), S. 2
[43] Personal identification number

2.2 Klassifikation kryptografischer Verfahren

Neben den Basisverschlüsselungen werden in diesem Abschnitt auch viele verschiedene Begrifflichkeiten, die aus der Kryptologie stammen und in dieser Arbeit verwendet werden, erläutert.

Ausgehend vom Nachrichtenübertragungsschema aus Abschnitt 1.1 möchte ein Sender eine geheime Nachricht an einen Empfänger richten. Die unverschlüsselte Nachricht des Senders nennt man *Klartext (engl. plain text)*. Zur sicheren Nachrichtenübertragung wird der Klartext chiffriert und man erhält den *Geheimtext (engl. cipher text, code text)*, der tatsächlich gesendet wird. Damit der Empfänger den Klartext lesen kann, muss er ihn erst dechiffrieren. Zum Dechiffrieren braucht er einen *Schlüssel (engl. key)*, den Sender und Empfänger vorher über einen sicheren Kanal oder einen Kurier vereinbart haben. Damit der Empfänger auch den richtigen Klartext zu lesen bekommt, muss auch der Sender sich des vereinbarten Schlüssels beim Chiffrieren bedient haben.

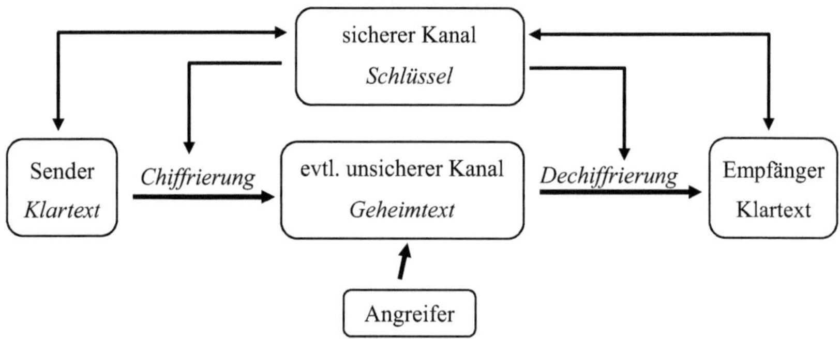

Abb. III.3: Schema symmetrischer Verschlüsselungsverfahren[44]

Da der Sender und der Empfänger den gleichen Schlüssel verwenden, welcher vor der Kommunikation vereinbart wurde, nennt man diese Art des Verfahrens *symmetrische Verschlüsselung*. Beispiele für symmetrische Verschlüsselungen sind die Cäsar-Verschlüsselung[45], die Vigenère-Verschlüsselung[46] und der Data Encryption Standard[47] (kurz DES).

Die Sicherheit dieser Verfahren hängt entscheidend von der Geheimhaltung des Schlüssels ab. Dazu hat August Kerckhoff in seiner Arbeit *„La cryptographie militaire"* von 1883 sechs Anforderungen an ein Verschlüsselungssystem aufgestellt, damit es sicher ist:

> *„1° Le système doit être matériellement, sinon mathématiquement indéchiffrable;*
>
> *2° Il faut qu'il n'exige pas le secret, et qu'il puisse sans inconvénient tomber entre les mains de l'ennemi;*
>
> *3° La clef doit pouvoir en être communiquée et retenue sans le secours de notes écrites, et être changée ou modifiée au gré des correspondantes;*

---

[44] Schulz (2003), S. 199
[45] Zur Erklärung siehe Abschnitt 3 in diesem Kapitel.
[46] Ebd.
[47] Eckert (2008), S. 304

> *4° Il faut qu'il soit applicable à la correspondance télégraphique;*
>
> *5° Il faut qu'il soit portatif, et que son maniement ou son fonctionnement n'exige pas le concours de plusieurs personnes;*
>
> *6° Enfin, il est nécessaire, vu les circonstances qui en commandent l'application, que le système soit d'un usage facile, ne demandant ni tension d'esprit, ni la connaissance d'une longue série de règles à observer.*"[48]

Sinngemäß in das Deutsche übersetzt, heißt das:

1. Das System muss im Wesentlichen mathematisch unentschlüsselbar sein;

2. Es darf keine Geheimhaltung erfordern und es kann bequem in die Hände des Feindes fallen;

3. Der Schlüssel wird zur Verfügung gestellt und ist ohne die Hilfe von Notizen zu behalten und wird entsprechend gewechselt oder verändert;

4. Es muss für telegrafische Korrespondenz kompatibel sein;

5. Es muss portabel sein und seine Handhabung oder Bedienung darf nicht die Unterstützung von mehreren Personen erfordern;

6. Schließlich ist im Falle der kontrollierten Anwendung notwendig, dass das System einfach zu bedienen ist und es weder geistige Anstrengung noch die Kenntnis einer langen Reihe von zu beachtenden Regeln erfordert.

Aus den Anforderungen zwei und drei leitet sich das heute noch gültige Kerckhoffsche Prinzip ab, dass die Sicherheit eines Verschlüsselungssystems nicht auf der Geheimhaltung des Verschlüsselungsverfahrens beruhen soll, sondern auf der Geheimhaltung des Schlüssels. Symmetrische Verschlüsselungsverfahren verschlüsseln den Klartext grundsätzlich mit zwei verschiedenen Basistransformationen – einerseits die Transposition, anderseits die Substitution. Kahn schreibt dazu kurz: *„Two basic transformations exist. In transposition, the letters of the plaintext are jumbled; their normal order is disarranged. ... In substitution, the letters of the plaintext are replaced by other letters, or by numbers or symbols.*"[49]

Mit Transposition ist gemeint, dass zur Verschlüsselung die Positionen der Schriftzeichen des Klartextes verändert werden, sodass dieser nicht mehr zu lesen ist z. B. aus dem Klartext „Edgar Allan Poe" wird der Geheimtext „der analoge Alp"[50]. Wenn so wie im Beispiel eine sinnvolle Buchstabenfolge entsteht, bezeichnet man dieses als Anagramm. Zum Kennzeichen dieser Verschlüsselungsmethode gehört, dass alle Schriftzeichen erhalten bleiben. Mathematisch steckt dahinter die Permutation. So müsste man in der Kryptologie auch folgerichtig von Permutationsverfahren statt von Transpositionsverfahren sprechen, was üblicherweise nicht getan wird. Warum das so ist, könnte daran liegen, dass jede Permutation als eine Verkettung von Transpositionen dargestellt werden kann. Kryptologische Verfahren, die sich der Transposition als Verschlüsselungsmethode bedienen sind z. B. die Skytale von Sparta und die Verschlüsselungsschablonen nach Fleißner.

Mit Substitution ist gemeint, dass zur Verschlüsselung die Schriftzeichen des Klartextes durch andere Schriftzeichen ersetzt werden z. B. ersetzt der Sender einer Nachricht den Klartext

---

[48] Kerckhoff (1883), S. 12
[49] Kahn (1996), S. XV
[50] Beispiel siehe Brucker (2008), S. 21

„`Edgar Allan Poe`" durch den Geheimtext „`Dcfzq Zkkal Ond`". Hierbei wird jeder Buchstabe durch seinen vorherigen im Alphabet ersetzt. Da der Buchstabe A keinen Vorgänger hat, wird dieser durch `Z`, welches keinen Nachfolger besitzt, ersetzt.

Substitutionen teilt man üblicherweise in die folgenden verschiedenen Verfahren ein[51]:

- Monoalphabetische Verschlüsselung[52]
  Die Idee dieser Verfahren besteht darin, dass jedes Zeichen oder jede Zeichenfolge über einem Alphabet A durch genau ein anderes Zeichen oder Zeichenfolge ersetzt wird, z. B. das Cäsarverfahren und der Freimaurercode. So kann jedem Zeichen des Klartextes ein Geheimzeichen zugeordnet werden, d. h. es gibt zum Klar- genau ein Geheimtextalphabet.

- Homophone Verschlüsselung
  Bei diesen Verschlüsselungen werden ausgewählte Zeichen oder Zeichenfolgen, die sehr häufig in einer Sprache vorkommen, wie beispielsweise „e" in der deutschen Sprache, mit mehreren verschiedenen Zeichen oder Zeichenfolgen – statt nur genau mit einem bzw. einer – verschlüsselt.

- Polyalphabetische Verschlüsselung[53]
  Im Gegensatz zu den monoalphabetischen Verschlüsselungsverfahren liegen den polyalphabetischen Verfahren mehrere Geheimtextalphabete zugrunde, die definiert gewechselt werden. Genauer bedeutet das: Eine Substitutionsverschlüsselung ist polyalphabetisch, wenn jedem Zeichen oder jeder Zeichenfolge über einem Alphabet A ein Zeichen oder eine Zeichenfolge über den Alphabeten B_1, ... B_n zugeordnet werden. Ein Beispiel hierfür ist das Vigenère-Verfahren.

- Monographische bzw. bigrafische bzw. polygrafische Verschlüsselungen[54]
  Eine Substitutionsverschlüsselung heißt monographisch bzw. bigrafisch bzw. polygrafisch, wenn ein Einzelzeichen bzw. zwei Zeichen (ein Bigramm) bzw. mehrere Zeichen (ein Polygramm) des Klartextes ersetzt werden. Ein erstes historisches Beispiel von 1563 für eine bigrafische Verschlüsselung lieferte Giovanni Battista Porta[55].

Die verschiedenen Methoden der Substitution werden nicht nur alleine verwendet, sondern zur Erhöhung der Sicherheit auch gemischt. Im 14. Jahrhundert fing man damit an, monoalphabetische Verschlüsselungen und polygrafische Verschlüsselungen zu kombinieren[56]. Späterhin wurden die polygrafischen Ersetzungen so zahlreich, dass man sie in sog. Nomenklaturen zusammengefasst hat.

Auch Substitutionen und Transpositionen werden nicht nur getrennt voneinander zur Verschlüsselung eingesetzt, zur Erhöhung der Sicherheit werden auch beide Methoden miteinander kombiniert. Moderne Verschlüsselungserfahren, die beides kombinieren, sind beispielweise der DES oder der Advanced Encryotion Standard (kurz AES).

---

[51] Diese Einteilungen findet man bei Wrixon (2006) oder Beutelspacher (2007), bis auf die bigrafischen bzw. polygraphischen Verschlüsselungen.
[52] Vgl. Horster (1985), S. 32
[53] Vgl. Horster (1985), S. 32
[54] Vgl. Horster (1985), S. 32 oder Bauer (1997), S. 36
[55] Vgl. Kapitel VI
[56] Vgl. Bauer (1997), S. 69

Public-Key-Verfahren kommen ohne einen Austausch eines Schlüssels über einen sicheren Kanal aus. Sie funktionieren schematisch wie folgt: Der Schlüssel setzt sich bei diesen Verfahren aus einem öffentlichen Teil, welchen der Empfänger z. B. auf seiner Homepage veröffentlichen kann und einem nicht öffentlichen Teil, den der Empfänger geheim hält, zusammen. Zur Chiffrierung bedient sich der Sender des öffentlichen Schlüssels des Empfängers. Der erhaltene Geheimtext kann wieder über einen unsicheren Kanal versendet werden. Zur Dechiffrierung bedient sich der Empfänger des geheimen Teils seines Schlüssels und erhält so den Klartext. Da beide Kommunikationspartner nicht mit dem gleichen Schlüssel verschlüsseln bzw. entschlüsseln, sondern mit unterschiedlichen Schlüsseln arbeiten, nennt man diese Art der Verfahren *asymmetrische Verschlüsselungen*. Beispiele für asymmetrische Verschlüsselungen sind das Schlüsselaustauschverfahren nach Diffie-Hellman und das RSA-Verfahren.

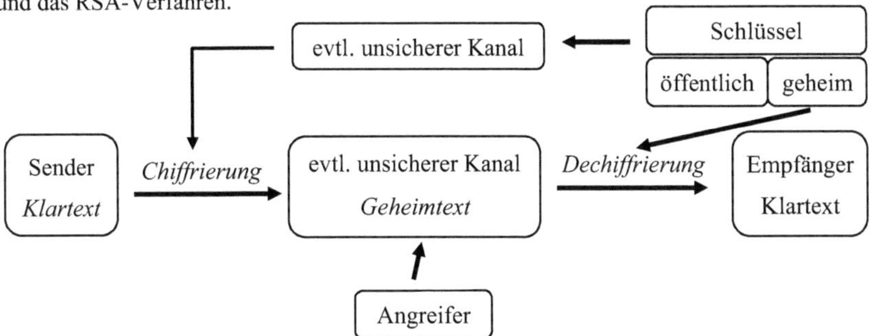

Abb. III.4: Schema für die sichere Nachrichtenübertragung mit einem öffentlichen Schlüssel

2.3 Grundlegende Methoden der Kryptoanalyse

Von einem der besten Kryptologen seiner Zeit, nach Kahn sogar *„The greatest cryptologist"*,[57] William Frederick Friedman (1891-1961) stammt die folgende Beschreibung, welches Ziel mit der Kryptoanalyse verfolgt wird:

> *„Cryptanalytics is the name recently applied to the science which embraces all the principles, methods, and means employed in the ANALYSIS of crypotgrams*[58], *that is, their reduction or solution without a knowledge of the system or the key, or the possession of the code book, by detailed study of the cryptograms themselves. CRYPTANALYSIS is the name applied to the steps performed in the application of the principles of cryptanalytics to cryptograms."*[59]

Nach der Friedmanschen Beschreibung besteht die Hauptaufgabe der Kryptoanalyse darin, den Klartext durch genaue Untersuchung des Geheimtextes zu rekonstruieren. Methoden und Angriffsszenarien, wie dem Geheimtext der Klartext zu entlocken ist, werden im Folgenden dargestellt.

Die einfachste aller Methoden ist, alle möglichen Schlüssel zur Entschlüsselung auszuprobieren und zu prüfen, ob der erhaltene Text sinnvoll ist. Diese Art des Angriffs auf den Geheimtext nennt man das *„Durchsuchen des Schlüsselraums"* oder *„exhaustive*

---

[57] Kahn (1996), S. 369
[58] Mit „cryptograms" meint Friedman den Geheimtext.
[59] Friedman (1976), S. 2

search".[60] Man bezeichnet diesen Angriff auch als Brute-Force-Attack (*„Methode der rohen Gewalt"*)[61]. Diese Methode ist sehr allgemeinen und praktisch auf jedes Verschlüsselungsverfahren anwendbar. Allerdings führt sie nur in einfachen Fällen zum Ziel, auch der schlechteste Kryptograf wird einen so großen Schlüsselraum wählen, dass sich die Anwendung der Brute-Force-Attack nicht lohnt, da die benötigte Rechenzeit auch mit dem schnellsten Computer weit über die menschliche Lebenszeit hinaus geht. Die Brute-Force-Attack ist somit in den meisten Fällen wegen des Zeitaufwands nicht durchführbar. Dennoch ist sie für die Kryptologie bedeutungsvoll. So kann man die Effizienz eines kryptoanalytischen Verfahrens beurteilen, in dem man dessen Aufwand in Bezug zur Brute-Force-Attack setzt.

Weitere Angriffsszenarien auf den Geheimtext werden im Allgemeinen danach klassifiziert, welche Informationen dem Kryptoanalytiker zur Verfügung stehen. Dabei geht man, dem Kerckhoffschen Prinzip folgend, von der Voraussetzung aus, dass der Kryptoanalytiker weiß, mit welchem Verfahren der Geheimtext erzeugt wurde und nur der Schlüssel, mit dem verschlüsselt wurde, ermittelt werden muss. Des Weiteren soll es sich um einen passiven Angreifer handeln, das heißt, der Angreifer kann die Kommunikation nur abhören und nicht aktiv beeinflussen. Im Allgemeinen unterscheidet man die folgenden Angriffsszenarien[62]:

- *Angriff mit bekanntem Geheimtext (engl. ciphertext only attack)*
  Der Angreifer verfügt nur über einen oder mehrere Geheimtexte, die mit demselben Verschlüsselungsverfahren erzeugt wurden. Ausgehend nur von diesen Texten kann er den Klartext bzw. den Schlüssel bestimmen. Zusätzlich stehen ihm noch automatisch weitere Informationsquellen in Form verschiedener statistischer Methoden zur Verfügung, wie beispielsweise die Häufigkeitsanalyse, die Bestimmung der Schlüsselwortlänge nach Kasiski oder Friedman und der Wörterbuchangriff[63].

- *Angriff mit bekanntem Klartext (engl. known plaintext attack)*
  Neben verschiedenen Geheimtexten stehen dem Kryptoanalytiker Teile des zugehörigen Klartextes zur Verfügung. Allerdings müssen dabei dem Angreifer nicht tatsächlich von Anfang an Teile des Klartextes vorliegen, da sich oft Teile des Klartextes aus dem Verwendungskonzept der verschlüsselten Botschaft ermitteln lassen, wie z. B. die Anrede bei Briefen mit *„Lieber"* oder *„Sehr geehrte Damen und Herren"*. Digitale Dokumente enthalten oft einen standardisierten Header, ein gut geeignetes Wort ist in diesem Zusammenhang *„include"*[64]. Statt mit Floskeln aus dem Verwendungszweck zu arbeiten, ist ein Informationsgewinn durch die Methode des *„wahrscheinlichen Wortes"*[65] (eng. probable word, crib[66]) möglich. Diese Methode besteht darin, dass man ein Wort auswählt, das wahrscheinlich im Klartext vorkommt, z. B. im Deutschen *„die"*, und schließt damit auf den Schlüssel.

---

[60] Eckert (2008), S. 333
[61] Ziegenbalg (2007), S. 102
[62] Vgl. beispielsweise Beutelspacher (2005, 1), S. 24 oder Eckert (2008), S. 333 oder Ertel (2007), S. 24
[63] Der Wörterbuchangriff eignet sich sehr gut für Passwörter. So wird aus einer Passwörtersammlung solange ein Passwort eingegeben, bis das Schlüsselwort gefunden ist. Es reichen meist zehn- bis hunderttausend Versuche (vgl. Wobst (1997), S. 60).
[64] Eckart (2008), S. 333
[65] Vgl. Bauer (1997), S. 243
[66] Englisch Slang crack a crib, in ein Haus einbrechen

- *Angriff mit gewähltem Klartext (engl. chosen plain attack)*
  Der Angreifer kann den Sender so manipulieren, dass er sich einen beliebigen Klartext verschlüsseln lässt und den zugehörigen Geheimtext erhält. Diese Angriffsvariante klingt zunächst utopisch. Aber sie ist sehr effizient, wenn die Verschlüsselung mittels einer Verschlüsselungsmaschine erzeugt wurde und man als Angreifer im Besitz solch einer Maschine ist, wie z. B. bei der Entschlüsselung der Enigma, welche der englische Nachrichtendienst nachgebaut hatte. Eine weitere Möglichkeit dieses Angriffs ist das Erraten eines Passwortes. Wenn z. B. ein Passwort durch die „crypt(3)-Funktion"[67] bei Unix erzeugt wird, ist man in der Lage, selbst in diese Funktion Passwörter einzugeben, damit man den erhaltenen Klartext mit dem verschlüsselten und abgespeicherten Passwort vergleichen kann.

- *Angriff mit gewähltem Geheimtext (engl. chosen ciphertext attack)*
  Bei diesem Angriffstyp ist der Entschlüssler in der Lage, sich zu einem selbst gewählten Geheimtext den entsprechenden Klartext produzieren zu lassen. Das geht einfach, wenn man wie beim Angriff mit Klartext eine Verschlüsselungsmaschine zur Verfügung hat.

Eine weitere Aufgabe der Kryptoanalyse besteht darin, Verschlüsselungsverfahren hinsichtlich ihrer Sicherheit zu beurteilen. Wann gilt ein Verschlüsselungsverfahren als sicher?

Eine sehr pragmatische Antwort auf diese Frage gibt Wolfgang Ertel in seinem Lehrbuch „Angewandte Kryptografie":

> *„Ein Algorithmus gilt als sicher, wenn*
>
> - *der zum Aufbrechen nötige Geldaufwand den Wert der verschlüsselten Daten übersteigt oder*
>
> - *die zum Knacken erforderliche Zeit größer ist, als die Zeit, die die Daten geheim bleiben müssen, oder*
>
> - *das mit einem bestimmten Schlüssel chiffrierte Datenvolumen kleiner ist als die zum Knacken erforderliche Datenmenge.*
>
> - *Ein Algorithmus ist uneingeschränkt sicher, wenn der Klartext auch dann nicht ermittelt werden kann, wenn Chiffretext in beliebigem Umfang vorhanden ist.* "[68]

Mit dem ersten Sicherheitsmerkmal spricht er die übliche betriebswirtschaftliche Überlegung nach Kosten und Ertrag an. So hat sich für die Alliierten im zweiten Weltkrieg der immens betriebene Aufwand zur Entschlüsselung der Enigma gelohnt, sonst hätte der zweite Weltkrieg um Jahre länger dauern können. Im zweiten Teil der Aufzählung wird der größte Feind der Kryptoanalyse angesprochen, die Zeit, was bringt vor allem in Krisenzeiten eine Entschlüsselung erst nach Tagen oder gar Monaten. Mit dem dritten Argument regt er an, zur Erhöhung der Sicherheit den Schlüssel entsprechend oft zu wechseln z. B. braucht man beim Onlinebanking für jede Transaktion eine neue Geheimnummer, die sog. TAN[69]. Insgesamt sind die Überlegungen doch recht ungenau. In der Kryptologie werden diese Überlegungen

---

[67] Vgl. beispielsweise Eckert (2008), S. 448
[68] Ertel (2007), S. 25
[69] TAN = Transaktionsnummer

mathematisiert, z. B. durch die Erfassung der kombinatorischen Komplexität[70] von Verschlüsselungsverfahren, d. h. zur Beurteilung eines Verfahrens berechnet man die Anzahl der möglichen Schlüssel. Im Allgemeinen wird die Frage nach der Sicherheit von Verschlüsselungsverfahren mithilfe der Komplexitätstheorie beantwortet, da diese die Effizienz von Algorithmen intensiv untersucht[71]. Die letzte Aussage zur uneingeschränkten Sicherheit wird in der Kryptologie wie folgt genauer mathematisch erfasst:

Angenommen, man hat ein Chiffriersystem, in dem einer endlichen Menge M von Klartexten, durch eine endliche Menge von umkehrbaren injektiven Abbildungen, Geheimtexte aus einer endlichen Menge C zugeordnet werden. Diese Zuordnung erfolgt durch eine Menge von Schlüsseln, die alle gleich wahrscheinlich verteilt sind. Dann folgt:

> *„Ein Chiffriersystem bietet perfekte Sicherheit, falls für jeden Geheimtext c und jeden Klartext m gilt: p (m)=p(m|c). "*[72]

Wobei mit p(m) die Wahrscheinlichkeit des Auftretens des Klartextes m mit $m \in M$ (sog. a priori Wahrscheinlichkeit) und mit p(m|c) die Wahrscheinlichkeit für das Auftreten des Klartextes m unter der Bedingung ist, dass der Geheimtext c mit $c \in C$ bekannt ist. Mit anderen Worten bedeutet dies, dass der Kryptoanalytiker durch die Analyse des Geheimtextes zu keinem weiteren Erkenntnisgewinn über den Klartext kommt und er nur mithilfe der Brute-Force-Methode den Geheimtext analysieren kann. Im Kapitel IV wird ein Verschlüsselungsverfahren mit perfekter Sicherheit vorgestellt.

2.4 Charakterisierung der Steganografie

Erste historische Überlieferungen zur Steganografie stammen aus Griechenland[73], so ist auch der Begriff der Steganografie dem Griechischen entliehen. Er stammt von *„steganos"* ab, das soviel bedeutet wie schützen und bedecken. Das Suffix *„graphie"* entstammt dem griechischen Wort *„graphein"*, das schreiben bedeutet.

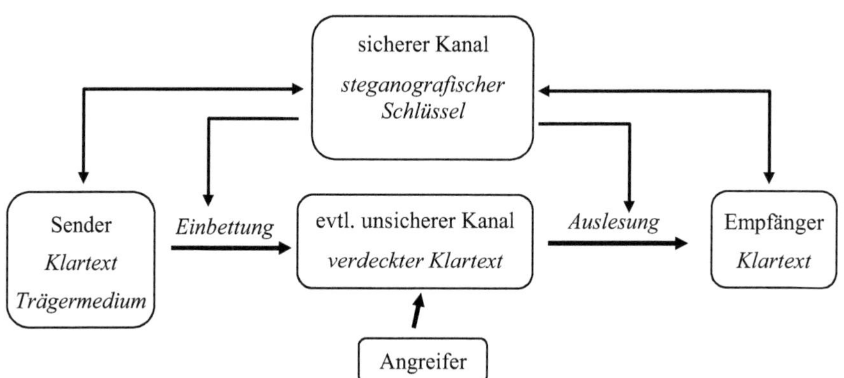

Abb. III.5: Schema für die sichere Nachrichtenübertragung mit steganografischen Methoden

---

[70] Vgl. beispielsweise Bauer (1997), S. 220 ff.
[71] Vgl. beispielsweise Ziegenbalg (2007, 1), S. 200 ff.; Beutelspacher (2005, 1) S. 46 ff.
[72] Schulz (2003), S. 205
[73] Beispiele dieser Art sind im Kapitel IV beschrieben.

Schematisch betrachtet sind alle steganografischen Verfahren prinzipiell wie symmetrische Verschlüsselungsverfahren aufgebaut. So müssen beide Kommunikationspartner vorher über einen sicheren Kanal vereinbaren, in welcher Form und wo der Klartext versteckt wird, dies wird als der steganografische Schlüssel bezeichnet. Der Unterschied zwischen den steganografischen Verfahren und kryptografischer Verschlüsselungen besteht darin, dass der Sender die Nachricht entsprechend der vereinbarten Vorgaben in das Trägermedium einbetten muss, anstatt dieses zu chiffrieren. Der Empfänger muss nur die Nachricht noch aus dem vereinbarten Versteck auslesen, anstatt sie zu dechiffrieren.

Man unterscheidet verschiedene Methoden der Steganografie. Bauer teilt die Methoden in die Bereiche technische und linguistische Steganografie ein[74]. Unter der technischen Steganografie versteht er beispielsweise folgende Methoden des Verbergens:

- Zitronensaft, Milch etc., die beim Schreiben unsichtbar sind und der Klartext erst unter Erwärmung sichtbar wird,
- UV-Tinte, die beim Schreiben unsichtbar ist und erst unter UV-Licht die geheime Nachricht sichtbar werden lässt,
- doppelte Böden, hohle Absätze als sichere Verstecke,
- Schnelltelegrafie,
- Mikrofotografie, die heutzutage beispielsweise in Form von Microdots in der Autoindustrie eine Renaissance erlebt.

Abb. III.6: Das Microdot-Verfahren wird von BMW zur Authentifizierung von gestohlenen Fahrzeugen eingesetzt. Die Microdots sind überall am Fahrzeug angebracht und mit bloßem Auge nicht erkennbar, nur mit speziellem UV-Licht können diese gefunden werden.[75]

Allerdings vernachlässigt Bauer in dieser Liste die vielen modernen computerorientierten Anwendungen der Steganografie. Daher sollte man nach den Bereich der technischen

---

[74] Bauer (1997), S. 9
[75] Vgl. Homepage des National Motor Vehicle Theft Reduction Council Inc. (Australien)
[72] URL: www.carsafe.com.au/images/BMW-DOT.jpg (Stand: 21.09.2010)

Steganografie in zwei Abschnitte gliedern: einerseits in den Abschnitt „computerorientierte Techniken" und anderseits in die oben dargestellten „computerfernen Techniken". Die computerorientierten Techniken funktionieren alle nach dem gleichen Schema: In einer Datei wird eine Information versteckt, sodass der unbedarfte Nutzer der Datei nicht erkennt, dass in ihr eine geheime Nachricht versteckt ist. Dabei kann es sich um Bilddateien, Musikdaten, Videodaten etc., handeln. Ein einfaches Beispiel kann man anhand von Bilddateien zeigen, die im Bitmapformat vorliegen. Das Bitmapformat ist so aufgebaut, dass der Farbwert für jedes Pixel aus einem Zahlentripel besteht. Das Zahlentripel weist jeder Grundfarbe einen Farbwert von 0-255 zu, z. B. sind das im RGB-Farbmodel die Farben rot, grün und blau. Insgesamt kann man mit diesem System $256 \cdot 256 \cdot 256 = 16,7 \cdot 10^6$ verschiedene Farben codieren. Zur Speicherung eines Farbwerts benötigt man im Binärsystem 8-bit. Als Beispiel ist dies in der folgenden Tabelle für verschiedene nahe beieinander liegende rote Farben dargestellt, die Farbwerte für grün und blau sind dabei mit „0" belegt. An der Tabelle III.1 wird deutlich: Ändert man nur das letzte und somit niedrigwertigste Bit, das sogenannte *Least Significant Bit* (kurz: LSB) ändert sich die Farbe für das Auge nicht merklich. Genau diesen Umstand macht man sich in der Steganografie zunutze, mithilfe des LSB kann man mittels einer binären Codierung eine Nachricht verstecken, die man optisch nicht wahrnehmen kann. Zur Codierung bzw. Decodierung der Nachricht muss man immer nur das LSB jedes Pixels verändern bzw. auslesen[76].

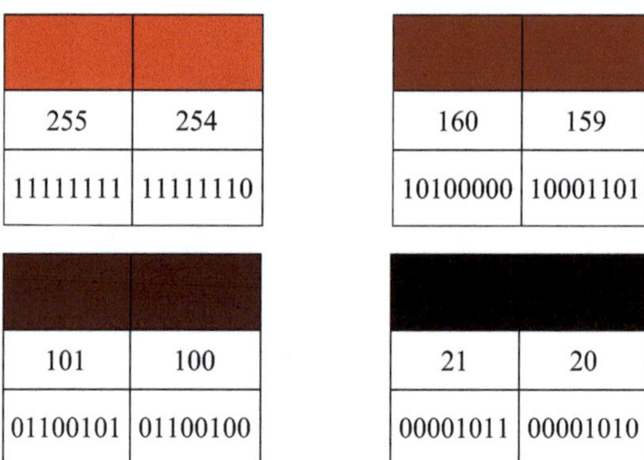

Tab. III.1: Verschiedene nahe beieinander liegende Farbwert für rot,
die Farbwerte für Grün und Blau sind „0" belegt.

Die linguistische Steganografie erscheint in zwei Spielarten. Die erste in der Form von Semagrammen, das sind Tarnverfahren, die Nachrichten völlig unverfänglich, als etwas völlig „*Normales*" aussehen lassen. Nur für Insider sichtbar wird durch Elemente in der Schrift oder in einer Grafik die vertrauliche Nachricht gekennzeichnet. So wurde beispielsweise in einem Lehrbuch der Kombinatorik, welches in der ehemaligen DDR erschienen ist, folgender Text versteckt: „*nieder mit dem sowjetimperialismus*" (vgl. Abb. III.7). Erst bei näherem Hinsehen bemerkt man, dass bestimmte Buchstaben tiefer gestellt sind.

---

[76] Ein gute interaktive Darstellung von Dimitra Löffler ist auf dem Portal zur Codierung und Kryotographie von Prof. Dr. Ziegenbalg zu finden. URL: http://www.ziegenbalg.ph-karlsruhe.de/materialien-homepage-jzbg/cc-interaktiv/index.htm (Stand: 21.09.2010)

In Königsberg i. Pr. gabelt sich der Pregel und umfließt eine
Insel, die *Kneiphof* heißt. In den dreißiger Jahren des acht-
zehnten Jahrhunderts wurde das Problem gestellt, ob es wohl
möglich wäre, in einem Spaziergang jede der sieben Königsberger
Brücken genau einmal zu überschreiten.

Daß ein solcher Spaziergang unmöglich ist, war für L. EULER der
Anlaß, mit seiner anno 1735 der Akademie der Wissenschaften in

in St. Petersburg vorgelegten Abhandlung *Solutio problematis
ad geometriam situs pertinentis* (Commentarii Academiae Petro-
politanae 8 (1741) 128-140) einen der ersten Beiträge zur
Topologie zu liefern.

Das Problem besteht darin, im nachfolgend gezeichneten Graphen
einen einfachen Kantenzug zu finden, der alle Kanten enthält.
Dabei repräsentiert die Ecke vom Grad 5 den Kneiphof und die
beiden Ecken vom Grad 2 die Krämerbrücke sowie die Grüne
Brücke.

Abb. III.7: Semagramm aus einem Lehrbuch der Kombinatorik[77]

Die zweite Spielart der linguistischen Steganografie sind sog. offene Geheimschriften *(engl. open Codes)*, die vertrauliche Nachricht ist im Gegensatz zu den Semagrammen nicht ersichtlich gekennzeichnet. In diese Kategorie fallen die *maskierten Geheimschriften (engl. jargon code)* und *verschleierte Geheimschriften (engl. concealment cipher)*. Beim jargon code handelt es sich um eine der ältesten Formen der Geheimhaltung. In mündlicher Form wurde diese schon bei orientalischen Händlern sowie bei westlichen Spielern verwendet. Durch ein vorher ausgemachtes Vokabular oder Gesten wird geheim kommuniziert, wobei sich für einen nicht eingeweihten Außenstehenden die Kommunikation als überhaupt nicht auffällig, eher als belanglos, darstellt. So wird z. B. einem Spieler durch ein Kratzen am Kopf von einem befreundeten Beobachter des Pokerspiels angezeigt, dass sein Gegner ein unschlagbares Blatt hat.

Bei verschleierten Geheimschriften wird die geheime Nachricht in Füllzeichen eingebettet, sodass sie nicht auf den ersten Blick zu erkennen ist. Allerdings müssen der Sender und der Empfänger zur einfachen Entschlüsselung vorher ausmachen, wo in der Nachricht die

---

[77] Halder (1976), S. 118

eigentliche Botschaft versteckt sein soll. Im zweiten Weltkrieg wurde folgender harmloser Inhalt einer Postkarte verschickt, der die japanische Zensur passierte:

> „DEAR IERS:
>
> AFTER SURRENDER; HEALTH IMPROVED
>
> FIFTY PERCENT: BETTER FOOD ETC.
>
> AMERICANS LOST CONFIDENCE
>
> IN PHILIPPINES. AM COMFORTABEL
>
> IN NIPPON. MOTHER: INVEST
>
> 30%, SALARY, IN BUSINESS: LOVE"[78]

Wenn man weiß, dass die geheime Nachricht in den ersten beiden Worten jeder Zeile nacheinander gelesen versteckt ist (bis auf die letzte Zeile), kommt man zu der geheimen Botschaft (auf Deutsch): *„Nach der Kapitulation fünfzig Prozent amerikanische Verluste auf den Philippinen, 30 % in Japan."*

In der folgenden Übersicht sind die verschiedenen Formen der Steganografie zusammengefasst.

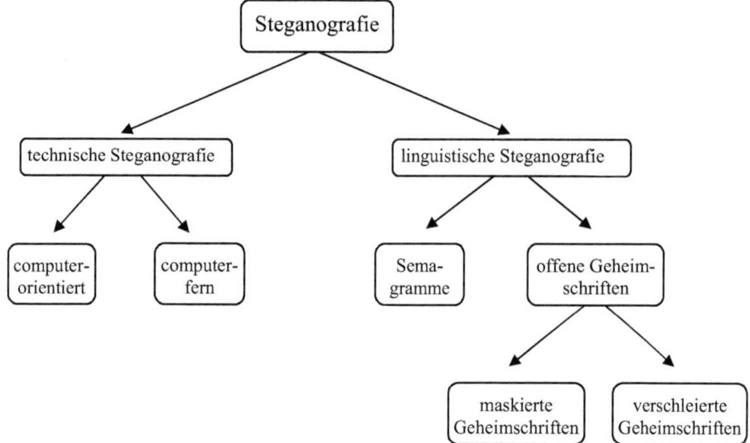

Abb. III.8: Übersicht zu den Methoden der Steganografie[79]

---

[78] Cryptologia, April 1980, S. 120 nach Kippenhahn (2003), S. 39
[79] Vgl. Bauer (1997), S. 26 (allerdings ergänzt)

IV Bildungsrelevanz codierungstheoretischer und kryptologischer Inhalte unter besonderer Berücksichtigung der Allgemeinbildung und des genetischen Prinzips

1 Perspektive der Allgemeinbildung

Beim Begriff der Allgemeinbildung handelt es sich um einen schillernden Begriff, den man nur sehr schwer fassen kann, daher gibt es dazu die unterschiedlichsten Beschreibungen. Stellvertretend sei hier die Erläuterung des bekannten Mathematikdidaktikers Heinrich Winter genannt:

> *„Zur Allgemeinbildung soll hier das an Wissen, Fertigkeiten, Fähigkeiten und Einstellungen gezählt werden, was jeden Menschen als Individuum und Mitglied von Gesellschaften in einer wesentlichen Weise betrifft, was für jeden Menschen unabhängig von Beruf, Geschlecht, Religion u. a. von Bedeutung ist.“*[1]

In der nun folgenden Untersuchung wird zuerst die Perspektive der Allgemeinbildung aus der allgemeinen Didaktik eingenommen, dafür wird die Begriffsauffassung des einflussreichen Pädagogen Wolfgang Klafki und des Erziehungswissenschaftlers Hans Werner Heymann zugrunde gelegt.

1.1   Allgemeinbildung im Sinne von Klafki

Klafki bestimmt den Begriff der Allgemeinbildung als eine Bildung in einem dreifachen Sinne:[2]

- *„Bildung im Medium des Allgemeinen“*

- *„Bildung in allen Grunddimensionen menschlicher Interessen und Fähigkeiten“*[3]

- *„Bildung für alle“*

Der ersten Forderung legt Klafki die folgende Kernthese zugrunde:

> *„Allgemeinbildung bedeutet in dieser Hinsicht, ein geschichtlich vermitteltes Bewusstsein von zentralen Problemen der Gegenwart und – soweit vorhersehbar – der Zukunft zu gewinnen ... Abkürzend kann man von der Konzentration auf epochaltypische Schlüsselprobleme unserer Gegenwart und der vermutlichen Zukunft sprechen.“*[4]

Als Beispiele für epochale Schlüsselprobleme nennt er die Friedens-, die Umweltfrage, das Zentralproblem des gesellschaftlich produzierten Ungleichgewichts und *„die Gefahren und die Möglichkeiten der neuen technischen Steuerungs-, Informations- und Kommunikationsmedien im Hinblick auf die Weiterentwicklung des Produktionssystems, ... der Folgen für veränderte Anforderungen an Basis- und Spezialqualifikationen, für die Veränderung des Freizeitbereichs und der zwischenmenschlichen Kommunikationsbeziehung.“*[5] Betrachtet man die Veränderung der zwischenmenschlichen Kommunikationsbeziehungen fällt auf, wie sehr

---

[1] Winter (1995), S.1
[2] Klafki (1996), S. 53
[3] Klafki bezeichnet diese Bildungsdimension auch mit *„vielseitiger Bildung“* (vgl. Klafki (1996), S. 69)
[4] Klafki (1996), S. 56
[5] Klafki (1996), S. 59 ff.

diese sich in den zurückliegenden 10-15 Jahren verändert haben. So gibt es beispielsweise Beziehungen, die nur virtuell durch das Medium Internet existieren oder die kommunikative Veränderung, die das Handy zur Folge hat, man ist jederzeit und überall erreichbar. Aus der Forderung, dass man sich auf epochaltypische Schlüsselprobleme konzentrieren soll, leitet Klafki die folgende Forderung für ein zukunftsorientiertes Bildungssystem ab:

> *„Wir brauchen in einem zukunftsorientierten Bildungssystem auf allen Schulstufen und in allen Schulformen eine gestufte, kritische informations- und kommunikationstechnologische Grundbildung als Moment einer neuen Allgemeinbildung; ‚kritisch' heißt so, dass die Einführung in die Nutzung und in ein elementarisiertes Verständnis der modernen, elektronisch arbeitenden Kommunikations-, Informations- und Steuermedien immer mit der Reflexion über die Wirkung auf die sie benutzenden Menschen, über die möglichen sozialen Folgen des Einsatzes solcher Medien und über den möglichen Missbrauch verbunden werden."*[6]

Zu einem elementaren Verständnis moderner elektronisch arbeitenden Kommunikations- und Informationsmedien gehört u. a. auch die Kenntnis einfacher alltäglicher Codierungssysteme, sowie die Kenntnis der Prinzipien grundlegender kryptologischer Verfahren. Durch diese Kenntnisse ist man erst in der Lage, die Wirkung moderner Kommunikationstechnik auf den benutzenden Menschen einzuschätzen. Diese Kenntnisse bilden auch die Grundlage für den von Klafki geforderten kritischen Umgang mit dieser Technik. Ein Beispiel: Man bestellt im Internet Karten für das Kino, die man mit der Kreditkarte bezahlt. Bei dieser Kommunikation sollte es dem Nutzer klar sein, dass es bei allzu sorglosem Umgang mit den eigenen Daten zu einem erheblichen finanziellen Schaden kommen kann. Weiß man von entsprechenden kryptologischen Verfahren, so kann man die Gefahr der unfreiwilligen Datenweitergabe erkennen und bewusster damit umgehen z. B. wird man nur auf verschlüsselten Internetseiten seine Kreditkartennummer angeben. Im Bereich des elektronischen Datenverkehrs ergeben sich für jeden Einzelnen beispielsweise die folgenden kryptologischen Fragestellungen:[7]

- Wie kann eine vertrauliche Kommunikation erreicht werden?

- Wie kann die Speicherung von personenbezogenen oder geheimen Daten gesichert werden?

- Wie kann der Empfänger einer Nachricht sicher sein, dass diese vom angegebenen Absender stammt und von Dritten nicht verändert wurde?

- Wie kann ein Chipkartenterminal die Identität des Kommunikationspartners überprüfen?

- Wie kann bei der Abwicklung von rechnernetzgestützten Alltagsgeschäften Datenschutz und Verbindlichkeit erreicht werden?

Insgesamt zeigen diese Ausführungen und weitere Überlegungen zu diesem Thema bei Stohr auf[8], dass die Kryptologie einen Beitrag zur Erhellung des Schlüsselproblems der Kommunikations- und Informationsmedien leistet. So sind Codes und die Kryptologie als zentrale Probleme der Gegenwart und der Zukunft und somit als sogenannte epochaltypische Schlüsselprobleme einzustufen. Damit sind zum zweiten Punkt der Klafkischen Aufzählung – *„Bildung in allen Grunddimensionen menschlicher Interessen und Fähigkeiten"* – keine

---

[6] Klafki (1996), S. 60
[7] Stohr (2007), S. 35
[8] Stohr (2007), S. 35 ff.

weiteren Ausführungen zu machen, da er gerade mit diesem Punkt Inhalte, die sich *„nicht oder nicht primär durch ihren Beitrag zur Auseinandersetzung mit zentralen Zeitproblemen"*[9] befassen, berücksichtigt.

In der Didaktik der Informatik wird schon seit längerem die Forderung, kryptologische Inhalte im Informatikunterricht zu vermitteln, nachdrücklich verfolgt.[10] Für eine *„Bildung für alle"* im Sinne Klafkis ist das zu wenig, denn alle Schüler sind von diesen Fragen betroffen und nicht nur die relativ wenigen Informatikschüler. Aus diesem Grund fordert Monika Stohr in ihrer Arbeit *„Unterricht in Kryptologie"* ein Wahlpflichtfach Kryptologie[11], sodass Schüler die Möglichkeit bekommen, sich mit diesem Thema zu befassen. Mit diesem Ansatz erreicht man jedoch nur die Schüler, welche das Wahlpflichtfach auch wählen. Im Sinne der *„Bildung für alle"* ist das angesichts der Wichtigkeit des Themas zu wenig. Ich habe das Ziel, alle Schüler mit dem Thema Kryptologie zu erreichen und untersuche somit, inwiefern die Inhalte der Codierungstheorie und Kryptologie in den Mathematikunterricht einfließen können, da alle Schüler diesen Unterricht besuchen müssen.

1.2 Allgemeinbildung im Sinne von Heymann

Im Zentrum des von Heymann entwickelten Allgemeinbildungskonzeptes stehen sieben

„Aufgaben der allgemeinbildenden Schule:

- *Lebensvorbereitung*
- *Stiftung kultureller Kohärenz*
- *Weltorientierung*
- *Anleitung zum kritischen Vernunftgebrauch*
- *Entfaltung von Verantwortungsbereitschaft*
- *Einübung in Verständigung und Kooperation*
- *Stärkung des Schüler-Ichs."* [12]

Im Folgenden werden die sieben Aufgaben schlaglichtartig dargelegt.

Lebensvorbereitung

Für das Kriterium Lebensvorbereitung geht Heymann vom gesellschaftlichen Konsens aus, dass bei der Aufgabe allgemeinbildender Schulen *„die Vorbereitung der Heranwachsenden auf ihr Leben als Erwachsene ... eine zentrale Rolle spielen müßte."*[13] Allerdings relativiert er im gleichen Atemzug diese Aussage auch wieder, da es erstens ungewiss ist *„in welcher Welt sich unsere Schüler als Erwachsene einmal werden zurechtfinden müssen; zweitens würden sich aus exakten Zukunftsprognosen die zu ihrer Bewältigung erforderlichen Qualifikationen nicht zwingend ableiten lassen, drittens können formale Qualifikationen im Umgang mit sehr*

---

[9] Klafki (1996), S. 69
[10] Vgl. beispielweise Baumman (1996, 1), S. 52; Günthner (1997), S. 6; Witten (1998), S. 57; Baumann (1999), S. 2; Zuber (2001), S. 54; Witten (2006), S. 60; Fischer (2008), S. 37; Stohr (2007), S. 37; Puhlmann (2008), S.43; Esslinger (2009), S. 75
[11] Vgl. Stohr (2007), S. 33
[12] Heymann (1989), S. 4
[13] Ebd.

unterschiedlichen Inhalten erworben werden. "[14] Daraus präzisiert er vier Bedingungen an Qualifikationen, die in der Schule vermittelt werden sollen:[15]

> (a) *die zur Bewältigung realer und auf absehbarer Zeit in unserer Gesellschaft verbreiteter Lebenssituationen beitragen;*

> (b) *die nicht auf die Ausübung eines bestimmten Berufs hin ausgerichtet sind;*

> (c) *von denen anzunehmen ist, dass sie nicht gleichsam automatisch, nebenher von jedem Heranwachsenden auch ohne systematischen Unterricht erworben werden;*

> (d) *die sich nicht ohne Weiteres im Rahmen von Spezialkursen erwerben lassen (z. B. Autofahren).*

Als Beispiele elementarer Kulturtechniken, die diese vier Bedingungen erfüllen, nennt Heymann das Lesen, das Rechnen und das sich mündlich Artikulieren können.

Stiftung kultureller Kohärenz

Darunter versteht Heymann: „*Die Tradierung kulturspezifischer Errungenschaften (von alltäglichen Umgangsformen, Wertvorstellungen bis hin zu künstlerischen und wissenschaftlichen Hervorbringungen höchsten Anspruchs).* "[16] Dieser Teil der Allgemeinbildung nimmt in den allgemeinbildenden Schulen unserer Gesellschaft einen hohen Rang ein. Die Schule leistet damit einen großen Beitrag zum Aufbau der kulturellen Identität, als eine „*unverzichtbare Voraussetzung, wenn Zukunft von den jeweils heranwachsenden Generationen gestaltet und nicht nur als von Sachzwängen diktierte Entwicklung hingenommen werden soll.*"[17]

Weltorientierung

Mit dem Begriff Weltorientierung knüpft Heymann an die folgende pädagogische Tradition an:

> „*Mit der Aufgabe der Weltorientierung wird an diejenige pädagogische Tradition angeknüpft, die es als zentrales Anliegen der Schule betrachtet, die Heranwachsenden mit materiellem Wissen über die Welt auszustatten: Die Schüler sollen einen Überblick haben, die Erscheinungen um sich herum einzuordnen wissen, sie zueinander in Beziehung setzen können, über ihren engeren Erfahrungshorizont hinaus über die Welt „Bescheid wissen.*"[18]

Dies kann man wohl als einen Kern der Allgemeinbildung bezeichnen, was auch eine Allensbach-Umfrage von 1985[19] belegt.

Anleitung zum kritischen Vernunftgebrauch

Heymann definiert diesen Begriff wie folgt:

---

[14] Ebd.
[15] Ebd.
[16] Heymann (1989), S. 33
[17] Ebd.
[18] Heymann (1996), S. 79
[19] Allensbach-Umfrage von 1985 (Bundesministerium für Bildung und Wissenschaft 1986c, S. 7 ff)

> *„Die eigene Vernunft kritisch zu gebrauchen heißt, Tatsachenbehauptungen und Werturteile nicht einfach hinzunehmen, sondern sie – ungeachtet des Autoritätsanspruchs, mit dem sie vertreten werden – zu hinterfragen, sie auf mögliche Widersprüche, Unstimmigkeiten und Unvereinbarkeiten zu untersuchen und dabei der Kraft der eigenen Urteilsfähigkeit zu vertrauen.“*[20]

Entfaltung von Verantwortungsbereitschaft und *Einübung in Verständigung und Kooperation*

Diese beiden Elemente liegen eher im methodischen Bereich des Unterrichts. Heymann versteht darunter: *„Allgemein gebildet ist, wer im Sinne der [vier] zuvor beschriebenen Aufgaben kompetent ist und darüber hinaus von seiner Sachkompetenz verantwortungsvoll Gebrauch macht – wobei sich diese Verantwortung auf Mitmenschen, auf die Natur, ... bezieht.“*[21] Dieses Ziel kann beispielsweise im Mathematikunterricht der Grundschule in rudimentärer Form durch *„wechselseitige Hilfen, Beratungen und Lösungskontrolle bei der Partner- und Gruppenarbeit“*[22] erreicht werden. Die Forderung des Einübens von Verständigung und Kooperation sieht Heymann im Sinne vom Erlernen sozialer Verhaltensweisen.

Stärkung des Schüler-Ichs

Heymann geht bei dieser Forderung von folgender Idee aus: *„Verantwortung als soziales und ethisches Prinzip bedarf der Persönlichkeit, die sich als Subjekt begreift, Zivilcourage entwickelt und sich selbst handelnd verwirklicht.“*[23] Dieses Ziel kann nach Heymann im Mathematikunterricht beispielsweise durch *„Bereitstellung von Freiräumen für die Beschäftigung mit Mathematik am Rande des Standard-Curriculums“* erreicht werden.

Dieses Konzept bietet handhabbare Kriterien, mit denen Lösungen des schulpraktischen Problems – *„Was und wie soll an öffentlichen Schulen unterrichtet werden?“*[24] – beurteilt werden können. Genauer gesagt können mit diesem Konzept *„curriculare Vorgaben für Unterricht als auch [konkreter] Unterricht auf ihre allgemein bildende Qualität hin“*[25] untersucht werden. Im Folgenden wird daher überprüft: Welche der genannten Kriterien erfüllen die Codierung und Kryptologie?

In der Einleitung wurde an vielen Beispielen dargelegt, dass es sich beim Codieren und Decodieren um eine essenzielle Kulturtechnik handelt, die nicht nur im Alltag sondern vor allem auch im späteren Berufsleben von essenzieller Bedeutung ist. Weitere Beispiele hierzu sind alle Arten von Codes im Handwerk, Kürzel in naturwissenschaftlichen Berufen, sogar in Verwaltungen finden sich Codes in Form z. B. von Haushaltstiteln. Daher dient also die elementare Befassung von Codes der Lebensvorbereitung im Sinn der Allgemeinbildung.

Ein hohes Kulturgut in unserem Kulturkreis ist der Schutz der Privatsphäre, dies manifestiert sich u. a. im Artikel 10 des Grundgesetzes:

---

[20] Bussmann/Heymann (1987), S. 11
[21] Heymann (1989), S. 6
[22] Heymann (1989), S. 8
[23] Heymann (1989), S. 6
[24] Heymann (1996), S. 42
[25] Ebd.

> *„Brief-, Post-, und Fernmeldegeheimnis*
> *(1)   Das Briefgeheimnis sowie das Post- und Fernmeldegeheimnis sind unver-*
> *   letzlich.“*[26]

Überträgt man den Inhalt des Artikels 10 des Grundgesetzes auf die modernen Kommunikationsmedien, so kommt man zu folgendem Schluss:

> *„Das Fernmeldegeheimnis schützt darüber hinaus – dem Briefgeheimnis*
> *vergleichbar – aber auch die Inhalte und näheren Umstände des E-Mail-Verkehrs*
> *und auch die sonstigen Formen einer Individualkommunikation im Internet (zum*
> *Beispiel Chat, Messaging, IP-Telefonie, SMS, MMS) vor dem unberechtigten*
> *Zugriff Dritter.“*[27]

Technisch manifestiert sich die Umsetzung des Artikels in der Verwendung codierungstheoretischer bzw. kryptologischer Verfahren, die die Individualkommunikation auf allen Ebenen ermöglichen und schützen. Somit tragen diese Verfahren zur kulturellen Kohärenz bei. Oft wird gegen das Kulturgut *„Brief-, Post-, und Fernmeldegeheimnis“* verstoßen, siehe z. B. Daten-Debakel von Facebook 2009[28]. Wie bereits im ersten Kapitel festgestellt, nutzen gerade jungen Menschen das Internet bzw. in ihrem weiteren Leben wird die Nutzung eher zu – statt abnehmen[29]. Daher ist es für Schüler von sehr großer Bedeutung, jetzt und in Zukunft, sich über die Gefahren einer unabsichtlichen Datenweitergabe bewusst zu sein. Somit trägt das Nutzen von Codes und die Kryptologie z. B. nur auf verschlüsselten Seiten die entsprechenden Daten weiterzugeben, zur Lebensvorbereitung nach Heymann bei. Weitere Argumente in diesem Sinne für die Lebensvorbereitung folgen auch aus den im Abschnitt 2.1 formulierten Fragestellungen.

Einen weiteren Beitrag leistet die Kryptologie hinsichtlich der kulturhistorischen Identität, da es sich bei ihr um eine sehr alte Wissenschaft handelt. Sie wurde nachweislich schon vor 2500 Jahren betrieben und ist heute aktueller denn je. Somit wird durch sie das kulturelle Erbe an die nachfolgende Generation weitergegeben und mit ihr ist man in der Lage, kulturelle Kohärenz zu stiften. Weitere Überlegungen zu diesem Themenkomplex werden sehr ausführlich in den folgenden Abschnitten dargelegt.

Im Abschnitt 2.1 wurde festgestellt, dass es sich bei Codes und der Kryptologie um epochaltypische Schlüsselprobleme im Sinne von Klafki handelt. Genau die gleichen Argumente führen hin zur Heymannschen Aufgabe der Weltorientierung, bei ihr ist die *„Auseinandersetzung mit den Welt- und Schlüsselproblemen ... im Rahmen der Allgemeinbildung dringend notwendig.“*[30]

Zur Anleitung eines kritischen Vernunftsgebrauchs tragen die Codes und Kryptologie bei, in dem sie den *„mündigen Bürger“*[31] in die Lage versetzen, moderne Informations- und Kommunikationssysteme hinsichtlich deren Sicherheit zu beurteilen. Dies stellt eine wichtige

---

[26] Bundeszentrale für politische Bildung URL: http://www.bpb.de/wissen/Q01ETK,1,0,Das_ Grundgesetz _f% FCr_die_Bundesrepublik_Deutschland.html#art1 (Stand: 21.09.2010)

[27] URL: http://www.lehrer-online.de/fernmeldegeheimnis.php?sid=51884302667475265526 8821282131 00 (Stand 21.09.2010)

[28] Vgl. Spiegel, URL: http://www.spiegel.de/netzwelt/web/0,1518,608116,00.html (Stand:25.08.2010)

[29] Vgl. Kapitel I

[30] Heymann (1996), S.88

[31] Vgl. Kapitel I

Kompetenz dar, wenn man zu einem „*reflektierten Umgang mit (neuen) Medien*"[32] kommen möchte.

Schließlich bieten die Themen Codes und Kryptologie die Möglichkeit, über das Standardcurriculum hinauszugehen. „*Schüler haben Freude beim Verschlüsseln und Entschlüsseln.*"[33] Diese positive Emotion trägt zur Stärkung des Schüler-Ichs bei, so dass kognitive und affektive Lernziele besser erreicht werden. Außerdem bietet sich die Chance, Schüler auf einer anderen Ebene anzusprechen, um ihnen einen Ansporn zu geben, dass sie sich auch für die Standardthemen interessieren und sie somit in ihrer allgemeinen Persönlichkeit zu stärken.

Betrachtet man in einem Rückblick die einzelnen Kriterien und ihre Anwendung auf die Themen Codes und Kryptologie, wird deutlich, dass die ersten vier Kriterien: *Lebensvorbereitung, Stiftung kultureller Kohärenz, Weltorientierung, Anleitung zum kritischen Vernunftgebrauch* erfüllt sind. Das Entfalten von Verantwortungsbereitschaft und das Einüben in Verständigung und Kooperation liegen im methodischen Bereich und können natürlich auch mit den Inhalten Codes und Kryptologie erreicht werden. Insgesamt ist also festzuhalten, dass Codes und die Kryptologie einen Beitrag zur Allgemeinbildung im Sinne Heymanns leisten.

2 Das genetische Prinzip

Eines der grundlegendsten didaktischen Prinzipien ist das genetische Prinzip. Der renommierte Fachdidaktiker Erich Wittmann bezeichnet in seinem populären Werk zur Mathematikdidaktik „*Grundfragen des Mathematikunterrichts*" das genetische Unterrichtsprinzip als „*oberstes Unterrichtsprinzip*".[34] Dank dieser Bedeutung für den Unterricht hat es eine schon sehr lange Tradition in der pädagogischen und didaktischen Diskussion. So wird im ersten Abschnitt das genetische Prinzip in seiner historisch gewachsenen Bildungsdiskussion näher beleuchtet. Ein Schwerpunkt dieser Darstellung bildet eine Auswahl verschiedener Facetten des genetischen Prinzips: das historisch-, organisch-, logisch-, psychologisch- und das heuristisch-genetische Prinzip. Im zweiten Abschnitt wird im Rahmen dieses Diskurses zum genetischen Prinzip insbesondere die Perspektive der Mathematikdidaktik eingenommen.

2.1 Allgemeine Betrachtungen

Was bedeutet der Begriff „genetisch" im Zusammenhang mit Lernen?
Der Pädagoge Winfried Böhm führt die Verwendung des Begriffs genetisch im pädagogischen Sprachgebrauch auf den griechischen Begriff „Genesis"[35] zurück, der soviel wie „das Werden, Entstehen, Ursprung"[36] bedeutet[37]. Wittmann beschreibt die Verwendung des Wortes genetisch in der Didaktik der Mathematik wie folgt:

---

[32] Mandl (2001), S. 10 (vgl. auch Kapitel II)
[33] Günthner (1997), S. 6
[34] Wittmann (1981), S. 144
[35] Vgl. Böhm (2005), S. 243
[36] Vgl. Duden (2005), Das Fremdwörterbuch, S. 360
[37] Auch im Titel „Genesis" des ersten Buchs in der Schöpfungsgeschichte von Moses ist ein Bezug zum Begriff genetisch gegeben.

„Eine Darstellung einer mathematischen Theorie heißt genetisch, wenn sie an den natürlichen erkenntnistheoretischen Prozessen der Erschaffung und Anwendung von Mathematik ausgerichtet ist."[38]

Schon Aristoteles schreibt in Bezug auf das Lernen bzw. die Erkenntnis:

„Wenn man die Dinge von vornhinein in ihrem Werden beobachtet, so ist das die beste Beobachtungsweise."[39]

Erste Ideen, den Unterricht am Entstehen des Wissens auszurichten, finden sich beispielsweise bei Comenius, Pestalozzi, und Diesterweg.[40] So schreibt der berühmte Pädagoge des 17. Jahrhunderts Johann Amos Comenius (1592-1670) 1657 in seinem Werk *„Große Didaktik"*:

„Am besten also, am leichtesten und am sichersten werden die Dinge so erkannt, wie sie entstanden sind. ... Ebenso wird eine Sache leicht und sicher begriffen, wenn man sie so erklärt, wie sie sich ereignet hat; kommt man aber auf das Letztere zu sprechen und stellt verschiedenes um, so verwirrt man den Lernenden bestimmt.
Darum soll die Methode des Lehrens der Methode der Dinge selbst folgen und das Frühere früher, das Spätere später drannehmen."[41]

Mit diesem Zitat wird deutlich, dass Comenius komplexes Wissen nicht nur einfach den Schülern darbieten möchte, sondern der Lehrer soll dem historischen Entstehungsprozess des Wissens folgen. Im Allgemeinen wird diese Methode als historisch-genetisch[42] bezeichnet. In dem Nachschlagewerk „Pädagogisches Lexikon" von 1929 ist der Kern der historisch-genetischen Methode sehr genau herausgearbeitet:

„Das historisch-genetische Prinzip geht auf die Entwicklung des Wissens im Menschengeschlecht überhaupt zurück und fordert, daß der einzelne noch einmal denselben Weg – wenn auch möglich abgekürzt – geführt werde, den die Wissenschaft bisher gegangen ist. ... Man meint eben, wie eine Erkenntnis, eine Wissenschaft allmählich entstanden ist, in derselben Reihenfolge müßten auch ihre Ergebnisse angeignet werden, damit der Lernende zum wirklichen geistigen Besitz derselben gelangt."[43]

Der Schweizer Pädagoge Johann Heinrich Pestalozzi (1746-1827) hat schon eine differenziertere Sichtweise auf die genetische Lehrmethode, er teilt sie in eine organisch-methodische[44] und eine historisch-genetische ein, wobei er der ersteren den Vortritt gibt. Zum historisch-genetischen Prinzip schreibt Pestalozzi:

„Sie [die Erziehungsweise, H. des Autors] ist und soll elementarisch und als Elementarmethode organisch-genetisch sein. Ich nenne die Methode organisch-genetisch im Gegensatze gegen den Begriff einer historisch-genetischen, weil dieser Begriff zu der Ansicht führen könnte, als müsse die Entwicklung und der

---

[38] Wittmann (1981), S. 130
[39] Nach Dalisda (1929), S. 413
[40] Möller (2001), S. 16
[41] Comenius (1982), S. 139
[42] Vgl. Dalisda (1929), S. 414; Böhm (2005), S. 243
[43] Vgl. Dalisda (1929), S. 414
[44] Das organisch-methodische Unterrichtsverfahren arbeitet die innere Aufbaustruktur heraus und das historisch-genetische geht vom geschichtlichen Prozess aus. Vgl. Böhm (2005), S. 243

> *Unterricht alle die Umwege, Krümmungen und Nennungen durchlaufen, oder wenigstens mehr oder minder darstellen, um zur Wahrheit und Selbständigkeit zu gelangen, die das Menschengeschlecht, wenn es bloß nach seinem empirischen Gange ins Auge gefaßt wird, durchlaufen hat. Dies ist keineswegs meine Meinung. Ich anerkenne vielmehr Anfangspunkte der Erziehung, die in dem Wesen der Menschennatur liegen, schon an sich Wahrheit und die Wirkung der Selbstständigkeit dieser Natur selbst sind, und durch deren reines Auffassen und Entwickeln dem Kinde eben jene zu zahllosen Irrthümern führende Abwege und Umwege erspart werden sollen, denen der Mensch jedesmal auf einem bloß sinnlichen Gange, dessen Resultate er eben so sinnlich und verwirrt auffaßt, unterliegt. "[45]*

Damit hat Pestalozzi eine etwas andere Sicht auf die Rolle des Studiums der Wissenschaftsgeschichte in Bezug auf die Didaktik als Comenius. Er sieht nicht nur Vorteile im historisch-genetischen orientierten Unterricht, sondern er sieht auch die Gefahr, dass alle Umwege, die die Menschheit machte, um zum Wissen zu gelangen auch die Schüler machen müssten, damit sie selbst zur Wahrheit gelangen. Diese Umwege kosten natürlich sehr viel kostbare Unterrichtszeit, die es effektiv zu nutzen gilt, deshalb spricht Pestalozzi lieber vom organisch-genetischen Prinzip, bei diesem Prinzip geht man vom Werden und Wachsen der Dinge aus. Im Nachschlagewerk „Pädagogisches Lexikon" ist zur Präzisierung des organisch-genetischen Prinzips nachzulesen:

> *„Dieses [das logisch-genetische Prinzip, H. des Autors] geht dem Werden der Dinge selbst nach und kann in die Formel gefaßt werden: vom Werdenden zum Gewordenen. ... Dagegen wird die Betrachtung des Werdens und Wachsens eines leiblichen oder geistigen Organismus und seiner Zusammenhänge im einzelnen sehr häufig das Verständnis fördern oder überhaupt erst ermöglichen. "[46]*

Beispielsweise bedeutet das für den Biologieunterricht, dass ein Kind die Entwicklung eines Schmetterlings am besten studieren kann, in dem es die Entwicklungsstufen des Schmetterlings vom Ei über die Raupe zur Puppe bis zum schönen Falter selbst verfolgt.
Pestalozzi geht daneben auch versteckt auf das psychologisch-genetische Prinzip ein, allerdings nennt er es nicht bei diesem Namen. So meint er, dass er versuche

> *„... die Mittel der Erziehung und des Unterrichts in psychologisch geordnete Reihenfolge zu bringen."[47]*

Genauer meint Pestalozzi:

> *„Es giebt also nothwendig in den Eindrücken, die dem Kinde durch den Unterricht beigebracht werden müssen, eine Reihenfolge, deren Anfang und Fortschritt dem Anfange und Fortschritte der zu entwickelnden Kräfte des Kindes genau Schritt halten soll. ... die Bestandtheile alles Unterrichts nach dem Grad der steigenden Kräfte der Kinder zu sondern, und in allen Unterrichtsfächern mit der größten Genauigkeit zu bestimmen, was von diesen Bestandtheilen für jedes Alter des Kindes passe, um ihm einerseits nichts von dem vorzuenthalten, wozu es ganz*

---

[45] Pestalozzi (1822), S. 136
[46] Vgl. Dalisda (1939), S. 414
[47] Pestalozzi (1820), S. 25

fähig, anderseits es mit nichts zu beladen, und mit nichts zu verwirren, wozu es nicht ganz fähig ist."[48]

Damit fordert schon Pestalozzi den Unterricht so aufzubauen, dass er an die Psychologie des Kindes angepasst wird, wobei sich der Unterricht in solchen Schritten vollziehen soll, die den geistigen Kräften des Kindes angepasst sind. Das entspricht der Kernforderung des psychologisch-genetischen Lehrverfahrens. Damit wird verhindert, dass das Kind einerseits nicht über- und andererseits nicht unterfordert wird. Bei dem deutschen Pädagogen Friedrich Adolph Wilhelm Diesterweg (1790-1866) findet sich das genetische Prinzip im *Prinzip der Stufengemäßheit*[49] wieder. In seinem Buch *„Wegweiser für den deutschen Lehrer"* nennt er in den *„Regeln für den Unterricht in Betreff des Schülers"* u. a. die Regel:

„Richte dich bei dem Unterricht nach den natürlichen Entwicklungsstufen des heranwachsenden Menschen (nach der allgemeinen Individualität der Menschheit!)"[50]

Als Entwicklungsstufen bis zum 14. bis 16. Lebensjahr gibt er die folgenden drei Stufen an: 1. Stufe der vorherrschenden Sinnlichkeit und Anschauung, 2. Stufe des Gedächtnisses, 3. Stufe der Anschauung. Dieses Stufenmodell wurde Anfang des 20. Jahrhunderts von dem Schweizer Entwicklungspsychologen Jean Piaget (1896-1980) weiterentwickelt, somit gehört dieser auch zu den namhaften Vertretern des genetischen Prinzips, genauer gesagt ist er ein Vertreter des psychologisch-genetischen Prinzip.

1866 formulierte der deutsche Arzt Ernst Haeckel (1834-1919) das biogenetische Grundgesetz. Geht man davon aus, dass der Mensch das Ergebnis eines langen Evolutionsprozesses, einem Wechselspiel zwischen Mutation, Kreuzung, Selektion und Zufall, darstellt, so hat jede „Spezies" eine lange stammesgeschichtliche Entwicklung durchlebt. Diesen historischen Prozess bezeichnet man als Phylogenese.[51] Angeregt durch Studien an Embryos in verschiedenen Entwicklungsstadien formuliert Haeckel das biogenetische Gesetz. Nach diesem Gesetz folgt die Individualentwicklung eines Lebewesens (Ontogenese[52]) in einer verkürzten Form der stammesgeschichtlichen Entwicklung (Phylogenese). In einer kurzen und prägnanten Formulierung lautet das biogenetische Grundgesetz wie folgt:

„Die Ontogenese rekapituliert die Phylogenese."

Diese Grundregel ist bis heute nicht unumstritten und in dieser Prägnanz auch biologisch nicht haltbar. Auf der Homepage der *„Arbeitsgemeinschaft Evolutionsbiologie im Verband Biologie, Biowissenschaften & Biomedizin"* ist vom Geschäftsführer Martin Neukam folgende Stellungnahme zum *„biogenetischen Grundgesetz"* zu lesen:

„Heute scheint sich dahingehend ein Konsens abzuzeichnen, dass unter Berücksichtigung bestimmter Einschränkungen und Modifikationen wesentliche Teilstücke des Grundgesetzes Gültigkeit haben, wobei häufig von der

---

[48] Pestalozzi (1820), S. 27

[49] Vgl. Vollrath (2001), S. 124

[50] Diesterweg (1844), S. 151 (Anm.: In der Ausgabe von 1838 ist diese Regel noch nicht zu finden.)

[51] Phylogenie: (Biol.) Stammesgeschichte der Lebewesen. Duden (2005), Das Fremdwörterbuch, S. 798

[52] Die Entwicklung des Individuums von der Eizelle zum geschlechtsreifen Zustand. Duden (2005), Das Fremdwörterbuch", S. 731

biogenetischen Grundregel, der Rekapitulationstheorie oder vom Konzept der ontogenetischen Rekapitulation gesprochen wird."[53]

Nach Neukam sind vier Kernaussagen der biogenetischen Grundregel erhalten geblieben, eine davon lautet beispielsweise: „*Jedes Individuum durchläuft in seiner Entwicklung eine für den jeweiligen Tierstamm charakteristische Periode maximaler Ähnlichkeit, in der die Palingenesen[54] dominieren.*"[55]

Überträgt man – rein hypothetisch – das biogenetische Grundgesetz von Haeckel auf den Vorgang des menschlichen Lernens, so entspricht die Phylogenese dem historischen Prozess des menschlichen Wissenserwerbs, wie er durch historische Dokumente und Studien belegt ist.[56] Dabei umspannt die Phylogenese einen Zeitraum von mehreren tausend Jahren. Die Ontogenese entspricht der individuellen Wissensentwicklung beim heranwachsenden Menschen. Allerdings umfasst dies nur einen Zeitraum von einigen Jahren. Ziegenbalg bezeichnet diese Auslegung als „wissensgenetisches Grundgesetz".[57] Nach Ziegenbalg kann das wissensgenetische Grundgesetz als Orientierung zur Konstruktion von Lernsequenzen und Curricula dienen. Allerdings warnt er – wie schon Pestalozzi – davor, minutiös jede historische Detailentwicklung zu berücksichtigen.[58]

Zurück zu den Überlegungen zur historischen Entwicklung des genetischen Prinzips. Nachdem Haeckel das biogenetische Grundgesetz veröffentlichte, sahen viele darin eine wissenschaftliche Begründung für die verschiedenen Ideen des genetischen Prinzips und dessen Übertragung auf den Unterricht, exemplarisch seinen hier die beiden einflussreichen Mathematiker vom Anfang des 20. Jahrhunderts, der Deutsche Felix Klein (1849-1925) – für dessen Zitat sei auf den folgenden Abschnitt verwiesen – und der Franzose Henri Poincaré (1854-1912) genannt. Poincaré schreibt in seinem Buch „*Wissenschaft und Methode*":

„Die Zoologen behaupten, daß die embryonale Entwicklung eines Tieres in sehr kurzer Zeit die ganze Geschichte seiner Vorfahren in den geologischen Epochen durchmacht. Ebenso scheint es mit der Entwicklung des menschlichen Geistes zu sein. Der Erzieher muß das Kind durch alle Phasen führen, die seine Vorfahren durchgemacht haben, bedeutend schneller, aber ohne eine Etappe hinter sich zu verbrennen. In diesem Sinne muß die Geschichte der Wissenschaft unser vornehmster Führer sein."[59]

Dieses Zitat stellt ein klares Bekenntnis zum historisch-genetischen Prinzip dar.

Auch Piaget berücksichtigt bei seinen Forschungen das biogenetische Grundgesetz, er „*geht davon aus, daß bei der Genese von Wissen in den Wissenschaften und im Individuum die gleichen Mechanismen maßgebend sind.*"[60]

Zur Bedeutung des genetischen Prinzips gibt es auch aus der jüngeren deutschen Pädagogik Beiträge, es sei hier exemplarisch der deutsche Pädagoge und Psychologe Heinrich Roth (1906-1983) zitiert:

---

[53] Neukam (2007), S. 1
[54] Palingenesie: Das Auftreten von Merkmalen stammesgeschichtlicher Vorfahren während der Keimesentwicklung (z. B. die Anlage von Kiemenspalten beim Menschen). Duden (2005), Das Fremdwörterbuch S. 751
[55] Neukam (2007), S. 26
[56] Ziegenbalg (1998), S. 51
[57] Ziegenbalg (1998), S. 52
[58] Vgl. Ziegenbalg (1998), S. 52
[59] Poincaré (1941), S. 113 ff.
[60] Wittmann (1981-2), S. 59

> *„Kind und Gegenstand verhaken sich ineinander, wenn das Kind oder der Jugendliche den Gegenstand, die Aufgabe, das Kulturgut in seiner ‚Werdensnähe' zu spüren bekommt, in seiner Ursprungssituation, aus der heraus er ‚Gegenstand', ‚Aufgabe', ‚Kulturgut' geworden ist. Darin scheint uns das Geheimnis und Prinzip alles Methodischen zu liegen. Indem ich nämlich – und darauf kommt es alleine an – den Gegenstand wieder in seinen Werdensprozeß auflöse, schaffe ich ihm gegenüber wieder die ursprüngliche menschliche Situation und damit die vitale Interessiertheit, aus der er einst hervorgegangen ist. ... Alle methodische Kunst liegt darin beschlossen, tote Sachverhalte in lebendige Handlungen zurückzuverwandeln, aus denen sie entsprungen sind: Gegenstände und Entdeckungen, Werke in Schöpfungen und Pläne in Sorgen, Verträge in Beschlüsse, Lösungen in Aufgaben, Phänomene in Urphänomene.* "[61]

Klafki sieht Roth hier auf der Linie mit dem bekannten Pädagogen und engagierten Didaktiker Martin Wagenschein (1896-1988) – auf dessen Vorstellung zum genetischen Lernen wird unten genauer eingegangen – und dem amerikanischen Psychologen Jérôme S. Bruner. Allerdings bezeichnet Bruner diese Art des Lernens mit „exemplarischem Lernen" bzw. „problemlösendem Lernen", das zugleich auch „generalisierendes Lernen" sein soll.[62] Klafki sieht das genetische Unterrichtsprinzip als eine Bedingung für das selbstständige Lernen an. So findet sich das genetische Prinzip bei ihm in Form von „sachlogischen Stufen" wieder. Er drückt dies folgendermaßen aus:

> *„daß der Unterricht die Gesetzmäßigkeiten, die Prinzipien, die Strukturen, die Zusammenhänge, die gelernt, besser: erarbeitet, produktiv angeeignet und dann anwendend erprobt und gefestigt werden sollen, nicht in abgeschlossener, fertiger Gestalt darbietet, als Formel, Resultat, Modell, Schema, Faktum usw., sondern daß er den Schülern dazu verhilft, die ‚sachlogischen' Stufen der Entwicklung solcher Gesetzmäßigkeiten, Strukturen, Zusammenhänge entweder schrittweise nachvollziehend zu entdecken oder aber analytisch, vom ‚fertigen' Ergebnis aus rückschreitend, zu rekonstruieren.* "[63]

Genauer gesagt handelt es sich hierbei um das logisch-genetische Prinzip, welches im folgenden Abschnitt noch näher erläutert wird.

Insgesamt wurde an den Ausführungen deutlich, dass es viele Facetten des genetischen Prinzips gibt und es über Jahrhunderte Gegenstand der pädagogischen Forschung ist. Vorläufig zusammenfassend kann man also sagen, dass das genetische Lernen vom Entstehen des Wissens ausgeht und sich dessen Erwerb danach richtet. In der mathematikdidaktischen Diskussion lassen sich nach Schubring vor allem die beiden Hauptrichtungen, das historisch-genetische und das psychologisch-genetische Prinzip identifizieren. Im folgenden Kapitel wird ein kleiner Überblick über die Meinungen verschiedener wichtiger Vertreter des genetischen Prinzips im Mathematikunterricht gegeben.

2.2 Das genetische Prinzip in der Mathematikdidaktik

Einer der Ersten, der das genetische Prinzip beim Aufbau eines mathematischen Lehrwerks berücksichtigte, war der französische Philosoph, Theologe und Mathematiker Antoine Arnauld (1612-1694). Dieses Lehrwerk hat als mathematischen Inhalt die Geometrie, es

---

[61] Roth (1971), S. 116
[62] Klafki (1996), S. 147
[63] Klafki (1996), S. 147

wurde 1667 zum ersten Mal gedruckt und trägt den Titel: „Nouveaux Elemens de Géométrie".
Im Vorwort zur 2. Auflage von 1683 schreibt er:

> *„Ce qui luy a donc fait croire qu'il estoit utile de donner une nouvelle forme à
> cette science est, qu'étant persuadé que c'étoit une chose fort avantageuse de
> s'accoûtumer à reduire ses pensées à un ordre naturel, cet ordre étant comme une
> lumiere qui les éclaircit toutes les unes par les autres, il a toûjours eu quelque
> peine de ce que les Elemens d'Euclide étoient tellement confus & broûillez, que
> bien loin de pouvoir donner à l'esprit l'idée & le goust du veritable ordre, ils ne
> pouvoient au contraire que l'accoûtumer au desordre & à la confusion. "*[64]

Arnauld kritisiert hier die „*Elemente*" des Euklid, die er als verwirrend und durcheinander
empfindet. Sein Ziel ist es „*dieser Wissenschaft [der Geometrie] eine neue Form*"[65] zu geben
und „*ihre Gedanken auf eine natürliche Ordnung zurückzuführen. ... Diese Ordnung ist wie
ein Licht, das die einen Gedanken durch die anderen erhellt.*"[66] Welche Facette des
genetischen Prinzips dahinter steckt, ist in seinem Buch „*Die Logik oder die Kunst des
Denkens*" von 1685 gut zu entnehmen. In diesem Buch geht Arnauld u. a. auf die Methoden
der Wissenschaften ein. Diese teilt er in die „*Analyse*"[67] und „*Synthese*"[68] ein, wobei die
erstere der Entdeckung der Wahrheit dient, also die Methode des forschenden
Wissenschaftlers darstellt. In der zweiten Methode geht es um die Darstellung der Lehre, die
also die Methode des Lehrens darstellt. Für die Methode der Wissenschaften gibt er acht zu
beachtende Hauptregeln an. In den letzten beiden Regeln geht er auf die Ordnung der
Methode ein:

> *„7. Die Dinge soweit als möglich gemäß ihrer natürlichen Ordnung behandeln,
> indem man bei den allgemeineren und einfacheren beginnt und alles, was zu
> der Natur der Gattung gehört, erklärt, bevor man zu den besonderen Arten
> übergeht.*
>
> *8. Soweit als möglich jede Gattung in alle ihre Arten, jedes Ganze in alle seine
> Teile und jede Schwierigkeit in alle ihre Teilaspekte unterteilen. "*[69]

Überträgt man diese Forderung auf die Lehre, so bedeutet das, dass man die einfachen Dinge
zuerst behandelt und danach die schwierigeren, wobei diese in alle ihre Facetten aufgegliedert
werden sollen. Man folgt also der inneren Logik der Wissenschaft. Schubring spricht in
diesem Zusammenhang von dem logisch-genetischen Prinzip.[70]
Der französische Mathematiker und Physiker Alexis-Claude Clairaut (1713-1765) galt lange
Zeit als Erster, der das genetische Prinzip in einem mathematischen Lehrwerk angewandt hat.
So schreibt der deutsche Mathematiker Max Simon (1844-1918) in seinem Klassiker
„Didaktik und Methodik des Rechnens und der Mathematik" aus dem Jahr 1908:

---

[64] Arnauld (1683), S. 8 des Vorwortes
[65] Schubring (1978), S. 44
[66] Schubring (1978), S. 44
[67] Vgl. Arnauld (1972), S. 291. Er nennt diese auch „méthode de résolution" oder „méthode d'invention" (vgl.
Bopp (1902), S. 36).
[68] Vgl. Arnauld (1972), S. 291. Er nennt diese auch „méthode de composition" oder „méthode de doctrine" (vgl.
Bopp (1902), S. 36).
[69] Vgl. Arnauld (1972), S. 327 ff.
[70] Vgl. Schubring (1978), S. 43

> *„Historisch bemerke ich, daß m. W. Clairaut der erste ist, der bewußt – laut Vorrede – die genetisch-heuristische Meth. in der Geo. angewandt hat, Elém. de géom. 1753."*[71]

Berücksichtigt man allerdings das oben genannte Buch von Arnauld, hat dieser Satz heute seine Gültigkeit verloren, er veröffentlichte sein Buch schon 1683, also ca. 70 Jahre vor Clairaut. Wie Arnauld wendet auch Clairaut das genetische Prinzip in einem Lehrwerk zur Geometrie an. In seinem Vorbericht zu seinem Buch „Eléments de géométrie"[72] schreibt Clairaut:[73]

> *„Ich habe bey mir gedacht, es müsse doch diese Wissenschaft, wie alle andere, nach und nach entstanden seyn. Es habe vermuthlich einige Bedürfniß den ersten Fortgang darinnen machen lassen; und es könne dieser erste Fortgang unmöglich über den Verstand der Anfänger seyn, weil es ja Anfänger waren, welche ihn machten.*

> *Von diesem Begriff eingenommen habe ich mir vorgesetzt, auf dasjenige zurück zu gehen, was Geometrie hat Anlaß geben können. Ich habe gesucht, durch eine dermassen natürliche Methode, daß solche für der ersten Erfinder ihre gehalten werden kann, die Gründe dieser Wissenschaft zu entdecken; daher aber nicht vergessen, alle diejenigen mißlungenen Versuche zu vermeiden, so jene nothwendig machen mußten.*

> *Das Feldmessen ist meiner Meynung nach dasjenige, was am geschicktesten war, die ersten Sätze der Geometrie hervorzubringen; und es ist solches auch wirklich der Ursprung dieser Wissenschaft, weil Geometrie Erdmessen bedeutet."*

Diese Stelle zeigt deutlich den Bezug zum genetischen Prinzip, genauer gesagt zum historisch-genetischen Prinzip. Clairaut möchte an den Anfang der Geometrie zurückgehen, da es am Anfang Anfänger waren, die die Geometrie entwickelten und die Schüler sich auch in einem naiven Anfangszustand befinden, weil sie Anfänger in der Wissenschaft sind. Bei dieser Überlegung geht er davon aus, dass auch die Geometrie, wie alle anderen Wissenschaften nach und nach entstanden ist. Die misslungenen Versuche, die für die Weiterentwicklung der Wissenschaft notwenig waren, möchte er beachten, andere, die die Wissenschaft nicht weitergebracht haben, möchte er vermeiden. Bei den Betrachtungen zur Geometrie geht Clairaut vom Feldmessen als deren Anfangspunkt aus. Aus seinen weiteren Ausführungen geht hervor, dass er mit seinem Werk einen *„ähnlichen Weg, wie die Erfinder"*[74] gehen möchte. Damit möchte er die Sterilität geometrischer Wahrheiten vermeiden. Seine Mittel dazu sind Aufgaben und deren Lösungen, mit denen sich der Leser beschäftigen solle, dann *„bemerken die Anfänger bey jedwedem Schritte, den man sie thun lässet, den Bewegungsgrund des Erfinders: und hierdurch erlangen sie desto leichter den Trieb zum Erfinden."*[75] Dieses Zitat zeigt, dass Clairaut den Lehrstoff nicht präsentieren will, sondern den Leser zum gelenkten Entdecken anregen möchte. Meines Erachtens ist das ein Vorläufer des entdeckenden Lernens nach Hans Freudenthal (niederländischer Mathematiker und Wissenschaftsdidaktiker 1905-1990). Mit folgendem Zitat wird diese These, dass schon Clairaut versteckt vom entdeckenden Lernen spricht, untermauert. Clairaut betont allerdings,

---

[71] Simon (1908, 1995), S. 57
[72] Clairaut (1773), S. 2 ff. des Vorberichts des Herrn Verfassers
[73] Zitiert aus der deutschen Ausgabe.
[74] Clairaut (1773), S. 4 des Vorberichts des Herrn Verfassers
[75] Clairaut (1773), S. 5 des Vorberichts des Herrn Verfassers

dass er dem Leser heuristische Methoden der Beweisfindung zeigen und nicht nur einen perfektionierten Beweis vorführen möchte:

> *„Ich hoffe aber, daß Sie einen noch wichtigeren Nutzen haben werden, ich meyne, den Verstand zum Nachforschen und zum Entdecken zu gewöhnen; denn ich vermeide sorgfältig, einen einzigen Satz unter der Gestalt eines Lehrsatzes vorzubringen, nämlich, von der Beschaffenheit, da bewiesen wird, daß eine Wahrheit ist, ohne zu zeigen, wie man dahin gelangt ist, sie zu entdecken.“*[76]

Anhand dieses Zitats wird deutlich, dass Clairaut, wie auch bereits bei Simon dargelegt, die genetisch-heuristische Methode berücksichtigt hat.

Klein hat sich neben seinen Beiträgen zur Mathematik auch einen sehr großen Namen hinsichtlich seiner Beiträge zur mathematischen Bildung – heute würde man von Didaktik der Mathematik sprechen – gemacht. Wie bereits im vorherigen Abschnitt erwähnt, bezog er das genetische Unterrichtsprinzip auf das biogenetische Grundgesetz. In seinem Buch *„Elementarmathematik vom höheren Standpunkt aus. Teil 1: Arithmetik, Algebra, Analysis.“* kritisiert er das abstrakte systematische Lehrverfahren und im Anschluss daran präzisiert er seine Vorstellungen zum Mathematikunterricht:

> *„Ich möchte hier, um meine Ansicht hierüber zu präzisieren, das <u>biogenetische Grundgesetz</u> heranziehen, daß das Individuum in seiner Entwicklung in abgekürzter Reihe alle Entwicklungsstadien der Gattung durchläuft, solche Gedanken sind ja heute nachgerade Bestandteile der allgemeinen Bildung eines jeden geworden. Dies Grundgesetz, denke ich, sollte auch der mathematische Unterricht, wie jeder Unterricht überhaupt, im allgemeinen wenigstens befolgen: <u>Er sollte, an die natürliche Veranlagung der Jugend anknüpfend, sie langsam auf demselben Wege zu höheren Dingen und schließlich auch zu abstrakten Formulierungen führen, auf dem sich die ganze Menschheit aus ihrem naiven Urzustand zu höheren Erkenntnis gerungen hat!</u> ... <u>Wissenschaftlich unterrichten kann nur heißen, den Menschen dahin bringen, daß er wissenschaftlich denkt, keineswegs aber ihm von Anfang an mit einer kalten, wissenschaftlichen aufgeputzten Systematik ins Gesicht springen.</u>*
> *Ein wesentliches Hindernis der Verbreitung einer solchen naturgemäßen und wahrhaft wissenschaftlichen Unterrichtsmethode ist wohl der <u>Mangel an historischen Kenntnissen</u>, der so vielfach sich geltend macht. Um ihn zu bekämpfen, habe ich besonders ganz zahlreiche <u>historische Momente</u> in meine Darstellungen verflochten. Lernen Sie daraus, wie langsam alle mathematische Ideen erst entstanden sind, wie sie fast stets in mehr divinatorischer[77] Gestalt auftauchen und erst in langer Entwicklung starre und auskrystallisierte Form der systematischen Darstellung annahmen!“*[78]

Sein besonderes Augenmerk lag auf dem historisch-genetischen Prinzip. Klein ist der Meinung, jedes Individuum muss den historischen Weg des Wissenserwerbs gehen, wie die Menschheit selbst zu dieser Erkenntnis gelangte. Der Lernende soll alle Entwicklungsstadien mit erleben. Allerdings mahnt er dazu, dass die mathematischen Ideen langsam gewachsen sind und der Lernende nicht in das kalte Wasser der Systematik geworfen werden darf. Auch beim Lernenden soll sich nach und nach das Wissen aufbauen, also ein deutlicher Hinweis auf

---

[76] Clairaut (1773), S. 4 des Vorberichts des Herrn Verfassers
[77] divinatorisch: vorahnend; seherisch, Duden (2005), Das Fremdwörterbuch, S. 244
[78] Klein (1908), S. 588. Anmerkung: Die Unterstreichungen sind aus dem Original übernommen worden.

das psychologisch-genetische Prinzip. Ein weiterer Hinweis dazu findet sich auch am Anfang des Buchs:

> *„Die <u>Darstellung auf der Schule</u> muß nämlich, um ein Schlagwort zu gebrauchen <u>psychologisch, nicht systematisch</u> sein. Der Lehrer muß sozusagen ein wenig <u>Diplomat</u> sein, er muß auf die seelischen Vorgänge im Knaben Rücksicht nehmen, um sein Interesse packen zu können und das wird ihm nur gelingen, wenn er die Dinge in <u>anschaulicher folgbarer Form</u> darbietet. Erst auf den obersten Klassen ist auch eine abstraktere Darstellung möglich."*[79]

An diesen beiden zitierten Stellen wird deutlich, dass Klein durchaus verschiedene Facetten des genetischen Prinzips betrachtete, er aber zwischen dem historisch-genetischen Prinzip und dem psychologisch-genetischen Prinzip nicht unterschied, sondern dem ersteren den Vorzug gab.

Schon zur damaligen Zeit war Kleins Auffassung zum historisch-genetischen Prinzip umstritten. Auf der Versammlung deutscher Naturforscher und Ärzte 1897 griff der deutsche Mathematiker Alfred Pringsheim (1850-1941) die Meinung Kleins, *„daß der Lernende naturgemäß im Kleinen immer denselben Entwicklungsgang durchlaufen werde, den die Wissenschaft im Großen gegangen ist"*[80] mit folgenden Worten scharf an:

> *„Ob es zweckmäßig erscheint, das Häckel'sche Princip von der Übereinstimmung zwischen Phylogenie und Ontogenie in dieser uneingeschränkten Weise auf eine Frage des Unterrichts zu übertragen, will mir keineswegs einleuchten. Ich meine, wir sollten doch gerade aus der Entwicklungsgeschichte der Wissenschaft lernen, die von früheren Generationen begangenen Schlußfehler oder Unzulänglichkeiten zu vermeiden. ...*
>
> *Jeder Einzelne durchläuft im wesentlichen denselben Entwicklungsgang wie die Wissenschaft, solange ihm kein besserer Weg gezeigt wird. Ist aber ein solcher besserer Weg vorhanden, so ist es gerade die Pflicht und die Aufgabe des Lehrenden, ihm denselben nicht nur zu weisen, sondern auch gangbar zu machen."*[81]

Der Hauptkritikpunkt Pringsheims war, dass Klein sich so vehement auf das biogenetische Grundprinzip bezog und nach seiner Meinung das historisch-genetische Prinzip verabsolutierte. Nach der obigen Analyse ist dem nicht voll zuzustimmen, da Klein durchaus versteckte Ansätze zum psychologisch-genetischen Prinzip zeigt. Bei Wittmann ist zu dieser Auseinandersetzung Folgendes nachzulesen:

> *„Es wäre wirklich unsinnig zu verlangen, ein Individuum solle bei seinen Lernprozessen die Um- und Irrwege der Geschichte nachvollziehen. Anderseits ist nicht zu leugnen, daß das biogenetische Prinzip auch ein Körnchen Wahrheit enthält. In welcher Weise man es modifizieren muß, zeigt die genetische Erkenntnistheorie und Psychologie Piagets."*[82]

Eine mögliche Modifikation des historisch-genetischen Prinzips formulierte der deutsche Mathematiker Otto Toeplitz (1881-1940) 1926 in einem Vortrag für den Mathematischen

---

[79] Klein (1908), S. 9
[80] Pringsheim (1899), S. 74
[81] Pringsheim (1899), S. 74 ff.
[82] Wittmann (1981-2), S. 133

Reichsverband. In erster Linie stellt er sich, wie an folgendem Zitat deutlich wird, hinter das historisch-genetische Prinzip:

> *„Wenn man an die Wurzeln der Begriffe zurückginge, würde der Staub der Zeiten, die Schrammen langer Abnutzung von ihnen abfallen und sie würden wieder als lebensvolle Wesen uns erstehen. "*[83]

Aber in zweiter Linie weist er in der besagten Rede auf das folgende Problem beim historisch-genetischen Lehrverfahren hin:

> *„Der Historiker, auch der der Mathematik, hat die Aufgabe, alles Gewesene zu registrieren, ob es gut war oder schlecht. Ich will aus der Historie nur die Motive für die Dinge, die sich hernach bewährt haben, herausgreifen und will sie direkt oder indirekt verwerten. Nichts liegt mir ferner, als eine Geschichte der Infinitesimalrechnung zu lesen; ich selbst bin als Student aus einer ähnlichen Vorlesung weggelaufen. Nicht um die Geschichte handelt es sich, sondern um die Genesis der Probleme, der Tatsachen und Beweise, um die entscheidenden Wendepunkte dieser Genesis. "*

Toeplitz verharrt nicht bei der Kritik und bietet den folgenden Ausweg an, der zwei verschiedene Facetten des historisch-genetischen Prinzips aufweist:

> *„Und von da aus würde sich dann ein doppelter Weg in die Praxis darbieten: entweder man könnte den Studenten direkt die Entdeckungen in ihrer ganzen Dramatik vorführen und solcherart die Fragestellungen, Begriffe und Tatsachen vor ihnen entstehen lassen – das würde ich direkte genetische Methode nennen –, oder man könnte für sich selbst aus solcher historischen Analyse lernen, was der eigentliche Sinn, der wirkliche Kern jedes Begriffs ist, und könnte daraus Folgerungen für das Lehren dieses Begriffes ziehen, die als solche nichts mehr mit der Historie zu tun haben – die indirekte genetische Methode. "*[84]

Mit der ersten Forderung liegt Toeplitz ganz auf der Linie von Klein. Wie auch Klein verpflichtet Toeplitz quasi den angehenden Lehrer, sich mit der historischen Entwicklung der Mathematik zu befassen. Mit der zweiten Forderung gibt er dem historisch-genetischen Prinzip eine andere Dimension. Durch die historische Analyse soll der wesentliche Kern eines Begriffs herausgearbeitet werden und nicht zwingend die detaillierte Nachbildung seiner Entwicklungsgeschichte. So setzt er die Kritik Pringsheim produktiv um. In seinem Buch *„Die Entwicklung der Infinitesimalrechnung"* verfolgt Toeplitz genau diesen Weg und beginnt mit Überlegungen Aristoteles zum Wesen des unendlichen Prozesses.

Eine andere Richtung des genetischen Lernens vertritt Alexander Israel Wittenberg (1926-1965). Ausgehend von dem Grundsatz, dass im Mathematikunterricht nicht nur die Ergebnisse, sondern das ganze Vorgehen innerhalb des Erfahrungshorizonts der Schüler zustande kommen soll, schreibt er:

> *„Dieser Grundsatz diktiert einen genetischen Unterricht; einen Unterricht, der darin besteht, die Schüler gleichsam die Mathematik von Anfang an wieder entdecken zu lassen. Das bedeutet nicht unbedingt, daß dieser Unterricht der historischen Entwicklung, mit all ihren Zufällen und Umwegen, folgen muß. Aber in sachlicher Hinsicht muß er gleichsam ein Neuentstehen und Neudurchdenken*

---

[83] Köthe (1949), S. V
[84] Toeplitz (1927), S. 93

> *der Mathematik in jeder Klasse sein, ein frisches und unmittelbares Wiedererleben der Mathematik durch die Schüler.*"[85]

Wittenberg betont damit die lehrpsychologische Seite des genetischen Prinzips und nicht das historisch-genetische Prinzip. Nach Wittmann sind die Überlegungen Wittenbergs zum Wiederentdecken der Mathematik von Anfang an ähnlich wie das Freudenthalsche Prinzip des *„entdeckenden Lernens"*[86]. Freudenthal kritisiert zunächst, dass man Sprache und Mathematik als Fertigprodukt ansieht, Kulturgüter, die dem Schüler nur mitgeteilt werden müssen.[87] Als Alternative dazu entwickelt er das Konzept des gelenkten Wiederentdeckens der Mathematik, selbst schreibt er dazu:

> *„Ich habe auseinandergesetzt, daß wir heute Sprache und Mathematik als Tätigkeit sehen, in die wir den Schüler einzuführen haben, und daß diese Einführung von der Seite des Schülers her Wiederentdeckung unter Führung zu sein hat.*"[88]

Allerdings sieht er sich nicht als Erfinder dieser Art des Unterrichtens. Als Beispiel führt er Euklid an, der zwischen Sätzen und Konstruktionen unterschied. Sätze werden bei ihm streng deduktiv bewiesen. Konstruktionen hingegen werden als *„stilisierte Erfindung unterrichtet"*.[89] In Freudenthals sehr viel beachtetem zweibändigen Werk *„Mathematik als pädagogische Aufgabe"* widmet er dem „Nacherfinden" ein ganzes Kapitel und arbeitet dessen Vorzüge heraus. Vom genetisch-historischen Unterrichtsprinzip ist Freudenthal allerdings nicht überzeugt, er steht diesem unter dem Blickwinkel des mathematischen Nacherfindens kritisch gegenüber. Dies wird an folgendem Zitat deutlich:

> *„Können wir aus der Geschichte der Mathematik etwas über die mathematische Erfindung lernen? Ja sicher, sie erzählt uns allerlei über die Reihenfolge, in der die mathematischen Begriffe auftauchen, und eine eingehende Analyse kann uns zur Erkenntnis der historischen Vorbedingungen solcher Entdeckungen bringen. Aber darum haben wir Mathematik noch nicht nach einem historischen Schema zu unterrichten, denn gerade die Vorbedingungen haben sich ja geändert. Die ursprüngliche Erfindung war führungslos. Erfindung unter Führung hat ganz andere Chancen, verfügt über andere Mittel.*"[90]

Wie bereits im vorangegangenen Abschnitt erwähnt, ist Martin Wagenschein (1896-1988) ein weiterer wichtiger Vertreter für das genetische Lehren. Seine Arbeiten haben einen Schwerpunkt im naturwissenschaftlichen Unterricht und dort vor allem im Bereich der Physik. Wegen seines immensen Einflusses auch in die Didaktik der Mathematik wird er allerdings in diesem Kapitel berücksichtigt. In seinem berühmt gewordenen Vortrag *„Zum Problem des Genetischen Lehrens"*[91] aus dem Jahre 1965 hat er folgenden noch bekannteren Ausspruch geprägt:

> *„Genesis ist nicht Geschichte"*[92].

---

[85] Wittenberg (1963), S. 59
[86] Wittmann (1981, 2), S. 136
[87] Freudenthal (1963), S. 14
[88] Freudenthal (1963), S. 14
[89] Freudenthal (1963), S. 14
[90] Freudenthal (1963), S. 15
[91] vgl. Wagenschein (1989), S. 75 ff.
[92] Wagenschein (1989), S. 90

Mit dieser sehr prägnanten Formulierung macht er deutlich, dass es beim Studium der historischen Entwicklung einer Fachwissenschaft aus der Perspektive der Didaktik nicht darauf ankommt, den genauen geschichtlichen Werdegang der Fachwissenschaft zu rekonstruieren, sondern er verbindet damit ein anderes Ziel. Mit dem folgenden Zitat wird deutlich, was Wagenschein stattdessen beabsichtigt:

> *„Die Geschichte seiner Wissenschaft ist für den Fachlehrer kein ‚durchzunehmender Stoff' sondern ein Verjüngungs-Elixier. Sie hilft ihm, die Fragen seiner Schüler zu Wort kommen zu lassen und so ernst zu nehmen wie sie gemeint sind, und wie sie auch wirklich sind: Fragen, deren Anklopfen er sonst, in seiner frontal-wissenschaftlichen Rüstung zu Unrecht und zum Unglück nicht mehr spürt."*[93]

Mit dieser Forderung liegt er auf der Linie der Toeplitzschen Forderung, dass durch historische Studien einer Wissenschaft deren Kern herausgearbeitet werden soll, um daraus Schlüsse für die Lehre der Wissenschaft zu ziehen. Allerdings wird Wagenschein mit obigem Zitat noch konkreter als Toeplitz. Für ihn stellt das historische Studium einer Wissenschaft ein „Verjüngungs-Elexier" für den Fachlehrer dar. Damit wird der Fachlehrer mit Fragen konfrontiert, die beim Entstehen der Begriffe gestellt wurden und diese helfen ihm, sich in die Fragen hinein zu versetzen, die sich auch seine Schüler vermutlich stellen werden. In versteckter Form taucht hier die Idee Clairauts wieder auf, dass Schüler genauso Anfänger sind, wie die Wissenschaftler Anfänger waren beim Beginn einer Entwicklung.

Wagenschein präzisiert das genetische Lehren weiter. Für ihn besteht es aus der Dreiheit:

genetisch – sokratisch – exemplarisch

Er gibt folgende Interpretation dazu an:

> *„Es [das Genetische] gehört zur Grundstimmung des Pädagogischen überhaupt. Pädagogik hat mit den Wurzeln zu tun: mit dem werdenden Menschen und – im Unterricht, als Didaktik – mit dem Werden des Wissens in ihm. Die sokratische Methode gehört dazu, weil das Werden, das Erwachen geistiger Kräfte, sich am wirksamsten im Gespräch vollzieht. Das exemplarische Prinzip gehört dazu, weil ein genetisch-sokratisches Verfahren sich auf exemplarische Themenkreise beschränkten muß und auch kann. ... Und umgekehrt: ein streng exemplarisches Verfahren muß ‚Genetisch' sein. Denn die besondere Art ‚Gründlichkeit' die zu ihm gehört, ist mit dem Attribut des ‚Genetischen' ganz erreicht."*[94]

Der zeitgenössische Fachdidaktiker Lutz Führer (Universität Frankfurt) fasst 1991 die Betrachtungen der Fachdidaktik der Mathematik zum genetischen Prinzip in den folgenden, seiner Meinung nach in der Fachdidaktik konsensfähigen, sechs Standpunkten prägnant zusammen:

> *„1.   Alle Versionen des genetischen Prinzips können Argument und Gegenargument zum Normenproblem liefern. Sie können es aber nicht entscheiden, weil die vermeintliche Parallelität zwischen Individualentwicklung, ‚Kulturstufenfolge der Menschheit' und Wissenschaftsgeschichte nur bei sehr oberflächlicher Betrachtung gilt, konservative Vorurteile begünstigt und Verantwortung kaschiert.*

---

[93] Wagenschein (1989), S. 90
[94] Wagenschein (1989), S. 75 ff.

> 2. *Das sachlogisch-genetische Prinzip ist fachmethodisch Regel und liegt weitgehend dem mathematischen Standardcurriculum zugrunde.*
>
> 3. *Guter Mathematikunterricht ist psychologisch-genetisch auf den geistigen Entwicklungsstand und das Fassungsvermögen der Schüler abzustellen.*
>
> 4. *Das sokratisch-genetische Lehrgespräch sollte als zeit- und konzentrationsaufwendiges Vertiefungsmittel an ausgewählten paradigmatischen Themen wenigstens in der Freudenthalschen Kompromißform der „Nacherfindung unter Führung" angestrebt werden.*
>
> 5. *Das historisch-genetische Prinzip liefert Beispiele zu denkbaren Erschließungsprozessen und erzeugt damit unterrichtspraktisch nützliche Vermutungen über bildungsträchtige ‚Kulturprozesse, die in ihrer Objektivation als Kulturgut eingeschmolzen' sein könnten.*
>
> 6. *Das historisch-genetische Prinzip darf nicht verabsolutiert werden, weil ‚der historische Weg' selten genau bekannt ist, weil er sich in all seinen Erkenntnismotiven und Mühseligkeiten nicht ohne Verkürzung vergegenwärtigen läßt, weil auch die Wirkungsgeschichte nach der Entdeckung ihre Spuren im Gegenstandssinn hinterlegt hat und weil es möglicherweise Wege zum jeweils angestrebten Wissen gibt. "*[95]

Mit dem ersten Punkt knüpft er an die schon von Pringsheim geäußerte Kritik am zu genauen Übertrag des biogenetischen Grundgesetzes auf das Lernen an. Punkt zwei stimmt heute immer noch, allerdings mit folgender Erweiterung: Die Analyse der Bildungspläne in Deutschland hat gezeigt, dass neben den fachlichen Kompetenzen die Schüler auch methodische Kompetenzen erlernen sollen, die damals noch nicht zum Standardcurriculum gehörten, aber natürlich auch nach sachlogischen Gesichtspunkten in die Curricula aufgenommen wurden. Zum dritten Punkt schreibt Führer selbst, dass dieser von Pädagogen zu allen Zeiten gewusst und beherzigt wurde.[96] Ganz so optimistisch wie Führer würde ich das nicht sehen, dabei denke ich an die Ausführungen von Wagenschein, Freudenthal etc. Im Zusammenhang mit dem sokratisch-genetischen Gespräch – Punkt 4 – sollte Wagenschein noch erwähnt werden. Die Punkte fünf und sechs zum historisch-genetischen Prinzip sind die zentralen Punkte, die im Fortgang der Arbeit weiter berücksichtigt werden.

Zusammenfassend wurden die verschiedenen Auffassungen des genetischen Prinzips im Mathematikunterricht dargelegt, von den Anfängen bei Clairaut und Klein über Toeplitz und Freudenthal bis hin zu Wittenberg und Wagenschein. Allerdings fehlt in diesem Zusammenhang noch der Gedanke, dass historische Tatsachen als solches einen Bildungswert haben, z. B. die Fragen, woher die Zahlen kommen und wie die Babylonier oder die Römer gerechnet haben. Im Rahmen eines allgemeinbildenden Mathematikunterrichts sollte auch dafür Platz sein. Die Forderung, dass in einem allgemeinbildenden Mathematikunterricht auch kulturspezifische Errungenschaften an die nachfolgende Generation weitergegeben werden sollen, findet sich bei vielen Bildungsforschern, unter anderem auch bei Heymann. In einer der sieben von ihm erstellten Aufgaben für einen allgemeinbildenden Unterricht fordert er die „*Stiftung kultureller Kohärenz*". Ein weiteres sehr gutes Argument für die historisch-genetische Methode, die neben der reinen erkenntnistheoretischen Dimension, die bisher

---

[95] Führer (1991), S. 54
[96] Führer (1991), S. 54

schwerpunktmäßig dargestellt wurde, nun um eine kulturhistorische Dimension erweitert wird.

Im folgenden Abschnitt werden die zentralen Entwicklungslinien der Kryptologie im Sinne des oben genannten genetischen Prinzips dargelegt. Zur Untermauerung der genetischen Methode werden viele Originalquellen verwendet. Die Diskussion, inwieweit die Kryptologie zur Stiftung der kulturellen Kohärenz beitragen kann, wird im nachfolgenden Kapitel vertieft. Beschlossen werden soll dieser Abschnitt mit einem Zitat des amerikanischen Pädagogen und Psychologen John Dewey (1859-1952) aus seinem Buch „Demokratie und Erziehung":

> *„Die ‚genetische Methode' war vielleicht der größte wissenschaftliche Fortschritt der letzten Hälfte des 19. Jahrhunderts. Ihr Grundgedanke ist eben dieser: der Weg zum Verständnis eines verwickelten Produkts führt durch das Studium seines Werdegangs, folgt ihm durch die aufeinanderfolgenden Stufen des Werdegangs."*[97]

3 Historische Entwicklung der Verschlüsselungs- und Codierungsverfahren von der Antike bis zur Moderne

An einem historischen Streifzug wird gezeigt, wie lange schon sich die Menschheit mit der sicheren Übertragung von Nachrichten befasst. Historisch betrachtet beginnt die Geschichte der sicheren Nachrichtenübertragung weit vor der Antike, allerdings erlebt sie während dieser ihren ersten Höhepunkt. Zwei Aspekte waren dabei von großer Bedeutung: einerseits die Geheimhaltung einer Nachricht, andererseits die Übertragung einer Nachricht über große Distanzen. Hierbei ist nicht an den Einsatz des damals üblichen Boten oder der Brieftaube gedacht, sondern an weiter entwickelte Techniken der Nachrichtenübertragungen beispielsweise mit Signalfeuern. Es wird sich zeigen, dass zur sicheren Nachrichtenübertragung Codierungen und Kryptologie eine zentrale Rolle einnahmen und so gehören diese zu den ältesten Kulturleistungen der Menschheit. Bauer meint dazu: „Die Kryptologie ist eine Jahrtausende alte Wissenschaft"[98].

Nach dem Zeitalter der Antike verschwand die Kunst der sicheren Nachrichtenübertragung im Dunkel des Mittelalters, erst in der Renaissance erfährt sie eine Wiedergeburt. Ab dann nimmt sie bis heute eine rasante Entwicklung, sodass heutzutage jeder mit diesem Wissen in Berührung kommt.

Klaus Schmeh teilt die historische Entwicklung der Kryptologie in drei Epochen ein:[99]

1. Zeitalter der Verschlüsselungen von Hand:

   Dies war die erste und längste Epoche und dauerte von 1500 v. Chr. bis 1920. In dieser Zeit wurde bis auf die Zuhilfenahme einfacher Verschlüsselungsscheiben und anderen einfachen Hilfsmitteln nur mit Schreibwerkzeugen verschlüsselt.

---

[97] Dewey (1949), S. 283
[98] Bauer (1997), S. 2
[99] Schmeh (2008), S. 3

2. Zeitalter der Verschlüsselungsmaschinen:

> Diese Zeit begann 1920, als die ersten ausgeklügelten mechanischen Maschinen zur Verschlüsselung entwickelt wurden. Die wohl bekannteste Verschlüsselungsmaschine ist die Enigma, die von der deutschen Wehrmacht im II. Weltkrieg eingesetzt wurde. Um 1970 wurden die mechanischen Maschinen durch Computer abgelöst.

3. Zeitalter der Verschlüsselungen mit dem Computer:

> Sie ist gekennzeichnet durch die vielen Anwendungen, die ohne Kryptologie nicht möglich wären.

In dem folgenden Überblick wurde für diese Arbeit ein Schwerpunkt auf die erste Epoche gelegt, da in dieser Phase der Entwicklung die meisten für den Unterricht geeigneten Verschlüsselungsverfahren entstanden sind. Angereichert wird dieser historische Streifzug durch die Verwendung vieler originaler Quellen.

3.1 Die Anfänge in der Antike

Den wohl ältesten Beleg für eine Verschlüsselung fanden Archäologen in Mesopotamien. Aus der Zeit 1500 v. Chr. stammt eine Tontafel, auf der eine Rezeptur für eine Keramikglasur beschrieben wird[100]. Auf dieser Tontafel sind die damals üblichen Keilschriftbuchstaben so verändert, dass sie für einen Außenstehenden unlesbar sind. Somit führt nach derzeitigem Forschungsstand ein Töpfer die erste Verschlüsselung durch, um dieses Rezept zu schützen.

Einen der ältesten Hinweise auf die Verwendung von Geheimschriften im antiken Griechenland findet man beim griechischen Chronisten Herodot (485 bis 425 v. Chr.). Er wird von Cicero als der *„Vater der Geschichtsschreibung"* bezeichnet. In seinem zehnbändigen Werk *„Historien"* spielen die kriegerischen Auseinandersetzungen der Griechen und der Perser im 5. Jahrhundert v. Chr. die zentrale Rolle, anhand derer Herodot erstmalig eine Universalgeschichte entwickelt hat. 480 v. Chr. so berichtet er, stellte der persische König die größte Streitmacht für einen Überraschungsangriff gegen die Spartaner und Athener zusammen. Demaratos (510 bis 490 v. Chr.), ein ehemaliger König Spartas, der in Persien bei Susa[101] im Exil lebte, hatte wohl davon erfahren. Trotz seiner Verfeindungen mit seiner Heimat wollte er diese warnen. Allerdings musste dies so geschehen, dass er dabei nicht ertappt wurde. Nach Herodot dachte er sich Folgendes aus:

> *„Er nahm eine Falttafel und schabte deren Wachs ab, und dann schrieb er auf dem Holz der Tafel den Entschluß des Königs auf; dies getan strich er das flüssige Wachs wieder über die Schrift, und somit hat er erreicht, daß die Tafel leer war und mitgenommen werden konnte, ohne daß sie bei Kontrollen von seiten der Straßenwächter Anlaß zur Beanstandung gegeben hätte. Als die Tafel nun auch richtig nach Lakedaimon[102] kam, konnten die Lakedaimonier nichts mit ihr anfangen, bis schließlich, wie ich höre, die Tochter des Kleomenes und Frau des Leonidas[103], Gorgo, das Rätsel mit ihrem Vorschlag löste, indem sie sie aufforderte, das Wachs abzuschaben, dann würden sie Schrift auf dem Holz finden. Sie*

---

[100] Schmeh (2008), S. 1
[101] antike Stadt im heutigen Iran
[102] Synonym im alten Griechenland für Sparta
[103] König Spartas von 490 bis 480 v. Chr.

befolgten das, fanden die Botschaft und lasen sie, und dann sandten sie sie den übrigen Hellenen zu. "[104]

Durch diese Warnung verlor der persische König das Überraschungsmoment für seinen Angriff, so wurde die persische Streitmacht in der sagenumwobenen Seeschlacht in der Bucht von Salamis[105] (480 v. Chr.) von den Hellenen vernichtend geschlagen.

Herodot berichtet von einem weiteren Fall, wie eine sicher übermittelte geheime Botschaft Geschichte machte. Histiaios (520-493 v. Chr.), auch genannt der Tyrann von Milet (allerdings unter persischer Oberhoheit), fiel in Ungnade beim persischen König und wurde in Susa inhaftiert. Nach den Erzählungen Herodots wollte er sich mit seiner Haft nicht abfinden, so dachte er, wenn es zum Aufstand gegen die Perser kommt, würden diese ihn wieder entlassen und er könnte nach Milet zurückkehren. Wäre es aber in Milet ruhig, so rechnete er nicht damit, wieder heimzukehren. Herodot beschreibt im Folgenden ganz genau, mit welcher List Histiaios seinem Schwiegersohn Aristagoras (ca. 500 v. Chr.) das Zeichen zum Aufstand übermittelte:

„Histiaios nämlich hatte, als er dem Aristagoras das Zeichen zum Abfall zu geben wünschte, keinerlei andere sichere Möglichkeit, ein Zeichen zu geben, da alle Wege bewacht waren, und so rasierte er dem verlässlichsten seiner Sklaven den Kopf, machte seine Tätowierung und wartete das Nachwachsen der Haare ab, sobald sie wieder gewachsen waren, sandte er ihn aus nach Milet und gab ihm nur eins mit auf den Weg: wenn er in Milet eingetroffen sei, Aristagoras aufzufordern, ihm die Haare abzuschneiden und auf den Kopf zu sehen. Die eingestochenen Zeichen gaben aber, wie ich schon sagte, das Signal für den Aufstand. "[106]

Diese Methode der Nachrichtenübermittlung ist wegen des langsamen Haarwachstums doch eine sehr langwierige Methode. Unter der Annahme, dass ein Haar pro Tag ca. 0,3-0,5 mm wächst, braucht man für eine deckende Schicht von 2 cm Länge ca. 50 Tage Zeit.

Ausgelöst u. a. durch den „Mann mit der Tätowierung auf dem Kopf"[107] befreite Aristagoras 499 v. Chr. mit seinem Aufstand die ionischen Städte von der persischen Tyrannei. Trotz seiner Warnung wurde Histiaios kein Oberbefehlshaber mehr in Milet, Aristagoras suchte seine Unterstützung in Lakedaimon und eben nicht bei den Persern wie es sich Histiaios vorgestellt hatte. Diese beiden besonderen Formen der Verschlüsselung gehören in den Bereich der Steganografie, die es sich zum Ziel gesetzt hat, die bloße Existenz einer Nachricht zu verbergen.

Neben steganografischen Methoden beherrschte man im antiken Griechenland auch kryptografische Methoden. So wird z. B. die Skytale ausführlich erläutert in dem Werk *„Grosse Griechen und Römer"* des griechischen Schriftstellers Plutarch (ca. 45 bis 125). Dieses Buch besteht aus 23 Parallelbiografien, in jeder beschreibt er das Leben eines herausragenden Griechen und eines entsprechenden herausragenden Römers, die er anschließend vergleicht. Im dritten Band vergleicht er das Leben des spartanischen Staatsmanns und Feldherrn Lysander (griechisch: Lysandros; Geburtsdaten unsicher bis 395

---

[104] Herodot Buch VII, Abschnitt 239
[105] Vgl. Herodot Buch VIII, Abschnitt 56ff.
[106] Vgl. Herodot Buch V, Abschnitt 35
[107] Vgl. Herodot Buch V, Abschnitt 35

v. Chr.) mit dem des römischen Feldherrn Lucius Cornelius Sulla Felix (kurz Sulla; 138/134 bis 78 v. Chr.). In diesem Zusammenhang beschreibt Plutarch die Skytale wie folgt:

> *„Mit dieser Skytale hat es folgende Bewandtnis. Wenn die Ephoren[108] einen Befehlshaber zur See oder zu Lande aussenden, so lassen sie zwei Rundhölzer vollkommen gleich an Länge und Dicke herstellen, so dass sie mit den Schnittflächen genau aneinander passen. Das eine behalten sie, das andere geben sie dem, der ausgesandt wird. Ein solches Holz nennen sie Skytale. Wenn sie nun eine geheime, wichtige Mitteilung zu machen haben, so lassen sie einen langen, schmalen Papyrus- (oder Leder-) Streifen zurechtmachen wie einen Riemen und wickeln ihn um die bei ihnen befindliche Skytale, ohne einen Zwischenraum zu lassen, sondern so, dass die Oberfläche rundherum überall von dem Streifen bedeckt wird. Ist das geschehen, so schreiben sie, was sie mitteilen wollen, auf den Streifen, so wie er um die Skytale gewickelt ist. Haben sie es geschrieben, so nehmen sie den Streifen ab und schicken ihn ohne das Holz an den Feldherren. Hat er ihn bekommen, so kann er zunächst nichts entziffern, weil die Buchstaben keinen Zusammenhang haben, sondern auseinandergerissen sind. Er nimmt also die bei ihm befindlichen Skytale und wickelt den Briefstreifen um sie, so dass, wenn nun die Wicklung in die gleiche Lage kommt wie zuvor, das zweite an das erste schließt, das Auge im Kreis herumführt und es den Zusammenhang auffinden lässt. Der Brief wird auch mit demselben Worte wie das Holz Skytale genannt, so wie man auch sonst das Gemessene nach dem Messenden benennt."[109]*

Nach Bauer haben aus kryptologischer Sicht her betrachtet die Spartaner mit der Skytale die erste Frühform eines Transpositionsverfahrens entwickelt[110]. Hermann Diels schreibt dazu genauer, dass griechische Stadtstaaten wie Sparta und Ithaka die Skytale offiziell zur Anwendung gebracht habe. Allerdings muss die Skytale schon am Anfang des 7. Jahrhunderts v. Chr. im übrigen Griechenland bekannt gewesen sein, der griechische Lyriker Archilochos (680 v. Chr. - 645 v. Chr.) verwendete gegen 650 v. Chr. das Wort in der uns schon übertragenen Bedeutung[111]. Eine Abbildung der Skytale findet man in den griechischen Überlieferungen nicht. Eine der ersten Abbildungen findet sich bei dem italienischen Kryptologen Giovan Battista della Porta (1535-1615). Er hat in seinem Werk *„De furtivis literarum notis"* im ersten Buch (Liber Primus) eine Skytale skizziert.

Abb. IV.1: Skytale nach Porta[112]

Eine nahezu vollständige Sammlung der damals bekannten Arten von Geheimschriften und Geheimbeförderungsmöglichkeiten für Briefe hat der griechische Militärschriftsteller Aineias

---

[108] So wurden die Beamten im antiken Sparta genannt.
[109] Plutarch, S. 29 ff.
[110] Bauer (1997), S. 102
[111] Diels (1914), S. 65
[112] Porta (1602), S. 26

(ca. 400 v. Chr.) in seinem Buch „*Von Vertheidigung der Städte*"[113] hinterlassen. Alle späteren antiken Autoren haben zu diesem Thema von ihm abgeschrieben und wenig Neues hinzugefügt.[114] Kein anderer Teil des Buchs ist von Aineias so vollständig und ins Detail gehend behandelt worden wie das Kapitel 31: „*Über Chiffreschrift*".[115] Selbst der griechische Autor Polybios meint, dass Aineias sich vorzugsweise mit den Dingen in Kapitel 31 beschäftigte und auch selbst in ihnen selbstständige Erfindungen gemacht hat.[116]
Anhand der folgenden kurzen theoretischen Anmerkung führt Aineias in die Thematik ein:[117]

> „*As regards secret messages, there are all sorts of ways to send them, but they ⟨depend upon⟩ a private arrangement in advance between the sender and recipient.*"

Mit dieser Aussage beschreibt Aineias den noch heute gültigen Kern aller symmetrischen Verschlüsselungsverfahren, diese beruhen gerade auf dem geheimen Austausch des Schlüssels vor einer möglichen Kommunikation.

Aineias stellt neben den schon oben beschriebenen Verschlüsselungsmethoden nach Herodot die folgenden interessanten Verfahren vor:[118]

- In einem Buch, das unter anderen Gepäckstücken verteilt ist, werden durch kleine Punkte Buchstaben markiert. Setzt man die Buchstaben zusammen, ergeben sie die geheime Nachricht. Die Markierungen sollen so unauffällig wie möglich sein, d. h. die Punkte können in größeren Zwischenräumen gemacht werden oder die Markierung erfolgt durch verschiedene Höhen der Buchstaben.

- Man versteckt eine geheime Botschaft in der Sohle einer Sandale eines Sklaven. Dabei geht man aber raffiniert vor, man schickt den Sklaven in einer offenkundigen anderen Sache fort, wobei man ihm vorher die Botschaft heimlich in die Sandale eingenäht hat. Der Empfänger nimmt sich wieder heimlich die Botschaft heraus und steckt dem Sklaven wieder heimlich eine Antwort zu. Danach schickt er ihn wieder zurück.

- Die Nachricht wird auf ein Blatt notiert, welches um eine Wunde gebunden wurde.

- Statt eines Ohrgehänges kann eine Frau auch ein zusammengerolltes dünnes Bleiplättchen tragen, auf dem die geheime Nachricht eingraviert ist.

- Um eine Nachricht hinter die feindlichen Linien bringen zu können, wurde einem Reiter diese unter seinen Panzerschurz bzw. in seine Zügel eingenäht.

- Für eine andere Methode der Geheimhaltung nimmt man eine Tierblase und ein Ölfläschchen der gleichen Größe. Die Blase wird vollständig getrocknet und die

---

[113] Titel von Köchly (1969), Whitehead, D. (2001), betitelt die gleiche Arbeit Aineias für eine englische Übersetzung mit „ How to survive under siege". Auf deutsch heißt dies „Wie überlebt man unter Belagerung".
[114] Köchly (1969), S. 174
[115] Köchly (1969), S. 174
[116] Köchly (1969), S. 174
[117] Es wird hier die Übersetzung von Whitehead (2001), S. 84 gewählt, da die Übersetzung von Köchly (1969) S. 111 eher verschwommen ist und die Aussage des Aineias, Abschnitt 31.1 nicht in dieser Prägnanz zum Ausdruck bringt.
[118] Whitehead (2001), S. 84 ff. bzw. Köchly, S. 111 ff. bzw. Aineias, Abschnitt 31.1-31-35

Nachricht wird mit einer klebrigen Tinte[119] aufgebracht. Danach wird die Blase zusammengefaltet und vollständig in dem Ölfläschchen versteckt.

- Man schreibt auf ein Votivtäfelchen eine Nachricht. Danach wird es getüncht und ein anderes Motiv wird aufgebracht. Schließlich bringt man das Votivtäfelchen in einen Tempel, von dem es der Empfänger abholen kann. Er erkennt es an dem zuvor vereinbarten Motiv.

- Zur Geheimhaltung wird die Nachricht auf ein dünnes Papyrusblatt geschrieben, welches in den Schulterbereich einer Tunica eingefaltet wird.

- Die Nachricht wird um die Kerben eines Pfeils gewickelt, der anschließend befiedert wird. Vorher wurde vereinbart, auf welchen Platz der Pfeil geschossen werden soll.

- Es wurden geheime Nachrichten in Halsbändern von Hunden versteckt.

Alle diese Verfahren zur geheimen Nachrichtenübermittlung hat Aineias vermutlich nicht selbst erfunden, sondern abgeschrieben. Nur das folgende Verfahren hat er sehr wahrscheinlich selbst erfunden, meint Diels, da Aineias es anhand eines Beispiels mit dem eigenen Namen erläutert.[120] In der deutschen Übersetzung beschreibt Aineias dieses Verschlüsselungsverfahren wie folgt:

„Man bohrt in einen ziemlich großen Würfel 24 Löcher, 6 in jede Seite des Würfels[121], es seien die Löcher des Würfels die Buchstaben; merke dir aber, von welcher Seite das A anfängt und die darauf folgenden, welche auf jeder Seite geschrieben sind. Hierauf nun, wenn du irgend eine Mitteihlung durch den Würfel machen willst, so ziehe einen Faden durch, wie z. B., wenn man durch das Durchziehen des Fadens mitteihlen will: Aineias; so fängt man von der Seite des Würfels an, in welcher sich das A befindet, übergeht dann die auf A folgenden Buchstaben, bis man zu der Seite kommt, wo das I ist und nimmt (den Faden) wieder durch, dann lässt man die daran stoßenden Buchstaben weg und nimmt ihn durch, wo das N ist, lässt dann wieder die daran stoßenden Buchstaben weg und nimmt den Faden durch, wo das E ist, und so den Rest der Mitteihlung gleichsam schreibend zieht man den Faden in die Löcher, wie wir eben einen Namen bezeichnet haben.“[122]

Dieser eingesponnene Spielwürfel sieht dann aus wie ein Knäuel aus Fäden, also ist die Nachricht gut getarnt. Zur Entschlüsselung wird der Faden abgewickelt und die Buchstaben ergeben in umgekehrter Reihenfolge den Inhalt der Botschaft.

Statt einen Astragral[123] zu verwenden, schlägt Aineias auch ein „spannenlanges Holz" bzw. eine Holzscheibe vor, die jeweils mit 24 verschiedenen Löchern versehen ist. Weitere Ausführungen zum „antiken Depeschenrad" finden sich bei Diels („Antike Techniken")[124].

---

[119] *„Die sogenannte Tinte der Alten war vielmehr eine Schwärze (atramentum). Welche aus Ruß bereitet und mit mancherlei dicken und klebrigen Substanzen angemacht wurde. Die hier genannte geleimte Schwärze wird von Plinius (XXXV, 6.) als atramentum tectorium glution admixto bezeichnet."* (siehe Köchly (1969), S. 176)

[120] Vgl. Riepl, W. (1927), S. 311

[121] Mit einem Würfel ist hier ein antiker Würfel, ein sog. „Astragal" gemeint. Dieser antike Spielwürfel wurde meist aus dem Mittelfußknochen von Ziegen und Schafen hergestellt. (siehe Badisches Landesmuseum (2008), S. 32).

[122] Köchly (1969), S. 120 bzw. Aineias XXXI, 12

[123] siehe Fußnote 25

[124] Diels (1914), S. 67

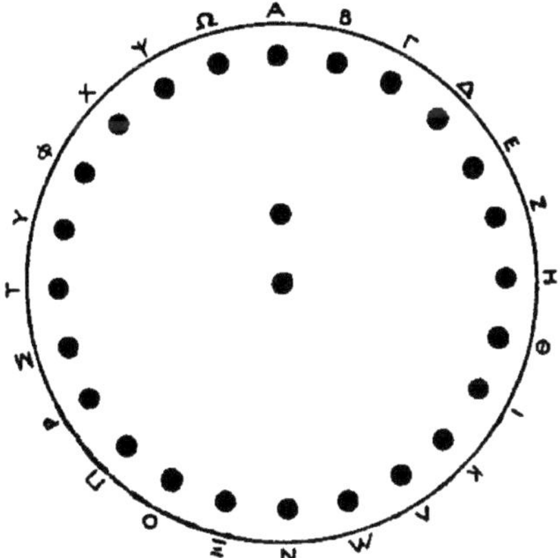

Abb. IV.2: Antikes Depeschenrad[125]

Alle bisher von Aineias vorgestellten Verfahren sind steganografischer Art, darüber hinaus schlägt er ein teilweises monoalphabetisches Verschlüsselungsverfahren vor, welches in dieser Art bei allen vorgestellten griechischen Schriftstellern nicht zu finden ist. Für diese Geheimschrift wird vereinbart, dass statt eines Vokals nur Punkte zu schreiben sind und zwar so viele, die der Position des Vokals im Alphabet entsprechen, sog. Punktiersystem. Aineias erläutert diese Methode an dem Satz: Der schoene Dionysios Herakleides soll kommen. Dieser heißt dann verschlüsselt:

D.....r sch.............. ..... n..... D.......... ....nys.......... ....s
H.....r.kl..... ....d..... s...............ll k...............mm.....n.

Diese Art der Geheimschrift ist dem Orient entliehen. Phönizier, Juden und Araber schreiben in ihren Schriften die Vokale nicht, sondern sie deuten sie nur durch Striche an[126].

Auch in Mesopotamien wurde kryptografisch gearbeitet. Ein interessantes Beispiel ist das „Atbasch", das im 6. Jahrhundert v. Chr. Verwendung in Palästina fand. Die Verschlüsselung eines Textes erfolgte buchstabenweise. Zur Verschlüsselung eines Buchstabens stellte man fest, wie viele Buchstaben dieser vom Beginn des Alphabets entfernt ist und ersetzt ihn durch den Buchstaben, der genauso viele Buchstaben vom Ende des Alphabets entfernt ist, so wird z. B. aus Atbasch Zhyzfxs.[127] Einfacher ausgedrückt, man notiert das Geheimtextalphabet einfach „rückwärts" unter dem Klartextalphabet und erhält die folgende Verschlüsselungstabelle:

Klartextalphabet:	a b c d e f g h i j k l m n o p q r s t u v w x y z
Geheimtextalphabet:	Z Y X W V U T S R Q P O N M L K J I H G F E D C B A

Nachrichtenübertragungen über weite Distanzen fanden in der Antike mit Feuersignalen statt. Nach Diels ist eine der deutlichsten Schilderungen dazu von dem griechischen Tragödiendichter Aischylos (524-456 v. Chr.) in seinem Drama Agamemnon überliefert. Auf

---

[125] Diels (1914), S. 67
[126] Köchly (1969), S. 125 bzw. Aineias XXXI, 18
[127] Vgl. Singh (2004), S. 43

die Frage hin wie Klytämnestra (Frau des Agamemnon) vom Fall Trojas so schnell erfuhr antwortet sie:

> *„Hephaistos der vom Ida hellen Glanz entsandt,*
> *Ja! Brand auf Brand erbot die Feuerpost bis her*
> *Zu uns. Der Ida erst zu Hermes' Vorgebirg*
> *Auf Lemnos. Von der Insel großen Fackelschein*
> *Empfing so dann des Athos Gipfel, Zeus geweiht.*
> *Und hoch erhob sich über des Meeres Rücken hin*
> *Des wandernden Geleuchtes Kraft im Feuerrauch,*
> *Und bot, so wie die Sonne wohl ihr goldenes Licht,*
> *Der Warte auf Makistos' Höhn den Schein des Kiens.*
> *Sie zögert nicht und waltet, keineswegs von Schlaf*
> *sorglos benommen, treulich ihrer Botenpflicht.*
> *Und weiter zu Euripos' Fluten gibt der Schein*
> *Der Fackel sich den Wächtern auf Messapios kund.*
> *Die nahmen auf und lenkten ferner hin die Glut,*
> *Entflammend einen Haufen dürren Heidekrauts.*
> *...*
> *Ein solches Zeichen, solches Zeugnis geb ich dir,*
> *Von meinem Gatten mir gesandt aus Ilion. "*[128]

Diels meint dazu, dass es undenkbar ist, dass der Dichter ohne ein reales Vorbild eine solche Art der Feuertelegrafie frei erfunden hätte, wenn nicht ein Teil davon eingerichtet gewesen wäre[129].

Ein weiteres Beispiel dazu ist auch von Herodot im 9. Buch seiner Historien überliefert. So teilte der persische Heerführer Mardonios seinem König Xerxes per Feuerzeichen über die Inseln nach Asien mit, dass Athen eingenommen ist[130]. Somit liefert Herodot den Nachweis, dass zumindest auf der asiatischen Seite des damaligen Griechenlands (auch Kleinasien genannt, heute Türkei) ein solches System von Fackelwarten bestanden haben muss.

In seiner Universalgeschichte *„Historiae"* behandelt der griechische Geschichtsschreiber Polybios (ca. 200-120 v. Chr.) im 10. Buch[131] die Problematik der Nachrichtenübermittlung mit Feuerzeichen. Zuerst geht er ganz allgemein darauf ein, so ist die Übermittlung einer Nachricht durch einen Boten sehr zeitintensiv, die schon drei, vier oder mehr Tagesreisen in Anspruch nehmen kann. Besser sei daher die Nachrichtenübermittlung durch Feuerzeichen, sie gebe die Möglichkeit bei außergewöhnlichen Ereignissen schnell um Hilfe zu bitten. Nach Polybios hatten die damals verwendeten Feuerzeichen allerdings entscheidende Nachteile:

> *„Früher war die dabei verwendete Zeichensprache sehr einfach, und die Signale*
> *erfüllten daher oft nicht ihren Zweck. Man machte vorher bestimmte Zeichen aus,*
> *deren man sich bedienen wollte, da die Ereignisse aber unbegrenzt mannigfaltig*
> *sind, entzogen sich die meisten Mitteilungen durch Lichtsignale. "*[132]

Die damals verwendeten Zeichensysteme hatten alle den Nachteil, dass nur Botschaften, die vorher ausgemacht waren, übermittelt werden konnten. Als ein weiteres Beispiel dieser Art

---

[128] Aischylos (1983), Agamemnon, Zeile 280 ff.
[129] Vgl. Diels (1914), S. 71
[130] Vgl. Herodot IX, Abschnitt 3
[131] Polybios, Buch X, Abschnitte 43-47
[132] Polybios, S. 735

führt Polybios das Nachrichtensystem nach Aineias an. Leider ist die Originalquelle seines Werkes „Vorbereitungen" nicht mehr erhalten. Allerdings findet sich in dem einzig von ihm erhaltenen Werk „*Verteidigung belagerter Städte*"[133] ein Hinweis auf das von ihm entwickelte System:

> „*The way to do this, and to raise fire-signals, is described at grater length in my book Preparation; to avoid treating the same topics twice I must leave them to be studied there.*"[134]

So ist das Nachrichtensystem des Aineias nur in Polybios (Buch X, 44) erhalten. Polybios beschreibt es wie folgt:

> „*Diejenigen, so sagt er [gemeint ist Aineias], die einander durch Feuerzeichen dringende Botschaften übermitteln wollen, sollen sich tönerne Gefäße von gleicher Weite und Höhe, und zwar etwa 3 Ellen hoch, eine Elle im Durchmesser, besorgen, ferner Korkstücke, etwas weniger breit als die Öffnung der Gefäße; in der Mitte dieser Korkstücke solle man Stäbe befestigen, in gleichen Abständen von je drei Finger Breite abgeteilt, mit deutlich erkennbarer Abgrenzung der Teile gegeneinander. Auf die einzelnen Felder schreibt man die wichtigsten und hauptsächlichsten Vorkommnisse im Kriege, so zum Beispiel gleich auf das erste: Reiter sind ins Land eingefallen, auf das zweite: schwere Infanterie,... Wenn das geschehen ist, soll man in beide Gefäße Löcher von genau gleicher Größe bohren, so dass sie den gleichen Abfluß haben. Dann soll man sie mit Wasser füllen, die Korkstücke mit den Stäben drauflegen...*"[135]

Von den so hergestellten Nachrichtentongefäßen, die je mit gleich viel Wasser befüllt sind, bekommt eines jeweils der Sender und der Empfänger. Tritt nun eines der beschriebenen Ereignisse ein, so soll der Sender die Fackel auf der Warte entzünden und warten, bis der Empfänger dies auch getan hat. Sobald beide Fackeln sichtbar sind, werden diese wieder von der Warte genommen und das Wasser wird an den Nachrichtentongefäßen abgelassen. So sinken die Korkstücke mit den Nachrichtenstäben ab. Ist der Wasserstand soweit abgesunken, dass die mitzuteilende Nachricht den Rand des Tongefäßes erreicht hat, stellt der Sender sofort die Fackel wieder auf die Warte. Dies ist für den Empfänger das Zeichen, das Tongefäß zu verschließen und er kann die Nachricht am Rande ablesen.

Das Verfahren ist nach Riepl vermutlich nicht von Aineias selbst erfunden, es gibt noch eine zweite Stelle bei Polyän, der die Verwendung der Wassertelegrafie im Zusammenhang mit einem Krieg der Karthager gegen Sizilien überlieferte[136]. Dieser Krieg fällt in die Zeit, bevor Aineias seine Schrift anfertigte.

Eine gelungene grafische Darstellung des Nachrichtenübertragungsverfahrens mit dem Wassertelegrafen findet sich erst bei dem italienischen Kryptologen Giovan Battista della Porta aus dem 16. Jahrhundert. In seinem Werk „De furtivis literarum notis" skizziert er im ersten Buch (Liber Primus) einen Wassertelegrafen.

---

[133] erhalten im Codes Laurentianus 55-4, ca. 950 n. Chr., (vgl. dazu Whitehead (2001), S. 5)
[134] Whitehead (2001), S. 51 bzw. Aineias, Abschnitt 7.4
[135] Polybios, Buch X, 44
[136] Vgl. Riepl (1972), S. 70

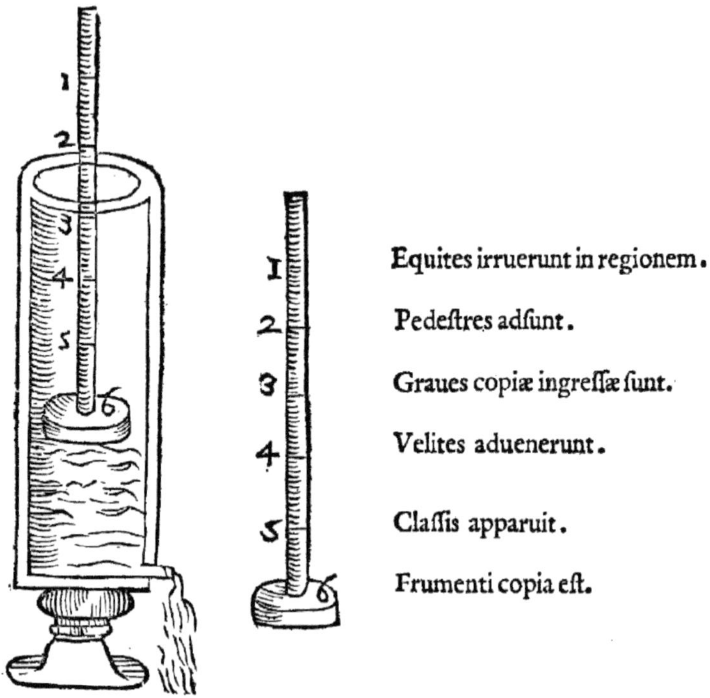

Abb. IV.3: Wassertelegraf nach Aineias von Porta[137]

Die Nachrichten, welche Porta codiert, lauten:

1. Reiter werden in die Region eindringen.
2. Das Fußvolk ist anwesend.
3. Schwerbewaffnete Streitkräfte sind angegriffen worden.
4. Leicht bewaffnete Truppen sind angekommen.
5. Das Heer ist erschienen.
6. Das Getreide ist sehr viel.

Als exemplarische Botschaften wählt Porta Nachrichten, die aus militärstrategischer Sicht von Bedeutung sind, so wie Aineias, der diese Idee auch in diesen Zusammenhang stellte. An der Abbildung ist gut zu erkennen, wie Porta die Idee des Aineias aus der Antike auf die Zeit des 16. Jahrhunderts übertrug. Beschrieb Aineias das Verfahren mit Tonamphoren, so illustrierte Porta das Verfahren an damals üblichen Wasserbehältern.

Wie bereits erwähnt wurde das Nachrichtenübertragungsverfahren mit dem Wassertelegrafen durch den antiken Geschichtsschreiber Polybios überliefert. Darüber hinaus schlug Polybios

---

[137] Porta (1602), S. 18

eine Verbesserung dieser Verschlüsselungsmethode vor, denn der Wassertelegraf hat den Nachteil, dass nur vorher vereinbarte Nachrichten übermittelt werden können. Die von Polybios vorgeschlagene Verbesserung geht auf die alexandrinischen Ingenieure Kleoxenos und Demokleitos[138] zurück. Die Vorzüge beschreibt er wie folgt:

> *„Das neueste Verfahren, das von Kleoxenos und Demokleitos erdacht und von mir vervollkommnet worden ist, hat den Vorzug, in jeder Weise bestimmt imstande zu sein, jede dringende Nachricht mit größter Schnelligkeit zu übermitteln, in der Handhabung aber bedarf es größerer Sorgfalt und genauer Aufmerksamkeit."*[139]

Leider ist in der historischen Forschung nicht bekannt, in wiefern Polybios das Verfahren tatsächlich verbesserte oder ob er es nur kopiert hat. Die Weiterentwicklung des Wassertelegrafen bestand darin, dass man statt der Nachrichten vorher einen Code vereinbarte. Dazu schreibt man die Buchstaben des griechischen Alphabets auf fünf verschiedene Tafeln, wobei dem Sender und Empfänger jeweils ein Satz der beschriebenen Tafeln zur Verfügung steht. Die Buchstaben werden dann mit Fackelzeichen übermittelt. Zur Nachrichtenübermittelung hebt der Übermittler

> *„… zuerst die Fackeln auf der linken Seite hoch, um anzuzeigen, welche Tafel eingesehen werden soll, wenn die erste, eine Fackel, wenn die zweite, zwei Fackeln, und so weiter, hierauf zweitens in derselben Weise die Fackeln auf der rechten Seite, um anzuzeigen, welchen Buchstaben auf dieser Tafel der Empfänger aufschreiben soll."*[140]

Zur Veranschaulichung dieser Art der Codierung schreibt man die Buchstaben des griechischen Alphabets in eine Tabelle, die aus fünf Zeilen und Spalten besteht. Die Zeile, in der der griechische Buchstabe steht, gibt die Anzahl der Fackeln auf der linken Seite an und die Spalte, in der der Buchstabe steht, die Fackelanzahl auf der rechten Seite.

	Position 1	Position 2	Position 3	Position 4	Position 5
Tafel 1	α	β	γ	δ	ε
Tafel 2	ζ	η	θ	ι	κ
Tafel 3	λ	μ	ν	ξ	ο
Tafel 4	π	ρ	σ	τ	υ
Tafel 5	φ	ψ	χ	ω	

Tab. IV.1: Tabellarische Veranschaulichung der Polybios-Verschlüsselung mit griechischen Buchstaben

Allerdings besteht das griechische Alphabet üblicherweise aus 24 Buchstaben, sodass auf der letzten Tafel nur 4 Buchstaben stehen.

Bevor Polybios zur Illustration seines Verfahrens das folgende Beispiel erläutert, weist er darauf hin, dass die zu übermittelnden Texte aus möglichst wenigen Buchstaben bestehen sollen:

---

[138] Diels (1914), S. 77
[139] Polybios, Buch X, Abschnitt 45
[140] Polybios, Buch X, Abschnitt 45

„ ...zum Beispiel: Kreter [Κρήτη] sind hundert von uns übergelaufen. ...Dies schreibt man auf ein Täfelchen, und dann signalisiert man folgendermaßen: Der erste Buchstabe ist ein Kappa. Dieser gehört zur zweiten Abteilung, steht also auf der zweiten Tafel. Man muß daher auf der linken Seite zwei Fackeln hochheben, damit der Empfänger weiß, dass er auf die zweite Tafel zu schauen hat. Dann hebt man auf der rechten Seite fünf Fackeln hoch, denn das Kappa ist der fünfte Buchstabe der zweiten Abteilung[141], den also der Empfänger auf sein Täfelchen zu schreiben hat. Dann hebt man vier Fackeln auf der linken Seite hoch, denn das Rho gehört zur vierten Abteilung, hierauf zwei auf der rechten Seite, denn es ist der zweite Buchstabe der vierten Abteilung[142], worauf der Empfänger ein Rho auf sein Täfelchen schreibt. Und so geht es weiter. "[143]

Der Vorteil dieses Verfahrens liegt auf der Hand, mit den 24 Buchstaben kann jede nur erdenkliche Nachricht übermittelt werden. Somit haben die drei Griechen Kleoxenos, Demokleitos und Polybios das telegrafische Grundproblem im Kern erfasst und theoretisch gelöst. Allerdings hat sich ihre Erfindung praktisch nicht durchsetzen können. Zu groß wäre die Anzahl von Stationen gewesen, die man für eine Nachrichtenübertragung über eine längere Distanz (z. B. 100 km) benötigt hätte. Aufgrund der Irradiation des Lichts[144] wäre bei einem handhabbaren Fackelabstand von einem Meter nur ein Abstand der Warten von 1 km möglich[145] gewesen.

Wieder ist das Verschlüsselungssystem des Polybios grafisch von Porta aufgearbeitet worden. Im ersten Buch seines Werks *„De furtivis literarum notis"* ist die folgende Abbildung zum System der Verschlüsselung von Polybios zu finden.

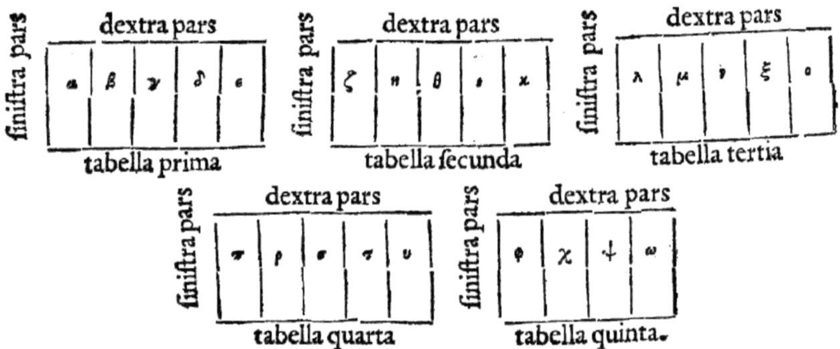

Abb. IV.4: Fackelalphabet des Polybios von Porta[146]

---

[141] Vgl. in der Tabelle IV.1 Zeile 2 und Spalte 5

[142] Vgl. in der Tabelle IV.1 Zeile 4 und Spalte 2

[143] Polybios, Buch X, Abschnitt 45

[144] Die Erscheinung, dass zwei oder mehrere nebeneinander befindliche Lichter für das menschliche Auge schon auf die tausendfache Entfernung des Abstands der einzelnen Lichter von einander in einem Lichtpunkt oder Lichtstreifen verschwimmen (Vgl. Riepl (1972), S. 98).

[145] Vgl. Riepl (1972), S. 98

[146] Porta (1602), S. 19

Interpretiert man die Tafelnummern und die Anzahl der Fackeln als einen Zahlencode, dann werden den einzelnen griechischen Buchstaben Zahlenpaare zu geordnet. Die erste Zahl gibt die Nummer des Täfelchens an, die zweite die Position des Buchstabens auf diesem. So ergibt sich die folgende Zuordnung, wobei die Zahlen mit arabischen Ziffern dargestellt sind:

	Position 1	Position 2	Position 3	Position 4	Position 5
Tafel 1	α→(1;1)	β→(1;2)	γ→(1;3)	δ→(1;4)	ε→(1;5)
Tafel 2	ζ→(2;1)	η→(2;2)	θ→(2;3)	ι→(2;4)	κ→(2;5)
Tafel 3	λ→(3;1)	μ→(3;2)	ν→(3;3)	ξ→(3;4)	ο→(3;5)
Tafel 4	π→(4;1)	ρ→(4;2)	σ→(4;3)	τ→(4;4)	υ→(4;5)
Tafel 5	φ→(5;1)	ψ→(5;2)	χ→(5;3)	ω→(5;4)	

Tab. IV.2: Polybios-Verschlüsselung in moderner Darstellung mit Zahlenpaaren

Somit hat Polybios aus kryptografischer Sicht als einer der Ersten eine monoalphabetische Verschlüsselung mit Bigrammen[147] entwickelt.

Die Idee des Verschlüsselungsverfahrens nach Polybios ist so gut, dass diese im 20. Jahrhundert von dem deutschen Funkoffizier Fritz Nebel (1891-1967) aufgegriffen wurde. Er entwickelte für den sicheren Funkverkehr an der Westfront unter General Ludendorff (1865-1937) zwei Verschlüsselungssysteme: das ADFGX- bzw. das ADFGVX-System. Das erste System wurde ab dem 5. März 1918[148] eingeführt. Durch die Einführung dieses Verschlüsselungssystems gerieten die französischen Funker in helle Aufruhr, sie konnten den deutschen Funkverkehr nicht mehr mitlesen. Der französische Meisterkryptoanalytiker Georges Painvin benötigte (1886-1980) bis Ende Mai 1918, bis er die Funksprüche der Deutschen entziffern konnte. Allerdings änderten diese am 1. Juni 1918[149] die Verschlüsselung ihrer Funksprüche auf das zweite System von Fritz Nebel. Painvin hatte jedoch am Abend des zweiten Junis die Nachricht – *„Munitionieren beschleunigen Punkt Soweit nicht eingesehen auch bei Tag"*[150] – schon entschlüsselt. Mithilfe dieser Entschlüsselung verloren die Deutschen ihr Überraschungsmoment beim Angriff auf Paris und wurden durch die Alliierten in einer fünf Tage lang dauernden Schlacht zurückgeworfen[151].

Das Herz dieser beider Verfahren bildet jeweils eine Tabelle in Anlehnung an das Tafelsystem nach Polybios, wobei jede Tabelle jeweils eine monoalphabetische Verschlüsselung liefert:

---

[147] Mit Bigrammen sind Zeichenpaare gemeint, im engl. bigram oder digraph. Polygramme bestehen aus mehreren Zeichen. (siehe Kahn (1996), S. xvi)
[148] Vgl. Kippenhahn (2003), S. 192
[149] Vgl. Kippenhahn (2003), S. 193
[150] Kahn (1996), S. 346
[151] Vgl. Singh (2006), S. 132

	A	D	F	G	X
A	l	r	m	e	ij
D	k	f	v	w	t
F	c	s	a	u	z
G	h	x	g	y	n
X	b	p	o	q	d

Tab. IV.3: ADFGX-System[152]

	A	D	F	G	V	X
A	c	o	8	x	f	4
D	m	k	3	a	z	9
F	n	w	1	0	j	d
G	5	s	i	y	h	u
V	p	l	v	b	6	r
X	e	q	7	t	2	g

Tab. IV.4: ADFGVX-System[153]

Zur Verschlüsselung wird jedem Buchstaben innerhalb der Tabelle die entsprechende Zeilen- und Spaltenbezeichnung zugeordnet. Möchte man beispielsweise den Text mitteilen: „angriff morgen um acht". So wird dieser im ADGFX-System wie folgt verschlüsselt:

```
Klartext:    a  n   g  r  i  f  f  m  o  r  g  e  n  u  m  a  c  h  t
Geheimtext: FF GX GF AD AX DD DD AF XF AD GF AG GX FG AF FF FA GA DX.
```

Nach diesem Abstecher in die Neuzeit geht es wieder in die Antike zurück.

3.2 Von der römischen Antike bis zum Ende des Mittelalters

Die bislang vorgestellten griechischen Autoren haben leider an keiner Stelle überliefert, ob die von ihnen dargestellten Substitutionsverfahren auch tatsächlich genutzt wurden[154]. Anders ist dies bei den Römern. Aus mehreren Quellen der römischen Geschichte ist bekannt, dass Gaius Julius Caesar (13.07.100 – 15.03.44 v. Chr.) Geheimschriften verwendete. Eine Stelle findet sich in seinem Buch *„Der Gallische Krieg"*. *(„Commentarii de bello Gallico")*. Cäsar wollte seinem Feldherrn Quintus Cicero, der kurz davor war, sich der Belagerung zu ergeben, mitteilen, dass er durchhalten soll und ihm zwei Legionen zur Hilfe eilen werden. Für die Überbringung dieser Nachricht gewann er einen gallischen Reiter, der gegen eine hohe Belohnung einen Brief an Cicero überbringen sollte. *„Er schickte ihn in griechischer Sprache, damit die Feinde nichts von unseren Plänen erführen, wenn sie den Brief abfingen."*[155] Bei diesem Beispiel handelt es sich um eine ganz einfache monoalphabetische Verschlüsselung, jeder lateinische Buchstabe wurde durch einen griechischen Buchstaben ersetzt. Sehr spannend schildert Cäsar die Überbringung der so wichtigen Nachricht:

> *„Dem Reiter trug er auf, den Brief an den Riemen seines Speeres zu binden und in die römische Lagerbefestigung zu schleudern, wenn er nicht näher herankommen könne. In dem Brief teilte er mit, er sei mit den Legionen im Anmarsch und werde in Kürze eintreffen. Zugleich forderte er Cicero auf, sich weiter so tapfer zu halten wie bisher. Der Gallier, der sich vor der gefährlichen Situation fürchtete, warf befehlsgemäß seinen Speer ins Lager. Zufällig blieb dieser aber in einem Wachturm stecken und wurde zwei Tage lang von unseren Soldaten nicht bemerkt, ehe ihn am dritten Tag ein Soldat erblickte, abnahm und zu Cicero brachte. Dieser las den Brief durch, gab seinen Inhalt in einer Versammlung der Soldaten*

---

[152] Wrixon (2006), S. 234
[153] Bauer (1997), S. 54
[154] Vgl. Kahn (1196), S. 83
[155] Cäsar (2004), S. 145ff., Buch V, Abschnitt 48

bekannt und erfüllte alle mit größter Freude. Da erblickte man auch schon von ferne den Rauch von Bränden, so daß jeder Zweifel an der Ankunft der Legion schwand."[156]

Da jedoch die Gallier der griechischen Sprache mächtig waren[157], ist die Effektivität der Verschlüsselung anzuzweifeln. Die hier in diesem Beispiel von den Römern genutzte Methode des Versteckens der Nachricht ist in ähnlicher Weise auch schon bei Aineias (s. o.) beschrieben. Der beschriebene Rauch der Brände, der vermutlich von brennenden Gehöften stammte, diente als Signal für die Ankunft der Legionen. Weitere Feuersignale außer Alarmsignale in dieser einfachsten Form waren bei den Römern nicht bekannt, auch entwickelten sie die griechischen Ideen einer Telegrafie durch Feuerzeichen nicht weiter.[158] Sehr interessant ist, dass Cäsar im sechsten Buch (Abschnitt 29), das Entfachen von Wachtfeuern ausdrücklich untersagt, damit man sein Eintreffen nicht von ferne her erkannte. Der römische Schriftsteller Gaius Suetonius Tranquillus (dt.: Sueton, 70 - ca.130) beschreibt eine weitere Verschlüsselung von Cäsar, die auf dem Prinzip der Substitution beruht. Zu finden ist diese Beschreibung im ersten Buch („Divus Iulius", dt.: der göttliche Julius) seiner achtbändigen „*De Vita Casesarum*" (Kaiserbiografien). Dort schreibt er:

„Ferner existieren noch Briefe von ihm an Cicero, ebenso an seine Vertrauten über häusliche Angelegenheiten. Darin hat er das, was geheim bleiben sollte, für den Fall, dass unterwegs der Brief von unbefugter Hand geöffnet würde, in einer Geheimschrift geschrieben, das heißt, die Buchstaben wurden so umgestellt, dass aus ihnen kein Wort gebildet werden konnte. Will jemand sie entziffern und hintereinander lesen, so muss er immer den vierten Buchstaben des Alphabets, also D für A und so fort an die Stelle des wirklich geschriebenen setzen."[159]

Diese Geheimschrift bezeichnet man in der Literatur als Cäsar-Verfahren bzw. Cäsar-Verschiebung. Es ist wohl das bekannteste monoalphabetische Substitutionsverfahren. Wie bereits von Sueton beschrieben, wird jeder Buchstabe eines Textes durch den Dritten, ihm im Alphabet folgenden Buchstaben ersetzt. Die Buchstaben x, y, und z werden durch die noch nicht verwendeten Buchstaben a, b, c ersetzt. Für den Klartext und den Geheimtext ergeben sich die folgenden Alphabete:

```
Klartextalphabet:     a b c d e f g h i j k l m n o p q r s t u v w x y z
Geheimtextalphabet:   D E F G H I J K L M N O P Q R S T U V W X Y Z A B C
```

Für den Klartext „Caesar" erhält man „FDHVDU".
Nach der Ermordung Cäsars im Jahr 44 v. Chr. wurde nach erbitterten Machtkämpfen im Jahre 31 v. Chr. dessen Großneffe Gaius Octavius (63 v. Chr. – 14 n. Chr.), der spätere Kaiser Augustus, zum Alleinherrscher des Römischen Reiches. Auch Augustus verschlüsselte seine Korrespondenz. Bei Sueton ist Folgendes nachzulesen:

„Immer wenn er etwas verschlüsselt schreiben will, setzt er b statt a, c statt b und so weiter, das heißt immer den folgenden Buchstaben; für x schreibt er aa"[160]

Wendet man diese Verschlüsselung auf ein lateinisches Alphabet ohne die damals nicht verwendeten Buchstaben j, k, v, w, y, z an, so erhält man das folgende Geheimtextalphabet:

---

[156] Cäsar (2004), S. 146, Buch V, Abschnitt 48
[157] Anmerkungen in Cäsar (2004), S. 316
[158] Vgl. Riepl (1972), S. 74
[159] Sueton (1993), „Der göttliche Julius", Kapitel 56, S. 75
[160] Sueton (1993), „Der göttliche Augustus", Kapitel 88, S. 163

Klartextalphabet: a b c d e f g h i l m n o p q r s t u x
Geheimtextalphabet: B C D E F G H I L M N O P Q R S T U X AA

Nach dem Zerfall des Römischen Reiches versank die Kultur des Abendlandes in das Mittelalter. So erlosch in Europa auch das wissenschaftliche Interesse an der Kryptologie, die Geheimschriften wurden in den Bereich des Okkultismus verdrängt.

Die wissenschaftliche Entwicklung der Kryptologie ging allerdings im arabischen Sprachraum weiter, so schrieb Abu 'Abd al-Rahman al-Khalil ibn Ahmad ibn 'Amr ibn Tammam al Farahidi al-Zadi al Yahmadi im 8. Jahrhundert das Buch der Geheimsprachen. In diesem Buch zeigt er erste kryptoanalytische Ansätze.[161] Im 9. Jahrhundert verfasste ein Gelehrter namens abu Yususf Ya'qub ibn IS-haq ibn as-Sabbah ibn 'omran ibn Ismail al-Kindi ein Buch mit dem Titel „Abhandlung über die Entzifferung kryptografischer Botschaften". In diesem Buch wird erstmals eine kryptoanalytische Methode beschrieben. Man bezeichnet das Verfahren heute als Häufigkeitsanalyse. Deren Idee ist: Je häufiger ein Buchstabe in einer Sprache verwendet wird (z. B. wird in der deutschen Sprache das „e" am häufigsten verwendet), desto häufiger muss er auch als verschlüsselter Buchstabe in einem Geheimtext vorhanden sein. Wenn z. B. in einem Geheimtext der Buchstabe „q" am häufigsten vorkommt und der Text in Deutsch verfasst ist, dann entspricht das „q" mit hoher Wahrscheinlichkeit dem „e". Dies gilt natürlich auch für den Zweithäufigsten, den Dritthäufigsten etc.[162]

Obwohl wie bereits erwähnt die Kryptografie im Okzident in den Bereich des Okkultismus verdrängt wurde, haben Fürsten, Könige, Kaiser und die päpstliche Kurie diese weiter verwendet. Beispielsweise soll Karl der Große (747-814) zur Kommunikation mit seinen Generälen die folgende Zuordnung von Klartextalphabet zu Geheimtextalphabet genutzt haben.

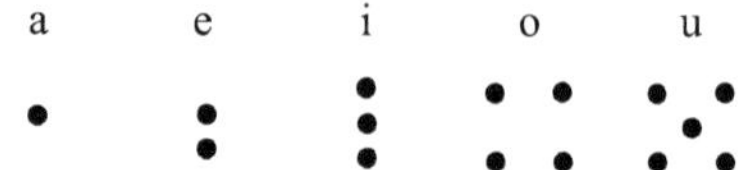

Abb. IV.5: Geheimzeichen Karl des Großen[163]

In den päpstlichen Archiven findet sich in etwas abgewandelter Form das schon von Aineias entwickelte Punktiersystem. Es gibt einen Pergamentstreifen aus dem 15. Jahrhundert mit der folgenden Schreibweise für die Vokale:[164]

a   e   i   o   u

Abb. IV.6: Punktiersystem aus dem 15. Jahrhundert

Die Konsonanten bleiben wie bei Aineias unverändert. Theofilactus von Frascati, der im Januar 1033 als Benedikt der IX. Papst wurde, pflegte seinen Namen als Thfpfklbctxs zu umschreiben.[165] Er ersetzte ähnlich wie Aineias alle Vokale, allerdings verwendet er

---

[161] Vgl. TU-Chemnitz, URL: http://www-user.tu-chemnitz.de/~uste/krypto/sources/gesch.htm (Stand: 20.09.2010)
[162] Für weitere Ausführungen zur Häufigkeitsanalyse sei auf das folgende Kapitel verwiesen.
[163] Bauer (1997), S. 46
[164] Vgl. Meister (1906), S. 14
[165] Meister (1906), S. 12

Buchstaben statt Punkte. Im Beispiel hat er das „e" durch ein „f", das „o" durch ein „p", das „i" durch ein „k", das „a" durch ein „l" und das „u" durch ein „x" ersetzt. Die Konsonanten hat er unverändert beibehalten. Im ältesten Dokument aus dem 13. Jahrhundert wird jeder Vokal durch ein Teil des Buchstabens h ersetzt:[166]

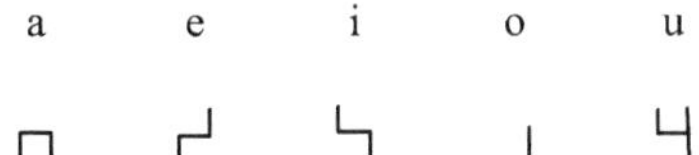

Abb. IV.7: Vokalersetzungen aus dem 13. Jahrhundert

Neben diesen einfachen Verfahren wurden bei der päpstlichen Kurie auch monoalphabetische Verschlüsselungen verwendet. Ein kleines Handbuch von Gabriel de Lavinde aus dem Jahr 1379 gibt einen Einblick in den päpstlichen Gebrauch von Chiffriermethoden. Lavinde war für die geheime politische Korrespondenz des Gegenpapstes Clemens VII. (1342-1394)[167] zuständig. Für die Chiffre des Papstes Clemens VII. wurde, wie in der folgenden Übersicht dargestellt, jedem damals gängigen Buchstaben des lateinischen Alphabets ein eigenes Symbol zugeordnet:

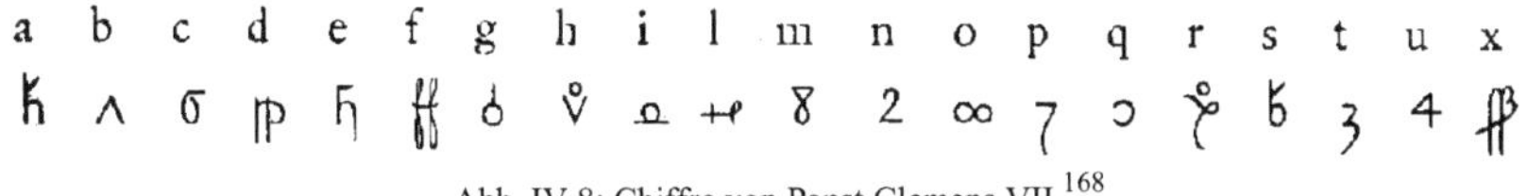

Abb. IV.8: Chiffre von Papst Clemens VII.[168]

In diesem System wurde die Sonderstellung der Vokale aufgegeben. Durch die folgenden bedeutungslosen Zusatzzeichen wurde die unbefugte Entschlüsselung erschwert:

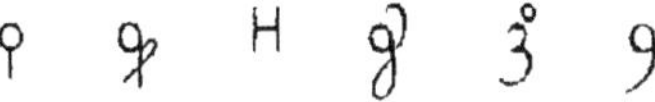

Abb. IV.9: Bedeutungslose Zusatzzeichen von Papst Clemens VII.[169]

Bedeutungslose Zusatzzeichen nennt man auch Blender oder Nieten – engl. nulls.

3.3 Von der Renaissance bis zur Moderne

Mit dem Beginn der Renaissance begannen die Wissenschaften in Europa wieder aufzuleben, das wachsende Interesse an okkulten Schriften und Techniken beförderte auch die Kryptologie wieder zu neuem Leben.

Die bisher vorgestellten kryptografischen Verfahren haben alle den Nachteil, dass sie mit der oben beschriebenen einfachen Häufigkeitsanalyse entschlüsselt werden können, ohne dass man im Besitz der Verschlüsselungstabelle ist, da jedem Buchstaben des Klartextalphabets eineindeutig ein Buchstabe im Geheimtextalphabet zugeordnet wird. Eine Methode der

---

[166] Vgl. Meister (1906), S. 13
[167] Vgl. Meister (1906), S. 22
[168] Lavinde, Gabriel (1379) nach Meister (1906), S. 171
[169] Lavinde, Gabriel (1379) nach Meister (1906), S. 171

Verbesserung wäre, dass den Buchstaben, die häufiger in einer Sprache vorkommen, mehrere Verschlüsselungszeichen zugeordnet werden, sogenannte homophone Verschlüsselungen.[170] Die erste in der westlichen Welt[171] bekannte Verschlüsselung dieser Art stammt aus dem Herzogtum von Mantua und geht auf Simeone de crema zurück. Er verwendete 1401 die folgende homophone Verschlüsselung. Hier werden den häufiger vorkommenden Zeichen in der lateinischen Sprache jeweils vier verschiedene Geheimzeichen zugeordnet:

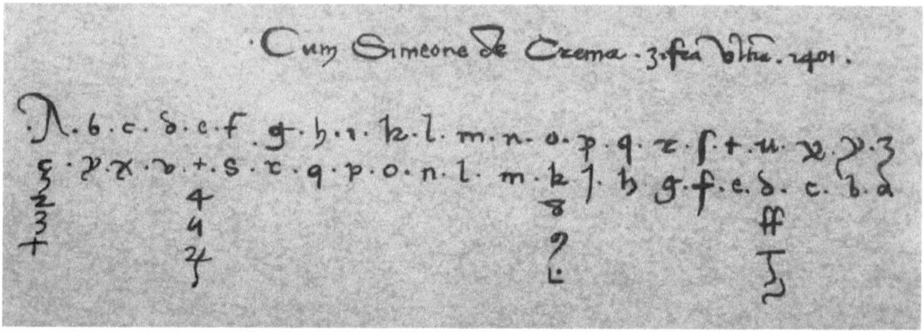

Abb. IV.10: Erste homophone Verschlüsselung[172]

Eine weitere Methode, die tatsächliche Häufigkeit eines Buchstabens zu verschleiern wäre, das Geheimtextalphabet während des Verschlüsselns zu wechseln, sogenannte polyalphabetische Verschlüsselungsverfahren.[173]

Erstmals schlug der italienerische Architekt und Kryptograf Leon Battista Alberti (1404-1472) vor, nach drei oder vier Worten das Alphabet zu wechseln.[174] Um diesen Wechsel des Geheimtextalphabets zu vereinfachen, hat Alberti folgende Chiffrierscheibe entwickelt:

„Sein Kreisscheibensystem besteht aus einer festen, überragenden Scheibe und einer beweglichen kleineren Scheibe, deren Zentrum mit dem der ersteren durch eine Achse verbunden ist. Beide sind in 24 gleiche Kreisausschnitte zerlegt, so dass die Ausschnitte der festen Scheibe denen der drehbaren genau entsprechen. In die Ausschnitte der größeren Scheibe werden unter Auslassung von H und K die 20 Majuskelbuchstaben in alphabetischer Reihenfolge eingetragen, während die übrig bleibenden vier Plätze mit Zahlen 1.2.3.4 auszufüllen sind. Auf der kleinen beweglichen Scheibe sind die 23 Minuskelbuchstaben, aber nicht in alphabetischer Ordnung und die Konjunktion et anzubringen."[175]

---

[170] Vgl. Kapitel III

[171] Vgl. Kahn (1996), S. 107

[172] Vgl. z. B. Kahn (1996), S. 107 oder Meister (1902), S. 41. Wegen der qualitativ besseren Darstellung und dem Abgleich mit anderen Quellen wurde die obige Abbildung von der folgenden Homepage entnommen, URL: http://www.freewebs.com/crypticallymedieval/cipherspage.htm. (Stand: 21.09.2010)

[173] Vgl. Kapitel III

[174] Vgl. Bauer (1997), S. 125

[175] Meister (1906), S. 28, in diesem Buch gibt Meister eine Faksimile des „Chiffrentraktats" von Leon Battista Alberti an, wobei er folgende Handschriften zugrunde legt: Rom, Vatikanisches Geheimarchiv Varia Politics LXXX f. 173-181, Bibliothek Chigi M II 49 f.9-34; Venedig, Generalarchiv Trattati in cfira, busta VI nr. I.

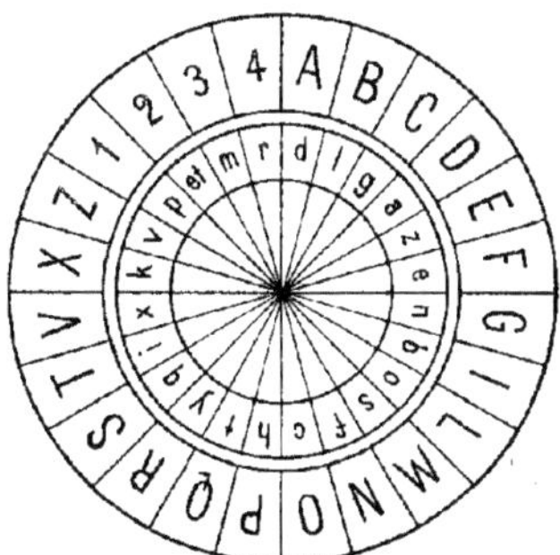

Abb. IV.11: Alberti-Scheibe[176]

Damit zwei Personen geheim kommunizieren können, müssen sie identische Scheiben besitzen und verabreden, wie die Scheibe einzustellen ist. Beginnt der chiffrierte Brief beispielsweise mit einem „B", dann weiß der Empfänger, dass er zur Entschlüsselung den Zeigerbuchstaben z. B. ein vorher vereinbartes „k" auf der kleinen drehbaren Scheibe unter dem „B" bringen muss. Danach kann er mit dieser Einstellung den Text dechiffrieren. Das Wechseln der Einstellung kann durch einen weiteren Großbuchstaben im Text z. B. einem „K" angedeutet werden. Zur weiteren Entschlüsselung der chiffrierten Nachricht muss der Empfänger den Zeigerbuchstaben „k" unter das „K" bringen und kann danach erst weiter entschlüsseln. Durch diesen Wechsel des Chiffrealphabets gelingt Alberti die poly-alphabetische Verschlüsselung. Auf der Scheibe sind neben Buchstaben noch Ziffern abgebildet, die mit der eigentlichen Funktion der Scheibe nichts zu tun haben.[177] Ob dieses Verfahren jemals in diesem Sinne eingesetzt wurde, bleibt jedoch unklar. Aloys Meister, der sich sehr intensiv mit den Geheimschriften bei der päpstlichen Kurie befasst hat, fand kein Dokument in den päpstlichen Archiven, welches den Einsatz dieses Verfahrens bestätigt hätte.

Am Beispiel Albertis wird deutlich, welche Meisterschaft in Italien bereits im 15. Jahrhundert in der Kryptologie erreicht war. Deutschland befand sich zu dieser Zeit in Bezug auf die Kryptologie noch im tiefsten Mittelalter.[178] Dies ändert sich mit dem deutschen Abt Johannes Trithemius[179] (1462-1516), der eine gewichtige Rolle in der weiteren Entwicklung der Kryptologie spielte. Kahn bezeichnet ihn als einen der bekanntesten Intellektuellen seiner Zeit.[180] Seine wichtigsten Werke in Bezug auf die Kryptologie sind die „Steganographia" (erstmals erschienen 1606) und die „Polygraphiæ" (erstmals erschienen 1518).[181] Beide sind erst nach seinem Tode erschienen, obwohl sie schon in der Zeit von 1499 und 1508 entstanden sind. Das zuerst geschriebene Buch „Steganographia" wurde, wegen der Gerüchte über dessen magischen Inhalt, erst ca. 100 Jahre nach dessen Fertigstellung gedruckt. Lange war es allerdings nicht offiziell zu erwerben, nach drei Jahren kam es wegen seines

---

[176] aus Meister (1906), S. 28
[177] Vgl. zur weiteren Funktion der Ziffern Meister (1906), S. 29
[178] Vgl. Strasser (1988, 2), S. 19
[179] Johannes von Trittenheim (Trithemius)
[180] vgl. Kahn (1996), S. 130
[181] Vgl. Strasser (1988, 1), S. 99 ff.

häretischen Inhalts auf den Index. Besser erging es dem zweiten Werk von Trithemius, es war verständlicher und daher war ihm andauernder Erfolg beschieden.[182]

Der Begriff „Steganographia" wurde von Trithemius in der folgenden Form verwendet: Er bezeichnet damit die kryptografische Methode, bei der ganze Wörter, die an sich keine Bedeutung haben, je einen signifikanten Buchstaben liefern. Dies ist zwar ganz im Sinn der modernen Begriffsauffassung, allerdings geht man heute beim Begriff der Steganografie weit über das hinaus. Die vorliegende Ausgabe der Steganographia ist von 1676 und wurde von Wolfgang Ernesto Heidel herausgegeben.

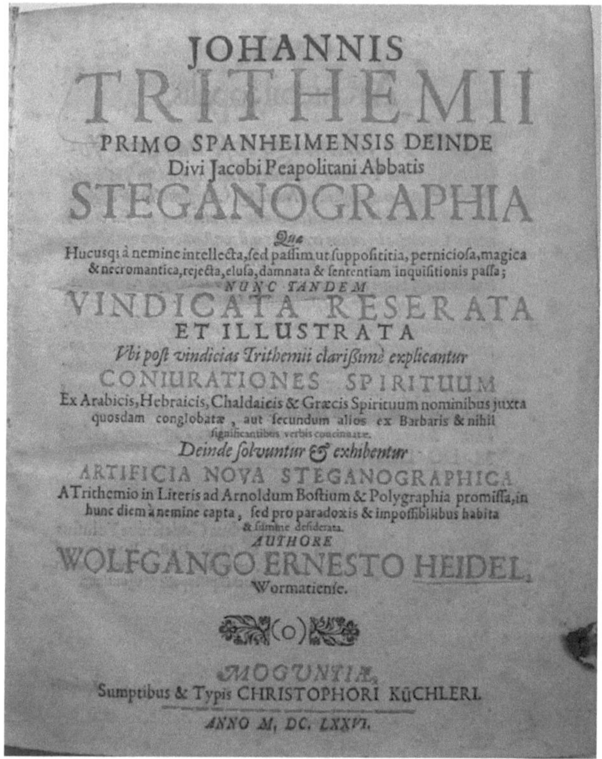

Abb. IV.12: erste Seite der Steganographia

Heidel verbesserte und erläuterte die Erstausgabe der Steganographia von 1606, in dem er eine Lebensbeschreibung von Trithemius und zwei erläuternde Kapitel zu den kryptografischen Verfahren ergänzte. Die „Steganographia" des Trithemius bildet den Kern des Buchs von Heidel. Sie selbst besteht aus drei verschiedenen Büchern.

Das erste Buch - Liber Primus - ist in 32 Kapitel aufgeteilt, wobei sich die ersten 31 mit kryptologischen Inhalten befassen und anhand von Beispielen illustriert werden. Das letzte

---

[182] Vgl. Strasser (1988, 1), S. 100 ff.

Kapitel dient der Zusammenfassung. Jedes Kapitel *„steht unter dem Zeichen und Schutz eines Geisternamens, einem der Kabbala entnommenen Wort. Dieser Geist verfügt über eine conjuratio, einen Geheimcode, der in der Tat einer Beschwörungsformel ähnlich ist, besonders beim lautem Vortragen.“*[183] In jedem der 31 Kapitel führt die *conjuratio* zu einer geheimen Botschaft, die nach folgender Methode zu gewinnen ist: Das erste und das letzte Wort werden gestrichen, aus dem zweiten, vierten, sechsten etc. Wort wird jeweils der zweite, vierte, sechste etc. Buchstabe verwendet. Diese ergeben aneinander gereiht die geheime Botschaft.

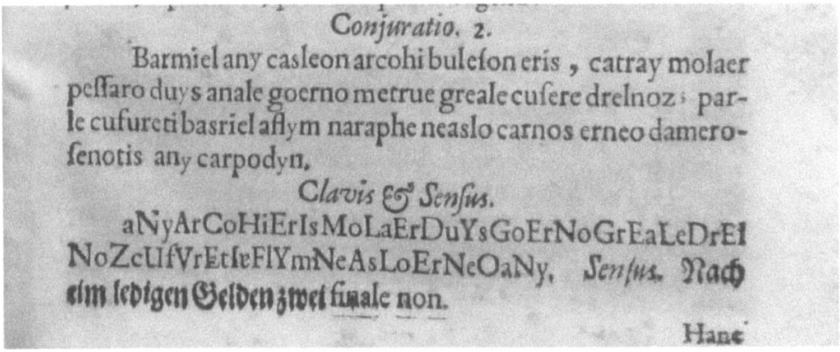

> *Conjuratio.* 2.
> Barmiel any casleon arcohi bulefon eris , catray molaer peffaro duys anale goerno metrue greale cufere drelnoz · par-
> le cufureti basriel aftym naraphe neaslo carnos erneo damero-
> fenotis any carpodyn.
> *Clavis & Senfus.*
> aNyArCoHiErIsMoLaErDuYsGoErNoGrEaLeDrEl
> NoZcUfVrEtfeFlYmNeAsLoErNeOaNy. *Senfus.* Nach
> eim ledigen Gelden zwei finale non.
> Hanc

Abb. IV.13: Steganographia (Auszug der S. 151)

Die geheime Botschaft ist in Abbildung IV.13 mit dem Begriff sensus bezeichnet. Folgendes ist dabei hier zu lesen: *„Nach eim ledigen Gelten zwei finale non.“* Dies bedeutet soviel wie: nach einem nicht gültigen Wort gelten die beiden folgenden, allerdings werden Wörter am Ende eines Satzes ausgelassen.

Diese so gewonnene geheime Botschaft ist ein Schlüssel („clavis“), der die Anweisung enthält, wie man aus einer zweiten Nachricht, die in Form eines unverfänglichen Gebets gegeben ist, die eigentliche geheime Nachricht entschlüsseln kann. Für die obige Beschwörungsformel gibt Trithemius den Text von Abb. IV.14 an.

Geht man nach der Anweisung vor, so wird das erste Wort ausgelassen, danach nimmt man die Anfangsbuchstaben der beiden folgenden Worte, hier sind es das „V“ und das „F“, das folgende Wort wird ausgelassen, da es am Ende steht (das Komma zwischen „consequemur“ und „soli“ fehlt hier), danach beginnt man von vorne. An einigen Stellen wird ein stilisiertes „et“ eingefügt, damit man ein Zwischenwort hat, welches ausgelassen werden kann. An einigen Stellen wurde vermutlich genau diese „et“ vergessen und so das Wort direkt am Anfang gezählt, z. B. am Anfang des dritten Satzes.

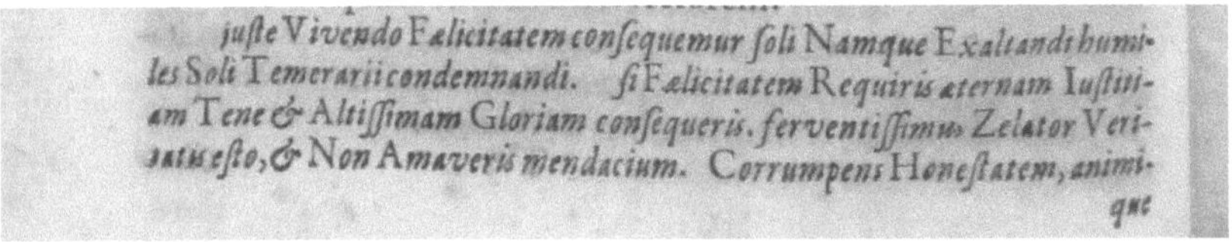

> jufte Vivendo Falicitatem confequemur foli Namque Exaltandi humi-
> les Soli Temerarii condemnandi. fi Falicitatem Requiris aeternam Iuftiti-
> am Tene & Altiffimam Gloriam confequeris. ferventiffimus Zelator Veri-
> tatis efto, & Non Amaveris mendacium. Corrumpens Honeftatem, animi-
> que

---

[183] Strasser (1998, 2), S. 40

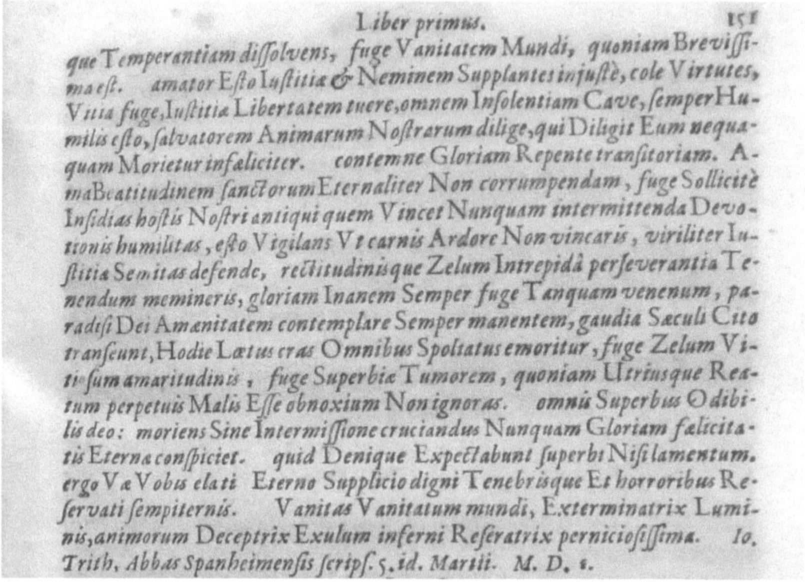
Liber primus. 151
que Temperantiam dissolvens, fuge Vanitatem Mundi, quoniam Brevissi-
ma est. amator Esto Iustitiæ & Neminem Supplantes injustè, cole Virtutes,
Vitia fuge, Iustitiæ Libertatem tuere, omnem Insolentiam Cave, semper Hu-
milis esto, salvatorem Animarum Nostrarum dilige, qui Diligit Eum nequa-
quam Morietur infæliciter. contemne Gloriam Repente transitoriam. A-
ma Beatitudinem sanctorum Eternaliter Non corrumpendam, fuge Sollicitè
Insidias hostis Nostri antiqui quem Vincet Nunquam intermittenda Devo-
tionis humilitas, esto Vigilans Vt carnis Ardore Non vincaris, viriliter Iustitiæ Semitas defende, rectitudinisque Zelum Intrepidà perseverantiæ Te-
nendum memineris, gloriam Inanem Semper fuge Tanquam venenum, pa-
radisi Dei Amænitatem contemplare Semper manentem, gaudia Sæculi Cito
transeunt, Hodie Lætus cras Omnibus Spoliatus emoritur, fuge Zelum Vi-
tiosum amaritudinis, fuge Superbiæ Tumorem, quoniam Utriusque Rea-
tum perpetuis Malis Esse obnoxium Non ignoras. omnis Superbus Odibi-
lis deo: moriens Sine Intermissione cruciandus Nunquam Gloriam fælicita-
tis Eternæ conspiciet. quid Denique Expectabunt superbi Nisi lamentum.
ergo Væ Vobis elati Eterno Supplicio digni Tenebrisque Et horroribus Re-
servati sempiternis. Vanitas Vanitatum mundi, Exterminatrix Lumi-
nis, animorum Deceptrix Exulum inferni Referatrix perniciosissima. Io.
Trith. Abbas Spanheimensis scripsi. 5. id. Martii. M. D. i.

Abb. IV.14: Steganographia (Auszug der S. 150 & 151)

Im oben abgebildeten Beispieltext sind alle für die geheime Botschaft notwendigen Buchstaben groß geschrieben. So ergibt sich folgender Satz:

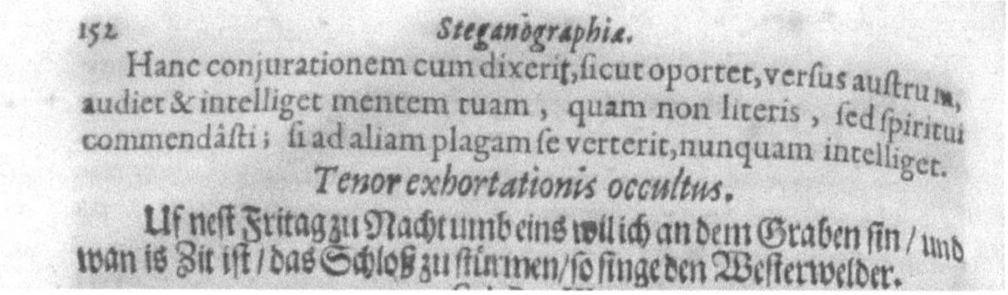
152 Steganographia.
Hanc conjurationem cum dixerit, sicut oportet, versus austrum,
audiet & intelliget mentem tuam, quam non literis, sed spiritui
commendâsti; si ad aliam plagam se verterit, nunquam intelliget.
Tenor exhortationis occultus.
Uf nest Fritag zu Nacht umb eins will ich an dem Graben sin / und
wan is Zit ist / das Schloß zu stürmen / so singe den Westerwelder.

Abb. IV.15: Steganographia (Auszug der S. 152)

Auf den heutigen Sprachgebrauch angepasst heißt dies: *„Auf nächsten Freitag zu Nacht um eins, will ich am Graben sein. Und wenn es Zeit ist das Schloss stürmen. So singe den Westenfelder.“* Das vorgestellte Verfahren nennt man eine Doppelchiffre, da der Schlüssel chiffriert ist und erst mit ihm die eigentliche Botschaft chiffriert werden kann.

Das zweite Buch der „Steganographia“ besteht aus 24 Kapiteln, die nicht mit Geisternamen bezeichnet sind, sondern mit Stunden des Tages und der Nacht, denen allerdings wieder Geister anheim gestellt werden.[184] Die in diesem Buch vorgestellten Doppelchiffren sind auch wieder in einem Brief bzw. Gebet versteckt, allerdings wird durch eine Buchstaben-

[184] Vgl. Strasser (1988, 2), S. 42

substitution, welche durch einen weiteren „Calvis" (Schlüssel) festgelegt ist, die Dechiffrierung erschwert. Dieser Schlüssel wird zuerst dem Kapitel vorangestellt. Im ersten Kapitel erfolgt die Buchstabensubstitution, in dem man jeden Buchstaben durch den ihm im Alphabet folgenden ersetzt.

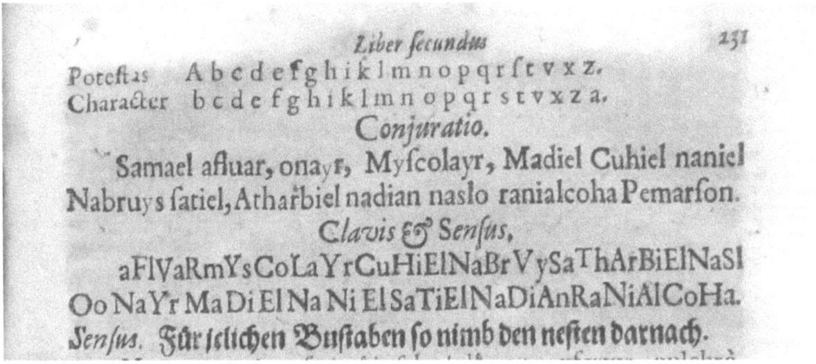
Liber ſecundus 231

Poteſtas A b c d e f g h i k l m n o p q r ſ t v x z.
Character b c d e f g h i k l m n o p q r s t v x z a.

Conjuratio.

Samael afluar, onayr, Myſcolayr, Madiel Cuhiel naniel Nabruys ſatiel, Atharbiel nadian naslo ranialcoha Pemarſon.

Clavis & Senſus.

aFlVaRmYsCoLaYrCuHiElNaBrVySaThArBiElNaSl OoNaYrMaDiElNaNiElSaTiElNaDiAnRaNiAlCoHa.

Senſus. Für ſelichen Buſtaben ſo nimb den neſten darnach.

Abbildung IV.16: Steganographia (Auszug der S. 231)

Danach erfolgt die Verschlüsselung wie im ersten Buch, im Beispiel sind alle Anfangsbuchstaben des Gebets gültig („*Nulla vacant omnes valent.*").

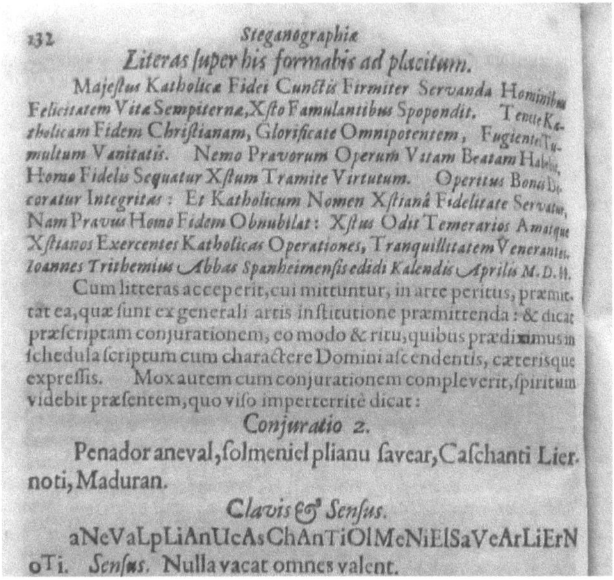
232 *Steganographia*

Literas ſuper his formabis ad placitum.

Majeſtas Katholicæ Fidei Cunctis Firmiter Servanda Hominibus Felicitatem Vitæ Sempiternæ, Xſto Famulantibus Spopondit. Tenete Katholicam Fidem Chriſtianam, Glorificate Omnipotentem, Fugiente Tumultum Vanitatis. Nemo Pravorum Operum Vitam Beatam Habebit, Homo Fidelis Sequatur Xſtum Tramite Virtutum. Operitur Bonis Decoratur Integritas: Et Katholicum Nomen Xſtianâ Fidelitate Servatur, Nam Pravus Homo Fidem Obnubilat: Xſtus Odit Temerarios Amatque Xſtianos Exercentes Katholicas Operationes, Tranquillitatem Venerantes. Ioannes Trithemius Abbas Spanheimenſis edidi Kalendis Aprilis M.D.II.

Cum litteras acceperit, cui mittuntur, in arte peritus, præmittat ea, quæ ſunt ex generali artis inſtitutione præmittenda: & dicat præſcriptam conjurationem, eo modo & ritu, quibus prædiximus in ſchedula ſcriptum cum charactere Domini aſcendentis, cæterisque expreſſis. Mox autem cum conjurationem compleverit, ſpiritum videbit præſentem, quo viſo imperterritè dicat:

Conjuratio 2.

Penador aneval, ſolmeniel plianu ſavear, Caſchanti Liernoti, Maduran.

Clavis & Senſus.

aNeVaLpLiAnUcAsChAnTiOlMeNiElSaVeArLiErNoTi. *Senſus.* Nulla vacat omnes valent.

Abb. IV.17: Steganographia (Auszug S. 232)

Schließlich wird jeder Buchstabe durch den ihm im Alphabet vorangegangenen ersetzt. Allerdings erfolgt dieser Vorgang nicht fehlerfrei. Der 17. Buchstabe im Gebet ist ein „C", der als „X" gelesen wird, nur damit kommt man zum gewünschten Klartextbuchstaben „u". Bei der Dechiffrierung des 53. Buchstaben des Gebets „A" wird dieser fälschlicherweise mit einem „x" übersetzt statt mit dem zugehörigen „z".

Clavis litterarum & tenor occultus
M K F C F S H F V S X F S T K F X G O F T U
l i e b e r g e t r u e r s i e u f n e s t
N P O U B H H F S X T U O B D I E K N X F S N P
m o n t a g g e r u s t n a c h d i m u e r m o
H F O X O T A X E K O T U.
g e n u n s x u d i n s t.

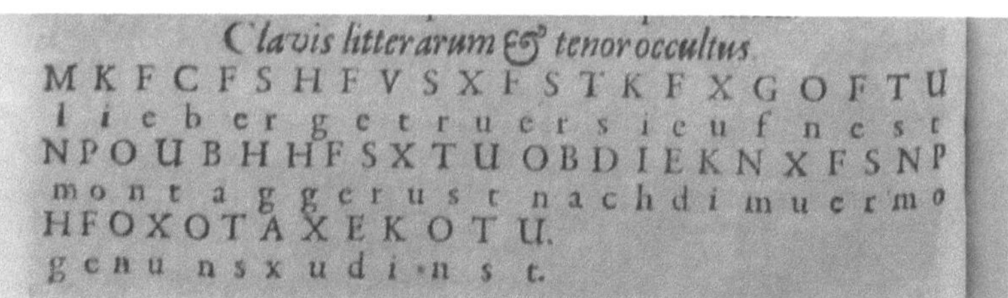

Abb. IV.18: Steganographia (Auszug der S. 232)

Zum Schluss erhält man den folgenden Klartext:

Liber secundus 233
Tenor. Lieber Getruer sie uff nest Montag gerüst nach dim Vermögen uns zu Dinst.

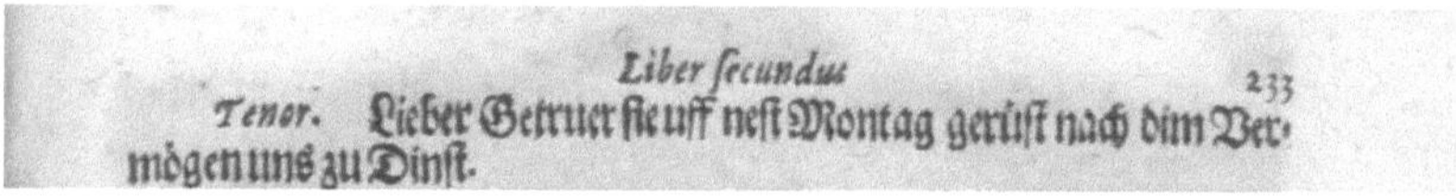

Abb. IV.19: Steganographia (Auszug der S. 233)

Diesen würde man heute wie folgt interpretieren: *„Lieber getreuer Freund sei auf nächsten Montag nach deinem Vermögen gereist und sei uns zu Dienst."*

Das dritte Buch besteht aus sieben Kapiteln, die auf den sieben Planeten beruhen, denen sieben Engeln vorstehen, denen wiederum 21 Geister unterstellt sind, durch die die Geheimnisse offenkundig werden.[185] Dieses Buch ist allerdings so unverständlich geschrieben, dass es Anlass für viele kontroverse wissenschaftliche Diskussionen gab, auch war dies letztlich ausschlaggebend für die Indizierung. Gerhard Strasser schreibt noch 1988: *„Der schon erwähnte Liber Tertivs der Steganographia jedoch entzieht sich auch heute jeglicher Interpretation."*[186] Erst im Jahr 1998 veröffentlich Jim Reeds die Lösung der Verschlüsselungen im dritten Buch des Trithemius. Reeds identifiziert die Verschlüsselungen im III. Buch als numerische monoalphabetische Verschlüsselungen. Allerdings kann jeder Buchstabe durch vier verschiedene Zifferkombinationen dargestellt werden, so dass es vier verschiedene Geheimtextalphabete gibt, die nach wenigen Buchstaben wechseln. Reeds meint, dass es sich dabei um eine einfache Form einer polyalphabetischen Verschlüsselung handelt. Er schreibt dazu:

> *„One could interpret it as a primitive form of polyalphabetic encryption: an alternation between any of a variety of monoalphabetic substitutions, but with the special feature that the cipher equivalents in the several monoalphabetic alphabets do not overlap."*[187]

---

[185] Vgl. Strasser (1988,2), S. 43
[186] Vgl. Strasser (1988,2), S. 42
[187] Reeds (1998), S. 14

Reeds hat folgende Verschlüsselungstabelle[188] ermittelt.

Th	Sch	Tz	Z	X	W	U	T	S	R	Q	P	O
01	02	03	04	05	06	07	08	09	10	11	12	13
26	27	28	29	30	31	32	33	34	35	36	37	38
51	52	53	54	55	56	57	58	59	60	61	62	63
76	77	78	79	80	81	82	83	84	85	86	87	88

N	M	L	I	H	G	F	E	D	C	B	A
14	15	16	17	18	19	20	21	22	23	24	25
39	40	41	42	43	44	45	46	47	48	49	50
64	65	66	67	68	69	70	71	72	73	74	75
89	90	91	92	93	94	95	96	97	98	99	00

Tab. IV.5: Reeds-Verschlüsselung

An der Verschlüsselungstabelle fällt auf, dass Trithemius 25 Buchstaben zugrunde gelegt hat, wobei er kein J, K, U und Y verwendete. Im Folgenden wird an einem Beispiel aus dem Buch Steganographia auf der Seite 305 (siehe Abb. IV.20) gezeigt, dass die Überlegungen von Reeds zu einer sinnvollen Entschlüsselung führen.

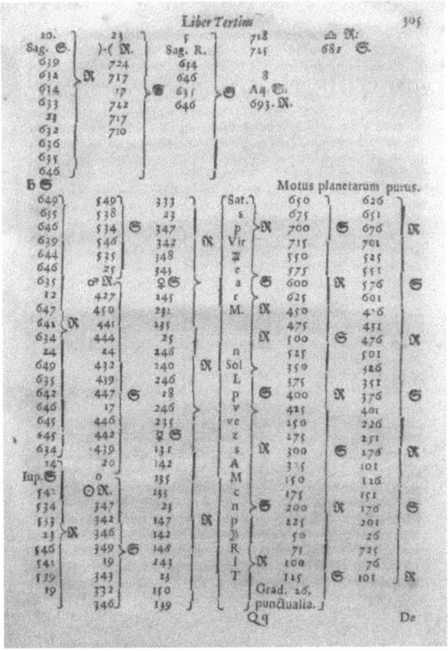

Abb. IV.20: Steganographia (Auszug der S. 305)

---

[188] Vgl. Reeds (1998), S. 14

Zur Entschlüsselung der abgebildeten Chiffre geht man nach dem folgenden Schema vor:[189]

- Nur Zahlen, die größer als 25 sind, sind signifikant, die anderen braucht man nicht zu beachten.

- Für die Entschlüsselung ist nur der Rest, der bei der Division der Chiffrenzahlen durch 25 übrig bleibt, von Bedeutung. Da es sich immer um dreistellige Chiffrenzahlen handelt, sind also nur die letzten beiden Ziffern für die Entschlüsselung signifikant.

Für die ersten drei Spalten der Tabelle *„Mostus planetrum purus"* ergibt sich der folgende Klartext:

„brenger dis brieffs ist ein boser schalg und ein dieb huet dich fur eme er wirt dich an."

Dieser Klartext lässt sich auch heute noch wie folgt gut verstehen:

„Der Überbringer diese Briefs ist ein böser Schalk und Dieb. Hüte dich vor ihm, er nutzt dich aus."

Das zweite Buch von Trithemius, die „Polygraphiæ", war das erste gedruckte Werk zur Kryptografie.

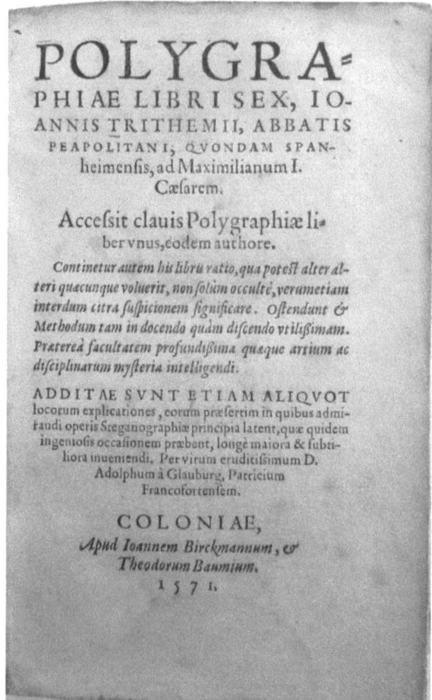

Abbildung IV.21: erste Seite der Polygraphiæ[190]

In den ersten beiden Büchern vermeidet Trithemius jeglichen Anschein des Geheimnisvollen, damit diese Schrift nicht verboten wird.[191] Mehr als die Hälfte der beiden Bücher besteht aus 383 bzw. 308 Wortlisten mit jeweils 24 Wörtern. In jeder Wortliste wird jedem Buchstaben des Alphabets[192] ein lateinisches Wort zugeordnet, drei davon sind in der folgenden Abbildung dargestellt:

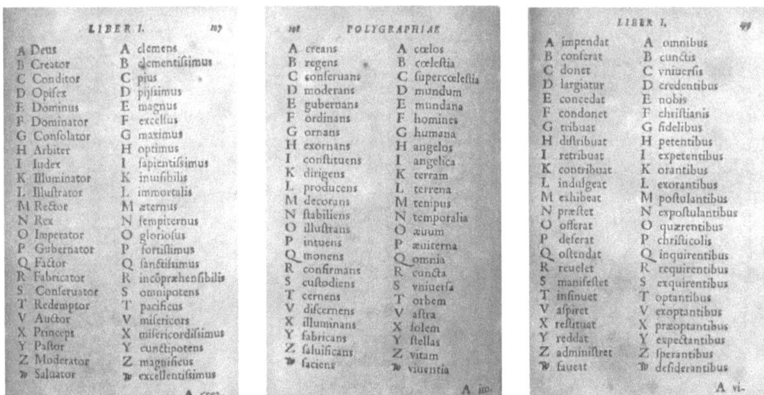

Abbildung IV.22: Polygraphiæ (S. 197-199)

Zur Verschlüsselung wird dem ersten Buchstaben des Klartextes das entsprechende Wort aus der ersten Liste zugeordnet, dem zweiten Buchstaben das entsprechende Wort aus der zweiten Liste usw. Verschlüsselt man „Abbas Trithemius", so erhält man als Geheimtext: *„Deus clementissimus regens cœlos manifestate optantibus lucem seraphicam dilectis perpetuum suauitas potentissimi motoris deuotis"*.

Trithemius gibt rechts neben manchen Spalten Präpositionen, Pronomen oder Adverbien an, mit deren Hilfe sich ein syntaktischer Zusammenhang des Textes herstellen lässt. Führt man bei dem obigen Text diese Worte ein, klingt er wie folgt: „Deus clementissimus regens cœlos manifestate optantibus lucem seraphicam *cum omnibus* dilectis *suis in* perpetuum *amen* suauitas potentissimi motoris deuotis *semper vbique*."[193]

Die beiden Bücher III und IV bestehen auch wieder aus Wortlisten, allerdings handelt es sich dabei um keine Wörter, die einer Sprache entliehen sind, sondern es handelt sich um künstliche Wörter. Diese sind so aufgebaut, dass pro Alphabet ein gleichbleibender „Wortstamm" gegeben ist und 24 verschiedene Endungen angefügt werden, z. B. Wortstamm „cad"

a	b	c	d	e	...	z	w
cadalan	cadelen	cadilin	cadolon	cadulun		cadilix	cadolox

Für die eigentliche Verschlüsselung wird mit diesen künstlichen Worten dann genauso verfahren wie in den Büchern I und II.

Der eigentliche kryptografische Meilenstein befindet sich im Buch V der Polygraphiæ. In diesem Buch erscheint erstmals ein Verschlüsselungstableau, mit dessen Hilfe eine polyalphabetische Verschlüsselung systematisiert wurde. Im Gegensatz zu einer Verschlüsselungsscheibe können mit einem Verschlüsselungstableau die benötigten Alphabete in geordneter Form dargestellt werden. Trithemius bezeichnet es als *„tabula transpositiones recta"*. Es besteht aus 24 Zeilen. In der ersten Zeile sind die Buchstaben des Alphabets in einer damals durchaus üblichen Reihenfolge angeordnet. Nach heutigen Maßstäben fehlen die Buchstaben „j" und „v". In den folgenden Zeilen werden die Buchstaben um einen Buchstaben nach links verschoben, sodass der zweite Buchstabe an den Zeilenanfang rückt, der dabei übrig bleibende erste Buchstabe wird rechts am Ende angehängt. Diese Verschiebung wird so lange durchgeführt, bis schließlich der Buchstabe „w" an der ersten Stelle steht, die nächste Verschiebung würde wieder die erste Zeile reproduzieren.

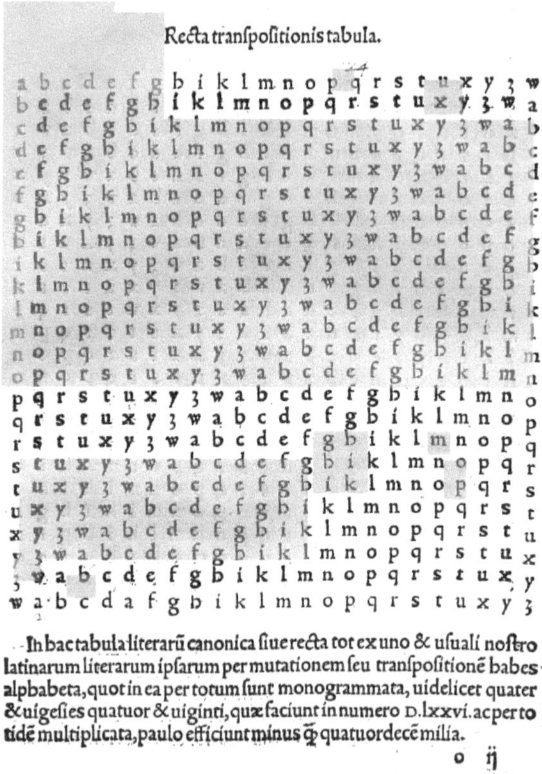

Recta transpositionis tabula.

a b c d e f g h i k l m n o p q r s t u x y ʒ w
b c d e f g h i k l m n o p q r s t u x y ʒ w a
c d e f g h i k l m n o p q r s t u x y ʒ w a b
d e f g h i k l m n o p q r s t u x y ʒ w a b c
e f g h i k l m n o p q r s t u x y ʒ w a b c d
f g h i k l m n o p q r s t u x y ʒ w a b c d e
g h i k l m n o p q r s t u x y ʒ w a b c d e f
h i k l m n o p q r s t u x y ʒ w a b c d e f g
i k l m n o p q r s t u x y ʒ w a b c d e f g h
k l m n o p q r s t u x y ʒ w a b c d e f g h i
l m n o p q r s t u x y ʒ w a b c d e f g h i k
m n o p q r s t u x y ʒ w a b c d e f g h i k l
n o p q r s t u x y ʒ w a b c d e f g h i k l m
o p q r s t u x y ʒ w a b c d e f g h i k l m n
p q r s t u x y ʒ w a b c d e f g h i k l m n o
q r s t u x y ʒ w a b c d e f g h i k l m n o p
r s t u x y ʒ w a b c d e f g h i k l m n o p q
s t u x y ʒ w a b c d e f g h i k l m n o p q r
t u x y ʒ w a b c d e f g h i k l m n o p q r s
u x y ʒ w a b c d e f g h i k l m n o p q r s t
x y ʒ w a b c d e f g h i k l m n o p q r s t u
y ʒ w a b c d e f g h i k l m n o p q r s t u x
ʒ w a b c d e f g h i k l m n o p q r s t u x y
w a b c d a f g h i k l m n o p q r s t u x y ʒ

In hac tabula literarũ canonica siue recta tot ex uno & usuali nostro latinarum literarum ipsarum permutationem seu transpositionẽ habes alphabeta, quot in ea per totum sunt monogrammata, uidelicet quater & uigesies quatuor & uiginti, quæ faciunt in numero D.lxxvi. ac per totidẽ multiplicata, paulo efficiunt minus ꝙ quatuordecẽ milia.

o ij

Abb. IV.23: Polygraphiæ (1508)[194]

[194] Trithemius (1508). Es kann keine genau Seitenangabe gemacht werden, da der vorliegende Scan des Buches über keine Nummerung der Seiten verfügt. (Scan S. 466)

In der mir vorliegenden Ausgabe von 1571 ist das *„tabula transpositiones recta"* nicht mehr auf diese Art und Weise dargestellt, sondern es wird über mehrere Seiten hinweg jede Verschiebung einzeln dargestellt. Auch sind die Buchstaben nicht waagerecht, sondern senkrecht angeordnet und es ist nur mit *„tabula rectæ"* bezeichnet (siehe Abbildung IV.23). Die Verschlüsselung mit dem *„tabula transpositiones recta"* erzeugt auf einfache Art und Weise eine polyalphabetische Verschlüsselung: Dazu wird der erste Buchstabe des Klartextes mit der ersten Zeile verschlüsselt, der zweite mit der zweiten, der dritte mit der dritten etc. Trithemius wählt folgendes Beispiel[195], sei der Klartext:

```
Hunc caueto uirum, quia malus est, fur decepto, mendax et iniquus.
```

So führt die Verschlüsselung auf folgenden Geheimtext:

```
HXPF GFBMCZ FUEIB, GMBT GXHSR EGE, RBD QOPMAUWU, WFXEGK AK TNRQXYX.
```

Mit dem tabula recta kann man auf einfache Art und Weise in systematisierter Form poly-alphabetisch verschlüsseln.

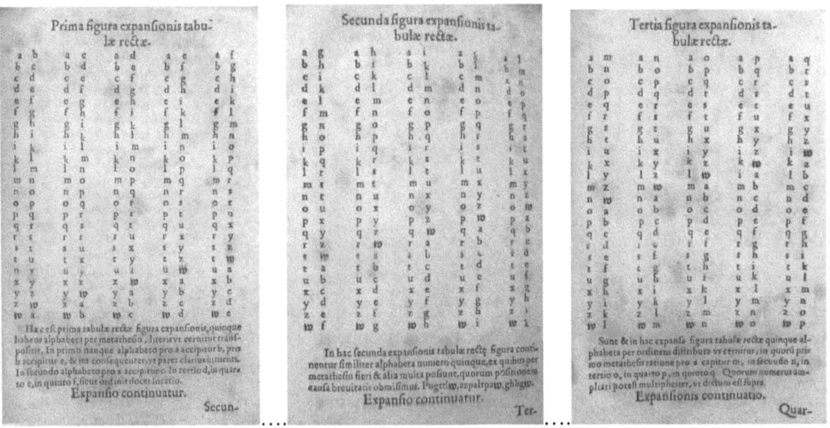

Abb. IV.24: Polygraphiæ (1571, S. 555 ff.)

In einem kleinen Buch von 1553 mit dem Titel *„Il vero modo di scivere in cifra etc."*[196] stellt der in der päpstlichen Kurie tätige Kryptologe Giovanni Battista Bellaso eine andere Form der polyalphabetischen Verschlüsselung vor. Er verwendet zehn verschiedene Alphabete, die er wie folgt gewann: Angenommen, das Stichwort ist Saturno[197]. Er setzt die erste Silbe an den Anfang des Alphabets in die erste Zeile und die zweite Silbe an den Anfang der zweiten Zeile, danach füllt er die noch fehlenden Buchstaben in alphabetischer Reihenfolge zeilenweise von rechts nach links auf. Auf diese Weise erhält man das folgende Alphabet:

```
Erstes Alphabet:   s a b c d e f g h i
                   t u r n o l m p q x198
```

---

[195] Vgl. Strasser (1988, 2), S. 55
[196] Vgl. Meister (1906), S. 36. Ihm lag die Ausgabe: Il vero di scrivere in cifra con facilita, pretezza et sicurezza di messer von 1564 vor.
[197] Vgl. Meister (1906), S. 36
[198] Bellaso verwendet nur ein Alphabet mit 20 Buchstaben.

Durch Verschiebung der zweiten Silbe um einen Buchstaben nach rechts und Voranstellen des letzten Buchstabens entsteht das zweite Alphabet:

```
Zweites Alphabet: s a b c d e f g h i
                    x t u r n o l m p q
```

Die weiteren Alphabete erhält man, in dem man die Silbe weiter schiebt, bis schließlich das „t" an der letzten Stelle steht. Mit der nächsten Verschiebung würde man wieder das erste Alphabet erhalten. Mit dieser Methode erzeugt man zehn verschiedene Verschlüsselungs-alphabete.

```
Drittes Alphabet: s a b c d e f g h i
                    q x t u r n o l m p

...

Zehntes Alphabet: s a b c d e f g h i
                    u r n o l m p q x t
```

Chiffriert wird nun wie folgt: Das erste Wort wird mit dem ersten Alphabet verschlüsselt, das zweite mit dem zweiten usw. Besteht der Klartext aus mehr als 10 Wörtern, so werden ab dem elften Wort die Alphabete wiederholt. Bellaso empfiehlt, die Wörter des Klartexts durch ein „x" zu trennen, das natürlich auch verschlüsselt wird. Wenn tatsächlich ein „x" im Klartext vorkommt, empfiehlt es sich, dass es mittels eines Punktes zu den Trennungszeichen unterscheidbar gemacht wird. Sein Beispiel[199] lautet:

```
Klartext:
in x ogni x arte x in ogni x sientia x la inventione x fu sempre x la piu x
bella x parte x che sia x
```

```
Geheimtext:
xciemdqsxdbnamfgofmbmlugdlpcsmohftheoihtdtgoxbchxebodrhfopccngfraimhnqitxui
```

In seinem Buch bildet Bellaso noch weitere Chiffren, die durch verschiedene Methoden schwieriger wurden. Der Wechsel des Verschlüsselungsalphabets erfolgt nicht nur nach einem Wort, sondern auch schon nach einem Buchstaben. Damit man sich das Wechseln der Alphabete merken kann, führt er ein Schlüsselwort ein. Dabei geht er wie folgt vor:[200]

> *„This countersign[201] may consist of some word in Italian or Latin or any other language, and the word may be few or many as desired. Then we take the word we wish to write, and put them on paper, writing them not too close together. Then over each of the letters we place a letter of our countersign in this form. Suppose, for example, our countersign is the little versetto VIRTUTI OMINA PARENT. And suppose we wish to write these words: Larmata Turchesca partira a cinque di Luglio. We shall put them on paper this manner:*

```
        VIRTUTI OMINA PARENT VIRTUTI OMINA PARENT VI

        larmata Turch escapa rtiraac inque dilugl io."
```

Der Buchstabe, welcher über dem Klartextbuchstaben steht, gibt an, mit welchem Alphabet der gegebene Buchstabe verschlüsselt werden soll. Im obigen Beispiel wird das „l" mit dem „V" Alphabet verschlüsselt, das „a" mit dem „I" Alphabet usw.

---

[199] Vgl. Meister (1906) S. 31. Allerdings ist der bei Meister dargestellte Geheimtext nicht vollständig, es fehlen drei Buchstaben, die ich ergänzt habe.
[200] vgl. Kahn (1996), S. 137. Er zitiert Bellaso und übersetzt ihn in die englische Sprache.
[201] Kahn bezeichnet das Schlüsselwort in Anlehnung an Bellaso mit „countersign" (Zählzeichen)

Mit den Verschlüsselungsalphabeten der Abbildung IV.25 ergibt sich der folgenden Geheimtext:

```
SYBOVEY LDANV OFSZLP IINCVPN SHMLR NXOIZN RD

AB   a b c d e f g h i l m
     n o p q r f t u x y z

CD   a b c d e f g h i l m
     t u x y z n o p q r f

EF   a b c d e f g h i l m
     z n o p q r f t u x y

GH   a b c d e f g h i l m
     f t u x y z n o p q r

IL   a b c d e f g h i l m
     y z n o p q r f t u x

MN   a b c d e f g h i l m
     r f t u x y z n o p q

OP   a b c d e f g h i l m
     x y z n o p q r f t u

QR   a b c d e f g h i l m
     q r f t u x y z n o p

ST   a b c d e f g h i l m
     p q r f t u x y z n o

VX   a b c d e f g h i l m
     u x y z n o p q r f t

YZ   a b c d e f g h i l m
     o p q r f t u x y z n
```

Abb. IV.25: Verschlüsselungsalphabete von Bellaso aus *La cifra del Sig*[202]

Mit diesem Verfahren ist es also sehr leicht, systematisch und ohne viel Aufwand polyalphabetisch zu verschlüsseln. Das von Bellaso erstmals veröffentliche Verfahren wird allgemein hin als das Vigenère-Verfahren bezeichnet, obwohl Blaise de Vigenère mit der Erfindung dieses Verfahrens nichts zu tun hat.[203] Dazu meint Kahn:

> *„The comedy of errors and neglect that constitutes so much of the historiography of cryptology reached a climax of irony when it came to the inventor of the second acceptable autokey system. It ignored this important contribution and instead named a regressive and elementary cipher for him though he had nothing to do with it. And so strong is the grip of tradition that, despite modern scholarship, the name of Blaise de Vigenère remains firmly attached to what has become the archetypal system of polyalphabetic substitution and probably the most famous cipher system of all time."*[204]

Im weiteren Verlauf der historischen Betrachtungen wird gezeigt, worin der eigentliche Beitrag Vigenères zu den polyalphabetischen Verschlüsselungen bestand.

Um in der zeitlichen Abfolge zu bleiben, werden zuvor noch zwei weitere Kryptologen angesprochen. Einer von ihnen ist der italienische Kryptologe Giovan Battista Porta, der 1563 das Werk *„De furtivis literarum notis"* verfasste, wobei mir ein Scan der Ausgabe von 1602 vorliegt.

---

[202] La tavola ad alfabeti reciproci semplici. Da: La cifra del Sig. Giovan Battista Bellaso, Venetia 1553, URL: http://it.wikipedia.org/wiki/File:Bellaso_1553.JPG (Stand: 21.09.2010)
[203] Mollin (2000), S. 10
[204] Kahn (1996), S. 145

Abb. IV.26: Deckblatt des Werks „*De furtivis literarum notis*" Giovan Battista Porta

Kahn schreibt zu diesem Werk: „*De Furtivis Lierarum notis is an extraordinary book. Even today, four centuries later, it remains its freshness and charm and – remarkably – its ability to instruct.*"[205] Vor allem die vielen Abbildungen lassen das Werk sehr lebendig wirken und tragen zur Verständlichkeit des Inhalts entscheidend bei. Das Werk besteht aus fünf Büchern in denen er einen guten Überblick über den damaligen Wissensstand zur Kryptologie gibt. so berichtet er über kryptografische Verfahren, die schon zur damaligen Zeit als historisch zu betrachten waren und Verfahren, die damals als modern galten. Des Weiteren geht er auf die Kryptoanalyse ein. Aus mathematischer Sicht sind die geometrisch orientierten Verfahren von Porta interessant, bei diesen Verfahren lehnt er sich an geometrische Grundformen an. Dies sind sehr schöne Beispiele, wie die Geometrie in der Kryptologie verwendet werden kann. Für jedes dieser Verschlüsselungsverfahren gibt er eine Formatvorlage an, die er mit der entsprechenden geometrischen Grundfigur identifiziert. Dabei verwendet er die folgenden Formen:

1. quadram forman (Quadratform)

2. alteram logiorem forman (Rechteckform)

3. triangulrem formam (Dreiecksform)

4. rhombo (Rhombusform)

5. femicirculum (Halbkreisform)

6. serpentis forman (Serpentinenform).

---

[205] Kahn (1996), S. 138

Durch entsprechendes Eintragen des Klartextes in die Formatvorlagen und Auslesen des Textes mittels einer vorgegebenen Regel erhält Porta den Geheimtext. Alle Verschlüsselungsverfahren expliziert er anhand des folgenden Klartextes:

POST MEDIAM NOCTEM HOSTES AGGREDIMINI, ET INITE BELLVM, QVIA HODIE DVX BELLIGERANDO FOR-TITER CECIDIT, ECCE DEPOPVLABITVR VRBS, ET BEL-LI FIINIS ERIT.

Übersetzt handelt es sich dabei um eine Botschaft mit martialischem Inhalt:

„Nach Mitternacht sollt ihr die Feinde angreifen und den Krieg beginnen, weil heute der Anführer den Krieg führend tapfer gefallen ist, siehe da, die Stadt wird verwüstet werden und das wird das Ende des Krieges sein."

Außerdem zeigt Porta, wie man im Vorhinein mittels mathematischer Überlegungen die notwendige Größe der geometrischen Figuren bestimmen kann, damit die Verschlüsselung des obigen Satzes gelingt.

Quadratform

Dem ersten Verschlüsselungsverfahren legt er ein Quadrat zugrunde. Dieses Quadrat teilt er in gleich viele Spalten und Zeilen auf, so erhält er eine Tabelle, in die er die Buchstaben des Klartextes eintragen kann. Die Anzahl der Zeilen und Spalten bestimmt Porta im Vorhinein, indem er die Anzahl der Buchstaben des Klartextes und anschließend die Wurzel dieser Zahl bestimmt.

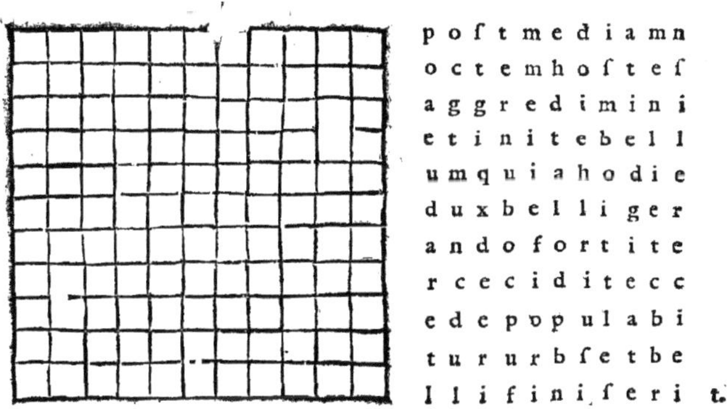

Iteradueaopludcnumtgc oireedxqigtffupcobunretiroifeiiemm nbpdolatdheefuirlheiodflttiobmfie taeigdeitarbbcteilnemiei cerelifnt.

Abb. IV.27: Vorlage und Beispiel zur Quadratform[206]

Der Beispielsatz besteht aus 122 Buchstaben, so gibt Porta als Wurzel die 11 an. Allerdings hat ein Quadrat mit 11 Zeilen und Spalten nur Platz für 121 Buchstaben. Dieses Problem löst er, indem er den übrig gebliebenen Buchstaben an das Ende des Geheimtextes hängt. Zur

---

[206] Porta (1602), S. 43

Verschlüsselung trägt er die Buchstaben des Klartextes zeilenweise in die quadratische Tabelle ein. Den Geheimtext erhält er, in dem er die Tabelle spaltenweise von unten nach oben ausliest.

Rechteckform

Statt einer quadratischen Tabelle als Vorlage verwendet er hierfür eine rechteckige Tabelle mit 17 Spalten und 7 Zeilen, allerdings bleiben bei dieser Anordnung 3 Buchstaben des Klartextes übrig, die nach der Verschlüsselung wieder an den Geheimtext gehängt werden.

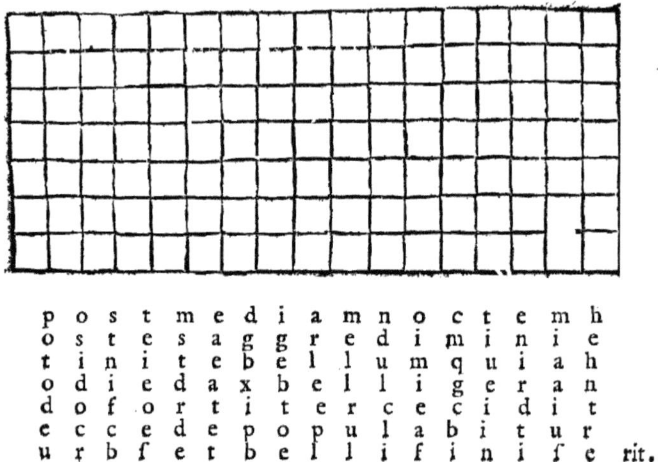

Abb. IV.28: Vorlage und Beispiel zur Rechteckform[207]

Dreiecksform

Bei diesem Format ordnet Porta die Buchstaben in Form eines Dreiecks an. Den Aufbau dieser Formatvorlage beschreibt er in rekursiver Weise: In die oberste Zeile kommt ein Buchstabe, in die zweite drei Buchstaben, in die dritte fünf und so weiter. Schließlich erhält er eine „dreieckige Tabelle" als Formatvorlage. Die Anzahl der Felder in der letzten Zeile der „dreieckigen Tabelle" berechnet er, in dem er von der Anzahl der Buchstaben des Klartextes die Wurzel zieht, das Ergebnis verdoppelt und eins abzieht. Für den obigen Klartext mit 122 Buchstaben erhält man die Zahl 21. Eine effektivere Berechnungsmethode ist, wenn man stattdessen die Anzahl der Zeilen bestimmt, sie ist die Wurzel der Anzahl der Buchstaben des Klartextes. Auch bei dieser Formatvorlage bleibt wieder ein Buchstabe des Klartextes übrig, dieser wird nach der Verschlüsselung wieder an den Geheimtext gehängt. Zur Verschlüsselung wird der Klartext buchstabenweise von oben nach unten bzw. von links nach

---

[207] Porta (1602), S. 44

rechts in die Formatvorlage eingetragen. Den Geheimtext erhält man, in dem man die „dreieckige Tabelle" von unten links beginnend, jeweils der Diagonalen folgend von unten nach oben ausliest.

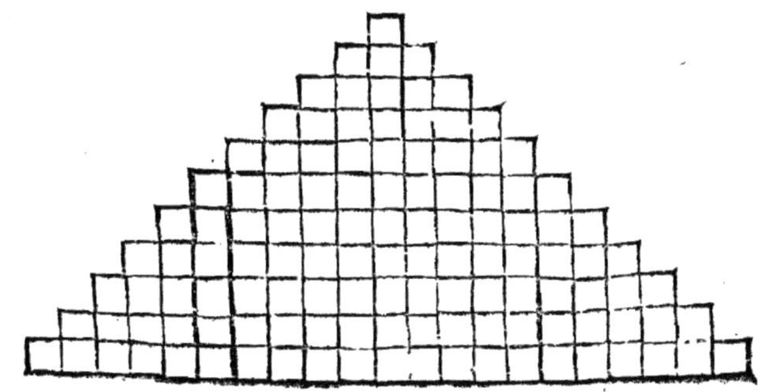

Abb. IV.29: Vorlage für das Dreiecksverfahren[208]

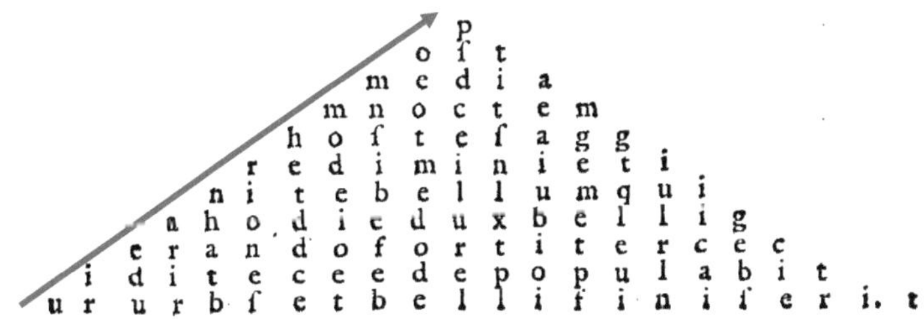

uieanrhmmoprdrhieonefuiaotdfodtrt'ndeitcibedibmetafcoeei
feecfdlnamteouligbdrxuegeetbmtlpieqilotlui pelifuriilcgnae
lbcfietxi. t.

Abb. IV.30: Beispiel für die Dreiecksform[209] ergänzt durch einen Lesepfeil.

Für die Dreiecksform gibt Porta noch eine weitere Formatvorlage an. Dazu schreibt er den Klartext nach dem obigen Verfahren in zwei kleinere „dreieckige Tabellen". Auch deren Größe bestimmt er im Vorhinein wie folgt:

> *„Duide literatum numerum, qui est 122. erit. 61.cuius proximior radix.7. dupla,*
> *erit 14. deme vnitatem, erit 13."*[210]

Frei übersetzt bedeutet das: Man dividiert die Anzahl der Buchstaben des Klartexts, 122, durch 2 und erhält 61. Eine näherungsweise Wurzel ist 7, verdoppelt also 14. Dies wird um eins vermindert, ergibt 13.

Also hat die letzte Zeile der „dreieckigen Tabellen" jeweils 13 Felder.

---

[208] Porta (1562), S. 44
[209] Porta (1562), S. 45
[210] Porta (1602), S. 45

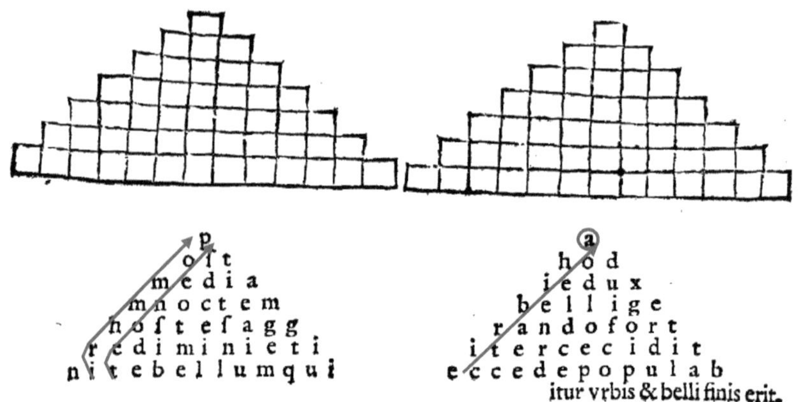

Abb. IV.31: Vorlage und Beispiel für eine Dreiecksform mit zwei „dreieckigen Tabellen"[211] ergänzt mit Lesepfeilen.

Den Geheimtext erhält Porta in diesem Beispiel nicht durch das Auslesen längs der Diagonalen, sondern auf eine kompliziertere Art und Weise. Allerdings lässt dieses Beispiel eine gewisse Stringenz in der Ausführung vermissen. In der ersten Tabelle vergisst er den ersten Buchstaben in der letzten Zeile („n"), den er nach der folgenden Systematik an den Anfang des Geheimtextes hätte setzen müssen. Zum Auslesen der Verschlüsselung beginnt er mit dem zweiten Buchstaben in der letzten Zeile („i"), die folgenden Buchstaben erhält er längs der ersten Diagonalen („rhmmop"), wobei er mit dem Buchstaben, der über dem zweiten Buchstaben in der letzten Zeile steht, beginnt. Danach nimmt er den dritten Buchstaben in der letzten Zeile und die Buchstaben längs der zweiten Diagonalen usw. Die zweite Tabelle liest er wieder nach einem anderen Schema aus. Er beginnt mit dem obersten Buchstaben („a"), danach nimmt er, beginnend von unten nach oben, die Buchstaben, die in der zweiten Diagonalen stehen („ctaeeo"). Als nächstes wählt er den ersten Buchstaben in der zweiten Zeile von oben („h") und die Buchstaben längs der dritten Diagonalen („cenldd"). Würde er jetzt systematisch fortfahren, so müsste er als nächstes den ersten Buchstaben in der dritten Zeile wählen. Das tut er allerdings nicht, sondern fährt gleich mit den Buchstaben in der vierten Diagonalen fort („erdln").[212] Erst den nächsten Verschlüsselungsschritt beginnt er mit dem ersten Buchstaben in der dritten Zeile („i"). Daran schließt er die Buchstaben der fünften Diagonalen („dcoix") an. Die folgenden Buchstaben des Geheimtexts erhält er auf diese abwechselnde Art und Weise. Schließlich bleiben 24 Buchstaben des Klartexts übrig, die nicht verschlüsselt und nur an den Klartext angeschlossen werden. Allerdings wird das im Buch nicht mehr ausgeführt, da er am Ende der Seite dafür keinen Platz mehr hatte.

Rhombusform

Die Formatvorlage zur Rhombusform erhält Porta durch die Drehung der Formatvorlage zur Quadratform bzw. durch zwei Dreiecke. Leider beschreibt er nicht, wie er deren Größe

---

[211] Porta (1602), S. 45

[212] Bei dem „n" im Geheimtext muss es sich um einen Schreibfehler handeln, im Klartext steht ein („u").

bestimmt hat. Die Größe der rhombusförmigen Tabelle entspricht der Größe der beiden „dreieckigen Tabellen" von oben, wobei diese durch eine Zwischenzeile miteinander verbunden sind. So bleiben nur noch 6 Buchstaben des Klartexts übrig, die nicht verschlüsselt werden. Wie schon bei den ersten Dreiecksformen wird auch bei der Rhombusform der Geheimtext längs der Diagonalen ausgelesen.[213] Begonnen wird beim ersten Buchstaben links in der mittleren Zeile.

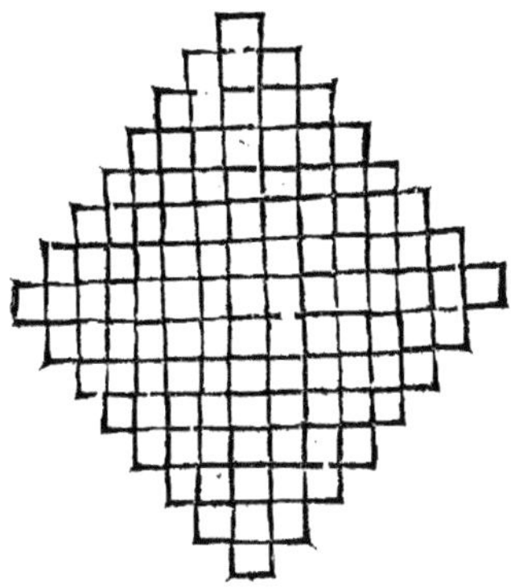

Abb. IV.32: Vorlage und Beispiel für die Rhombusform[214]

Halbkreisform

Diese Formatvorlage ist doch eher ungewöhnlich, sind doch Vorlagen, denen Dreiecke oder Vierecke zugrunde liegen, häufiger zu finden. Bei der Halbkreisvorlage werden die

---

[213] Im Beispiel sind der dritte und vierte Buchstabe vertauscht.
[214] Porta (1562), S. 46

Buchstaben durch 4 konzentrische Halbkreise angeordnet, die jeweils in 30 Segmente aufgeteilt sind. So ergeben sich insgesamt 120 Felder für die Verschlüsselung. Wie Porta die Anzahl der Felder bestimmt hat, teilt er leider in seinen Ausführungen nicht mit.

Zur Verschlüsselung wird der Klartext von links nach rechts beginnend mit dem äußeren Kreis eingetragen. Den Geheimtext gewinnt man, wenn man den Text entlang der Diagonalen von innen nach außen abliest, links außen wird begonnen. Bei dieser Form der Verschlüsselung bleiben zwei Buchstaben des Klartextes übrig, diese werden wie gewohnt an das Ende des Geheimtextes angeschlossen.

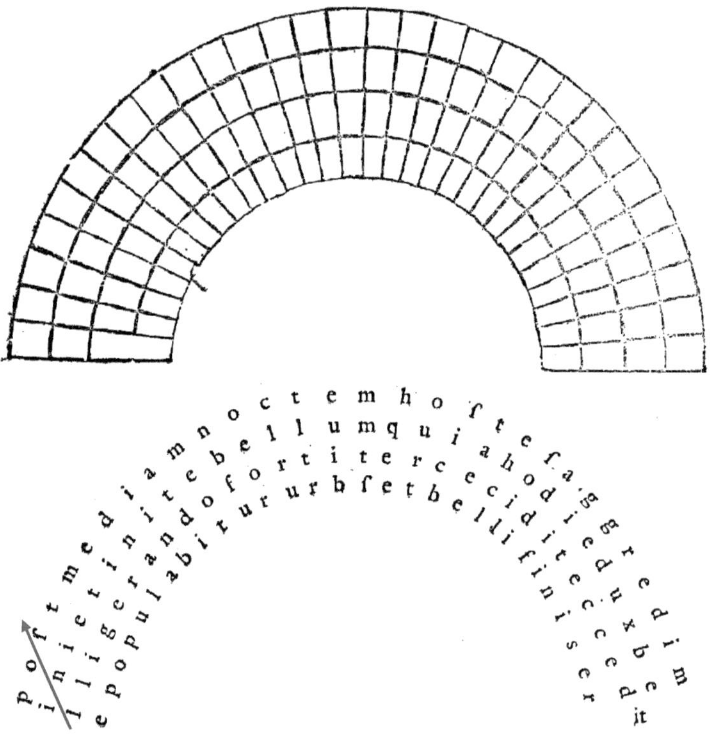

piolnfelitpiemogtepeidurnilaiaantmbdeniobotfeeuoltrrl
eutumrimhbtqofeuferittcaebehfecoalidgldigiierftdeieudn
cxircbmfeeedr.   it

Abb. IV.33: Vorlage und Beispiel für die Halbkreisform[215] ergänzt durch einen Lesepfeil.

Serpentinenform

Noch ungewöhnlicher als die Halbkreisform ist die Serpentinenform. Diese Formatvorlage gewinnt Porta durch die Aneinanderreihung von 4 Halbkreisformen, die jeweils aus 4

---

[215] Porta (1562), S. 46

konzentrischen Halbkreisen bestehen, die jeweils in 7 Segmente aufgeteilt sind. Am Anfang und am Ende der gesamten Figur fügt er jeweils 4 Felder an. Insgesamt erhält er 120 Felder zur Verschlüsselung. Dieses Beispiel zeigt sehr schön, wie Porta hierbei modularisiert gedacht hat, aus dem Grundformat der Halbkreisform gewinnt er die Serpentinenform. Warum er die Halbkreisformen in 7 Segmenten aufgeteilt hat, lässt sich aus seinen Aufzeichnungen nicht nachvollziehen. Mit 8 Segmente wären die Halbkreisformen viel einfacher zu konstruieren gewesen, allerdings hätte dann der Klartext mindestens 128 Buchstaben sein lang müssen, damit keine leeren Felder entstehen oder vielleicht sind 8 Segmente viel zu verräterisch. Außerdem wird aus Portas Ausführung nicht klar, warum die Vorlage der Serpentinenform und das ausgeführte Beispiel achsensymmetrisch sind. Beim Eintragen der Klartextbuchstaben fällt auf, dass die Serpentinenform zu wenig Platz für alle Klartextbuchstaben bietet, so bleiben zwei Buchstaben übrig, diese werden wie gewohnt an das Ende des Geheimtextes angeschlossen. Bei den bisher vorgestellten geometrischen Formen war der Weg von der mit dem Klartext ausgefüllten Form bis hin zum Geheimtext einfacher z. B. durch diagonales Auslesen. In diesem Beispiel ist der Auslesealgorithmus komplexer. Orientieren kann man sich am Ende und am Anfang der Serpentinenform. Der Anfang bzw. das Ende der Schlange wird jeweils durch 4 Buchstaben gebildet: Anfang „pile" und Ende „medr" (gelesen von oben nach unten). Sie bilden gelesen von unten nach oben den Schluss des Geheimtextes, der vor die beiden angehängten Buchstaben „it" gestellt wird. Die übrigen Buchstaben werden buchstabenweise nach dem folgenden Algorithmus ausgelesen:

1. Begonnen wird mit dem Buchstaben „o" in der ersten Zeile und an der „tiefsten" Stelle der Serpentinenform.

2. Der zweite Buchstabe ist das „r", welcher auch in der ersten Zeile zu finden ist, sich allerdings an der zweiten „tiefsten" Stelle der Serpentinenform befindet.

3. Danach nimmt man jeweils die Buchstaben links und rechts des ersten und zweiten Buchstabens bzw. der links und rechts des jeweils schon ausgelesenen Buchstabentupels. Dieser Vorgang wird dreimal wiederholt.

4. Die Vorgänge 1-3 werden für die folgenden Zeilen der Serpentinenform wiederholt.

5. Schließlich werden die Vorgänge 3-4 für die „höchsten" Stellen der Serpentinenform, allerdings beginnend in der letzten Zeile mit den Buchstaben „u" und „b", von unten nach oben wiederholt.

Schließlich erhält man den in der Abbildung dargestellten Geheimtext.

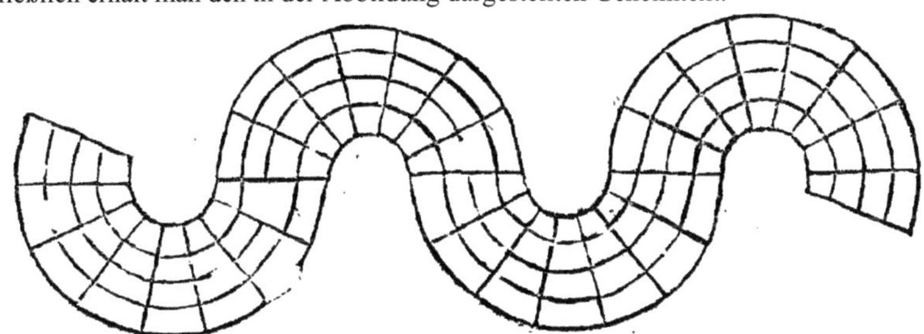

Abb. IV.34: Vorlage für die Serpentinenform[216]

---

[216] Porta (1562), S. 47 ff.

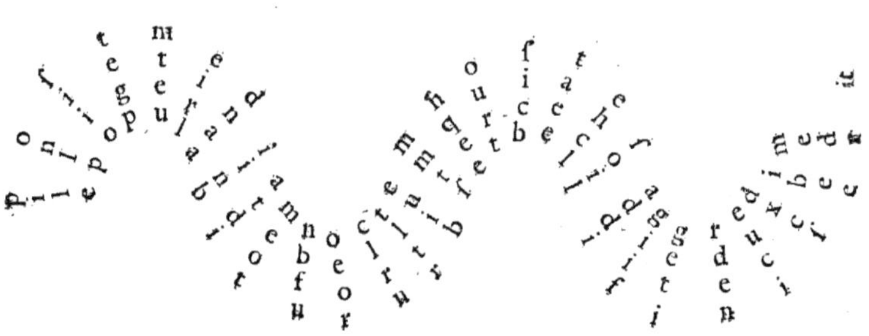

orncgemtgdaeaiedbleuclixtudboefrtcdticdidernuuiitrffibieu
bplteoaelpbflecgrreiaeclntitieiuainqhnimomfteotfdhefimfel
iprdem. it.

Abb. IV.35: Beispieltext eingetragen in die Serpentinenform[217]

Neben Transpositionsverschlüsselungen behandelt Porta auch Substitutionschiffren. Wie auch schon bei Alberti zu finden, mechanisiert Porta den Wechsel des Verschlüsselungsalphabets mittels einer Verschlüsselungsscheibe. Porta gibt dazu im ersten und vierten Kapitel des vierten Buchs Bauanleitungen für verschiedene Scheiben im Rokokostil an. Im Unterschied zu Alberti ersetzt Porta die Buchstaben noch zusätzlich durch okkulte Zeichen.

Die Verschlüsselungsscheiben von Porta bestehen aus zwei äußeren Ringen, der eine ist mit den römischen Zahlen I-XX beschriftet. Der andere ist mit 20 Buchstaben des lateinischen Alphabets („ABCDEFGHILMNOPQRSTVZ") beschriftet, wobei deren Reihenfolge nicht eingehalten werden muss.

Abb. IV.36: Verschlüsselungsscheiben von Porta[218]

---

[217] Porta (1562), S. 47 ff.
[218] Porta (1602), S. 93 u. S. 101

Im Inneren wird eine bewegliche Scheibe angebracht, die mit 20 okkulten Zeichen beschriftet wird. Allerdings gibt Porta in seinem Buch kein Muster für eine innere Scheibe an, sondern er gibt verschiedene Beispiele mit verschiedenen Klar- und Geheimtexten an. Zum Beispiel wie in der folgenden Abbildung:

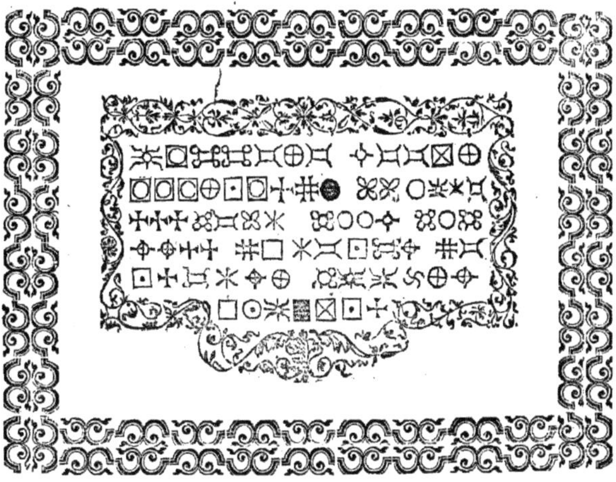

Abb. IV 37: Beispiel für einen Klartext in lateinischer Schrift, Geheimtext mit okkulten Zeichen[219]

Dieser Verschlüsselung liegt die folgende Beschriftung der inneren Scheibe zugrunde.

Abb. IV. 38: Okkulte Zeichen als Beschriftung für die innere Scheibe[220]

Zu Beginn der Verschlüsselung ist die innere Scheibe so eingestellt, dass das erste Zeichen unter dem „A" steht. Im ersten Verschlüsselungsschritt wird der erste Buchstabe des Klartextes „H" mit dem unter ihm auf der inneren Scheibe stehenden Buchstaben verschlüsselt. Für den zweiten Verschlüsselungsschritt wird die innere Scheibe um ein Zeichen nach links gedreht. Danach folgt die Verschlüsselung wie beim ersten Buchstaben. Für die noch folgenden Buchstaben wird in dieser Art und Weise fortgefahren. Bei dieser Verschlüsselung handelt es sich um eine polyalphabetische Verschlüsselung, wie sie schon von Trithemius vorgestellt wurde.

Im dritten Kapitel des vierten Buchs erweitert Porta diese Art der Verschlüsselung, in dem er die Idee der Verschlüsselungsscheibe nach Alberti einbringt und deren Einsatz noch effektiver

---

[219] Porta (1602), S. 93 u. S. 101
[220] Porta (1602), S. 102. Die Zeichen sind jeweils mit einer senkrechten Linie von einander getrennt.

gestaltet, in dem er sich den Wechsel des Verschlüsselungsalphabets mittels eines Schlüssels merkt. Insgesamt verbindet Porta die folgenden Ideen:

- die Verschlüsselungsscheibe von Alberti,
- die Systematisierung des Alphabetwechsels von Trithemius und
- den Schlüsseltext als Merkhilfe für den Alphabetwechsel nach Bellaso.

An folgendem Beispiel erklärt er sein Vorgehen:

Unter dem Klartext notiert er den Schlüsseltext.[221] Dieser wird mehrfach wiederholt, da der Schlüsseltext im Allgemeinen kürzer als der Klartext ist.

HOSTIVM COPIÆ DEFICIVNT, TVE-
orapron obisſ anctadeig eni-

NIMHILARIS ESTO, IAM ABDE TI-
trisorapronobi sſa ncta de-

MOREM ET ARMATO MILITE IRRVITO
igeni trisorap ronobi sſancta

Zu Beginn der Verschlüsselung stellt er die innere Scheibe in die Ausgangstellung, sodass unter dem „A“ das erste Zeichen der Abbildung IV.38 steht. Danach kann das okkulte Zeichen, mit dem der Klartextbuchstabe verschlüsselt werden soll, abgelesen werden. Im Beispiel wird zur Verschlüsselung des ersten Buchstabens die innere Scheibe so eingestellt, dass damit das Zeichen  unter dem „O“ steht. Der Buchstabe „H“ wird mit dem okkulten Zeichen  verschlüsselt. Dieses Verfahren wird solange wiederholt, bis jedem Buchstaben des Klartextes ein okkultes Zeichen zugeordnet ist. Schließlich erhält Porta den folgenden Geheimtext:[222]

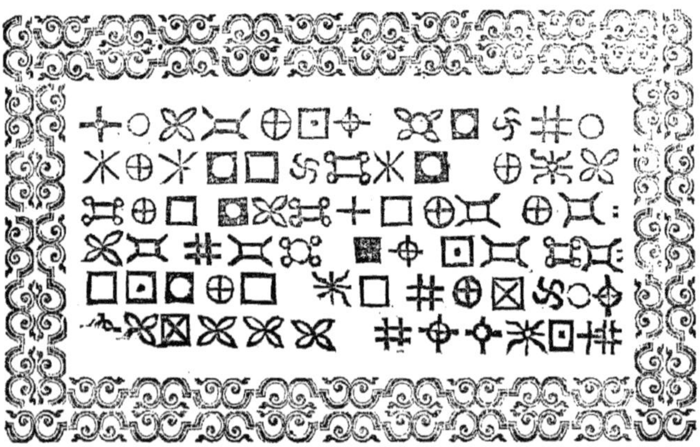

Abb. IV.39: Verschlüsselung des Beispieltextes mit okkulten Zeichen.

[221] Porta (1602), S. 95 & 96
[222] Porta (1602), S. 96

Im vierten Kapitel des vierten Buchs nimmt er die Idee des Tabula rectas von Trithemius auf. Mit seinen Ausführungen zeigt er, dass das Verschlüsselungsverfahren aus Kapitel drei auch mithilfe des folgenden tabula rectas erreicht werden kann. Die Idee von Trithemius hat er dahin gehend abgeändert, dass er eine erste Zeile mit Zahlen von 1-20 und eine erste Spalte mit okkulten Zeichen ergänzt hat. Die Verschlüsselung des Textes aus Kapitel drei erhält man wie folgt:

- Der Schlüsselbuchstabe[223] gibt an, mit welchem Alphabet verschlüsselt wird, d. h. zur Verschlüsselung wird die Spalte ausgewählt, in deren ersten Zeile der Schlüsselbuchstabe steht. Für den ersten Buchstaben im Beispiel s. o. wäre das also die Spalte „o".

- In der gewählten Spalte geht man soweit nach unten, bis man auf den zu verschlüsselnden Buchstaben trifft und erhält die Zeile, in der das okkulte Zeichen steht. Im besagten Beispiel wäre das der Buchstabe „H".

- In der gewählten Zeile geht man an deren Anfang und liest das okkulte Geheimzeichen ab. Im Beispiel wäre das das Zeichen ✠.

- Die besagten Schritte werden solange durchgeführt, bis alle Zeichen verschlüsselt sind.

	1	2	3	4	5	6	7	8	9	10	11	12	13	14	15	16	17	18	19	20
	a	b	c	d	e	f	g	h	i	l	m	n	o	p	q	r	ſ	t	u	z
	b	c	d	e	f	g	h	i	l	m	n	o	p	q	r	ſ	t	u	z	a
	c	d	e	f	g	h	i	l	m	n	o	p	q	r	ſ	t	u	z	a	b
	d	e	f	g	h	i	l	m	n	o	p	q	r	ſ	t	u	z	a	b	c
	e	f	g	h	i	l	m	n	o	p	q	r	ſ	t	u	z	a	b	c	d
	f	g	h	i	l	m	n	o	p	q	r	ſ	t	u	z	a	b	c	d	e
	g	h	i	l	m	n	o	p	q	r	ſ	t	u	z	a	b	c	d	e	f
	h	i	l	m	n	o	p	q	r	ſ	t	u	z	a	b	c	d	e	f	g
	i	l	m	n	o	p	q	r	ſ	t	u	z	a	b	c	d	e	f	g	h
	l	m	n	o	p	q	r	ſ	t	u	z	a	b	c	d	e	f	g	h	i
	m	n	o	p	q	r	ſ	t	u	z	a	b	c	d	e	f	g	h	i	l
	n	o	p	q	r	ſ	t	u	z	a	b	c	d	e	f	g	h	i	l	m
	o	p	q	r	ſ	t	u	z	a	b	c	d	e	f	g	h	i	l	m	n
	p	q	r	ſ	t	u	z	a	b	c	d	e	f	g	h	i	l	m	n	o
	q	r	ſ	t	u	z	a	b	c	d	e	f	g	h	i	l	m	n	o	p
	r	ſ	t	u	z	a	b	c	d	e	f	g	h	i	l	m	n	o	p	q
	ſ	t	u	z	a	b	c	d	e	f	g	h	i	l	m	n	o	p	q	r
	t	u	z	a	b	c	d	e	f	g	h	i	l	m	n	o	p	q	r	ſ
	u	z	a	b	c	d	e	f	g	h	i	l	m	n	o	p	q	r	ſ	t
	z	a	b	c	d	e	f	g	h	i	l	m	n	o	p	q	r	ſ	t	u

Abb. IV.40: Verschlüsselungstabellen von Porta[224]

---

[223] Statt Schlüsselbuchstaben könnte man auch Schlüsselnummern verwenden.
[224] Porta (1602), S. 102

Eine andere Form der polyalphabetischen Verschlüsselung zeigt Porta im XVI. Kapitel des vierten Buchs. Statt der Verschlüsselungsscheibe bzw. des tabula rectas verwendet er einen Satz von 11 verschobenen involutorischen[225] Alphabeten. In diesem Zusammenhang bedeutet involutorisch, dass man nicht zwischen Klartext- und Geheimtextalphabet unterscheiden muss, diese Alphabete bilden immer zwei Buchstaben aufeinander ab. Folgende Beispieltabelle, die mit einem schönen Rahmen im Rokokostil versehen ist, gibt Porta an:

LITERAE SCRIPTI.

LITERAE CLAVIS.

AB	a	b	c	d	e	f	g	h	i	l	m
	n	o	p	q	r	ſ	t	u	x	y	z
CD	a	b	c	d	e	f	g	h	i	l	m
	z	n	o	p	q	r	ſ	t	u	x	y
EF	a	b	c	d	e	f	g	h	i	l	m
	y	z	n	o	p	q	r	ſ	t	u	x
GH	a	b	c	d	e	f	g	h	i	l	m
	x	y	z	n	o	p	q	r	ſ	t	u
IL	a	b	c	d	e	f	g	h	i	l	m
	u	x	y	z	n	o	p	q	r	ſ	t
MN	a	b	c	d	e	f	g	h	i	l	m
	t	u	x	y	z	n	o	p	q	r	ſ
OP	a	b	c	d	e	f	g	h	i	l	m
	ſ	t	u	x	y	z	n	o	p	q	r
QR	a	b	c	d	e	f	g	h	i	l	m
	r	ſ	t	u	x	y	z	n	o	p	q
ST	a	b	c	d	e	f	g	h	i	l	m
	q	r	ſ	t	u	x	y	z	n	o	p
VX	a	b	c	d	e	f	g	h	i	l	m
	p	q	r	ſ	t	u	x	y	z	n	o
YZ	a	b	c	d	e	f	g	h	i	l	m
	o	p	q	r	ſ	t	u	x	y	z	n

Abb. IV.41: 11 verschobene involutorische Alphabete von Porta[226]

Diese Art der Darstellung der Verschlüsselungsalphabete hat den Vorteil, dass sie sehr kompakt und übersichtlich ist. Zur Verschlüsselung des Klartextes wird unter jeden Buchstaben ein Buchstabe des Schlüsseltextes geschrieben. Ist der Klartext länger als der Schlüsseltext, was allgemein hin der Fall ist, muss der Schlüsseltext mehrfach wiederholt

---

[225] Siehe Bauer (1997), S. 117. Involutorische Abbildungen sind selbstinvers.
[226] Porta (1602), S. 120

werden. Der Buchstabe des Schlüsseltextes gibt an, mit welchem Alphabet der Klartext-buchstabe verschlüsselt wird. Porta illustriert diese Verfahren mit folgendem Klartext:[227]

BELLA FORTISSIME GESTA SVNT, ET BELLIS PARTIM COMPOSI-TIS, PARTIM ETIAM CONFECTIS PAX EST SEQVVTA, SED HANC FELICITATEM DVCIS MORS TVRBAVIT.

bzw. folgendem Schlüsseltext:

CASTVM FODERAT LVCRETIA PECTVS, ALGAZEL

Notiert man den Schlüsseltext unter den Klartext erhält man die folgende Anordnung:

BELLA FORTISSIME GESTA SVNT, ET BELLIS
castu mfoderat lu creti apec tu salgaz
PARTIM COMPOSITIS, PARTIM ETIAM CONFECTIS PAX
elcast umfoderatl ucreti apect usalgazel cas
EST SEQVVTA, SED HANC FELICITATEM DVCIS MORS
tumfoderat luc reti apectus alga zelca stum
TVRBAVIT.
foderatl.

Im Beispiel wird der erste Buchstabe des Klartextes „B" mit dem zweiten Alphabet verschlüsselt. So ergibt sich der Geheimtextbuchstabe „N". Insgesamt erhält Porta den folgenden Geheimtext.

NROOP NDMHTBFNTT SXHDV FCCH VE RRSTXE EVFGNP RGX ICHOGVL AZAINT RLAOOPT TL DVF VDA HYEL DGQ LTP HYIY SYNVSZDVMOZ RLYNF PLCM ICFZRHVM.

Einen ganz originären Beitrag zur Kryptologie leistet Porta durch die Vorstellung des ersten bigrafischen Verschlüsselungsverfahrens. Wie bereits in Kapitel III erwähnt, werden bei dieser Art der Verschlüsselung zwei Buchstaben des Klartextes einem Buchstaben des Geheimtextes zugeordnet. Diese Zuordnung erfolgt mittels einer Tabelle. Wenn das Klartextalphabet aus x Zeichen besteht, dann hat diese Tabelle (x+1) Zeilen und Spalten. Bei Porta besteht diese Tabelle aus 21 Zeilen und Spalten, da das damals übliche lateinische Alphabet aus 20 Buchstaben bestand. In der ersten Zeile und in der letzten Spalte hat Porta die 20 Buchstaben des Alphabets eingetragen, die übrigen Felder der Tabelle hat er mit okkulten Zeichen aufgefüllt. Dabei geht er systematisch vor, so liegt jeder Spalte eine Ausgangsform zugrunde, die durch Drehungen, Spiegelungen und kleinste Veränderungen variiert wird.

---

[227] Porta (1602), S. 121

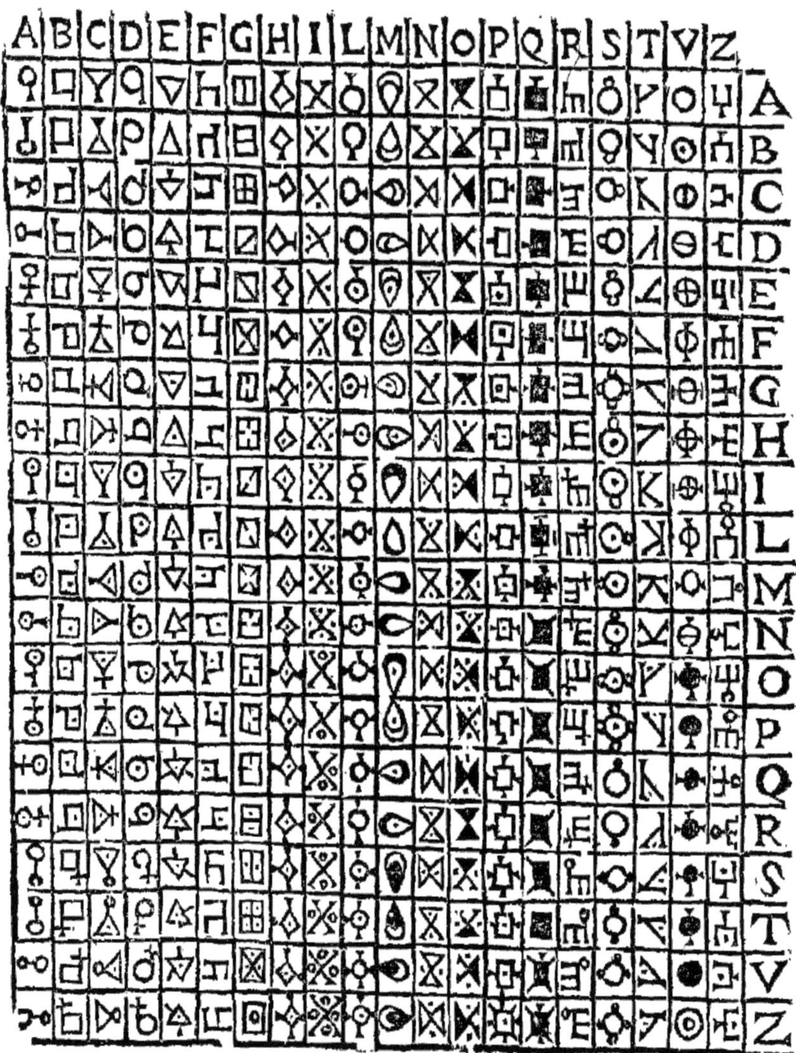

Abb. IV.42: Bigrafische Verschlüsselungstabelle von Porta[228]

Zur Verschlüsselung wird jedem Buchstabenpaar ein Zeichen zugeordnet. Der erste Buchstabe des Paares gibt die Spalte und der zweite die Zeile an, in der das dem Buchstabenpaar zugeordnete okkulte Zeichen zu finden ist. Zur Illustration gibt Porta das folgende Beispiel an:

---

[228] Porta (1602), S. 130

MVLTIS CLADIBVS VLTRO CITROQVE DATIS, ET AC-
CEPTIS, VNIVLRSA PENE CIVITAS OCCVPATA EST
RELIQVA NON SCRIBAM, SED IN CONGRESSVM NO-
STRVM RESERVABO.

Abb. IV.43: Beispiel einer bigrafischen Verschlüsselung von Porta[229]

An diesem Beispiel wird deutlich, dass der Geheimtext nur noch halb so viele Buchstaben enthält wie der Klartext, im Beispiel sind das 120 Buchstaben zu 60 Buchstaben. Auch geht hierbei die Wortstruktur des Textes verloren, bei Wörtern mit einer ungeraden Anzahl von Buchstaben muss man zur Verschlüsselung des letzten Buchstabens noch den ersten Buchstaben des noch folgenden Wortes hinzunehmen.

Eine weitere Verbesserung der polyalphabetischen Verschlüsselungen ist bei dem italienischen Arzt, Philosoph und Mathematiker Gerolamo Cardano (1501-1576) zu finden. Am Ende des XII. Buchs bzw. LXI. Kapitel. („Occultatio") seines Werks „De rerum varietate" stellt er eine polyalphabetische Verschlüsselung vor, die kein Passwort benötigt wie bei Bellaso, sondern der Klartext selbst dient dazu. Kahn bezeichnet diesen Schlüssel als „autokey",[230] man nennt dieses Verfahren Autokey-Verfahren. Sehr interessant ist bei Cardanos Ausführungen die mathematische Sichtweise der polyalphabetischen Verschlüsselungen. Sehr deutlich wird dies an folgendem Beispiel, welches er zur Illustration seiner Ausführungen angibt. Zuerst nummeriert er alle Buchstaben des Alphabets durch:

A	B	C	D	E	F	G	H	I	L	M	N
1	2	3	4	5	6	7	8	9	10	11	12
O	P	Q	R	S	T	V	X	Y	Z.		
13	14	15	16	17	18	19	20	21	22		

Abb. IV.44: Buchstabennummern-Tabelle von Cardano[231]

Zur Verschlüsselung ordnet er jedem Klartextbuchstaben seinen numerischen Wert zu, z. B. „S" → „17". Anschließend addiert er zu den Werten der Buchstaben des ersten Wortes des Klartextes den Wert des ersten Buchstabens und erhält so den Wert der Geheimtext-

---

[229] Porta (1602), S. 131
[230] Kahn (1996), S. 142
[231] Cardano (1558), S. 601; Im Unterschied zu Porta verwendet Cardano zusätzlich die Buchstaben „H" und „Y" und kommt so auf ein Alphabet mit 22 Buchstaben.

buchstaben z. B. für den ersten Buchstabe „S", erhält er als Wert „34". Danach wird dem Wert des Geheimtextbuchstabens der entsprechende lateinische Buchstabe zu geordnet. Problematisch wird das nur, wenn der Wert größer als 22 wird, dann muss man den gewonnenen Wert um 22 vermindern und erhält erst dann den Geheimtextbuchstaben. Cardano illustriert das an folgendem Beispiel, wobei die rechnerischen Zwischenschritte zur Verdeutlichung eingefügt wurden. Cardano hat nur die fett gedruckten Buchstaben angegeben.

S	**I**	**C**		**E**	**R**	**G**	**O**		**E**	**L**	**E**	**M**	**E**	**N**	**T**	**I**	**S**
17	9	3		5	16	7	13		5	10	5	11	5	12	18	9	17
+17	+17	+17		+9	+9	+9	+9		+3	+3	+3	+3	+3	+3	+3	+3	+3
34	26	20		14	25	16	12		8	13	8	14	8	15	21	12	20
N	**D**	**X**		**P**	**C**	**R**	**N**		**H**	**O**	**H**	**P**	**H**	**Q**	**Y**	**N**	**X**

Statt nur nach jedem Wort den Schlüssel zu wechseln, gibt Cardano noch ein weiteres Beispiel an, bei dem jeder Buchstabe eines Wortes mit seinem eigenen Schlüssel chiffriert wird. Diesen Schlüssel generiert er, in dem er über jedes Wort neu beginnend buchstabenweise den Klartext notiert. Folgendes Beispiel gibt Cardano an:

Schlüssel	S	I	C		S	I	C	E		S	I	C	E	R	G	O	E	L
Klartext	**S**	**I**	**C**		**E**	**R**	**G**	**O**		**E**	**L**	**E**	**M**	**E**	**N**	**T**	**I**	**S**
Rechnung	17	9	3		5	16	7	13		5	10	5	11	5	12	18	9	17
	+17	+9	+3		+17	+9	+3	+5		+17	+9	+3	+5	+16	+7	+13	+5	+10
	34	18	6		22	25	10	18		22	19	8	16	21	19	31	14	27
Geheimtext	**N**	**T**	**F**		**Z**	**C**	**L**	**T**		**N**	**V**	**H**	**R**	**Y**	**V**	**I**	**P**	**E**

So brilliant, wie die Idee des automatischen Schlüssels einerseits ist, so unvollkommen ist sie andererseits. Die Dechiffrierung liefert keine eindeutigen Ergebnisse, d. h. die Verschlüsselungsfunktion ist nicht injektiv. So kann der Geheimtextbuchstabe „N" auf verschiedene Weisen entstanden sein, durch die Chiffrierung des Buchstabens „S" mit dem Schlüssel „S" oder durch „F" verschlüsselt mit „F". Da der Empfänger des Geheimtextes auch nicht mehr Informationen wie ein unbefugter Dritter hat, sind beide bei der Entschlüsselung des ersten Buchstabens in der gleichen Ausgangsposition und müssen den Klartext durch systematisches Probieren dechiffrieren.

Cardano arbeitet auch auf dem Gebiet der Steganografie. So entwickelte er Verschlüsselungsschablonen, die nach ihm benannt sind, sog. „Cardan Gitter". Diese bestanden aus festerem Karton oder dünnem Metall. Aus diesen wurden rechteckige Löcher herausgeschnitten, wobei diese so hoch sind wie ein Buchstabe, allerdings von unterschiedlichen Längen. Zur Verschlüsselung legt man die Schablone auf ein unbeschriebenes Blatt und trägt in die Ausschnitte der Folie den Klartext ein. Danach wird die Schablone entfernt und der noch verbleibende Platz wird beschrieben, sodass sich ein völlig unauffälliger Text ergibt. Mit dieser Maßnahme wird die bloße Existenz der Nachricht verschleiert. Nach Kahn wurden solche Schablonen tatsächlich im 15. und 16. Jahrhundert für die diplomatische Korrespondenz eingesetzt.[232]

---

[232] Kahn (1996), S. 145

Abb. IV.45: Erste Seite des „Traicté des Chiffres"[233]

Eine weitere wichtige Persönlichkeit auf dem Gebiet der Kryptologie ist Blaise de Vigenère (1523-1596). Er war erst 17 Jahre alt, als er von seinen Studien weggeholt und zum Juniorsekretär am Reichstag zu Worms berufen wurde. Mit 24 Jahren trat er in den diplomatischen Dienst des Herzogs von Nevers[234] ein. Mit 26 Jahren ging er nach Rom auf eine zwei Jahre dauernde diplomatische Mission. In dieser Zeit kam er in Kontakt mit der Kryptologie.[235] Er

---

[233] Vigenère (1586), S.1. Eine Reproduktion der französischen Nationalbibliothek.
[234] Eine Stadt in Zentralfrankreich, 260 km südlich von Paris.
[235] Vgl. Kahn (1996) S. 146

las Trithemius, Bellaso, Cardano und Porta sowie das unveröffentlichte Manuskript von Alberti[236]. Im Alter von 47 Jahren verlegte er seine ganze Kraft auf das Schreiben und schrieb bis an sein Lebensende zwanzig Werke. Seine bekanntesten Werke sind das *„Traicté de Comètes“* und das *„Traicté des Chiffres“*. Das *„Traicté des Chiffres“* schrieb er 1585, dazu meint Kahn sehr süffisant *„despite the distraction of a year-old baby daughter“*[237]. Charles Mendelsohn sagt über dieses Werk: *„The Traicté des Chiffres, as has been stated, is a Compendium of the cryptographic knowledge of Vigenère's day, or at least of so much of it was allowed to get out from behind locked doors.“*[238] Das Buch besteht knapp aus 700 Seiten und wurde 1586 erstmals veröffentlicht.

In seinem Werk vertritt Vigenère die Auffassung, dass alles in der Welt eine Chiffre ist. Aus diesem Grund handelt das Buch neben der Kryptologie noch von sehr vielen verschiedenen Dingen: japanischen Ideogrammen[239], Alchemie, Magie, die Geheimnisse der Kabbala, Mysterium des Universums, Rezept zum Goldmachen und philosophische Spekulationen. Über die philosophischen Spekulationen schreibt Mendelsohn etwas abwertend:

> *„The Traicté covers nearly seven hundred pages, but almost one hundred must be read before the author seriously gets under way with his subject, and even when does another philosophical digression soon follows.“*[240]

In die Geschichte der Kryptologie ist dieses Buch, wegen der Abhandlung zu polyalphabetischen Verschlüsselungen eingegangen. Vigenère bezeichnet diesen berühmten Abschnitt mit folgender Randanmerkung: *„Premier Chiffre, par une reuolution circulaire de commutations d'alphabets“*. An dessen Ende findet man dann das bekannte Verschlüsselungsverfahren, welches man heute als Vigenère-Verfahren bezeichnet. Wie bereits erwähnt wurde es fälschlicherweise nach ihm benannt, Vigenère kombinierte eigentlich nur verschiedene Verschlüsselungsmethoden. Insgesamt verbindet Vigenère die Ideen:

- des Verschlüsselungstableaus von Trithemius,

- des Schlüsseltextes als Merkhilfe für den Alphabetwechsel nach Bellaso und

- die Verwendung von permutierten Alphabeten nach Porta.

Tabelle IV.6 ist ein Beispiel Vigenères für ein Verschlüsselungstableau, welches mit permutierten Alphabeten beschriftet ist. Die permutierten Alphabete bilden die ersten beiden oberen Zeilen und die beiden ersten linken Spalten des Verschlüsselungstableaus. Die Mitte des Tableaus ist aufgebaut wie bei Trithemius. Allerdings besteht es nur aus 20 Alphabeten, die jeweils zeilenweise um einen Buchstaben nach links verschoben sind, bei Trithemius sind es 24 Alphabete, Trithemius verwendet zusätzlich noch die Buchstaben „k, y, z und w“. Aus dem Text im Buch ergibt sich, dass das Alphabet in der ersten Zeile bzw. ersten Spalte schwarz und das Alphabet in der zweiten Zeile bzw. in der zweiten Spalte rot gedruckt ist, was leider in der schwarz-weißen Reproduktion nicht mehr zu erkennen ist. Warum nimmt Vigenère diese Kombination vor? Er möchte damit zeigen, dass die Alphabete für den Klar- und Schlüsseltext beliebig permutiert werden können, um die Geheimhaltung zu verbessern.[241]

---

[236] Vgl. Kahn (1996) S. 147

[237] Kahn (1996), S. 146

[238] Mendelsohn (1940), S. 106

[239] Die erste europäische Darstellung. (vgl. Kahn (1996), S. 146)

[240] Mendelsohn (1940), S. 106

[241] Vgl. Vigenère (1586), S. 49r und Mendelsohn (1940), S. 110

		O	P	Q	R	S	T	V	X	A	B	C	D	E	F	G	H	I	L	M	N
		E	F	G	H	I	L	M	N	O	P	Q	R	S	T	V	X	A	B	C	D
O	E	a	b	c	d	e	f	g	h	i	l	m	n	o	p	q	r	ſ	t	v	x
P	F	b	c	d	e	f	g	h	i	l	m	n	o	p	q	r	ſ	t	v	x	a
Q	G	c	d	e	f	g	h	i	l	m	n	o	p	q	r	ſ	t	v	x	a	b
R	H	d	e	f	g	h	i	l	m	n	o	p	q	r	ſ	t	v	x	a	b	c
S	I	e	f	g	h	i	l	m	n	o	p	q	r	ſ	t	v	x	a	b	c	d
T	L	f	g	h	i	l	m	n	o	p	q	r	ſ	t	v	x	a	b	c	d	e
V	M	g	h	i	l	m	n	o	p	q	r	ſ	t	v	x	a	b	c	d	e	f
X	N	h	i	l	m	n	o	p	q	r	ſ	t	v	x	a	b	c	d	e	f	g
A	O	i	l	m	n	o	p	q	r	ſ	t	v	x	a	b	c	d	e	f	g	h
B	P	l	m	n	o	p	q	r	ſ	t	v	x	a	b	c	d	e	f	g	h	i
C	Q	m	n	o	p	q	r	ſ	t	v	x	a	b	c	d	e	f	g	h	i	l
D	R	n	o	p	q	r	ſ	t	v	x	a	b	c	d	e	f	g	h	i	l	m
E	S	o	p	q	r	ſ	t	v	x	a	b	c	d	e	f	g	h	i	l	m	n
F	T	p	q	r	ſ	t	v	x	a	b	c	d	e	f	g	h	i	l	m	n	o
G	V	q	r	ſ	t	v	x	a	b	c	d	e	f	g	h	i	l	m	n	o	p
H	X	r	ſ	t	v	x	a	b	c	d	e	f	g	h	i	l	m	n	o	p	q
I	A	ſ	t	v	x	a	b	c	d	e	f	g	h	i	l	m	n	o	p	q	r
L	B	t	v	x	a	b	c	d	e	f	g	h	i	l	m	n	o	p	q	r	ſ
M	C	v	x	a	b	c	d	e	f	g	h	i	l	m	n	o	p	q	r	ſ	t
N	D	x	a	b	c	d	e	f	g	h	i	l	m	n	o	p	q	r	ſ	t	v

Tab. IV.6 Vigenère-Tableau[242]

Es ist schon sehr erstaunlich, dass das Buch von Vigenère so erfolgreich war, die Darstellung des Verfahrens und die Illustration von Beispielen sind bei ihm recht unübersichtlich, da er alles in einem unstrukturierten Fließtext darstellt. Im Gegensatz dazu stellt Porta die Inhalte sehr übersichtlich und damit viel eingängiger dar. Folgendes Beispiel[243] gibt Vigenère an, wobei es in der tabellarischen Darstellung nach Porta strukturiert ist. Verschlüsselt werden soll der Text „*au nom de l'eternel*"[244] mit dem Schlüssel „*le iour obscur*".[245] Zur Verschlüsselung verwendet er die (roten) Alphabete in der zweiten Zeile und der zweiten Spalte. Der erste Buchstabe des Klartextes „A" wird mit dem Alphabet verschlüsselt, welches mit dem ersten Buchstaben des Schlüsseltextes „L" bezeichnet ist. Unter dem Buchstaben „A" findet man in der Zeile „L" also den Geheimbuchstaben „b". Nach dieser Methode werden alle weiteren Buchstaben des Klartextes verschlüsselt.

---

[242] Vigenère (1586), S. 50l
[243] Vigenère (1586), S. 50r
[244] „Im Namen des Vaters"
[245] „Der geheimnisvolle Tag"

```
Klartext:              au nom de l'eternel
Schlüsseltext:         le iou ro b scurlei
Geheimtext:            bq nsa mi c onqcaol
```

Warum ist diese Art der Beschriftung des Verschlüsselungstableaus sicherer im Gegensatz zur Standardbeschriftung, wie sie bei Trithemius zu finden ist?[246]

Wenn man bei Trithemius z. B. weiß, dass das C mit einem f verschlüsselt wurde, so kennt man auch die Verschlüsselung für das A=d, B=e .., d. h. wenn man von einem Buchstaben dessen Verschlüsselung kennt, dann kennt man alle Verschlüsselungen der Buchstaben in diesem einen Alphabet. Wird die Reihenfolge der Buchstaben in der ersten Zeile geändert, kann dieser Schluss nicht mehr gezogen werden, somit wird die Entschlüsselung für einen Kryptoanalytiker schwieriger. Die Permutation der Buchstaben beim Schlüssel an der Seite führt allerdings zu keiner Verbesserung der Geheimhaltung, die Alphabete ändern sich nicht, sondern nur deren Reihenfolge.

Auch wenn das Vigenère-Verfahren nicht von ihm selbst erfunden wurde, so findet sich in seinen Abhandlungen noch ein von ihm selbst entwickeltes Verfahren für die automatische Schlüsselerzeugung. Mendelsohn meint dazu zu Recht: *„Vigenère's contribution of the self-keying device or autoclave is generally ignored in the literature on the subject."*[247] Vigenère verbesserte das von Cardano vorgestellte Autokey-Verfahren, in dem er sie mit einem frei wählbaren Schlüssel kombinierte. Dieser Schlüssel besteht aus einem Buchstaben. Auf der Seite 49 des Traicté des Chiffres stellt er folgendes Beispiel vor. Als Klartext wird wieder der Text *„Au nom de l'eternel"* verwendet. Zur Verdeutlichung seines Stils folgen wir seinen Worten:

> *„ ... dot la clef foit D, nous dirons; a de d, donne x: u de a, i: n de u, a: o de n, h: m de o, g: d de m, u: e de d, p: l de e, t: de l, m: t de e, l: e de t, s: r de e, h: n de r, i: e de n, x: l de e, t. Tellement que par ceste voyeprenant D pour clef, il y auroit dxiahguptmlshixt.* "[248]

Übersichtlicher dargestellt geht Vigenère wie folgt vor: Der erste Buchstabe des Klartextes „a" wird mit dem frei gewählten Verschlüsselungsbuchstaben „D" verschlüsselt. Den Geheimtextbuchstaben „x" kann man nach dem gleichen Verfahren, wie es bei Porta schon beschrieben ist, an der Tabelle IV.7 ablesen. Der nächste Buchstabe des Klartextes „u" wird nun mit dem ersten Buchstaben des Klartextes „a" verschlüsselt. Der dritte Buchstabe des Klartextes „n" wird dann mit dem zweiten Buchstaben des Klartextes „u" verschlüsselt und so weiter; genau nach dem Prinzip der Autokey-Verschlüsselung.

```
Klartext:              au nom de l'eternel
Schlüsseltext:         da uno md e leterne
Geheimtext:            xi ahg up t mlshixt
```

Als Geheimtext gibt Vigenère „dxiahguptmlshixt" an, wobei er als erstes den freien Schlüsselbuchstaben übermittelt, das macht das Verfahren nicht besonders sicher, mit dieser Information kann man sofort den Klartext rekonstruieren.

---

[246] Für diese Analyse vgl. Mendelsohn (1940), S. 110
[247] Mendelsohn (1940), S. 129
[248] Vigenère (1586), S. 491

46

A	a	b	c	d	e	f	g	h	i	l
B	m	n	o	p	q	r	s	t	u	x
C	a	b	c	d	e	f	g	h	i	l
D	x	m	n	o	p	q	r	s	t	u
E	a	b	c	d	e	f	g	h	i	l
F	u	x	m	n	o	p	q	r	s	t
G	a	b	c	d	e	f	g	h	i	l
H	t	u	x	m	n	o	p	q	r	s
I	a	b	c	d	e	f	g	h	i	l
L	s	t	u	x	m	n	o	p	q	r
M	a	b	c	d	e	f	g	h	i	l
N	r	s	t	u	x	m	n	o	p	q
O	a	b	c	d	e	f	g	h	i	l
P	q	r	s	t	u	x	m	n	o	p
Q	a	b	c	d	e	f	g	h	i	l
R	p	q	r	s	t	u	x	m	n	o
S	a	b	c	d	e	f	g	h	i	l
T	o	p	q	r	s	t	u	x	m	n
V	a	b	c	d	e	f	g	h	i	l
X	n	o	p	q	r	s	t	u	x	m

Tab. IV.7: 10 verschobene involutorische Alphabete von Vigenère[249]

Der Vorteil des Verfahrens von Vigenère im Gegensatz zu dem Autokey-Verfahren von Cardano wird bei der Dechiffrierung deutlich. In der Fortführung des obigen Beispiels zeigt Vigenère, dass der Klartext aus dem Geheimtext gewonnen werden kann, wenn man deren Rollen einfach vertauscht.

Als eine weitere Variante eines Autokey-Verfahrens gibt Vigenère die Möglichkeit an, statt des Klartextes, den Geheimtext sukzessive als Schlüssel zu verwenden. Das obige Beispiel stellt sich dann wie folgt modifiziert dar:

```
Klartext:         au nom de l'eternel
Schlüsseltext:    dx hee co u mxgnabq
Geheimtext:       xh eec ou m xgnabqo
```

Diese Art ist allerdings vollkommen unbrauchbar: *„Der Schlüssel ist vollständig exponiert, die ganze Nachricht kann bis auf das erste Zeichen sofort entschlüsselt werden (Schannon 1949)."*[250]

---

[249] Vigenère (1586), S. 46r
[250] Bauer (1997), S. 145

Das Vigenère-Verfahren galt sehr lange als sicher und unentschlüsselbar ohne Kenntnis des Schlüssels, daher gab man ihr den Namen *„Le Chiffre indéchiffrable"* (die unentschlüsselbare Verschlüsselung). Dies sollte sich auch bis ins 19. Jahrhundert nicht ändern. 1863 veröffentlichte Friedrich Kasiski (1805-1881), ein preußischer Offizier, das Buch *„Die Geheimschriften und die Dechiffrierkunst"*. In diesem Buch ist erstmals öffentlich beschrieben, wie man einem verschlüsselten Text, der mit dem Vigenère-Verfahren verschlüsselt wurde, doch ohne Kenntnis des Schlüssels entschlüsseln kann (siehe dazu Kapitel VI).

3.4 Die Moderne

Die Entwicklungen in der modernen Kryptologie sind geprägt durch die Automatisierung mithilfe von mechanischen Ver- und Entschlüsselungsmaschinen (ab ca. 1920) und dem Computer (ab ca. 1970). Ein wichtiges Beispiel für eine mechanische Verschlüsselung stellt die Vernam-Verschlüsselung dar. Sie ist benannt nach ihrem Erfinder Gilbert Vernam (1890-1960), der 1917 eine maschinelle Realisierung vorstellte. Aus der Sicht der Kryptologie betrachtet, handelt es sich bei der Vernam-Verschlüsselung um die bitweise Umsetzung des Vigenère-Verfahrens. Durch Addition der binären Werte des Klartextes und den binären Werten des Schlüsseltextes wurde der Geheimtext gewonnen. Damit diese Addition eindeutig invertierbar und ohne Übertrag durchführbar ist, definierte er diese: Bei einer bitweisen Verschlüsselung können nur die folgenden vier Kombinationen von Binärzahlen auftreten:[251; 252]

```
Schlüsseltext:        0   0   1   1
Klartext:          +  0   1   0   1
Geheimtext:           0   1   1   0
```

Anfangs klebte Vernam noch Anfang und Ende des Lochstreifens für den Schlüssel zusammen,[253] wenn er für den zu verschlüsselnden Klartext zu kurz war. Allerdings wurde ihm schnell klar, dass der Schlüssel genau so lang sein musste wie der Klartext. Genau dies stellt die entscheidende Verbesserung des Vigenère-Verfahrens dar. Am besten ist der Schlüsseltext aus statistisch auftretenden Zeichen aufzubauen und nur einmal zu verwenden, d. h. nach dem jeweiligen Gebrauch zu vernichten. Man bezeichnet diese Schlüssel als Einmal-Schlüssel (engl.: one-time tape, one-time pad).[254] Die Idee des one-time pads geht auf Joseph Mauborgne (1874-1971) zurück. Zur selben Zeit wurde auch von dem deutschen Kryptologentrio Werner Kunze, Erich Langholz und Rudolf Schauffler die Verwendung von Einmal-Schlüsseln im diplomatischen Dienst propagiert.[255] Wird ein Text mit einem Einmal-Schlüssel verschlüsselt, haben Kryptoanalytiker keine Möglichkeit mehr, aus Vergleichs-texten Rückschlüsse auf einen vorliegenden Geheimtext zu bekommen. Shannon hat 1949 nachgewiesen, dass der one-time pad die perfekte Sicherheit bietet.[256] Allerdings hat das Verfahren Nachteile beim praktischen Einsatz in großem Stil. Sender und Empfänger müssen über die gleichen sehr langen, für jede Kommunikation individuellen Schlüssel verfügen, so

---

[251] In Anlehnung an Kahn (1996), S. 395
[252] Dabei handelt es sich um die aus der Digitaltechnik bekannte XOR-Verknüpfung. (exklusive oder, bzw. engl. exclusive **or)**
[253] Vgl. Schmeh (2007), S. 167
[254] Die Bezeichnungen sind entnommen aus Bauer (1997), S. 147
[255] Vgl. beispielsweise Bauer (1997), S. 147; Kahn (1996), S. 402
[256] Für den Beweis siehe dazu z. B. Schulz (2003), S. 205

ist die Verwaltung der vielen Schlüssel beispielsweise für eine Geheimdienstbehörde nicht einfach.[257]

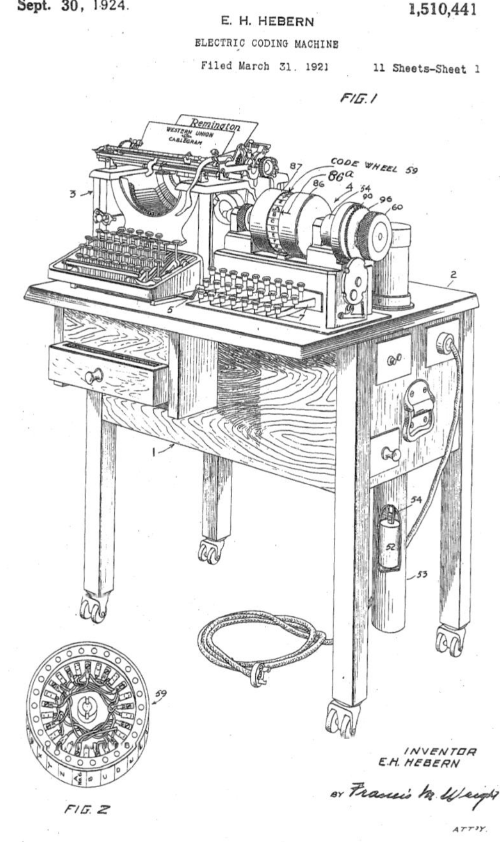

Abb. IV.46: Rotormaschine von Hebern[258]

Ein weiterer Höhepunkt in der Entwicklung von Chiffriermaschinen bildet die Entwicklung von elektromechanischen Rotormaschinen. Die erste ihrer Art wurde 1917[259] von Edward Hugh Hebern (1869-1952) in den USA zum Patent (US Patent 1510441) angemeldet, das allerdings erst 1924 genehmigt wurde. Das Herzstück bildet eine Scheibe (auch Rotor bzw. Walze genannt, in der Abbildung IV.46 mit Code Wheel bezeichnet). Auf beiden Seiten ist diese mit 26 Kontakten (vgl. Fig. 2 Abbildung IV.46) versehen. Jeder Kontakt auf der Vorderseite ist durch einen Draht mit einem Kontakt auf der Rückseite verbunden. Gibt man

---

[257] Für den praktischen Einsatz in Geheimdiensten wurden one-time pad Maschinen hergestellt. Eine gute Übersicht dazu ist bei Schmeh (2008), S. 168 ff. zu finden.

[258] Auszug aus der amerikanischen Patentschrift Nr. 1510441 aus dem Jahr 1924, siehe Hebern (1924).

[259] Vgl. Bauer (1997), S. 109

nun einen Buchstaben auf dem rechten Schreibfeld ein, wird ein Stromkreis geschlossen und auf der linken Seite wird durch die elektromechanische Schreibmaschine der verschlüsselte Buchstabe abgedruckt. Statt mit einer Schreibmaschine kann man den verschlüsselten Buchstaben auch mithilfe eines Lampenfelds, das aus 26 verschiedenen Glühbirnen, die mit den Buchstaben des Alphabets beschriftet sind, besteht oder einem Lochstreifen ausgeben. Nach jeder Eingabe wird der Rotor um einen Buchstaben weiter gedreht, somit entsteht eine polyalphabetische Verschlüsselung, wobei mit einem Rotor 26 verschiedene Alphabete erzeugt werden, d. h. nach 26 Umdrehungen ist man wieder bei der Ausgangsstellung. Stehen die Buchstaben auf der Walze in ihrer alphabetischen Reihenfolge und wird bei der Verschlüsselung mit dem Buchstaben „A" begonnen, dann erzeugt diese Maschine genau die gleiche polyalphabetische Verschlüsselung, wie sie auch schon Trithemius 1508 mit dem tabula recta erreichte.

Nicht nur Hebern hatte die Idee zur Rotorchiffriermaschine, er war nur der Erste mit der Einreichung seiner Patentschrift 1917 beim US-Patentamt. Die weiteren waren der deutsche Erfinder und Unternehmer Arthur Scherbius (1878-1929) – Patentanmeldung: 23.02.1918, deutsches Reichspatentamt 416219[260] –, der Niederländer Hugo Alexander Koch (1870-1928) – Patentanmeldung: 07.10.1919 – und der Schwede Arvid Gerhard Damm – Patentanmeldung: 10.10.1919. Deren Innovation bestand unter anderem darin, dass mehrere Rotoren hintereinander geschaltet wurden, um die Anzahl der Schlüssel zu erhöhen.

In der oben erwähnten Patenschrift schlägt Scherbius eine Chiffriermaschine mit 3 Rotoren vor. Eine schematische Darstellung eines Rotors ist in der Abbildung IV.47 zu finden. Zur Übersichtlichkeit ist der Rotor nur mit 10 Buchstaben (statt mit 25^{261} Buchstaben) beschriftet.

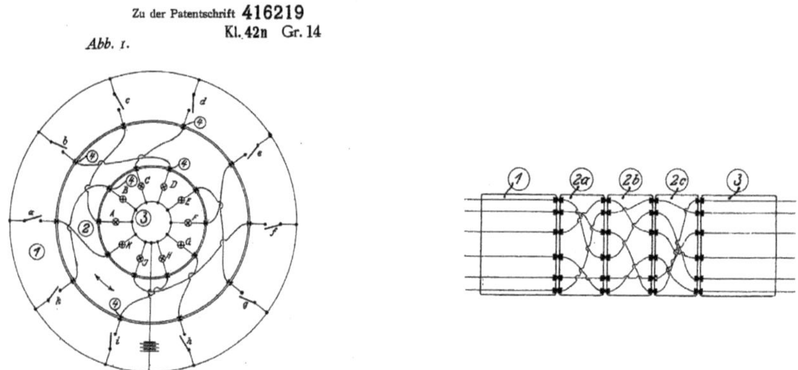

Abb. IV.47 Rotormaschine Scherbius[262]

Die Kontakte a-k am Rand sind verbunden mit Schaltern bzw. Tasten, die den Stromkreis schließen und die Kontakte A-K in der Mitte sind verbunden mit Glühbirnen. Schließt man beispielsweise den Kontakt bei a, so leuchtet die Lampe bei K auf (siehe Abbildung IV.47 links), d. h. zum Chiffrieren wird der Klartextbuchstabe bei den Tastern a-k eingeben, den dazugehörigen Geheimtextbuchstaben erhält man durch das Leuchten der Glühbirne, die mit

---

[260] Siehe im Literaturverzeichnis unter Scherbius (1923)
[261] Scherbius hat bei seinen Darstellungen das „j" weggelassen.
[262] Bild aus der Patentschrift 416219, (vgl. Scherbius 1918)

dem Kontakt A-K verbunden ist. Der Leitungszwischenträger in 2 ist beliebig oft drehbar, sodass 25 verschiedene Einstellungen vorgenommen werden können. Durch Hintereinanderschalten von mehreren Rotoren (siehe Abbildung IV.47 rechts) wird die Anzahl der damit erhaltenen Schlüssel erhöht. Scherbius berechnet diese wie folgt:

> *„Bei 25 Kontakten entsprechend den 25[263] Buchstaben des Alphabets, d. h. bei 25 möglichen Stellungen der einzelnen Walzen, ergeben sich 25x25x25=15625 Schlüsselstellungen. Allgemein werden es bei n Walzen 25^n Schlüssel. Bei 10 Walzen erhält man über 95 Billionen Schlüssel.“[264]*

Der Nachteil dieser Rotorenanordnung ist, dass zum Dechiffrieren die Kontakte A-K mit den Tastern und die Kontakte a-k mit den Glühbirnen vertauscht werden mussten. Dazu entwickelte Scherbius einen Umschalter, der auch in der besagten Patentschrift beschrieben ist. In einer späteren Patentschrift verwendete er statt des Umschalters eine Umkehrwalze (siehe Walze 4 in der Abbildung IV.48).

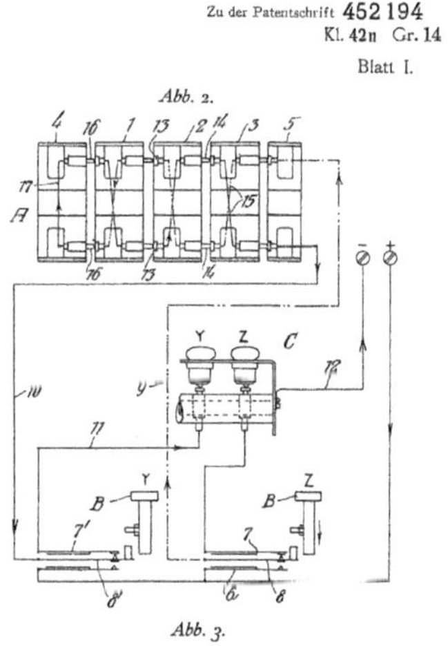

Abb. IV.48: Rotorenanordnung mit Umkehrwalze (siehe Nr. 4) Scherbius[265]

Die Umkehrwalze hat nur Kontakte auf einer Seite, die paarweise miteinander verdrahtet sind. In der Abbildung IV.48 ist ihre Funktionsweise schematisch dargestellt, allerdings nur sehr vereinfacht auf zwei Taster und Glühlampen, die jeweils mit Y und Z beschriftet sind. Wird der Taster Z (Klartext) gedrückt, ist der Stromkreis geschlossen und dank der Verdrahtung der Chiffrierwalzen leuchtet die Glühbirne Y (Geheimtext), d. h. Z wird durch Y verschlüsselt. Wird der Taster Y gedrückt, leuchtet die Lampe Z, d. h. Y wird durch Z entschlüsselt. Durch die Umkehrwalze, die nur die Aufgabe hat, den Strom nochmals durch die Chiffrierwalzen zu schicken, wird erreicht, dass mit der gleichen Einstellung entschlüsselt bzw. verschlüsselt werden kann. Mit dieser genialen und einfachen Methode hat Scherbius die Bedienung von Chiffriermaschinen revolutioniert.

---

[263] Zwischen den Buchstaben i und j wird bei der Berechnung nicht unterschieden.
[264] Scherbius (1918), S. 1
[265] Bild aus der Patentschrift 452194, (vgl. Scherbius 1927)

Des Weiteren ist Scherbius der Vater der sagenumwobenen deutschen Chiffriermaschine „Enigma", bei dieser Maschine handelt es sich um eine Rotorenmaschine mit einer Umkehrwalze, wie oben dargestellt. Sie wurde noch durch ein Steckerbrett (siehe Abbildung IV.49 vorne) ergänzt. Dieses Brett besteht aus 26 Kontakten, d. h. für jeden Buchstaben einen Kontakt. Durch diese Kontakte war es möglich, jeweils zwei verschiedene Buchstaben miteinander zu verbinden.

Abb. IV.49: Enigma der Wehrmacht (Deutsches Museum München)[266]

Durch das Steckerbrett wird die Anzahl der möglichen Schlüssel deutlich erhöht. Für eine Enigma mit drei Walzen und einem Steckerbrett mit 6 Kabeln berechnet sich die Anzahl der möglichen Schlüssel wie folgt:

- Jede Walze kann auf 26 verschiedene Arten eingestellt werden. So sind bei den drei verschiedenen Walzen $26^3 = 17.576$ unterschiedliche Einstellungen möglich (siehe Abbildung IV.49 hinten). Da die Walzen bis auf ihre innere Verdrahtung gleich sind, können sie untereinander vertauscht werden und können so auf 6 verschiedene Weisen in eine Enigma eingebaut werden. Das ergibt also insgesamt $6 \cdot 26^3 = 105.456$ Einstellungen der Walzen.

- Mit 6 verschiedenen Kabeln kann man aus 26 Buchstaben:

$$\frac{1}{6!}\left(\frac{26 \cdot 25}{2} \cdot \frac{24 \cdot 23}{2} \cdot \frac{22 \cdot 21}{2} \cdot \frac{20 \cdot 19}{2} \cdot \frac{18 \cdot 17}{2} \cdot \frac{16 \cdot 15}{2} \right) = 100.391.791.500$$

Buchstabenpaare auswählen.

---

[266] Eigenes Foto

- Durch die Multiplikation der beiden Zahlen erhält man die Anzahl der möglichen Schlüssel:

$$105.456 \cdot 100.391.791.500 = 1.0586.916.764.424.000$$

Durch den Artikel „ *'Enigma' Chiffriermaschine* "[267] in der *„Elektrotechnischen Zeitschrift"* von 1923 wird klar, dass Scherbius auch der Namengeber für diese Verschlüsselungsmaschine ist. Das Wort „Enigma" entstammt aus dem Griechischen und bedeutet soviel wie Rätsel bzw. Geheimnis. Die Erfolge und Niederlage der Enigma erlebte Scherbius nicht mehr, er starb 1929 infolge eines Unfalls.[268] Die Enigma wurde im Zweiten Weltkrieg in großer Stückzahl[269] von der deutschen Wehrmacht zur geheimen Kommunikation verwendet. Es gab sie in verschiedenen Ausführungen, beispielsweise hatte die Enigma des Heeres drei Rotorenplätze (siehe Abbildung IV.49), die der Luftwaffe vier Rotorenplätze.[270] Bis in unsere heutige Zeit ist sie weit über die Grenzen des Fachpublikums hinaus populär, was zahlreiche Bücher, Filme und Internetblogs zu diesem Thema beweisen. Ihre Besonderheit bestand in der Umkehrwalze, nahezu alle anderen Rotor-Chiffriermaschinen hatten diese nicht.[271] Unter anderem wurde ihr das zum Verhängnis. So schaffte es der englische Geheimdienst, allen voran Alan Turing sie zu entschlüsseln. Zur Analyse verschlüsselter Funksprüche entwickelte der englische Geheimdienst einen Vorläufer der heutigen Computer „Colossus", der aus 1500 Röhren bestand. Allerdings wurden nach dem Krieg alle diesbezüglichen Unterlagen vernichtet. (So geht der ENIAC[272] von J. Presper Eckert und John W. Mauchly (vollendet 1945) als der erste Computer in die Geschichte ein[273], also zwei Jahre nach Colossus[274]). Historiker sind der Meinung, dass durch die Entschlüsselung der Enigma die Länge des Zweiten Weltkriegs wesentlich verkürzt wurde.[275] So war die Kryptologie wieder, wie schon im alten Griechenland, wesentlich am Weltgeschehen beteiligt.

Die weiteren Entwicklungen nach dem Zweiten Weltkrieg standen ganz im Zeichen des Computers. Im Folgenden wird die Entwicklung einiger Meilensteine skizziert. 1973 veröffentlichte das National Bureau of Standards (NBS heute National Institute of Standards and Technology NIST) eine öffentliche Ausschreibung zum Entwurf eines einheitlichen und sicheren Verschlüsselungsalgorithmus.[276] Durch die Verbreitung und Einsatz des Computers war vor allem für die Kommunikation ein einheitliches Verschlüsselungssystem notwendig geworden. Dieses Vorgehen, die öffentliche Entwicklung des Verschlüsselungsalgorithmus, ist ganz im Sinne des Kerckhoffschen Prinzips. Erst im zweiten Anlauf reichte ein Team von IBM (International Business Machines Corporation) einen sinnvollen Vorschlag ein. 1976 wurde dieses Verfahren zum *„Data Encryption Standard"* (DES) festgelegt. Dieses Verschlüsselungssystem ist eine Blockchiffre, die den binären Klartext in Blöcke der Länge 64 Bit aufteilt und mit einem 56 Bit langen Schlüssel verschlüsselt. In den 16 Verschlüsselungsrunden werden die Zeichen der Blöcke durch Transpositionen und Substitutionen verändert. Da 1998 die Electronic Frontier Foundation (EFF) das DES mithilfe

---

[267] Scherbius, (1923), S. 1035
[268] Vgl. Singh (2006), S. 178
[269] Die Wehrmacht hatte circa 30.000 Stück.
[270] Für genauere Ausführungen vgl. „Ein kleiner Enigma-Führer" in Schmeh (2008), S. 139 ff.. Unter URL: http://www.eclipse.net/~dhamer/location.htm ist ein Katalog von 200 Exemplaren zu finden. (Stand: 20.09.2010)
[271] Schmeh (2008), S. 139
[272] Electronic Numerical Integrator and Calculator (ENIAC)
[273] Vgl. beispielsweise Singh (2007), S. 296
[274] Vgl. Copeland (2006), S.101
[275] Singh (2006), S.230
[276] Vgl. Wobst (1997), S. 114

eines Spezialchips über die Brute-force-Methode innerhalb von Tagen geknackt hatte, benötigte man einen Nachfolger.[277] So wurde im Jahre 2000 der „Advanced Encryption Standard" von der NIST zum Standard erklärt.

Parallel zu diesen Entwicklungen wurde die alte Frage, ob zwei Personen eine geheime Information austauschen können, ohne vorher über einen sicheren Kanal einen geheimen Schlüssel vereinbart zu haben, geklärt. Die erste befriedigende Antwort auf diese Frage kam von Ralph Merkel, einem renommierten amerikanischen Kryptologen und Forscher in der Nanotechnologie.[278] Er beschäftigte sich schon 1974 mit der Idee eines Schlüssel-austauschverfahren über einen unsicheren Kanal, veröffentlichte allerdings erst 1978 in seinem Artikel „Secure Communication Over Insecure Channels" [279] eine Lösung. Im Vorwort zu diesem Artikel schreibt er:

> *„According to traditional conceptions of cryptographic security, it is necessary to transmit a key, by secret means, before encrypted messages can be sent securely. This paper shows that it is possible to select a key over open communications channels in such a fashion that communications security can be maintained."*

Das in diesem Aufsatz beschriebene Verfahren ging als Merkle-Puzzle in die Geschichte der Kryptologie ein. Da Merkle diese Idee erst 1978 veröffentlichte, waren es die amerikanischen Kryptologen Whitfield Diffie und Martin Hellman, die wegen ihres bahnbrechenden Artikels „New Directions in Cryptography"[280] die Lorbeeren für die Lösung der alten offenen Frage, wie man ohne einen sicheren Kanal einen gemeinsamen, geheimen Schlüssel vereinbaren kann, ernteten. In diesem Artikel werden erstmals „Public-Key-Kryptosysteme" vorgestellt. Diese beschreiben Diffie und Hellman in der Einleitung wie folgt:

> *„In a public key cryptosystem enciphering and deciphering are governed by distinct keys, E and D, such that computing D from E is computationally infeasible (e.g., requiring 10^{100} instructions). The enciphering key can thus be publicly disclosed without compromising the deciphering key D. Each user of the network can, therefore, place his enciphering key in a public directory. This enables any user of the system to send a message to any other user enciphered in such a way that only the intended receiver is able to decipher it."[281]*

Im weiteren Verlauf des Artikels beschreiben sie ein mathematisches Verfahren, das heute nach ihnen benannte Schlüsselaustauschverfahren. Dieses ermöglicht die Vereinbarung eines gemeinsamen Schlüssels in Form einer Zahl über eine unsichere Verbindung. In Kapitel V wird das Schlüsselaustauschverfahren nach Diffie-Hellman erläutert. Experten bezeichnen dieses Verfahren als wichtigste Erfindung seit den polyalphabetischen Verschlüsselungen in der Renaissance.[282] Um die Rolle Merkles bei der Entwicklung von Public-Key-Krypto-systemen hervorzuheben, schreibt Hellman in einem späteren Artikel zur Namengebung:

> *"The system I called the ax1x2 system in this paper has since become known as Diffie-Hellman key exchange. While that system was first described in a paper by Diffie and me, it is a public key distribution system, a concept developed by Merkle, and hence should be called 'Diffie-Hellman-Merkle key exchange' if*

---

[277] Vgl. Ertel (2001), S. 56
[278] Vgl. seine Homepage URL: http://www.merkle.com/ (Stand: 21.09.10)
[279] Merkle (1978), S. 294 ff.
[280] Diffie (1976), S. 641 ff.
[281] Diffie (1976), S. 641
[282] Levy (2004)

names are to be associated with it. I hope this small pulpit might help in that endeavor to recognize Merkle's equal contribution to the invention of public key cryptography.[283]

Ein praktisch implementierbares Public-Key-Kryptosystem im Sinne von Diffie und Hellman veröffentlichten 1978 der amerikanische Mathematiker und Kryptologe Ronald L. Rivest zusammen mit dem israelischen Kryptologen Adi Shamir und dem amerikanischen Mathematiker Leonard M. Adleman in ihrem wegweisenden Artikel: *„A Method for Obtaining Digital Signatures and Public-Key Cryptosystems"*. Heute nennt man das in diesem Artikel dargelegte kryptologische Verfahren kurz RSA-Verfahren, wobei die ersten drei Buchstaben für die Namen der Entwickler Rivest, Shamir und Adleman stehen. Erwähnenswert ist, dass sie gleichzeitig einen Artikel auch an Martin Gardner schickten, der zu dieser Zeit eine Kolumne über mathematische Spielereien in der Zeitschrift *„Scientific American"* betreute.[284] Anscheinend hat Gardner dieses Verfahren so fasziniert, so dass er schon im August 1977 in seiner Kolumne über dieses Verfahren berichtete. So entstand die Kuriosität, dass die erste öffentliche Beschreibung des RSA-Verfahrens nicht in einer Fachzeitschrift, sondern auf den Unterhaltungsseiten einer Zeitschrift erfolgte. Für die Darstellung des RSA-Verfahrens in dieser Arbeit sei auf das Kapitel V verwiesen. An dieser Stelle sei noch die sehr interessante Einleitung zum benannten Fachartikel genannt. Rivest, Shamir und Adleman verweisen darin auf das Schlüsselaustauschverfahren von Diffie-Hellman und nahmen dieses zur Motivation, ein Verschlüsselungssystem zu entwickeln, das einerseits das Signieren von Nachrichten sowie den öffentlichen und doch geheimen Austausch von Nachrichten ermöglicht.

"Introduction
The era of 'electronic mail' ... may soon be upon us; we must ensure that two important properties of the current 'paper mail' system are preserved; (a) messages are private, and (b) messages can be signed. We demonstrate in this paper how to build these capabilities into an electronic mail system.
At the heart of our proposal is a new encryption method. This method provides an implementation of a 'public-key cryptosystem', an elegant concept invented by Diffie and Hellman ... Their article motivated our research, since they presented the concept but not any practical implementation of such a system."[285]

Aus heutiger Sicht der Dinge muss man sagen, dass nicht Rivest, Shamir und Adleman die Ersten waren, welche ein asymmetrisches Verschlüsselungsverfahren entwickelt hatten, sondern Clifford C. Cocks ein Mitarbeiter des Goverment Communications Headquaters. Er beschrieb 1973 in einem internen Dokument mit dem Titel „A NOTE ON 'NON-SECRET ENCRYPTION'" ein ähnliches Verfahren wie das RSA-Verfahren. Dieses Dokument leitete er wie folgt ein:

"A possible implementation is suggested of J H Ellis's proposed method of encryption involving no sharing of secret information (key lists, machine set-ups, pluggings, etc.) between sender and receiver."[286]

Somit kann man also festhalten, dass eigentlich Ellis und Cocks die Ersten waren, die ein Public-Key-Verfahren ähnlich dem RSA-Verfahren entwickelten, allerdings wegen der Geheimhaltung der Dokumente erst später zu Ehren kamen. 1997 wurde erst das interne

---

[283] Diffie (1978), S. 24
[284] Vgl. Schmeh (2008), S. 281
[285] Rivest (1978), S. 120
[286] Cocks (1973), S. 1

Dokument auf der Homepage der Communications-Electronics Security Group veröffentlicht.[287] In diesem Zusammenhang wurde auch veröffentlicht, dass 2 Jahre später, also schon 1975, das Schlüsselaustauschverfahren nach Diffie-Hellman von Malcolm Williamson, einem Mitarbeiter des Goverment Communications Headquaters (GCHQ, eine ähnliche britische Behörde, wie die NSA in den USA)[288] entdeckt wurde. Somit sind auch Diffie und Hellman nicht die Ersten gewesen, welche das nach ihnen benannten Verfahren entdeckt haben. Sehr interessant ist dabei, dass die Reihenfolge der Entdeckung der beiden Verfahren, RSA-Verfahren und Diffie-Hellman-Schlüsselaustauschverfahren in der öffentlichen bzw. geheimen Kryptologie in umgekehrter Reihenfolge stattfanden.

An der gesamten historischen Darstellung wird deutlich, wie lange sich die Menschheit schon mit kryptologischen Inhalten beschäftigt, auch gibt es viele Stellen der Weltgeschichte, an denen die Kryptologie eine wichtige Rolle spielt. Weitere nicht im Text erwähnte sind z. B. der Fall Maria Stuart, bei ihr war eine entschlüsselte Botschaft der willkommene Anlass, sie zu hängen, oder dass ein entschlüsseltes Telegramm der Anlass war, dass die USA 1917 in den Ersten Weltkrieg eingetreten sind etc.

---

[287] Levy (2004)
[288] Schmeh (2008), S. 285

V Bildungsrelevanz codierungstheoretischer und kryptografischer Inhalte unter besonderer Berücksichtigung weiterer fundamentaler Ideen

Die Vernetzung von Mathematik mit der Kryptologie wird sehr gut in dem folgenden Zitat beschrieben:

"Cryptography is a charming and rewarding way to introduce into the classroom subjects of traditional mathematics, algebra, modular arithmetic, computational linguistic, combinatorics, algorithms, statistical estimations and statistical tests."[1]

1 Perspektive der Didaktik der Mathematik

Einer Antwort auf die Frage nach der Bildungsrelevanz codierungstheoretischer und kryptologischer Inhalte aus der Perspektive der Mathematik möchte ich mich aus zwei verschiedenen Richtungen annähern: erstens über den allgemeinbildenden Charakter der Mathematik und zweitens über die fachlichen Vernetzungen der Mathematik mit den Codes und der Kryptologie. Es wurde dazu das Konzept der fundamentalen Ideen ausgewählt, da sich jede Wissenschaft die Frage stellen muss, *„aus welchen Grundlagen sie ihr Selbstverständnis bezieht und was ihre unverwechselbaren Denkweisen sind."*[2] *Bruner schreibt dazu in seinem* Buch *„The Process of Education"*[3] noch prägnanter:

"It is simple enough to proclaim, of course, that school curricula and methods of teaching should be geared to the teaching of fundamental ideas in whatever subject is being taught." [4]

1.1 Allgemeinbildender Charakter der Mathematik

Ausgehend vom allgemeinbildenden Anspruch unseres Bildungssystems leitet Winter[5] Anforderungen an den Mathematikunterricht an allgemeinbildenden Schulen ab:

„Der Mathematikunterricht sollte anstreben, die folgenden drei Grunderfahrungen, die vielfältig miteinander verknüpft sind, zu ermöglichen:

(1) Erscheinungen der Welt um uns, die uns alle angehen oder angehen sollten, aus Natur, Gesellschaft und Kultur in einer spezifischen Art wahrzunehmen und zu verstehen,

(2) mathematische Gegenstände und Sachverhalte, repräsentiert in Sprache, Symbolen, Bildern und Formeln, als geistige Schöpfungen, als eine deduktiv geordnete Welt eigener Art kennen zu lernen und zu begreifen,

(3) in der Auseinandersetzung mit Aufgaben Problemlösefähigkeiten, die über die Mathematik hinaus gehen, (heuristische Fähigkeiten) zu erwerben."[6]

Wie an den erwähnten Beispielen in den vorangegangenen Kapiteln deutlich wurde, kommen im täglichen Leben eine Vielzahl von Codierungen vor. Somit trägt das Wissen über sie zum Verständnis der Lebenswelt bei. Damit ist die erste Forderung von Winter durch das Wissen über Codes und Kryptologie erreichbar. Insbesondere Schüler können dann die technisierte

---

[1] Borelli (2002), S. 2
[2] Duden, Informatik (2001), S. 295
[3] Bruner (1960). Ein Bericht über die Konferenz von Woods Hole im September 1959.
[4] Ebd., S. 18
[5] Vgl. Kapitel IV
[6] Winter (1995), S. 1

Welt um sie herum besser verstehen. Außerdem bedienen sich nahezu alle Bürger in Deutschland moderner Kommunikations- und Informationsmedien und damit schon automatisch irgendwelcher codierungstheoretischer bzw. kryptologischer Verfahren. Allerdings bleibt den meisten Nutzern moderner Medien verborgen, dass sie diese Verfahren anwenden. Wie sich noch in den folgenden Abschnitten zeigen wird, steckt hinter diesen Verfahren jede Menge Mathematik, die dem Nutzer allerdings meist verborgen bleibt.

An dieser Stelle zeigt sich eine ganz typische Rolle der *„Mathematik als Technologie hinter den Technologien.“*[7] Daran werden mehrere Dinge deutlich. Erstens, dass es sich bei der Mathematik eigentlich um eine Hightech[8] Wissenschaft handelt, ohne sie würden die Neuen Medien wie CD, DVD, Handy, Computer etc. überhaupt nicht funktionieren. Zweitens wird an obiger Aussage deutlich, dass die Mathematik hinter den Technologien verschwindet. Heymann schreibt dazu: *„Diejenige Mathematik, auf der unser Lebensstandard beruht, ist in der Technik, die wir nutzen, sozusagen unsichtbar eingebaut. Sie macht sich selbst, aus der Sicht des Techniknutzers, überflüssig.“*[9]

Daraus folgt Timo Leuders, dass an exemplarischen Beispielen eine Weltorientierung vermittelt werden soll, die die Zusammenhänge zwischen Mathematik und Technologie wieder offenbar werden lassen.[10] Dabei bringt Leuders den schon in Kapitel IV erwähnten Begriff der Weltorientierung Heymanns in Verbindung mit der Mathematik und Technologie. Der Zusammenhang zwischen Mathematik und Technologie wird durch die Behandlung kryptologischer Elemente im Unterricht sehr gut erreicht und wird im weiteren Verlauf der Arbeit an ganz konkreten Beispielen illustriert.

Verkürzt kann man die erste Forderung Winters als *„Umwelterschließung“* auffassen, so findet man diese bei vielen verschiedenen Pädagogen und Didaktikern (z. B. Graumann 1993, Vollrath 2001) als eine Kernleitlinie für den Unterricht. Beispielsweise bezeichnet Zech sie als ein allgemeines fachbezogenes Lernziel für den Mathematikunterricht: *„die Fähigkeit Umwelterscheinungen mathematischer Art zu verstehen (und kritisch zu beurteilen) z. B. gehört es heute zur Allgemeinbildung, die Arbeitsweise eines Computers (Codierung, Decodierung, Approximationsverfahren), ..., zu durchschauen.“*[11] Bei Leuders geht der Begriff der Umwelterschließung in dem Begriff der mathematischen Hintergrundsbildung auf. Er geht für einen allgemeinbildenden Mathematikunterricht von folgender Idee aus, wobei er die mathematische Bildung in vier Kategorien einteilt:

- *„Mathematische Bildung als Vordergrundbildung:*
  ... Dieser Aspekt ist gemeint, wenn von funktionaler mathematischer Grundbildung die Rede ist. Hierzu gehört die sichere und reflektierte Verwendung mathematischer Kulturtechniken und eine Mündigkeit im Umgang mit Zahlen.

- *Mathematische Bildung als Hintergrundbildung:*
  Jenseits der unmittelbaren Verwendung von Mathematik in lebensweltlichen Kontexten ist ein grundlegendes Verständnis für die Mathematikhaltigkeit unserer Kultur, ihrer Wissenschaften und ihrer Technologien eine unabdingbare Komponente der Allgemeinbildung. ...

---

[7] Leuders (2003), S. 54
[8] Leuders (2003), S.54
[9] Heymann (1996), S. 8
[10] vgl. Leuders (2003), S. 54
[11] Zech (2002), S. 60

- *Mathematische Bildung als Expertenbildung:*
  Jenseits einer Mathematik für alle gibt es den gesellschaftlichen Bedarf, junge Menschen, die ein Interesse an mathematischen Themen haben oder einen mathematiknahen Berufswunsch hegen, mit speziellen Aspekten von Mathematik vertraut zu machen. ...

- *Mathematische Bildung als personale Bildung:*
  Eine allgemeinbildende Schule hat die Aufgabe, zur Kooperationsbereitschaft und zur Verantwortungsbereitschaft und zur Mündigkeit zu erziehen. "[12]

In dem vorliegenden Zusammenhang geht es um die mathematische Bildung als Hintergrundbildung. Leuders konkretisiert diese beispielsweise mit der Forderung, dass die Schüler *„die Rolle der Mathematik in den Technologien (z. B. Computeranwendungen, Informationstechnologie, Technik) verstehen"* sollen.[13]

Mit der zweiten Forderung spricht Winter die innere Welt der Mathematik an. *„Jeder Schüler sollte erfahren, dass Menschen imstande sind, Begriffe zu bilden und daraus ganze Architekturen zu schaffen."*[14] Als Beispiel nennt er den Begriff der Primzahl, welcher *„Veranlassungen zum Fragen, Experimentieren (auch mit dem PC), Vermuten, im Glücksfall zum Beweisen von Behauptungen"* bietet. Am Ende seiner Ausführungen über Primzahlen weist er auf die Aktualität der Primzahlen hin: *„Übrigens: Primzahlen finden heute Anwendung beim Verschlüsseln von Nachrichten."*[15] Damit gibt Winter einen wichtigen Hinweis darauf, dass es möglich ist, mit den Themen Codes und Kryptologie zu mathematischen Kernthemen vorzudringen, dieses wird sehr ausführlich im folgenden Kapitel gezeigt.

Mit der dritten Forderung spricht Winter an, was man früher den formalen Bildungswert nannte: *„Mathematik als Schule des Denkens"*[16]. Er ist der Meinung, dass dieses Unterrichtsziel durch *„die Förderung von Problemlösefähigkeiten, dabei insbesondere die Eingewöhnung in die immer bewusster werdende Nutzung heuristischer Strategien und mentaler Techniken."*[17] zu erreichen ist. Die Kryptologie hat auch das Potenzial dieses Ziel zu erreichen, das an folgendem Zitat eines italienischen Kollegen Massimo Borelli sehr deutlich wird:

> *"cryptographie stimulates the problem-solving skills of the pupils and enhances their argumentativ abilities, in a way, which is directly linked to the „soft" logic of natural languages."*[18]

Um eine geheime Botschaft entschlüsseln zu können, müssen oft Annahmen gemacht werden, die sich später als richtig oder falsch erweisen. Die tat z. B. Champollion bei der Entzifferung der Hieroglyphen, in dem er annahm, dass es sich bei den Hieroglyphen um eine phonetische Sprache handelt.

Insgesamt ist aus den obigen Ausführungen zu schließen, dass Codes und die Kryptologie zum allgemeinbildenden Mathematikunterricht ihren Beitrag leisten, im folgenden Kapitel wird dies noch konkretisiert.

---

[12] Leuders (2003), S. 49
[13] Leuders (2003), S. 54
[14] Winter (1995), S. 3
[15] Ebd.
[16] Ebd., S. 5
[17] Ebd.
[18] Borelli (2002), S. 2

1.2 Fundamentale Ideen der Mathematik

Das Konzept der fundamentalen Ideen[19] ist eine schon lange bzw. immer noch viel diskutierte Thematik in der Mathematikdidaktik. Warum dieses so interessant für die mathematikdidaktische Diskussion ist, erkennt man beispielsweise an der folgenden Forderung von Wittmann: *„Die Erklärungskraft der fundamentalen Ideen der Mathematik kann und soll von Anfang an ausgenutzt werden. Der Mathematikunterricht ist demgemäß vom Kindergarten bis zur Hochschule in einem Zug zu konzipieren.“*[20] Damit die Erklärungskräfte der fundamentalen Ideen genutzt werden können, müssen diese erst herausgearbeitet werden. Bisher gibt es keine abschließende Zusammenstellung für den Mathematikunterricht. Dazu meint Heymann, der die fundamentalen Ideen als zentrale Ideen für den Mathematikunterricht bezeichnet:

> *„Es wäre eine Illusion zu glauben, es ließe sich nun abschließend ein Katalog zentraler Ideen für einen zeitgemäßen Mathematikunterricht benennen, der die Schwächen der bereits vorliegenden Vorschläge vermeidet, in sich theoretisch konsistent ist und gleichzeitig eine Hilfe für die konkrete Gestaltung von Curricula darstellt.“*[21]

Einen Anfang zum Einsatz der fundamentalen Ideen im Mathematikunterricht machte der englische Mathematiker A.N. Whitehead. Zu Beginn des 20. Jahrhunderts stellt er fest:

> *„The study of mathematics is apt to commence in disappointment.“*[22]

Er macht in seinem Buch *„The Aims of Education“*[23] auf das folgende Problem aufmerksam:

> *„.... the pupils are bewildered by a multiplicity of detail, without apparent relevance either to great ideas or to ordinary thoughts. The extension of this sort of training in the direction of acquiring more detail is the last measure to be desired in the interest of education.“*[24]

Er fordert:

> *„The science as presented to young pupils must lose its aspect of reconditeness. It must, on the face of it, deal directly and simply with a few general ideas of far-reaching importance.“*[25]

Als solche allgemeine Ideen gibt Whitehead an: *„For the purposes of education, mathematics consists of the relations of number, the relations of quantity and the relation of space.“*[26] Als weiteres Beispiel nennt er noch *„functionality“*[27].

J. S. Bruner fordert im Jahre 1960 in seinem Buch *„The Process of Education“*[28], dass sich der Unterricht in einem Fach an den *„fundamentalen Ideen“* desselben orientieren soll. Diese Forderung wird an vielen Stellen des oben genannten Buchs deutlich, z. B.

---

[19] Wenn von fundamentalen Ideen der Mathematik die Rede ist, so sind diese unter dem Blickwinkel der Bildung zu sehen und nicht nur alleine ausschließlich aus der fachlichen Systematik.

[20] Wittmann (1981), S. 28

[21] Heymann (1996), S. 173

[22] Whitehead (1911, 1924), S. 8

[23] Erstauflage (1932)

[24] Whitehead (1970), S. 119

[25] Whitehead (1970), S. 119

[26] Whitehead (1970), S. 119

[27] Whitehead (1970), S. 125

[28] Bruner (1966) (10. Auflage).Ein Bericht über die Konferenz von Woods Hole im September 1959.

> *„Students, perforce, have a limited exposure to the materials they are to learn. How can this exposure be made to count in their thinking for the rest of their lives? The dominate view among men who have been engaged in preparing and teaching new curricula is that the answer to this question lies in giving students an understanding of the fundamental structure of whatever subjects we choose to teach."*[29]

Im Vorwort der deutschen Übersetzung (von W. Loch) zu Bruners Buch „*Der Prozeß der Erziehung*" ist eine gelungene Zusammenfassung seiner Aussagen zu finden,

> *„... das entscheidende Unterrichtsprinzip in jedem Fach oder jeder Fächergruppe ist die Vermittlung der Struktur, der ‚fundamental ideas', der jeweils zugrunde liegenden Wissenschaft ..."*[30]

Bruner wollte damit keinen neuen Begriff prägen, er selbst spricht nicht nur vom Begriff der *fundamental ideas*, sondern verwendet noch weitere Begrifflichkeiten z. B. *basic and general ideas*[31], *fundamental structur of a discipline*[32], *fundamental principles and ideas*[33] mit der prinzipiell gleichen Bedeutung.

Bruner sieht den Sinn fundamentaler Ideen ähnlich wie Whitehead. Er gibt vier generelle Vorzüge des Lehrens nach den fundamentalen Ideen an:

- *„The first is that understanding fundamentals makes a subject more comprehensible."*[34]

- *„The second point relates to human memory. ... unless detail is placed into a structured pattern, it is rapidly forgotten."*[35]

- *„Third, an understanding of fundamental principles and ideas, us noted earlier, appears to be the main road to adequate 'transfer of training'."*[36]

- *„The forth claim for emphasis on structure and principles in teaching is that by constantly reexamining material taught in elementary and secondary schools for its fundamental character, one is able to narrow the gap between advanced knowledge and elementary knowledge."*[37]

Welches sind nun nach Bruner fundamentale Ideen für den Mathematikunterricht? Eine Antwort auf diese Frage ist nur versteckt zu finden. Im Rahmen der Erklärungen zur „*Curriculum-Spirale*" erwähnt Bruner: *„If the understanding of number, measure and probability is judged crucial in the pursuit of science, then instruction in these subjects should begin as intellectually honestly and as early as possible in a manner consistent with the child's forms of thought."*[38]. Diese Stelle interpretieren Heymann und andere als einen Hinweis auf eine

---

[29] Ebd., S. 11
[30] Bruner (1980), S. 14
[31] Bruner (1966), S. 17
[32] Ebd., S. 25
[33] Ebd., S. 25
[34] Ebd., S. 23
[35] Ebd., S. 24
[36] Ebd., S. 25
[37] Ebd., S. 25
[38] Bruner (1966), S. 53

offene Liste fundamentaler Ideen nach Bruner[39]. Ganz allgemein gefragt, was macht nun eine fundamentale Idee aus?

Wie sein Vorgänger Whitehead gibt auch Bruner keine genaue Definition an, was er genau unter fundamentalen Ideen versteht. Bruner umschreibt diesen Begriff nur, z. B. *„It is the basic ideas that lie at the heart of all science and mathematics and the basic themes that give form to life an literature are as simple as they are powerful."*[40]

In der mathematikdidaktischen Diskussion in Deutschland wurde der Begriff der fundamentalen Ideen kontrovers diskutiert. So ergaben sich verschiedene Begriffe, die den Begriff der fundamentalen Ideen auf unterschiedliche Weise interpretieren: *„als mathematischer Kern, Kernidee, Leitidee, universelles Schema, Mutterstruktur, Mutterstrategie (vgl. Jung (1978), Schreiber (1979), Vollrath (1978), Wittmann (1973))."*[41]

An dieser Stelle sei ein Vorschlag von Fritz Schweiger zur Beschreibung, was man unter einer fundamentalen Idee versteht, herausgegriffen:

> *„Damit meine ich ein Bündel von Handlungen, Strategien oder Techniken, sei es durch lose Analogie oder durch Transfer verbunden, die*
>
> *(1)   in der historischen Entwicklung der Mathematik aufzeigbar sind,*
>
> *(2)   tragfähig erscheinen, curriculare Entwürfe vertikal zu gliedern,*
>
> *(3)   als Ideen zur Frage, was ist Mathematik überhaupt zum Sprechen über Mathematik, geeignet erscheinen, die daher*
>
> *(4)   den mathematischen Unterricht beweglicher und zugleich durchsichtiger machen können. Weiters erscheint mir*
>
> *(5)   eine Verankerung in der Sprache und Denken des Alltags, gewissermaßen ein korrespondierender denkerisch sprachlicher oder handlungsmäßiger Archetyp, notwendig zu sein.*"[42]

Eine weitere, fachübergreifende Orientierungshilfe zur Aufstellung fundamentaler Ideen, die u.a. auf dem Vorschlag Schweigers aufbaut, findet man bei Andreas Schwill in seinem Artikel *„Fundamentale Ideen der Informatik"*. Er selbst bezeichnet diese Orientierungshilfe als

> *„Definition:*
> *Eine fundamentale Idee (bzgl. einer Wissenschaft) ist ein Denk-, Handlungs-, Beschreibungs- oder Erklärungsschema, das*
>
> 1. *in verschiedenen Bereichen (der Wissenschaft) vielfältig, anwendbar oder erkennbar ist (Horizontalkriterium),*
>
> 2. *auf jedem intellektuellen Niveau aufgezeigt und vermittelt werden kann (Vertikalkriterium),*
>
> 3. *in der historischen Entwicklung (der Wissenschaft) deutlich wahrnehmbar ist und längerfristig relevant bleibt (Zeitkriterium),*
>
> 4. *einen Bezug zu Sprache und Denken des Alltags und der Lebenswelt besitzt (Sinnkriterium)."*[43]

---

[39] Vgl. Heymann (1996), S. 169
[40] Bruner (1966), S. 12
[41] Tietze (2000), S. 37
[42] Schweiger (1982), S. 103

Die Definitionen von Schweiger und Schwill sind sich ähnlich. So ist das Vertikalkriterium bei Schweiger in (2), das Zeitkriterium in (1) und das Sinnkriterium in (5) zu finden. Das Kriterium (4) beachtet Schwill nicht, da er dieses nicht als Kriterium versteht, sondern als Vorteil fundamentaler Ideen[44]. Den Punkt (3) sieht Schwill eher als einen philosophischen Aspekt. Das Zeitkriterium schafft eine Verbindung der fundamentalen Idee der Mathematik zum genetischen Prinzip aus Kapitel IV. So schreibt Horst Hischer, dass „ *... ein wesentliches Kennzeichen fundamentaler – neben anderen – darin besteht, daß sie in der historischen Entwicklung der Mathematik aufzeigbar sind, [so] liegt eine Nähe zum Konzept der ‚historischen Verankerung'*[45] *vor: ...* "[46] Für eine weitergehende Darstellung der Entwicklung fundamentaler Ideen in der mathematikdidaktischen Diskussion sei beispielsweise auf Knöß (1989), Humenberger (1995), Tietze (2000), Vohns (2007) oder Schweiger (2010) verwiesen. Vor allem der letztgenannte Autor widmet sich in seinem didaktischen Wirken diesem Thema sehr intensiv und gibt einen sehr guten Überblick zu den fundamentalen Ideen der Mathematik.

Im Verlauf der didaktischen Diskussion zur Thematik der fundamentalen Ideen ergaben sich verschiedene Sammlungen fundamentaler Ideen für die Mathematik und ihrer Teilgebiete (z. B. Schreiber (1979), Schweiger (1982), zu reellen Funktionen Fischer (1976), zur linearen Algebra Tietze (1979), zur numerischen Mathematik Müller (1980), zur Stochastik Heitele (1976)). Eine gute Übersicht verschiedener Sammlungen fundamentaler Ideen für den Mathematikunterricht findet man z. B. in Heymann (1996), Schweiger (1992), Tietze (2000). Auch findet man Sammlungen fundamentaler Ideen in anderen Wissenschaften z. B. für die Chemie siehe Schmidt 1981, für die Physik siehe Spreckelsen 1970, für die Informatik siehe Schwill (1993).

Angesichts dieser Vielfalt wurde hier die folgende Auswahl getroffen: Schreiber (1979), Tietze/Klika/Wolpers (2000), Heymann (1995) und Humenberger/Reichel (1996). Diese Auswahl begründet sich dadurch, dass es in dieser Arbeit im Kern nicht um ein spezielles mathematisches Gebiet gehen soll, sondern die Mathematik als Ganzes betrachtet wird. Außerdem wurde der Katalog von Humenberger/Reichel zur angewandten Mathematik mit ausgewählt, da in der Codierung und Kryptologie Mathematik zur Anwendung kommt.

Schreiber (1979)

Er stellt den folgenden provisorischen und unvollständigen Katalog von universellen Ideen zur Diskussion:[47]

1. Algorithmus („mechanische" Rechen- oder Entscheidungsverfahren; Idee des Kalküls; Berechenbarkeit; Programmierung)

2. Exhaustion (Approximation; angenähertes Herstellen von Formen; Modellieren)

3. Invarianz (Erhaltung von Eigenschaften an Objekten, die bestimmten Operationen unterworfen werden)

4. Optimalität (Eigenschaften von Formen, Größen, Zahlen etc., einer vorgegebenen Bedingung „bestmöglich" zu genügen)

---

[43] Schwill (1993), S. 23
[44] Ebd., S.22
[45] Mit der historischen Verankerung meint Hischer das historisch-genetische Prinzip (vgl. Hischer (1998), S. 11).
[46] Hischer (1998), S. 3
[47] Schreiber (1979), S. 167

5. Funktion (funktionale Abhängigkeit; eindeutige Zuordnung; Abbildung)

6. Charakterisierung (Kennzeichnung von Objekten durch Eigenschaften; Klassifikation von Objekten und Strukturen).

Tietze/Klika/Wolpers (2000):

Die Autoren arbeiten aus unterschiedlichen fachdidaktischen Quellen zu den fundamentalen Ideen der Mathematik, die sich auf die Mathematik als Ganzes beziehen, die folgenden Gemeinsamkeiten heraus: [48]

1. Algorithmus
2. Funktion
3. Approximation
4. Modellbildung.

Sie selbst ergänzen die obige Sammlung und legen sich auf folgende fundamentale Ideen bzw. universelle Ideen für den Mathematikunterricht für die Sekundarstufe II fest:[49]

1. Algorithmus
2. Funktion/Operator/Abbildung
3. Approximation/Approximieren
4. Modellbilden
5. Messen
6. Optimieren.

Humenberger/Reichel (1995):

Ihr Katalog bezieht sich auf fundamentale Ideen der angewandten Mathematik, wobei sie selbst ihren Katalog als einen Versuch ansehen:[50]

1. Modelle, Sprache und Übersetzungsvorgänge
2. Näherungsverfahren, Näherungswerte und Fehlerkontrolle
3. Stochastik
4. Optimieren
5. Algorithmen
6. Darstellen von Situationen unter einer „mathematischen Brille" – Heuristik
7. Vernetzen von mathematischen Sachverhalten – „Projekte" und „Facharbeiten".

Heymann (1996):

Auf der Basis eines allgemeinbildenden Mathematikunterrichts und aus der Forderung, dass der Mathematikunterricht u. a. auch der *„Stiftung kultureller Kohärenz"* dient, folgert Heymann die These, dass der Mathematikunterricht sich an zentralen Ideen, *„in deren Licht die Verbindung von Mathematik und außerschulischer Kultur exemplarisch deutlich wird"*[51], orientieren soll. Dabei fasst er das Konzept der zentralen Ideen im Sinne Bruners auf, jede Idee soll *„das mathematische Curriculum wie ein roter Faden vom Elementarunterricht bis*

---

[48] Tietze/Klika/Wolpers (2000), S. 38
[49] Tietze/Klika/Wolpers (2000), S. 40
[50] Humenberger/Reichel (1995), S. 30
[51] Nach Tietze/Klika/Wolpers (2000), S. 40

zur höheren Mathematik durchziehen können (Bruners ‚Spiralcurriculum')"[52]. Heymann nennt folgende Ideen:

1. Idee der Zahl
2. Idee des Messens
3. Idee des räumlichen Strukturierens
4. Idee des funktionalen Zusammenhangs
5. Idee des Algorithmus
6. Idee des mathematischen Modellierens.

Für einen besseren Überblick sind in der folgenden Übersicht die verschiedenen Listen fundamentaler Idee für die Mathematik zusammengefasst.

Verschiedene Listen fundamentaler Ideen für die Mathematik			
Schreiber	Tietze/Klika/Wolpers	Humenberger/Reichel	Heymann
1. Algorithmus 2. Exhaustion 3. Invarianz 4. Optimalität 5. Funktion 6. Charakterisierung	1. Algorithmus 2. Approximation/ Approximieren 3. Funktion/Operator/ Abbildung 4. Messen 5. Modellbilden 6. Optimieren	1. Modelle, Sprache und Übersetzungsvorgänge 2. Näherungsverfahren, Näherungswerte und Fehlerkontrolle 3. Stochastik 4. Optimieren 5. Algorithmen 6. Darstellen von Situationen unter einer „mathematischen Brille" 7. Vernetzen von mathematischen Sachverhalten	1. Zahl 2. Messen 3. Räumliches Strukturieren 4. Funktionaler Zusammenhang 5. Algorithmus 6. Mathematisches Modellieren

An der Zusammenfassung der verschiedenen Sammlungen fundamentaler Ideen werden deren Gemeinsamkeiten, aber auch deren Unterschiedlichkeit deutlich. Die Unterschiede basieren auf verschiedenen persönlichen Bewertungen und Zielsetzungen, wie z. B. bei Humenberger/Reichel, die fundamentalen Ideen für die angewandte Mathematik zusammenstellen.

Welche Gemeinsamkeiten der verschiedenen Sammlungen fundamentaler Ideen sind festzustellen?
Der Begriff des Algorithmus kommt überall vor. Wenn man eine etwas weiter gefasste Begriffsauffassung zulässt, die z. B. die Idee des funktionalen Zusammenhangs unter den Begriff der Funktion einordnet, kommen darüber hinaus die Begriffe Funktion, Optimieren und Modellbilden in drei von vier Katalogen vor. Daran ist die zentrale Bedeutung dieser Begriffe für die Mathematik bzw. den Mathematikunterricht zu erkennen.
Bei jedem Optimierungsverfahren handelt es sich um einen Algorithmus, z. B. beim linearen Optimieren um den Simplexalgorithmus. In weiterer Hinsicht kann man das Optimieren dem Modellbilden zuordnen, da meistens die Optimierung auf Phänomene der realen Welt angewendet wird. Graphentheoretische Anwendungen hierzu sind beispielsweise die Konstruktion eines minimalen Gerüsts (minimal spanning tree). Dies kann man dazu verwenden, dass ein U-Bahnsystem möglichst kostengünstig geplant oder dass der maximale Durchfluss von

---

[52] Heymann (1996), S. 173

einer Quelle zu einer Senke (maximal-flow-problem) bestimmt wird. Schulische Beispiele für Optimierungen, die man eher der Modellbildung zuordnen kann, sind Extremwertaufgaben aus dem Unterricht der Sekundarstufe II, die im Rahmen der Differentialrechnung behandelt werden (vgl. dazu z. B. Schupp (1984) oder Lambacher-Schweizer[53]). Bei allen diesen Optimierungen werden Messgrößen maximiert bzw. minimiert, somit ist das Optimieren auch mit der fundamentalen Idee des Messens verknüpft. Insgesamt ist festzuhalten, dass das Optimieren den stärksten Bezug zur fundamentalen Idee des Algorithmus zeigt, somit wird das Optimieren primär unter die Idee des Algorithmus subsumiert.

Da sich diese Arbeit vor allem auf einen allgemeinbildenden Mathematikunterricht bezieht, reichen die Ideen: *Algorithmus, funktionaler Zusammenhang* und *mathematisches Modellieren* nicht aus und werden noch durch die fundamentalen Ideen *Zahl* und *Messen* nach Heymann erweitert. Heymann gibt noch eine weitere fundamentale Idee an, die Idee des räumlichen Strukturierens. Er sieht das räumliche Strukturieren rein von der geometrischen Seite, er sagt: „ *... für Schüler dürfte der euklidische Raum in der Regel den geeigneten Rahmen darstellen, um der 'Idee des räumlichen Strukturierens' teilhaftig zu werden*"[54]. Bei der Reduktion auf räumliche Phänomene kommt das ebene Strukturieren zu kurz. Ich würde dabei nicht so weit wie Vohns gehen, der darin eine Marginalisierung des Arbeitens im Zwei-dimensionalen sieht.[55] Da allerdings bei dieser Einengung auf die Geometrie das logische Strukturieren nur implizit gemeint ist, möchte ich der Arbeit die allgemeinere fundamentale Idee des *Ordnens* zugrunde legen. Auch Schweiger, ein bekannter österreichischer Mathematikdidaktiker an der Universität Salzburg, sieht im Ordnen eine fundamentale Idee der Mathematik, er schreibt:

> „*Ordnung herstellen und den Überblick behalten, dies ist eine im Alltag tief ver-ankerte Tätigkeit. In der Geschichte der Mathematik lässt sich zeigen, dass schon sehr früh versucht wurde, eine Klassifikation des Materials anzustreben. Weiters ist Ordnen in allen Teilgebieten der Mathematik und auf verschiedenen Niveaus aufzufinden. Somit erfüllt das Ordnen die Kriterien für eine fundamentale Idee.*"[56]

Außerdem beinhaltet dieser Begriff auch das Ordnen im Sinne von Freudenthal, der es auch als eine mathematische Tätigkeit ansieht.[57]

Somit ergibt sich insgesamt die folgende Liste fundamentaler Ideen der Mathematik, die dieser Arbeit zugrunde gelegt wird:

- Algorithmus

- funktionaler Zusammenhang

- mathematisches Modellieren

- Zahl

- Messen

- Ordnen.

Tab. V.1: Liste fundamentaler Ideen der Mathematik, die dieser Arbeit zugrunde gelegt wird.

---

[53] Lambacher Schweizer 11, S. 183 ff.
[54] Heymann (1996), S. 176
[55] Vohns (2007), S. 91
[56] Schweiger (2010), S. 67
[57] Vgl. Freudenthal (1977), S. 50

Zur genaueren Erläuterung des obigen Katalogs fundamentaler Ideen der Mathematik werden exemplarisch zwei Ideen, der Algorithmus und das mathematische Modellieren, vertieft dargestellt.

Beim *Algorithmus* handelt es sich um einen sehr alten Begriff aus der Mathematik, Ziegenbalg meint dazu: *„Solange es Sprachen gibt, gibt es wohl auch Algorithmen."*[58] Bis ins 3. Jahrtausend v. Chr. lassen sich die Spuren von Algorithmen zurückverfolgen. So kannten schon die Babylonier (ca. 3000 - 200 v. Chr.) Algorithmen u. a. zum Wurzelziehen zur Lösung quadratischer Gleichungen. Aus Ägypten (ca. 3000 - 500 v. Chr.) ist beispielsweise als Algorithmus die *„ägyptische Multiplikation"* bekannt. In China wurde schon sehr früh ein Recheninstrument zum schnellen Ausführen von Rechenalgorithmen in der Form des Abakus, der sogenannte Suan-pan, verwendet. Seine Wurzeln lassen sich bis ins 11. Jahrhundert v. Chr. zurückverfolgen. Nicht zu vergessen ist die griechische Antike (800 v. Chr. - 600 n. Chr.). Aus dieser Zeit sind viele Algorithmen überliefert, z. B. der Euklidische Algorithmus[59] zur Bestimmung des größten gemeinsamen Teilers zweier Zahlen, das archimedische Verfahren[60] zur systematischen iterativen Bestimmung von π und das Sieb von Eratosthenes[61] zur Bestimmung von Primzahlen. Auch persisch-arabische Mathematiker hatten Einfluss auf die Entwicklung des Algorithmenbegriffs, sogar die Wurzel des Begriffs Algorithmus leitet sich etymologisch betrachtet aus dem Namen des Gelehrten

Abu Ja'far Mohammed ibn Musa al-Khowarizmi[62]

ab. Im Laufe der Sprachverschiebung wurde aus der Bezeichnung al-*Khowarizmi* der Begriff Algorithmus. Im Mittelalter entwickelten sich die Algorithmen, z. B. in Form der Rechenverfahren zur Addition, Subtraktion, Multiplikation und Division, weiter. Ein populäres Buch dazu ist *„Rechnen auff der Linihen"* (1518) vom deutschen Rechenmeister Adam Ries (1493-1559). In der neuzeitlichen Entwicklung war es beispielsweise Gottfried Wilhelm Leibniz[63], der die Idee einer logischen-mathematischen Universalsprache formulierte, mit der alle Probleme kalkülhaft *„durch Nachrechnen"* gelöst werden können. Für weitere Überlegungen der historischen Zusammenhänge sei auf Ziegenbalg (2007) verwiesen.

Was versteht man nun unter dem Begriff des Algorithmus?
In der Brockhaus Enzyklopädie findet man dazu:

> *„Algorithmus ... in der Mathematik ursprünglich das um 1600 in Europa eingeführte Rechnen mit Dezimalzahlen, heute jedes Rechenverfahren (als Gesamtheit von verschiedenen Rechenschritten), mit dem nach einem genau festgelegten, auch wiederholbaren Schema eine bestimmte Rechenaufgabe, wie umfänglich sie auch sein mag, in einer Kette von endlich vielen einfachen, z. B. einer Rechenmaschine übertragbaren Rechenschritten gelöst wird. ..."*[64]

Diese Definition schränkt den Begriff des Algorithmus auf Rechenverfahren ein, die nach endlich vielen Schritten zu einer Lösung kommen. Die folgende Definition von Ziegenbalg ist allgemeiner:

---

[58] Ziegenbalg (1985), S. 92
[59] Benannt nach dem griechischen Mathematiker Euklid von Alexandria ca. 360-280 v. Chr.
[60] Nach dem griechischen Mathematiker Archimedes von Syrakus ca. 287-212 v. Chr.
[61] Benannt nach dem griechischen Mathematiker Eratosthenes von Kyrene ca. 276-194 v. Chr.
[62] Ziegenbalg (2007), S. 19. Ins Deutsche übertragen: Mohammed, Vater des Ja'far, Sohn des Mose geboren in Khowarizmi.
[63] Deutscher Philosoph, Mathematiker etc. (1646-1716)
[64] Brockhaus Enzyklopädie, Band 1, S. 377.

> *„Ein Algorithmus ist eine endliche Folge von eindeutig bestimmten Elementar-*
> *anweisungen, die den Lösungsweg eines Problems exakt und vollständig be-*
> *schreiben."*[65]

Dabei geht er, dem heutigen Wissenschaftsverständnis Rechnung tragend, von einer sehr viel weiter gefassten Auffassung des Begriffs Algorithmus als nur dem reinen Zahlenrechnen aus.

Der deutsche Mathematiker Hermes (1912-2003) geht in seiner Definition des Algorithmus noch weiter, er lässt auch nicht abbrechende Algorithmen zu. Er kommt zu folgender Definition:

> *„Ein Algorithmus ist ein generelles Verfahren, mit dem man die Antwort auf jede*
> *einschlägige Frage durch eine simple Rechnung nach einer vorgeschriebenen*
> *Methode erhält. ... Wenn hier von einem ‚allgemeinen Verfahren' die Rede ist, so*
> *soll darunter stets ein Prozess verstanden werden, dessen Ausführung bis in die*
> *letzte Einzelheiten hinein eindeutig vorgeschrieben ist. Dazu gehört insbesondere,*
> *dass die Vorschrift in einem endlichen Text niedergeschrieben werden kann."*[66]

Als Beispiel für ein solches allgemeines Verfahren gibt er das Divisionsverfahren für natürliche Zahlen an. Ein weiteres Beispiel wäre die Iteration, die auf dem wiederholten Durchlaufen des immer gleichen Prozesses beruht. Somit sind Iterationen unter die Idee des Algorithmus subsumierbar.[67]

Mit dem Einzug des Computers in den Mathematikunterricht hat die Idee des Algorithmus an Aktualität hinzugewonnen, da der Computer die Universalmaschine zum Abarbeiten mathematischer Algorithmen ist. So wurde auf dem dritten internationalen Kongress für Mathematikdidaktik (Third international congress on mathematical education) 1976 in Karlsruhe die plakative Forderung aufgestellt:

„TEACH MATHEMATICS FROM AN ALGORITHMIC STANDPOINT"[68]

Aus dieser Forderung heraus wurden algorithmische Zugänge zur Mathematik für den Mathematikunterricht entwickelt z. B. die Berechnung von π nach Archimedes[69], die Lösung elementarmathematischer Probleme zur Lösung quadratischer Gleichungen[70], zur Modellierung dynamischer Prozesse[71]. Zur Rolle des Algorithmus und dessen Verhältnis zum Computer schreibt der bekannte Mathematikdidaktiker Arthur Engel:

> *„Die Haupttätigkeit des Menschen ist das systematische Lösen von Problemen.*
> *Ein Problem wird in zwei Schritten erledigt. Zuerst konstruiert man eine genau*
> *definierte Folge von Anweisungen zur Lösung des Problems. Dies ist eine*
> *interessante und geistreiche Tätigkeit. Dann kommt die Ausführung der An-*
> *weisung. In der Regel ist dies eine zeitraubende, langweilige Arbeit, die man*
> *einem Rechner überläßt."*[72]

Für den Mathematikunterricht bedeutet dies, Problemstellungen algorithmisch zu lösen, d. h. in erster Linie geht es um das Erstellen und Analysieren von Algorithmen, in zweiter Linie

---

[65] Ziegenbalg (2007, 1), S. 23
[66] Hermes (1971), S. 1
[67] Vgl. Weigand (1989), S. 16 ff. Er sieht Iterationen als Strukturelemente von Algorithmen an.
[68] Engel (1978), S. 269
[69] Engel (1977), S. 62 ff.
[70] Engel (1979), S. 52 ff.
[71] Dürr/Ziegenbalg (1984)
[72] Engel (1977), S. 6

geht es um das Arbeiten von Algorithmen, das sowieso von einer Maschine erledigt wird. Die Kunst ist es nur, die Maschine soweit zu bringen, dass sie das gewollte durchführt. Manche Autoren sehen die Verbindung zwischen dem Computer und dem des Algorithmus sogar so eng, dass sie den Begriff des Algorithmus mithilfe des Computers definieren: *„Algorithmus: eine Verarbeitungsvorschrift, die so präzise formuliert ist, dass sie von einem mechanisch oder elektronisch arbeitenden Gerät durchgeführt werden kann.“*[73] Allerdings soll in dieser Arbeit mit Blick auf den Mathematikunterricht nicht so weit gegangen werden, da der Algorithmus in der Entwicklungsgeschichte der Mathematik eine entscheidende Rolle spielte und nicht erst, seit es den Computer gibt.

Nachdem die *Idee des Algorithmus* dargestellt wurde, soll nun genauer auf die *Idee des mathematischen Modellierens* eingegangen werden. Dabei stellt sich zuerst die Frage: Was versteht man unter einem Modell? Eine gelungene Antwort auf diese Frage stammt von dem Physiker Heinrich Hertz:

> *„Wir machen uns innere Scheinbilder oder Symbole der äußeren Gegenstände, und zwar machen wir sie von solcher Art, dass die denknotwendigen Folgen der Bilder stets wieder die Bilder seien von naturnotwendigen Folgen der abgebildeten Gegenstände.“*[74]

In dieser Beschreibung kommt der Begriff Modell nicht vor, Hertz verwendet den Begriff *„innere Scheinbilder“*, die den Modellbegriff gut metaphorisch[75] umschreiben. Auch nennt er ein Kriterium, wann es sich um ein gutes Modell handelt, nämlich dann, wenn die Folgerungen aus dem Modell wieder Bilder der abgebildeten Realität darstellen.

Allerdings ist diese Beschreibung des Modellbegriffs noch nicht ausreichend, da beispielsweise Modelle zur Veranschaulichung abstrakter Begriffe nicht durch diese Beschreibung erfasst werden. Eine ausführliche Darstellung des Modellbegriffs findet man beispielsweise bei Herbert Stachowiak:

> *„Modelle sind zwar immer Modelle, von etwas, Abbildungen, Repräsentationen natürlicher oder künstlicher Originale (die selbst wieder Modelle sein können). Aber sie erfassen im allgemeinen ‚nicht alle‘ Originalattribute, sondern stets nur solche, die für die Modellbildner und/oder Modellverwender relevant sind. Modelle sind mithin ihren Originalen nicht per se zugeordnet; sie erfüllen ihre Ersatzfunktion stets a) für bestimmte Erkenntnis- und/oder Aktionssubjekte, b) innerhalb bestimmter Zeitintervalle der Originalpräsentation und c) relativ zu bestimmten Zwecken und Zielen, denen die Modellbildung und die Modellbildungen unterliegen.“*[76]

Diese Begriffsauffassung geht sehr viel weiter als die von Hertz, sie enthält u. a. die folgenden Kategorien:

- *Modelle der mathematischen Logik*

- *ideelle Modelle*

- *materielle Modelle.*[77]

---

[73] Duden Informatik, S. 43

[74] Hertz (1894), S. 1

[75] Vgl. Ortlieb (2009), S. 3

[76] Stachowiak (1980), S. 29

[77] Vgl. Thomas (2000), S. 39

Modelle der mathematischen Logik sind gültige Interpretationen mathematischer Strukturen:

> *„A possible realization in which all valid sentence of a theory T are satisfied is called a model of T."*[78]

Beispiele für Modelle dieser Form wären die rationalen Zahlen mit der Verknüpfung der Addition und der Multiplikation als ein Modell für einen Körper oder die Menge der Deckabbildungen eines regelmäßigen n-Ecks mit der Verknüpfung der Hintereinanderausführung als ein Modell für eine Gruppe.

Ideelle Modelle sind Denkmodelle der Realität, die Hypothesen bzw. Voraussagen über die Realität zulassen, also Modelle ganz auch im Sinne von Hertz. Beispiele wären hier die Theorie des Elektromagnetismus zur Beschreibung elektromagnetischer Phänomene oder die Vererbungslehre nach Mendel zur Beschreibung der Vererbbarkeit von Merkmalen bei Erbsen.
Materielle Modelle sind Nachbildungen bzw. Abbildungen der Realität. Diese Kategorie ist sehr weitreichend, von einer realistischen Nachbildung eines Originals, z. B. Schiffsmodelle oder die Veranschaulichung eines ideellen Modells, z. B. ein Spielwürfel als Modell für das ideelle Modell des Würfels, bis hin zur Abbildung eines realen Vorgangs durch ein Computersystem, z. B. E-Cash als eine Abbildung des Geldes der realen Welt in die der virtuellen Welt des Internets.

Die Darstellung des Modellbegriffs von Stachowiak enthält noch mehr, er beschreibt[79] u. a. die reduzierende Eigenschaft von Modellen in Bezug auf das Original, welche ganz im Sinne des Modellbildners sein können. Somit erhält ein Modell einen subjektiven Charakter. Dies wird auch in der folgenden Anmerkung sehr deutlich: *„Modellbildungen unterliegen hiernach dem Frageschema: Modell, wo von, für wen, wann und wozu."*[80]

Die Idee des Modellbildens wurde in der fachdidaktischen Diskussion zum Mathematikunterricht aufgenommen, sodass man zum Begriff des *„mathematischen Modellierens"* kam. Durch das mathematische Modellieren kann sehr allgemein und gleichzeitig recht elementar die Beziehung der Mathematik zur Welt außerhalb der Mathematik beschrieben werden. Heymann schreibt dazu:

> *„Immer, wenn Mathematik zur Beschreibung und Klärung von Sachsituationen und zur Lösung realer Probleme eingesetzt wird, wird ein mathematisches Modell konstruiert (bzw. auf ein bereits vorliegendes Modell zurückgegriffen). Die anhand eines solchen Modells gewonnenen Aussagen über die interessierende Sachsituation oder Lösung des zu untersuchenden Problems sind nicht losgelöst vom Modell gültig. Sie sind interpretationsbedürftig und müssen auf ihre Sachangemessenheit geprüft werden."*[81]

Diese Idee des Modellbildens bzw. Anwenden von Mathematik wird meist in Form eines Modellierungskreislaufs zusammengefasst (vgl. u. a. Blum (1985), Schupp (1988), Henn (1992), Greefrath (2007)).

Die Darstellung des Modellbildungskreislaufs (vgl. Abbildung) basiert auf der Idee, dass es einerseits die Realität, also die Welt außerhalb der Mathematik gibt. Andererseits gibt es die Welt der Mathematik. Ausgangspunkt jeder Modellbildung ist ein reales Problem, dass aus

---

[78] Tarski nach Suppes (1961), S. 163
[79] Für ein weiters Studium sei auf Stachowiak (1980) verwiesen.
[80] Stachowiak (1980), S. 29
[81] Heymann (1996), S. 181

einer realen Situation entstammt. Da dieses Problem meistens nicht in seiner gesamten Komplexität zu lösen ist, wird es idealisiert, vereinfacht, strukturiert und präzisiert. Ist dies erfolgt, erhält man ein reduziertes Abbild der Realität, das reale Modell. Das reale Modell enthält – ganz im Sinne von Stachowiak – nur noch Attribute, die dem Modellbildner wichtig sind. Im nächsten Schritt wird das reale Modell in die Welt der Mathematik übertragen, also mathematisiert, d. h. die Daten, Relationen, Begriffe etc. werden durch mathematische Objekte ausgedrückt. So ergibt sich ein mathematisches Modell in Form einer Aufgabe. Danach kommt das mathematische Kalkül zum Zuge und die Aufgabe wird berechnet. Schließlich erhält man ein rechnerisches Resultat, welches noch validiert, d. h. in die reale Situation zurückinterpretiert werden muss, es werden die Folgen des rechnerischen Ergebnisses ermittelt. Ist man mit dem Ergebnis der Validierung zufrieden, ist die Aufgabe beendet und das Ausgangsproblem ist gelöst. Falls nicht, muss man den Vorgang solange wiederholen, bis man ein zufrieden stellendes Ergebnis erreicht hat. Bei diesen Betrachtungen sollte man noch beachten, dass es sich hier um keinen Kreislauf im strengen Sinne handelt. Wenn einem beispielsweise die Mathematisierung nicht gelingt, muss man nochmals eine Vereinfachung der realen Situation vornehmen, man springt also zwei Schritte zurück. Mittlerweile gibt es eine Vielzahl von Aufgaben für den Mathematikunterricht, die diese Art des Modellierens benötigen (vgl. dazu z. B. Materialien für einen realitätsbezogenen Mathematikunterricht der Istron Gruppe (verschiedene Jahrgänge), Ruwisch & Peter-Koop (2003), Greefrath (2007), Maaß (2007)).

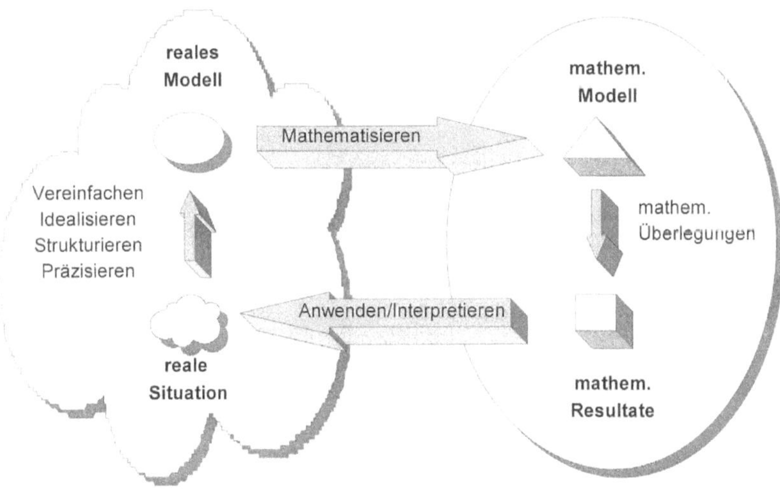

Abb. V.1: Modellbildungskreislauf in Anlehnung an Blum

Die Sammlung fundamentaler Ideen (Tab. V.1), die dieser Arbeit zugrunde liegt, scheint die fundamentalen Ideen anderer Autoren: *Exhaustion, Invarianz, Charakterisierung, Approximation, Näherungsverfahren, Stochastik, Darstellen von Situationen unter einer „mathematischen Brille", Vernetzen von mathematischen Sachverhalten* nicht zu berücksichtigen.

Dies sieht nur auf den ersten Blick so aus, die oben genannten fundamentalen Ideen sind in dem für diese Arbeit zusammengestellten Katalog (Tab. V.1) in einer gewissen Form bereits enthalten, was in Folgendem erläutert wird.

Die Methode der *Exhaustion* hat ihre Wurzeln in der Antike und geht vermutlich auf den griechischen Mathematiker Eudoxos von Knidos (397-390 v. Chr.) zurück, er *„entwickelte Verfahren, den Flächeninhalt krummlinig berandeter Gebiete bzw. das Volumen krummflächig begrenzter Körper durch ‚Ausschöpfen' mit einfachen Figuren, wie Dreiecken, Quadraten oder Würfeln, immer genauer anzunähern."*[82] Eines der bekanntesten Beispiele in diesem Zusammenhang ist das Näherungsverfahren zur Bestimmung der Zahl π nach Archimedes, dessen Grundidee darin besteht, einen Kreis durch n-Ecke auszuschöpfen. An diesem Beispiel wird deutlich, dass eine Exhaustion nichts anderes als das Erstellen und Abarbeiten einer Iteration darstellt. Damit handelt es sich um einen Algorithmus mit der besonderen Zielsetzung des Ausschöpfens. Somit ist die Exhaustion als ein Spezialfall eines Algorithmus unter die fundamentale Idee des Algorithmus subsumierbar.

Die Exhaustion nimmt Schreiber explizit als Idee in seinen Katalog der universellen Ideen für den Mathematikunterricht auf. Allerdings sieht er den Begriff der Exhaustion deutlich differenzierter, er unterscheidet in diesem Zusammenhang zwischen einer ideellen und einer reellen Exhaustion[83]. Unter der ideellen Exhaustion versteht er, dass die Annäherung gedanklicher Natur ist, z. B. Polygone approximieren einen Kreis oder Dezimalbrüche approximieren die Lösung einer algebraischen Gleichung. Außerdem versteht er auch die Annäherung eines mathematischen „Modells" an eine Realsituation als ein Beispiel für eine ideelle Exhaustion, so erweitert er die mathematisch orientierten Beispiele durch ein eher philosophisch orientiertes Beispiel. Unter der reellen Exhaustion versteht er, dass die Annäherung eher der physischen Wirklichkeit entspringt, z. B. Maßstäbe als Instrument zur Längenmessung, flach geschliffene Platten als Beispiele für Ebenenstücke. Diese Gedanken fassen Tietze/Klika/Wolpers als *„sukzessive Approximation und ... Modellieren im Sinne einer stufenweise Verbesserung des Modells"*[84] zusammen. Daher zeigt die Exhaustion im Sinne von Schreiber auch einen Zusammenhang zur Idee des mathematischen Modellierens auf und ist durch diese Idee berücksichtigt.

Die *Invarianz* ist bei den fundamentalen Ideen von Schreiber zu finden. Er versteht die Invarianz als *„Erhaltung von Eigenschaften an Objekten, die bestimmten Operationen unterworfen werden."*[85] Als Beispiel für diese Auffassung gibt er den Gruppenbegriff und strukturerhaltende Abbildungen aus der Algebra an, welche unter die Idee des Strukturierens, also hier des Ordnens subsumieren werden.

Unter dem Begriff der *Charakterisierung* versteht Schreiber: *„Kennzeichnung von Objekten durch Eigenschaften; Klassifikation von Objekten und Strukturen"*[86]. Diese Idee geht direkt in der Idee des Ordnens auf.

Eine weitere scheinbar unberücksichtigte Idee in der Liste der fundamentalen Ideen (vgl. Tab. V.1) ist die *Approximation*.

---

[82] Lexikon der Mathematik (2003), Stichwort: Exhaustionsmethode
[83] Schreiber (1979), S. 168
[84] Tietze/Klika/Wolpers (2000), S. 39
[85] Schreiber (1979), S. 167
[86] Ebd.

Als Definition des Begriffs Approximation findet man beispielsweise im Brockhaus: *„Näherung, die angenäherte algebraische oder geometrische Bestimmung beziehungsweise Darstellung einer mathematischen Größe (Zahl, Funktion und Ähnliches) durch einfachere mathematische Zusammenhänge. Mithilfe von Approximationen lassen sich unbekannte oder nur kompliziert (beziehungsweise nicht exakt) darstellbare Größen (z. B. nichtperiodische Dezimalzahlen) annähernd berechnen und komplizierte Funktionen durch einfachere ersetzen."*[87] Nach dieser Definition hat die Approximation zwei Gesichter, einerseits die näherungsweise Berechnung eines mathematischen Sachverhalts, andererseits die näherungsweise Bestimmung bzw. Darstellung eines mathematischen Sachverhalts durch einen einfacheren mathematischen Ausdruck. Für den ersten Fall sind gute Beispiele numerische Verfahren z. B. das Heron-Verfahren zur Bestimmung der Quadratwurzel aus der Arithmetik und z. B. die Regression aus der Statistik. Beispiele für den zweiten Fall sind aus der numerischen Mathematik die Interpolationen oder aus der Analysis der Satz von Taylor. Zielsetzung dieser Approximationen ist es, *„die Abweichung vom Original so klein wie nur irgend möglich zu machen"*[88]. Mit anderen Worten, die Differenz zwischen der Näherung, d. h. dem Modell zum Zielobjekt, soll möglichst klein sein. Oft geht man bei diesen Verfahren schrittweise vor, dann handelt es sich um eine besondere Form der Iteration, die sich sukzessive an die exakte Lösung annähert. Da die Iteration unter die Idee des Algorithmus subsumiert wird, ist also die Approximation ebenfalls unter dieser Idee subsumierbar. Die Iteration wird auch als *„sukzessive Approximation"*[89] bezeichnet, man vergleiche dazu Tietze/Klika/Wolpers (2000). Statt schrittweise kann man einen mathematischen Sachverhalt auch durch einen einfacheren mathematischen Ausdruck annähern, z. B. durch eine Linearisierung. Hierbei wird ein mathematisch komplizierter Ausdruck durch ein lineares Modell angenähert und für die tatsächliche Berechnung (z. B. der Tangente) bedient man sich eines Algorithmus. Daher wird dieser Teilbereich der Idee der Approximation unter die Idee des mathematischen Modellierens und die Idee des Algorithmus subsumiert.

Eine weitere scheinbar unberücksichtigte Idee in der Tab. V.1 sind *Näherungsverfahren* (Näherungswerte und Fehlerkontrolle). Diese stehen als eine fundamentale Idee im Katalog von Humenberger/Reichel. Es sind *„mathematische Verfahren zur näherungsweisen Ermittlung eines gesuchten Wertes. Ist eine Aufgabe, etwa eine Gleichung, nicht exakt lösbar und soll dennoch ein Wert gefunden werden, der näherungsweise der exakten Lösung entspricht, so ermöglicht ein Näherungsverfahren durch systematisches schrittweises Vorgehen, die Differenz zwischen der angenäherten und der exakten Lösung mit jedem Schritt zu verkleinern. Das Näherungsverfahren kann abgebrochen werden, sobald die Näherungslösung eine den äußeren Bedingungen der Aufgabe genügende Genauigkeit erreicht hat."*[90] Nach dieser Definition handelt es sich bei einem Näherungsverfahren, wie bei der Approximation um besondere Iterationen, die unter die Idee des Algorithmus subsumiert werden.

In der Tab. V.1 scheint eine weitere fundamentale Idee von Humenberger/Reichel die *Stochastik* unberücksichtigt zu sein. Humenberger/Reichel verstehen den Begriff Stochastik als einen *„Sammelbegriff für die Wahrscheinlichkeitsrechnung und Statistik"*[91].

Der erste Teil der Stochastik – die Wahrscheinlichkeitsrechnung – befasst sich mit der Beschreibung zufallsbedingter Phänomene. Wenn man beim mathematischen Modellbilden von

---

[87] Brockhaus online Enzyklopädie, Stichwort: Approximation
[88] Tietze/Klika/Wolpers (2000), S. 211
[89] Ebd.
[90] Brockhaus online Enzyklopädie, Stichwort: Näherungsverfahren
[91] Humenberger/Reichel (1995), S. 147

einem deterministischen und einem probalistischen Modellbilden ausgeht, findet man in der Wahrscheinlichkeitsrechnung beide Elemente des mathematischen Modellbildens. Einerseits das deterministische Modellbilden, beispielsweise bei der Bestimmung von Anzahlen (z. B. in der Kombinatorik: Permutationen). Andererseits spielt das probalistische Modellbilden, beispielsweise bei der Bestimmung von Gewinnwahrscheinlichkeiten (z. B. Laplace-Wahrscheinlichkeit) die zentrale Rolle. Im zweiten Teil der Stochastik – der Statistik – geht es im mathematischen Sinne um *„das Auswerten von Beobachtungsergebnissen (deskriptive Statistik) und des Schlusses von einer Stichprobe auf eine Grundgesamtheit (schließende Statistik) mit möglichst kleiner Irrtumswahrscheinlichkeit.“*[92] Wenn man dabei auch wieder von einem deterministischen und einem probalistischen Modellbilden ausgeht, sind beide Spielarten des Modellbildens in der Statistik zu finden. In der beschreibenden (deskriptiven) Statistik bedient man sich hauptsächlich dem deterministischen Modellbilden, z. B. Lageparameter (Median, etc.) bei univarianten Datenverteilungen. Hingegen spielt in der schließenden (induktiven) Statistik das probalistische Modellbilden eine zentrale Rolle, z. B. in der Testtheorie (z. B. χ^2-Test).

In der Tab. V.1 ist die fundamentale Idee *Darstellen von Situationen unter einer ‚mathematischen Brille‘ – Heuristik* von Humenberger/Reichel nicht direkt erkennbar. Für den ersten Teil dieser Idee, dem *„Darstellen von Situationen unter einer ‚mathematischen Brille‘“*, geben die Autoren keine klare Definition an, sondern erklärende Beispiele, z. B. grafische Darstellungen von Funktionen, die alle mit einem realen Modell verbunden sind. Daher ist dieser Teil der oben genannten fundamentalen Idee unter die Idee des mathematischen Modellbildens subsumierbar. Im zweiten Teil der oben genannten fundamentalen Idee geht es um die Heuristik, d. h. *„Lehre, Wissenschaft von den Verfahren, Probleme zu lösen“*[93]. In der mathematikdidaktischen Literatur spricht man auch kurz von der *„‚Methodik‘ des Problemlösens“*[94]. Diese Idee ist in allen fundamentalen Ideen in der Tab. V.1 enthalten, bei jeder werden Methoden des Problemlösens benötigt. Beispielsweise hat das mathematische Problem, der Bestimmung der Länge der Raumdiagonalen in einem rechteckigen Klassenzimmer, Bezüge zu der fundamentalen Idee des Messens (das Klassenzimmer muss vermessen werden), des Ordnens (es sind geometrische Überlegungen zur Lösung des Problems anzustellen), des Modellierens (das Klassenzimmer kann auf einen Quader reduziert werden) und des Algorithmus (zum Erhalt des rechnerischen Ergebnisses muss eine Gleichung gelöst werden).

Bei der letzten fundamentalen Idee von Humenberger/Reichel *„Vernetzen von mathematischen Sachverhalten“* handelt es sich um keine fundamentale Idee der Mathematik, sondern um ein didaktisches Prinzip des Mathematikunterrichts. Didaktische Prinzipien sind nach Wittmann *„methodologisch gesehen Regeln zur Konstruktion von Unterrichtsvorlagen im Rahmen einer praktischen Unterrichtslehre“*[95]. Übertragen auf die obige Idee bedeutet dies, dass der Mathematikunterricht so angelegt sein soll, dass die Inhalte miteinander verbunden werden sollen, damit sie nicht nur einzeln für sich stehen, sondern ein möglichst festes Begriffsgefüge ergeben. Freudenthal spricht in diesem Zusammenhang von beziehungshaltigem Unterricht, den er wie folgt beschreibt:

---

[92] Lexikon der Mathematik (2003), Stichwort: Statistik
[93] Duden (2005), Das Fremdwörter, S. 404
[94] Zech (2002), S. 307
[95] Wittmann (1981), S. 34

„Es ist an und für sich ein gesunder Standpunkt, daß man nicht isolierte Brocken, sondern kohärentes Material lernen soll. Nur muß man den Zusammenhang recht verstehen ... Auch die mathematischen Begriffe müssen zusammenhängen, aber der Zusammenhang kann und braucht kein unmittelbarer zu sein. Es gibt ja viele Beziehungen ... Will man zusammenhängende Mathematik unterrichten, so muß man in erster Linie die Zusammenhänge nicht direkt suchen; man muß sie längs der Ansatzpunkte verstehen, wo die Mathematik mit der erlebten Wirklichkeit des Lernenden verknüpft ist. Das – ich meine die Wirklichkeit – ist das Skelett, an das sich die Mathematik festsetzt, und wenn es erst scheinbar zusammenhangslose Elemente sein mögen, so erfordert es Zeit und Reifung, die Beziehungen zwischen ihnen zustande zu bringen."[96]

Im Unterricht kann man beispielsweise die Vernetzung der Geometrie und Algebra fördern, in dem z. B. die binomischen Formeln durch Rechtecke und Quadrate visualisiert werden. In den Ausführungen in Kapitel 1.3 und 1.4 wird gezeigt, dass es sich bei den Codes und der Kryptologie um sehr beziehungshaltige Themen handelt.

In der Tab. V.1 fällt auf, dass die Geometrie fehlt. Wo sind die fundmentalen Ideen der Geometrie wie z. B. Symmetrie, räumliches Denken, Abbildungen (Transformationen, Bewegungen)?

Die Symmetrie wird unter die Idee des Ordnens subsumiert, meist verwendet man diese, um verschiedene Objekte zu ordnen z. B. beim Haus der Vierecke. Auch das räumliche Denken fällt unter die fundamentale Idee des Ordnens, da wie oben schon erwähnt das räumliche Strukturieren bereits im Ordnen enthalten ist. Abbildungen werden in der Geometrie meist verwendet, um Eigenschaften geometrischer Objekte zu beschreiben, daher gehören sie zur Idee des Ordnens. Des Weiteren handelt es sich bei jeder geometrischen Abbildung um eine Funktion, so sind diese auch in die Idee des funktionalen Zusammenhangs einzuordnen.

1.3 Codierung und Kryptologie im Spiegel der fundamentalen Ideen der Mathematik

Die Tab. V.1 dient als Ausgangspunkt für die Frage, inwieweit Inhalte aus der Codierung und der Kryptologie zur Vermittlung fundamentaler Ideen einen Beitrag leisten.

1.3.1 Algorithmus

Für die folgenden Betrachtungen wird vom Begriffsverständnis von Ziegenbalg für den Begriff des Algorithmus ausgegangen, da in der Codierung und der Kryptologie nicht abbrechende Algorithmen, wie sie Hermes zulässt, nur eine untergeordnete Rolle spielen.
Das algorithmische Arbeiten soll in zwei verschiedene Kategorien unterteilt werden: Einerseits das Arbeiten mit Algorithmen auf der Objektebene, d. h. das Durchführen eines Algorithmus. Andererseits das Arbeiten mit Algorithmen auf der Metaebene des Problemlösens, d. h. zur Lösung eines Problems bedient man sich eines Algorithmus. Aber welchen Algorithmus verwendet man? Wenn man mehrere Algorithmen zur Verfügung hat, die ein vorliegendes Problem evtl. lösen könnten, probiert man einen Algorithmus nach dem anderen aus, solange, bis man zu einer entsprechenden Lösung kommt. Dieses Vorgehen sei in dieser Arbeit als *„algorithmische Heuristik"*[97] bezeichnet.

---

[96] Freudenthal (1973), S. 76 ff.
[97] Vgl. Ziegenbalg (2007), S. 101

Bei dem weiten Begriffsverständnis ergeben sich sehr viele algorithmische Vorgehensweisen in der Codierung und Kryptologie.

In der Codierung handelt es sich bei jedem Codier- und Decodiervorgang prinzipiell um einen algorithmischen Vorgang. Die denkbar einfachste Variante wäre das Heraussuchen eines Codes aus entsprechenden Codebüchern. Schwierigere Beispiele sind hierzu komplexere Codierungen wie beispielsweise das Abspeichern einer Information in einem speziellen Dateiformat oder das Umformatieren einer Datei in ein anderes Format. Ein ganz besonderes Beispiel in diesem Zusammenhang stellt der Huffman-Algorithmus[98], ein Komprimierungsverfahren benannt nach David Huffman (1925-1999), dar. Es ist eines der wenigen schulischen Beispiele für einen Algorithmus, der nicht eine Zahl als Endergebnis liefert, sondern eine komplexere Datenstruktur, einen Codebaum. Darüber hinaus ist das Endergebnis des Huffman-Algorithmus nicht eindeutig, es existieren mehrere richtige Lösungen mit gleichwertigen Eigenschaften. Dies widerspricht im Allgemeinen den schulischen Erfahrungen der Schüler, die es gewohnt sind, dass man nach dem Abarbeiten eines Algorithmus eine eindeutig bestimmte Zahl als Endergebnis geliefert bekommt. Damit hebt er sich deutlich von den gängigen rechnerischen Schulalgorithmen, z. B. der schriftlichen Addition, ab.

In der Kryptologie ist die Frage nach dem algorithmischen Arbeiten differenzierter zu betrachten. So wird bei jeder Verschlüsselung einer Nachricht algorithmisch vorgegangen, z. B. bei der Cäsar-Verschlüsselung, dem Vigenère-Verfahren oder dem RSA-Verfahren.

Das algorithmische Vorgehen soll exemplarisch am Vigenère-Verfahren erläutert werden. Das Vigenère-Verfahren bedient sich des Vigenère-Tableaus[99], welches aus einem Klartextalphabet und 26 verschiedenen Geheimtextalphabeten besteht, die man durch zyklisches Vertauschen erhält. Zur Chiffrierung müssen beide Kommunikationspartner ein gemeinsames Schlüsselwort vereinbaren. Dieses Schlüsselwort wird über den Klartext notiert und gibt an, mit welchem Geheimtextalphabet der darunter stehende Klartextbuchstabe verschlüsselt werden soll. Ist der Klartext länger als das Schüsselwort, so wird es einfach wiederholt, bis jeder Buchstabe des gesamten Klartextes mit einem Buchstaben des Schlüsselworts versehen ist. Durch folgendes Beispiel wird die Vorgehensweise verdeutlicht:

```
Schlüsselwort:
    J A M E S   B O N D

Schlüsselwort mit Klartext:
    J A M E S B O N D J A M E S B O N D J A M E S B
    k a r l s r u h e k e n n e n u n d l i e b e n
```

Der Klartext wird nach dem folgenden Algorithmus verschlüsselt:

1. Der Buchstabe des Schlüsselworts J über dem Klartextbuchstaben k gibt an, mit welchem Geheimtextalphabet dieser Buchstabe verschlüsselt werden soll. Hier wird der Buchstabe k mit dem J-ten Geheimtextalphabet verschlüsselt.

2. Im Vigenère-Tableau findet man den Buchstaben des Geheimtextes im Schnittfeld der Zeile, die mit dem Buchstaben des Schlüsselworts beginnt und in der Spalte, die mit dem Klartextbuchstaben beginnt. Hier wird der Buchstabe k mit einem T verschlüsselt.

---

[98] Für genauere Ausführungen dazu vgl. Kapitel VI
[99] Vgl. Kapitel IV

Dieses Verfahren führt man solange fort, bis der gesamte Klartext `karlsruhekennenundlieben` in den Text `TADPKSIUHTEZRWOIAGUIQFWO` verschlüsselt ist.

Klartextalphabet

```
A B C D E F G H I J K L M N O P Q R S T U V W X Y Z
```

Geheimtextalphabet

```
A B C D E F G H I J K L M N O P Q R S T U V W X Y Z
B C D E F G H I J K L M N O P Q R S T U V W X Y Z A
C D E F G H I J K L M N O P Q R S T U V W X Y Z A B
D E F G H I J K L M N O P Q R S T U V W X Y Z A B C
E F G H I J K L M N O P Q R S T U V W X Y Z A B C D
F G H I J K L M N O P Q R S T U V W X Y Z A B C D E
G H I J K L M N O P Q R S T U V W X Y Z A B C D E F
H I J K L M N O P Q R S T U V W X Y Z A B C D E F G
I J K L M N O P Q R S T U V W X Y Z A B C D E F G H
J K L M N O P Q R S T U V W X Y Z A B C D E F G H I
K L M N O P Q R S T U V W X Y Z A B C D E F G H I J
L M N O P Q R S T U V W X Y Z A B C D E F G H I J K
M N O P Q R S T U V W X Y Z A B C D E F G H I J K L
N O P Q R S T U V W X Y Z A B C D E F G H I J K L M
O P Q R S T U V W X Y Z A B C D E F G H I J K L M N
P Q R S T U V W X Y Z A B C D E F G H I J K L M N O
Q R S T U V W X Y Z A B C D E F G H I J K L M N O P
R S T U V W X Y Z A B C D E F G H I J K L M N O P Q
S T U V W X Y Z A B C D E F G H I J K L M N O P Q R
T U V W X Y Z A B C D E F G H I J K L M N O P Q R S
U V W X Y Z A B C D E F G H I J K L M N O P Q R S T
V W X Y Z A B C D E F G H I J K L M N O P Q R S T U
W X Y Z A B C D E F G H I J K L M N O P Q R S T U V
X Y Z A B C D E F G H I J K L M N O P Q R S T U V W
Y Z A B C D E F G H I J K L M N O P Q R S T U V W X
Z A B C D E F G H I J K L M N O P Q R S T U V W X Y
```

Auch bei der Entschlüsselung des Geheimtextes wird algorithmisch vorgegangen, zur Entschlüsselung wird das Schüsselwort wieder solange über den Geheimtext notiert, bis über jedem Buchstaben des Geheimtextes ein Buchstabe des Schüsselworts steht. Für das obige Beispiel ergibt sich:

```
Geheimtext mit Schlüsselwort:
    J A M E S B O N D J A M E S B O N D J A M E S B
    T A D P K S I U H T E Z R W O I A G U I Q F W O
```

Zur Entschlüsselung gibt wieder der Buchstabe des Schüsselworts `J` an, mit welchem Geheimtextalphabet entschlüsselt wird. In dieser Zeile geht man bis zum Feld, in dem der Buchstaben des Geheimtextes `T` steht. Dieses Feld markiert die Spalte, in der der entsprechende Klartextbuchstabe steht, d. h. man geht in dieser Spalte bis zur Klartextzeile nach oben. In diesem Beispiel wird das `T` mit einem `k` rückübersetzt. Dieses Verfahren führt man solange durch, bis der gesamte Text entschlüsselt ist.

An diesem Beispiel wird sehr einsichtig, dass es sich auch beim Entschlüsseln um ein algorithmisches Vorgehen handelt, wenn der Schlüssel bekannt ist. Was ist aber, wenn der Schlüssel zur Entschlüsselung nicht bekannt ist, handelt es sich dann bei der Entschlüsselung immer noch um ein algorithmisches Arbeiten?

Wenn zur Entschlüsselung nicht nur völlig unstrukturiert geraten wird, handelt es sich um algorithmisches Arbeiten im Sinne einer algorithmischen Heuristik. Ein schönes Beispiel hierfür ist das Arbeiten nach der Methode des *„wahrscheinlichen Wortes"*[100] aus der Krypto-analyse Diese Methode besteht darin, dass man ein Wort auswählt, das wahrscheinlich im Klartext vorkommt und den Geheimtext danach absucht, ob es vorkommt bzw. wo der Geheimtext überall das Muster dieses Wortes enthält. Sie beruht auf den Annahmen, dass einerseits bestimmte Wörter in einer Sprache recht häufig vorkommen, z. B. für Deutsch „die", „der", „ein". Andererseits kann man aufgrund bestimmter Silben auf Wörter schließen z. B. für Deutsch „ge-", „ver-", „ent-".

Beispiel:[101]

```
Schlüssel:    N O R W E G E N A E G Y P T E N M A L T A
Klartext:     d i e f a h r t i s t d i e s e w o c h e
Geheimtext:   Q W V B E N V G I W Z B X X W R I O N A E
```

Angenommen, ein Kryptoanalytiker erhält zur Entschlüsselung nur den Geheimtext von oben und weiß, dass zur Verschlüsselung das Vigenère-Verfahren verwendet wurde, allerdings kennt er das Schüsselwort nicht. Zur Analyse nach der Methode des *„wahrscheinlichen Worts"* geht der Entschlüssler einfachheitshalber von dem Wort „die" als wahrscheinliches Wort im Klartext aus. Setzt er das Wort „die" an verschiedenen Stellen des Klartextes ein, kann er mithilfe des Geheimtextes am Vigenère-Tableau mögliche Buchstaben für den Schlüssel ablesen. Nach mehrmaligem Einsetzen des Worts „die" gewinnt er die Erkenntnis, dass nur zwei Stellen überhaupt brauchbare Teile des Schlüssels liefern. „NOR" könnte in den Wörtern „Norden", „Norwegen", „normal" oder „Norm" vorkommen. „YPT" könnte ein Bestandteil von „apokalyptisch", „kryptisch", oder „Aegypten" sein. Nach Ausprobieren einiger Kombinationen erkennt man schnell, dass die Kombinationen „Norwegen" und „Aegypten" einen vielversprechenden Ansatz liefern. Das letzte Wort des Schlüssels „errät" man dadurch, dass man ein Land mit fünf Buchstaben sucht, welches eine sinnvolle Nachricht ergibt.

```
Schlüssel:    N O R ? ? ? ? ? ? ? Y P T ? ? ? ? ? ? ?
Klartext:     d i e ? ? ? ? ? ? ? d i e ? ? ? ? ? ? ?
Geheimtext:   Q W V B E N V G I W Z B X X W R I O N A E
```

Das Problemlösen mit Algorithmen kommt hierbei deutlich zum Tragen, das Wort „die" wurde nacheinander eingesetzt und jedes Mal wurde nachgeprüft, ob sich ein sinnvoller Teil eines Wortes ergibt.

Als Sonderform der Idee des Algorithmus wird im Folgenden die Idee der Exhaustion be-handelt. Es wird der Frage nachgegangen, wie Inhalte aus Codierungstheorie und Kryptologie zur Vermittlung der Idee der Exhaustion beitragen können. Als erstes kommen Verfahren aus der Kryptoanalyse in das Blickfeld, welche Bauer als *„Exhaustionsmethoden"*[102] bezeichnet. Bauer verwendet hier den Begriff *„Exhaustionsmethode"* im Sinn des englischen Begriffs

---

[100] Vgl. Kapitel III
[101] Vgl. Kuchenbrod (2006), S. 65
[102] Bauer (1997), S. 227

„exhaustive search" (d. h. erschöpfende Suche) und nicht im Sinne einer exakten mathematischen Exhaustion. Diese Vermutung lässt sich durch den Vergleich der folgenden Beschreibungen der Begriffe erhärten:

exhaustive search:
„For discrete problems in which no efficient solution method is known, it might be necessary to test each possibility sequentially in order to determine if it is the solution. Such exhaustive examination of all possibilities is known as exhaustive search, direct search, or the brute force method."[103]

Exhaustionsmethode:
„Es werden alle Klartexte, die nach einem gewissen Verfahren zu einem vorgegebenen Geheimtext passen (alle ‚Varianten') konstruiert und es wird die ‚richtige' Nachricht ‚ausgelesen' ..."[104]

Die zentrale Aussage bei Bauer ist, dass man für ein bestimmtes Verschlüsselungsverfahren alle möglichen Klartexte, die aus einem vorgegebenen Geheimtext folgen können, konstruiert. Dies entspricht genau der Forderung in der Beschreibung zur *„exhaustive search"*. Also bestätigt sich insgesamt die oben genannte Vermutung, dass hierbei mit *„Exhaustionsmethoden"* Methoden der erschöpfenden Suche gemeint sind. Des Weiteren ist an diesen Beschreibungen erkennbar, dass es sich hierbei nicht um eine Exhaustion im mathematischen Sinne handelt, bei einer mathematischen Exhaustion ist *„das sich stückweise annähern an die exakte Lösung"* von immanenter Bedeutung und nicht wie hier ein Durchtesten aller Fälle.
Nichtsdestotrotz bieten sich Exhaustionsmethoden als Entschlüsselungsverfahren zum algorithmischen Arbeiten an, welches durch das folgende Beispiel bestätigt wird. Wenn man beispielsweise weiß, dass eine Nachricht mit dem Cäsar-Verfahren verschlüsselt ist, werden zur Entschlüsselung alle 26 verschiedenen Cäsar Verschlüsselungen ausprobiert. Beispielsweise erhält man die folgende geheime Nachricht:

„y m f t q y m f u w u e f f a x x"·

Zur Entschlüsselung kann man jeden Buchstaben des vorliegenden Geheimtextes durch den ihm im Alphabet folgenden Buchstaben ersetzen, dies macht man solange, bis man wieder den Ausgangstext erhält, wobei bei einer Verschiebung der Klartext zu lesen ist:

```
Geheimtext:            y m f t q y m f u w u e f f a x x

mögliche Verschiebungen:  z n g u r z n g v x v f g g b y y
                          a o h v s a o h w y w g h h c z z
                          b p i w t b p i x z x h i i d a a
                          c q j x u c q j y a y i j j e b b
                          d r k y v d r k z b z j k k f c c
                          e s l z w e s l a c a k l l g d d
                          f t m a x f t m b d b l m m h e e
                          g u n b y g u n c e c m n n i f f
                          h v o c z h v o d f d n o o j g g
                          i w p d a i w p e g e o p p k h h
                          j x q e b j x q f h f p q q l i i
                          k y r f c k y r g i g q r r m j j
```

---

[103] MathWorld der Firma Wolfram research (dem Hersteller von ‚mathematica') Stichwort: Exhaustive Search
[104] Bauer (1997), S. 227

```
l z s g d l z s h j h r s s n k k
m a t h e m a t i k i s t t o l l
n b u i f n b u j l j t u u p m m
o c v j g o c v k m k u v v q n n
p d w k h p d w l n l v w w r o o
q e x l i q e x m o m w x x s p p
r f y m j r f y n p n x y y t q q
s g z n k s g z o q o y z z u r r
t h a o l t h a p r p z a a v s s
u i b p m u i b q s q a b b w t t
v j c q n v j c r t r b c c x u u
w k d r o w k d s u s c d d y v v
x l e s p x l e t v t d e e z w w

y m f t q y m f u w u e f f a x x
```

Bei der 14. Verschiebung findet sich der Klartext „Mathematik ist toll". Mit der 26. Verschiebung erhält man wieder den Ausgangstext. Nachteile dieser Methode sind, dass wenn sie nicht mechanisiert bzw. computerisiert[105] ist, die Entschlüsselung sehr aufwändig wird und die Entschlüsselungen nicht eindeutig sind, es könnten ja mehrere verschiedene Klartexte herausgelesen werden.

Kommen wir zur Frage zurück, ob Inhalte aus der Codierungstheorie zur Vermittlung der Idee der Exhaustion beitragen können.

Geht man von der bereits beschriebenen Vorstellung der Exhaustion im Sinne des Eudoxos aus, d. h. Ausschöpfen von Flächeninhalten und Volumina durch einfachere geometrische Figuren, so spielt die Exhaustion keine zentrale Rolle in der Codierungstheorie. Bei der Codierung geht es nach Schulz um eine exakte Übersetzung von einem Alphabet in ein anderes. Auch in der Kryptologie spielt die Idee der Exhaustion in diesem Sinne keine zentrale Rolle, da es auch bei der Verschlüsselung eines Klartextes bzw. der Entschlüsselung eines Geheimtextes auf das exakte Ergebnis ankommt. Legt man bei den Überlegungen den Exhaustionsbegriff von Schreiber zugrunde, dann könnte man im weitesten Sinne bei der Kryptoanalyse eine Verbindung ziehen, dies soll allerdings erst bei der Behandlung des mathematischen Modellbildens erfolgen.

Als weiteres spezielles algorithmisches Vorgehen wird im Folgenden das Optimieren besprochen, da es in der Codierungstheorie sowie in der Kryptologie eine besondere Rolle spielt und es in drei der vier Kataloge fundamentaler Ideen erwähnt ist. Das Streben nach Optimalität übt seit jeher eine große Faszination auf die Menschheit aus, jeder will der „Größte", der „Schnellste", der „Reichste" etc. sein. In den Naturwissenschaften handelt es sich beim Streben nach Optimalität um ein fundamentales Prinzip. In der Physik ist es bekannt als das Fermatsche Prinzip: *„Eine Welle läuft zwischen zwei Punkten immer so, dass sie dazu möglichst wenig Zeit braucht."*[106] Auch in der Mathematik spielt das Streben nach Optimalität eine große Rolle. Schupp, der das Optimieren als Leitlinie sieht, schreibt dazu:

> *„Mit vorhandenen Mitteln ein Maximum an Wirkung oder aber ein bestimmtes Ziel mit einem Minimum an Aufwand zu erreichen, ist ein Prinzip der Lebensökonomie, das sich über die Mathematisierung einschlägiger Situationen auch der*

---

[105] Obige Tabelle wurde mit einer für Schüler leicht programmierbaren EXCEL-Tabelle erzeugt.
[106] Gerthsen (1989), S. 161

> *Mathematik aufdrängt und dort selbst noch dann weiter besteht, wenn längst innermathematische Fragestellungen die Entwicklung des jeweiligen Teilbereichs bestimmen (Beispiel: Suche nach einem minimalen Obergebilde mit gewünschten Eigenschaften oder nach dem maximalen Untergebilde mit gleicher Eigenschaft).“*[107]

Die Optimalität spielt in der Codierung beispielsweise bei der Datenkompression eine große Rolle. Kompressionen sollen so effizient wie möglich sein. Da viele Codierungsverfahren verlustbehaftet sind, sollen die Daten so komprimiert werden, dass der Datenverlust gerade noch vertretbar ist, aber die Kompressionsleistung maximal wird. In diesem Sinne werden in der Codierung Verfahren zur Optimierung von Codes gesucht. Ein Beispiel für ein verlustfreies Kompressionsverfahren ist die Huffman-Codierung. Man kann zeigen, dass der Huffman-Algorithmus die mittlere Codewortlänge minimiert, d. h. das Verfahren findet immer eine möglichst kurze, optimale Präfixcodierung[108] der Einzelzeichen.[109] Durch eine Verwendung von Buchstabenpaare bzw. -tripeln etc. ließen sich noch kürzere mittlere Codewortlängen erzielen.[110]

In der Kryptologie spielt die Optimierung auch eine Rolle, beispielsweise im Sinne der Generierung von optimaler Sicherheit für Informationen im Verhältnis zum Aufwand. So sind Verfahren, die eine hohe Sicherheit bieten, z. B. das RSA-Verfahren, mit einem erhöhten Rechenaufwand verbunden. Bei der Auswahl entsprechender Verschlüsselungsverfahren wird nach folgender Methode vorgegangen: Wichtige Nachrichten werden durch kryptografische Verfahren mit hoher Sicherheit verschickt, weniger wichtige mit geringerer Sicherheitsstufe. Dies lässt sich auch an einem historischen Beispiel belegen: So ging der sowjetische Geheimdienst 1926 dazu über, individuelle Einmal-Schlüssel[111] zu verwenden. Allerdings kamen diese Verfahren nur bei Nachrichten der höchsten Sicherheitsstufe zum Einsatz, da der Aufwand für die Schlüsselverwaltung der Einmal-Schlüssel sehr groß war. So musste jeder Geheimagent über einen persönlichen Schlüssel verfügen, eine entsprechende Kopie musste in der Zentrale immer bereit gehalten und nach jedem Gebrauch vernichtet werden.

1.3.2 Funktionaler Zusammenhang

Der funktionale Zusammenhang ist sowohl bei der Codierungstheorie als auch bei der Kryptologie von zentraler Bedeutung. Genauer gesagt handelt es sich bei Codierungen und Verschlüsselungen um spezielle Funktionen. Nach der Definition von Schulz im Kapitel III ist jede Codierung eine injektive Funktion, das Bild dieser Abbildung nennt man Code. Somit ist mit jeglicher Art von Codierung der Begriff der injektiven Funktion illustrierbar. Ein Beispiel hierfür stellt der ASCII-Code dar, der im Wesentlichen den Buchstaben des lateinischen Alphabets (jeweils in Groß- und Kleinschreibweise), den Satzzeichen, den zehn arabischen Ziffern des Zehnersystems, den Zeichen für die vier elementaren Rechenoperationen und einigen Sonderzeichen einen achtstelligen Binärcode zuordnet (vgl. die folgende Tabelle).

---

[107] Schupp (1984), S. 60-61
[108] Vgl. Kapitel III
[109] Vgl. Schöning (2001), S. 253
[110] Vgl. Schöning (2001), S. 256
[111] Vgl. Kapitel IV

Zeichen	A	B	C	D	E	F	...
	↓	↓	↓	↓	↓	↓	
Code	01000001	01000010	01000011	01000100	01000101	01000110	...

Diese Tabelle ist sehr gut mit einer Wertetabelle einer numerischen Funktion, die üblicherweise im Mathematikunterricht vorkommt, zu vergleichen. Anwendungsbezogene funktionale Zusammenhänge nicht numerischer Art aus der Codierung sind außerordentlich überzeugende Beispiele für die Erläuterung des Funktionsbegriffs im Mathematikunterricht, da im konventionellen Mathematikunterricht funktionale Zusammenhänge numerischer Art überwiegen. Weitere Beispiele dazu sind das Flaggenalphabet (Zuordnung von Buchstaben zu einer Flagge) und die Blindenschrift (Zuordnung von Buchstaben zu einem ertastbaren Muster).

Die zentrale Bedeutung funktionaler Zusammenhänge in der Kryptologie beruht auf der gesamten Verschlüsselungsidee, die ihrerseits auf injektive Funktionen zurückgeführt werden kann. So wird durch einen Verschlüsselungsalgorithmus der Klartext, welcher die zu übermittelnde Information enthält, auf einen Geheimtext, der für Fremde nicht lesbar ist, abgebildet. Statt von einem Verschlüsselungsalgorithmus könnte man auch von einer Verschlüsselungsfunktion sprechen. Durch die Umkehrbarkeit der Verschlüsselungsfunktion ist der Empfänger des Geheimtextes in der Lage, den Klartext zu lesen. Dies ist im unten angegebenen Schaubild durch den Doppelpfeil versinnbildlicht.

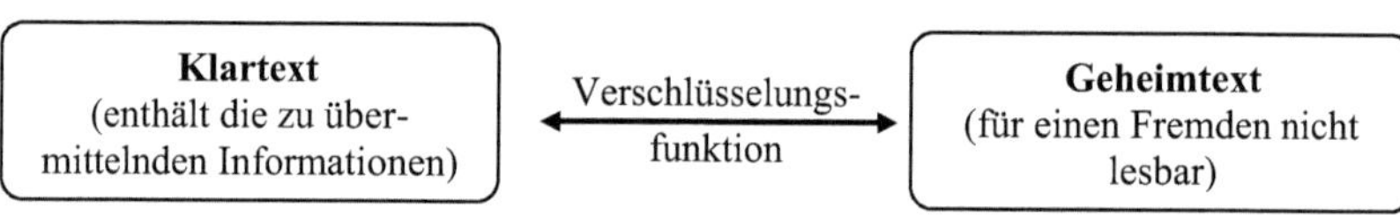

Abb. V.2: Verschlüsselungsfunktion

Der Unterschied zwischen der oben angesprochenen „Codierungsfunktion" und der Verschlüsselungsfunktion besteht darin, dass die Verschlüsselungsfunktion als einen spezifischen Parameter noch einen Schlüssel beinhaltet. In diesem Sinne wird im Folgenden gezeigt, wie Transpositions- und Substitutionsverschlüsselungen durch Verschlüsselungsfunktionen definiert werden.

Transpositionschiffren lassen sich durch die folgende allgemeine Verschlüsselungsfunktion[112] definieren. Der Schlüssel steckt hier in der Permutation:

Seien A ein Alphabet, $m \in N$ und $w = w_1 \ldots w_m \in A^m$ mit $w_i \in A$ für $i \in N$ und $1 \leq i \leq m$.

Sei $P = \begin{pmatrix} 1 & \ldots & m \\ p_1 & \ldots & p_m \end{pmatrix}$ eine Permutation.

So ist $f_p: A^m \to A^m$ mit $f_p(w_1 \ldots w_m) := w_{p_1} \ldots w_{p_m}$ eine Transpositionschiffre.

Sei $u = u_1 \ldots u_k \in A^{mk}$ mit $u_i \in A^m$ für $i \in N$ und $i \in [1;k]$, dann gilt
$f_p(u_1 \ldots u_k) = f_p(u_1) \ldots f_p(u_k)$.

Beispiel:

Gegeben ist der Klartext „TRANSPOSITION" und die Permutation $P = \begin{pmatrix} 1 & 2 & 3 & 4 & 5 \\ 2 & 4 & 3 & 5 & 1 \end{pmatrix}$.

Damit die 5-stellige Permutation auf den Klartext angewendet werden kann, muss dieser noch

---

[112] Angepasst von Horster (1985), S. 73

mit zwei Buchstaben (seien diese „X" und „Y") ergänzt werden, damit man eine durch fünf teilbare Anzahl von Buchstaben des Klartextes erhält. Als Ergebnis erhält man:

f_p(TRANSPOSITIONXY) = f_p(TRANS) f_p(POSIT) f_p(IONXY) = RNAST OISTP OXNYI

Substitutionsverschlüsselungen sind, ganz allgemein betrachtet, Chiffrierungen bei denen Zeichen oder Zeichenfolgen des Klartextes durch Zeichen oder Zeichenfolgen des Geheimtextes ersetzt werden. Im Folgenden wird an die Unterteilung von Kapitel III angeknüpft und es wird zwischen vier verschiedenen Substitutionsverschlüsselungen unterschieden:

- monoalphabetische und monografische Substitution, kurz MM-Substitution,
- monoalphabetische und polygrafische Substitution, kurz MP-Substitution,
- polyalphabetische und monografische Substitution, kurz PM-Substitution,
- polyalphabetische und polygrafische Substitution, kurz PP-Substitution.

Jede Form dieser Substitutionen lässt sich durch eine Verschlüsselungsfunktion definieren. Da in dieser Arbeit die MM-Substitution und die PM-Substitution die zentrale Rolle spielen, wird dies an diesen beiden Substitutionsformen exemplarisch gezeigt, für die anderen beiden siehe z. B. Horster (1985).

Die MM-Substitution wird wie folgt definiert, wobei der Schlüssel in der Verschlüsselungsfunktion g versteckt[113] ist:

Seien A, B Alphabete, w = a w' mit a∈A w, w'∈A*[114], dann ist f:A*→B* mit f(w):=g(a)f(w'), wobei für das Nullwort $\emptyset$ gilt f($\emptyset$)=$\emptyset$ und g:A→B, eine MM-Substitution.

Beispiele hierfür sind die Cäsar-Verschlüsselung, die ADFGX- und die ADFGVX-Verschlüsselung und die Verschlüsselung von Karl dem Großen.

Einen Sonderfall von MM-Substitutionen bilden homophone Verschlüsselungen, dabei werden Buchstaben, die in der Sprache, welche dem Klartext zugrunde liegt, häufiger vorkommen, mit mehreren verschiedenen Geheimzeichen verschlüsselt. Mathematisch bedeutet dies, dass dem Klartext nicht in eindeutiger Weise genau ein Geheimtext zugeordnet wird, sondern es können beim Verschlüsseln ein und desselben Klartextes durchaus unterschiedliche Geheimtexte entstehen, wie im folgenden Beispiel dargestellt[115]:

Klartextalphabet:	a	b	c	d	e	f	g	h	i	j	k	l	m	n	o	p	q	r	s	t	u	v	w	y	x	z
Geheimtextalphabet:	D	E	F	5	H	I	J	K	L	6	N	2	P	Q	R	S	3	U	V	7	X	Y	Z	9	B	C
				1					8						T					4	O					
				G																						
				M																						
				A																						

```
Klartext:        erkennen sie das e
Geheimtext 1:    HUN1TQGT VLM 5DO A
Geheimtext 2:    A4NMQT1Q VLH 5DV G
```

---

[113] Angepasst von Horster (1985), S. 34
[114] Mit A* ist die Menge der Wörter über A gemeint.
[115] Idee dieser Tabellen vgl. Kippenhahn (2003), S. 127

Betrachtet man die direkte Zuordnung des Klar- und Geheimtextalphabets, so handelt es sich hierbei nicht um eine Funktion, sondern um eine Relation. Allerdings lassen sich durch eine geschickte Konstruktion auch homophone Verschlüsselungen mit einer Verschlüsselungsfunktion darstellen:[116]

Seien $A=\{a_1, \ldots a_n\}$ und B Alphabete, mit $|B| \geq |A|$ und $w = a\ w'$ mit $a \in A$ $w,w' \in A^*$. Sei s eine Abbildung der natürlichen Zahlen von 1 bis $n \in N$ in die Potenzmenge von B mit $s(i) \cap s(j) = \emptyset \ \forall i, j \in N\ i \neq j$ und $s(k) \neq \emptyset \ \forall\ k \in N$.
Dann ist $f:A^* \to B^*$ mit $f(w):=g(a_i)\ f(w')$, wobei für das Nullwort $\emptyset$ gilt $f(\emptyset)=\emptyset$ und g zufällig ein Element aus der Menge $s(i)$ auswählt, eine homophone Substitution.

Die PM-Substitution wird allgemein wie folgt definiert, wobei der Schlüssel in der Verschlüsselungsfunktion g, genauer gesagt in der Funktion h, versteckt[117] ist:

Seien $A, B_1, \ldots, B_r$ mit $r \in N$ und $r > 1$ Alphabete.
$f:A^* \to (B_1, \ldots, B_r)^*$ ist eine PM-Substitution, wenn $\forall\ m \in N$ und $\forall\ w \in A^m$ mit
$w=w_1 \ldots w_m$, und $w_i \in A$ für $i \in N$ mit $1 \leq i \leq m$ gilt
$f(w)=g_{h(1)}(w_1) \ldots g_{h(m)}(w_m)$ wobei für das Nullwort $\emptyset$ gilt $f(\emptyset)=\emptyset$ und $h:N \to [1; r]$
$g_j:A \to B_j\ \forall\ j \in N$ mit $1 \leq j \leq r$ injektiv ist.

Die wichtigste Spezialisierung einer PM-Substitution stellt die Vigenère-Verschlüsselung dar. Wie sich dieses Verfahren genau mit der eben genannten Funktion darstellen lässt, wird im folgenden Kapitel detailliert dargelegt.

An dieser Stelle soll auch noch auf eine andere Sichtweise der Verschlüsselungsfunktion aufmerksam gemacht werden, die von Bauer stammt. Unter einer Verschlüsselung, sprich Chiffrierung versteht Bauer in erster Hinsicht keine Funktion, sondern die folgende Relation:

„*Eine Chiffrierung wird definiert als eine Relation $X : V^* \dashrightarrow W^*$.*"[118]

Wobei er unter V^* und W^* folgendes versteht:

- V^* ist der Klartextraum, d. h. die Menge aller Worte über der Menge V, wobei V der Zeichenvorrat des Klartextes sprich Klartextzeichenvorrat ist.

- W^* ist der Geheimtextraum, d. h. die Menge aller Worte über der Menge W, wobei W der Zeichenvorrat des Geheimtextes sprich Geheimtextzeichenvorrat ist.

Für eine ordentliche Chiffrierung reicht die Eigenschaft, nur eine Relation zu sein, nicht aus. Damit der Klartext in eindeutiger Weise zurückgewinnbar ist, sind Chiffrier-Relationen injektiv bzw. linkseindeutig, d. h.

$$\forall x, y \in V^* \text{ und } z \in W^* \text{ gilt: aus } (x \dashrightarrow z) \wedge (y \dashrightarrow z) \text{ folgt } (x = y).$$

Ist die Chiffrier-Relation rechtseindeutig, d. h.

$$\forall x, y \in V^* \text{ und } y, z \in W^* \text{ gilt: aus } (x \dashrightarrow y) \wedge (x \dashrightarrow z) \text{ folgt } (y = z),$$

so ist $X : V^* \dashrightarrow W^*$ eine Funktion mit $X : V^* \to W^*$.
Bauer differenziert seine Überlegungen weiter:

---

[116] Angepasst von Horster (1985), S. 37
[117] Angepasst von Horster (1985), S. 34
[118] Bauer (1997), S. 34

„Eine Chiffrierung $X : V^* \dashrightarrow W^*$ soll endlich heißen, wenn die Menge aller in Relation stehenden Paare eine endliche Menge ist. Es ist dann für geeignete n, m: $X : V^{(n)} \dashrightarrow W^{(m)}$."[119]

Das bedeutet: Falls eine Chiffrierung endlich ist, gibt es eine Relation zwischen dem n-fachen kartesischen Produkt des Klartextzeichenvorrats und dem m-fachen Produkt des Geheimzeichenvorrats. Falls X eine endliche Chiffrier-Funktion ist, so gibt es für geeignete n und m:

$$X : V^n \longrightarrow W^m.$$

Für n = 1, 2 erhält man monografische, bigrafische oder ganz allgemein polygrafische Chiffrierungen. Eine andere Bezeichnung in diesem Zusammenhang wäre: Für n = 2, 3, 4, 5 erhält man Bigramm-, Trigramm-, Tetragramm- und Pentagrammverschlüsselungen. Für m = 1, 2, 3 nennt man die Chiffrierungen unipartit, bipartit und tripartit.

Ausgewählte Beispiele:

$V \dashrightarrow W$:

- Der Fall $V \dashrightarrow W$ von unipartiten Substitutionen mit Homophonen bzw. mit Blender z. B. Chiffre von Papst Clemens den VII.[120]

- Der Fall $V \longrightarrow W$ von unipartiten Substitutionen ohne Blender und Homophone: Für W wurden historisch betrachtet gerne Alphabete mit seltsamen Zeichen verwendet z. B. der Freimaurercode, Geheimzeichen von Karl dem Großen.[121]

- Der Fall $V \longleftrightarrow V$ von bijektiven Substitutionen: Die Zeichenvorräte für den Klartext und den Geheimtext sind dieselben. Den Geheimzeichenvorrat erhält man durch eine Permutation des Klarzeichenvorrats, wie z. B. der Cäsar-Verschlüsselung[122] und Verschlüsselungen mit der Alberti-Scheibe bei fester Einstellung.[123]

$V \dashrightarrow W^m$:

- Der Fall $V \longrightarrow W^2$ von bipartiten einfachen Substitutionen: Darunter fallen alle Verschlüsselungen durch Bigramme ohne Blender und Homophone, z. B. die Polybios-Verschlüsselung[124], die ADFGX , bzw. die ADFGVX-Verschlüsselung.

$V^2 \dashrightarrow W^m$:

- Der Fall $V^2 \longrightarrow W$ von unipartiten Bigramm-Substitutionen: Die älteste Verschlüsselung, die Bigrammen ein Fantasiezeichen ohne Blender und Homophone zuordnet, stammt von Porta[125].

$V^n \dashrightarrow W^m$:

- Der Fall $V^n \longrightarrow V^n$ von Transpositionsverschlüsselungen: Durch diese Verschlüsselung werden nicht die Buchstaben des Klartextes verändert, sondern durch eine Permutation der Buchstaben wird nur deren Reihenfolge verändert.

---

[119] Bauer (1997), S. 35
[120] Vgl. Kapitel IV
[121] Vgl. Kapitel IV
[122] Vgl. Kapitel IV
[123] Vgl. Kapitel IV
[124] Vgl. Kapitel IV
[125] Vgl. Kapitel IV

Die dargelegten Überlegungen und Beispiele zeigen, wie eng die Kryptologie mit der Idee des funktionalen Zusammenhangs verbunden ist, so dass quasi die gesamte Kryptologie auf dieser Idee basiert. Je nach Auffassung verbergen sich die unterschiedlichsten Relationen und Funktionen hinter den verschiedenen kryptografischen Verfahren. Im Umkehrschluss heißt dies, dass mithilfe dieser Verfahren der Funktionsbegriff anwendungsorientiert veranschaulicht wird. Mit Blick auf den Mathematikunterricht bedeutet dies: Sobald man ein Verschlüsselungsverfahren im Unterricht behandelt, ist automatisch die fundamentale Idee des funktionalen Zusammenhangs auch Unterrichtsgegenstand. Je nach Auffassung der Verschlüsselungsfunktion kann durch eine einfache homophone Substitution ein simples Beispiel einer Relation, die keine Funktion darstellt, für den Mathematikunterricht gewonnen werden. Mit diesem simplen Beispiel ist man in der Lage, den komplexen Begriff der Funktion weiter zu schärfen und ihn vom Begriff der Relation abzugrenzen. Somit ist insgesamt mithilfe von Verschlüsselungsverfahren die fundamentale Idee des funktionalen Zusammenhangs sehr gut schulbar.

In modernen kryptografischen Verfahren werden Funktionen mit äußerst ungewöhnlichen Eigenschaften verwendet. Durch die Behandlung entsprechender Verschlüsselungsverfahren, z. B. dem RSA-Verfahren[126], kann damit das im Mathematikunterricht übliche Funktionsspektrum erweitert werden.

Solche faszinierenden Funktionen sind beispielsweise Einweg-Funktionen, die im Folgenden ausführlich betrachtet werden sollen. Bei diesen Funktionen ist es sehr einfach, aus einem Urbild das zugehörige Bild zu berechnen. Allerdings bedeutet die Berechnung deren Umkehrung einen solchen *immensen* Aufwand, dass es praktisch unmöglich ist, diese Umkehrung zu berechnen. Ein immenser Aufwand heißt in diesem Zusammenhang, dass heutige Computer und Computer in naher Zukunft nicht in der Lage sind bzw. sein werden, die Umkehrung in einem vernünftigen Zeitrahmen zu berechnen. Bauer gibt sogar eine Definition an und bezeichnet diese als echte Einweg-Funktion:

> *„Eine injektive Funktion f : X→Y heißt echte Einweg-Funktion (engl. one way function), falls folgendes gilt:*
>
> *Es gibt ein effizientes Verfahren zur Bestimmung von f(x) für alle $x \in X$. Es gibt kein effizientes Verfahren zur Bestimmung von x aus der Beziehung y=f(x) für alle $y \in f[x]$.“*[127]

Ein Standardbeispiel für eine Einweg-Funktion stammt von Arto Salomaa.[128] Vorweg sei angemerkt: Dieses Beispiel ist nur dann sehr überzeugend, wenn man bedenkt, dass es aus einer Zeit stammt, in der noch keine elektronischen Telefonbücher zur Verfügung standen. Für die Verschlüsselung eines Buchstabens wählt man aus einem möglichst dicken Telefonbuch einen Namen aus, der mit diesem Buchstaben beginnt. Der Buchstabe wird dann mit der Telefonnummer, die man unter dem ausgewählten Namen findet, verschlüsselt. Dies könnte bei der Verschlüsselung des Wortes „Caesar" mit einem Telefonbuch wie folgt ablaufen:

C	→	Cremer	→	688276
A	→	Abele	→	621637
E	→	Elfner	→	578603
S	→	Schmidt	→	612889

---

[126] Das Verfahren wird in den folgenden Abschnitten noch genauer dargestellt.
[127] Bauer (1997), S. 180, Anmerkung: Mit f[x] ist hier die Wertemenge der Funktion f gemeint.
[128] Vgl. Bauer (1997), S. 180

$$A \rightarrow \quad \text{Abele} \quad \rightarrow \quad 754373$$
$$R \rightarrow \quad \text{Rastetter} \quad \rightarrow \quad 573715$$

Also erhält man als Verschlüsselung: 688276 621637 578603 612889 754373 573715. Die Entschlüsselung ist eindeutig, allerdings benötigt man Stunden, wenn man die entsprechenden Namen nicht kennt und das Telefonbuch, welches nach Namen sortiert ist, nach den entsprechenden Telefonnummern absuchen muss.

Kommen wir zu modernen Einwegfunktionen, die heutzutage eine sichere Kommunikation ermöglichen. Dies sind die folgenden Funktionen:

- das *Potenzieren in endlichen Körpern*, auch genannt das diskrete Potenzieren bzw. diskrete Exponentialfunktion und

- das *Multiplizieren von großen Primzahlen.*

Bei diesen Funktionen handelt es sich um Einwegfunktionen, da es für den diskreten Logarithmus als Umkehrung der diskreten Exponentialfunktion und für das Faktorisieren natürlicher Zahlen als Umkehrung des Multiplizierens großer Primzahlen keinen effizienten Algorithmus gibt, der das in einem vernünftigen Zeitraum bewerkstelligen würde.

Diese Problematik der Umkehrbarkeit soll mit einem detaillierten Blick auf die beiden oben genannten Einwegfunktionen deutlicher herausgearbeitet werden.

Potenzieren in endlichen Körpern

Zur Einführung in diese Thematik wird etwas ausgeholt, in dem zuerst das „normale" Potenzieren und Logarithmieren beleuchtet wird. Das Potenzieren ist auf der Menge der natürlichen Zahlen definiert als eine Abkürzung der iterativen Ausführung von Multiplikationen. Der Exponent gibt dabei die Anzahl der Faktoren des Produkts an:

$$a^n = \underbrace{a \cdot a \cdot \ldots \cdot a}_{n\text{-Faktoren}} \qquad \text{mit } a,\, n \in N$$

Durch entsprechende Erweiterungen kann das Potenzieren auf alle weiteren Zahlbereiche, z. B. die ganzen Zahlen, die rationalen Zahlen und die reellen Zahlen ausgedehnt werden. Des Weiteren kann man damit die Exponentialfunktion in den reellen Zahlen definieren:

$$f(x) = a^x \qquad \text{mit } x \in R \text{ und } a \in \{b \in R \mid b > 0\}.$$

Diese Funktion hat u. a. die Eigenschaften, dass sie stetig, differenzierbar und streng monoton steigend ist, verdeutlicht an folgendem Schaubild der Funktion $f(x) = 3^x$.

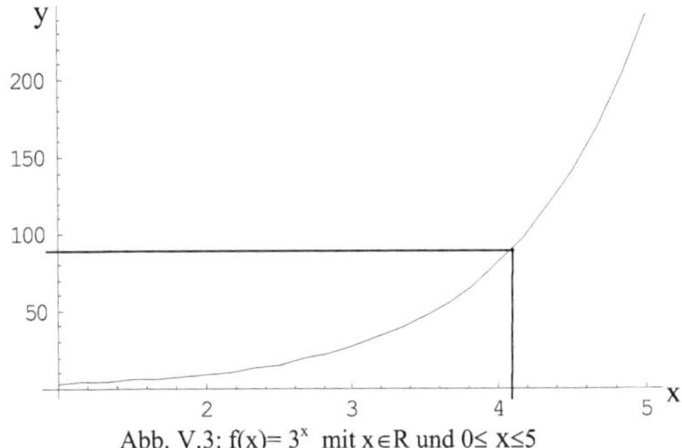

Abb. V.3: $f(x) = 3^x$ mit $x \in R$ und $0 \leq x \leq 5$

Die Umkehrung des Potenzierens stellt das Logarithmieren dar. Der Logarithmus gibt an, mit welchem Exponenten die Basis potenziert werden muss, damit ein gewünschtes Ergebnis erzielt wird. Es wird die folgende Gleichung gelöst:

$$a^x = b \quad \text{bzw.} \quad x = \log_a(b) \quad \text{mit } x \in R \text{ und } a \in R^+\backslash\{1\}$$

Beispiele:

- $3^x = 90$ bzw. $x = \log_3(90)$
  Die Lösung dieser Gleichung kann man näherungsweise am Graphen der Funktion $f(x)=3^x$ ablesen: $x=4{,}1$. Durch die Verwendung der Zoomfunktion eines Funktionsplotters kann das Ergebnis noch genauer abgelesen werden, mit dem Programm MatheAss[129] erhält man bei maximaler Auflösung $x=4{,}095903$.

- $3^x = 1.000.000$ bzw. $x = \log_3(1.000.000)$
  Aufgrund der Stetigkeit und der Monotonie der Exponentialfunktion kann eine Näherungslösung leicht berechnet werden. So bestimmt man durch systematisches Raten zuerst zwei Zahlen x_1 und x_2, die durch Einsetzen als Exponent zu einem kleineren bzw. größeren Ergebnis führen z. B. $x_1=12$ ($3^{12}=531.441$) und $x_2=13$ ($3^{13}=1.594.323$). Nach dem Zwischenwertsatz der Analysis nimmt die Funktion $f(x)=3^x$ jeden Wert zwischen $f(x_1)$ und $f(x_2)$ genau einmal an. So kann beispielsweise das Bisektionsverfahren angewendet werden, es führt nach 26 Iterationsschritten auf $x=12{,}5754196$.

Insgesamt wird an diesen Überlegungen deutlich, dass die Exponential- und Logarithmusfunktion im Standardfall, dem reellen Fall, einfach zu berechnen ist. Komplizierter stellt sich dies bei der diskreten Exponentialfunktion dar. Diese unterscheidet sich ‚definitorisch betrachtet' von der reellen Exponentialfunktion durch ihren Definitions- und Wertebereich. Sie ist wie folgt definiert:

Es seien p eine Primzahl, a eine natürliche Zahl mit a<p und x eine natürliche Zahl, dann heißt

$$f^*: Z \to Z_p^{\,*} = Z_p\backslash\{0\} \quad \text{mit} \quad f^*(x) = a^x \bmod p$$

diskrete Exponentialfunktion.

Diese Funktion ist nicht stetig und auch nicht monoton, wie man am Schaubild der Funktion $f^*(x)=3^x \bmod 89$ sieht.

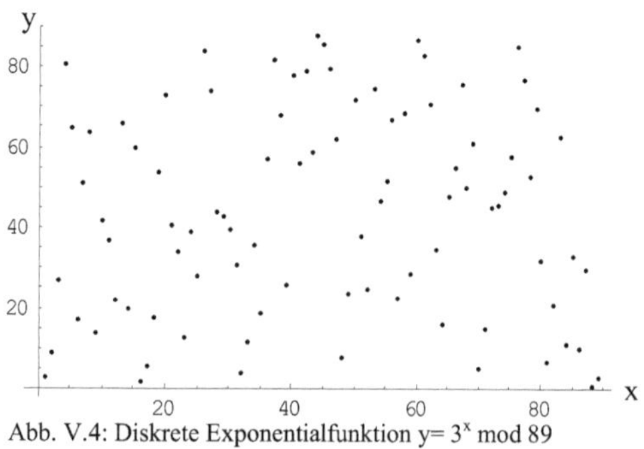

Abb. V.4: Diskrete Exponentialfunktion $y= 3^x \bmod 89$

---

[129] MatheAss ist ein Mathematikprogramm zum Einsatz im Mathematikunterricht, zu erhalten unter URL: http://www.matheass.de (Stand: 21.09.2010)

Ihr Funktionswert macht Sprünge, die nicht „vorhersagbar" sind. Diese Eigenschaft bereitet bei der Berechnung des diskreten Logarithmus große Schwierigkeiten, jetzt kann nicht mehr, wie bei der reellen Logarithmusfunktion mit dem Bisektionsverfahren der entsprechende Logarithmus berechnet werden. Außerdem kommt noch eine weitere Schwierigkeit hinzu: Ist die Basis a keine Primitivwurzel[130] der Restklassengruppe zur Primzahl p, dann ist die diskrete Exponentialfunktion eingeschränkt auf Z_p^* nicht mehr injektiv, damit nicht mehr umkehrbar. An folgendem Schaubild der Funktion $f^*(x)=3^x$ mod 97 ist das gut erkennbar, ab dem Wert x=48 wiederholen sich die Funktionswerte.

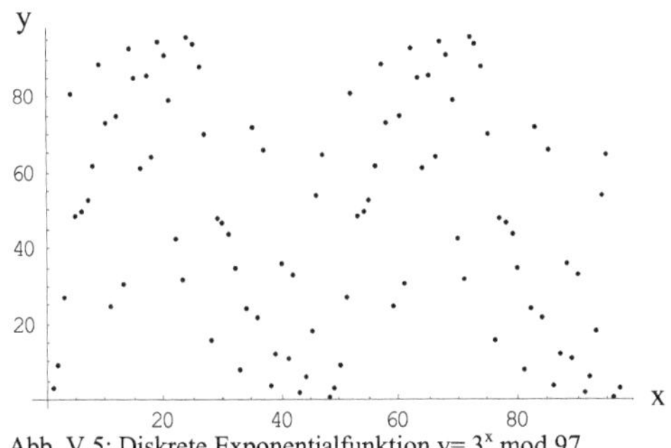

Abb. V.5: Diskrete Exponentialfunktion $y = 3^x$ mod 97

Aus diesem Grund versteht man unter dem diskreten Logarithmus das Folgende:[131]

Zu den gegebenen Zahlen p, a und y, soll eine Zahl $x \in N$ bestimmt werden, so dass die Gleichung $y = a^x$ mod p bzw. $x = dlog_a(y)$ in Z_p^* erfüllt ist. Dabei ist a eine Primitivwurzel der Restklassengruppe von p, x ist eine natürliche Zahl und p eine Primzahl.

Beispiel: 3^x mod 89 = 80 bzw. $x = dlog_3(80)$
Die Lösung dieser Gleichung kann man am besten mithilfe einer Wertetabelle (siehe Tab. V.2) ermitteln. Allerdings muss man dazu alle infrage kommenden möglichen Lösungen ($x \in \{y \in N | 0 \le y \le 88\}$) in die Funktion $f^*(x) = 3^x$ mod 89 einsetzen und den Funktionswert berechnen.[132] An der Wertetabelle ist dann die Stelle abzulesen, an welcher das gewünschte Ergebnis erreicht wird. Im vorliegenden Beispiel erhält man die Stelle x=46 als Lösung der obigen Gleichung.

Weitere Beispiele mit großen Primzahlen (z. B. mit 1000 Bit Speicherlänge), wie sie üblicherweise in der Kryptologie verwendet werden, zu zeigen, macht keinen Sinn. Bisher gibt es keinen effizienten Algorithmus, mit dem der diskrete Logarithmus einer Zahl berechnet werden kann. Alle bekannten Verfahren zur Berechnung des diskreten Logarithmus wie z. B. der Baby-Step-Gaint-Step-Algorithmus[133] sind von nicht polynomialer Laufzeit. Das bedeutet, der diskrete Logarithmus ist sehr aufwendig zur berechnen und damit handelt es sich bei der diskreten Exponentialfunktion um eine Einwegfunktion.

---

[130] Primitivwurzel mod p^α heißt jede Erzeugende ω der primen Restklassengruppe mod p^α (p ungerade Primzahl). (Algebra Lexikon (1986), S. 506)
[131] Vgl. Beutelspacher (2004), S.125
[132] Hinweis: Zur Erstellung einer Wertetabelle mit einer Tabellenkalkulation sollten man rekursiv vorgegeben, ansonsten kann es sein, das die Rechengenauigkeit nicht ausreicht, wie z. B. bei EXCEL.
[133] Beutelspacher (2004), S. 126

x	f*(x)	x	f*(x)	x	f*(x)	x	f*(x)
1	3	23	13	45	86	67	76
2	9	24	39	46	80	68	50
3	27	25	28	47	62	69	61
4	81	26	84	48	8	70	5
5	65	27	74	49	24	71	15
6	17	28	44	50	72	72	45
7	51	29	43	51	38	73	46
8	64	30	40	52	25	74	49
9	14	31	31	53	75	75	58
10	42	32	4	54	47	76	85
11	37	33	12	55	52	77	77
12	22	34	36	56	67	78	53
13	66	35	19	57	23	79	70
14	20	36	57	58	69	80	32
15	60	37	82	59	29	81	7
16	2	38	68	60	87	82	21
17	6	39	26	61	83	83	63
18	18	40	78	62	71	84	11
19	54	41	56	63	35	85	33
20	73	42	79	64	16	86	10
21	41	43	59	65	48	87	30
22	34	44	88	66	55	88	1

Tab. V.2: Diskrete Exponentialfunktion $y = 3^x \bmod 89$

Multiplizieren von Primzahlen

Bevor man Primzahlen miteinander multiplizieren kann, muss man sich sicher sein, dass es sich bei den vorliegenden Zahlen auch um Primzahlen handelt. Wann liegt eine solche Zahl vor?

Eine Primzahl p ist eine natürliche Zahl größer als 1, die nur zwei Teiler hat, d. h. sie hat nur die Zahlen 1 und p als Teiler. Alle anderen Zahlen nennt man zusammengesetzte Zahlen. Beispiele:

- 119 ist eine zusammengesetzte Zahl, denn $119 = 7 \cdot 17$.

- 23 ist eine Primzahl, sie besitzt nur die Teiler 1 und 23.

Zur Bestimmung von Primzahlen gibt es verschiedene Verfahren. Schon aus der Antike ist ein Verfahren zur Bestimmung aller Primzahlen bis zu einer bestimmten vorgegebenen natürlichen Zahl von Eratosthenes von Kyrene überliefert. Im Folgenden soll dieses Verfahren, das man heutzutage als das „*Sieb des Eratosthenes*" bezeichnet, dargestellt werden. Zuerst muss man sich eine Grenze vorgeben, bis zu der man alle Primzahlen, die kleiner als diese Grenze sind, bestimmen möchte. Diese sei hier n=100. Danach notiert man sich die Zahlen von 1 bis 100. Die 1 wird gestrichen, sie ist per Definition keine Primzahl. Anschließend markiert man die 2, alle Vielfachen von 2 (4, 6, ...) kann man streichen, sie sind durch 2 teilbar und damit keine Primzahlen. Danach markiert man die erste freie Zahl (hier die 3) und streicht alle Vielfachen der 3. Dieses Verfahren führt man so lange fort, bis alle Zahlen entweder markiert oder durchgestrichen sind.

Die markierten Zahlen sind die gewünschten Primzahlen, die kleiner als 100 sind:

$P_{<100} = \{2, 3, 5, 7, 11, 13, 17, 19, 23, 29, 31, 37, 41, 43, 47, 53, 61, 67, 71, 73, 79, 83, 89, 91, 97\}$

Zur Gewinnung großer Primzahlen eignet sich dieses Verfahren nicht, da es sehr ineffizient und rechenaufwendig ist[134].

~~1~~	11	~~21~~	31	41	~~51~~	61	71	~~81~~	91
2	~~12~~	~~22~~	~~32~~	~~42~~	~~52~~	~~62~~	~~72~~	~~82~~	~~92~~
3	13	23	~~33~~	43	53	~~63~~	73	83	~~93~~
~~4~~	~~14~~	~~24~~	~~34~~	~~44~~	~~54~~	~~64~~	~~74~~	~~84~~	~~94~~
5	~~15~~	~~25~~	~~35~~	~~45~~	~~55~~	~~65~~	~~75~~	~~85~~	~~95~~
~~6~~	~~16~~	~~26~~	~~36~~	~~46~~	~~56~~	~~66~~	~~76~~	~~86~~	~~96~~
7	17	~~27~~	37	47	~~57~~	67	~~77~~	~~87~~	97
~~8~~	~~18~~	~~28~~	~~38~~	~~48~~	~~58~~	~~68~~	~~78~~	~~88~~	~~98~~
~~9~~	19	29	~~39~~	~~49~~	59	~~69~~	79	89	~~99~~
~~10~~	~~20~~	~~30~~	~~40~~	~~50~~	~~60~~	~~70~~	~~80~~	~~90~~	~~100~~

Abb. V.6: Sieb des Eratosthenes

Mit der oben gewonnenen Liste $P_{<100}$ kann man jetzt alle natürlichen Zahlen, die kleiner als 10.000 sind darauf hin untersuchen, ob es sich dabei um Primzahlen handelt.[135] Dazu müsste man jeweils alle Zahlen von 1 bis 10.000 testen, ob sie durch eine der oben genannten Zahlen aus der Menge $P_{<100}$ teilbar sind.

Beispiel:
n=8827
Wenn man diese Zahl testet, so erhält man erst beim Testen der Zahl 91, dass es sich hierbei um eine zusammengesetzte Zahl handelt, nämlich: 8827=91·97.

In der Literatur findet man für das oben beschriebene Verfahren den passenden Name „*Probedivisionen*"[136]. Dieses beruht auf der folgenden Idee: Wenn eine natürliche Zahl eine zusammengesetzte Zahl ist, dann hat sie mindestens einen Primteiler, der kleiner als sie selbst ist. Leider eignet sich dieses Verfahren nicht für größere Zahlen, da man für Zahlen die kleiner als 1.000.000 sind, 168 Primzahlen durchtesten müsste und für Zahlen die kleiner als 1.000.000.000 sind, wären es schon 3401 zu testende Primzahlen. Daher hat man effizientere Verfahren entwickelt, die es erlauben zu entscheiden, ob eine natürliche Zahl eine Primzahl ist, z. B. der Fermat-Test oder der Miller-Rabin-Test. Für eine weitergehende Darstellung der Primzahltests sei z. B. auf Buchmann (1999, S. 104 ff.) verwiesen. Die zurzeit größte Primzahl stammt aus dem Jahre 2008 von Edson Smith von der University of California Los Angeles (UCLA)[137]: $2^{43.112.609}-1$ (12.978.189 Stellen)[138]

---

[134] Diese Rechenintensität des Verfahrens machte sich die amerikanische Computerzeitschrift BYTE zunutze und entwickelte ein auf diesem Verfahren beruhenden Algorithmus, der jahrelang als „*benchmark test*" (Geschwindigkeitstest für Hard- und Software) verwendet wurde (vgl. Ziegenbalg (2007), S. 73).

[135] $\sqrt{10.000} = 100$

[136] Vgl. Buchmann (1999), S. 103 oder Riesel (1994), S. 143. Er spricht von „*trial division*".

[137] Vgl. URL: http://www.mersenne.org/various/history.php (Stand: 25.08.2010)

[138] Bei diesen Zahlen handelt es sich jeweils um Mersenne Zahlen, da sie sich in der Form $M_k=2^k-1$ darstellen lassen. Diese wurden im Rahmen des Projekts: „*Great Internet Mersenne Prime Search*" (kurz: „GIMPS") gefunden. Für weitere Informationen sei auf deren Internetseite URL: www.mersenne.org (Stand: 10.09.2010) verwiesen.

Doch zurück zum Ausgangsproblem, warum es sich bei der Multiplikation von Primzahlen um eine Einwegfunktion handelt. Multiplizieren von Primzahlen ist eine einfache Angelegenheit und im Zeitalter des Computers ein Kinderspiel. Wie sieht es aber mit der Umkehrung, dem Faktorisieren, d. h. dem Zerlegen einer natürlichen Zahl in ihre Primfaktoren, aus?

Das scheint deutlicher schwieriger zu sein, was an folgendem Beispiel sehr eindrücklich deutlich wird. Martin Gardner stellte 1977 in der Zeitschrift Scientific American in seiner Kolumne „*Mathematical Recreations*" die Aufgabe, die folgende 129-stellige Zahl[139], die das Produkt zweier Primzahlen ist (solche Zahlen nennt man auch RSA-Zahlen), in ihre Primfaktoren zu zerlegen.

114 381 625 757 888 867 669 235 779 976 146 612 010 218 296 721 242 362 562

561 842 935 706 935 245 733 897 830 597 123 563 958 705 058 989 075 147 599

290 026 879 543 541[140]

Es dauerte bis zum April 1994 bis Paul Leyland und Michael Graff die Faktoren präsentierten, sie lauten[141]:

Faktor 1:   3490529510847650949147849619903898133417764638493387843990820577
Faktor 2:   32769132993266709549961988190834461413177642967992942539798288533

Ein weiteres Beispiel ist ein eigener Versuch mit der Software Mathematica und meinem eigenen Laptop. So benötigte mein Laptop ausgestattet mit einem Intel Pentium Prozessor (1,5GHz Taktfrequenz) für die folgende 68-stellige RSA-Zahl

49284142067378639202815789545580541035543748544032293892314015201029

3893,13 s (ca. 1 Stunde 5 Minuten) zur Berechnung der beiden Primfaktoren[142]

Faktor 1:	Faktor 2:
174683573608705982202503 0777	282133809431766670012631 53660999177245677.

Die beiden Beispiele verdeutlichen, dass das Zerlegen einer natürlichen Zahl in ihre Primfaktoren immer noch eine sehr zeitaufwändige Aufgabe ist. Auch das sehr naheliegende, sehr einfache und intuitive Verfahren zur Bestimmung der Primfaktoren mithilfe der oben genannten Probedivisionen ist nicht schneller. Wie man die Probedivisionen bei der Faktorisierung anwenden könnte, zeigt das folgende Beispiel. Sei $n = 18.139$:

Beim Probedividieren der ersten 5 Primzahlen stellt man fest, dass die Zahl 11 die Zahl 18.139 teilt, als Quotient beider Zahlen erhält man 1.649. Nun kann man diese Zahl weiter Probe dividieren und stellt fest, dass die Zahl 17 die Zahl 1.649 teilt, als Quotient erhält man 97, eine Primzahl. Insgesamt kann 18.139 in die 3 Primfaktoren 11, 17 und 97 zerlegt werden und es gilt $18.139 = 11 \cdot 17 \cdot 97$. Dieses Verfahren eignet sich leider nur für Zahlen bis $n \approx 10^7$, für größere Zahlen wird es zu langsam. Neben den langen Berechnungen bereitet auch der Speicherplatz Probleme, den die notwendigen Primzahlen für die Probedivisionen benötigen. An der folgenden Tabelle wird das sehr deutlich[143]:

---

[139] Vgl. Buchmann (1996), S. 80
[140] Ebd.
[141] Vgl. URL: http://www.interesting-people.org/archives/interesting-people/199404/msg00072.html (Stand: 21.09.2010) von David Farber
[142] Der in Mathematica dazu verwendete Befehlt lautet: „Timing[FactorInteger[Zahl]]".
[143] Vgl. Hartmann (2007), S. 49

Primzahlen bis	Speicherbedarf (ca.)
10^6	59 kByte
10^9	51 Mbyte
10^{12}	42 Gbyte

Tab. V.4: Speicherbedarf für die Probedivisionen

Weitere Verfahren zur Faktorisierung wurden von Fermat, Gauss, Legendre, Pollard etc. vorgestellt, bei Buchmann (1999), Riesel (1994) oder Hartmann (2007) können diese vertieft werden.

Wie ist der aktuelle Stand bei der Faktorisierung von RSA-Zahlen?
Die großen aktuellen Erfolge beim Faktorisieren feiert man zurzeit mit den sog. Siebverfahren[144]. So wurde beispielsweise im Dezember 2009 eine 232-stellige RSA-Zahl in ihre Primfaktoren zerlegt.[145] Zur Berechnung benötigte man aber immer noch *„3.300 Opteron 1GHz CPU years"*, d. h. ein einzelner Computer mit einem AMD[146] Opteron, der mit 1GHz Taktfrequenz der CPU[147] arbeitet, würde zur Berechnung des Vorgangs 3.300 Jahre benötigen. Auch an diesem Beispiel sieht man, dass es auch bei der besten Rechenleistung kein effizientes Verfahren zur Bestimmung der Primfaktorzerlegung einer natürlichen Zahl gibt.
In der Kryptologie gibt es noch weitere Funktionen mit interessanten Aufgaben und Eigenschaften z. B. Hashfunktionen, für weitere Betrachtungen sei auf einschlägige Literatur verwiesen (Bauer (1997), Beutelspacher (2003)).

1.3.3 Mathematisches Modellieren

In der Codierung spielt das mathematische Modellieren eine große Rolle. Oft werden von Codes spezifische Eigenschaften gefordert, die mithilfe mathematischer Überlegungen und mathematischer Hilfsmitteln realisiert werden können. Da diese Anwendungen im Kern eher innermathematischer Art sind, werden diese bei der Anwendung von Zahlen dargestellt.
Im Bereich der Kryptologie gibt es mathematische Modellierungen mit denen realexistierende Problemstellungen gelöst werden. Ein sehr einprägsames Beispiel in diesem Sinne stellt die Lösung zu folgender Frage dar: Können zwei Personen einen geheimen Schlüssel austauschen, ohne dass sie sich je im Leben persönlich begegnet sind?

Die Frage wurde 1976 von Diffie und Hellman mit ja beantwortet, wie bereits in Kapitel IV schon angesprochen. In diesem Abschnitt wird das Schlüsselaustauschverfahren von Diffie und Hellman mit Blick auf die mathematische Modellierung näher erläutert.

Ziel dieses Verfahrens ist die sichere Vereinbarung eines gemeinsamen geheimen Schlüssels K in Form einer Zahl über eine unsichere, d. h. eine öffentliche, Verbindung. Den mathematischen Kern des Verfahrens beschreiben Diffie und Hellman wie folgt:

---

[144] Number Field Sieve, kurz NFS, vgl. Hartmann (2007)
[145] Vgl. URL: http://www.crypto-world.com/FactorRecords.html (Stand: 21.09.2010) von Scott Contini, Silverbrook Research, New South Wales, Australia
[146] **Advanced Micro Devices** neben Intel der zweitgrößte Chiphersteller.
[147] Engl.: **central processing unit**

„The new technique makes use of the apparent difficulty of computing logarithm over a finit Field GF(q)[148] with a prime number q of elements."[149]

Diffie und Hellman wählen als Grundlage einen endlichen Körper Z_q, wobei die Anzahl q der Elemente dieses Körpers eine Primzahl ist. Zu Beginn der Kommunikation vereinbaren die Kommunikationspartner, nennen wir sie A(lice) und B(ob), eine gemeinsame Primzahl q und eine weitere Zahl g[150] (sog. Generator), die eine Primitivwurzel von q ist, mit $2 \leq g \leq (q-2)$. Diese beiden Startinformationen können ruhig über einen unsicheren Kanal, d. h. evtl. für einen unbefugten Dritten lesbar, übermittelt werden. Beide Partner wählen zusätzlich eine beliebige Zahl aus der Menge $\{1, ..., q-2\}$[151]. Sei a die Zahl des ersten Kommunikationspartners und b die des zweiten. Diese beiden Zahlen werden nicht ausgetauscht, sonst ist es mit der Geheimhaltung vorbei. Nach der Zahlenwahl erfolgt ein Austausch folgender Zahlen:

$$A \rightarrow B: \quad \alpha = g^a \bmod q \qquad\qquad B \rightarrow A: \quad \beta = g^b \bmod q.$$

Auch dieser Vorgang kann wieder über einen unsicheren Kanal erfolgen. Aus dieser Information können beide Kommunikationspartner wie folgt ihren gemeinsamen Schlüssel K berechnen:

A berechnet   B berechnet
$K = \beta^a \bmod q$ $K = \alpha^b \bmod q$

Obwohl beide den Schlüssel K ganz unterschiedlich berechnen, erhalten sie beide denselben Schlüssel. Dies liegt an folgender Gleichung:

$$K = \beta^a \bmod q = (g^b \bmod q)^a \bmod q = g^{ba} \bmod q = g^{ab} \bmod q = (g^a \bmod q)^b \bmod q = \alpha^b \bmod q = K$$

Bei diesem Schlüssel handelt es sich um einen geheimen Schüssel, den nur die beiden Kommunikationspartner kennen. Auch wenn ein unbefugter Dritter die Zahlen q, g, α und β abgefangen hat, bleibt ihm der Zugang zum Schüssel K verwehrt. Der Grund dafür liegt in der Berechnung von α und β, diese werden mit der diskreten Exponentialfunktion, die eine Einwegfunktion darstellt, bestimmt. So kann der Angreifer bei bekannten q, g, α und β nicht auf die Zahlen a und b schließen, welche er zur Berechnung des Schlüssels bräuchte. Genau diese Stelle ist Kern der mathematischen Modellierung, durch die Mathematik ist sichergestellt, dass die Kommunikation geheim ist. Zur Sicherheit des Verfahrens schreiben Diffie und Hellman in dem Artikel *„ New Direction in Cryptography"*:

„Computing X (hier: a)[152] from Y (hier: α), ... can be much more difficult and, for certain carefully chosen values of q, requires on the order of $q^{1/2}$ operations using the best known algorithm ... ."[153]

Diese Aussage ist nach wie vor gültig, bis heute gibt es kein effizientes Verfahren zur Bestimmung des diskreten Logarithmus, somit ist das Verfahren von Diffie und Hellman nach

---

[148] Oder auch Galois Field. In Deutschland werden diese als Galoiskörper oder endliche Körper bezeichnet.
[149] Diffie und Hellman (1976), S. 649
[150] Zu Gunsten einer besseren Übersichtlichkeit werden die Variablen teilweise mit anderen Buchstaben bezeichnet als im Original.
[151] Diffie und Hellman lassen hier auch noch q und q-1 zu. Wegen $1 \equiv g^{q-1} \bmod q$ (Satz von Fermat), wurde diese Möglichkeit meinerseits ausgeschlossen. Auch könnte man noch a=1 (wegen α=g) und a=q-2 (wegen α=1/g) ausschließen, allerdings wurde das nicht berücksichtigt.
[152] Damit die Variablen des Zitats richtig eingeordnet werden können, sind im Zitat die entsprechenden Variablen der obigen Darstellungen angegeben.
[153] Diffie (1976), S. 649

wie vor sicher. Die Sicherheit des Verfahrens hängt hauptsächlich von der Wahl der beiden Zahlen q und g ab. In der Praxis reichen allgemeinhin Primzahlen q der Größenordnung 1024 Bit[154]. Den Generator g wählt man üblicherweise als Primitivwurzel modulo q. Die Berechnung des Schlüssels K würde auch funktionieren, wenn der Generator g keine Primitivwurzel[155] wäre. Allerdings kann es dann sein, dass die durch den Generator gebildete Untergruppe $U_g=\{1,\ g^1,\ g^2,\ ...,\ g^{q-2}\}$ von $Z_q{}^{156}$ sehr klein wird. Wählt man g als Primitivwurzel modulo q, dann wird gilt $U_g = Z_q{}^*$, somit hat U_g die maximale Anzahl von Elementen, d. h. das Diffie-Hellman-Schlüsseltauschverfahren ist am sichersten, wenn man g als Primitivwurzel modulo q wählt. Im Kapitel VI wird dieses Problem an einem Zahlenbeispiel illustriert.

Anwendbar ist dieses Verfahren in allen Arten von Client-Server-Umgebungen. So kann ein Server (z. B. für E-Mails, Onlinebanking) einem Client (z. B. Kunden) jederzeit die Möglichkeit geben, dass auf seine Dienste sicher zugegriffen werden kann, auch wenn nur ein unsicherer Kommunikationskanal besteht. Dazu vereinbaren Sever und Client z. B. mit dem Diffie-Hellman-Schlüsseltauschverfahren einen gemeinsamen Kommunikationsschlüssel. Mit diesem werden im weiteren Verlauf der Kommunikation die Nachrichten von Client zu Server und umgekehrt mithilfe eines symmetrischen Verfahrens verschlüsselt. So arbeitet prinzipiell beispielsweise das SSL[157]-Protokoll, welches unter anderem zur Verschlüsselung von HTTP[158]-Daten verwendet wird. Diese Seiten werden im Internet mit HTTPS[159] gekennzeichnet. Des Weiteren kann mit dem Schlüsselaustauschverfahren nach Diffie und Hellman die digitale Kommunikation per Funk (z. B. Mobilfunk, Polizeifunk) abhörsicher erfolgen, wenn zu Beginn der Kommunikation ein Initialschlüssel vereinbart und mit dessen Hilfe ein Schlüsselstrom für eine Stromverschlüsselung erzeugt wird.

Ein kleiner Exkurs zur Frage: Wie speichert man ein Passwort sicher ab?
Die einfachste Antwort auf diese Frage ist: Man lege eine Passwortdatei an. Jedes Mal wenn sich ein Nutzer einloggen möchte, wird die Eingabe mit dem abgespeicherten Passwort verglichen, sind beide gleich, dann wird dem Nutzer der Zugang gewährt, sonst nicht. Dieses Vorgehen ist jedoch nicht besonders vorteilhaft, entwendet ein Angreifer die Passwortdatei, dann müssen alle Passwörter neu eingeben werden. Als Erster kam der britische Informatiker Roger M. Needham (1935-2003) auf die Idee, die Passwörter nicht direkt in einer Datei abzuspeichern, sondern diese zuerst zu verschlüsseln und erst danach abzuspeichern.[160] Er implementierte als Erster ein solches System in Cambridge. Sein System basiert auf der Idee einer *Einwegchiffre*, das sind Chiffren, mit denen man einfach verschlüsseln kann, allerdings darf es keinen einfachen Algorithmus geben, mit dem man eine Entschlüsselung vornehmen kann. Einwegchiffren erinnern sehr stark an den Begriff der Einwegfunktion, diese verwenden Diffie und Hellman[161] in ihren Artikel *„New Direction in Cryptography"*, um Passwortdateien zu erzeugen. Sie bezeichnen diese Art der Authentifikation als *one-way-authentification*[162]. Als elementares Beispiel geben sie Polynome an, bei diesen Funktionen ist es einfach, den Funktionswert eines Polynoms $p(x)$ an der Stelle $x=x_0$ zu berechnen, allerdings ist die umgekehrte Aufgabe aus der Gleichung $p(x)=y$ das entsprechende $x=x_0$ zu bestimmen viel

---

[154] Vgl. Beutelspacher (2005, 1), Swoboda (2008) oder Schmeh (2009), S. 171
[155] Vgl. z. B. Beutelspacher (2005, 1), S. 135
[156] Allgemeine Z_n=Restklassenring modulo n bzw. Mit q= Primzahl ist Z_p ein Restklassenkörper.
[157] Secure Socket Layer
[158] HyperText Transfer Protocol
[159] HyperText Transfer Protocol Secure
[160] Vgl. Wilkes, M. (1975), S. 147 ff.
[161] Vgl. Diffie (1976), S. 649
[162] Vgl. Diffie (1976), S. 650

schwieriger. Kompliziertere Einwegfunktionen stammen aus dem Jahr 1974 von Georges B. Purdy. Er verwendet dafür Polynome über einem primen Restklassenkörper[163]. Auch aktuelle Passwortsysteme arbeiten nach wie vor mit der Idee der Einwegfunktion z. B. das Authentifikationssystem in UNIX[164]. Für weiteres Studium von Passwortsicherungssystemen sei z. B. auf Eckert (2008) oder Schneier (2006) wiesen.

An dieser Stelle wird deutlich, wie mithilfe einer mathematischen Modellierung das außermathematische Problem, Passwörter sicher abzuspeichern, gelöst wird.

Ein weiteres Beispiel bei der eine mathematische Modellierung hilft, ein außermathematisches Problem zu lösen, ist: Wie kann man eine handschriftliche Unterschrift durch eine digitale Signatur ersetzen?

Eine handschriftliche Unterschrift zeichnet sich z. B. dadurch aus, dass nur eine einzige Person diese erzeugen kann, allerdings diese von vielen verschiedenen Menschen verifiziert werden kann.[165] Dies wird bei einer digitalen Signatur durch einen privaten Schlüssel, den nur der Unterzeichner im Besitz hat, sicher gestellt. Durch den dazu passenden öffentlichen Schlüssel, den der Unterzeichner zur Verfügung stellen muss, ist jeder in der Lage, die digitale Unterschrift zu verifizieren. Im Kapitel VI wird an zwei verschiedenen kryptologischen Verfahren, dem El Gamal-Verfahren und dem RSA-Verfahren gezeigt, wie mit ihnen eine digitale Unterschrift erzeugt wird. Es wird sich zeigen, dass die digitale Unterschrift im Gegensatz zur handschriftlichen in der Regel unterschiedlich ist und vom zu unterzeichnenden Dokument abhängt. Juristisch liegt ein feiner Unterschied darin, dass durch die handschriftliche Unterschrift der Unterzeichner eine eindeutige Willenserklärung abgibt. Hingegen wird bei der digitalen Unterschrift diese Willenserklärung durch eine Maschine berechnet. Funktioniert diese nicht ordentlich, z. B. durch einen digitalen Angriff mittels eines Virus, so wird im Extremfall die digitale Unterschrift nicht vom Unterzeichner geleistet, sondern von einem Dritten[166].

1.3.4 Zahl

Diese fundamentale Idee begegnet einem in vielfältiger Art und Weise in der Codierungstheorie und der Kryptologie. An einigen ausgewählten Aspekten, die sich an die Heymannsche Unterteilung der Idee der Zahl anlehnt, soll dies exemplarisch gezeigt werden:

Aspekt: Zählen und Häufigkeit

Heymann bezeichnet das Zählen als mathematische *„Uraktivität"*[167] des Menschen. Er sieht die Abstraktion des Zählens darin, *„daß ich eine Menge konkreter Objekte unter dem Aspekt der ‚Anzahl' betrachte"*[168]. Anders ausgedrückt, man betrachtet eine Menge unter dem Aspekt der Häufigkeit. Legt man diesen Aspekt der fundamentalen Idee der Zahl zugrunde, so tritt er an den folgenden Stellen zur Codierung und Kryptologie deutlich zutage: Eine zentrale Aufgabe in der Codierungstheorie ist die Entwicklung von Codes, die die Datenmengen verkleinern, d. h. diese komprimieren. Eine der Grundideen der Datenkompression ist, dass Zeichen, die häufiger in einer Nachricht vorkommen, mit einem kürzeren Codewort codiert werden, während seltener auftretende Zeichen mit längeren Codewörtern codiert werden. *„Ein*

---

[163] Purdy, G. (1974), S. 442
[164] Für weitere Passwortsicherungssysteme vgl. Eckert (2008).
[165] Vgl. Schwenk (2002), S. 13
[166] Vgl. Schwenk (2002), S. 13
[167] Heymann (1996), S. 174
[168] Ebd.

Beispiel für eine solche Codierung ist der Morse-Code des amerikanischen Malers und Er-finders Samuel Morse (1791-1872). Zeichen werden bei diesem mit Kombinationen von Punkten und Strichen (z. B. kurze oder lange Stromstöße) codiert. Die Anzahl der Punkte und Striche für die Codierung eines einzelnen Zeichens variiert, je nach dem mit welcher Häufig-keit es in der englischen Sprache auftritt. So wird beispielsweise das häufig vorkommende ‚e' lediglich mit ‚·', der seltenere Buchstabe ‚q' mit ‚----' codiert."[169] An dieser Stelle spielt der mathematische Begriff der Häufigkeit also eine entscheidende Rolle für die Konstruktion des Codes. Allerdings ist der Morse-Code noch lange nicht optimal, d. h. es gibt Codierungen, die die Zeichen noch effektiver komprimieren. Moderne Beispiele in diesem Zusammenhang sind die Shannon-Fano-Codierung und die Huffman-Codierung, wobei der Huffman-Algorithmus die oben genannte Grundidee der Datenkompression bestmöglichst umsetzt und einen Code mit der kürzesten mittleren Codewortlänge erzeugt.[170] Bei den beiden genannten modernen Verfahren ist das Bestimmen von Häufigkeiten und der Umgang mit diesen von zentraler Bedeutung für die systematische Konstruktion der Codes.[171]

Das Zählen steht auch in klarer Verbindung zur Kryptologie. Sei dies zuerst an einem Beispiel aus der Kryptoanalyse gezeigt. Die wohl älteste Idee der Kryptoanalyse[172] beruht darauf, aus der relativen Häufigkeit der in einem Geheimtext vorkommenden Zeichen auf die Klartextbuchstaben zu schließen. Dabei geht man von der Annahme aus, dass sich die natürliche Häufigkeitsverteilung der zugrunde liegenden Sprache im Geheimtext abbildet, natürlich nicht eins zu eins. Für die relative Häufigkeitsverteilung der Buchstaben in der deutschen Sprache gilt die folgende Tabelle.

Buchstabe	Häufigkeit in %	Buchstabe	Häufigkeit in %
a	6,51	n	9,78
b	1,89	o	2,51
c	3,06	p	0,79
d	5,08	q	0,02
e	17,40	r	7,00
f	1,66	s	7,27
g	3,01	t	6,15
h	4,76	u	4,35
i	7,55	v	0,67
j	0,27	w	1,89
k	1,21	x	0,03
l	3,44	y	0,03
m	2,53	z	1,13

Tab. V.5: Relative Häufigkeiten der Buchstaben in der deutschen Sprache[173]

---

[169] Borys (2006), S. 9
[170] Vgl. dazu Kapitel VI
[171] Vgl. Kapitel VI
[172] Vgl. Kapitel IV
[173] Nach Beutelspacher (2005, 1), S. 10

Naiv betrachtet muss man zur Entschlüsselung einer geheimen Botschaft, wenn einem der Schlüssel nicht bekannt ist, nur die relativen Häufigkeiten der in der geheimen Botschaft vorkommenden Zeichen bestimmen, danach ordnet man dem Zeichen mit der größten relativen Häufigkeit das „e" zu, dem Zeichen mit der zweitgrößten Häufigkeit das „n" etc. Wer schon einmal einen geheimen Text entschlüsselt hat, weiß genau, dass es nicht ganz so einfach ist. Allerdings gilt es festzuhalten, dass im Kern dieser Art der Kryptoanalyse eine Häufigkeitsanalyse zugrunde liegt, die man durch Zählen der Zeichen in einem Geheimtext erhält. Damit die Kryptoanalyse in dieser einfachen Form zu keinem sinnvollen Ergebnis führt, sind Kryptografen immer bestrebt, die relativen Häufigkeiten zu verschleiern, sodass man nicht in der Lage ist, von den relativen Häufigkeiten der Zeichen im Geheimtext auf deren Bedeutung im Klartext zu schließen. Praktisch heißt das, dass die relative Häufigkeit eines Buchstabens im Klartext nicht mit der relativen Häufigkeit des ihm im Geheimtext zugeordneten Zeichens übereinstimmen darf. Eine Möglichkeit, um dies zu erreichen wäre: Buchstaben, die häufiger in der dem Geheimtext zugrunde liegenden Sprache vorkommen, werden mehrere Verschlüsselungszeichen zugeordnet, man bedient sich einer homophonen Verschlüsselung. In der deutschen Sprache kommen die Buchstaben e, i, n, r und s am häufigsten vor. Also müssen den Buchstaben e, i, n, r und s jeweils mehrere Zeichen zugeordnet werden, wobei noch berücksichtigt werden muss, dass das e mit Abstand am häufigsten vorkommt. Beispielsweise leistet dies die folgende Verschlüsselung:[174]

```
Klartextalphabet:     a b c d e f g h i j k l m n o p q r s t u v w x y z
Geheimtextalphabet:   G Y J 5 C D X 1 F K M 3 9 S 2 A P B 4 O 6 I 7 N 8 L
                              Q       W           V           R T
                              H                   Z
                              U
                              E
```

Wenn Schüler Verschlüsselungen ähnlich wie die obige selbst entwickeln, wird der Begriff der Häufigkeit bzw. der Häufigkeitsanalyse sehr vertieft und in einen interessanten und motivierenden Kontext gebracht.

Aspekt: Binärsystem und Modulo-Rechnung

Heymann schreibt über die Entwicklung des Zahlbegriffs bei Schülern: „*vielgliedrige Ketten führen vom naiven Umgang mit der Zahl als mathematischer ‚Urabstraktion' bis hin zu axiomatischen Begründungen der natürlichen oder reellen Zahlen, bis hin zu tiefen Sätzen der Zahlentheorie und algebraischen Strukturen.*"[175]

Ein Glied dieser Kette sollte der Umgang mit binären Elementen sein, da diese aus unserer Gesellschaft nicht mehr wegzudenken sind. Diese lassen sich technisch sehr einfach realisieren beispielsweise durch Schalter (offen oder geschlossen), Strom (fließt oder fließt nicht), Glühlampe (ein oder aus), Magnetkern (rechts oder links magnetisiert), Spin (up oder down), Brailleschrift (Papiererhebung vorhanden oder nicht vorhanden). So sind sie in vielen uns umgebenden Geräten und Hilfsmittel enthalten. Wie man an den technischen Beispielen sieht, zeichnen sich binäre Elemente dadurch aus, dass sie nur zwei sich gegenseitig ausschließende Zustände annehmen können. Mit alleine diesen beiden Zuständen kann mithilfe der Codierungstheorie jede Art von Information (Text, Bild, Ton, etc.) gespeichert oder übertragen werden z. B. ASCII-Code für Texte, JEPG für Bilder oder MP3 für Töne.

---

[174] Kippenhahn (2003), S. 127
[175] Heymann (1996), S. 174

Mathematisch betrachtet führen binäre Elemente auf das Dualzahlsystem bzw. Binärsystem, welches aus den beiden Ziffern {0, 1} besteht. Mithilfe dieses Zahlsystems können u. a. alle Zahlen, die uns üblicherweise im Zehnersystem vorliegen, dargestellt werden. Auch hat man für das Dualzahlsystem Rechenregeln entwickelt, die sog. Binärarithmetik. Mit dieser wird in jeder Art von Computer eine Computerarithmetik realisiert, der Computer ist grundsätzlich auf dem Prinzip der „Zweiwertigkeit"[176] aufgebaut. So wird er auch als eine „*binäre Maschine*"[177] bezeichnet. An dieser Stelle wird nochmals sehr deutlich, dass die Mathematik die Technologie hinter der Technologie darstellt. Etwas zugespitzt formuliert, macht die Mathematik die gesamte Software der Computertechnologie erst möglich. Betrachtet man das Dualzahlsystem weiter in einem größeren mathematischen Rahmen, so stellt es einen Spezialfall des Rechnens in Restklassen modulo m dar, wobei m=2 im Dualzahlsystem gilt. Das Rechnen mit Restklassen modulo m findet seine zentrale Anwendung in modernen kryptografischen Verfahren z. B. beim DES, AES, RSA-Verfahren oder dem Verfahren nach El Gamal.

Am Beispiel des RSA-Verfahrens wird im Folgenden gezeigt, dass das Rechnen mit Restklassen von zentraler Bedeutung in der Kryptologie ist. Somit kann die Behandlung des RSA-Verfahrens im Mathematikunterricht der Schule zu einem Vertiefen der fundamentalen Idee der Zahl, genauer gesagt dem Rechnen mit Restklassen, beitragen. Beim RSA-Verfahren handelt es sich um das erste Verschlüsselungsverfahren, dass auf der Idee des „*öffentlichen Schlüssels*" (englisch „public key cryptography") beruht.[178] Das Grundprinzip des Verfahrens basiert darauf, dass jeder Kommunikationsteilnehmer T ein Schlüsselpaar erzeugt:[179]

- einen Schlüssel e_T[180] zum Verschlüsseln und

- einen Schlüssel d_T[181] zum Entschlüsseln.

Der Schlüssel zum Verschlüsseln ist öffentlich („*public key*") und wird beispielsweise im Internet auf einer Homepage oder bei einer Zertifizierungsstelle veröffentlicht. Der Schlüssel zum Entschlüsseln ist streng geheim („*private key*"). Die Idee der getrennten Schlüssel für das Ver- und Entschlüsseln wird wie folgt beim RSA-Verfahren umgesetzt:[182]

1. T ermittelt zwei sehr große[183] Primzahlen p und q.

2. T berechnet die Zahlen:
$$n = p \cdot q \qquad \text{und} \quad f = (p\text{-}1)\cdot(q\text{-}1)$$

3. T wählt eine Zahl e[184], wobei e teilerfremd zu f ist.

4. T ermittelt $d_T = d$[185] mit der Eigenschaft:
$$e \cdot d \bmod f = 1$$

---

[176] Ebd.
[177] Ziegenbalg (2007), S. 121
[178] Vgl. Kapitel IV
[179] Vgl. Rivest (1978), S. 120
[180] E steht für „encryption" und das T steht für den Kommunikationsteilnehmer.
[181] D steht für „decryption" und das T steht für den Kommunikationsteilnehmer.
[182] Vgl. Rivest (1978), S. 120
[183] In diesem Zusammenhang bedeuten sehr große Primzahlen, dass die Primzahlen mit Blick auf die Computertechnologie 100-200-stellig sein sollen (vgl. z. B. Schneier (2006), S. 532).
[184] *e* für encryption
[185] *d* für decryption

Diese Zahl d existiert immer, nach dem Euklidischen Algorithmus (vgl. das Lemma von Bachet[186]) gibt es zwei Zahlen d und k, falls e und f teilerfremd sind, mit:

$$e \cdot d + f \cdot k = 1.$$

5. T macht die Zahlen ($n_T = n$, $e_T = e$) als öffentlichen Schlüssel bekannt.

An einem Beispiel[187] mit kleinen[188] Primzahlen sollen die obigen Überlegungen illustriert werden.

Zahlenbeispiel:

1. $p = 47$ und $q = 59$

2. $n = 47 \cdot 59 = 2773$ und $f = 46 \cdot 58 = 2668$

3. Wähle $e = 17$ (GGT(17, 2668)=1).

4. Mit dem erweiterten Euklidischen Algorithmus erhält man $k = (-1)$ und $d = 157$, somit gilt $17 \cdot 157 + (-1) \cdot 2668 = 1$.

5. Der öffentliche Schlüssel ist (2773; 17).

Sind die oben genannten Zahlen allen bekannt, ist das Senden und Empfangen von Nachrichten denkbar einfach. Angenommen, Alice möchte eine Nachricht m, die als Zahl vorliegen muss und $m < (n-1)$, an Bob verschicken, so läuft die Kommunikation wie folgt ab:

1. Alice informiert sich über den öffentlichen Schlüssel von Bob und erhält (n_B, e_B).

2. Alice erzeugt die verschlüsselte Nachricht mit:

$$c = m^{e_B} \bmod n$$

3. Bob empfängt die verschlüsselte Nachricht. Mithilfe seines privaten Schlüssels d_B berechnet Bob:

$$m^* = c^{d_B} \bmod n$$

Im Folgenden wird mithilfe des kleinen Satzes von Fermat[189] bewiesen, dass $m^* \equiv m \ (\bmod\, n)$ gilt und Bob damit in der Lage ist, die Nachricht m von Alice lesen:

Beweis:[190]

Es gilt $m^* \equiv c^{d_B} \equiv m^{e_B \cdot d_B} \ (\bmod\, n)$.

1. Fall: Sei m teilerfremd zu p. Die Zahlen e, d, f und k sind so gewählt, dass $e \cdot d + f \cdot k = 1$ gilt; d positiv und k negativ. Mit $t = (-k)$ gilt $e \cdot d = 1 + t \cdot f$. Daher gilt

$$m^* \equiv m^{1+t \cdot f} \underset{f=(p-1)(q-1)}{\equiv} m^{1+t \cdot (p-1) \cdot (q-1)} \equiv m \cdot \left(m^{t \cdot (q-1)}\right)^{p-1} \overset{\text{kleiner Satz}}{\underset{\text{von Fermat}}{\equiv}} m \ (\bmod\, p).$$

2. Fall: Sei m nicht teilerfremd zu p. Da p eine Primzahl ist, muss p also m teilen und es gilt $m \bmod p = 0$. Also erst recht $m^* = m^{e_B \cdot d_B} \bmod p = 0$ und damit ist $m \equiv m^* \ (\bmod\, p)$

---

[186] Das Lemma ist nach dem französischer Mathematiker Claude Gaspar Bachet de Méziriac (1591-1638) benannt. Es besagt: „*Sind zwei natürliche Zahlen a und b teilerfremd (d. h. GGT(a,b)=1), dann gilt: Es gibt ganze Zahlen x und y mit der Eigenschaft: $x \cdot a + y \cdot b = 1$.*" (vgl. dazu Ziegenbalg (2002), S. 39)

[187] Vgl. Rivest (1978), S. 124

[188] Diese Zahlen sind für den tatsächlichen Einsatz allerdings untauglich sondern nur für die prinzipielle Erklärung gut.

[189] Pierre der Fermat (1601-1665) Jurist und Mathematiker, siehe z. B. Ziegenbalg (2002), S. 93

[190] Vgl. Schulz (1991), S. 208

Analog zu den beiden Fällen kann man zeigen, dass gilt $m^* \equiv m \pmod{q}$.

Insgesamt sind p und q Teiler von $\left(m^{e_B \cdot d_B} - m\right)$, somit ist auch das Produkt $n = p \cdot q$ ein Teiler von $\left(m^{e_B \cdot d_B} - m\right)$ und es gilt damit $m^* \equiv m \pmod{n}$.

Fortführung des obigen Zahlenbeispiels:[191]

Angenommen, Alice möchte den folgenden Ausspruch von Julius Cäsar verschlüsselt versenden:

ITS ALL GREEK TO ME

Zuerst muss sie die Buchstaben in Zahlen codieren, z. B. mit der folgenden Tabelle:

A	B	C	D	E	F	G	H	...	S	T	U	V	W	X	Y	Z
01	02	03	04	05	06	07	08	...	19	20	21	22	23	24	25	26

Somit erhält Alice die folgende codierte Nachricht:

0920190001121200071805051100201500 1305

Alice bezieht den öffentlichen Schlüssel von Bob mit $n_B = 2773$ und $e_B = 17$.

Damit sie die obige Nachricht mit dem bezogenen Schlüssel auch verschlüsseln kann, muss sie die Nachricht noch in Ziffernblöcke, die kleiner als $n = 2773$ sind, aufteilen. Dies gelingt beispielsweise mit der folgenden Aufteilung:

0920 1900 0112 1200 0718 0505 1100 2015 0013 0500[192]

Alice verschlüsselt nun jeden Viererblock einzeln z. B. 920^{17} mod 2773=948. So erhält sie die folgende verschlüsselte Botschaft:

0948 2342 1084 1444 2663 2390 0778 0774 0219 1655.

Bob entschlüsselt mit seinem privaten Schlüssel d = 157 den Geheimtext, so berechnet er beispielsweise 0948^{157} mod 2773 = 920.

Die Sicherheit des RSA-Verfahrens gründet sich auf die folgenden mathematischen Überlegungen:

In dem oben beschriebenen Kommunikationsszenario schickt Alice eine geheime Botschaft an Bob. Angenommen, ein unbefugter Dritter, sein Name sei Oskar, hört die Kommunikation ab und möchte die Nachricht, die Alice an Bob verschickt hat, rekonstruieren. So stehen ihm die folgenden Zahlen zur Verfügung:

$$n_B = 2773; \quad e_B = 17 \text{ und } c = 948^{193}.$$

Die erste Möglichkeit wäre $n_B = 2773$ in seine beiden Primfaktoren zu zerlegen, dann kann er f berechnen und mittels des Euklidischen Algorithmus auf d_B schließen. Bei diesem Beispiel ist dies einfach zu berechnen. Ist allerdings n im Bereich von mehr als 200 Stellen, so ist das Faktorisieren von n_B in seine Primteiler mit der heutigen Computertechnologie nicht leistbar,

---

[191] Vgl. Rivest (1978), S. 124
[192] Damit man zu einer Aufteilung in Viererblöcke gelangt, werden an den letzten Buchstabencode die Füllzeichen 00 angehängt.
[193] Gilt nur für den ersten Buchstaben.

wie bereits erwähnt, handelt es sich beim Multiplizieren zweier Primzahlen (dem inversen Vorgang des Faktorisierens) um eine Einwegfunktion.
Eine zweite Möglichkeit wäre, aus der Gleichung

$$e_B \cdot d_B \bmod f = 1$$

den privaten Schlüssel von Bob zu berechnen. Allerdings müsste man dazu zuerst f berechnen können. Genauer gesagt, da hier in diesem speziellen Fall $\varphi^{194}\,(n) = f$, müsste man $\varphi(n)$ bestimmen. Allerdings stellten Rivest, Schamir und Adleman schon 1978 fest, dass dies genauso schwierig ist, wie die Zerlegung von n in seine Primfaktoren.[195] Insgesamt ist das RSA-Verfahren ein sehr sicheres und sehr oft verwendetes Verschlüsselungsverfahren. Allerdings muss man nach dem Stand der heutigen Forschung festhalten, dass es keinen mathematischen Beweis dafür gibt, dass die Sicherheit des RSA-Verfahrens auf dem Problem der Primfaktorzerlegung beruht.[196] Es ist theoretisch möglich, dass es einen anderen, einfacheren Angriff gibt, der nur noch nicht gefunden wurde.

Ein weniger abstraktes kryptologisches Verfahren, das mit einfachen Fragestellungen aus der Modulorechnung verbunden ist, stellt die Cäsar-Verschlüsselung dar, wenn sie mit Zahlen verbunden wird.[197] Dazu werden die Buchstaben wieder wie oben dargestellt von a bis z mit 1 bis 26 durchnummeriert. Die Verschiebung des Klartextalphabets um drei Buchstaben zum Geheimtextalphabet wird erreicht, wenn man zu jeder Nummer des Klartextbuchstabens eine 3 hinzuzählt. Die so erhaltene Zahl muss man noch modulo 26 rechnen, dann erhält man die Nummer für den Buchstaben des Geheimtextes. Bezeichnet man die Nummer des Klartextbuchstabens mit ‚k' und die Nummer des Geheimtextbuchstabens mit ‚g', so gilt für die Beziehung von g und k die folgende Gleichung:

$$g = (k+3) \bmod 26.$$

Beispiel:
Verschlüsselung der Nachricht: „heute ist es heiss", mit k=9.

Nachricht:	h	e	u	t	e	i	s	t	e	s	h	e	i	s	s
Zahlen der Buchstaben k:	08	05	21	20	05	09	19	20	05	19	08	05	09	19	19
g=(k+9) mod 26:	17	14	04	03	14	18	02	03	14	02	17	14	18	02	02
Geheimtext:	Q	N	D	C	N	R	B	C	N	B	Q	N	R	B	B

Des Weiteren könnte diese Art des Rechnens beispielsweise an Hand multiplikativer Chiffren vertieft werden.[198]

Aspekt: Anwendungen

Bei der Realisierung von Eigenschaften von Codes kommen meist Zahlen zum Einsatz. Ein Beispiel hierfür ist die Umsetzung der Fehlererkennung bei Codes durch die Berechnung von

---

[194] Mit φ ist hier die Eulersche Totientenfunktion gemeint. Diese gibt die Anzahl der zu n teilerfremden Zahlen zwischen 1 und n an (vgl. Ziegenbalg (2002), S. 88).
[195] Vgl. Rivest (1978), S. 125
[196] Vgl. Ertel (2007), S. 84
[197] Für eine genaue Beschreibung des Cäsar-Verfahrens sei auf Kapitel IV verwiesen.
[198] Bei diesen Chiffren wird die Buchstabennummer mit einer Zahl multipliziert. Man beachte, damit es zu keinen Kollisionen kommt, muss der Multiplikator teilerfremd zur Anzahl der Buchstaben des Alphabets sein.

Prüfziffern. Exemplarisch soll dies am Beispiel der Prüfzifferberechnung beim maschinenlesbaren Teil des deutschen Personalausweises gezeigt werden.

Abb. V.7: Muster eines deutschen Personalausweises[199]

Der maschinenlesbare Teil des deutschen Personalausweises ist in zwei Zeilen gegliedert:

- Zeile
  IDD <<MUSTERMANN << ERIKA <<<<<<<<<<<<<<<

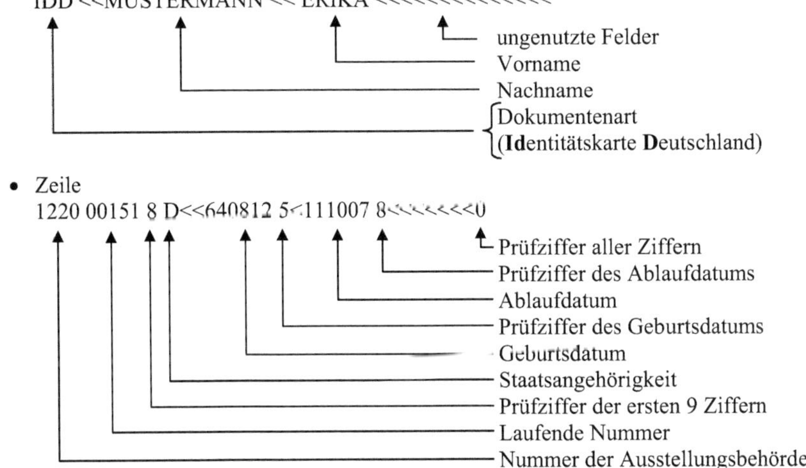

- Zeile
  1220 00151 8 D<<640812 5<111007 8<<<<<<<0

Die erste Prüfziffer des Personalausweises ergibt sich aus der Nummer der Ausstellungsbehörde und der laufenden Nummer, die zweite aus dem Geburtsdatum, die dritte aus dem Ablaufdatum und die vierte geht über alle Ziffern der zweiten Zeile einschließlich der Prüfziffern.

Die vier verschiedenen Prüfziffern des Personalausweises berechnen sich immer nach dem gleichen Schema:

1. Die erste Ziffer wird mit 7, die zweite mit 3 und die dritte Ziffer mit 1 multipliziert, die vierte Ziffer wieder mit 7, die fünfte Ziffer mit 3 etc.

---

[199] Vgl. URL: http://de.wikipedia.org/wiki/Personalausweis und Homepage der Bundesdruckerei URL: http://www.bundesdruckerei.de/de/kunden/kunden_government/governm_persPass/persPass_sichmPersausw.html. (Stand: 21.09.2010)

2. Die Einerstellen der Produkte aus dem ersten Schritt werden addiert.

3. Die Prüfziffer ergibt sich als die Einerstelle der Summe aus dem zweiten Schritt.

Beispiel:

$$(1\cdot7+2\cdot3+2\cdot1+0\cdot7+0\cdot3+0\cdot1+1\cdot7+5\cdot3+1\cdot1) \bmod 10 = 8$$

Weitere Beispiele, bei denen Prüfzifferverfahren verwendet werden, finden sich in großer Zahl in unserem Alltag, z. B. bei Euroscheinen, Konto-, Kreditkarten-, Umsatzsteuernummern, EAN, ISBN, ISSN[200], etc.

Heymann fordert in der Leitidee Zahl u. a.: *„Auf einer anderen Ebene kommen Anwendungsmöglichkeiten ins Spiel, die sich dadurch auftun, dass Zahlen über bestimmte Zeichen symbolisch repräsentiert werden: Kennzahlen zum Klassifizieren, Ordnen, Wiedererkennen – wie etwa in Telefonnummern, Hausnummern, Postleitzahlen, Warenkennzeichnungen – sind unverzichtbare Hilfsmittel für das Alltagsleben in unserer Gesellschaft geworden.“*[201] In dieser Forderung und den genannten Beispielen spricht er genau die Codierungen aus dem Alltag an. Diese verdeutlichen nicht nur den didaktischen Zahlaspekt, den sog. Codierungszahlaspekt[202], sondern man kann daran auch die Grundrechenarten üben.

1.3.5 Messen

Das Messen ist eine sehr alte und universelle Kulturtätigkeit des Menschen. Ohne geeignete Messmethoden wäre der Bau der ägyptischen Pyramiden von Gizeh vor 4.500 Jahren nicht möglich gewesen. Betrachtet man das Messen vom mathematischen Standpunkt her, so war es in Ägypten mit der Geometrie verbunden. Der Historiker David Lindberg schreibt dazu: *„Die Geometriekenntnisse der Ägypter scheinen auf praktische Probleme ausgerichtet zu sein, wie sie beispielsweise bei der Landvermessung oder im Bauwesen anfielen.“*[203]

Was versteht man unter Messen?
Die beste Antwort darauf ist von der Physik zu erwarten. Auf der dritten Seite des großen Grundwerkes *„Physik“* der deutsche Physiker Gerthsen, Kneser und Vogel findet man den Satz: *„Die Physik ist eine messende Wissenschaft.“*[204] Die Autoren unterscheiden zwischen zwei Kategorien des Messens: direktes und indirektes Messen einer Größe. Direktes Messen meint, dass die zu messende Größe direkt mit einer Maßeinheit verglichen wird, z. B. durch das wiederholte Anlegen eines Maßstabes, beispielsweise beim Messen einer Länge mit einem Meterstab. Indirektes Messen setzt ein physikalisches Gesetz voraus, z. B. die Messung der Temperatur eines physikalischen Körpers anhand seines Lichts, das er abstrahlt (Pyrometrie). Bei diesem Beispiel wird die Messung der Temperatur auf die Messung der Lichtwirkung eines heißen Körpers zurückgeführt. Die Autoren weisen aber auch darauf hin, dass die physikalischen Gesetze, die einer indirekten Messung zugrunde liegen, vorher durch eine andere unabhängige Beobachtung gesichert worden sein müssen. An dieser Stelle muss man also aufpassen, in welcher Beziehung die physikalischen Größen zueinander stehen, sonst kann es zu unangenehmen Ringschlüssen kommen. Daher geht die Physik den folgenden Weg und gibt *„eine Definition der zu messenden Größe durch eine ihre Wirkungen“*[205] an. So wird die Temperatur mit einem Thermometer anhand der Ausdehnung einer alkoholischen Flüssig-

---

[200] International Standard Serial Number
[201] Heymann (1996), S. 175
[202] Siehe z. B. Radatz (1983)
[203] Lindberg (2000), S. 16
[204] Gerthsen (1989), S. 3
[205] Ebd.

keit gemessen. Die Temperatur ist damit durch die mittlere kinetische Energie der Moleküle definiert.

Um wieder den Bogen zur Mathematik zu spannen, wird die mathematische Idee des Messens, welche dem Zählen doch sehr nahe steht, mit diesem verglichen. Dazu findet man beispielweise bei Heymann: *„Geht das Zählen zunächst von unterscheidbaren, diskreten Objekten aus, so hat man beim Messen mit kontinuierlichen Phänomenen zu tun, die zu quantifizieren sind."*[206] Beispielsweise geht es beim direkten Messen einer Länge darum, dass aus dem Kontinuum der reellen Zahlen eine Näherung für die tatsächliche Länge des Gegenstandes gewonnen wird. Das erfolgt durch ein wiederholtes Anlegen der Grundeinheiten. Eine besonders wichtige Funktion hat das Messen in Bezug auf die Verknüpfung der Mathematik mit der Welt außerhalb der Mathematik. Diese Verknüpfung erfolgt auf zwei Wegen. Einerseits kann die Welt durch das Messen mithilfe der Mathematik beschrieben werden, z. B. die Messung eines Flächeninhalts durch eine Parkettierung. Andererseits können durch Naturgesetze gemachte Vorhersagen mit dem Messen in die Welt zurückreflektiert werden.

Kommen wir zur Verbindung der Codierung mit der fundamentalen Idee des Messens. Diese Verbindung ist nicht so einfach herzustellen, wie in den bisher dargestellten fundamentalen Ideen. Die im Mathematikunterricht üblicherweise vorkommenden Maße spielen in der Codierungstheorie keine Rolle. Ein hoch interessantes Maß, welches in der Codierungstheorie auch von zentraler Bedeutung ist, ist das Informationsmaß. Dieses wurde erstmals 1948[207] von Claude Shannon (1916-2001) dem Begründer der Informationstheorie definiert.

Als Informationsgehalt einer Nachricht, *„soll ... derjenige Aufwand verstanden werden, der zur Spezialisierung der gesendeten Zeichen insgesamt erforderlich ist."*[208] Die Spezialisierung eines Zeichens kann im einfachsten Fall mit einer Folge von binären Fragestellungen erfolgen, d. h. Fragen, die nur zwei Antworten „0" oder „1" zulassen. Angenommen, es können vier Zeichen a, b, c und d gesendet werden, die alle mit der gleichen Wahrscheinlichkeit von $\frac{1}{4}$ auftreten.[209] Angenommen, es wurde ein „c" gesendet, dann startet man z. B. mit der ersten Abfrage: Wurde ein a oder b gesendet? Antwort: nein. Die zweite Abfrage: Wurde ein c gesendet? Antwort: ja. So benötigt man bei geschickter Fragestellung mindestens zwei Fragen für die Spezialisierung des Zeichens in diesem Fall. Diese Binärfragen kann man auch durch eine binäre Codierung darstellen, z. B. a=00, b=01, c=10, d=11. Wenn die Zeichen mit unterschiedlichen Wahrscheinlichkeiten auftreten, muss die Formel für die Information verallgemeinert werden, z. B. durch folgende Definition:

„Bei einer diskreten Quelle ohne Gedächtnis ist die Information, die durch das mit Wahrscheinlichkeit $p_i>0$ eintretende Signal a_i geliefert wird, definiert durch

$$I(a_i) := \log_2 \frac{1}{p_i}.\text{"[210]}$$

Als Maßeinheit hat die Information ein bit oder Sh (Shannon). Für das obige Beispiel mit der Gleichverteilung der Auftrittswahrscheinlichkeiten der verschiedenen Zeichen berechnet man I(a)=2. Angenommen, die Zeichen treten nicht mit den gleichen Auftrittswahrscheinlichkeiten

---

[206] Heymann (1996), S.175

[207] Taschenbuch Multimedia, S. 34

[208] Baumann (1990), S. 171

[209] Idee des Beispiels, vgl. Baumann (1990), S. 171

[210] Schulz (2003), S. 48

auf, sondern mit den folgenden Wahrscheinlichkeiten (vgl. Tabelle). So ergeben sich die folgenden Werte für die Information und die folgende Codierung:

Zeichen	a	b	c	d
Auftrittswahrscheinlichkeiten	$\frac{1}{2}$	$\frac{1}{4}$	$\frac{1}{8}$	$\frac{1}{8}$
Information	1	2	3	3
Codierung	0	10	110	111

Im Allgemeinen ist man nicht an dem Informationsgehalt eines Zeichens interessiert, sondern am Informationsgehalt der Quelle. Eine gute Definition dazu findet man wiederum bei Schulz:

„Gegeben sei eine Quelle Q ohne Gedächtnis mit Zeichen a_1, ...,a_n und der Wahrscheinlichkeitsverteilung p = (p_1, ...,p_n). Dann heißt

$$H(Q) := \sum_{i=1}^{n} p_i \log_2 \frac{1}{p_i} \quad \text{[bit/Symbol]}$$

die (ideelle) Entropie von Q (oder der mittlere Informationsgehalt von Q).“[211]

Als Maßeinheit hat die Entropie ein bit/Symbol oder Sh/Symbol. Die Entropie berechnet sich für das obige Beispiel bei Gleichverteilung der Wahrscheinlichkeiten mit H(Q)=2, was zu erwarten war, die Zeichen treten ja alle mit der gleichen Wahrscheinlichkeit auf. Für die oben genannte ungleiche Wahrscheinlichkeitsverteilung ergibt sich H(Q)=1,75, d. h. man benötigt bei der günstigsten Codierung im Durchschnitt 1,75 bit/Symbol um ein Zeichen zu spezialisieren. Verbindet man den abstrakten Begriff Entropie mit der sehr anschaulichen Größe der mittleren Codewortlänge, so wird dieser leichter zugänglich.
Doch bevor das erfolgt, wird zuerst die mittlere Codewortlänge erläutert. Sie gibt an, wie viele Binärzeichen durchschnittlich zur Codierung eines Zeichens benötigt werden. Allgemein lässt sich die mittlere Codewortlänge mit folgender Formel berechnen:

$$l_m = \sum_{i=1}^{n} p_i \cdot l_i .^{212}$$

Dabei ist p_i die Auftrittswahrscheinlichkeit und l_i die Codewortlänge des i-ten Zeichens von insgesamt n verschiedenen Zeichen. Für das obige Beispiel berechnet man im Fall der Gleichverteilung l_m=2 und im Fall der ungleichen Wahrscheinlichkeitsverteilung l_m=1,75. In beiden Fällen entspricht die mittlere Codewortlänge der Entropie. Dies gilt nur zufällig, da im Falle des Beispiels optimale Codierungen, im Sinne von Minimierung der mittleren Codewortlänge, vorliegen.
Allgemein gilt, dass die Entropie einer Quelle ohne Gedächtnis die untere Grenze für die mittlere Codewortlänge darstellt[213]:

$$H(Q) \leq l_{opt.} \leq H(Q)+1$$

---

[211] Schulz (2003), S. 49
[212] Dewdney (1993), S. 373
[213] Ein Beweis findet man z. B. bei Schulz (2003), S. 51.

mit l_{opt}= optimale mittlere Codewortlänge.

Das bedeutet weiter, dass die Differenz aus der Entropie und der mittleren Codewortlänge ein Gütemaß für eine Datenkompression darstellt, die im Allgemeinen als Redundanz der Codierung (r_c) bezeichnet wird:

$$r_c = l_m - H(Q).$$

Das bedeutet, die beste Datenkompression ist erreicht, wenn $r_c=0$ ist. Allerdings muss man dazu sagen, dass dies nur für präfixfreie Codierungen gilt. Dies sind Codes, bei denen die Codewörter so gestaltet sind, dass kein Codewort Präfix eines anderen Codeworts ist.

Zusammenfassend ist zu sagen, dass durch die Begriffe der Information, Entropie und mittlere Codewortlänge die Codierungstheorie mit der fundamentalen Idee des Messens aus der Mathematik verknüpft wird. Mit Messen ist in diesem Zusammenhang das Messen des Informationsgehalts einer Nachricht gemeint, genauer gesagt, wie viele Bit mindestens zur Codierung einer Nachricht benötigt werden. Ganz konkrete im Unterricht umsetzbare Beispiele liefern hierzu Kompressionsverfahren, deren Aufgabe es ist, die Datenmenge zu reduzieren. Formate hierzu sind JEPG, MP3 und MPEG, die schon vielen Schülern bekannt sind.

Für den Mathematikunterricht bieten sich in diesem Zusammenhang die Huffman-Codierung und die Shannon-Fano-Codierung an, beide sind sehr elementar und arbeiten mit statistischen Methoden. Außerdem kann man mithilfe der Huffman-Codierung ein mathematisch einfaches Modell für den Begriff der Information bzw. Entropie gewinnen. Dazu interpretiert man die mittlere Codewortlänge der Huffman-Codierung als ein Maß für den Informationsgehalt einer Nachricht. Dies geht nur, da es keinen anderen präfixfreien Code gibt, der eine kleinere mittlere Codewortlänge als der Huffman-Code hat. Durch diese didaktische Reduktion hat man ein Informationsmaß in der Hand, welches ohne Logarithmen auskommt und somit auch im Unterricht der Mittelstufe verwendbar ist.

Die Verbindung der Kryptologie zur Leitidee Messen ist leider nicht ganz so ergiebig, denn die im Mathematikunterricht üblichen Maßeinheiten spielen in der Kryptologie keine besondere Rolle.

Ein nicht so übliches, jedoch interessantes Maß für den Mathematikunterricht ist der Koinzidenzindex aus der Kryptoanalyse. Dieser wurde von William Frederick Friedmann (1891-1969)[214] erfunden, der von Bauer und Kahn als einer der bedeutendsten U.S.-amerikanischen Kryptologen unserer Zeit bezeichnet wird.[215]

Friedmann erfand den nach ihm benannten Koinzidenzindex, welcher eine Aussage über die sprachliche Redundanz eines Textes macht. Friedmann selbst behauptet, dass der Koinzidenzindex die wichtigste Eigenkreation seiner Karriere war.[216]

Für die Berechnung des Koinzidenzindexes muss ein Text vorliegen. Angenommen, dieser hat die Länge n, wobei der i-te Buchstabe des Alphabetes mit der Häufigkeit n_i in diesem Text vorkommt. Weiter angenommen sei, dass man alle diese Buchstaben in eine Urne legt und anschließend mit einem Zug zwei Buchstaben zieht. So ist die Wahrscheinlichkeit, dass man

---

[214] Bauer (1997), S. 4
[215] Vgl. Bauer (1997), S. 4 und Kahn (1969), S. 369
[216] Vgl. Kahn (1969), S. 384

das i-te Buchstabenpaar zieht $\dfrac{n_i}{n} \cdot \dfrac{(n_i - 1)}{(n - 1)}$. Summiert man über alle 26 Buchstaben, so erhält man die Wahrscheinlichkeit dafür, dass man ein beliebiges Buchstabenpaar zieht:

$$\sum_{i=1}^{26} \frac{n_i}{n} \cdot \frac{(n_i - 1)}{(n - 1)} = \frac{1}{n(n-1)} \sum_{i=1}^{26} n_i(n_i - 1)\,[217].$$

Dieser Index alleine als solches bringt noch nichts, man benötigt noch Vergleichswerte. Diese erhält man durch die Analyse der Buchstabenhäufigkeiten verschiedener Sprachen. Angenommen, in einer Sprache mit 26 Buchstaben seien alle Buchstaben gleich verteilt. So ist die Wahrscheinlichkeit für das Auftreten des i-ten Buchstabenpaares $\left(\dfrac{1}{26}\right)^2$ bzw. die Wahrscheinlichkeit für das Auftreten eines beliebigen Buchstabenpaares $\sum_{i=1}^{26}\left(\dfrac{1}{26}\right)^2 = \dfrac{1}{26} = 0,0385$. Dieser Wert ist so wichtig in der Kryptoanalyse, dass man ihn mit κ_r (r steht für „random")[218] bezeichnet.

Für eine beliebige Sprache mit n Buchstaben und der Häufigkeiten n_i mit der der i-te Buchstabe in der Sprache vorkommt, erhält man: $\kappa_p = \sum_{i=1}^{n}\left(\dfrac{1}{n_i}\right)^2$ (p steht für „plaintext", d. h. Klartext). Für Deutsch gilt $\kappa_p=0,0762$, für Englisch $\kappa_p=0,0611$ und Französisch $\kappa_p=0,0778$.[219] Die Werte κ_p der verschiedenen Sprachen unterscheiden sich sehr stark vom Wert κ_r, da in einer natürlichen Sprache die Buchstaben nicht nach statischen Gesichtspunkten auftreten, sondern nach rein linguistischen Prinzipien.

In der Kryptoanalyse wird dies wie folgt genutzt: Angenommen, der zu entschlüsselnde Geheimtext ist mit dem Vigenère-Verfahren erstellt worden und die Länge des Schlüsselwortes sei x. Dann wurden alle Buchstaben, die im Klartext nur x Buchstaben voneinander entfernt sind, mit dem gleichen Buchstaben des Schlüsselworts verschlüsselt. Schreibt man den Geheimtext in eine Tabelle mit x Spalten wird sehr deutlich, dass jeder Spalte eine monoalphabetische Verschlüsselung zugrunde liegt.

1	2	3	…	x
x+1	x+2	x+3	…	2x
2x+1	2x+2	2x+3	…	3x

Tab. V.6: Zur Schlüsselwortlänge[220]

Somit spiegelt sich in jeder Spalte die natürliche Häufigkeitsverteilung der Buchstaben der dem Geheimtext zugrunde liegenden Sprache wieder. Also muss der Koinzidenzindex κ jeder Spalte in der gleichen Größenordnung liegen, wie der Wert κ_p der Sprache, die dem verschlüsselten Text zugrunde liegt. Kehrt man diese Überlegung um, erhält man eine Methode zur Bestimmung der Schlüssellänge. Dazu unterteilt man den Text in eine verschiedene An-

---

[217] Vgl. Beutelspacher (2005, 1), S. 18
[218] Vgl. Kahn (1969), S. 378
[219] Siehe Kahn (1969), S. 378 und Beutelspacher (01.2005), S. 18
[220] Beutelspacher (2005, 1), S. 18

zahl x von Spalten und bestimmt immer jeweils für jede Spalte den Koinzidenzindex κ. Damit erhält man eine Liste von κ-Werten, die nur von der Anzahl der Spalten x abhängig ist. Danach bestimmt man die Spaltenlänge x*, für die die κ-Werte dem κ_p-Wert (der dem Geheimtext zugrunde liegenden Sprache) am nächsten kommen. Diese Spaltenlänge x* ist ein sehr guter Kandidat für die passende Schlüssellänge bzw. ein Vielfaches von ihr. Für ein weiteres Studium des Koinzidenzindexes sei verwiesen auf Bauer (1997), Beutelspacher (01.2005) bzw. Kahn (1969).

Der vorgestellte Koinzidenzindextest ist eine recht elementare und leicht verständliche Messgröße. Da er auf einer einfachen stochastischen Überlegung beruht, stellt er eine sehr interessante Bereicherung für den Mathematikunterricht dar. Des Weiteren wird hierbei die Stochastik in einem sehr ungewöhnlichen Umfeld angewendet. Außerdem sind die fächerübergreifenden Aspekte von der Mathematik hin zur Linguistik interessant.

1.3.6 Ordnen

Als letzte fundamentale Idee soll das Ordnen besprochen werden. Dabei wird von einem ganz allgemeinen Begriff des Ordnens ausgegangen, der neben dem geometrischen Ordnen auch das logische Ordnen beinhaltet.

Zum geometrischen Ordnen nach Heymann gehören: konstruktive Aktivitäten (Zeichnen, Gestalten, Entwerfen, geometrisches Konstruieren), Pflege der geometrischen Wahrnehmung, Deutung der Umwelt in geometrischen Begriffen und Beziehungen.[221] Mit dieser Auffassung findet sich das geometrische Ordnen bei vielen grafischen Codierungen wieder. So können beispielsweise beim Konstruieren der verschiedenen Flaggen des Flaggenalphabets Zeichenfähigkeiten geschult werden. Mit der Brailleschrift wird die geometrische Wahrnehmung durch Lesen dieser Schrift geschärft, durch das Erstellen der verschiedenen Buchstaben wird das Konstruieren geschult. Auch das Lesen von Strichcodes dient der Schärfung der geometrischen Wahrnehmung.

Mit geometrischen Objekten ganz anderer Art, nämlich mathematischen Bäumen wird bei vielen Codierungsverfahren gearbeitet z. B. beim Huffman-Verfahren. So könnten mithilfe dieser Verfahren auch graphentheoretische Elemente im Unterricht thematisiert werden.

Das logische Ordnen findet sich bei verschiedenen Codierungen. So steckt hinter vielen Codierungen oft eine interessante geometrische Systematik, beispielsweise bei der Brailleschen Punktschrift können Schüler durch Analyse der verschiedenen Buchstaben den systematischen Aufbau dieser Schrift entdecken. Das logische Ordnen findet sich auch bei anderen Codierverfahren, beispielsweise beim ASCII-Code, hierbei können Schüler dessen arithmetischen Aufbau entdecken. Eine andere Art des logischen Ordnens ist das ‚*in eine Reihenfolge*' bringen. Dies ist beispielsweise bei der Huffman-Codierung eine der zentralen Ideen, hierbei werden die zu codierenden Zeichen anhand der Reihenfolge ihrer Häufigkeiten systematisiert.

In der Kryptologie spielt das Ordnen noch eine größere Rolle als in der Codierungstheorie. So findet man das geometrische Ordnen z. B. bei geometrischen Chiffren. Unter geometrischen Chiffren versteht man nach Wrixon:

> *„Eine geometrische Chiffre ist eine Transpositions-Chiffre, in der die Elemente des Klartexts in ein geometrisches Muster gebracht werden, eine Schablone oder*

---

[221] Vgl. Heymann (1996), S. 176

*ein Gitter. Durch bestimmte Richtungswechsel – zum Beispiel eine Spalte auf-
wärts, eine abwärts, eine andere diagonal – ergibt sich eine unterschiedliche
Buchstabenfolge.*"[222]

Als ein einfaches Beispiel gibt er eine Rechtecksverschlüsselung an. Angenommen, man
möchte den Klartext: `treffen heute um neun Uhr`[223] verschlüsseln. Diesen Text
kann man z. B. in ein Rechteck bzw. in eine Tabelle mit zwei Spalten und 11 Zeilen
schreiben, in dem man den Text buchstabenweise ohne Beachtung der Leerzeichen von oben
nach unten einträgt. Da der Text nur aus 21 Buchstaben besteht, bleibt das Feld rechts unten
leer, dies kann man mit einem sinnlosen Buchstaben z. B. einem x auffüllen.

t	e
r	u
e	m
f	n
f	e
e	u
n	n
h	u
e	h
u	r
t	x

Zur Verschlüsselung wird der Text nun beispielsweise zeilenweise von oben nach unten
gelesen und man erhält folgenden Geheimtext: `teruemfnfeeunnhuehurtx`. Da der
Klartext 21 Buchstaben hat, würde sich auch ein Rechteck anbieten mit drei Spalten und
sieben Zeilen, da dann alle Felder der Tabelle verwendet werden und kein zusätzlicher Füll-
buchstabe (wie im obigen Beispiel das x) eingefügt werden muss.

t	h	n
r	e	e
e	u	u
f	t	n
f	e	u
e	u	h
n	m	r

---

[222] Wrixon (2006), S. 136
[223] Abgeändert: Wrixon gibt hier ein englisches Beispiel an.

Zum Auslesen des Geheimtextes muss man nicht unbedingt von oben nach unten vorgehen, man könnte auch alternierend vorgehen: zuerst die erste Zeile dann die letzte, dann die zweite, dann die vorletzte usw. Man könnte auch in Diagonalen vorgehen oder einen ganz beliebigen Weg wählen (z. B. Tannenbaumweg).

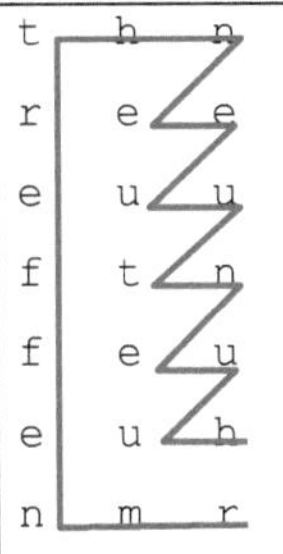

Abb. V.8: Beispiele geometrischer Verschlüsselungen

Als mögliche Geheimtexte erhält man:

- für das diagonale Verschlüsseln: `thrneeeufutfneeuunhmr`

- beim Tannenbaumweg: `rmnefferthneeuutneuuh`.

Wrixon bezeichnet diese Verschlüsselungen als Routen-Transpositionen. Die verschiedenen Wege dienen nur dazu, den Text vor einer unbefugten Entschlüsselung zu schützen. Es gilt zu beachten, dass beide Kommunikationspartner im Vorhinein die entsprechende Route zum Ver- und Entschlüsseln vereinbaren müssen. So machen allzu komplizierte Ver- bzw. Entschlüsselungsrouten keinen Sinn. Außerdem hängen sehr komplizierte Routengebilde oft von einer Tabellengröße ab, die keine einfachere Erweiterung für längere Texte bietet. Eines der bekanntesten Beispiele für eine einfache Routenverschlüsselung ist die Gartenzaunmethode. Dazu schreibt man seinen Klartext abwechselnd buchstabenweise in zwei Zeilen, den Geheimtext erhält man, in dem man die Buchstaben der unteren Zeile an die der oberen anhängt:

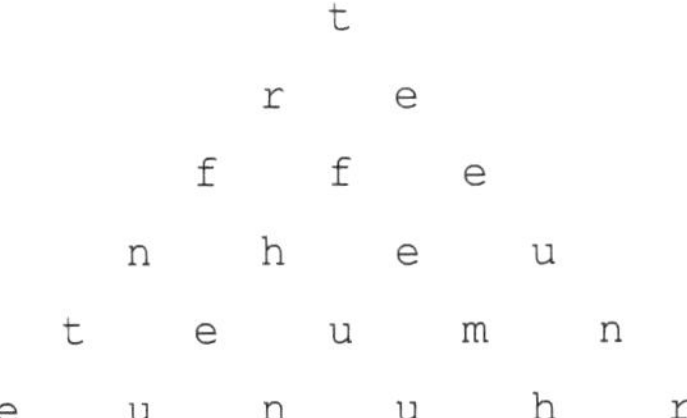

Als Geheimtext erhält man: `tefnetunuurrfehuemenh`.
Darüber hinaus nennt Wrixon Dreiecks- oder Trapez-Transpositionen. Für den obigen Klartext erhält man folgende Dreiecksdarstellung, wenn man ihn von der Spitze beginnend zeilenweise von rechts nach links einträgt.

Den Geheimtext kann man auf vielfältige Art und Weise ablesen, z. B. spaltenweise von unten nach oben, so erhält man: `etunefnhruftueemehunr`.

Damit soll der Ausblick zu den geometrischen Chiffren beendet werden[224] und die Verbindungen dieser Art der Chiffren zur fundamentalen Idee des Ordnens gezeigt werden. Diese sind hier sehr offensichtlich. Die Idee dieser Verschlüsselung ist es, den Klartext in eine geometrische Form zu schreiben und durch entsprechendes Auslesen den Geheimtext zu erhalten. Damit haben Schüler eine ganz andere Möglichkeit, den Umgang mit geometrischen Objekten – Rechtecken, Dreiecken, Diagonalen, etc. – zu üben und spielerisch anzuwenden. Fragen nach dem Ausleseweg durch das Buchstabenmuster berühren sofort geometrische und graphentheoretische Fragestellungen. Diese Arten der Verschlüsselungen sind schon ab Klasse 3 möglich, dies zeigen einfachste Ansätze z. B. im Mathematik Schulbuch Nussknacker[225].

Verschlüsselungsschablonen, die auch zu den geometrischen Chiffren gezählt werden, bieten auch eine gute Möglichkeit, das geometrische Ordnen zu vertiefen. Dazu sei auf das folgende Kapitel verwiesen, dort wird die Fleissner-Schablone sehr ausführlich behandelt.
Neben den geometrischen Chiffren bieten sich für die Schulung des Umgangs mit Mustern und Strukturen z. B. der Eigenbau einer Cäsar-Verschlüsselungsscheibe, die aus zwei konzentrisch gelagerten Kreisscheiben besteht, an.

Das logische Ordnen lässt sich auch durch die Kryptologie illustrieren. Es spielt vor allem in der Kryptoanalyse die entscheidende Rolle. Etwas abstrakter betrachtet ist es die Aufgabe der Kryptoanalyse, aus einem Geheimtext, der in Form eines Buchstaben- bzw. Zahlensalats vorliegt, die Ordnung wieder herzustellen, damit der Klartext wieder lesbar wird.

---

[224] Weitere Beispiele dazu sind bei Porta in Kapitel IV zu finden.
[225] siehe Maier (2005), S. 74

2 Perspektive der Informatik

2.1 Entwicklungen der fundamentalen Ideen der Informatik

Wie auch im Fach Mathematik sind die fundamentalen Ideen in der Didaktik der Informatik ein viel diskutiertes Konzept. So sollen für den Zweck dieser Arbeit zuerst verschiedene Konzepte vorgestellt werden, um die didaktische Diskussion in groben Zügen nachvollziehen zu können. Anschließend werden die Verbindungen der fundamentalen Ideen der Informatik zu den *„Bildungsstandards Informatik für die Sekundarstufe I"* der Gesellschaft für Informatik herausgearbeitet. Mit deren Hilfe kann schließlich nachgeprüft werden, inwiefern die Codierung und die Kryptologie zu den fundamentalen Ideen der Informatik beitragen können.

Dörfler (1984)

Dörfler sieht die fundamentalen Ideen der Informatik aus dem Blickwinkel des Mathematikunterrichts und ist der Meinung, dass auch der Mathematikunterricht viel zum Verständnis der modernen Informations- und Kommunikationstechnik beitragen kann:

> *„Meine Position ist die, dass der Mathematikunterricht ohne einschneidende inhaltliche Veränderungen gewisse, heute in der Informatik durch die Charakteristika des Instruments Computer relevant gewordenen Denkformen und Mittel des Denkens genauso entwickeln kann.*
>
> *Ich möchte diese kognitive Strategien auch ‚fundamentale Ideen' der Informatik nennen, weil sie dort erstmals bewusst und gezielt zum Gegenstand und Mittel der Forschung und Entwicklung wurden."*[226]

So kommt er zu den folgenden vier fundamentalen Ideen:

1. Formale Darstellung (Repräsentation) von Situationen und (vor allem) Prozessen,
2. Iteration und Rekursion
3. Unterprogrammiertechnik, Modularisierung
4. Simulation.

Knöß (1989)

Knöß sieht die fundamentalen Ideen der Informatik wie Dörfler aus dem Blickwinkel des Mathematikunterrichts, was schon der Titel ihrer Dissertation zeigt: *„Fundamentale Ideen der Informatik im Mathematikunterricht"*. Als Ziel dieser Arbeit formuliert sie:

> *„Ziel der Arbeit ist es also, Ansätze zur Entwicklung fundamentaler Ideen der Informatik im Unterricht der Primarstufe aufzuzeigen. Da es jedoch zurzeit ein Fach Informatik in dieser Schulstufe nicht gibt und eine (weitere) Zersplitterung des Unterrichts in der Primarstufe in weitere Fächer auch nicht wünschenswert sein kann, soll nach Möglichkeiten gesucht werden, fundamentale Ideen der Informatik innerhalb eines anderen Fachs zu entwickeln; wegen der relativen großen Wechselwirkung zwischen den beiden dahinterstehenden Fachwissenschaften bietet sich hierfür insbesondere der Mathematikunterricht an."*[227]

---

[226] Dörfer (1984), S. 21
[227] Knöß (1989), S. 5

Mit diesem Hintergrund kommt sie zu den folgenden fundamentalen Ideen der Informatik:[228]

1. Moduln
2. Strukturen von Algorithmen und Daten
3. Darstellung von Algorithmen und Datenstrukturen
4. Realisierungen von Algorithmen und Datenstrukturen
5. Qualität von Algorithmen und Datenstrukturen.

Für eine genauere Beschreibung dieser fundamentalen Ideen sei auf ihre Arbeit verwiesen.

Schwill (1993)

Schwill sieht die fundamentalen Ideen der Informatik aus dem Blickwinkel des Informatikunterrichts. So schreibt er in der Einleitung zu seinem Artikel *„Fundamentale Ideen der Informatik"*:

> *„ ... Daher müssen sich die Inhalte im Informatikunterricht bis auf weiteres an den langlebigen Grundlagen der Wissenschaft orientieren. Es ist unverzichtbar, daß den Schülern ein Bild von grundlegenden Prinzipien, Denkweisen und Methoden (den fundamentalen Ideen) der Informatik vermittelt werden."*[229]

So kommt er zu einem Katalog, der aus den drei folgenden „Masterideen" besteht:

1. Algorithmisierung
2. Strukturelle Zerlegung
3. Sprache.

Diese drei „Masterideen" unterteilt er jeweils in einem getrennten Baumdiagramm in untergeordnete Kategorien z. B. die Algorithmisierung in die Kategorien:

- Entwurfsparadigmen
- Progammierkonzepte
- Ablauf
- Evaluation.

Durch eine Zuweisung weiterer Begriffe bzw. Unterteilungen werden diese Kategorien weiter spezifiziert, z. B. bei den Programmierkonzepten wie folgt:

- Konkatenation (Sequenz, Feld, Verbund)
- Alternative (if, case, var, Verbund)
- Iteration (while, Liste, File, Keller, Schlange)
- Rekursion (rekursive Prozedur, Baum, Suchbaum)
- Nichtdeterminiusmus
- Parametrisierung.

Baumann (1996)

In seinem Buch: *„Didaktik der Informatik"* stellt Baumann einen Katalog fundamentaler Ideen zusammen. Dabei geht er von der historischen Entwicklung der Informatik aus und führt jede fundamentale Idee auf eine Tätigkeit in der Lebensumwelt zurück:

---

[228] Knöß (1989), S. 97
[229] Schwill (1993), S. 20

> *„Jeder lebensweltlichen Praxis entspricht eine fundamentale Idee der Informatik:*
> *Dem Rechnen entspricht die Idee der Formalisierung, dem Führen die Idee der*
> *Automatisierung und dem Kommunizieren entspricht die Idee der Vernetzung."*[230]

Schließlich gipfelte die didaktische Diskussion um die Thematik der fundamentalen Ideen der Informatik in den von der Gesellschaft für Informatik entwickelten *„Grundsätzen und Standards für die Informatik in der Schule."*[231] Mit diesen Standards verfolgt die Gesellschaft das Ziel, eine zeitgemäße und fachlich substanzielle informatische Bildung in den Schulen zu fördern.[232]

Die formulierten Bildungsstandards Informatik gehen von einem Schulfach Informatik aus, welches in den Jahrgangsstufen 5 bis 10 mit durchschnittlich einer Wochenstunde unterrichtet wird.[233] Dies steht im Gegensatz zu Dörfler und Knöß, die die fundamentalen Ideen der Informatik in den Mathematikunterricht integrieren möchten. Die vorgelegten Bildungsstandards Informatik der Gesellschaft für Informatik sind, wie die Bildungsstandards der KMK für das Fach Mathematik, in einen Inhaltsbereich und einen Prozessbereich gegliedert. Diese stellen sich wie folgt dar:

Inhaltsbereiche:
- Information und Daten
- Algorithmen
- Sprache und Automaten
- Informatiksysteme
- Informatik, Mensch und Gesellschaft

Prozessbereiche:
- Modellieren und Implementieren
- Begründen und Bewerten
- Strukturieren und Vernetzen
- Kommunizieren und Kooperieren
- Darstellen und Interpretieren

Diese Bereiche werden noch durch die Nennung verschiedener jahrgangsübergreifender Kompetenzen spezifiziert, z. B. für den Inhaltsbereich Algorithmus: *„Schülerinnen und Schüler aller Jahrgangsstufen kennen Algorithmen zum Lösen von Aufgaben und Problemen aus verschiedenen Anwendungsgebieten und lesen und interpretieren gegebene Algorithmen,..."*[234] Anschließend erfolgt eine Untergliederung getrennt nach den Jahrgängen 5. - 7. Klasse und 8. – 10. Klasse. Schließlich werden die Kompetenzen durch Beispiele illustriert. So wird die obige Kompetenz u. a. durch das Struktogramm einer Verzweigung verdeutlicht.

Folgende Tabelle soll einen zusammenfassenden Überblick der fundamentalen Ideen der Informatik verschaffen:

---

[230] Baumann (1996), S. 51
[231] Puhlmann (2008)
[232] Vgl. Puhlmann (2008), S. V
[233] Vgl. Puhlmann (2008), S. 1
[234] Puhlmann (2008), S. 13

Verschiedene Listen fundamentaler Ideen für die Informatik			
Dörfler	Knöß	Schwill	Baumann
1. Formale Darstellung (Repräsentation) von Situationen und (vor allem) Prozessen 2. Iteration und Rekursion 3. Unterprogrammiertechnik, Modularisierung 4. Simulation	1. Moduln 2. Strukturen von Algorithmen und Daten 3. Darstellung von Algorithmen und Datenstrukturen 4. Realisierungen von Algorithmen und Datenstrukturen 5. Qualität von Algorithmen und Datenstrukturen	1. Algorithmisierung 2. strukturelle Zerlegung 3. Sprache	1. Formalisierung 2. Automatisierung 3. Vernetzung

Bildungsstandards der Gesellschaft für Informatik	
Inhaltsbereiche	Prozessbereiche
• Information und Daten • Algorithmen • Sprache und Automaten • Informatiksysteme • Informatik, Mensch und Gesellschaft	• Modellieren und Implementieren • Begründen und Bewerten • Strukturieren und Vernetzen • Kommunizieren und Kooperieren • Darstellen und Interpretieren

Tab. V.7: Übersicht der fundamentalen Ideen der Informatik von gestern bis heute

Anhand der zusammenfassenden Darstellung der verschiedenen Kataloge der fundamentalen Ideen der Informatik sollen deren Gemeinsamkeiten herausgearbeitet werden. Dabei wird sich herausstellen, dass der Katalog von 2008 der Gesellschaft für Informatik, welche mithilfe von Kompetenzen formuliert sind, alle anderen nahezu enthält.

In allen Katalogen findet sich der Begriff des Algorithmus wieder. Bei Dörfler ist er etwas versteckt, in den Punkten 1, 2 und 4 nennt er verschiedene Aspekte des Begriffs des Algorithmus. Bei Knöß spielt der Begriff des Algorithmus die zentrale Rolle, so dass sie auf verschiedene Spezifikationen eingeht, die teilweise im Prozessbereich der Bildungsstandards liegen. So findet sich z. B. das *„Darstellen von Algorithmen"* im Prozessbereich des *„Darstellens und Interpretierens"* wieder, beispielsweise in der sehr weit gefassten Kompetenz: *„Die Schülerinnen und Schüler der Jahrgangsstufen 8 bis 10 gestalten Diagramme und Grafiken, um informatische Sachverhalte zu beschreiben und mit anderen darüber zu kommunizieren."* [235] Auch bei Baumann findet man den Begriff des Algorithmus, er schreibt bei der Automatisierung: *„Automatisch arbeitende Maschinen sind materialisierte Algorithmen und umgekehrt: Algorithmen sind abstrakte Maschinen."*[236]

Eine weitere fundamentale Idee, die sich bei allen Autoren findet, ist das Modularisieren. Bei Knöß fällt es unter den Begriff des Moduls und bei Schwill stellt es eine Unterkategorie der

---

[235] Puhlmann (2008), S. 57
[236] Baumann (1996), S. 62

fundamentalen Idee des strukturellen Zerlegens dar. Bei Baumann kann es unter die Kategorie der Automatisierung subsumiert werden, da er bei ihr auch auf die Arbeitsteilung in der Gesellschaft eingeht.[237]

Nun sind verschiedene fundamentale Ideen der einzelnen Autoren übrig.

Bei Dörfler ist es die Unterprogrammtechnik, dies kann man zur Modularisierung zählen, da die Unterprogrammtechnik nur eine Möglichkeit der Umsetzung der Modularisierung darstellt.

Von Knöß ist die fundamentale Idee der Daten und der Datenstrukturen noch nicht besprochen. Den Begriff der Daten findet man wortwörtlich in den Bildungsstandards wieder. Die Datenstrukturen sind in den einzelnen Kompetenzen des Inhaltsbereichs *„Daten und Information"* zu finden z. B. in der Kompetenz *„Die Schülerinnen und Schüler der Jahrgangsstufen 8 bis 10 kennen und verwenden Strukturierungsmöglichkeiten von Daten zum Zusammenfassen gleichartiger und unterschiedlicher Elemente zu einer Einheit."*[238]

Bei Schwill fehlt noch die fundamentale Idee der *„Sprache"*. Dies findet sich wortwörtlich wieder als ein Inhaltsbereich der Bildungsstandards der Gesellschaft für Informatik.

Nicht ganz so leicht lassen sich die fundamentalen Ideen Baumanns unter die Bildungsstandards einordnen. Das noch fehlende *„Formalisieren"* kann man unter die Inhaltsbereiche des Algorithmus subsumieren, Baumann gibt als Beispiele hierfür das formalisierte Rechnen und den Begriff des Kalküls an. Die *„Vernetzung"* ist einerseits in den Prozessbereich des Kommunizierens einordenbar, aus dieser lebensweltlichen Praxis hat Baumann das Vernetzen abgleitet. Andererseits findet sich das Vernetzen im Prozessbereich des *„Strukturierens und Vernetzen"* wieder.

Somit sind in den Bildungsstandards der Gesellschaft für Informatik alle oben dargestellten fundamentalen Ideen in einer gewissen Weise enthalten.

Wortwörtlich gleich sind in der Tab. V.1 der fundamentalen Ideen der Mathematik[239] und den Bildungsstandards der Informatik (siehe Tab. V.7) die Idee des Algorithmus und des Modellierens.

Allerdings meint Schwill, dass bei der Verwendung des Begriffs des Algorithmus die Mathematik und die Informatik diesen auf verschiedenen Sprachniveaus verwenden. So verwendet die Mathematik den Begriff des Algorithmus nur auf der Metaebene, in dem sie Algorithmen in Gebrauch nimmt, um Aussagen über mathematische Gegenstände zu gewinnen.[240] Anders ist dies bei der Informatik, die die Algorithmen auf der Objektebene betrachtet, Algorithmen sind in der Informatik Gegenstand der wissenschaftlichen Untersuchung.[241] So meint Schwill, dass man im Vergleich zur Informatik beim mathematischen Umgang mit Algorithmen nichts von deren notwendigen und wünschenswerten Eigenschaften (z. B. Effektivität, Determiniertheit, Ein-Ausgabe, Terminologie etc.) erfährt und auch nicht, dass sie mit grundlegenden Kontrollstrukturen (z. B. im imperativen Fall mit Schleifen, Alternativen, Zuweisungen) gebildet werden oder an Hand gewisser Kriterien miteinander

---

[237] Vgl. Baumann (1996), S. 62
[238] Puhlmann (2008), S. 14
[239] Vgl. Abschnitt 1
[240] Vgl. Schwill (1995), S. 22
[241] Vgl. Schwill (1995), S. 22

verglichen werden können (z. B. bzgl. Komplexität, Strukturiertheit).[242] Wenn man bei diesen Überlegungen von der reinen Mathematik ausgeht, stimmt dies. Berücksichtigt man aber die angewandte Mathematik, so ist z. B. eine Aufgabe in der numerischen Mathematik die Entwicklung effektiver Algorithmen bzw. Beurteilung der Effizienz von Algorithmen. Wenn diese z. B. computerseits implementiert werden, spielen Kontrollstrukturen, die ein zentrales informatisches Element sind, eine wichtige Rolle. Für den Umgang mit dem Begriff des Algorithmus im Mathematikunterricht hängt es jedoch sehr entscheidend davon ab, wie dieser gestaltet wird. Auch bei üblichen mathematischen Algorithmen wie z. B. dem Heron-Algorithmus spielen Überlegungen zur Effektivität und Umsetzung mit einem Computer eine wichtige Rolle. Demzufolge sind die oben genannten Unterschiede für den Begriff des Algorithmus aus der Sicht der Mathematik und Informatik nicht so gravierend. Daher wird für die weiteren Betrachtungen zur fundamentalen Idee des Algorithmus in dieser Arbeit nicht zwischen einer mathematischen bzw. informatischen Sicht differenziert.

Die fundamentale Idee des Modellierens unterscheidet sich nach Schwill aus der Sicht der Informatik auf verschiedenen Ebenen von dem des (mathematischen) Modellierens. Beispielsweise auf der Ebene der Elementarbausteine, aus denen Modelle in der Mathematik und Informatik aufgebaut werden. In der Mathematik handelt es sich nach Schwill im Wesentlichen um Zahlen, welche sich als Resultat eines umfangreichen Abstraktionsprozesses aus dem Original ergeben und wenig mit diesem zu tun haben.[243] In der Informatik sieht er die Modellobjekte realitätsnaher, sie entstehen aus einem Modellbildungsprozess mit geringerer Abstraktionsstufe, z. B. Objekte, wie man sie im objektorientierten Programmieren findet. Auch sieht er Unterschiede im Zweck der Modellierung, so wird seiner Meinung nach in der Mathematik versucht, die Eigenschaften und das Verhalten ihrer Originale reduktionistisch zu modellieren.[244] Im Gegensatz dazu modelliert die Informatik die reale durch eine künstliche Welt, die aber weitgehend realistisch bleibt und kaum idealisiert wird. Dieser Unterschied kommt hauptsächlich aus der Sichtweise des objektorientierten Programmierens, die jedoch beim Verständnis der Codierung und Kryptologie eine sehr untergeordnete Rolle spielt. So wird bei allen weiteren Betrachtungen das (mathematische) Modellbilden zugrunde gelegt, wenn nur rein das Modellbilden gemeint ist.

In den Bildungsstandards der Gesellschaft für Informatik wird das Modellbilden mit dem Implementieren zu einem Prozessbereich zusammengefasst. Hinter dieser Idee steckt folgender idealisierte Ablauf einer Modellbildung mit verbundener Implementierung[245]:

1. Problemanalyse:
   Untersuchen von Sachverhalten und Abläufen unter informatischer Perspektive mit Blick auf verallgemeinerbare und typische Bestandteile.

2. Modellbildung:
   Entwicklung von Ideen zur Problemlösung in einem zweckmäßigen Modell, das formal darstellbar ist und eine Realisierung mit einem Informatiksystem ermöglicht.

3. Implementierung:
   Umsetzung des Modells und Verarbeitung der entsprechenden Daten.

---

[242] Vgl. Schwill (1995), S. 22
[243] Vgl. Schwill (1995), S. 23
[244] Vgl. Schwill (1995), S. 23
[245] Vgl. Puhlmann (2008), S. 45

4. Modellkritik:
   Überprüfung der Angemessenheit der Lösung und Bewertung der erreichten Resultate.

Vergleicht man diesen Ablauf mit dem mathematischen Modellbildungskreislauf, so besteht der Unterschied alleine nur in der Implementierung. Implementierungen spielen auch im Mathematikunterricht eine Rolle, beispielsweise beim Thema Wachstumsprozesse, wenn diese mit einer Simulationssoftware[246] oder einer Tabellenkalkulation umgesetzt werden. Damit zwischen den Ideen des Implementierens und des Modellierens unterschieden werden kann, werden diese im weiteren Verlauf der Arbeit getrennt betrachtet.

2.2 Codierung und Kryptologie im Spiegel der fundamentalen Ideen der Informatik

Zur Analyse, inwiefern Elemente aus der Codierungstheorie und Kryptologie zur informatischen Bildung beitragen können, sollen die diesem Kapitel vorgestellten Bildungsstandards Informatik für die Sekundarstufe I der Gesellschaft für Informatik zugrunde gelegt werden. Die Verbindungen zu den fundamentalen Ideen des Algorithmus und des Modellierens werden nicht mehr betrachtet, dafür sei auf die Ausführungen im Abschnitt 1 verwiesen. Beginnend mit den Kompetenzen des Inhaltsbereichs werden im Folgenden die Verbindungen der noch verbliebenen Ideen mit der Codierungstheorie und der Kryptologie beleuchtet.

Information und Daten

„Schülerinnen und Schüler aller Jahrgangsstufen verstehen den Zusammenhang von Information und Daten sowie verschiedene Darstellungsformen für Daten ...“[247] Zur Illustration dieser Kompetenz wird beispielweise der Unterschied zwischen einer Vektor- bzw. Pixelgrafik genannt. Grafikformate stellen einen wichtigen Zweig in der Codierungstheorie dar. Unter diese Kompetenz kann man auch weitere Dateiformate aus der Codierung, wie Kompressionsformat, Textformate, bis hin zu einfachsten Codierungen, z. B. dem ASCII-Code, subsumieren. Auch nicht direkt informatorische Darstellungsformen von Daten bzw. Information, beispielsweise durch die Brailleschrift, das Winkeralphabet, den Morse-Code, und Strichcodes sind hierbei vorstellbar. Selbst jede Art der verschlüsselten Nachricht könnte man hier einordnen, somit ist ganz allgemein die Verbindung dieser Kompetenz zur Kryptologie gegeben.

„Schülerinnen und Schüler aller Jahrgangsstufen verstehen Operationen auf Daten und interpretieren diese in Bezug auf die dargestellte Information ...“[248] Auch zu dieser Kompetenz können Dateiformate aus der Codierungstheorie beitragen, beispielsweise die Frage, wie sich der Informationsgehalt bzw. der Inhalt einer Datei ändert, wenn man mit verlustfreien bzw. verlustbehafteten Kompressionsverfahren arbeitet. Oder aber auch ganz einfache Fragen, wie beispielsweise, welche arithmetischen Zusammenhänge sich beim AS-CII-Code entdecken lassen. Die Kryptologie bietet in diesem Zusammenhang ganz interessante Veränderungen der Daten, die meistens dem Zwecke der Geheimhaltung dienen, an. Beispielsweise die Verschlüsselungsmethode mit dem „Least significant bit“ (kurz LSB) aus der Steganografie. Die Grundidee dieser Methode beruht darauf, dass man in einer Pixelgrafik durch Verändern des LSB's Daten verstecken kann, aber der optische Eindruck der Grafik dabei unverändert bleibt.

---

[246] „Dynasys“ oder „Stella“
[247] Puhlmann (2008), S. 12
[248] Puhlmann (2008), S. 12

Sprache und Automaten

„Schülerinnen und Schüler aller Jahrgangsstufen nutzen formale Sprachen zur Interaktion mit Informatiksystemen und zum Problemlösen ...“[249] Als genauere Spezifikation dieser Kompetenz wird beispielweise das Überprüfen von vorgegebenen E-Mail- und WWW-Adressen auf Korrektheit angegeben. Als weiteres Beispiel wird auch die Zuordnung von Anwenderprogrammen zu den entsprechenden Dateinamenssuffixen angeführt. Beides sind sehr einfache Codierungen im weitesten Sinne, mit denen die Schüler an dieser Stelle umgehen sollen. Anspruchsvollere Beispiele findet man bei der Thematik der Protokolle, z. B. um sicher zu stellen, dass bei einer Kommunikation die richtigen Partner miteinander kommunizieren, wird u. a. das aus der Codierung bekannte Prüfbit verwendet. Über den Begriff des Protokolls ist auch eine Verbindung zur Kryptologie gegeben, z. B. bei den Zero-Knowledge-Protokollen.

Informatiksysteme

„Schülerinnen und Schüler aller Jahrgangstufen verstehen die Grundlagen des Aufbaus von Informatiksystemen und deren Funktionsweise, ...“[250] Zur Illustration dieser Kompetenz sind als Beispiele für Informatiksysteme der Computer und das Handy genannt. Als weitere Beispiele für Geräte, die Informatiksysteme enthalten sind der DVD-Rekorder, die Waschmaschine, das Auto, die Foto- und die Videokamera genannt. Die Codierung kann durch die Beleuchtung der Frage, wie eigentlich die Daten auf all diesen Systemen gespeichert werden, viel zum Verständnis der vorgestellten Informatiksysteme beitragen. *„Schülerinnen und Schüler aller Jahrgangsstufen wenden Informatiksysteme zielgerichtet an ...“*[251] Eine Spezifikation dieser Kompetenz ist, dass Schüler verschiedene Dateiformate unterscheiden sollen. Fragen zum Aufbau bzw. Eigenschaften von Dateiformaten sind im Grunde Fragestellungen, die aus der Codierungstheorie stammen.

Informatik, Mensch und Gesellschaft

„Schülerinnen und Schüler aller Jahrgangsstufen benennen Wechselwirkungen zwischen Informatiksystemen und ihrer gesellschaftlichen Einbettung.“[252] Nach der Gesellschaft der Informatik ist die Wechselwirkung der Lebenswelt der Kinder und der Jugendlichen mit der Welt der Informatik in Gebrauchsgütern allgegenwärtig, z. B. bei MP3-Playern, Mobilfunktelefonen, Spielekonsolen, DVD-Playern etc.[253] Das Kennzeichen all dieser Geräte ist deren digitale Grundstruktur, die Kennzeichen von Informatiksystemen tragen. Damit die Einbettung all der angesprochenen Systeme überhaupt funktionieren kann, muss durch eine Codierung die Verbindung der beiden Welten, einerseits der Realität und anderseits die Welt der Informatik, geschaffen werden. So wird z. B. das analoge Schallsignal (Musik) durch einen Analog-Digital-Wandler in ein digitales Signal übersetzt. Somit spielt die Codierung an der Schnittstelle zwischen Realität und Informatik die ganz entscheidende Rolle. Weitere Beispiele von einfachen Gebrauchsgegenständen, die von der Gesellschaft der Informatik nicht explizit genannt werden und auf die die obigen Überlegungen auch zutreffen, sind z. B. die Fernbedienungen von Fernsehern und Stereoanlagen, die elektronischen Autoschlüssel, moderne Etiketten (Strichcodes, RFID) und Haushaltsgeräte, die eine Elektronik besitzen

---

[249] Puhlmann (2008), S. 13
[250] Puhlmann (2008), S. 13
[251] Puhlmann (2008), S. 13
[252] Puhlmann (2008), S. 13
[253] Vgl. Puhlmann (2008), S. 41

(Waschmaschine, Mikrowellenherd). Als einen weiteren Aspekt bezüglich der Einbettung von Informatiksystemen in die Gesellschaft sieht die Gesellschaft für Informatik besonders die historische Entwicklung.[254] In diesem Zusammenhang trägt die Codierung den ASCII-Code als den ersten weltweit erfolgreichen Computercode bei.

„Schülerinnen und Schüler aller Jahrgangsstufen reagieren angemessen auf Risiken bei der Nutzung von Informatiksystemen.“[255] Diese Kompetenz wird spezifiziert durch die Kompetenz, *„dass Schülerinnen und Schüler der Jahrgangstufen 8 bis 10 die Unsicherheit einfacher Verschlüsselungsverfahren erkennen.“*[256] Insgesamt wird aus dem Recht der informationellen Selbstbestimmung und der Erkenntnis, dass gewisse persönliche Daten schützenswert sind, gefordert, dass mindestens ein einfaches Verschlüsselungsverfahren im Unterricht behandelt werden muss. Außerdem könnten wirksamere Verfahren angesprochen werden.[257] Mit diesen Anmerkungen wird die zentrale Aufgabe der Kryptologie angesprochen, stärker könnte die Verbindung zu den Bildungsstandards der Informatik nicht sein. Als einfache Verschlüsselungsverfahren bieten sich hierbei monoalphabetische Verschlüsselungsverfahren wie beispielsweise das Cäsar-Verfahren oder einfache Transpositionsverfahren wie z. B. die Gartenzaunmethode an. Wenn gezeigt werden soll, wie unsicher diese Methoden sind, kommen auch Elemente der Kryptoanalyse, wie z. B. die Häufigkeitsanalyse in Betracht. Als sichere und aktuelle Methoden können die gesamten Public-Key-Verfahren angesprochen werden, z. B. das Schüsseltauschverfahren von Diffie und Hellman.

Die Kompetenzen des Prozessbereiches beziehen sich, im Gegensatz zu denen des Inhaltsbereiches, auf Arbeitsweisen. So gibt es welche, die echt informatischer Natur sind, z. B. das *„Modellieren und Implementieren“*. Aber es gibt auch Arbeitsweisen, die *„bei jeder Art des Lernens von Bedeutung sind, z. B. das Darstellen von Sachverhalten.“*[258] Dazu gehören auch die Kompetenzen *„Begründen und Bewerten“* und *„Kommunizieren und Kooperieren“*, sodass diese in diesem Zusammenhang nicht mehr betrachtet werden müssen. Da die Idee *„Strukturieren und Vernetzen“* unter die Idee des *„Ordnens“* der Tab. V.1 subsumierbar ist, wird auf die Zusammenhänge im vorherigen Abschnitt verwiesen. So bleibt nur noch der Prozessbereich *„Modellieren und Implementieren“* übrig. Da das Modellieren schon ausführlich im Zusammenhang mit den fundamentalen Ideen der Mathematik behandelt wurde, wird im Folgenden nur das Implementieren noch näher beleuchtet.

Implementieren

Diese Kompetenz wird beispielsweise wie folgt näher beschrieben: *„Schülerinnen und Schüler aller Jahrgangsstufen implementieren Modelle mit geeigneten Werkzeugen.“*[259] Dabei verwenden sie algorithmische Grundbausteine wie Folgen, Verzweigungen und Wiederholungen. In diesem Zusammenhang bieten die Inhalte aus der Codierungstheorie und Kryptologie viele Möglichkeiten, dass Verfahren aus diesen Bereichen implementiert werden, von ganz einfachen z. B. der Prüfzifferberechnungen oder komplexe Verfahren wie z. B. dem RSA-Verfahren. Auch kann hierbei mit verschiedenen Systemen zur Implementierung gearbeitet werden. So sind z. B. Prüfzifferverfahren leicht mit einer Tabellenkalkulation um-

---

[254] Vgl. Puhlmann (2008), S. 41
[255] Puhlmann (2008), S. 13
[256] Puhlmann (2008), S. 43
[257] Puhlmann (2008), S. 45
[258] Puhlmann (2008), S. 45
[259] Puhlmann (2008), S. 13

setzbar, für das RSA-Verfahren braucht es schon eine Programmierumgebung wie beispielsweise Mathematica.

Zusammenfassend ist für dieses Kapitel festzuhalten, dass die Codierungstheorie und Kryptologie sehr viele Möglichkeiten bieten, fundamentale Ideen der Mathematik und der Informatik zu illustrieren. An der Vielzahl der unterschiedlichen Beispiele wurde deutlich, dass vor allem die fundamentalen Ideen des Algorithmus, des funktionalen Zusammenhangs und der Zahl von zentraler Bedeutung für die Codierungstheorie und Kryptologie sind. Aber auch die Ideen des Modellierens und Ordnens sind gut mit den Inhalten aus der Codierungstheorie und Kryptologie darstellbar. Nur für die Idee des Messens gibt es keinen so einfachen Bezugspunkt. Bezüglich der fundamentalen Ideen der Informatik hat sich bestätigt, dass sich diese durch die Inhalte der Codierungstheorie und Kryptologie sehr gut transportieren lassen. Im nun folgenden Kapitel werden verschiedene Verfahren auf deren Tauglichkeit für den Einsatz im Mathematikunterricht untersucht.

VI Konkrete codierungstheoretische und kryptologische Verfahren aus fachdidaktischer Perspektive

Die fachdidaktische Aufarbeitung der Verfahren wird aufgeteilt in die beiden großen Teilgebiete:

- Codierverfahren und

- kryptologische Verfahren.

Zu allen ausgewählten Verfahren werden einfache prinzipiell gleiche Bezüge zu den fundamentalen Ideen der Mathematik und Informatik gemeinsam dargestellt. Im Anschluss daran werden die Verfahren jeweils einzeln dargestellt und hinsichtlich der folgenden fachdidaktischen Fragestellungen analysiert:

- In welchem besonderen Bezug stehen die ausgewählten Verfahren zu den fundamentalen Ideen der Mathematik (*Algorithmus, funktionaler Zusammenhang, mathematisches Modellieren, Zahl, Messen und Ordnen*)?

- In welchem besonderen Bezug stehen die ausgewählten Verfahren zu den fundamentalen Ideen der Informatik (*Information und Daten, Algorithmen, Sprache und Automaten, Informatiksysteme, Informatik, Mensch und Gesellschaft, Implementieren*)?

- Welche weiteren didaktischen Aspekte sind besonders hervor zu heben z. B.
  - o Welches sind die jeweiligen Lernvoraussetzungen?
  - o Welche spezifischen Kompetenzen können gefördert werden?
  - o Inwiefern dient das vorgestellte Verfahren der Umwelterschließung?

- Besondere methodische Hinweise.

1 Codierverfahren

Für die Auswahl der codierungstheoretischen Inhalte sind mehrere Leitlinien zugrunde gelegt worden:

- Die ausgewählten Inhalte sollen exemplarisch sein. Auch sollen verschiedene Eigenschaften von Codes thematisiert werden.

- Damit die ausgewählten Inhalte im Unterricht in der Schule behandelt werden können, müssen sie hinreichend elementarisierbar sein.

- Die behandelten Inhalte sollen zur Umwelterschließung beitragen. Es werden Codes ausgewählt, denen Schüler in ihrem Alltag höchst wahrscheinlich schon begegnet sind, möglicherweise ohne es zu wissen.

Als einfache Codes, die aus codierungstheoretischer Sicht das Prinzip der Zuordnung eines Zeichenalphabets in ein anderes Zeichenalphabet verdeutlichen, wurden die folgenden Codierungen ausgewählt:

- Blindenschrift

- Flaggenalphabet

- ASCII-Code.

Als Codes, die neben der einfachen codierungstheoretischen Idee der Zuordnung noch andere Eigenschaften wie Fehlererkennung oder Datenkomprimierung haben, wurden folgende ausgewählt:

- Strichcodes, EAN, ISBN

- Huffman-Codierung.

1.1 Gemeinsame Bezüge aller ausgewählter Verfahren zu den fundamentalen Ideen der Mathematik und Informatik

Die ausgewählten codierungstheoretischen Verfahren weisen zu zwei fundamentalen Ideen der Mathematik (*Algorithmus und funktionaler Zusammenhang*) und der Informatik (*Daten und Information, Implementieren*) den gleichen Bezug auf, so wird eine Analyse dieses Zusammenhangs den folgenden Abschnitten vorangestellt, um Redundanzen zu vermeiden.

Fundamentale Idee des Algorithmus

Bei jedem Codierungsverfahren erfolgt durch das Abarbeiten eines Übersetzungsvorgangs eine Zuordnung eines Ausgangszeichens in ein Codezeichen. Für die ausgewählten Codierungsverfahren ergeben sind die folgenden Übersetzungsvorgänge:

- Blindenschrift:
  Der Bezug zur Idee des Algorithmus ist durch das Übersetzen vom normalen Alphabet in das Alphabet der Blindenschrift (z. B. des Braillealphabets) und umgekehrt gegeben. Dabei handelt es sich kognitiv um einen sehr einfachen Algorithmus, es müssen nur die entsprechenden Zuordnungen in einer Codetabelle abgelesen werden. Allerdings handelt es sich taktil um eine Herausforderung für nicht blinde Menschen, die nicht so leicht zu bewältigen ist. Erstens ist die Erfassung bzw. das Erfühlen des Musters mit den Fingern schwierig, es erfordert ein gewisses Fingerspitzengefühl. Zweitens kann die Blindenschrift nicht einfach mit Papier und Bleistift erzeugt werden, besser wäre, statt des Stifts eine Nadel zum Durchstechen des Papiers zu verwenden.

- Flaggenalphabet:
  Der Algorithmus, welcher hinter dem Flaggenalphabet steht, ist ebenfalls einfach, zur Verschlüsselung von Buchstaben und Ziffern bzw. vorher vereinbarten Nachrichten muss nur die entsprechende Flagge herausgesucht und gezeigt werden. Zur Entschlüsselung muss die gezeigte Flagge wahrgenommen und entsprechend zugeordnet werden. Durch diese vielen einzelnen abgestimmten Tätigkeiten kommt es zu einem sehr handlungsorientierten Umgang mit einem Algorithmus.

- ASCII-Code:
  Beim ASCII-Code wird durch den Übersetzungsvorgang vom Standardzeichensystem, bestehend aus Buchstaben, Ziffern, Interpunktionszeichen etc., in das binäre Zeichensystem der Bezug zur Idee des Algorithmus hergestellt. Anders als bei den bisher vorgestellten Bezügen handelt es sich dabei um ein rein kognitives Vorgehen.

- Strichcodes, EAN, ISBN:

  Die Idee des Algorithmus wird durch den Prozess des Übersetzens meist von Zahlen in Balken mit den Strichcodes konkretisiert. Im Gegensatz zu den bisher vorgestellten Bezügen bieten sich hier zwei Formen der Übersetzung an. Einerseits per Hand quasi mit Papier und Bleistift oder andererseits mit der optoelektronischen Hilfe eines Barcodelesers[1]. Auch deren Betrieb mit einem Computer ist sehr einfach, ohne jede Vorbereitung können sie in der Regel an die USB-Schnittstelle angeschlossen werden. Die durch den Barcode dargestellten Zahlen können mit jeder Tabellenkalkulation oder jedem Textverarbeitungssystem eingelesen werden.

- Huffman-Verfahren:
  Durch die Übersetzungen vom Standardzeichensystem in ein binäres Zeichensystem lässt sich auch beim Huffman-Verfahren ein einfacher Bezug zur Idee des Algorithmus herstellen. Allerdings ist das nur die einfachste Form, bei der konkreten Darstellung des Huffman-Verfahrens wird gezeigt, dass der Bezug zur fundamentalen Idee des Algorithmus deutlich vielschichtiger ist.

Fundamentale Idee des funktionalen Zusammenhangs

Jede Art von Codierung ist per Definition mit der Idee des funktionalen Zusammenhangs gekoppelt. Bei jedem Codier- bzw. Decodiervorgang wird einer Information, die in einem bestimmten Zeichensystem vorliegt, ein oder mehrere andere Zeichen aus demselben oder einem anderen Zeichensystem zugeordnet. Oftmals bieten Codierungen die Chance, den sonst üblichen Funktionskanon des Mathematikunterrichts, in dem üblicherweise meist nur Zahl-Zahl-Funktionen vorkommen, zu bereichern. Für die ausgewählten Codierungsverfahren ergeben sich die folgenden Zuordnungen:

Codierungsverfahren	Funktionaler Zusammenhang
Blindenschrift	Schriftzeichen → Zeichen der Blindenschrift (z. B. Punktemuster nach Braille)
Flaggenalphabet:	Buchstabe, Ziffer, vorher vereinbarte Nachricht → Flagge
ASCII-Code:	Schriftzeichen → 8-bit binärer Code
Strichcodes	Zahl → Balkencode
EAN	Produkt → Zahl
ISBN	Buch → Zahl
Huffman-Codierung	Schriftzeichen → optimaler, präfixfreier, binärer Code

Fundamentale Idee der Daten und Information:

Mithilfe aller ausgewählten Codierungsverfahren lässt sich die fundamentale Idee der Daten und Information konkretisieren, bei diesen Verfahren werden Informationen zur Erreichung eines bestimmten Ziels in ihrer eigenen Form dargestellt.

- Blindenschrift:
  Durch die Darstellung der Daten mithilfe von taktil erfassbaren Zeichen werden mit der Blindenschrift schriftliche Informationen für blinde Menschen lesbar.

- Flaggenalphabet:
  Beim Flaggenalphabet wird durch Flaggen eine Information dargestellt und übertragen. Dieses kommt genau dann zum Einsatz, wenn moderne Hilfsmittel der

---

[1] In einfacher Ausführung sind diese schon unter 100 € zu erwerben.

Kommunikation z. B. Funk ausgefallen oder nicht möglich sind. Es ist vor allem ein Beispiel für eine Darstellung von Information, die ohne Computer auskommt.

- ASCII-Code:
  Durch die Behandlung des Themas des ASCII-Codes im Unterricht als eine der Grundlagen, wie die Daten in einem Informatiksystem gespeichert werden, kann die ACSII-Codierung zur Idee der Information und Daten beitragen. Mit dem Aufzeigen der Grenzen des ASCII-Codes, dass gewisse Zeichen aus anderen Sprachen, z. B. chinesische Schriftzeichen nicht mit ihm dargestellt werden können, kann die Idee des Darstellens von Informationen vertieft werden.

- Strichcodes, EAN, ISBN:
  Anhand dieser Themen wird gezeigt, dass Daten aus dem Alltag durch verschiedene Darstellungsformen repräsentiert werden, so wird die Bezeichnung eines Produkts bzw. Titels eines Buchs in Form einer Nummer bzw. eines Strichcodes dargestellt.

- Huffman-Codierung:
  Durch die Huffman-Codierung kann gezeigt werden, wie Daten verlustfrei und mit möglichst wenig Speicheraufwand, d. h. optimal, gespeichert werden können.

Fundamentale Idee des Implementierens

Die einfachste Implementierung für alle ausgewählten Codierverfahren wäre ein Übersetzungsprogramm, das Buchstaben bzw. Ziffern in die Brailleschrift, das Flaggenalphabet, den ASCII-Code oder die Strichcodes übersetzt. Bei den Braillezeichen und den Flaggenzeichen handelt es sich natürlicherweise nicht um einen Automaten, der die tatsächlichen Zeichen produziert, in diesem Zusammenhang geht es um die Darstellung am Computer durch entsprechende Symbole.

Die EAN, ISBN und die Strichcodes können sehr sinnvoll mit der Idee des *Implementierens* gekoppelt werden, wenn Schüler beispielsweise ein einfaches Informationssystem programmieren, das beim Eingeben einer EAN das entsprechende Handelsprodukt identifiziert. Auch lassen sich Fehleingaben durch die Prüfzifferberechnung einfach entlarven. Dies kann schon von Schülern der Mittelstufe mithilfe einer Tabellenkalkulation erfolgen. In diesem Zusammenhang gibt es einen Unterrichtsvorschlag aus der Literatur von Peter Dresch. Er stellt die informatische Seite der Strichcodes in das Zentrum seiner Überlegungen und zeigt auf, wie eine Computerkasse im Unterricht mit Basic programmiert werden könnte[2].

Die Huffman-Codierung eignet sich auch sehr gut zur Konkretisierung der informatischen Idee der *Implementierung* und zwar in zweierlei Hinsicht: Einerseits ist die Huffman-Codierung bei technischen Geräten fest einprogrammiert z. B. dem Telefax (siehe unten). Andererseits können Schüler eines Informatikkurses in der Oberstufe die Huffman-Codierung selbst mithilfe einer Programmierumgebung implementieren, als Beispiel ist eine Implementierung unter dem Portal „Codierung und Kryptologie"[3] von Prof. Dr. Ziegenbalg zu finden.

---

[2] Vgl. Dresch, P. (1986)
[3] URL: http://www.ziegenbalg.ph-karlsruhe.de/ (Stand: 21.09.2010)

1.2 Blindenschrift

Die Blindenschrift ist eine Codierung sprachlicher Zeichen, die es sehbehinderten Menschen ermöglicht, die Zeichen mithilfe des Tastsinnes zu erfassen. Zwei solcher Systeme sollen vorgestellt werden, die Blindenschrift von Braille und die Blindenschrift von Moon.
Die Brailleschrift wurde nach ihrem Erfinder Louise Braille (1809-1852) benannt. Sie beruht auf der Idee, dass jedem sprachlichen Zeichen ein ertastbarer Punktecode zugeordnet wird. Als Grundmuster dient ein Punktefeld, das aus 6 Punkten besteht.

```
1  ● ●  4
2  ● ●  5
3  ● ●  6
```

Abb. VI.1: Grundmuster der Brailleschrift.[4]

In der gedruckten Version bedeutet ein schwarzer Punkt, dass eine ertastbare Erhebung an dieser Stelle ist. Wenn der Punkt weiß ist, dann gibt es keine solche Erhebung an dieser Stelle. Für die Gesamtheit aller möglichen Kombinationen aus Punkt bzw. keinem Punkt stehen 6 Plätze zur Verfügung. Diese können erhaben bzw. nicht erhaben sein, dann gibt es $2^6=64$ verschiedene Punktekombinationen. Davon werden nur 63 verwendet. Die Kombination, bei der auf allen 6 Plätzen keine Erhebung zum Ertasten von Zeichen ist, macht aus naheliegenden Gründen keinen Sinn. Für die Buchstaben a-j werden nur die vier oberen Felder Nr. 1, 2, 4, und 5 verwendet.

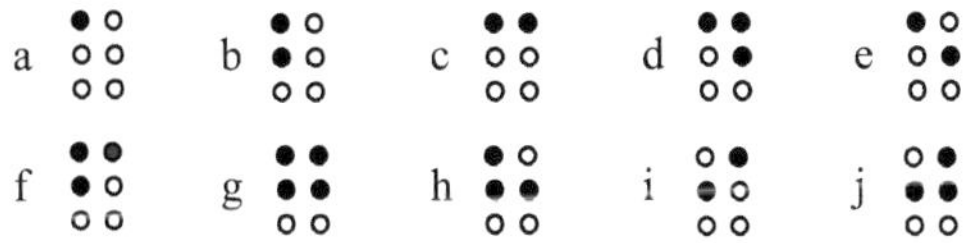

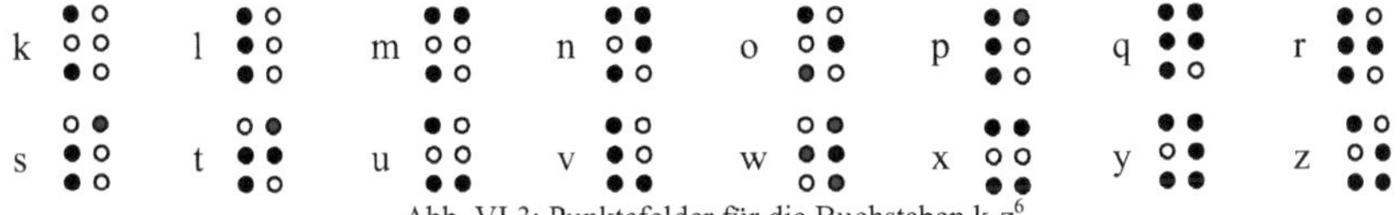

Abb. VI.2: Punktefelder für die Buchstaben a-j[5]

Für die folgenden Buchstaben k-z werden zusätzlich noch die Felder 3 und 6 verwendet. Die Punktefelder für die 10 Buchstaben k-t erhält man aus den Punktefeldern für die 10 Buchstaben von a-j, in dem jeweils der Punkt 3 hinzugenommen wird. Bis auf das Punktefeld des Buchstabens w erhält man das Punktefeld der 5 Buchstaben u-z, in dem man bei den Punktefeldern a-e die Punkte 3 und 6 ergänzt.

Abb. VI.3: Punktefelder für die Buchstaben k-z[6]

Die Punktefelder für die Ziffern 1-9 entsprechen den Punktefeldern der Buchstaben a-i, wobei als Kennzeichen, dass eine Ziffer folgt, das folgende Punktefeld links davor gestellt wird:

Abb. VI.4: Präfix-Punktefeld zur Kennzeichnung von Ziffern[7]

---

[4] Vgl. Wrixon (2006), S. 574
[5] Vgl. Wrixon (2006), S. 574
[6] Vgl. Wrixon (2006), S. 574

Handelt es sich um eine negative Zahl, wird dies durch das folgende Präfixfeld gekennzeichnet:

$$\begin{matrix} \circ & \circ \\ \circ & \circ \\ \bullet & \bullet \end{matrix}$$

Abb. IV.5: Präfix-Punktefeld zur Kennzeichnung von negativen Zahlen[8]

Die Großschreibung wird durch ein Punktefeld, bei dem nur der Punkt 6 eingefärbt ist und das links vor dem entsprechenden Buchstaben steht, angezeigt. Darüber hinaus gibt es noch Satzzeichen, Interpunktion etc.

Ein zweites System stammt von dem Engländer William Moon (1818-1894). „*Er bewunderte das Braillesystem, aber ihm war bewusst, dass es sich hauptsächlich für junge Menschen eignet, weil diese noch schneller [die Zeichen] aufnehmen und lernen konnten.*"[9] So entwickelte er ein System einer erhabenen Schrift, das auf den lateinischen Großbuchstaben beruht.

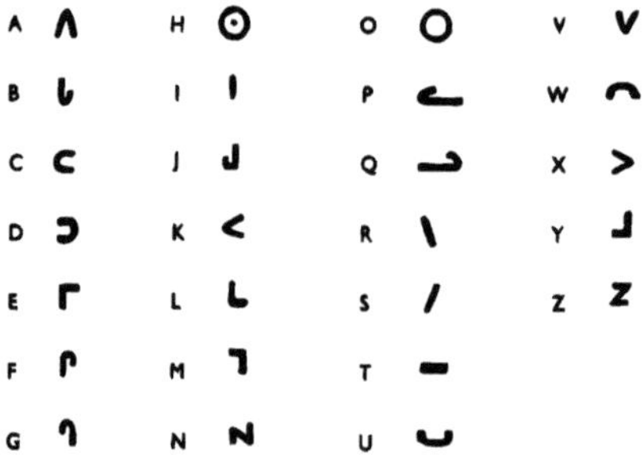

Abb.: VI.6: Moon-Alphabet[10]

Der Unterschied beider Schriftsysteme ist sehr deutlich. Einerseits die Brailleschrift, bei der quasi eine binäre Codierung vorliegt, andererseits die Moonschrift, die eher eine Kurzschrift darstellt. Für den Mathematikunterricht sehr lohnend ist die Brailleschrift, vor allem in Bezug auf einen anwendungsorientierten Mathematikunterricht und hinsichtlich geometrischer Überlegungen. Daher wird im Folgenden nur noch die Brailleschrift betrachtet.

Weitere Bezüge der Blindenschrift zu den fundamentalen Ideen der Mathematik und der Informatik

Mit dem Thema Brailleschrift kann man zur fundamentalen Idee der Zahl einen Beitrag im Unterricht leisten. Insbesondere bieten sich hierfür kombinatorische Fragestellungen an, z. B.:

- Wie viele verschiedene Punktemuster gibt es, die aus einem Feld mit zwei (drei, vier ...) Plätzen für Punkte bzw. Leerstellen bestehen? Wie viele Punktemuster machen davon Sinn bzw. sind unsinnig (z. B. 6-mal kein Punkt)?

- Wie groß muss mindestens das Feld aus Punkten und Leerstellen sein, damit unsere 26 Buchstaben dargestellt werden können?

---

[7] Vgl. Wrixon (2006), S. 574
[8] Gesehen an einer Stockwerksbezeichnung in einem Hotelaufzug.
[9] Wrixon (2006), S. 575
[10] Aus Wrixon (2006), S. 576

Eine direkte Verbindung der Brailleschrift zum Messen gibt es nicht, höchstens über Fragestellungen, die Messproblematiken mit implizieren, z. B.

- Wie groß ist der Platzbedarf für ein Wort, das aus 12 Buchstaben der Brailleschrift dargestellt ist?

- Wie viele Seiten wird ein in Blindenschrift geschriebenes Buch im Vergleich zu einem Buch in herkömmlicher Schrift haben?[11]

Am meisten kann das Thema Brailleschrift zur Idee des Ordnens beitragen, ein zentraler Punkt dieser Idee ist der Umgang mit Mustern und Strukturen. Wenn Schüler durch eine Analyse der verschiedenen Punktemuster die beschriebenen Zusammenhänge und den logischen Aufbau der einzelnen Braillebuchstaben entdecken, steht die Idee des Ordnens im Zentrum der mathematischen Betrachtungen. Des Weiteren wird die in den Bildungsstandards der KMK für die Primarstufe geforderte Kompetenz „Gesetzmäßigkeiten in geometrischen und arithmetischen Mustern (z. B. in Zahlenfolgen oder strukturierten Aufgabenfolgen) erkennen, beschreiben und fortsetzen"[12] gefördert.

Einen weiteren Zusammenhang zu geometrischen Überlegungen stellen Symmetriebetrachtungen zu den einzelnen Punktemustern dar. So sind die folgenden Punktemuster achsensymmetrisch, wobei die Spiegelachse waagerecht bzw. horizontal liegt und die beiden mittleren Felder des Punktemusters halbiert:

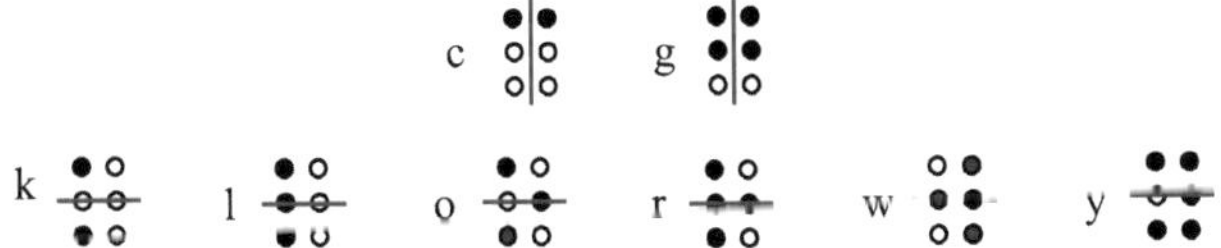

Abb. VI.7: Achsensymmetrische Braillezeichen mit einer Spiegelachse

Das Punktemuster für den Buchstaben „t" ist punktsymmetrisch, wobei der Drehpunkt in der Mitte zwischen den beiden mittleren Punkten liegt:

Abb. VI.8: Punktsymmetrisches Braillezeichen

Das Punktemuster des Buchstabens „x" weist die meisten Symmetrien auf, je eine Spiegelachse liegt horizontal und vertikal. Des Weiteren ist es punktsymmetrisch, wobei der Drehpunkt derselbe wie beim Punktemuster zum Buchstaben „t" ist:

Abb. VI.9: Braillezeichen mit mehreren Symmetrien

---

[11] Diese Frage stammt aus Lergenmüller (2005), S. 98
[12] Bildungsstandards der KMK für die Primarstufe (2004), S. 12

Beachtet man die weißen Punkte[13] nicht, so sind auch in den ersten 10 Punktemustern weitere Symmetrien zu finden:

- eine Symmetrieachse:

      d   f   h   j

- zwei Symmetrieachsen:

      b   c   e   i

- vier Symmetrieachsen:

      g

- unendlich viele Symmetrieachsen:

      a

- Punktsymmetrien:

      a   b   c   e   g   i

Die Brailleschrift stellt ein gutes Beispiel für die informatische Idee Informatik, Mensch, Gesellschaft dar. Für blinde Menschen ist sie das entscheidende schriftliche Bindeglied zwischen der Realität und der Welt der Informatik. Beispielsweise wird mithilfe eines Zusatzes an der Computertastatur, der sog. Braillezeile, die schriftliche Ausgabe des Computers für Blinde lesbar gemacht. Diese generiert die Braillezeichen durch Stifte, die entsprechend hoch und herunterfahren. Allerdings wird noch eine vierte Zeile eingeführt, da man für die Arbeit am PC mehr Zeichen benötigt. Bei dieser Variante der Codierung bleibt die vierte Zeile für Standardzeichen leer. Auch moderne E-Books für Blinde bedienen sich dieser Idee, allerdings verwenden sie mehrere Braillezeilen.

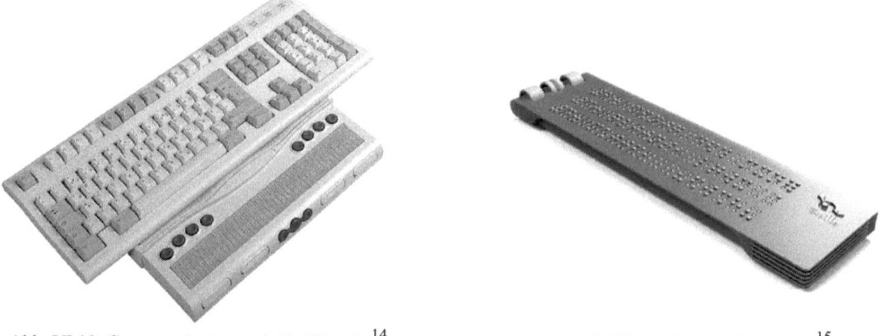

Abb. VI.10: Computertastatur mit Braillezeile[14]   Abb. VI.11: E-Book für Blinde[15]

---

[13] Damit sind die nicht vorhandenen Erhebungen gemeint.
[14] URL: http://inside.bfwvirtuell.de/files/u1/004_tastatur-mit-braille.jpg (Stand: 21.09.2010)
[15] URL: http://zeitgeist.yopi.de/wp-content/uploads/2009/02/ebook-fuer-blinde-e-braille.jpg (Stand: 21.09.2010)

Weitere didaktische Aspekte

Neben den bisher dargestellten kognitiven und taktilen Fähigkeiten kann durch den Umgang der Schüler mit der Brailleschrift deren Sozialkompetenz gefördert werden. Sie sind damit in der Lage, sich in einen „lesenden" blinden Menschen hinein zu versetzen. Beobachtungen von Schülern, die mit dem unten dargestellten Fühlkasten umgegangen sind, erhärten diese These. Die Schüler haben, um die Buchstaben besser ertasten zu können, vielfach die Augen geschlossen. Als Lernvoraussetzung müssen die Schüler nur die Buchstaben und Ziffern der geschriebenen Schrift beherrschen, damit überhaupt ein Übersetzungsvorgang von dem einen System in das andere System möglich ist. Auch müssen die Schüler über eine entsprechende sensorische Leistungsfähigkeit verfügen, damit sie die Erhebungen und deren Wechsel erfassen können. Je nach Fragestellungen kann dieses Thema bereits ab Ende der Klasse 2 behandelt werden.

Besondere methodische Hinweise

Beim Umgang von Schülern mit einem speziellen Braillekasten (s. u.) hat sich gezeigt, dass sie sogar in der Lage sind, ohne jede Vorbreitung die Blindenschrift zu entziffern. Dies war möglich, obwohl der Text, welcher den Schülern vorgelegt wurde, mit einer professionellen Schreibmaschine für die Brailleschrift erzeugt wurde und die Zeichen dementsprechend klein und schwierig zum Erfühlen waren.

Abb. VI.12: Schülerinnen bei der Arbeit mit einem Braillekasten[16]

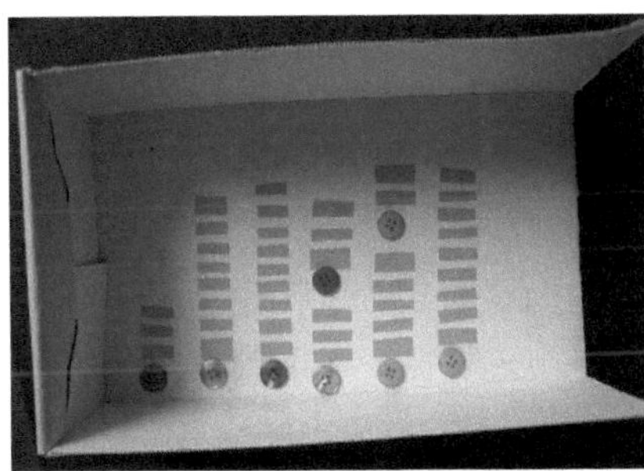
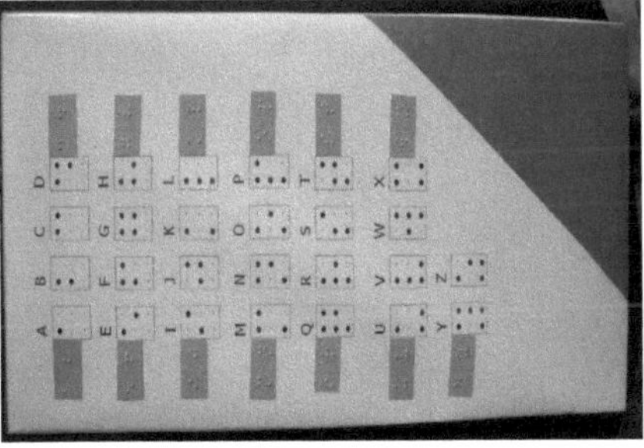

Abb. VI.13: Braillekasten von oben offen[16]   Abb. VI.14: Braillekasten von oben geschlossen[16]

---

[16] Eigene Fotos

Die Braillekästen sind wie folgt aufgebaut:

- Als Ausgangsbasis kann ein professioneller Fühlkasten aus Holz oder ein einfacher Schuhkarton verwendet werden.

- Im Inneren des Kastens, der für die Schüler nicht einsehbar sein darf, wird der Text in Brailleschrift angebracht, wobei dieser in die einzelnen Buchstaben zerschnitten ist, damit man die Buchstaben weiter auseinandersetzen kann und sie somit leichter zu ertasten sind. Als weitere taktile Hilfe wird vor jedem Wort z. B. ein Knopf angebracht, der den Wortanfang markiert.

- Auf dem Braillekasten sind die Buchstaben in Blindenschrift in einem vergrößerten Bild und deren Übersetzung angebracht, sodass die Schüler sofort in der Lage sind, das erfühlte Muster in einen Buchstaben zu übersetzen.

Außer im Mathematikunterricht einer Klasse 6 der Realschule wurden die Braillekästen auch auf einer Wissenschafts- und Technologieausstellung zum Anfassen, den *science-days*[17] (vom 9.10-11.10.2008 beim Europapark Rust) ausprobiert. Auf dieser Ausstellung haben ca. 900 Schüler mit den Braillekästen gearbeitet. Es war zu beobachten, dass diese Kästen einen sehr hohen Aufforderungscharakter besitzen. Viele Standbesucher interessierten sich für die Kästen und fingen häufig von selbst – ohne vorherige Aufforderung – an, es auszuprobieren und versuchten, den Text zu lesen. Jeder der mit dem Lesen begann, hielt auch bis zum Ende durch, so lange, bis er die versteckte Botschaft entschlüsselt hatte. So beschäftigten sich manche Grundschüler schon eine halbe Stunde damit, d. h das Entziffern der Blindenschrift stellt eine spielerische Konzentrationsübung dar. Große Unterschiede waren in der Lesegeschwindigkeit zu beobachten, so benötigten Grundschüler durchschnittlich länger als Schüler der Sekundarstufe.

Neben dem Lesen der Brailleschrift können Schüler auch selbst einen Teil einer eigenen Blindenschrift entwickeln, in dem sie z. B. für die Zahlen eigene Zeichen erfinden. In einem Schülerversuch gingen Schüler dabei ganz systematisch vor. So hat z. B. eine Schülerin die Zahlen 0-4 ganz logisch aufgebaut, in dem sie jedem Zahlzeichen die entsprechende Anzahl von Punkten zuordnete.

<pre>
      ● ○ ●   ○ ● ○   ○ ○ ○   ○ ● ○   ○ ● ○
  0   ○ ● ○   1   ○ ○ ○   2   ● ○ ●   3   ○ ○ ●   4   ● ○ ●
      ○ ● ○   ○ ○ ○   ○ ○ ○   ○ ● ○   ○ ● ○
</pre>

Abb. VI.15: Selbst erfundene Zahlzeichen einer Schülerin

1.3 Flaggenalphabet

Wie bereits im Kapitel IV erwähnt, spielten Signale, die mit Flaggen oder anderen Hilfsmitteln (z. B. Fackeln, Rauchzeichen) weitergegeben wurden, in der Geschichte der Menschheit schon immer eine große Rolle.

Signalübertragungen mit historischer Bedeutung entstammen schon der Antike z. B. aus dem Jahr 405 v. Chr. von den Griechen. In dieser Schlacht bei Aigospotamoi fiel die athenische Flotte dem spartanischen Feldherr Lysander zum Opfer. Plutarch beschreibt die bei dieser Schlacht verwendeten Signale sehr eindrücklich:

---

[17] Veranstaltet vom Förderverein Science und Technologie, URL: www.science-days.de (Stand: 21.09.2010)

„Als die Athener am fünften Tage ihren Anmarsch vollzogen hatten und wie gewöhnlich ohne jede Sicherung und voll Verachtung wieder davonfuhren, gab Lysander, als er die Beobachtungsschiffe aussandte, den Kommandanten den Befehl, sobald sie sähen, daß die Athener ausgestiegen seien, zu wenden und mit höchster Fahrt zurückzukehren, und sobald sie in der Mitte der Meeresenge gekommen wären, am Bug als Zeichen zum Angriff einen ehernen Schild hochzuheben. Er selbst fuhr an den Trieren[18] entlang, rief die Steuerleute und Kommandanten einzeln auf und ermahnte sie, ihre Besatzungen, Seeleute wie Seesoldaten in guter Ordnung zu halten und, sobald das Zeichen gegeben würde, mit Einsatz aller Kraft auf die Feinde loszufahren. Als nun das Schild auf den Schiffen emporgehoben wurde und Lysander von seinem Admiralschiff aus mit der Trompete das Signal zum Auslaufen geben ließ, setzte sich die Flotte in Bewegung, ...“[19]

Bis zum heutigen Tag sind solche Signal gebenden Verfahren wichtig, z. B. wenn der Einweiser dem Piloten anzeigt, wie weit er noch mit seinem Flugzeug fahren darf oder in der Seefahrt die folgenden Flaggen als Kommunikationsmittel verwendet werden:

Buchstabe	Flagge	Buchstabe	Flagge	Buchstabe	Flagge	Buchstabe	Flagge
A		B		C		D	
E		F		G		H	
I		J		K		L	
M		N		O		P	
Q		R		S		T	
U		V		W		X	
Y		Z		0		1	
2		3		4		5	
6		7		8		9	

Abb. VI.16: Internationales Flaggenalphabet mit Übersetzungen in Buchstaben und Ziffern[20]

Neben den Bedeutungen als Buchstaben haben alle Fahnen auch noch Kurzbedeutungen (vgl. dazu folgende Tabelle mit einer exemplarischen Auswahl).

---

[18] Die wichtigsten Kriegsschiffe im antiken Griechenland, die von Rudern angetrieben wurden.
[19] Plutarch (1955), S. 17
[20] Flaggen siehe, URL: www.frankfurter-fahnen.de/278-Flaggenalphabet.html (Stand: 21.09.2010)

Flagge	Kurzbedeutung
	Ich habe Taucher unten, halten Sie gut frei von mir.
	Ich ändere meinen Kurs nach Steuerbord.
	Ich ändere meinen Kurs nach Backbord.
	Meine Maschine ist gestoppt und ich mache keine Fahrt durchs Wasser.
	Quarantäneflagge. An Bord alles gesund und ich bitte um freie Verkehrserlaubnis.
	Sie begeben sich in Gefahr.
	Ich treibe vor Anker.

Abb. VI.17: Wortbedeutungen des Internationales Flaggenalphabets[21]

Weitere Bezüge des Flaggenalphabets zu den fundamentalen Ideen der Mathematik

Die Idee des Ordnens kann man wie bereits in Kapitel V aufgeführt im Sinne des geometrischen Ordnens mit dem Flaggenalphabet in Verbindung setzen, wenn beispielsweise eigene Flaggen konstruiert und gezeichnet werden, deren Motive vornehmlich aus geometrischen Figuren bestehen. Dies ist sogar eine Möglichkeit für eine interdisziplinäre Zusammenarbeit des Kunst-, Mathematik- bzw. Informatikunterrichts.

Weitere didaktische Aspekte

Kognitiv betrachtet ist das Verschlüsseln und Entschlüsseln mithilfe des Flaggenalphabets eine leichte Angelegenheit. Allerdings ist das Verschlüsseln eine Herausforderung für das koordinierte Arbeiten. Zum Senden bzw. Verschlüsseln der Nachricht müssen die Flaggen, die Codetabelle und die Nachricht als solche gleichzeitig im Auge behalten werden. Beim Empfangen bzw. Entschlüsseln der Nachricht liegt die Kunst in der Wahrnehmung, weil auf eine gewisse Distanz hin die richtige Flagge erkannt werden muss. Anschließend muss der entsprechende Buchstabe der Flagge zugeordnet werden. In einem Schülerversuch hat es sich gezeigt, dass dies für die Schüler nicht gerade so leicht war, sie kannten das internationale System der Flaggen nicht auswendig und mussten zum Übersetzen immer wieder in der Codetabelle nachschauen.

Bei diesem Thema drängt sich ein arbeitsteiliges Vorgehen geradezu auf. Um die Signalübertragung durchführen zu können, müssen mindestens zwei Schüler miteinander kommunizieren, ein Sender und ein Empfänger. Da die Tätigkeiten für einen Schüler wie oben beschrieben meist zu komplex sind, sollten beim Sender und Empfänger Schülerteams zusammenarbeiten. So kann die Teamfähigkeit und damit die Sozialkompetenz der Schüler gefördert werden.

---

[21] Flaggen siehe, URL: www.code-knacker.de/signalflaggen.htm (Stand: 21.09.2010)

Als Lernvoraussetzung müssen die Schüler nur die Buchstaben und Ziffern der geschriebenen Schrift beherrschen, damit der Übersetzungsvorgang von der Flagge bis hin zum Buchstaben möglich ist. Außerdem müssen die Schüler in der Lage sein, die notwendigen Tätigkeiten zu koordinieren. Ab der dritten Klasse der Grundschule ist dies möglich.

Besondere methodische Hinweise

Dass diese oben dargestellte Koordination der verschiedenen Tätigkeiten nicht immer optimal läuft, zeigen eigene Unterrichtserfahrungen in einer 7. Klasse. Zwei Schülerteams aus jeweils zwei Schülern hatten den Auftrag, sich gegenseitig Nachrichten zuzuschicken. Die Schülerteams waren etwa 100 m voneinander getrennt und jeweils mit Ferngläsern sowie Flaggen in der Größe DIN A 5 ausgestattet. Die erste Nachricht war jeweils dem Sender und dem Empfänger bekannt, diente somit zur Einübung des Umgangs mit den Flaggen und Ferngläsern. Der zweite Text war frei. Beispielweise wollte eine Schülergruppe die Botschaft „IHR SEID KEINE GUTEN SENDER" verschicken. Alleine inhaltlich steckte schon in der Nachricht, dass sie das andere Team bei der ersten Nachricht nur unzureichend verstanden haben. Als Botschaft entschlüsselte das Empfängerteam folgendes: „IHR PFID KFINF GUTN SFNBFR". Leider konnten die Empfänger mit der Botschaft nichts anfangen. Hier lag eine systematische Unsicherheit beim Buchstaben "E" und eine Verwechslung mit dem Buchstaben „F" vor. Ersetzt man alle Buchstaben „F" durch den Buchstaben „E", so erhält man als Nachricht „IHR PEID KEINE GUTN SENDER", die man schon recht gut lesen kann.

1.4 ASCII-Code

Der ASCII-Code ist der Standardcode zum Austausch und zur Speicherung von Zeichen. Er wurde 1963 vorgestellt und löste damals den Morsecode ab, welcher im amerikanischen Fernmeldenetz noch verwendet wurde. Damals handelte sich beim ASCII-Code noch um einen 7-bit-Binärcode, sodass nur $2^7=128$ verschiedene Zeichen dargestellt werden konnten. Mit der Entwicklung der Computertechnik hielt er Einzug in diesen Bereich und wurde dort zum Standardcode für eine Vielzahl von Anwendungen. Bald reichten die 128 darstellbaren Zeichen nicht mehr aus, um beispielsweise länderspezifische Zeichen wie „ö" und „ä" darzustellen. So wurde der ASCII-Code auf den heute noch gültigen 8-bit binären Code erweitert (vgl. unten angegebene Tabelle).

Zeichen	Darstellung			Zeichen	Darstellung		
	binär	hexadezimal	dezimal		binär	hexadezimal	dezimal
A	0100 0001	41	65	a	0110 0001	61	97
B	0100 0010	42	66	b	0110 0010	62	98
C	0100 0011	43	67	c	0110 0011	63	99
...	...	...	...				
I	0100 1001	49	73	i	0110 1001	69	105
J	0100 1010	4a	74	j	0110 1010	6a	106
K	0100 1011	4b	75	k	0110 1011	6b	107
...	...	...	...	...	...	...	...

Tab. VI.1: ASCII-Tabelle

Allerdings reichte auch der modernisierte ASCII-Code nicht zur Darstellung aller auf der Erde zur Verfügung stehenden Zeichen aus. Zur Weiterentwicklung des ASCII-Codes wurde eine Non-Profit Organisation[22] gebildet, die jedem auf der Erde vorkommenden Zeichen in jeder Sprache, systemunabhängig, programmunabhängig, sprachunabhängig einen einzigartigen Codewert zuordnen möchte, den Unicode. Zur Wahrung der Kontinuität der Codierungen soll eine einmal zugewiesene Codierung zu einem Zeichen nicht verändert werden. Die populärste Version des Unicodes ist der 16-bit-Code, welcher den ASCII-Code vollkommen beinhaltet. Alle Codierungen des ASCII-Codes werden bei dieser Version des Unicodes durch das Voranstellen von acht weiteren Nullen in den Unicode integriert. Beispielweise wird ein „A" im ASCII-Code mit 0100 0001 und im Unicode mit 0000 0000 0100 0001 codiert.

Da man mit dem 16-bit-Code nur $2^{16} = 65.536$ Zeichen codieren kann und das auch nicht ausreichte, wurden 17 verschiedene Ebenen (engl. Planes) geschaffen, die jeweils 65.536 Zeichen beinhalten, sodass jetzt 1.141.112 Zeichen darstellbar sind. Die neueste Standardversion 5.1 stammt vom April 2008, allerdings sind erst 100.000 verschiedene Zeichen erfasst, u. a. wurde jetzt auch das deutsche „ß" in den Unicode aufgenommen[23].

Da der ASCII-Code einen Teil des Unicodes darstellt und nicht so komplex ist, ist der ASCII-Code für den Mathematikunterricht im Sinne der Elementarisierbarkeit besser geeignet und soll den folgenden Überlegungen zugrunde gelegt werden.

Weitere Bezüge des ASCII-Codes zu den fundamentalen Ideen der Mathematik und der Informatik

Die Idee des mathematischen Modellierens kann durch das Thema ASCII-Code konkretisiert werden. Fasst man die binären Zeichenketten des ACSII-Codes als Zahldarstellungen im Zweiersystem auf, so stellt der ASCII-Code ein mathematisches Modell aller schriftlichen Zeichen dar, mit denen in einem Computer gerechnet werden kann. Ein schönes Beispiel in diesem Zusammenhang ist: Zählt man zum binären Code eines Großbuchstabens die Zahl $(00100000)_{(2)} = 32_{(10)} = 20_{(16)}$ hinzu, erhält man die binäre Codierung des dazugehörenden Kleinbuchstabens (vgl. dazu die obige Tabelle). Für die Steuerzeichen finden sich ähnliche Zusammenhänge, sodass verschiedene Programmfunktionen auf mathematische Zusammenhänge reduziert werden können.

Mit dem Thema ASCII-Code kann auch die fundamentale Idee der Zahl behandelt werden. Einerseits wird die binäre Zahldarstellung als Codierung für Schriftzeichen verwendet, ganz im Sinne des Codierzahlaspekts. Andererseits wird durch die bereits erwähnte Interpretation des binären Codes als Zahldarstellungen im Zweiersystem der Rechenzahlaspekt behandelt. Neben dem Zweiersystem wäre hierbei noch das 16-er System zu erwähnen. Da die binäre Codierung doch sehr aufwändig in der Darstellung ist, werden die Codes meist im 16-er System notiert. Das ist eine sehr geschickte Darstellung eines Bytes (8 Bit), aus dem der ASCII-Code besteht. Dies ist so angelegt, dass die ersten vier binären Ziffern (erste „Tetrade") durch eine Ziffer im 16-er System (0-F) dargestellt werden und die letzten vier binären Ziffern (zweite „Tetrade") durch eine weitere Ziffer. Insgesamt verkürzt man somit die Darstellung von acht Ziffern auf nur zwei Ziffern.

Im Umfeld des ASCII-Codes bieten sich so beispielsweise verschiedene lerneffektive Tätigkeiten im Zusammenhang mit der Leitidee Zahl an:

- Durch den Aufbau der ASCII-Tabelle kann das Zählen im Zweiersystem geübt werden. Fasst man die binäre Codierung des ASCII-Codes als Zahldarstellung im Zweiersystem auf, so haben die Buchstaben, die im Alphabet aufeinander folgen, eine binäre Codierung, die im Zweiersystem auch aufeinander folgt.

- Durch die bereits oben erwähnten Additionsmöglichkeiten der binären Codierung als Zahldarstellungen im Zweiersystem wird das Rechnen im Zweiersystem vertieft.

- Durch das Umrechnen vom Zweier- in das Zehner- bzw. Sechzehnersystem wird die positionelle Schreibweise der Zahldarstellung und der damit verbundene prinzipielle Aufbau des Stellwertsystems vertieft.

Durch die Behandlung des Themas des ASCII-Codes im Unterricht als eine der Grundlagen, wie die Daten in einem Informatiksystem gespeichert werden, kann die ACSII-Codierung zur Idee der Information und Daten beitragen. Mit dem Aufzeigen der Grenzen des ASCII-Codes, dass gewissen Zeichen von anderen Sprachen z. B. chinesischer Schriftzeichen nicht mit ihm dargestellt werden können, kann die Idee des Darstellens von Informationen vertieft werden.

Da der ASCII-Code als der „Vater" der Codes zur Darstellung von Schriftzeichen mit dem Computer dient, steht er in mehrfacher Hinsicht in Verbindung mit der Idee Informatik, Mensch und Gesellschaft. Erstens stellt er die Verbindung des Computers (Welt der Informatik) zur Schriftsprache (Realität) dar. Zweitens ist er von historischer Bedeutung, beim ASCII-Code handelt es sich um den ersten standardisierten Computercode, der heute noch in jedem Computer zu finden ist.

Weitere didaktische Aspekte

Die Übersetzung der binären Zeichenketten in die entsprechenden Schriftzeichen erfordert vom Übersetzer höchste Konzentration, vor allem dann, wenn bei den vorgegebenen Zeichenketten keine Trennungszeichen gegeben sind, die den Anfang bzw. das Ende eines Zeichens markieren. So kann durch das konzentrierte Übersetzen die personale Kompetenz der Schüler gefördert werden.

Üblicherweise wird der ASCII-Code im Zusammenhang mit dem Zweiersystem, welches meist in der Klasse 5 behandelt wird, mit unterrichtet. Dies geht auch schon bereits in der Grundschule, allerdings sollten dazu der Zahlbegriff und die Positionsschreibweise gefestigt sein, damit man zu einem Verständnis des Zweiersystems gelangen kann. Ab Klasse drei wäre dies durchaus schon denkbar.

1.5 Strichcodes (EAN bzw. ISBN)

Das Prinzip der Strichcodes, auch genannt Balkencodes oder Barcodes (dem Englischen entliehen „bar" für Balken), wurde schon 1949[24] in den USA patentiert. Der erste industriell nutzbare Strichcode wurde allerdings erst im Jahr 1968[25] in den USA entwickelt, nachdem die Mikroprozessoren entsprechend erschwinglich wurden und Einzug in die industrielle Fertigung fanden. Seit dieser Zeit haben die Strichcodes eine rasante Entwicklung genommen,

---

[24] Jesse, R.; Rosenbaum, O. (2000), S. 11
[25] Lenk, B. (2003, 1), S. 1

sodass es viele verschiedene Formen gibt. In unserem täglichen Leben erscheinen sie uns in grundsätzlich zwei verschiedenen Formen:

- in der 1-D-Form beispielsweise auf Verpackungen, Eintrittskarten, Parktickets, Kofferanhänger bei Fluggesellschaften und

- in der 2-D-Form beispielsweise auf Briefen als Ersatz für eine Briefmarke, Onlinebahntickets zum Selbstausdrucken, Onlineflugtickets der Lufthansa.

Des Weiteren kann man durch die Hinzunahme der Faktoren Zeit und Farbe auch schon 3-D bzw. 4-D Strichcodes erzeugen, die allerdings noch in der Entwicklung sind[26].

Abb. VI.18: Einfacher Strichcodes

Abb. VI.19: Aztec-Code auf dem Onlineticket der Bahn

Abb. VI.20: PDF 417 auf einem Onlineticket der Lufthansa

Abb. VI.21: Datamatrix der Deutschen Post

Die 1-D Strichcodes bestehen aus schwarzen und weißen Balken, die sich aneinanderreihen, sodass sich ein Zebramuster ergibt, welches mit der entsprechenden Codetabelle ausgelesen wird. Bei den meisten Formen sind der Beginn und das Ende des Strichcodes gekennzeichnet[27]. Die Länge der Balken spielt prinzipiell keine Rolle, so gibt es sehr kleine wie z. B. auf Arzneimittelverpackungen oder sehr lange wie z. B. auf den Gepäckanhängern von Fluggesellschaften.

Abb. VI. 22: PZN eines Medikaments

Abb. VI.23: Gepäckanhänger einer Fluggesellschaft

---

[26] Bimber, O. (2008)
[27] Vgl. Lenk, B. (2003, 2), S. 101 ff.

Allerdings hat man zur Vereinheitlichung die Länge und Breite der Balken für die unterschiedlichen Formen der einzelnen Strichcodes genormt. So gibt es ganz verschiedene Codes z. B. die Strichcodes für die EAN-8[28] bzw. EAN-13 für den Handel oder der Code für die Pharmazentralnummer (PZN).

Die 2-D Strichcodes unterscheiden sich von den 1-D Strichcodes dadurch, dass die Balken in zwei senkrecht aufeinander stehenden Richtungen aneinandergereiht werden, sodass fast schon ein abstraktes Punktemuster, wie beispielsweise bei den Onlinetickets der Lufthansa, entsteht.

Der Strichcode des Onlinetickets der Lufthansa ist ein PDF 417, wobei PDF für Portable Data File steht. Bei diesem Code handelt es sich um einen Stapelcode. Deren grundsätzliche Idee besteht darin, mehrere Strichcodes übereinander anzuordnen, wobei die einzelnen Striche sehr kurz werden. Auch wird beim PDF 417 der Anfang und das Ende des Codes markiert[29]. Das geschieht z. B. beim Anfang des Lufthansa Onlinetickets durch einen breiten schwarzen und drei schmalen jeweils abwechselnd weißen bzw. schwarzen Balken.
Anders ist dies beim Onlineticket der Bahn. Hierbei handelt es sich um den Aztec-Code einem sogenannten Matrixcode. Als Grundstruktur liegt diesem ein Raster zugrunde, wobei jede Zelle hell (0) und dunkel (1) ein Bit darstellt. Die Position der Zelle ergibt sich aus einem dahinterliegenden Matrixraster, mit welchem die codierten Informationen ausgelesen werden können. In der Mitte des Codes befindet sich ein schwarzes Quadrat mit drei umliegenden schwarzen Quadraten. Dieses Muster, welches an den vier Ecken noch unterschiedlich markiert ist, ist das sogenannte Suchmuster und dient der Ausrichtung des Codes. So kann an der linken oberen Ecke des Suchmusters mit dem Auslesen der Daten begonnen werden. Die Daten werden dann im Uhrzeigersinn umlaufend um das Suchmuster herum ausgelesen[30].
Auch bei dem von der Post oben abgebildeten Code, der Datamatrix, handelt es sich um einen Matrixcode. Dieser Code ist ebenfalls durch ein dahinterliegendes Raster aufgebaut, in dem die Zellen wieder die Zustände hell (0) und dunkel (1) annehmen können. Auch wird bei diesem Code wieder bitweise die Information ausgelesen. Zur Ausrichtung des Codes dienen hier die linke und die untere Kante, die dunkel eingefärbt sind, sowie die rechte und die obere Kante, die jeweils zellenweise abwechselnd hell und dunkel eingefärbt sind[31].

Für die folgenden Betrachtungen sei die enge Verbindung der EAN und ISBN zu den 1-D-Strichcodes zugrunde gelegt, auf den heutigen Produkten und Büchern werden beide Nummern nur als 1-D Strichcodes dargestellt.

Die Amerikaner begannen schon 1973 mit der Entwicklung eines Systems zur Bezeichnung aller Produkte des Warenverkehrs und nannten ihr 12-stelliges System UPC (Universal Product Code)[32]. Die EAN-13, die 1977 in Europa eingeführt wurde, besteht aus einem 13-stelligen Code, der vollkommen kompatibel zum Code der USA ist. Dies dürfte auch der Grund sein, warum die EAN mittlerweile in über 100 Länder weltweit eingesetzt wird.

Die ersten beiden Ziffern der EAN kennzeichnen das Herstellerland, die folgenden fünf Ziffern den Hersteller, die nächsten fünf Ziffern stellen die Artikelnummer des Herstellers dar und die letzte Ziffer ist die Prüfziffer. In der folgenden Abbildung handelt es sich um ein

---

[28] Die EAN-8 besteht nur aus 8 Ziffern im Gegensatz zur EAN-13, die aus 13 Ziffern besteht. Die EAN-8 ist für kleine Artikel gedacht auf der die EAN-13 keinen Platz hat.
[29] Vgl. und für weitere Informationen siehe Lenk, B. (2002), S. 86 ff.
[30] Vgl. und für weitere Informationen siehe Lenk, B. (2002), S. 280 ff.
[31] Vgl. und für weitere Informationen siehe Lenk, B. (2002), S. 364 ff.
[32] Leue, G. (2008)

Produkt aus Deutschland, der Hersteller ist die Firma Brandt und beim Artikel handelt es sich um Zwieback.

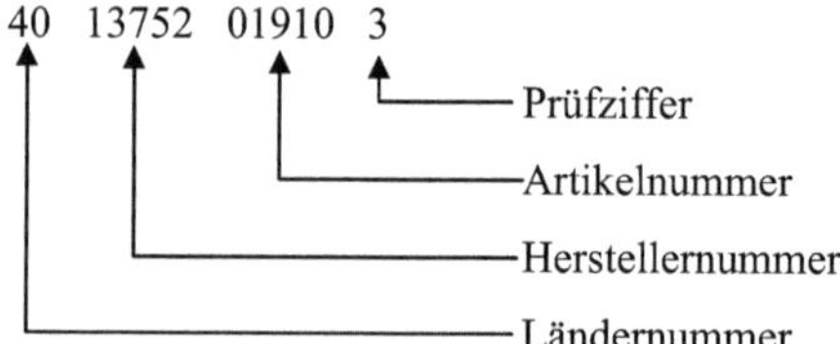

Durch die Prüfziffer können fehlerhafte Produktnummern ermittelt werden. Es wird dabei wie folgt geprüft: Beginnend bei der ersten Ziffer werden von links nach rechts abwechselnd die Ziffern mit den Faktoren 1 und 3 multipliziert und die erhaltenen Produkte addiert. Die Prüfziffer ergibt sich, indem man die erhaltene Summe bis zur nächsten durch 10 teilbaren Zahl ergänzt.

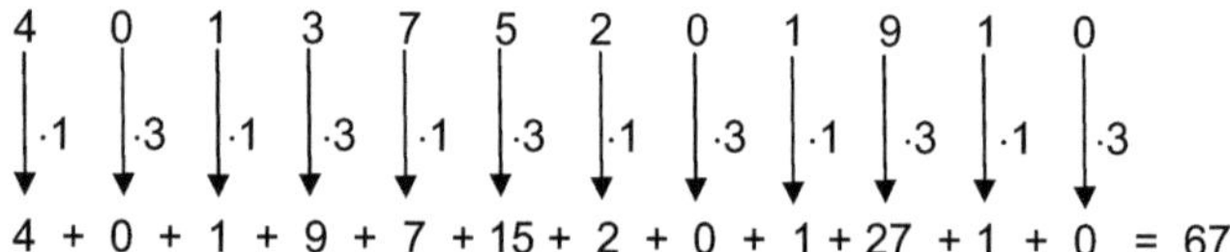

Im Beispiel ergibt die Summe der einzelnen Produkte 67. Ergänzt man das Ergebnis auf die nächste Zehnerzahl (70), erhält man als Prüfziffer 3.

Mit dieser Art der Berechnung der Prüfziffer und mithilfe einer gewichteten Addition werden einfache Fehler, wie das Vertauschen zweier Zahlen prinzipiell erkannt. Allerdings wird sich bei einer später folgenden genaueren Fehlerbetrachtung zeigen, dass es gewisse Zahlenkombinationen gibt, die, wenn man sie vertauscht, nicht erkannt werden.

Die EAN-13 wird durch Barcodes für optische Lesegeräte erkennbar gemacht. So gibt es für jede Ziffer 0-9 jeweils einen Balkencode, der aus 7 gleich breiten Balken besteht, die jeweils schwarz oder weiß gefärbt sind (siehe folgende Tabelle). Um eine fehlerfreie Erfassung der optischen Lesegeräte zu gewährleisten, sind die Zeichensätze so aufgebaut, dass für jede Ziffer von 0-9 der Zeichensatz C das Negativ des Zeichensatzes A ist, d. h. sind die Balken bei A weiß, so sind sie bei C schwarz und umgekehrt. Den Zeichensatz B gewinnt man, wenn man den Balkencode A der Ziffern jeweils an dem mittleren Balken spiegelt und die Farbe der Balken invertiert, d. h. aus einem schwarzen (bzw. weißen) Balken wird ein weißer (bzw. schwarzer) Balken. Deutlicher lässt sich diese Struktur darstellen, wenn man die Balkencodes mithilfe von Nullen und Einsen schreibt, wobei die Null einen weißen Balken und die Eins einen schwarzen Balken darstellt[33].

---

[33] Vgl. Herget (1989), S.28

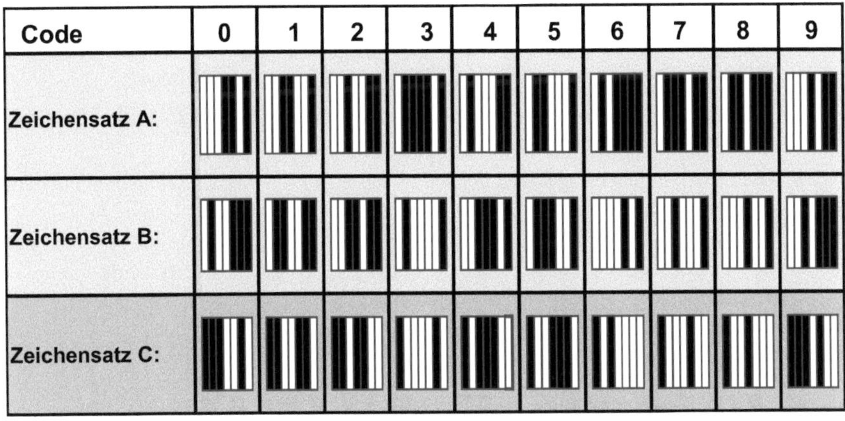

Tab. VI.2: Codetabelle zur Darstellung der Ziffern 0-9 mit Balkencodes

1. Ziffer	Codemuster der zweiten bis sechsten Ziffer
0	AAAAAA
1	AABABB
2	AABBAB
3	AABBBA
4	ABAABB
5	ABBAAB
6	ABBBAA
7	ABABAB
8	ABABBA
9	ABBABA

Tab. VI.3: Codetabelle für die erste Ziffer

Die EAN-13 wird mit folgender Vorgehensweise aus einem Balkencode codiert:

- Die ersten drei längeren Balken (s-w-s)[34] zeigen den Beginn des Balkencodes an.

- Die folgenden Balken geben gemäß der Tabelle VI.3 die zweite bis sechste Ziffer der 13-stelligen EAN an.

- Die erste Ziffer der EAN-13 ist nicht als Balkencode dargestellt und somit nicht sichtbar. Sie ergibt sich durch den systematischen Wechsel der Zeichensätze A und

---

[34] „s-w-s" steht für den Farbwechsel (schwarz-weiß-schwarz).

B, mit denen die zweite bis sechste Ziffer codiert wurden (siehe Tabelle VI.3). Die etwas komplizierte Codierung wurde notwendig, damit durch Voranstellen einer 13. Ziffer der 12-stellige amerikanische UPC-Code integriert werden konnte.

- Die Mitte des Balkencodes wird durch ein Trennungszeichen (5 Balken mit den Farben: w-s-w-s-w) markiert.

- Die Ziffern sieben bis dreizehn der der 13-stelligen EAN werden schließlich mit dem Zeichensatz C codiert.

Abb. VI.24: Barcode des Produkts „Zwieback" der Firma Brandt mit Lesehilfe

Die ISBN wurde 1972 in Deutschland eingeführt[35]. Dies ist eine 10-stellige Nummer, die jedem Buch und jedem Multimediaprodukt in eineindeutiger Weise zugeordnet wird, sodass es weltweit identifiziert werden kann.

Abb. VI.25: Label des Buchs „Die Hühnchen von Minsk und 99 andere hübsche Probleme",
von Robert M. Rose, Yurij B. Tschernjak

Die ISBN ist ähnlich wie die EAN strukturiert: Die erste Ziffer ist die Gruppennummer, sie gibt an, in welchem Land bzw. Sprachraum oder in welcher geographischen Region das Buch erschienen ist, z. B. 3 für den deutschen Sprachraum, 982 für den Südpazifik. Die folgenden Nummern sind die Verlagsnummer, gefolgt von der Titelnummer und der Prüfziffer. Die Länge der Gruppennummer und der Verlagsnummer kann je nach Anzahl der Titel eines Verlages entsprechend angepasst werden, so hat z. B. ein großer Verlag mit vielen Titeln nur eine kleine Verlagsnummer und hat damit mehr Ziffern für seine Titel, bei einem kleinen Verlag ist dies umgekehrt.

---

[35] Vgl. ISBN Agentur für die Bundesrepublik Deutschland (2005), S. 5 ff.

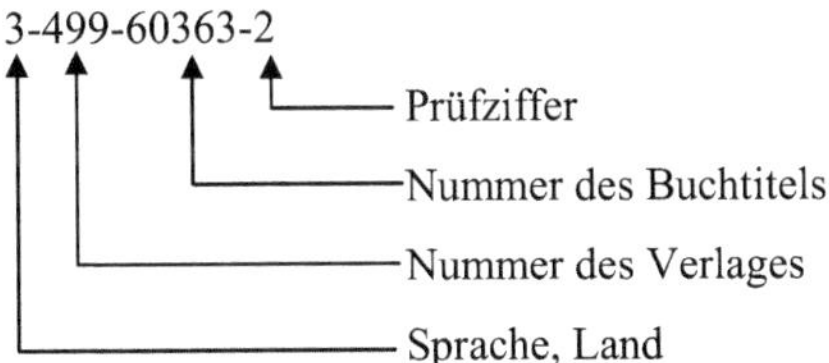

Bei dem vorliegenden Buch handelt es sich um einen Titel in deutscher Sprache, der Verlag ist der Rowohlt Verlag und der Titel des Buchs lautet: *„Die Hühnchen von Minsk und 99 andere hübsche Probleme"*.

Die Prüfziffer bei der ISBN berechnet sich wie folgt: Die Ziffern werden von links nach rechts mit den Faktoren 10, 9, 8, ... 2 multipliziert und danach werden die Produkte addiert. Die Prüfziffer ergibt sich, in dem man die erhaltene Summe so ergänzt, dass man eine durch 11 teilbare Zahl erhält (s. u.).

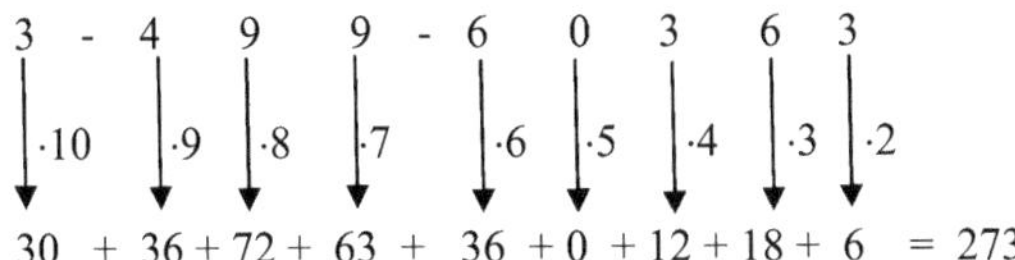

Im Beispiel ergibt die Summe aller Produkte 273. Also muss die Zahl 2 als Prüfziffer ergänzt werden (25 · 11 = 275). Diese Verfahren der Prüfziffergewinnung bringt es mit sich, dass u. U. als Prüfziffer die Zahl 10 ergänzt werden muss, z. B. wäre das bei der Nummer 3-499-60342 der Fall. Würde man nun die 10 als Prüfziffer angeben, hätte man eine 11 statt 10-stellige ISBN. Um dies zu vermeiden, ergänzt man ein X anstelle der 10 und erhält für dieses Beispiel die ISBN 3-499-60342-X, welches an dieser Stelle doch etwas ungewöhnlich anmutet.

Beim genaueren Betrachten des obigen Buchlabels fällt auf, dass die untere Nummer fast identisch mit der oberen ISBN ist, nur sind zusätzlich die Ziffern 978 davor und eine andere Prüfziffer angegeben. Das ist die seit 01.01.2007[36] vergebene ISBN, die an die EAN angepasst ist. Zur Herstellung der Kompatibilität beider Systeme wurde ein neues Land, das „Bücherland" mit der Nummer 978 erfunden. Diese Nummer wird der alten ISBN vorangestellt. Somit ist aber auch die alte Prüfziffer der ISBN nicht mehr kompatibel zur neuen Nummer und muss daher nach dem Prüfzifferberechnungsverfahren der EAN berechnet werden. Insgesamt hat die neu gewonnene EAN für Bücher somit 13 Ziffern.

Weitere Bezüge der Strichcodes (EAN bzw. ISBN) zu den fundamentalen Ideen der Mathematik und der Informatik

Stellt man die fundamentale Idee des funktionalen Zusammenhangs in den Vordergrund, findet sich dieser bei:

- den 1-D-Strichcodes in Form der eindeutigen Zuordnung von Balkencodes zu Zahlen bzw. bei den 2-D-Strichcodes in Form der eindeutigen Zuordnung von häufig sehr

---

[36] Vgl. ISBN Agentur für die Bundesrepublik Deutschland (2005), S. 7

kleinen Balken zu Zahlen, meistens in binärer Form, wobei diesen wiederum alle Schriftzeichen zugeordnet werden können. Hier liegt also eine Verkettung von Funktionen vor.

- der EAN in der Form, dass jedem Produkt in eindeutiger Weise eine Zahl zugeordnet wird.

- der ISBN in der Art, dass jedem Buch bzw. Multimediaprodukt in eindeutiger Weise eine Zahl zugeordnet wird.

Auch stellen diese Arten der Funktionen, wie bisher bei allen gezeigten Codierverfahren, eine Erweiterung des sonst im Mathematikunterricht üblichen Funktionsspektrums dar. Zusammengefasst lauten die Zuordnungen

- bei der EAN: Produkt $\rightarrow$ Zahl

- bei der ISBN: Buch $\rightarrow$ Zahl

- bei den Strichcodes: Balkencode $\rightarrow$ Zahl.

Eine weitere Verbindung zum Thema Funktionen besteht in der Zuordnung der Prüfziffer zur entsprechenden Produktnummer, allerdings ist diese Zuordnung nicht eindeutig[37].

Die Leitidee der Zahl findet sich bei der EAN und der ISBN in mehrfacher Hinsicht. Die EAN und ISBN stellen als solches betrachtet nur eine Codierung für Produkte dar, ganz im Sinne des Codierzahlaspekts. Den Rechenzahlaspekt findet man bei ihren Methoden zur Prüfzifferberechnung. Hinter der Berechnung der Prüfziffer stecken einfache arithmetische Vorgehensweisen (gewichtetes Addieren der einzelnen Ziffern). Es müssen die Grundrechenarten angewendet werden, evtl. werden auch Rechenvorteile z. B. das Distributivgesetz[38] ausgenutzt. Bei der Berechnung der Prüfziffer kommen elementare zahlen-theoretische Überlegungen zum Tragen, z. B. Teilbarkeit durch 10 bzw. 11. Bei den Überlegungen zur Effizienz der Prüfzifferverfahren spielt das Denken in Restklassen eine Rolle, dies stellt den Kern in Padbergs Artikel: „ISBN – eine praktische Anwendung von Restklassen" dar. Bei Überlegungen, welches Prüfzifferverfahren besser ist, kommen Fragen zur Teilerfremdheit, zu Primzahlen und zum Stellwertsystem ins Spiel. Daher werden im Folgenden die Qualitäten der Fehlerkennung der EAN und der ISBN etwas genauer betrachtet.

Stimmt eine Ziffer bei einer vorgelegten EAN nicht z. B. 4113752019004, so ergibt sich durch Berechnung eine andere Prüfziffer als die angegebene. Im Beispiel wäre dies die „1" statt der angegebenen „4", also würde das Computersystem eine Fehlermeldung produzieren. Zahlentheoretisch kann man sich das wie folgt überlegen[39]:

Ausgehend von der korrekten EAN 4013752019004 und der falschen 4113752019004 bezeichnet man den Summenteil, welcher unverändert bleibt mit s und die richtige Ziffer mit $z_1 \in \{0, 1, 2, 3, 4, 5, 6, 7, 8, 9\}$. Die falsche Ziffer wird mit $z_2 \in \{0, 1, 2, 3, 4, 5, 6, 7, 8, 9\}$ und der Faktor, mit dem multipliziert wird, wird mit $n \in \{1, 3\}$ bezeichnet. Die Gleichung:

$$(s+n \cdot z_2) \bmod 10 \equiv (s+n \cdot z_1) \bmod 10 \quad \text{gilt genau dann, wenn} \quad z_2 = z_1.$$

Das bedeutet, dass diese Gleichung nur erfüllbar ist, wenn kein Fehler vorliegt. Begründung:

---

[37] Vgl. Herget (1989), S. 25
[38] Vgl. Herget (1989), S. 25
[39] Beweisidee vgl. Padberg, F. (1979), S. 259. Er beweist dies für die ISBN.

$$(s+n\cdot z_2) \bmod 10 \equiv (s+n\cdot z_1) \bmod 10$$
$$\Leftrightarrow \quad s \bmod 10 + (n\cdot z_2) \bmod 10 \equiv s \bmod 10 + (n\cdot z_1) \bmod 10$$
$$\Leftrightarrow \quad (n\cdot z_2) \bmod 10 \equiv (n\cdot z_1) \bmod 10$$
$$\Leftrightarrow \quad (z_2) \bmod 10 \equiv (z_1) \bmod 10$$
$$\Leftrightarrow \quad z_2 = z_1 \quad \text{da } z_1 \text{ und } z_2 \in \{0,1,2,3,4,5,6,7,8,9\}.$$

Für die ISBN gilt dies auch, bei ihr ändert sich ebenfalls die Prüfziffer, wenn irrtümlich eine falsche Ziffer angegeben wird. Für den Beweis dieser Tatsache sei auf Padberg[40] verwiesen. Werden fälschlicherweise zwei Zahlen falsch angegeben, können beide Verfahren[41] versagen z. B. aus der EAN 4013752019004 von oben wird fälschlicherweise 4112752019004. Die zweite Nummer ist falsch, allerdings führt die Prüfzifferberechnung auf dieselbe Prüfziffer wie die richtige EAN, da sich beide Fehler ausgleichen. Genauso ist es auch bei der ISBN.

Das Vertauschen zweier benachbarter Zahlen - sogenannte Zahlendreher - wird in den meisten Fällen von der EAN erkannt. Werden z. B. in der EAN 4013752019004 die erste „1" und „3" verdreht zu 4031752019008, so ergäbe sich die Prüfziffer 8 und der Fehler wird erkannt. Allerdings versagt das Verfahren, wenn es sich bei dem Zahlendreher um die Zahlen 0 und 5, 1 und 6, 2 und 7, 3 und 8, 4 und 9 handelt, z. B. hat die EAN 4013752719003 dieselbe Prüfziffer wie die EAN 4013752719003. Bei diesen Zahlendrehern unterscheiden sich die benachbarten Ziffern um 5. Da sich die Multiplikanden benachbarter Ziffern um zwei unterscheiden, ändert sich die Prüfsumme gerade um $2 \cdot 5 = 10$. So bleibt die Prüfziffer trotz der fehlerhaften Produktnummer dieselbe[42]. Anders ist in diesem Fall die ISBN, sie erkennt alle Zahlendreher, einen Beweis dazu findet man bei Padberg[43].

Werden gar zwei ganze Ziffernblöcke miteinander vertauscht, so versagen beide Verfahren[44], z. B. bei der EAN 4013192075004. Bei diesem Fehler ist die EAN sogar besonders schlecht, sie nutzt nur abwechselnd die beiden Faktoren 1 und 3 und kann somit einen solchen Fehler nie aufdecken.

Fehlertyp	Erkennt das Verfahren den Fehlertyp?	
	EAN	ISBN
eine falsche Ziffer	ja	ja
mehrere falsche Ziffern	meistens	meistens
Zahlendreher einer Zahl	meistens	ja
Vertauschen von Zahlenblöcken	nein	meistens

Tab. VI.4: Zusammenfassung der Qualitäten der Fehlererkennung bei der ISBN und EAN[45]

Sieht man sich die Beweise zur Fehlererkennung an, werden hier also auch algebraische Fertigkeiten im Umgang mit Restklassen geschult.

Mit der Leitidee des Ordnens stehen die EAN und ISBN nicht in Verbindung, allerdings die Strichcodes, diese bestehen aus Mustern und Strukturen, die die Schüler lesen und auch selbst zeichnen oder auch optoelektronisch mit einem Lesegerät erfassen können. Mit der Behandlung des Themas Strichcodes im Mathematikunterricht wird die in den

---

[40] Vgl. Padberg, F. (1979), S. 259
[41] Vgl. auch dazu Herget (1989), S. 21 und Padberg (1979), S. 260
[42] Vgl. auch dazu Herget (1989), S. 21
[43] Vgl. Padberg (1979), S. 260
[44] Vgl. Herget (1989), S. 21 und Padberg (1979), S. 261
[45] Vgl. Herget (1989), S. 24

Bildungsstandards der KMK für die Primarstufe geforderte Kompetenz *„Gesetzmäßigkeiten in geometrischen und arithmetischen Mustern (z. B. in Zahlenfolgen oder strukturierten Aufgabenfolgen) erkennen, beschreiben und fortsetzen"*[46] gefördert. Konkret bedeutet dies, dass Schüler in der Lage sind, beispielsweise die bereits oben dargestellten Gesetzmäßigkeiten beim Aufbau der verschiedenen Zeichensätze selbst zuerkennen. Durch das Lesen und Schreiben von Strichcodes wird die geometrische Wahrnehmung der Schüler geschult.

Die EAN, die ISBN und die Strichcodes können auch zur inhaltlichen Ausgestaltung der informatischen Idee Informatik, Mensch und Gesellschaft beitragen. Die EAN und ISBN stellen die Verbindung der Realität (Produkt bzw. Buch) zur Welt der Informatik durch ihre computerkompatiblen Zahlen dar. Die Strichcodes dienen als Vehikel, dass diese Zahlen für den Computer lesbar werden. An dieser Stelle wird wieder die zentrale Rolle der Codierung als Bindeglied zwischen Realität einerseits und der Welt der Informatik andererseits sehr eindrücklich deutlich.

Weitere didaktische Aspekte:

Durch das Problematisieren der Methoden der Prüfzifferberechnung bei dem Thema „Fehlererkennung bei der EAN bzw. der ISBN" wird die *Kompetenz des mathematischen Problemlösens* geschult. Weiter wird gezeigt, wie mithilfe mathematischer Lösungen das Erkennen fehlerhafter Eingaben bei Datenverarbeitungssystem prinzipiell umsetzbar ist.

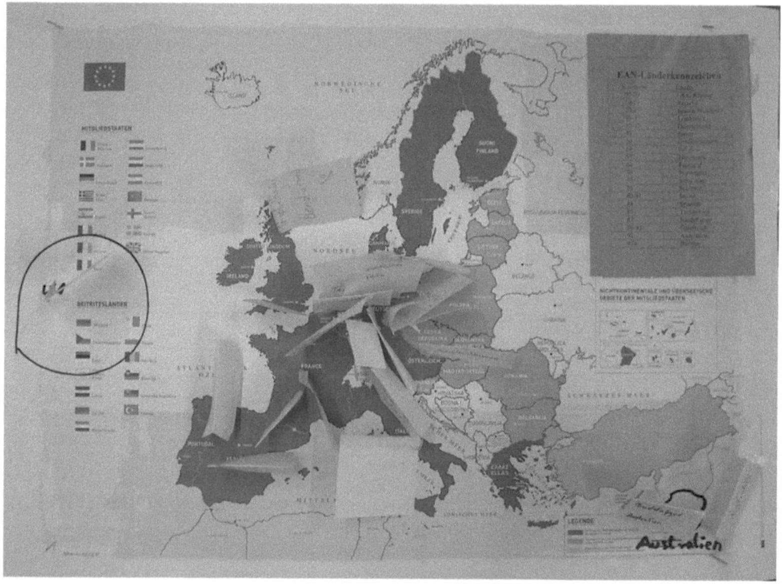

Abb. VI.26: Landkarte mit Markierung für Herkunftsländer verschiedener Produkte

Der Umgang mit der EAN und ISBN fordert regelrecht zum interdisziplinären Arbeiten mit der Geographie auf. Ausgangspunkt dafür sind beispielweise die Fragen: Woher kommen unsere Produkte im Supermarkt? Woran kann man das ablesen? Wo liegen die Länder auf

---

[46] Bildungsstandards der KMK für die Primarstufe (2004), S. 12

einer Landkarte? Auf die letzte Frage hin entstand im Unterricht einer 7. Klasse die folgende Karte, wobei die Fähnchen mit dem Namen des entsprechenden Produkts beschriftet wurden.

Die Lernvoraussetzungen bei den drei Themen EAN, ISBN und Strichcodes sind differenziert zu sehen und hängen davon ab, welcher Schwerpunkt gesetzt werden soll. Wenn es nur um die eigentliche Codierung bei der EAN und ISBN geht, müssen die Schüler nur eine Codetabelle lesen können. Da diese Codes nur aus Zahlen bestehen, ist die Zuordnung zu den verschiedenen Ländern bzw. Produkten nicht allzu schwer und kann schon ab der dritten Klasse erfolgen. Zum Lesen und Schreiben eines Strichcodes sind schon eine gefestigte Wahrnehmung von Mustern und gewisse motorische Fähigkeiten notwendig, ein sinnvoller Einsatz ist daher erst ab der Sekundarstufe möglich. Eigene Beobachtungen in einer 7. Klasse zeigten, dass zum Teil selbst diese Schüler noch Schwierigkeiten beim Entschlüsseln der Codes hatten. Soll der Schwerpunkt des Unterrichts auf der Berechnung der Prüfziffer der EAN und der ISBN liegen, kann man die EAN schon in einer 4. Klasse, wenn die Grundrechenarten gesichert sind, behandeln. Die ISBN ist erst ab der Sekundarstufe sinnvoll, da zur Bestimmung der Prüfziffer die Summe der gewichteten Addition zu einer durch 11 teilbaren Zahl ergänzt werden muss. Dies ist sehr einfach möglich, wenn man entweder die Teilbarkeitsregel für die 11 oder die 11-er Reihe aus dem großen Einmaleins kennt, welche traditionell Inhalt der Sekundarstufe ist.

Besondere methodische Hinweise

In seinem Artikel: „Prüfziffern und Strichcode – ‚Computer-Mathematik auch ohne Computer' " legt Herget bei seinem Unterrichtvorschlag den Schwerpunkt auf das Berechnen der Prüfziffern[47]. Das Lesen der Strichcodes nimmt eine etwas untergeordnete Stellung ein. Ich würde diesen Vorschlag dahingehend ergänzen, dass man den Schülern durch einfache Hilfen das Lesen von Strichcodes erleichtert. Diese Hilfen können z. B. kleine farbige Rechtecke sein, die über den Strichcode gelegt werden und als Lesehilfe dienen, wie bei dem unten angegebenen Aufgabenblatt dargestellt.

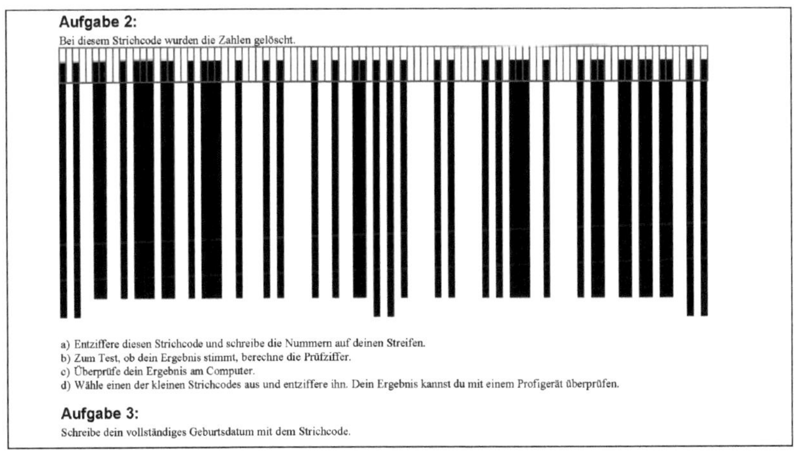

Abb. VI.27: Aufgaben zum Entziffern und Erstellen von Strichcodes

---

[47] Vgl. Herget (1989), S. 19 ff.

Den roten rechteckigen Streifen auf Folien auszudrucken, damit Schüler diesen immer wieder ausfüllen können, erwies sich nicht als sinnvoll. Selbst Schüler der 7. Klasse kamen mit dieser Methode nicht zu recht und verschmierten alle Aufgabenblätter. Als schwierig beim Lesen der Strichcodes erwies sich der Umgang mit den Rand- und Trennungszeichen, die immer wieder nicht beachtet und meist erst am Ende der Aufgabe von den Schülern bemerkt wurden.

Eigene Unterrichtsversuche haben gezeigt, dass die Schüler, nachdem sie ein oder zwei Aufgabenblätter nach obigem Stil erfolgreich absolviert haben, in der Lage waren, auch kleine Strichcodes ohne jede Hilfe fehlerfrei zu identifizieren. Dies zeigte sich beim Entziffern des folgenden Strichcodes, bei dem die EAN gelöscht wurde:

Abb. VI.28: Lösung eines Schülers zum Lesen eines gelöschten Strichcodes

Das Schreiben in Strichcodes bereitete den Schülern keinerlei Schwierigkeiten, was sich an folgendem Bild des Strichcodes einer Schülerin, die ihr Geburtsdatum notiert, auffällt. Die Schülerin hat sogar die Anfangs- und Endzeichen beachtet.

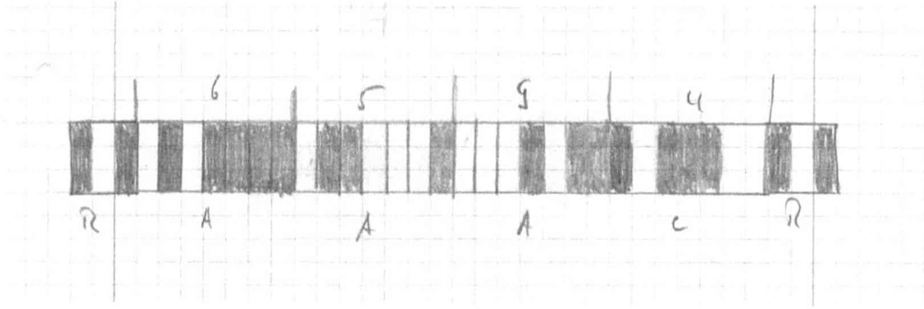

Abb. VI.29: Schülerarbeit: Geburtsdatum als Strichcode dargestellt

1.6 Huffman-Codierung

Im September 1952 wurde von Huffman ein Artikel mit dem Titel: *„A Method for the Construction of Minimum-Redundancy Codes"*[48] veröffentlicht. Den Inhalt seines Artikels beschreibt er selbst durch folgende Zusammenfassung:

> *„Summary – An optimum method of coding an ensemble of messages consisting of a finite number of members is developed. A minimum-redundancy code is one*

---

[48] Huffman (1952)

constructed in such a way that the average number of coding digits per message is minimized."[49]

Mit diesem Artikel stellt Huffman eine Codierung vor, mit der man einen optimalen Code erhält, d. h. einen Code, der den durchschnittlichen Speicherplatzbedarf eines Zeichens in einer Nachricht minimiert.

Die Grundidee, mit der Huffman eine optimale Codierung erreicht, ist dieselbe die schon Morse (siehe Kapitel V) hatte: Häufig vorkommende Zeichen der Nachricht bekommen einen kürzeren Code, während selten auftretende Zeichen mit längeren Codewörtern codiert werden. Allerdings wird die Grundidee in diesen beiden Verfahren unterschiedlich umgesetzt. Erstens hat Morse ein System entwickelt, das universell einsetzbar bei Nachrichten in englischer Sprache ist. Das von Huffman entwickelte Verfahren ist dafür gedacht, dass für jede Nachricht eine eigene Codierung erstellt wird. Zweitens: Die Morse-Codierung ist im Gegensatz zur Huffman-Codierung nicht optimal, d. h. der durchschnittliche Speicherplatzbedarf eines Zeichens, welches im Morsecode dargestellt wird, ist höher als bei der Huffman-Codierung. Drittens: Die Huffman-Codierung liefert einen präfixfreien Code, der Morsecode ist nicht präfixfrei. Das bedeutet, dass ein präfixfreier Code ohne die Übersendung eines Trennungszeichens, welches die einzelnen Codewörter von einander trennt, gelesen werden kann.

Am Beispiel des Textes „ABRAKADABRA" soll die Huffman-Codierung dargestellt werden.[50] Die Basis für diese Codierung ist die Häufigkeit der zu codierenden Zeichen im Text (siehe folgende Tabelle).

Buchstabe	A	B	R	D	K
Häufigkeit	5	2	2	1	1

Tab. VI.5: Häufigkeitstabelle

An dieser Tabelle wird deutlich, dass der Buchstabe „A" viel häufiger vorkommt als der Buchstabe „K". Ziel der Huffman-Codierung ist es, dass dem „A" ein kürzerer Code als dem K zugewiesen wird.

Da das Verfahren mit Codebäumen arbeitet, wird zunächst jeder Buchstabe mit seiner Häufigkeit in einem Knoten notiert, diese nennt man auch (triviale) Bäume, allerdings haben sie keine Blätter. So erhält man folgende Darstellung, die als Huffman-Liste bezeichnet werden soll:

Abb. VI.30: Huffman-Liste 1

Im zweiten Schritt werden aus der Huffman-Liste 1 die zwei Knoten mit den geringsten Häufigkeiten herausgesucht. Diese fügt man zu einem „kleinen Baum" zusammen, wobei der Vorgang als *Zusammenführung* benannt werden soll. Die Wurzel des neuen Baumes bezeichnet man mit dem Namen der beiden Blätter, wobei sich die beiden Häufigkeiten der Blätter addieren.

---

[49] Huffman (1952), S. 1098
[50] Vgl. Borys (2006), S. 11 ff.

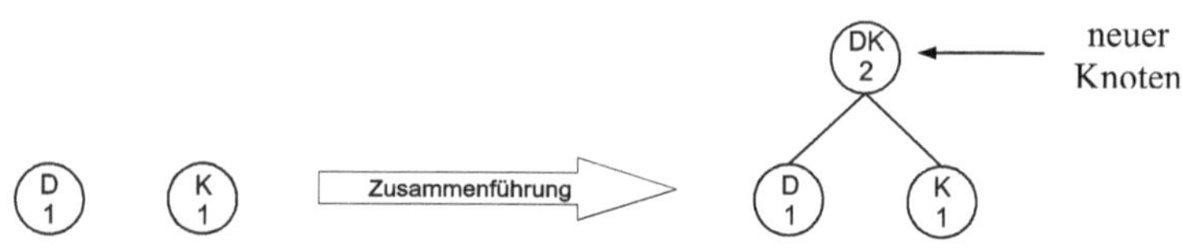

Abb. VI.31: Zusammenführung

Welcher Knoten bei der Zusammenführung als linker bzw. rechter Nachfolger ausgewählt wird, spielt keine Rolle, es ändert nichts an der Effektivität der Codierung, dies wird später noch erläutert.

Anschließend wird der durch die Zusammenführung entstandene Baum in die Huffman-Liste 1 einsortiert. Er ersetzt die zusammengeführten Blätter. So erhält man für das Beispiel die folgende Huffman-Liste 2, die nun aus 4 Bäumen besteht.

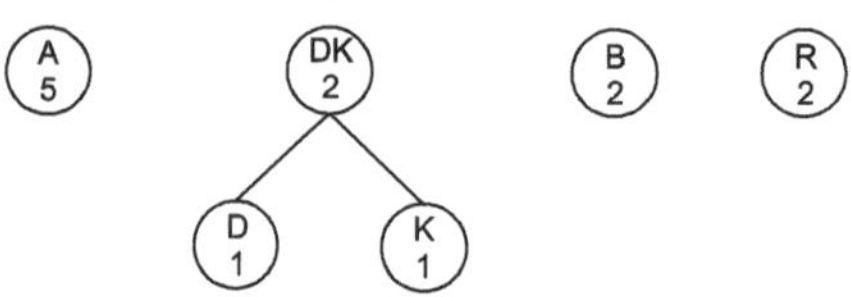

Abb. VI.32: Huffman-Liste 2

Im nächsten Schritt werden wieder die zwei Bäume mit der geringsten Häufigkeit aus der Huffman-Liste ausgewählt und zusammengeführt. Im Beispiel kommen für diese Zusammenführung mehrere Bäume infrage, dabei kann man sich zwei davon auswählen. Welche Bäume gewählt werden, spielt für die Effektivität der Kompression keine Rolle[51]. Im Beispiel wurden die Bäume B und R zusammengeführt und man erhält die Huffman-Liste 3.

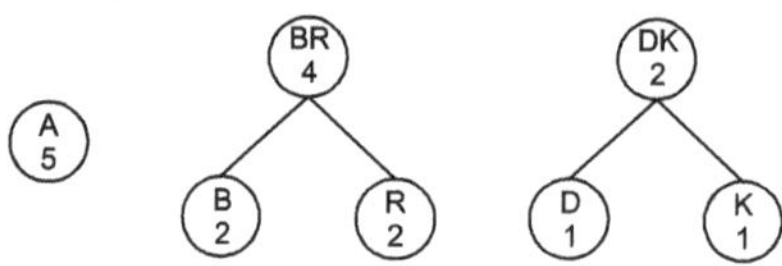

Abb. VI.33: Huffman-Liste 3

Das Verfahren der Zusammenführung wird solange fortgeführt, bis die Huffman-Liste nur noch aus einem Baum besteht.

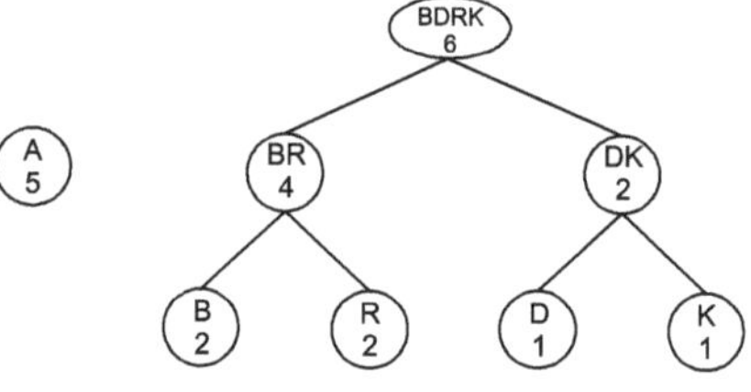

Abb. VI.34: Huffman-Liste 4

---

[51] Vgl. Borys, T. (2006), S. 14 ff.

Damit aus dem erhaltenen Baum die binäre Codierung der Buchstaben abgelesen werden kann, werden nun alle nach links abzweigenden Kanten mit einer binären „0" bzw. die nach rechts abzweigenden Kanten mit einer „1" beschriftet. So erhält man folgenden Codebaum.

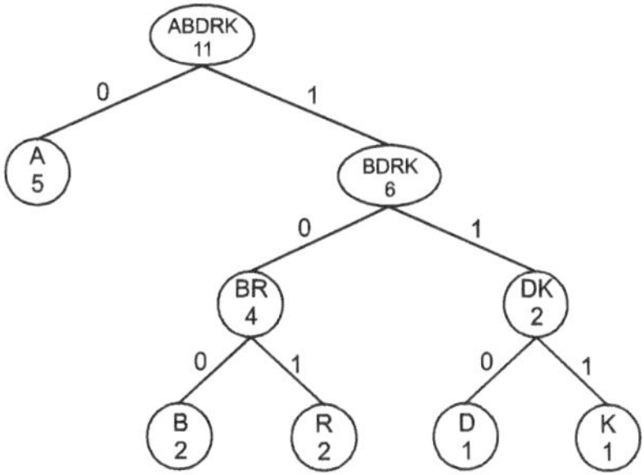

Abb. VI.35: Codebaum des Huffman-Verfahrens zum Text „ABRAKADABRA"

Die Codetabelle erhält man durch Ablesen von oben nach unten, den entsprechenden Kanten folgend:

Buchstaben	Binärcode
A	0
B	100
D	110
K	111
R	101

Tab. VI.6: Codetabelle zum Codebaum VI.33

Danach kann die eigentliche Codierung des vorgegebenen Textes beginnen. Der Huffman-Code des Wortes „ABRAKADABRA" lautet:

Text: A B   R A K A D A B R A

Codierung: „0 100 101 0 111 0 110 0 100 101 0"

Zusammenfassen lässt sich der Ablauf des Huffman-Algorithmus wie folgt:

Eingabe: Häufigkeitstabelle mit den zu codierenden Zeichen

Verarbeitung: 1. Erstellen der Huffman-Liste.
                2. Wiederholen der Zusammenführung der beiden mit der geringsten Häufigkeit beschrifteten Bäume solange, bis die Huffman-Liste nur noch aus einem Baum, dem Huffman-Baum, besteht.
                3. Beschriften aller nach links abzweigenden Kanten mit „0" bzw. die nach rechts mit einer „1".

Ausgabe: Codebaum mit Codetabelle

Wie bereits erwähnt, liefert das Huffman-Verfahren keinen eindeutigen Codebaum, da es eine gewisse Wahlfreiheit bei der Erstellung des Baumes gibt. Hätte man beispielsweise im obigen Beispiel bei der zweiten Zusammenführung die Bäume „B" und „KD" ausgewählt, so hätte man den folgenden Huffman-Baum erhalten:

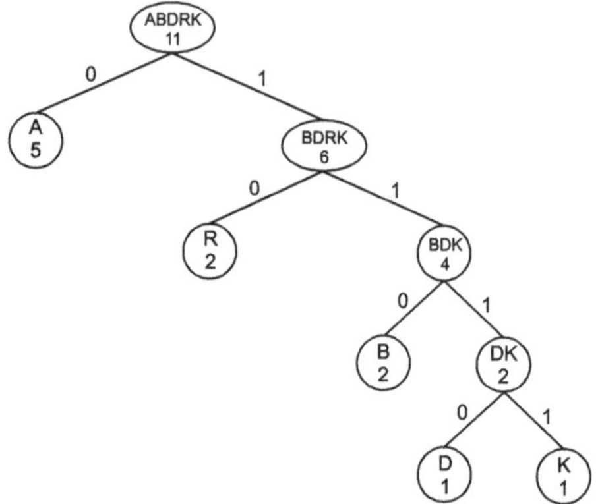

Abb. VI.36: Alternativer Codebaum des Huffman-Verfahrens zum Text „ABRAKADABRA"

Die Codierungen der einzelnen Zeichen haben sich durch diese Neukombination geändert. So wird beispielsweise das „R" nur noch mit 2 statt 3 binären Zeichen codiert wird, dagegen die Buchstaben „K" und „D" mit 4 statt 3 binären Zeichen.

Buchstaben	Binärcode
A	0
B	110
D	1110
K	1111
R	10

Tab. VI.7: Codetabelle zum Codebaum Abb. VI.34

Codiert man obigen Beispieltext nun nach dem neuen Codebaum erhält man folgenden Code:

Text: A   B   R   A   K   A   D   A   B   R   A

Codierung*: „0 110 10 0 1111 0 1110 0 110 10 0"

Auch in der Codierung* besteht der gesamte Code aus 23 binären Zeichen, ist also genau gleich lang wie vor unserer Änderung. Durch die Wahlfreiheit des Algorithmus ändert sich nichts an der Effektivität des Verfahrens.

Um das Verfahren von Huffman zu kontrastieren, wird noch die Shannon-Fano-Codierung vorgestellt. Bei dieser Codierung handelt es sich wie bei der Huffman-Codierung auch um ein

Kompressionsverfahren, welches nahezu zeitgleich von Shannon[52] und Fano [53] gefunden und veröffentlicht wurde.

Start	Buchstabe	A	B	R	K	D
	Häufigkeit	5	2	2	1	1

1. Partition	Buchstabe	A	D	B	R	K
	Häufigkeit	5	1	2	2	1
	Codierung	0		1		

2. Partition	Buchstabe	A	D	B	R	K
	Häufigkeit	5	1	2	2	1
	Codierung	0	1	0	1	

3. Partition	Buchstabe				R	K
	Häufigkeit				2	1
	Codierung				0	1

Tab. VI.8: Tabellenreihe für die Shannon-Fano-Codierung

Wie bei der Huffman-Codierung bildet auch bei der Shannon-Fano-Codierung die Tabelle der Häufigkeiten der zu codierenden Zeichen im Text den Ausgangspunkt der Betrachtungen. Allerdings liegt dem Codierverfahren nach Shannon und Fano eine andere Idee zugrunde. Man teilt die Tabelle in zwei Teile, wobei gilt, dass die Summe der Häufigkeiten, mit denen die Zeichen im Text vorkommen, in beiden Teilen der Tabelle etwa gleich groß sein sollen. Dieser Vorgang soll als „gerechtes Teilen" bezeichnet werden. Jedem dieser Teile wird eine Codierung zugewiesen z. B. dem rechten Teil eine „1" und dem linken eine „0". Danach unterteilt man jede Teiltabelle wieder nach demselben Schema. Das Verfahren des „gerechten Teilens" führt man solange fort, bis keine weitere Partition der Teiltabellen mehr möglich ist. Für das obige Beispiel erhält man die Tabellenreihe VI.8. Aus dieser Tabelle lassen sich der folgende Codebaum und die folgende Codetabelle erstellen:

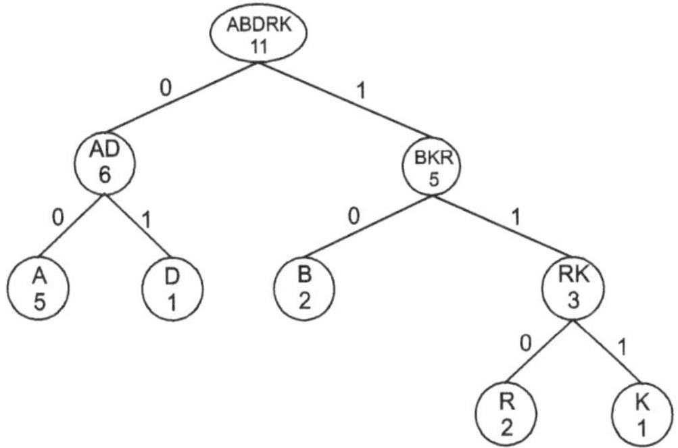

Abb. VI.37: Codebaum des Shannon-Fano-Verfahrens zum Text „ABRAKADABRA"

---

[52] Shannon, C.E. (1948)
[53] Fano, R.M. (1949)

Buchstaben	Binärcode
A	00
B	10
D	01
K	111
R	110

Tab. VI.9: Codetabelle zum Codebaum VI.35

Der Shannon-Fano-Code des Wortes „ABRAKADABRA" lautet:

Text: A   B   R   A   K   A   D   A   B   R   A

Codierung: „00 10 110 00 111 00 01 00 10 110 00"

Zusammenfassen lässt sich der Ablauf des Shannon-Fano-Algorithmus wie folgt:

Eingabe: Häufigkeitstabelle mit den zu codierenden Zeichen

Verarbeitung: 1. Erstellen einer Häufigkeitsliste.
                2. Wiederholen des „gerechten Teilens", solange bis keine weitere Parti-
                   tionierung der Tabelle mehr möglich ist.

Ausgabe: Codebaum mit Codetabelle

Beide Verfahren haben einiges gemeinsam. Sie gehen beide von der Häufigkeit, mit der die Zeichen in einem Text vorkommen bzw. deren Auftrittswahrscheinlichkeit aus. Beide ordnen Zeichen, die im Text häufiger vorkommen kürzere Codewörter zu. Am Ende führen beide Verfahren zu einem Codebaum. Die Darstellung der Entwicklung des Codebaums kann bei beiden Verfahren tabellarisch oder grafentheoretisch erfolgen. Beide Verfahren arbeiten verlustfrei, es geht keine Informationen verloren. Allgemein kann man zeigen, dass beide Verfahren die Gleichung $H(Q) \leq l_{opt.} \leq H(Q)+1$[54] erfüllen[55]. Für das obige Beispiel:

$$(1)\ H(Q) = 2{,}04\ <\ l_{mhuff.} = 2{,}09\ <\ l_{mfano.} = 2{,}27\ < 3{,}04$$

mit $l_{mhuff.}$ = mittlere Codewortlänge bei der Huffman-Codierung und $l_{mfano.}$ = mittlere Codewortlänge bei der Shannon-Fano-Codierung. Beide Verfahren liefern eine präfixfreie Codierung.

Die spezielle Gleichung (1) zeigt aber auch einen Unterschied beider Verfahren im Beispiel, die mittlere Codewortlänge des Huffman-Codes ist kleiner als die des Shannon-Fano-Codes. Diese Aussage gilt auch ganz allgemein.
Man kann allgemein folgendes beweisen:

„Zu gegebener diskreter Informationsquelle ohne Gedächtnis hat keine Präfixcodierung[56] der Einzelzeichen [eine] kleinere mittlere Codewortlänge als

---

[54] Mit $H(Q)$ ist die Entropie von Q und mit l_{opt} die optimale mittlere Codewortlänge gemeint.
[55] Siehe Schulz (2003), S. 51 ff.
[56] Im Sinne dieser Arbeit würde man von präfixfreier Codierung sprechen.

die Huffman-Codierung. Die Huffman-Codierung ist in diesem Sinne also eine optimale Codierung."[57]

Wegen dieses kleinen Unterschieds wird in Anwendungen z. B. Fax, MP3, JPEG die Huffman-Codierung der Shannon-Fano-Codierung vorgezogen. Aus diesem Grund ist die Huffman-Codierung für den Unterricht in der Schule interessanter. Daher soll nur sie den folgenden Überlegungen zugrunde gelegt werden.

Weitere Bezüge der Huffman-Codierung zu den fundamentalen Ideen der Mathematik und der Informatik

Mit der Huffman-Codierung kann die fundamentale Idee des Algorithmus im Mathematikunterricht konkretisiert werden. Wie oben dargestellt, kann man den Huffman-Code mit einem einfachen Algorithmus gewinnen. Dieser hat wie bereits in Kapitel V angedeutet, sehr interessante Eigenschaften:

- Er arbeitet mit Baumstrukturen, die eines der wesentlichen Hilfsmittel der diskreten Mathematik sind. Im Gegensatz dazu stehen die meisten Algorithmen in dem Mathematikunterricht der Schule, welche üblicherweise mit Zahlen arbeiten z. B. die Algorithmen des schriftlichen Rechnens.

- Er liefert als Endergebnis einen Codebaum bzw. eine Codetabelle. Die meisten schulischen Algorithmen haben dagegen eine Zahl als Endergebnis z. B. das Heron-Verfahren.

- Wie oben dargestellt liefert die Huffman-Codierung kein eindeutiges Endergebnis. Es existieren mehrere Codebäume mit den gleichen Eigenschaften, im Gegensatz zu den meisten schulischen Algorithmen, die ein eindeutig bestimmtes Endergebnis besitzen, z. B. die schriftliche Addition.

- Er ist der Algorithmus, mit dem die mittlere Codewortlänge minimiert werden kann, also ein Beispiel für einen Optimierungsalgorithmus.

- Er stellt ein Beispiel für einen Algorithmus dar, der nach der „gierigen Strategie" (engl. greedy strategy) arbeitet[58]. Diese folgt der Maxime: „Erledige immer als nächstes den noch nicht bearbeiteten *fettesten* (d. h. größten oder kleinsten, teuersten, billigsten, optimalsten,...) *Teilbrocken* des Problems"[59]. Angewendet auf die Huffman-Codierung heißt dies, dass die Zeichen, welche am seltensten vorkommen, zuerst verarbeitet werden.

- Er stellt einen verlustfreien Kompressionsalgorithmus dar.

Die fundamentale Idee des funktionalen Zusammenhangs findet sich beim Huffman-Verfahren gleich in mehrfacher Hinsicht:

- Zur Gewinnung der Huffman-Liste werden den Buchstaben Häufigkeiten zugeordnet.

- Jedem Knoten werden summierte Häufigkeiten zugeordnet.

- Jeder Kante im Codebaum wird ein binäres Zeichen „0" oder „1" zugeordnet.

---

[57] Schulz (2003), S. 43
[58] Baumann (1994), S. 59
[59] Ziegenbalg (2007, 1), S. 105

- Das Endergebnis, die gewonnene Codetabelle, stellt eine Funktion der Zeichen einer Nachricht zu einem binären Code dar.

Die fundamentale Idee der Zahl spielt beim Huffman-Verfahren eine entscheidende Rolle. So werden Zahlen in mehrfacher Hinsicht verwendet, jeweils in Verbindung mit einem anderen Zahlaspekt. Zur Erstellung der Häufigkeitsliste muss bestimmt werden, mit welcher Anzahl die jeweiligen Buchstaben in der Nachricht vorkommen. Diesem Vorgang liegt der Kardinalzahlaspekt zugrunde. Statt mit absoluten Häufigkeiten, wie oben dargestellt zu arbeiten, kann man bei der Huffman-Codierung auch mit relativen Häufigkeiten arbeiten, was dem Bruchzahlaspekt - relativer Anteil nach Günther Malle[60] - entspricht. Anschließend werden die Buchstaben nach ihren Häufigkeiten geordnet, dies entspricht dem Ordinalzahlaspekt in Form der Ordnungszahl. Schließlich findet sich der Rechenzahlaspekt bei der Addition der verschiedenen Häufigkeiten. Mit der Berechnung der mittleren Codewortlänge wird das gewichtete arithmetische Mittel $l_m = \sum_{i=1}^{n} p_i \cdot l_i$ veranschaulicht, damit gewinnt man für den Unterricht eine weitere Konkretisierung für den stochastischen Begriff des Erwartungswerts, falls der Zufallsgröße X diskrete Werte zugrunde liegen:

$$E(X) = \sum_{i=1}^{n} p(x_i) \cdot x_i$$ wobei x_i die möglichen Werte der Zufallsvariabeln X und $p(x_i)$ deren Auftrittswahrscheinlichkeiten darstellen.

Durch die Überlegungen zum Informationsgehalt einer Nachricht und zur Optimalität der Codewortlänge kann durch die Huffman-Codierung ein Beitrag zur fundamentalen Idee des Messens geleistet werden. Der Informationsgehalt einer Nachricht kann mit dem Shannon-schen Informationsmaß bestimmt werden. Leider hat dieses Maß den Nachteil, dass man zu dessen Berechnung den Zweier-Logarithmus benötigt. Dieser wird üblicherweise im Gymnasium in Klasse 10 behandelt, in den Real- und Hauptschulen dagegen meistens nicht. Will man aber auch in der Real- und Hauptschule nicht auf ein Informationsmaß verzichten, benötigt man ein reduziertes Modell. Mithilfe der mittleren Codewortlänge kann man -wie folgt- ein didaktisch reduziertes Modell für das Informationsmaß definieren:

Der mittlere Informationsgehalt einer Nachricht ist die mittlere Codewortlänge

$$l_m = \sum_{i=1}^{n} p_i \cdot l_i$$ *des Huffman-Codes der Nachricht.*

Diese Definition macht Sinn, mithilfe des Huffman-Codes kann man jeder Nachricht eindeutig die mittlere Codewortlänge zuordnen. Da die Huffman-Codierung die mittlere Codewortlänge minimiert, kommt sie dem tatsächlichen Informationsgehalt einer Nachricht möglichst nahe. So kann der Informationsgehalt einer Nachricht mit der mittleren Codewortlänge eindeutig abgeschätzt werden, es gibt keine Einzelcodierung, die eine kürzere mittlere Codewortlänge liefert.

Zur fundamentalen Idee des Ordnens trägt das Thema der Huffman-Codierung in zweierlei Hinsicht bei:

- Durch das Sortieren der Zeichen nach ihren Häufigkeiten und

- durch das Anordnen der Zeichen in Form von Knoten in einem Graphen wird eine Ordnung hergestellt.

---

[60] Malle (2004), S. 4

Zur informatischen Idee der Informatiksysteme kann die Huffman-Codierung auch beitragen. Unter dieser Idee findet sich beispielsweise die folgende Kompetenz:

„Schülerinnen und Schüler der Jahrgangstufen 5 bis 7 speichern Daten und unterscheiden Arten der Speicher ..."[61]

Als eines der grundlegenden Datenkompressionsverfahren stellt die Huffman-Codierung einen Baustein für die Speicherung von Daten in Informatiksystemen dar.

Weitere didaktische Aspekte

Mit dem Huffman-Verfahren wird das *mathematische Problemlösen* geschult, mithilfe mathematischer Überlegungen und Konstruktionen wird das informatische Problem, die Erzeugung einer optimalen präfixfreien Codierung, gelöst.

Die Huffman-Codierung dient der Umwelterschließung, wie bereits mehrfach erwähnt, wird sie bei vielen gängigen Kompressionsverfahren als letzter Kompressionsschritt angewendet, da verlustfrei noch die letzten Bits eingespart werden können. Eine interessante und alltägliche Anwendung ist beim Telefax auszumachen. Der Telefaxstandard setzt sich aus einer Lauflängencodierung und dem Huffman-Verfahren zusammen. Zur Codierung wird, je nach Papierformat, das Blatt in eine unterschiedliche Anzahl von Pixeln eingeteilt z. B. DIN A4 1011 Zeilen, die in 1728 Zellen geteilt sind. Diese Pixel können den Zustand schwarz oder weiß annehmen. Würde man ohne eine Datenkompression arbeiten, so würde die Datei für eine DIN A4 Seite ca. 1,7 Mbit an Speicherplatz benötigen. Bei einer für Telefax üblichen Übertragungsrate von 727 bit/s wären dann 12 Minuten an Übertragungsdauer notwendig, daher erfolgt eine Datenkompression. Zuerst erfolgt eine Lauflängencodierung – siehe folgende Abbildung:

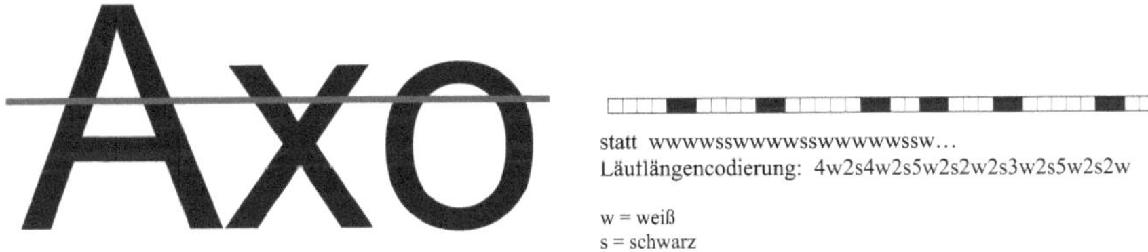

Abb. VI.38: Beispiel für eine Lauflängencodierung[62]

Zur weiteren Datenreduktion kann für jede Anzahl schwarzer und weißer Punkte mithilfe des Huffman-Verfahrens eine optimale Codierung ermittelt werden. Wenn jetzt jedes Faxgerät für jedes Fax diese optimale Codierung ermitteln müsste, wäre das sehr aufwändig. So hat man aus typischen Fax-Mitteilungen mit dem Huffman-Algorithmus eine allgemein gültige Codierung für die Anzahl der schwarzen und weißen Punkte ermittelt, die in jedem Faxgerät implementiert sind z. B. 20 aufeinander folgende weiße Bildpunkte werden mit „0001000" codiert. Durch dieses Verfahren lassen sich die Datenmenge und damit die benötigte Übertragungszeit beim Faxen auf 5-20 % reduzieren.

Bei der Huffman-Codierung handelt es sich um ein Verfahren, das sehr elementar ist und mit Papier und Bleistift ohne Zuhilfenahme des Computers durchgeführt werden kann. Als zentrale Voraussetzung für Schüler müssen diese Häufigkeiten bestimmen können und über

---

[61] Puhlmann (2008), S. 37
[62] Vgl. Borys (2006), S. 16

eine sichere Vorstellung dieses Begriffs verfügen. Außerdem sollten sie den Umgang mit Häufigkeiten gewohnt sein, damit ihnen die neuen grafentheoretischen Elemente leichter fallen. Wegen dieser Elemente und der verschiedenen Zuordnungen sollte die Huffman-Codierung frühestens gegen Ende der Mittelstufe im Unterricht behandelt werden.

Besondere methodische Hinweise

Die Datenkompression kann man sehr imposant darstellen, indem man einen Text einerseits mithilfe des ASCII-Codes und andererseits mit dem Huffman-Verfahren codiert. Beispielsweise wurde dies im Unterricht mit einem kommunalpolitischen Werbeslogan, den die Schüler alle kannten, durchgeführt[63]:

```
Klartext:
karlsruhevielvorvieldahinter
```

```
ASCII-Code:
01101011 01100001 01110010 01101100 01110011 01110010 01110101 01101000
01100101 01110110 01101001 01100101 01101100 01110110 01101111 01110010
01110110 01101001 01100101 01101100 01100100 01100001 01101000 01101001
01101110 01110100 01100101 01110010
```

```
Huffman-Codierung:
11011 0111 101 001 11110 101 0110 1100 100 010 000 100 001 010 11101 101
010 000 100 001 11010 0111 1100 000 11100 11111 100 101
```

Für den Werbeslogan werden beim ASCII-Code 224 bit an Speicher benötigt. Der Huffman-Code benötigt nur 101 bit, bei einer mittleren Codewortlänge von 3,6. Natürlich handelt es sich hierbei um ein sehr eindrückliches Beispiel, typischerweise erreicht man durch das Huffman-Verfahren eine Kompression auf ca. 2/3 der ursprünglichen Länge einer Textdatei[64].

Das Huffman-Verfahren bietet auch Chancen für das entdeckende Lernen. So können Schüler die zentrale Eigenschaft des Huffman-Verfahrens, dass es auf unterschiedliche Codebäume hinführt, aber die Anzahl der binären Zeichen im Huffman-Code immer die gleiche ist, selbst entdecken[65]. Ein sehr gelungenes Tool für das Experimentieren rund um die Huffman-Codierung findet sich auf dem Portal Codierung und Kryptologie[66] von Herrn Prof. Dr. Ziegenbalg.

---

[63] Vgl. Jennewein (2008), S. 53
[64] Schöning (2001), S. 252
[65] Vgl. Jennewein (2008)
[66] Vgl. URL: http://www.ziegenbalg.ph-karlsruhe.de/materialien-homepage-jzbg/cc-interaktiv/index.htm (Stand: 21.09.2010)

2. Kryptologische Verfahren geordnet nach Verfahrenstypen

2.1 Auswahl der kryptologischen Verfahren

Wie schon bei den Überlegungen zur Auswahl der codierungstheoretischen Inhalte sollen auch für die Auswahl der kryptologischen Inhalte mehrere Leitlinien zugrunde gelegt werden:

- Die ausgewählten Inhalte sollen exemplarisch für die in der Kryptologie vorkommenden Ver- und Entschlüsselungsverfahren sein. Dabei sollen auch Besonderheiten der verschiedenen Verschlüsselungen thematisiert werden.

- Die Verfahren werden mit Blick auf ihre Bedeutung in der historischen Entwicklung der Kryptologie ausgewählt. Vor allem interessant sind Verfahren, die eine entscheidende Neuerung lieferten.

- Die ausgewählten Inhalte müssen hinreichend elementarisierbar sein, damit sie im Mathematikunterricht in der Schule behandelt werden können.

Kryptografische Verfahren werden grob gesagt in symmetrische und asymmetrische Verfahren eingeteilt (vgl. Kap. III). Typische Beispiele für asymmetrische Verfahren sind das Schlüsselaustauschverfahren nach Diffie-Hellman, das Verfahren nach EL Gamal, das RSA-Verfahren und die Rabin-Verschlüsselung. Die symmetrischen Verfahren ihrerseits werden nach den ihnen zugrunde liegenden Techniken der Transposition und Substitution in Transpositions- und Substitutionsverfahren unterteilt.[67] Typische Transpositionsverfahren sind z. B. die Skytale, alle Arten von geometrischen Verschlüsselungen (z. B. Gartenzaunmethode) und Verfahren, die mit Verschlüsselungsschablonen arbeiten. Typische Verfahren, die ausschließlich mit der Methode der Substitution arbeiten, sind z. B. das Cäsar-Vorfahren, das Vigenère-Verfahren bzw. alle Arten der mono- bzw. polyalphabetischen Verschlüsselungen. Simon Singh unterteilt die Substitutionsverfahren noch weiter in Verfahren, die Wörter ersetzen, diese nennt er Codierungen und Verfahren, die Buchstaben ersetzen, diese nennt er Chiffrierungen.[68] Dieser Unterteilung soll in dieser Arbeit nicht gefolgt werden, Buchstabensubstitutionen sind mit Blick auf Mathematikunterricht deutlich interessanter als Wortsubstitutionen, sodass eine Differenzierung beider Methoden in diesem Zusammenhang nicht notwendig ist. Neben den reinen Transpositions- und Substitutionsverfahren gibt es auch Verfahren, die beide Methoden kombinieren, um eine größere Sicherheit zu erreichen, z. B. die ADFGX-Verschlüsselung, das DES oder ADS.
Der historischen Entwicklung nachfolgend und ganz nach dem genetischen Prinzip für den Unterrichtsaufbau wurden für diese Arbeit die folgenden Verfahrenstypen mit entsprechenden exemplarischen Verfahrensbeispielen ausgewählt:

- Transpositionsverfahren: die Skytale und die Fleissner-Schablone

- Substitutionsverfahren: das Cäsar-Verfahren mit und ohne Alberti-Scheibe und das Vigenère-Verfahren

- Asymmetrische Verfahren: das Schlüsselaustauschverfahren nach Diffie-Hellman, das Verfahren nach El Gamal- und das RSA-Verfahren.

Die Skytale ist aus historischer Sicht sehr interessant, schon in der Antike kannte man sie (vgl. Kapitel IV). Diese Art der Verschlüsselung ist recht elementar, da das Chiffrieren und

---

[67] Vgl. Kahn (1967), S. XV oder Wrixon (2006), S. 7 ff.
[68] Singh (2006), S. 48

Dechiffrieren mit diesem Verfahren durch einfache Hilfsmittel handlungsorientiert zu bewerkstelligen ist. Von zentraler Bedeutung bei diesem Verfahren ist der Durchmesser des Holzstabes, auf den die Nachricht zum Ver- und Entschlüsseln aufgewickelt wird. So kommt aus mathematischer Sicht hierbei dem Begriff des Durchmessers eine ganz entscheidende Rolle zu. Wird zur Entschlüsselung der Geheimtext auf einen Holzstab mit dem falschen Durchmesser aufgewickelt, so kann er nicht entschlüsselt werden. Außerdem kann dieses Verfahren auch mit Tabellen durchgeführt werden, die wiederum zu den geometrischen Verschlüsselungsverfahren überleiten, die insbesondere geometrische Begriffe in einen ganz interessanten Zusammenhang bringen. Des Weiteren können aus mathematikdidaktischer Sicht Muster und Strukturen[69] genauer untersucht werden.

Die Fleissner-Schablone steht exemplarisch für alle Verfahren, welche mithilfe von Verschlüsselungsschablonen durchgeführt werden. Beim Verschlüsseln und Entschlüsseln der Nachrichten ist die Drehung als mathematische Abbildung der essenzielle Begriff. Zum eigenständigen, handelnden Herstellen der Schablone müssen die Schüler einige mathematische Überlegungen vornehmen, damit sie eine funktionstüchtige Schablone erhalten.

Beim Cäsar-Verfahren handelt es sich um den Urvater der monoalphabetischen Ver- schlüsselungsverfahren. Es ist sehr elementar. Anhand von Streifenalphabeten kann der abbildungsgeometrische Begriff der Verschiebung in einen recht ungewöhnlichen Zusammenhang dargestellt werden. Verbindet man die Cäsar-Verschlüsselung mit Zahlen, gewinnt man ein sehr plastisches Beispiel für das Arbeiten mit mathematischen Restklassen.
Als verbesserter Nachfolger des Verfahrens von Trithemius ist das Vigenère-Verfahren das Paradebeispiel einer polyalphabetischen Verschlüsselung. Wenn die Ver- und Entschlüsselung mithilfe eines Vigenère-Tableaus erfolgt, ist es recht elementar. Wie auch das Cäsar-Verfahren kann es mit Zahlen verbunden werden und man erhält ein Beispiel, das eine interessante Facette des mathematischen Begriffs „Rest" illustriert. Verwendet man beim Vigenère-Verfahren einen stochastischen Schlüssel, der genauso lang ist, wie der zu verschlüsselnde Text, so erhält man einen mathematisch vollkommen sicheren Geheimtext, der nicht von einem unbefugten Dritten entschlüsselt werden kann.

Als Beispiele für asymmetrische Verschlüsselungsverfahren werden primär das Schlüsselaus- tauschverfahren nach Diffie-Hellman und das RSA-Verfahren ausgewählt, da ihnen verschiedene Einwegfunktionen zugrunde liegen, die es zu konkretisieren gilt. Einerseits stellt beim RSA-Verfahren das Multiplizieren zweier großer Primzahlen die Einwegfunktion dar. Andererseits wird beim Schlüsselaustauschverfahren nach Diffie-Hellman die diskrete Exponentialfunktion als Einwegfunktion verwendet. Beide Verfahren zeichnen sich wegen ihrer Bedeutung im Bereich der Internetsicherheit von hohem Alltagsbezug aus. Allerdings ist deren Alltagsbezug nicht offensichtlich, sondern verschwindet hinter der Technologie, die Mathematik als die Technologie hinter der Technologie. Als drittes interessantes asymmetrisches Verfahren wurde das Verschlüsselungsverfahren nach El Gamal ausgewählt, es stellt eine Fortführung des Schlüsselaustauschverfahrens nach Diffie-Hellman dar, da mit ihm nicht nur ein Schlüssel ausgetauscht werden kann, sondern ein kompletter Text verschlüsselt werden kann. Alle drei Verfahren sind mathematisch höchst anspruchsvoll, wenn man sie in ihrer ganzen Breite verstehen möchte. Allerdings können sie anhand kleiner Zahlen problemlos für Schüler veranschaulicht werden.

---

[69] Siehe z. B. KMK (2004)

Passend zu den kryptografischen Verfahren werden entsprechende Verfahren der Kryptoanalyse besprochen.

2.2 Transpositionsverfahren

2.2.1 Skytale

Zur Verschlüsselung einer Nachricht wird ein Stoffband (in der Antike verwendete man stattdessen einen Lederriemen oder Pergamentstreifen) um einen Holzstab gewickelt. Der Klartext wird entlang des Holzstabes senkrecht zur Wickelrichtung des Stoffbandes aufgebracht. Am besten lässt sich das Stoffband mit einem modernen Gelstift beschriften. Wickelt man das Stoffband ab, so ist auf ihm nur eine sinnlose Aneinanderreihung von Buchstaben - der Geheimtext - zu lesen. Der Geheimtext ist eine Permutation der Buchstaben des Klartextes, sie entsteht dadurch, dass das Band senkrecht zur Schreibrichtung abgewickelt wird. Beispielsweise wird der

```
Klartext:
TREFFEN HEUTE ABEND UM ACHT AN DER ALTEN LINDE BEIM SPORTPLATZ PISTOLEN
MITBRINGEN
```

durch die Skytale in der Abbildung zu dem folgenden Geheimtext verschlüsselt:

```
Geheimtext
THEHRLERZLRRENTAIITPEIEUDLNAMPIMNFTUNTDSLSIGFEMDEEPATTEEAAENBOTOBNNBC
```

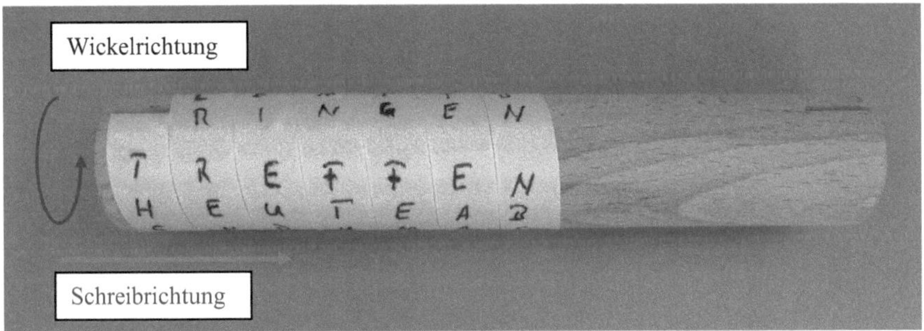

Abb. VI.39: Aufgewickeltes und beschriftetes Stoffband auf einem Holzstab
mit Schreib- und Wickelrichtung

Bezüge der Skytale zu den fundamentalen Ideen der Mathematik und der Informatik

Mit einer Skytale erhält man einen Geheimtext zu einem Klartext mit dem folgenden einfach händisch ausführbaren Verschlüsselungsalgorithmus:

1. Ein beschreibbares Band um einen Stab, dessen Durchmesser vorher vereinbart wurde, wickeln.

2. Den Klartext auf das Stoffband senkrecht zur Wickelrichtung entlang des Stabes schreiben.

3. Das Band abwickeln, so erhält man den Geheimtext.

Der Entschlüsselungsalgorithmus des Geheimtextes ist denkbar einfach, man muss nur das Stoffband um den vereinbarten Stab wickeln, so wird der Klartext sichtbar und kann abgelesen werden. Mit dem Ver- und Entschlüsseln der Skytale ist das algorithmische Arbeiten konkretisierbar, allerdings handelt es sich hierbei um einen sehr einfachen Algorithmus. Besonders hervorzuheben ist, dass mittels der Skytale ein handlungsorientierter Zugang zum Begriff des Algorithmus auf der Hand liegt.

Wie bei allen Transpositionsverfahren ist auch die Verschlüsselungsfunktion der Skytale durch eine Permutation bestimmt. In diesem Fall wird die Permutation durch die folgenden drei Parameter festgelegt:

1. Durchmesser des Stabes,

2. das Band, welches beschrieben wird,

3. Wickelrichtung.

Für die in der Abbildung VI.39 gezeigte Skytale ergibt sich die folgende Permutationstabelle:

Klartextnr.	1	2	3	4	5	6	7	8	9	10	11	12
Geheimtextnr.	1	12	23	34	45	56	67	2	13	24	35	46
Klartextnr.	13	14	15	16	17	18	19	20	21	22	23	24
Geheimtextnr.	57	68	3	14	25	36	47	58	69	4	15	26
Klartextnr.	25	26	27	28	29	30	31	32	33	34	35	...
Geheimtextnr.	37	48	59	5	16	27	38	49	60	6	17	...

Tab. VI.10: Permutationstabelle für die obige Skytale

Diese Darstellung der Verschlüsselung mit der Skytale eignet sich sehr gut für eine computerorientierte Umsetzung des Verschlüsselungsverfahrens.

Verschlüsselungstabelle zur Skytale in Abbildung VI.39						
T	R	E	F	F	E	N
H	E	U	T	E	A	B
E	N	D	U	M	A	C
H	T	A	N	D	E	
R	A	L	T	E	N	
L	I	N	D	E	B	
E	I	M	S	P	O	
R	T	P	L	A	T	
Z	P	I	S	T	O	
L	E	M	I	T	B	
R	I	N	G	E	N	

Tab. VI.11: Verschlüsselungstabelle zur Skytale aus Abbildung VI.39 mit obigem Klartext

Die Struktur des Verschlüsselungsverfahrens bzw. der Permutationstabelle wird sehr viel deutlicher durch die Tabelle (Tab. VI.11). In dieser Tabelle entspricht die Anzahl der Zeilen der Anzahl der Buchstaben, die pro Umdrehung der Skytale auf eine Wicklung geschrieben werden können, sei diese mit „B" benannt. Die Anzahl der Spalten entspricht der Anzahl aller Wicklungen des Bandes, sei diese mit „W" bezeichnet. Ist die letzte Wicklung nicht vollständig, wird die letzte Spalte in der Tabelle nicht vollständig ausgefüllt, im obigen Beispiel sind nur noch 3 Buchstaben auf der letzten Wicklung. Zur Verschlüsselung wird der Klartext zeilenweise von rechts nach links eingetragen. Den Geheimtext erhält man, wenn man die Tabelle spaltenweise ausliest.

Mithilfe dieser Verschlüsselungstabelle gelangt man auch einfach zur allgemeinen Permutationstabelle (siehe oben) der obigen Skytale. Statt der Buchstaben des Klartextes werden die Buchstabennummern des Klartextes zeilenweise eingetragen. Die Permutationstabelle erhält man durch zeilenweises Auslesen der Tabelle.

Verschlüsselungstabelle zur Skytale in Abbildung VI.39 mit Buchstabennummern des Klartextes						
1	12	23	34	45	56	67
2	13	24	35	46	57	68
3	14	25	36	47	58	69
4	15	26	37	48	59	
5	16	27	38	49	60	
6	17	28	39	50	61	
7	18	29	40	51	62	
8	19	30	41	52	63	
9	20	31	42	53	64	
10	21	32	43	54	65	
11	22	33	44	55	66	

Tab. VI.12: Verschlüsselungstabelle zur Skytale aus Abbildung VI.39 mit Buchstabennummern des Klartextes

Sehr deutlich ist die typische Struktur einer Buchstabenpermutation, die mithilfe der Skytale erzeugt wurde, zu erkennen. Nachfolgende Buchstaben, die in einer Zeile stehen, werden immer um „B" mehr Buchstaben als ihre Vorgänger verschoben, im obigen Beispiel ist B=11. Nach „W" Buchstaben beginnt die Permutation quasi wieder von vorne mit der Nummer der Zeile, in der man sich gerade befindet, im obigen Beispiel ist W_1=7 für die ersten drei Zeilen und W_2=6 für die folgenden Zeilen. Die maximale Anzahl der Spalten wird festgelegt durch die Länge der Skytale und die Breite des Bandes. Je länger die Skytale bzw. je schmäler das Band ist, desto mehr Spalten hat die Tabelle. Die maximale Anzahl der Zeilen wird durch den Durchmesser der Skytale und die Schriftgröße festgelegt, d. h. je größer der Durchmesser bzw. je kleiner die Schriftgröße ist, desto mehr Spalten weist die Tabelle auf.

Durch die Darstellung des Verschlüsselungsverfahrens mit der Skytale anhand der Tabelle VI.10 wird klar, dass es sich bei dieser Verschlüsselung um eine geometrische Verschlüsselung, wie in Kapitel V dargestellt, handelt. Somit kann mithilfe der Skytale die fundamentale Idee des Ordnens konkretisiert werden. Alleine schon nur durch das Erstellen der Tabelle VI.10 wird das räumliche Vorstellungsvermögen der Schüler gefordert und gefördert, die Verschlüsselungsfunktion ist nur von der Geometrie der Skytale und der Wicklungen des Stoffbandes abhängig. Somit ergibt sich eine schöne Verbindung mit den fundamentalen Ideen des funktionalen Zusammenhangs und des Ordnens.

Weitere didaktische Aspekte

Die zentrale Lernvoraussetzung für den Umgang mit der Skytale ist, dass die Schüler lesen und schreiben können müssen. Somit können Schüler der Grundschule mit der Skytale ver- und entschlüsseln. Unterrichtserfahrungen zeigen, dass Schüler der vierten Klasse das schon sehr gut beherrschen.
Möchte man neben dem Ver- und Entschlüsseln auch die mathematische Struktur herausarbeiten, sollten die Schüler etwas funktional denken können, d. h. ab der Klasse 7 sollte dies möglich sein.

Besondere methodische Hinweise

Eine sehr gute Präsentationsmethode der Syktale mit sehr hohem Aufforderungscharakter besteht darin, verschiedene Holzstäbe mit unterschiedlichen Durchmessern und entsprechend beschriftete Bänder bereitzulegen.

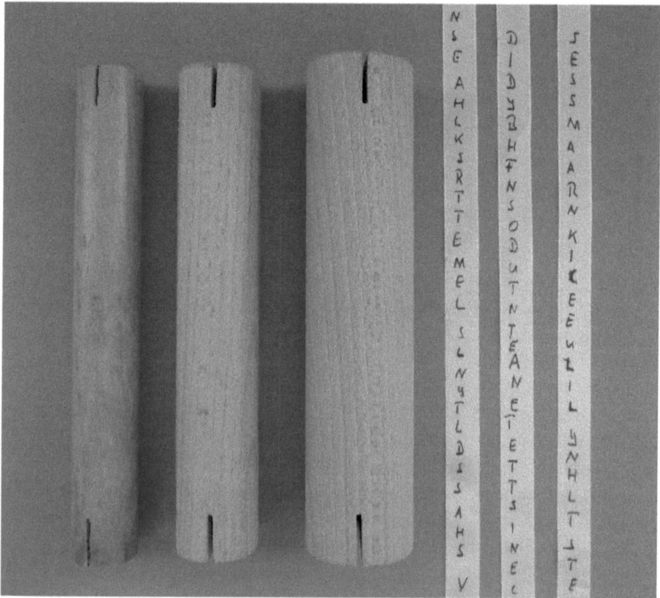

Abb. VI.40: Holzstäbe mit unterschiedlichen Durchmessern und passend beschrifteten Bändern

Die Aufgabe der Schüler ist es, ohne weitere Hinweise die geheime Botschaft, die auf den Bändern steht, zu entziffern. Somit müssen sie zwei Dinge herausfinden:

- Was haben die Bänder und die Holzstäbe miteinander zu tun? Beziehungsweise, wie werden die Bänder auf die Holzstäbe gewickelt?

- Welches Band gehört zu welchem Holzstab?

Je nach Alter der Schüler dauert es 10-15 Minuten, bis sie herausgefunden haben, wie die Stoffbänder auf die Holzstäbe gewickelt werden müssen, damit der Klartext gelesen werden kann. Die Holzstäbe sollten an ihren Enden mit einer Nut versehen sein, damit der Nutzer das Stoffband zum Aufwickeln fixieren kann.

Bei verschiedenen Unterrichtsversuchen fiel es einigen Schülern schwer, die Stoffbänder auf den Holzstäben zu beschriften, obwohl alle Holzstäbe mit der besagten Nut versehen waren. Eine Alternative zu den Holzstäben sind Rohrisolierungen für Heizungs- und Warmwasserleitungen. Dies sind graue Schaumstoffrohre, die sich leicht mit einer Schere oder einem Cutter auf die gewünschte Länge zuschneiden lassen. Auf diese können die Stoffbänder aufgewickelt werden und vor allem einfach, z. B. mit zwei Pinwandnadeln, fixiert werden. Das Beschriften der Bänder ist auch leichter, das Schaumstoffrohr hat die entsprechende Festigkeit, sodass mit den besagten Gelstiften die Bänder gut beschriftet werden können. Mit diesem technischen Trick gelang es auch allen Grundschülern, die Stoffbänder richtig zu beschriften.

Abb. VI.41: Schaumstoffrohr mit beschriftetem Stoffband

2.2.2 Fleissner-Schablone

Einen sehr interessanten Vorschlag einer Geheimschrift, die mithilfe eines Drehrasters angefertigt wird, findet man im vierten Kapitel des ersten Teils des Romans „Mathias Sandorf" von Jules Verne von 1885. Der Held des Romans Graf Mathias Sandorf verwendet diese Geheimschrift zur Kommunikation mit seinen Verbündeten, die einen Aufstand der Ungarn gegen die österreichischen Machthaber vorbereiteten. Allerdings wird dieser jedoch verraten und scheitert im Ansatz. Der Romancier Verne gibt offen zu, nicht der Erfinder dieser Geheimschrift zu sein, er schreibt: „*Solche Gitter wurden schon in alten Zeiten verwendet. Man hat sie nur neuerdings nach den Methoden des Oberst Fleissners vervollkommnet.*"[70]

Historisch gesehen schreibt Verne an dieser Stelle die Wahrheit, der Gebrauch von Drehrastern wurde schon im 18. Jahrhundert nachgewiesen, beispielsweise wurden sie schon

---

[70] Verne (1986), S. 31

1745 in der Kanzlei des niederländischen Statthalters Wilhelm IV. verwendet.[71] Auch Mathematiker beschäftigten sich mit Drehrastern, so Carl Friedrich Hindenburg (1798), Moritz von Prasse (1799) und Johann Ludwig Kübler (1809).[72] Sehr intensiv befasst sich der österreichische k. k.[73] Oberst Eduard Fleissner von Wostrowitz mit dieser Thematik. 1881 widmet er in seinem Handbuch der Kryptografie den Drehrastern ein Kapitel mit dem Titel *„Neue Patronenschrift"*[74]. Zur Einleitung schreibt er:

> *„Das Prinzip dieser Geheimschrift beruht auf durchlöcherten Patronen, durch welche man einfach die Buchstaben oder Ziffern schreibt.*
> *Da die Löcher in der Patrone in verschiedenen Entfernungen angebracht sind, so werden die Worte oder Zahlen der Klarschrift aus ihrem Zusammenhang gebracht und nur wieder mit der Hilfe der Patrone lesbar.*
> *Die Patrone wird während des Schreibens der geheimen Depesche mehrmals auf demselben Raume gedreht, wobei die Löcher derselben dem Schreiber stets die Stellen anweisen, wohin die Buchstaben oder Ziffern der Worte oder Zahlen zu setzen sind. Die Patronen sind so construiert, dass bei diesen Drehungen ein Loch nie auf eine bereits beschriebene Stelle zu stehen kommt. Schliesslich erscheint die Schrift in regelmässiger Figur, aber unlesbar und nur zu entziffern vom Besitzer der gleichen Patrone."*[75]

Mit dem Wort „Patrone" meint Fleissner ein quadratisches Raster, aus dem verschiedene Rasterzellen herausgestanzt sind. Vermutlich verwendete er diesen Begriff in Anlehnung zu dem damals in der Textilindustrie verwendeten Begriff der Patrone, damit bezeichnete man die schematische Darstellung einer Bindung aus der Weberei auf kariertem Papier. Heute würde man eher von einer Schablone sprechen, daher wird in diesem Zusammenhang von Verschlüsselungsschablonen nach Fleissner gesprochen.

Die von Fleissner beschriebenen Verschlüsselungsschablonen sind aus quadratischen Rastern (Tabellen) aufgebaut, die wiederum in 4 gleich große quadratische bzw. dreiecksförmige Teiltabellen aufgeteilt werden. Damit eine Tabelle zur Verschlüsselung genutzt werden kann, werden bei ihr geschickt Felder ausgeschnitten bzw. verdeckt gelassen.

In seinen Darstellungen verwendet Fleissner ausschließlich Tabellen, die eine ungerade Anzahl von Spalten haben, als Beispiele gibt er 5x5, 7x7 Tabellen, wobei sein Schwerpunkt auf 15x15 Tabellen liegt. Warum er nur Schablonen mit einer ungeraden Anzahl von Spalten und Zeilen verwendet, führt er nicht näher aus. Meine Vermutung ist, da das Mittelfeld der Schablonen beim Verschlüsselungsvorgang immer an derselben Stelle bleibt, verwendet er dies zur Beschriftung der Verschlüsselungsschablonen. Mit der Beschriftung markiert er, wie eine vorliegende Schablone aufgelegt wird. Dieses Mittelfeld bezeichnet Fleissner treffenderweise mit dem Begriff des „Zehners" einer Zielscheibe. Verschlüsselungsschablonen mit einer geraden Anzahl von Spalten und Zeilen weisen diesen „Zehner" nicht auf.

---

[71] Bauer (2007), S. 36
[72] Vgl. Bauer (2007), S. 36
[73] Die Abkürzung k. k. stand für kaiserlich-königlich im Kaisertum Österreich.
[74] Fleissner (1881), S. 65 ff.
[75] Ebd.

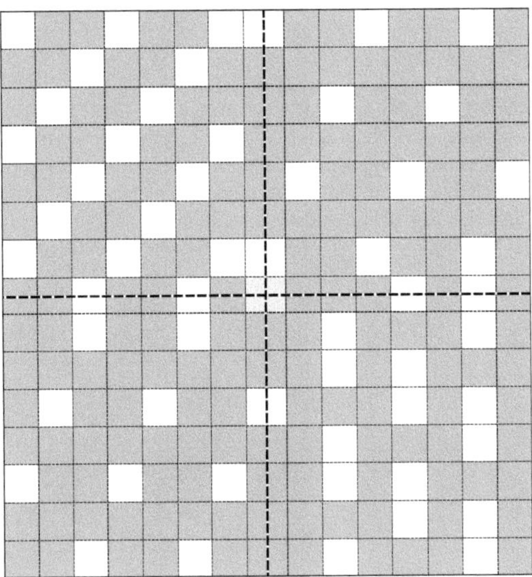

Abb. VI.42: Vorschlag einer 15x15 Verschlüsselungsschablone mit einer Aufteilung parallel zu den Außenkanten, wobei die weißen Felder die ausgeschnittenen und die grauen die verdeckten Felder sind. [76]

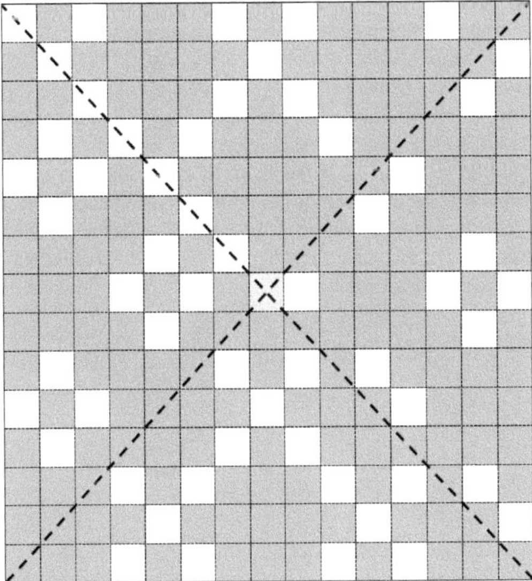

Abb. VI.43: Vorschlag einer 15x15 Verschlüsselungsschablone mit einer Aufteilung längs der Diagonalen.[77]

---

[76] Fleissner (1881), Tafel XIV
[77] Fleissner (1881), Tafel XIV

Schablonen mit einer ungeraden Anzahl von Zeilen und Spalten haben mit Blick auf ihren unterrichtlichen Einsatz den Nachteil, dass die 4 Teiltabellen, in die die Verschlüsselungsschablonen aufgeteilt werden, nicht klar abgrenzt sind. Da alle Felder, die auf den Mittellinien bzw. den Diagonalen liegen, geteilt werden, können diese nicht eindeutig einer Teiltabelle zugeordnet werden. Diesem Problem kann man entgehen, wenn man für den Unterricht Schablonen mit einer geraden Anzahl von Spalten und Zeilen verwendet. Teilt man diese Schablonen durch die Mittellinien der Seiten in 4 gleich große Teilschablonen auf, so verlaufen diese entlang der Zellbegrenzungen und halbieren nicht die einzelnen Zellen. Mit einer 6x6 Tabelle als Grundlage erhält man beispielsweise die folgende Verschlüsselungsschablone, wobei die weißen Felder die ausgeschnittenen und die grauen die verdeckten Felder sind. Die vier Teiltabellen sind durch die fett markierten Striche gekennzeichnet und in der Mitte ist der Drehpunkt der Schablone durch einen schwarzen Punkt hervorgehoben.

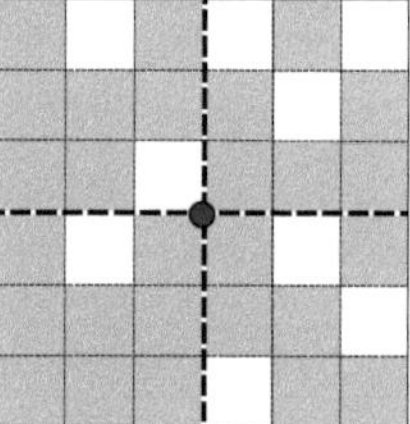

Abb. VI.44: 6x6 Verschlüsselungsschablone blanko[78] mit Markierungen der Unterteilung der Teiltabellen und des Drehpunkts.

Zur Verschlüsselung wird die Schablone auf ein unbeschriebenes Blatt gelegt, am besten so, dass die Ränder des Blatts mit der der Schablone zusammenfallen. In die ausgeschnittenen Felder schreibt man buchstabenweise seinen Klartext, wobei vorher festgelegt werden muss, ob man nur in kleinen bzw. großen Buchstaben oder Zahlchiffren (als Ersatzbuchstaben) schreibt. Es kommt immer ein Buchstabe in ein Loch der Verschlüsselungsschablone. Um die verschlüsselte Nachricht telegrafisch verschicken zu können, schlägt Fleissner für die Buchstaben ä, ö und ü vor, diese in zwei Buchstaben ae, oe oder ue zu verwandeln. In dieser Form wäre die Schreibweise kompatibel zu dem damals verwendeten Morsecode. Auch weist er darauf hin, dass Worttrennungen durch Bindestriche gekennzeichnet werden oder diese wegegelassen werden. Beispielsweise erhält man für den Klartext: „karlsruhe kennen, karlsruhe lieben" die folgende Eintragungen:

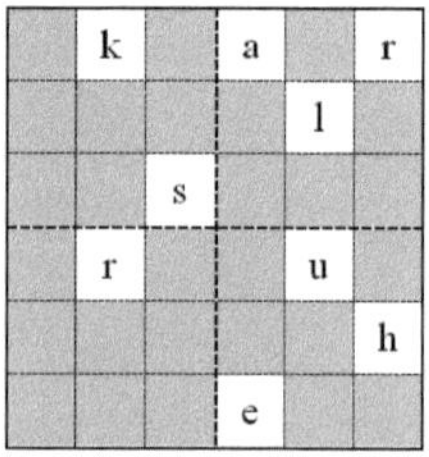

Abb. VI.45: 3x3 Verschlüsselungsschablone ausgefüllt

---

[78] Für die abgebildete Verschlüsselungsschablone vgl. Verne (1986), S. 57. Die Markierungen der Teiltabellen und des Drehpunktes wurden ergänzt.

Sind die Felder voll, wird die Schablone nach Fleissner um 90° gegen den Uhrzeigersinn, also im mathematisch positiven Sinn gedreht. Danach füllt man die freien Felder wieder mit seinem Klartext aus. Fleissner weist darauf hin, dass die Verschlüsselungsschablone festgehalten werden muss, nicht verrücken darf und kein Loch übersprungen werden darf. Führt man das obige Beispiel fort, ergibt sich folgendes Bild, wobei durch die grauen Felder die bereits geschriebenen Buchstaben verdeckt werden.

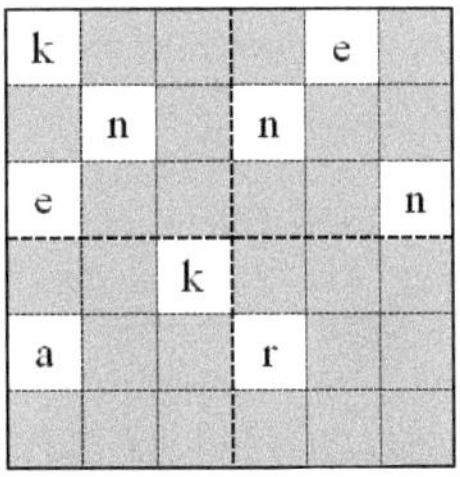

Abb. VI.46: 3x3 Verschlüsselungsschablone ausgefüllt und um 90° gedreht.

Danach kann man die Schablone noch zweimal drehen und weiter ausfüllen. Sind dann noch Buchstaben des Klartextes übrig, beginnt man noch einmal von vorne mit einem neuen Quadrat. Ist der Klartext zu kurz, wie im Beispiel, kann man die übrigen Felder mit einer sinnlosen Folge von Buchstaben ausfüllen.

Abb. VI.47: 3x3 Verschlüsselungsschablone ausgefüllt und um 180° bzw. 270° gedreht

Nimmt man die Verschlüsselungsschablone weg, erhält man schlussendlich das ausgefüllte Raster.

k	k	l	a	e	r
s	n	b	n	l	e
e	r	s	n	u	n
a	r	k	h	u	b
a	e	c	r	d	h
l	e	i	e	e	f

Abb. VI.48: 3x3 Raster vollständig ausgefüllt.

Zum Schluss wird der verschlüsselte Text zeilenweise ausgelesen. So erhält man im Beispiel den folgenden Geheimtext: „kklaer snbnle ersnun arkhub aecrdh leieef"

Die Entschlüsselung einer geheimen Botschaft, die mit diesem Verfahren verschlüsselt wurde, geht denkbar einfach. Die Buchstaben des Geheimtexts werden zeilenweise in das vereinbarte Raster z. B. wie oben in ein Raster mit 6 Zeilen und Spalten geschrieben. Durch Auflegen der Verschlüsselungsschablone, viermaligem Drehen und nacheinander Ablesen der offen gelegten Buchstaben werden die Buchstaben des Klartexts wieder geordnet sichtbar. Damit dies auch reibungslos funktioniert, muss vorher vereinbart werden, wie die Schablone zu Beginn des Entschlüsselns aufgelegt wird, beispielsweise durch eine Markierung am Rand oder wie bei Fleissner durch die Bezeichnungen im Zehner.

Als eine weitere Erschwerung entwickelt Fleissner „Complicanten", die vor der eigentlichen Arbeit mit der Verschlüsselungsschablone (sprich Depeschenschablone) aufgelegt werden und deren Löcher mit zusammenhangslosen Buchstaben ausgefüllt werden. Erst danach wird mit der eigentlichen Verschlüsselung wie oben beschrieben begonnen. Sind Felder schon durch den Complicant ausgefüllt, werden sie einfach im weiteren Fortgang des Verfahrens nicht beachtet. Für die Konstruktion des Complicanten schlägt er vor, dass viele Löcher unmittelbar nebeneinander in einer senkrechten oder waagerechten Linie liegen sollen, beim Entschlüsseln kann man die Felder einfach streichen z. B. durch eine gerade Linie.

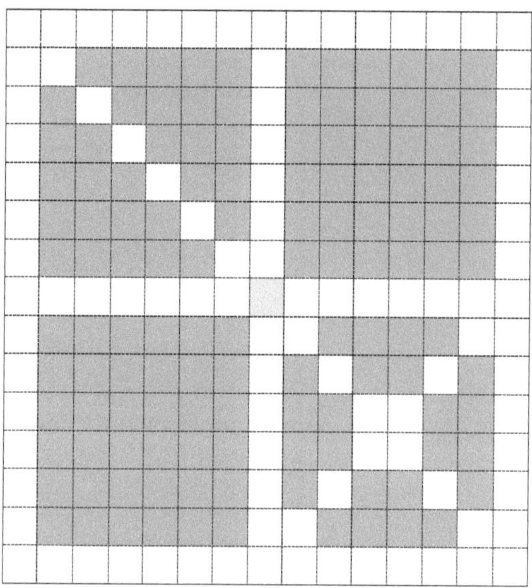

Abb. VI.49: Vorschlag eines 15x15 Complicanten[79]

Hingegen ist es für die Konstruktion der Depeschenschablone nachteilig, wenn viele Löcher unmittelbar nebeneinander in einer senkrechten oder waagerechten Linie liegen. Warum dieses so ist, darauf geht Fleissner nicht näher ein. Eine mögliche Begründung dafür wäre: Die Depeschenschablonen benötigen zum dreimaligen Drehen eine gewisse Stabilität und sie werden zu instabil, wenn man mehrere Felder ausstanzt, die nebeneinander liegen. Allerdings weitaus wichtiger ist der folgende Grund, dass durch Löcher, die unmittelbar nebeneinander auf einer waagerechten Linie liegen, die Reihenfolge der Buchstaben nicht geändert wird,

---

[79] Fleissner (1881), Tafel XV

wenn die Schablone aufgelegt wird, bzw. 180° gedreht wurde. Bei Löchern, die unmittelbar untereinander auf einer senkrechten Linie liegen, wird die Reihenfolge der Buchstaben nicht geändert, wenn die Schablone einmal 90° bzw. um 270° gedreht wurde. Somit könnten Bruchstücke des Klartextes preisgegeben werden.

Fleissner sieht folgende Vorteile für die Geheimschrift, die mit seinem Schablonentyp erzeugt wird:[80]

1. Sie eignet sich für jede Sprache und jedes Schriftzeichen.

2. Sie kann optisch und auch telegrafisch befördert werden.

3. Sie ist eine Buchstabenchiffre[81], die sich vorzüglich für untergeordnete militärische, staatspolizeiliche und kommerzielle Zwecke, sowie für den privaten Gebrauch eignet.

4. Sie bietet keine Schwierigkeit und jeder der des Lesens und Schreibens mächtig ist, kann sie in kürzester Zeit erlernen.

5. Sie ist außerordentlich sicher, wie es nur die besten Chiffrenmethoden sind.

6. Billionen von Korrespondenten können jeder mit einem anderen Schlüssel beteiligt werden.

7. Mit jedem der zugehörigen Schlüssel kann die Geheimschrift ungemein leicht, beinahe fließend gelesen werden.

8. Das System dieser Geheimschrift erlaubt unzählige Abänderungen und kann auf die mannigfaltigste Art verkompliziert werden.

9. Wird eine bereits chiffrierte Depesche noch einmal durch die Patronenschrift verschlüsselt, so wird diese nicht dechiffrierbar.

Zu den Vorteilen dieser Geheimschrift gibt es aus heutiger Sicht betrachtet Folgendes zu sagen: Der erste Vorteil, dass mit der Verschlüsselungsschablone in jeder Sprache verschlüsselt werden kann, ist nach wie vor gültig. Der zweite Vorteil der einfachen optischen und elektrischen Weitergabe kann heute durch die einfache elektronische Weitergabe erweitert werden, wenn die Buchstaben noch binär codiert sind (z. B. mit dem ASCII-Code). Die Vorteile vier und sieben der einfachen Erlernbarkeit der Geheimschrift und einfachen Lesbarkeit der Chiffre sind ein sehr gutes Argument für den Einsatz im Unterricht. Aus eigenen Unterrichtserfahrungen kann ich diesen Vorteil nur ausdrücklich unterstützen und bestätigen. Schüler von der Grundschule bis zur Oberstufe sind in der Lage, innerhalb von 5- 10 Minuten einen chiffrierten Text zu entschlüsseln bzw. einen Text zu verschlüsseln. Auch der achte Vorteil ist heute noch gültig. Die Vorteile drei und neun der uneingeschränkten Sicherheit waren schon im Jahr 1916 nicht mehr gültig, zu diesem Zeitpunkt verwendete das kaiserliche Heer Drehraster zur Verschlüsselung, welche für den französischen Dechiffrierdienst kein Problem darstellten und dieser alle Nachrichten mitlesen konnte.[82] Weitere kryptoanalytische Methoden, um Transpositionschiffren zu knacken, beschreibt z. B. Bauer (1997), S. 21 ff. Allerdings meint Bauer: *„In Verbindung mit Substitution ist die Transposition jedenfalls sehr wirksam"*.[83]

---

[80] Vgl. Fleissner (1881), S. 65 ff.
[81] An dieser Stelle grenzt er diese Geheimschrift von Wortchiffren ab.
[82] Vgl. Bauer (1997), S. 423
[83] Bauer (2007), S. 37

Abb. VI.50 : Fleissner-Schablone von Erzherzog Rudolf[84]

Ein weiterer Nutzer der Verschlüsselungsschablonen nach der Art von Fleissner war nachweislich der österreichische Erzherzog Rudolf (1858-1899), der als einziger Sohn des Kaisers Franz Josef von Habsburg Kornprinz war.[85] Als Liberaler hatte er in manchen Dingen eine andere Auffassung als das österreichische Königshaus, daher verschlüsselte er seine Korrespondenz. In einer Ausstellung der Wiener Hofburg ist eine Fleissner-Schablone mit 15 Zeilen und Spalten zu finden, die Rudolf für seine private Korrespondenz verwendete. Allerdings war er mit dieser Verschlüsselungsschablone schlecht beraten worden, ihre Konstruktion verstößt nämlich gegen die Fleissnersche Anforderung, dass keine Felder, die in einer waagerechten und senkrechten Linie liegen, ausgestanzt werden sollen.

Bezüge der Fleissner-Schablone zu den fundamentalen Ideen der Mathematik und der Informatik

Beim Verschlüsselungs- und Entschlüsselungsvorgang mit einer Fleissner-Schablone handelt es sich um einen algorithmischen Vorgang, der oben ausführlich samt Beispiel beschrieben ist. Kurz zusammengefasst stellt sich das Verschlüsseln, dar:

Eingabe:	Klartext
Verarbeitung:	1. Schablone auf ein leeres Blatt legen und die freien Felder buchstabenweise mit dem Klartext ausfüllen.
	2. Wenn die Felder ausgefüllt sind, Scheibe um 90° gegen den Uhrzeigersinn drehen und weiter ausfüllen.
	3. Schritt 2 kann maximal zweimal wiederholt werden. Sollte der Klartext weniger Buchstaben haben als mit der Schablone verschlüsselt werden

---

[84] Bauer (2007), S. 38
[85] Vgl. Bauer (2007), S. 38

	können, dann werden die freien Felder mit einer sinnlosen Folge von Buchstaben aufgefüllt. Sollte der Klartext mehr Buchstaben haben als mit der Schablone verschlüsselt werden können, müssen die Schritte 1 bis 4 für die verbleibenden Buchstaben des Klartextes wiederholt werden.
Ausgabe:	Der Geheimtext wird zeilenweise ausgelesen.

Das Entschlüsseln eines Geheimtextes lässt sich kurz zusammenfassen:

Eingabe:	Geheimtext
Verarbeitung:	1. Zeilenweises Eintragen des Geheimtextes in das im Vorhinein vereinbarte Gitter z. B. 6x6 oder 15x15 Tabelle.
	2. Schablone wie vorher vereinbart auflegen.
	3. Die Buchstaben des Klartextes werden aus den freigegebenen Löchern der Schablone entnommen.
	4. Sind alle Buchstaben gelesen, wird die Schablone um 90° gegen den Uhrzeigersinn gedreht und der dritte Schritt wiederholt.
	5. Schritt 4 kann maximal zweimal wiederholt werden, wenn noch Buchstaben des Geheimtextes übrig sind, wird wieder mit Schritt 1 begonnen, solange bis alle Buchstaben des Geheimtextes entschlüsselt sind.
Ausgabe:	Klartext

Der Ver- und Entschlüsselungsalgorithmus mit der Fleissner-Schablone, wie er sich oben darstellt, besteht aus mehreren einfachen Teilschnitten die Schülern das algorithmische Arbeiten sehr gut verdeutlichen. Besonders hervorzuheben ist, dass mittels der Verschlüsselungsschablone der Algorithmus ein handlungsorientiertes Element enthält, somit wird der Begriff des Algorithmus hervorragend handlungsorientiert vermittelt.

Wie bei allen Transpositionsverfahren ist die Chiffrierung mithilfe der Fleissner-Schablone durch eine Permutation festgelegt. In diesem Fall wird die Permutation durch die vier Parameter festgelegt:

1. Größe der Schablone,

2. Position der ausgestanzten Löcher,

3. Auflegen der Schablone,

4. Drehrichtung gegen oder mit dem Uhrzeigersinn.

Unter Beachtung dieser Parameter kann jeder Fleissner-Schablone bijektiv eine Permutationstabelle zugeordnet werden. Für den oben beschriebenen Verschlüsselungsvorgang mit einer 6x6 Fleissner-Schablone ergibt sich die folgende Zuordnungstabelle:

Klartextnr.	1	2	3	4	5	6	7	8	9	10	11	12
Geheimtextnr.	2	4	6	11	15	20	23	30	34	1	5	8
Klartextnr.	13	14	15	16	17	18	19	20	21	22	23	24
Geheimtextnr.	10	13	18	21	25	28	3	7	14	17	22	26
Klartextnr.	25	26	27	28	29	30	31	32	33	34	35	36
Geheimtextnr.	31	33	35	9	12	16	19	24	27	29	32	36

Tab. VI.13: Zuordnungstabelle von Klartext- zu Buchstabennummer. Mit Klartext- bzw. Geheimtextnummer ist die Position des Buchstabens im Klartext bzw. im Geheimtext gemeint.

Diese Darstellung der Chiffrierung mit der Fleissner-Schablone eignet sich sehr gut für eine computerorientierte Umsetzung des Verschlüsselungsverfahrens.

Beim Umgang mit der Fleissner-Schablone erfährt der Nutzer den geometrischen Begriff der Drehung auf ganz handelnde Art und Weise. Damit befindet man sich im Bereich der fundamentalen Idee des Ordnens. Die Überlegungen zur Drehung werden noch vertieft, wenn man Verschlüsselungsschablonen selbst konstruiert. Grundsätzlich gibt es zwei Arten von Fleissner-Schablonen, Bauer bezeichnete sie als zweizähliges[86] Drehraster (Drehung jeweils um 180°) bzw. vierzähliges Drehraster (Drehung jeweils um 90°). Bisher wurden nur vierzählige Raster besprochen, sie zeichnen sich dadurch aus, dass sie dreimal gedreht werden müssen, damit sie den ganzen Klartext verschlüsseln. Der Begriff vierzählig heißt, dass sich nach dem vierten Drehen die Verschlüsselungsschablone wieder in der Ausgangslage befindet. Zweizählige Raster sind hingegen nach zweimal Drehen wieder in der Ausgangslage. Für ein funktionsfähiges zweizähliges Raster müssen die Hälfte aller Felder ausgestanzt werden. Für ein Vierzähliges nur ein Viertel aller Felder.

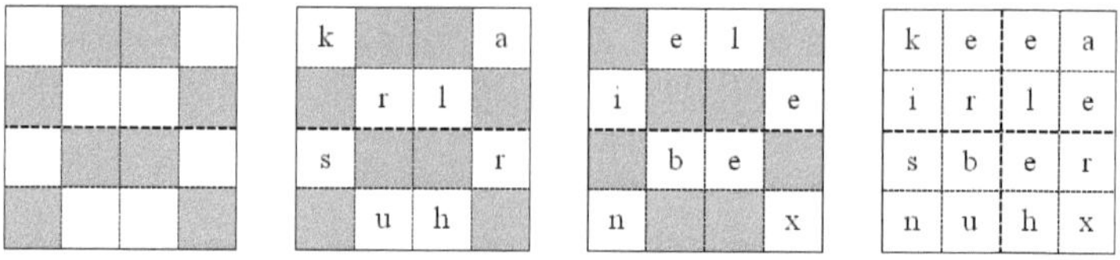

Abb. VI.51: Zweizählige Verschlüsselungsschablone

Noch tiefer in geometrische Überlegungen führt die Frage, welche Felder man bei einer vorliegenden Blankotabelle ausschneiden darf, sodass man eine funktionierende zweizählige bzw. vierzählige Verschlüsselungsschablone erhält. Die Antwort steckt in den folgenden Abbildungen.

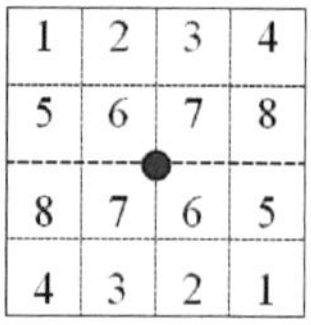

Abb. VI.52: 4x4 Raster mit Zellenübersicht.

---

[86] Bauer (2007), S. 36

1	2	3	ㄱ	ㅗ	ㅡ
4	5	6	∞	ꭥ	ᴎ
7	8	9	⑥	⑥	ᴡ
⌒	⑥	⑥	9	8	7
ᴎ	ꭥ	∞	6	5	4
ㅡ	ㅗ	ㄱ	3	2	1

Abb. VI.53: 6x6 Raster mit Zellenübersicht.

Ziel der Konstruktion der Verschlüsselungsschablone ist es, dass jedes Feld der Tabelle nur einmal beim Verschlüsselungsvorgang beschriftet wird.

Zur Veranschaulichung werden für ein vierzähliges Raster die Felder des linken oberen Quadrats mit den Ziffern 1 - 9 durchnummeriert. Dreht man die Verschlüsselungsschablone um 90° gegen den Uhrzeigersinn, werden die Felder von links oben nach links unten abgebildet, beim weiteren Drehen nach rechts unten und rechts oben. Auf diese Art und Weise erhält man die Beschriftung der vier Quadranten. Damit nun jedes Feld nur einmal beim Verschlüsseln erscheint, dürfen nur Felder mit verschiedenen Bezeichnungen ausgeschnitten werden (siehe z. B. oben).

Dreht man die Schablone nur um 180°, also möchte man nur eine zweizählige Schablone erzeugen, so dürfen wiederum zwei Felder mit der gleichen Nummer nicht ausgeschnitten werden, da diese sonst drehsymmetrisch zueinander liegen würden und beim Verschlüsseln zweimal beschriftet werden würden. Eine weitere Möglichkeit, eine funktionsfähige zweizählige Schablone zu erhalten wäre, statt der Drehung um 180° eine entsprechende Spiegelung um eine der beiden Mittelinien vorzunehmen.

Diese Symmetrie- und Konstruktionsüberlegungen führen zu den Fragen: Wie viele verschiedene Schablonen kann man eigentlich herstellen? Wie viele verschiedene Permutationen der Buchstaben muss man mittels der Brute-Force-Methode austesten, damit man den Klartext erhält? Mit diesen Fragen ist man bei kombinatorischen Fragestellungen, die mit der Leitidee Zahl in Verbindung stehen, gelandet.

Angenommen, man hat eine Verschlüsselungsschablone, die eine gerade Anzahl von Zeilen und Spalten hat, d. h. $2n$ $(n \in \mathbb{N})$. So besteht sie insgesamt aus $4n^2 = f(n \in \mathbb{N})$ Feldern.

Für zweizählige Raster gilt:

Diese können wie in Abbildung VI.52 dargestellt, in 2 gleich große Teiltabellen mit jeweils $2n^2$ $(n \in \mathbb{N})$ Feldern aufgeteilt werden. Zur besseren Übersicht sind diese Felder mit den Zahlen von 1 bis $2 \cdot 2^2$ also allgemein von 1 bis $2n^2$ entsprechend durchnummeriert. Für ein funktionsfähiges zweizähliges Raster dürfen zwei Felder mit der gleichen Nummer nicht ausgeschnitten werden. So hat man für jedes Feld zwei Auswahlmöglichkeiten, also insgesamt 2^{2n^2} verschiedene Möglichkeiten für alle Felder. So gibt es also $2^{\frac{f}{2}}$ verschiedene mögliche zweizählige Raster, wenn man die Gesamtzahl aller Felder zugrunde legt. Für das Beispiel in der Abbildung mit n=2 gibt es also $2^8=256$ verschiedene zweizählige 4x4 Raster.

Für vierzählige Raster gilt:

Diese können wie in Abbildung VI.53 dargestellt, in 4 gleich große Teiltabellen mit jeweils n^2 ($n\in$N) Feldern aufgeteilt werden. Zur besseren Übersicht werden diese Felder wiederum mit den Zahlen durchnummeriert, allerdings in diesem Fall von 1 bis 3^2 bzw. allgemein 1 bis n^2. Für eine funktionsfähige vierzählige Schablone dürfen nur Felder mit unterschiedlichen Nummern ausgeschnitten werden. So hat man für jedes Feld vier Auswahlmöglichkeiten, also insgesamt $4^{n^2} = 2^{2n^2}$ verschiedene Möglichkeiten, d. h. wieder $2^{\frac{t}{2}}$ verschiedene mögliche vierzählige Raster (wie oben), wenn man die Gesamtzahl aller Felder zugrunde legt. Also für die in der Abbildung VI.53 dargestellten Schablone mit n=3 gibt es 2^{18}=262.144 verschiedene vierzählige 6x6 Raster. Zu diesem Ergebnis kam auch 1798 schon C. F. Hindenburg allerdings zählt er die Möglichkeit, dass alle Felder einer Teiltabelle ausgestanzt werden nicht mit.[87]

Zum Vergleich: Würde man die 36 Buchstaben des 6x6 Rasters ganz beliebig anordnen, so gäbe es 36!=3,72·10^{41} verschiedene Permutationen. Somit kann ein Angreifer Texte, die mit diesen Verschlüsselungsschablonen verschlüsselt sind, dank des Computers, alleine schon mit der Brute-Force-Methode innerhalb von ca. 3 h lösen. Bei dieser Abschätzung der maximalen Berechnungszeit wurde angenommen, dass ein geübter Leser innerhalb von 2 s wahrnehmen kann, ob ein Text sinnvoll ist und die letzte Permutation der Buchstaben die richtige ist.

Weitere didaktische Hinweise:

Durch das eigene Herstellen und dem händischen Umgang mit der Fleissner-Schablone ergibt sich ein handlungsorientierter Zugang zu den oben dargestellten mathematischen Problemstellungen. Das mathematische Problemlösen wird z. B. in diesem Zusammenhang sehr gut durch die folgenden möglichen Aufgabenstellungen geschult:

- Stelle eine funktionsfähige Fleissner-Schablone her.

- Wie muss eine funktionsfähige Fleissner-Schablone aufgebaut sein?

- Wie viele verschiedene (2n)x(2n) Fleissner-Schablonen kannst Du herstellen?

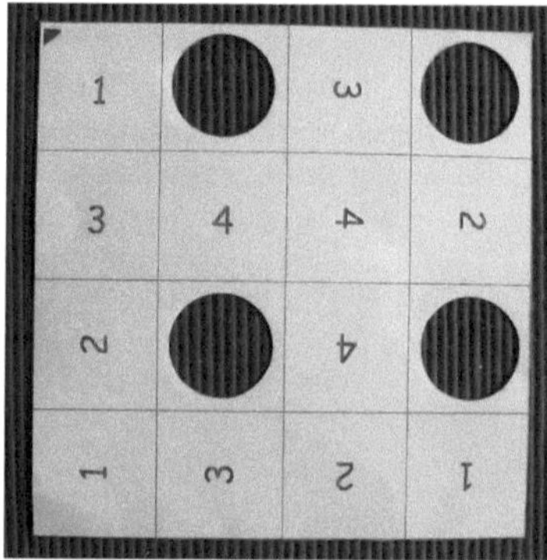

Abb. VI.54: Vorlage einer Fleissner-Schablone für die Grundschule.[88]

---

[87] Hindenburg (1798), S. 91 ff.
[88] Connette (2009), S. 42 (des Anhangs)

Eigene Unterrichtserfahrungen haben gezeigt, dass schon Grundschüler ab der Klasse 4 mit den Fleissner-Schablonen nach einer vorgegebenen Anleitung chiffrieren und dechiffrieren können. Auch sind sie in der Lage, mit einer entsprechenden Hilfe eigene funktionsfähige Schablonen herzustellen. Die in der Abbildung VI.54 dargestellte Vorlage wurde in einer 4. Klasse eingesetzt.

Schüler der 7. Klasse waren sogar in der Lage, nachdem sie das Verschlüsseln und Entschlüsseln mit einer funktionsfähigen 6x6 Fleissner-Schablone kennengelernt haben, nur unter Vorgabe eines Blankorasters eine eigene funktionsfähige Fleissner-Schablone zu produzieren. Die in den Abbildungen VI.55-57 dargestellten Schablonen wurden selbst von Schülern einer 7. Klasse hergestellt. Sie zeigen, dass sie das Funktionsprinzip der Schablone verstanden haben. Die Schablonen sind sehr unterschiedlich aufgebaut. Ein Schüler hielt sich an die implizite Vorgabe der Beispielsschablone, er schnitt keine Felder aus, die auf einer waagerechten und senkrechten Linie liegen. Eine Schülerin hielt sich hingegen nicht an diese Vorgabe.

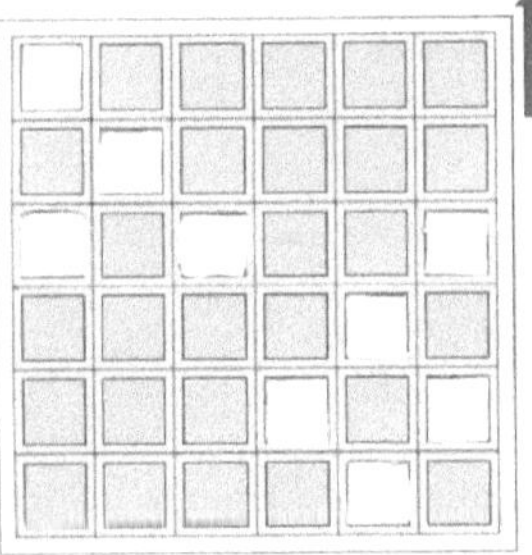

Abb. VI.55: Selbst hergestellte Fleissner-Schablone eines Schülers einer Klasse 7.[89]

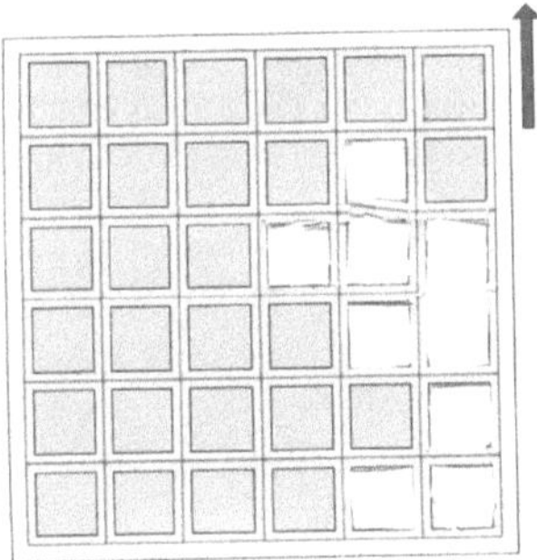

Abb. VI.56: Selbst hergestellte Fleissner-Schablone einer Schülerin einer Klasse 7.

Des Weiteren waren Fehlversuche zu beobachten, so hat eine Schülerin eine Schablone hergestellt, in der das Feld Nr. 8 (vgl. Versuch 1 Abb. VI.57) dreimal und das Feld Nr. 2 doppelt ausgeschnitten sind. Beim Verschlüsselungsversuch hat sie das bemerkt und

---

anschließend in einem zweiten Versuch korrigiert. An ihren Schablonen ist gut zu erkennen, dass sie eine Hilfe in Form der beiden eingezeichneten Mittellinien benötigte.

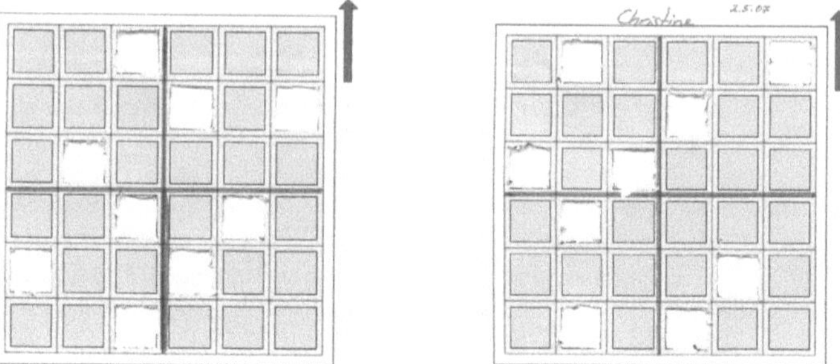

Versuch 1   Versuch 2

Abb. VI.57: Selbst hergestellte Fleissner-Schablonen einer Schülerin einer Klasse 7.

Besonderer methodischer Hinweis

Bei der Herstellung der Fleissner-Schablone bereitet das Ausschneiden der Löcher den Schülern sehr große Schwierigkeiten. Das Ausschneiden mit einer Schere gestaltet sich als sehr schwierig, da keine Ansatzmöglichkeit für die Schere gegeben ist. Außerdem war es sehr zeitintensiv, die Schüler der 7. Klasse benötigten für das Ausschneiden einer Schablone ca. 15 Minuten. Mit einem Cutter bzw. Teppichmesser geht dies besser, allerdings ist dann die Unfallgefahr erheblich. Eine sehr rationelle Methode ist das Ausstanzen der Löcher mittels eines Henkellocheisens. Innerhalb von 2 Minuten ist die Schablone ausgestanzt. Als weitere Materialien werden eine harte Unterlage und ein Hammer benötigt. Mittels neun leichter Hammerschläge auf das Henkellocheisen wird so aus einem 6x6 Raster eine Fleissner-Schablone. Mit verschiedenen Klassen der Jahrgangstufen 3-9 und ca. 900 Schüler auf den *science-days* einer Wissenschafts- und Technologieausstellung zum Anfassen (vom 09. bis 11.10.2008 beim Europapark Rust) wurde dies ausprobiert, kein Schüler hat sich dabei verletzt. Insgesamt also eine schnelle, einfache und verletzungsarme Methode zur Herstellung von Fleissner-Schablonen.

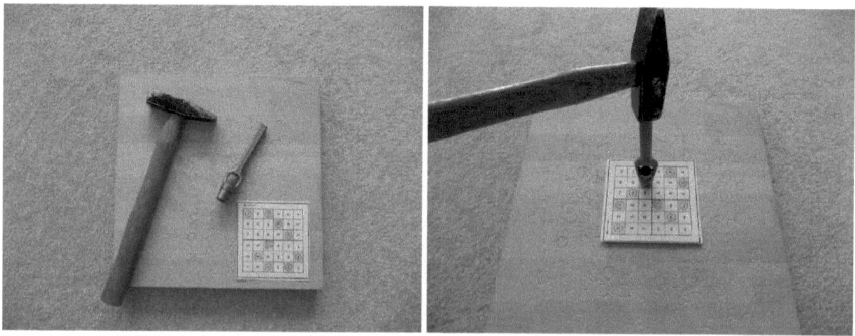

Abb. VI.58: Henkellocheisen mit Hammer und Schablone auf einer Holzunterlage

2.3 Substitutionsverfahren

2.3.1 Monoalphabetische Verschlüsselungen

Monoalphabetische[90] Verschlüsselungen zeichnen sich dadurch aus, dass jedem Buchstaben des Klartextes ein Buchstabe des Geheimtextes zugeordnet wird, eine sog. MM-Substitution. Für diesen Abschnitt soll die MM-Subsitution bijektiv sein. Für unsere Sprache heißt dies, dass jedem der 26 Buchstaben, falls man die Umlaute nicht mitzählt, genau ein Verschlüsselungszeichen zugeordnet wird. Das Geheimtextalphabet kann auf verschiedene Weisen realisiert werden:

- Verändern der alphabetischen Reihenfolge durch Verschieben der Buchstaben um eine bestimmte Zahl, sog. Verschiebungschiffre[91], z. B. beim Cäsar-Verfahren um drei Buchstaben nach links, d. h. A wird durch D verschlüsselt usw. Die drei verbliebenen Buchstaben A, B, und C werden hinten angehängt:
  Geheimtextalphabet: D E F G H I J K L M N O P Q R S T U V W X Y Z A B C

- Verändern der alphabetischen Reihenfolge durch ein Passwort und anschließendes Anhängen der verbliebenen Buchstaben in alphabetischer Reihenfolge, sog. Verschiebungschiffre mit Schlüsselwort[92], z. B. mit dem Wort security[93] ergibt sich das folgende Geheimtextalphabet:
  Geheimtextalphabet: S E C U R I T Y A B D F G H J K L M N O P Q V W X Z

- Verändern der alphabetischen Reihenfolge durch ein Passwort und anschließendes Anhängen der verbliebenen Buchstaben in beliebiger Reihenfolge z. B. mit dem Wort security:
  Geheimtextalphabet: S E C U R I T Y O F A K Z D Q H B L X N V M G W J P
  Allerdings hat diese Methode den Nachteil, dass sie sehr Fehler anfällig ist, da man sich die beliebige Reihenfolge merken muss. Die folgende sehr raffinierte Methode in diesem Zusammenhang stammt von Charles Wheatstone (1854), der sich in seiner Freizeit mit Kryptologie beschäftigte. Zur Gewinnung des Geheimtextalphabets notiert man das Passwort und zeilenweise darunter die verbliebenen Buchstaben in alphabetischer Reihenfolge, wobei die Zeilen maximal soviel Buchstaben wie das Passwort haben, wie im folgenden Beispiel:[94]

```
S E C U R I T Y
A B D F G H J K
L M N O P Q V W
X Z
```

  Liest man die obige Merkhilfe spaltenweise aus, erhält man das folgende Geheimtextalphabet:
  Geheimtextalphabet: S A L X E B M Z C D N U F O R G P I H Q T J V Y K W

- Durch eine zufällige Anordnung der Buchstaben
  Geheimtextalphabet: W I A Z L E M C S N X H U O G V P B D Q F T J Y K R

---

[90] Gemeint ist hier nur der monografische Fall (siehe Kapitel V).
[91] Begriff aus Wrixon (2006), S. 169
[92] Begriff aus Wrixon (2006), S. 170
[93] Vgl. Bauer (1997), S. 50
[94] Vgl. Bauer (1997), S. 51

- Durch Fantasiezeichen, wie beispielsweise die Geheimzeichen von Karl dem Großen, von Papst Clemens VII. und von Porta.[95]

Wenn es um die Ver- und Entschlüsselung mit Schlüssel geht, ist für den Mathematikunterricht das Cäsar-Verfahren am interessantesten, da es viel mehr Bezüge zu mathematischen Inhalten aufweist, als alle anderen Möglichkeiten der monoalphabetischen Verschlüsselungen. Daher wird in den folgenden Überlegungen das Cäsar-Verfahren schwerpunktmäßig betrachtet. Die anderen monoalphabetischen Verschlüsselungen sind im Zusammenhang mit einfachen Methoden der Kryptoanalyse von Bedeutung.

Bezüge monoalphabetischer zu den fundamentalen Ideen der Mathematik und der Informatik

Durch eine geeignete Mathematisierung wird das Cäsar-Verfahren mit der fundamentalen Idee der Zahl verbunden. Dazu werden die Buchstaben von a-z mit den Zahlen 1-26 durchnummeriert. Dann wird die Verschiebung des Klartextalphabets um 3 Buchstaben hin zum Geheimtextalphabet durch die Addition von 3 zu jeder Nummer des Klartextbuchstabens realisiert, wie es auch in dem folgenden Beispiel gezeigt wird:

Klartext	M a t h e m a t i k z o o
Klartext in Ziffern	13 01 20 08 05 13 01 20 09 11 *26* 15 15
Verschiebung	+3 +3 +3 +3 +3 +3 +3 +3 +3 +3 +3 +3 +3
Geheimtext in Ziffern	16 04 23 11 08 16 04 23 12 14 *03* 18 18
Geheimtext	p d w k h p d w l n c r r

Allerdings gibt es beim Buchstaben „z" Schwierigkeiten, denn 26+3=29. Den 29. Buchstaben gibt es aber nicht im deutschen Alphabet. Um das zu vermeiden, wird bei Buchstabennummern, die größer als 26 sind, 26 abgezogen und man erhält damit die entsprechende Nummer, d. h. man fängt ab 26 wieder von vorne an zu zählen. Mathematisch exakter heißt dies, man rechnet 29 mod 26 = 3. Jetzt wird auch mathematisch klar, dass es nur 25 sinnvolle verschiedene Möglichkeiten der Verschlüsselung gibt. Allgemein können Verschiebechiffren durch die folgende Verschlüsselungsfunktion angegeben werden:[96]

Seien $A=\{a_1, ... a_n\}$ ein Alphabet und $s \in N$ mit $1 \leq s \leq n$, $w = a\ w'$ mit $a \in A$ $w, w' \in A^*$. Dann ist $f: A^* \to A^*$ mit $f(w):=g(a_i)\ f(w')$, wobei für das Nullwort $\emptyset$ gilt $f(\emptyset)=\emptyset$ und $g(a_i)=c^{-1}(c(a_i)+s)$ mit $c: A \to N$ mit $c(a_i)=i$ und $c^{-1}(j)=a_{j*}$ mit $j^* = j$ mod n, eine Verschiebungssubstitution.

Für die Cäsar-Verschiebung ist $s=3$ und für die Verschiebung von Augustus ist $s=1$.
Eine weitere interessante Frage im Zusammenhang mit beliebigen monoalphabetischen Verschlüsselungen ist: Wie viele verschiedene möglichen Verschlüsselungsalphabete gibt es, falls jedem Klartextbuchstaben genau ein Geheimzeichen zugeordnet wird?
Die Antwort auf diese Frage kann man schon mit einfachen kombinatorischen Hilfsmitteln beantworten. Es muss nur die Anzahl der Permutation von 26 Buchstaben nämlich p(26)=26! berechnet werden. Allerdings muss man noch eine Möglichkeit der Buchstabenanordnung subtrahieren, da sonst auch das Standardalphabet als Verschlüsselungsalphabet mit

---

[95] Vgl. Kapitel IV
[96] Angepasst an Horster (1985), S. 40

eingerechnet wird. Also insgesamt gibt es 26!-1 = 403.291.461.126.605.635.583.999.999[97] Verschlüsselungsalphabete.

Mit der oben beschriebenen Mathematisierung des Cäsar-Verfahrens hat man ein mathematisches Modell für dieses Verfahren gewonnen und somit auch eine Verbindung zur fundamentalen Idee des mathematischen Modellierens geschaffen.

Ein weiterer Bezug zur Idee der Zahl bietet die Kryptoanalyse monoalphabetischer Verschlüsselungen. Wie bereits in Kapitel V dargestellt ist die Häufigkeitsanalyse eine zentrale Methode der Kryptoanalyse, die vor allem bei monoalphabetischen Verschlüsselungen (meistens) zum Erfolg führt. In einem auf Deutsch geschriebenen Text kommt in der Regel das „e" mit 17 % aller Buchstaben am häufigsten vor (vgl. Tabelle VI.14). So verbirgt sich hinter dem am häufigsten vorkommenden Geheimbuchstaben eines Geheimtextes, der mittels eines monoalphabetischen Verschlüsselungsverfahrens aus dem Klartext gewonnen wurde, meistens ein „e". Allerdings veröffentlichte 1969 der französische Schriftsteller Georges Perec den Roman „*La Disparition*", auf dessen 200 Seiten kein einziges „e" vorkommt.[98] Um so erstaunlicher ist, dass es dem Übersetzer Eugen Helmlé gelungen ist, auch in der deutschen Ausgabe mit dem Titel „Anton Voyls Fortgang" auch jegliches „e" zu vermeiden. Der Stil des Romans ist allerdings etwas gewöhnungsbedürftig, so sind teilweise ganz eigene Wortumschreibungen für alltägliche Dinge notwendig. Die folgende kleine Textpassage soll ein Beispiel sein:

> *„Antons Puls schlug stark. Ihm war warm. Anton macht das Wandloch mit Glas davor auf und schaut durch Nacht und Wind zum Mond hinauf. Warm wars, doch nicht zu warm. Vom Vorort drang kaum hörbar Lärm zu ihm rauf. Vom Kirchturm schlugs – dumpf und matt – zwomal. Auf'm Kanal Saint-Martin fuhr sanft das Sandschiff dahin und pfiff schrlll."[99]*

Weitere didaktische Aspekte

Das Thema monoalphabetische Verschlüsselung regt Schüler geradezu an, selbst kreativ zu werden, so entwickelten Schüler einer 7. Klasse mit Hingabe Texte, die monoalphabetisch verschlüsselt waren, die ihre Mitschüler ohne Bekanntgabe des Schlüssels lösen sollten. Auch fanden sie sehr schnell heraus, ändert man den Zeichensatz bei einem Textverarbeitungsprogramm, kann man mithilfe der normalen Tastatur in Geheimzeichen schreiben.

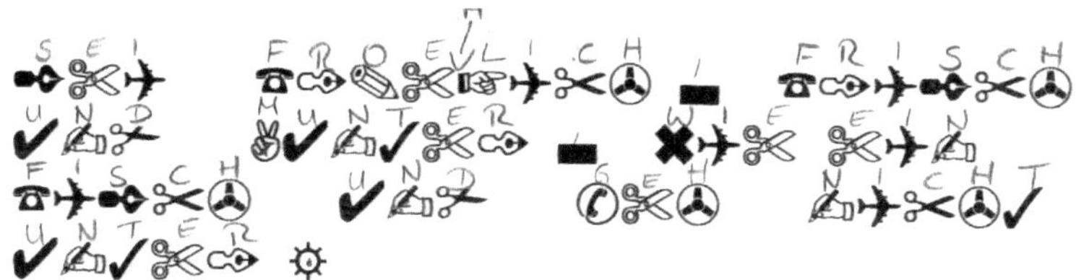

Abb. VI.59: Geheimtext von einer Schülerin, der mithilfe eines anderen Zeichensatzes verfasst wurde.[100]

---

[97] Diese Zahl kann mit dem Taschenrechner von „MS Windows" berechnet werden. Natürlich auch mit jedem Computeralgebrasystem, diese allerdings können Schüler meistens nicht bedienen.
[98] Vgl. Singh (2001), S. 37
[99] Perec (1986), S. 17
[100] Beim zweiten Wort des Geheimtextes wurde leider das „h" vergessen.

Zur Entschlüsselung entwickelten die Schüler selbstständig das folgende Problemlöseschema:

1. Erstellen einer Häufigkeitsanalyse.

2. Der am häufigsten vorkommende Geheimtextbuchstabe wird mit „e" identifiziert.

3. Kurze Wörter mit zwei oder drei Buchstaben, die ein „e" enthalten, z. B. „es", „der", „die", „ein", werden nach der Methode des „wahrscheinlichen Wortes" übersetzt.

4. Mit den gewonnenen Entschlüsselungen aus dem Schritt drei werden die übrigen Wörter übersetzt.

Dieses Vorgehen sei an einem Geheimtext, der von einer Schülerin verfasst wurde, und anschließend von anderen Schülern in Unkenntnis des Schlüssels entschlüsselt wurde, veranschaulicht.

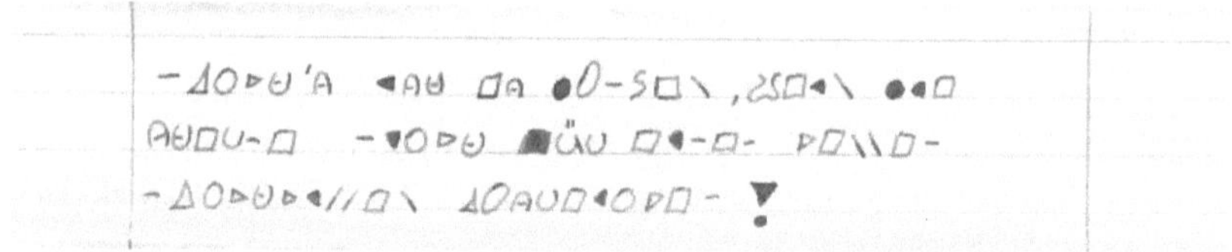

Abb. VI.60: Geheimtext, der von einer Schülerin verfasst wurde.

Zuerst stellten die Entschlüssler fest, dass das Geheimzeichen „□" 13-mal im Text und damit das am häufigsten vorkommende Zeichen des Textes ist, dieses übersetzten sie mit „e". Der vorliegende Geheimtext bietet den Vorteil, dass die Wortstruktur erhalten ist, d. h. die Länge der einzelnen Worte ist noch erkennbar. Dies nutzten die Schüler zur Entschlüsselung dieses Geheimtextes, in dem sie für das Wort mit 2 Buchstaben den Klartext „es" annahmen, danach das Wort mit 3 Buchstaben mit „die" übersetzten. Daraufhin ordneten sie den einzelnen Geheimzeichen die bereits gewonnen Übersetzungen zu, so wurde beispielsweise das zehnte Wort mit „ein" übersetzt. Anschließend näherten sie sich durch ständiges Annehmen von neuen Übersetzungen und immer erneutem Ausprobieren, ob sich ein sinnvoller Zusammenhang ergibt, dem Klartext an. Hinter dem obigen Geheimtext verbirgt sich der folgende Klartext:

Nachts ist es dunkel, weil die Sterne nicht für einen hellen Nachthimmel ausreichen!

Dieses oben dargestellte Entschlüsselungsverfahren stellt eine Konkretisierung der Idee des Modellierens dar. Wie im Modellbildungsprozess in Kapitel V beschrieben, werden während der Entschlüsselung immer neue Annahmen über die Bedeutung verschiedener Geheimzeichen getroffen. Diese werden, wie beim Modellbildungsvorgang gefordert, ständig validiert und je nach Ergebnis angenommen oder verworfen. Natürlich geht es hierbei nicht um mathematisches Modellieren, ich würde es eher als linguistisches Modellieren bezeichnen. Neben dem Modellieren ist dieses Beispiel auch typisch für ein Näherungsverfahren, bei der Lösung des Problems haben sich die Schüler sukzessive an die richtige Lösung angenähert.
Bei den monoalphabetischen Verschlüsselungen handelt es sich um eine der einfachsten Verschlüsselungen, sodass diese schon von Grundschülern ab der dritten Klasse gut verstanden werden. Eigene Unterrichtserfahrungen bestätigen diese Vermutung. Für ältere Schüler stellt das Cäsar-Verfahren eines der Einführungsverfahren in die Kryptologie dar.

Besondere methodische Hinweise

Für die handlungsorientierte Umsetzung von Verschiebungschiffren eignet sich die Darstellung mithilfe von Chiffrierschiebern[101]. Für den Unterricht können Chiffrierschieber mittels zweier laminierter Alphabete umgesetzt werden. Es muss nur beachtet werden, dass der Geheimtextalphabetschieber mit einem Doppelalphabet beschriftet ist, so kann das Klartextalphabet verschoben werden und das Anhängen der verbleibenden Buchstaben, wie oben beschrieben, findet automatisch statt. Durch das tatsächliche gegenseitige Verschieben der Alphabete wird diese Art der Chiffrierung in Verbindung gebracht mit dem mathematischen Begriff der Verschiebung. Damit bieten Verschiebungschiffren eine sinnvolle handlungsorientierte Konkretisierung des mathematischen Begriffs der Verschiebung.

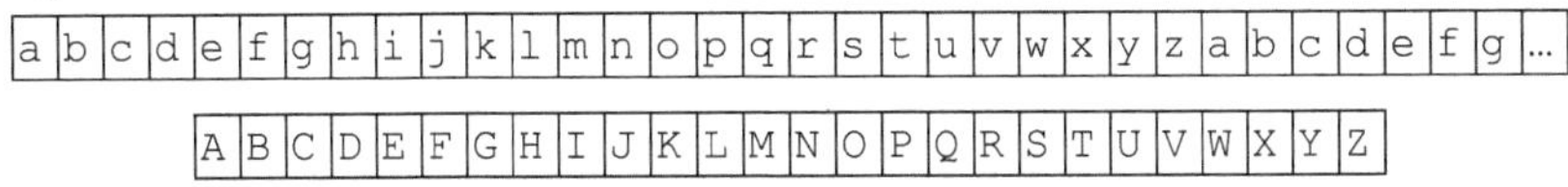

Abb. VI.61: Chiffrierschieber

Trotz aller didaktischen Vorteile, die Chiffrierschieber bieten, arbeiten Schüler lieber mit Chiffrierscheiben. Diese Beobachtung ging über alle Klassenstufen hinweg. Für die unterrichtliche Umsetzung wurden Chiffrierscheiben in Anlehnung an die Porta-Scheibe[102] verwendet. In der Literatur sind für diesen Zweck verschiedene Entwürfe von Chiffrierscheiben beschrieben.[103] Vom grundsätzlichen Aufbau sind diese alle gleich, sie unterscheiden sich nur in der Gestaltung. Die Chiffrierscheiben bestehen aus zwei Scheiben mit unterschiedlichen Radien. Die kleinere Scheibe wird konzentrisch und drehbar über der größeren Scheibe befestigt. Die drehbare Montage erfolgt sehr einfach mit einer Musterklammer. Die äußere Scheibe wird meistens mit dem Klartextalphabet und die innere mit dem Geheimtextalphabet beschriftet. Damit sich die Scheibe leichter drehen lässt und die Zuordnung des Klartextbuchstabens zum entsprechenden Geheimtextbuchstaben einfacher und fehlerfreier erfolgen kann, ist in der von mir vorgeschlagenen Bastelanleitung, die kleinere Scheibe buchstabenweise mit kleinen Kreissegmenten versehen.

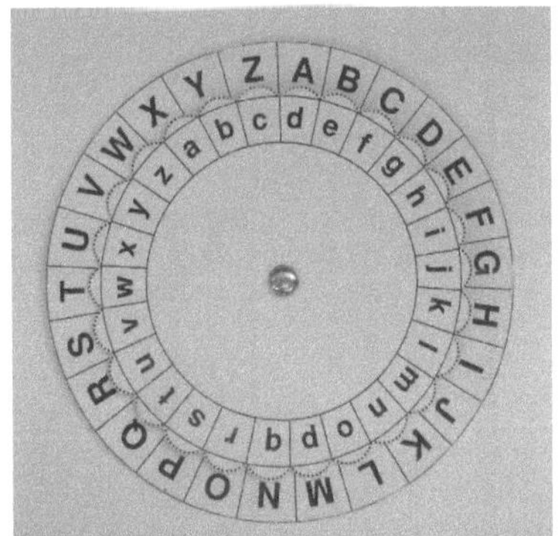

Abb. VI.62: Chiffrierscheibe für das Cäsar-Verfahren

---

[101] Diese sind schon in England um 1600 verwendet worden (vgl. Bauer (1997), S. 53).
[102] Vgl. Kapitel IV
[103] Beutelspacher (1995, 1), S. 7 oder Kippenhahn (2003-2), Bastelbogen oder Berlin (2005), S. 16

Eine schöne methodische Variante ist es, Schüler die innere Scheibe selbst beschriften zu lassen, damit sie kreativ ihre eigene Geheimschrift entwickeln. Für Schüler der Grundschule und der Unterstufe ist dies eine Herausforderung, auch wenn sie als Geheimtextalphabet das normale Alphabet wählen, dürfen keine Buchstaben doppelt vorkommen. Somit ist das eine sehr gute Übung für das Erstellen einer bijektiven Abbildung, die auch mal ohne Zahlen auskommt.

2.3.2 Homophone Verschlüsselungen

Die erste homophone Verschlüsselung in der westlichen Welt stammt von Simeone de crema (vgl. Kapitel IV). Ein Nachteil dieses Verfahrens ist, dass es mit Fantasiezeichen arbeitet, dies erschwert das Lesen und Schreiben der Geheimtexte und macht somit das gesamte Verfahren fehleranfällig.

Eine weitere Methode, eine homophone Verschlüsselung zu gewinnen, besteht darin, dass man jedem Klartextbuchstaben mehrere beliebige Bigramme zuordnet. Im einfachsten Fall bestehen die Bigramme aus zwei Zeichen des Klartextalphabets. Die Anzahl der Bigramme, welche jedem Klartextbuchstaben zugeordnet werden, bestimmt sich aus der relativen Häufigkeit, mit der der Klartextbuchstabe in der dem Klartext zugrunde liegenden Sprache vorkommt. Ein Beispiel dieser Art stellt eine Verschlüsselungstabelle zur Verschlüsselung von Telefongesprächen in Los Alamos aus dem Jahr 1944 dar. Die Leerzeichen in der Tabelle bedeuten auch ein Leerzeichen im Text also eine Worttrennung.

1	2	3	4	5	6	7	8	9	0	
I	P	I		O	U	O		P	N	1
W	E	U	T	E	K		L	O		2
E	U	G	N	B	T	N		S	T	3
T	A	Z	M	D		I	O	E		4
S	V	T	J		E		Y		H	5
N	A	O	L	N	S	U	G	O	E	6
	C	B	A	F	R	S		I	R	7
I	C	W	Y	R	U	A	M		N	8
M	V	T		H	P	D	I	X	Q	9
L	S	R	E	T	D	E	A	H	E	0

Tab. VI.14: Verschlüsselungstabelle zur Verschlüsselung von Telefongesprächen in Los Alamos aus dem Jahr 1944[104]

---

[104] Bauer (1997), S. 56

Bezüge homophoner Verschlüsselungen zu den fundamentalen Ideen der Mathematik und der Informatik

Nach den Überlegungen aus Kapitel V können homophone Verschlüsselungen als spezielle Funktionen mit Zufallskomponente oder als Relationen aufgefasst werden. Auf jeden Fall besteht wieder eine starke Verbindung homophoner Verschlüsselungen zur Idee des funktionalen Zusammenhangs.

Mit den folgenden Fragestellungen im Umfeld der homophonen Verschlüsselung lassen sich gut Bezüge zur fundamentalen Ideen der Zahl herstellen.

1. Erstelle zum deutschen Alphabet eine homophone Verschlüsselung nach der Art von Simeone de crema. Verwende als Geheimtextalphabet die Buchstaben a-z und die Ziffern 1-9.

2. Trage in die bereitgelegte Tabelle[105] die Buchstaben des deutschen Alphabets ein. (Hinweis: Bestimme zuerst anhand der Häufigkeitstabelle die Anzahl, wie oft jeder Buchstabe in diese Tabelle eingetragen werden soll.)

Zur Lösung der ersten Aufgabe hat man 36 Zeichen zur Verfügung, die geschickt auf die Klartextbuchstaben verteilt werden müssen. Eine erste Verteilungsmöglichkeit ergibt sich dadurch, dass man mit der relativen Häufigkeit h_i mit der der i-te Klartextbuchstabe in der deutschen Sprache vorkommt, die Anzahl A_i seiner Verschlüsselungszeichen berechnet. Dazu berechnet man $A_i = h_i \cdot 36$ und erhält die folgende Tabelle:

Buchstabe	Häufigkeit in %	Anzahl der Geheimzeichen	Buchstabe	Häufigkeit in %	Anzahl der Geheimzeichen
a	6,51	2,34	n	9,78	3,52
b	1,89	0,68	o	2,51	0,90
c	3,06	1,10	p	0,79	0,28
d	5,08	1,83	q	0,02	0,01
e	17,40	6,26	r	7,00	2,52
f	1,66	0,60	s	7,27	2,62
g	3,01	1,08	t	6,15	2,21
h	4,76	1,71	u	4,35	1,57
i	7,55	2,72	v	0,67	0,24
j	0,27	0,10	w	1,89	0,68
k	1,21	0,44	x	0,03	0,01
l	3,44	1,24	y	0,03	0,01
m	2,53	0,91	z	1,13	0,41

Tab. VI.15: Häufigkeit der Buchstaben in der deutschen Sprache mit einer Verteilung für 100 Buchstaben

---

[105] Vgl. Tab. VI.14 ohne Eintragung der Buchstaben.

Ein direktes Ablesen der Anzahl der Geheimzeichen für jeden Klartextbuchstaben ist nicht möglich, jedem Klartextbuchstaben muss mindestens ein Geheimzeichen zugeordnet werden. Somit bleiben nur 10 freie Zeichen übrig, die sinnvoll auf die Klartextbuchstaben verteilt werden müssen. Geht man streng nach der Tabelle vor, dann sollte man das „e" mit 6 verschiedenen Geheimzeichen verschlüsseln, das „n" mit 3, das „i" und „s" jeweils mit 2 Geheimzeichen. Die von Kippenhahn vorgeschlagene Lösung (vgl. Kapitel V) sieht dagegen nur 5 Geheimzeichen für das „e", dafür aber für das „i" 2 Geheimzeichen vor. Dieses Vorgehen ist durchaus sinnvoll, somit schafft man es, einem weiteren Buchstaben ein weiteres Zeichen zuzuordnen.

Zur Lösung der zweiten Aufgabe kann man ganz analog vorgehen. Wie oben erhält man für 100 verschiedene mögliche Verschlüsselungsbigramme deren Anzahl B_i pro Klartextbuchstabe durch $B_i = h_i \cdot 100$, d. h. man kann in obiger Tabelle die Spalten „Häufigkeit in %" auch als „Anzahl der Geheimzeichen" interpretieren. Da jedem Klartextbuchstaben nur eine ganzzahlige Anzahl von Geheimzeichen zugeordnet werden können, müssen die dezimalen Ergebnisse noch übertragen werden. Dies geht sehr effizient, wenn man die Dezimalen einfach abschneidet und diese erst in einem weiteren Schritt berücksichtigt. In der Summe sind dann 96 Geheimzeichen zugeordnet, die verbleibenden 4 können den Buchstaben mit den höchsten Dezimalen zugeordnet werden, so erhält man die folgende Anzahl von Geheimzeichen pro Klartextbuchstaben:

Buchstabe	a	b	c	d	e	f	g	h	i	j	k	l	m
Anzahl der Geheimzeichen	6	2	3	5	17	1	3	4	7	1	1	3	2
Buchstabe	n	o	p	q	r	s	t	u	v	w	x	y	z
Anzahl der Geheimzeichen	10	2	1	1	7	7	6	4	1	2	1	1	1

Weitere didaktische Aspekte

Durch die obengenannte Aufgabe werden die Schüler an mathematische Problemsituationen herangeführt, die unterschiedlich gelöst werden können.

2.3.3 Polyalphabetische Verschlüsselung

Eine weitere Möglichkeit einen Geheimtext gegen den Angriff einer einfachen Kryptoanalyse mittels einer Häufigkeitsanalyse zu schützen, besteht darin, dass man die Geheimtextalphabete nach einer definierten Regel wechselt, also mit mehreren Alphabeten, d. h. polyalphabetisch, arbeitet. Für einen Einblick in deren historische Entstehungsgeschichte sei auf Kapitel IV verwiesen. Da das Vigenère-Verfahren in Kapitel V ausführlich dargestellt wurde, wird im Folgenden eine kryptoanalytische Methode besprochen.
Seit der Erfindung polyalphabetischer Chiffren mit sich wiederholendem Schlüssel im 15. Jahrhundert gab es bis ins 19. Jahrhundert hinein keine allgemeine und öffentlich bekannte kryptoanalytische Methode, um diese ohne bekanntem Schlüssel zu lösen. Die erste Methode dieser Art stellte Friedrich Kasiski 1863 in seinem Buch *„Die Geheimschriften und die Dechiffrierkunst"* der Öffentlichkeit vor. Eine weitere stellt der Friedmann-Test dar, welcher bereits im Kapitel V besprochen wurde.

Das kryptoanalytische Grundproblem bei polyalphabetischen Chiffren liegt darin, dass die Verschlüsselungsalphabete wechseln, somit hat man mit einer Häufigkeitsanalyse über alle Geheimbuchstaben keine sinnvolle Entschlüsselungsmöglichkeit mehr. Angenommen, man kennt die Länge des Schlüssels, z. B. 3 Buchstaben, so wird der erste Buchstabe des

Klartextes mit dem Alphabet, welches der erste Schlüsselbuchstaben anzeigt, verschlüsselt, der zweite mit dem zweiten, der dritte mit dem dritten, aber der vierte wieder mit dem ersten Buchstaben des Schlüssels etc. Das bedeutet, dass jeder vierte Buchstabe wieder mit dem gleichen Geheimtextalphabet verschlüsselt wird, somit ist also eine modulare Häufigkeitsanalyse möglich, die zur Entschlüsselung des Schlüssels führt. So ist das erste Ziel der Dechiffrierung die Bestimmung der Schlüssellänge. Der Ausgangspunkt für Kasiskis Überlegungen bildet die folgende Beobachtung: Eine gleiche Folge von Buchstaben des Klartextes wird im Allgemeinen mit verschiedenen Schlüsselbuchstaben verschlüsselt und führt auf unterschiedliche Geheimbuchstaben. Eine gleiche Übersetzung, wie bei einer mono-alphabetischen Verschlüsselung erfolgt, wenn zufälligerweise die gleiche Buchstabenfolge unter der gleichen Folge von Schlüsselbuchstaben steht, die dann gleich übersetzt werden. An dem folgenden synthetischen Beispiel mit dem Schlüssel: *Haus* und dem Klartext *„ein Schwein ein Hase ein Frosch wollten auf einer Insel ein Haus anschauen"* sei diese Beobachtung illustriert.

Verschlüsselung:

```
Schlüssel:  HAU SHAUSHA USH AUSH AUS HAUSHA USHAUSH AUS HAUSH
Klartext:   ein Schwein ein Hase ein Frosch wollten auf einer
Geheimtext: lih kjhqwpn yau hukl ecf mrikjh qgslnwu aox lihwy

Schlüssel:  AUSHA USH AUSH AUSHAUSHA
Klartext:   Insel ein Haus anschauen
Geheimtext: ihkll yau humz ahkjhumln
```

Aus dem obigen Beispiel geht hervor, dass die Buchstabenfolge „sch" dreimal mit der Buchstabenfolge „SHA" verschlüsselt wird, somit die Buchstabenfolge „kjh" dreimal im Geheimtext auftritt (weitere „zufällige" Übereinstimmungen siehe folgende Tabelle). Die Abstände, in denen die gleichen Geheimtextbuchstabenfolgen vorkommen, sind hier im Beispiel ein Vielfaches der Schlüsselwortlänge, nur dann kann sich die gleiche Buchstabenfolge des Schlüssels wiederholen. Im Beispiel sind alle Abstände ein Vielfaches der Schlüsselwortlänge vier. Verallgemeinert betrachtet ist also der Abstand von sich wiederholenden Buchstabenfolgen des Geheimtextes ein Hinweis auf die Länge des Schlüsselwortes.

Zufällige Übereinstimmungen von Buchstabenfolgen im obigen Beispiel			
Schlüssel	Klartext	Geheimtext	Abstände
SHA	sch	kjh	20=5·4
SHA	sch	kjh	32=8·4
USH	ein	yau	36=9·4
AU	ha	hu	36=9·4
AU	in	ih	4=1·4

Zur Erläuterung der gesamten Vorgehensweise des Entschlüsselungsverfahrens nach Kasiski habe ich aus dem oben genannten Buch das folgende Beispiel ausgewählt. Die Aufgabe besteht darin, aus einem gegebenen Geheimtext den zugehörigen Klartext zu ermitteln.

Gegebener Geheimtext:[106]

```
utuwugcatdyqrttgswbmoecpsygsqqcbzsqlictugdevqhfipabhwsuylafnyi
sbynfwlzlcwbqguwfmymvtcomytycmvxqmdisqfvwrtmdcqqmsstyxhyiyndil
zlewbqgvagdymkrtuelsmlfwzqasmbpqdexsyosfmaqsdtymkxyxnzbq
```

Zuerst bestimmt man die auftretenden Buchstabenwiederholungen und die Abstände voneinander. In der unten abgebildeten Tabelle sind 25 Buchstabenwiederholungen dargestellt. Durch eine Primfaktorzerlegung der einzelnen Abstände stellt man fest, dass 2 und 5 die am häufigsten vorkommenden Primfaktoren sind, somit wären die Schlüssellänge 2, 5 und 10 möglich. Allerdings wäre 2 doch eine zu kurze Schlüsselwortlänge und 10 ist auch nicht passend, der Primfaktor 5 kommt häufiger vor, damit ist also 5 als Schlüsselwortlänge anzunehmen.

Buchstaben-wiederholung	Abstand	Buchstaben-wiederholung	Abstand	Buchstaben-wiederholung	Abstand
tu	3	dy	125=25·5	di	50=10·5
uw	74	yi	57	yx	60=12·5
ug	35=5·7	yn	55=11·5	mv	10=2·5
rt	106	fw	80=16·5	gd	93
gs	11	wbqg	55=11·5	lzl	55=11·5
qq	80=16·5	fm	85=17·5	ymk	35=7·5
sq	6	ym	55=11·5	bq	50=10·5
sq	65=13·5	ty	50=10·5		
de	115=23·5	md	10=2·5		

Im zweiten Schritt wird eine modularisierte Häufigkeitsanalyse vorgenommen. Diese kann am besten durchgeführt werden, wenn man den Geheimtext in einer Tabelle darstellt. Diese Tabelle sollte genauso viele Spalten haben, wie die Länge des vermeintlichen Schlüsselwortes ist. Im obigen Beispiel wäre das 5.

Spalte 1	Spalte 2	Spalte 3	Spalte 4	Spalte 5
u	t	u	w	u
g	c	a	t	d
y	q	r	t	t
g	s	w	b	m
o	e	c	p	s
y	g	s	q	q
c	b	z	s	q
. . .	. . .	. . .	. . .	. . .

Es ergibt sich die folgende Häufigkeitsverteilung, wenn man diese in jeder Spalte einzeln durchführt.

---

[106] Siehe Kasiski (1863), S. 41 ff.

Spalte 1													
u	g	y	o	c	l	h	b	n	m	f	x	a	q
2	5	8	2	2	4	1	1	2	3	1	2	2	1

Spalte 2																
t	c	q	s	e	g	b	i	d	f	h	l	u	m	v	r	o	n
1	2	2	2	3	1	1	2	5	3	2	2	1	1	5	2	1	1

Spalte 3													
u	a	r	w	c	s	z	e	i	v	y	k	l	m
1	3	1	8	3	5	2	2	3	2	2	2	1	1

Spalte 4													
w	t	b	q	p	s	v	f	l	x	i	g	r	z	d
1	6	6	2	2	4	1	3	2	3	1	1	1	1	1

Spalte 5											
u	d	t	m	s	q	a	n	y	z	c	p
3	2	4	4	2	10	1	1	5	1	1	1

Im dritten Schritt wird das Schlüsselwort bestimmt. Geht man davon aus, dass der am häufigsten verschlüsselte Buchstabe ein „e" ist, dann handelt es sich in den am häufigsten vorkommenden Geheimbuchstaben in den einzelnen Spalten vermutlich um die Verschlüsselung des Buchstabens „e". An einem Vigenère-Tableau[107] wie in Kapitel V dargestellt, können die Schlüsselbuchstaben abgelesen werden.[108]

Für das obige Beispiel findet man die folgenden möglichen Schlüsselbuchstaben.

Spalte	Buchstabe	Häufigkeit	Schlüsselbuchstabe
1	y	8	t
2	d	5	y
	m	5	g
3	w	8	r
4	t	6	o
	b	6	w
5	q	10	l

Setzt man dies zu einem sinnvollen Wort zusammen, erhält man als Schlüsselwort „Tyrol".

Im letzten Schritt kann nun der Geheimtext entschlüsselt werden, in dem man buchstabenweise den Schlüssel über den Geheimtext schreibt und am Vigenère-Tableau den

---

[107] Das von Kasiski verwendete Tableau hat nur 25 Buchstaben. Der Buchstabe „j" wurde nicht verwendet (vgl. Kasiski (1863), Anhang, Tabelle 1).

[108] Zur Vereinfachung dieses Ablesevorgangs hat Kasiski Schlüsseltabellen für verschiedene Sprachen entwickelt (vgl. Kasiski (1863), Anhang).

dazugehörigen Klartextbuchstaben abliest. Für das Beispiel gibt Kasiski den folgenden Klartext an.

```
Auch in dieser zehnten Auflage habe ich der kleinen
Geographie die mir bekannt gewordenen Veraenderungen in
dieser dem Wechsel bestaendig unterworfenen Wissen-
schaft dargelegt und nur wenige Paragraphen sind ohne.
```

Wie auch in anderen Beispielen hat er absichtlich einen Fehler eingebaut, der Geheimtext hat 180 und der Klartext 183 Buchstaben, was bei richtiger Anwendung der Ver- und Entschlüsselung mit dem Vigenère-Verfahren nicht sein kann. Dies liegt daran, dass er in den Klartext das Wort „nur" eingeschmuggelt hat.

Bezüge polyalphabetischer Verschlüsselungen zu den fundamentalen Ideen der Mathematik und der Informatik

Polyalphabetische Verschlüsselungen bieten sich geradezu an, dass man anhand von ihnen algorithmisches Arbeiten lernt. Die Algorithmen sind deutlich komplexer als bei den monoalphabetischen Verschlüsselungen. Für die Verschlüsselungs- und Entschlüsselungsvorgänge mit Schlüssel sei auf die Ausführungen in Kapitel V verwiesen. Für das algorithmische Dechiffrieren ohne Schlüssel ist das oben dargestellte Entschlüsselungsverfahren nach Kasiski ein sehr gutes Beispiel.

Wie in Kapitel V dargestellt, kann jedes polyalphabetische Verschlüsselungsverfahren durch eine Verschlüsselungsfunktion dargestellt werden. Für das Vigenère-Verfahren wird diese Funktion durch eine geeignete Mathematisierung für Schüler sehr einfach greifbar. Wie schon bei der Cäsar-Verschlüsselung dargestellt, werden hier ebenfalls die Buchstaben a-z mit den Zahlen von 1-26 durchnummeriert. Im Unterschied zur Cäsar-Verschlüsselung wird nicht jeder Nummer des Buchstabens des Klartextes immer die gleiche Zahl hinzuaddiert, sondern die Verschiebung ergibt sich aus der Nummer des Schlüsselbuchstabens, der dem Klartextbuchstaben zugeordnet ist. Wird mit der ersten Zeile des Vigenère-Tableaus verschlüsselt, ist die Verschiebung 0, bei der zweiten Zeile 1, bei der dritten Zeile 2 etc., d. h. die Verschiebung ergibt sich aus der um 1 reduzierten Nummer des Geheimtextbuchstabens (vgl. Tab. VI.16).

Durch Buchstabennummer der Klartextbuchstaben und der Verschiebungszahl im Restklassenkörper Z_{26} ergibt sich die Nummer des Geheimtextbuchstabens. Folgendes Beispiel soll dies illustrieren:

```
Schlüssel          J     A     M     E     S     B     O     N     D
Klartext           k     a     r     l     s     r     u     h     e

Klartext in        11    01    18    12    19    18    21    08    05
Ziffern
Verschiebung      +09   +00   +12   +04   +18   +01   +14   +13   +03
Addiert mod 26     20    01    04    16    11    19    09    21    08

Geheimtext         T     A     D     P     K     S     I     U     H
```

	1	2	3	4	5	6	7	8	9	10	11	12	13	14	15	16	17	18	19	20	21	22	23	24	25	26
0	A	B	C	D	E	F	G	H	I	J	K	L	M	N	O	P	Q	R	S	T	U	V	W	X	Y	Z
1	B	C	D	E	F	G	H	I	J	K	L	M	N	O	P	Q	R	S	T	U	V	W	X	Y	Z	A
2	C	D	E	F	G	H	I	J	K	L	M	N	O	P	Q	R	S	T	U	V	W	X	Y	Z	A	B
3	D	E	F	G	H	I	J	K	L	M	N	O	P	Q	R	S	T	U	V	W	X	Y	Z	A	B	C
4	E	F	G	H	I	J	K	L	M	N	O	P	Q	R	S	T	U	V	W	X	Y	Z	A	B	C	D
5	F	G	H	I	J	K	L	M	N	O	P	Q	R	S	T	U	V	W	X	Y	Z	A	B	C	D	E
6	G	H	I	J	K	L	M	N	O	P	Q	R	S	T	U	V	W	X	Y	Z	A	B	C	D	E	F
7	H	I	J	K	L	M	N	O	P	Q	R	S	T	U	V	W	X	Y	Z	A	B	C	D	E	F	G
8	I	J	K	L	M	N	O	P	Q	R	S	T	U	V	W	X	Y	Z	A	B	C	D	E	F	G	H
9	J	K	L	M	N	O	P	Q	R	S	T	U	V	W	X	Y	Z	A	B	C	D	E	F	G	H	I
10	K	L	M	N	O	P	Q	R	S	T	U	V	W	X	Y	Z	A	B	C	D	E	F	G	H	I	J
11	L	M	N	O	P	Q	R	S	T	U	V	W	X	Y	Z	A	B	C	D	E	F	G	H	I	J	K
12	M	N	O	P	Q	R	S	T	U	V	W	X	Y	Z	A	B	C	D	E	F	H	I	J	K	L	M
13	N	O	P	Q	R	S	T	U	V	W	X	Y	Z	A	B	C	D	E	F	G	H	I	J	K	L	M
14	O	P	Q	R	S	T	U	V	W	X	Y	Z	A	B	C	D	E	F	G	H	I	J	K	L	M	N
15	P	Q	R	S	T	U	V	W	X	Y	Z	A	B	C	D	E	F	G	H	I	J	K	L	M	N	O
16	Q	R	S	T	U	V	W	X	Y	Z	A	B	C	D	E	F	G	H	I	J	K	L	M	N	O	P
17	R	S	T	U	V	W	X	Y	Z	A	B	C	D	E	F	G	H	I	J	K	L	M	N	O	P	Q
18	S	T	U	V	W	X	Y	Z	A	B	C	D	E	F	G	H	I	J	K	L	M	N	O	P	Q	R
19	T	U	V	W	X	Y	Z	A	B	C	D	E	F	G	H	I	J	K	L	M	N	O	P	Q	R	S
20	U	V	W	X	Y	Z	A	B	C	D	E	F	G	H	I	J	K	L	M	N	O	P	Q	R	S	T
21	V	W	X	Y	Z	A	B	C	D	E	F	G	H	I	J	K	L	M	N	O	P	Q	R	S	T	U
22	W	X	Y	Z	A	B	C	D	E	F	G	H	I	J	K	L	M	N	O	P	Q	R	S	T	U	V
23	X	Y	Z	A	B	C	D	E	F	G	H	I	J	K	L	M	N	O	P	Q	R	S	T	U	V	W

Tab. VI.16: Vigenère-Tableau mit den Verschiebungszahlen in der ersten Spalte und
den Buchstabennummern in der ersten Zeile

Mit dieser Art der Darstellung der Verschlüsselungsfunktion Funktionsdarstellung erhält man
sogleich eine Verbindung des Vigenère-Verfahrens mit der Idee der Zahl und der Idee des
funktionalen Zusammenhangs. Durch die folgende Verschlüsselungsfunktion wird einerseits
die obige Darstellung des Vigenère-Verfahrens verallgemeinert, andererseits wird die
generelle Verschlüsselungsfunktion für PM-Substitutionen spezialisiert:

Sei A={a_1, ... a_n} ein Alphabet und S eine Schlüsselmenge
S={(s_1, ..., s_k) mit $1 \leq s_i \leq n$; $1 \leq i \leq k$ und k, s_i, $i \in N$}.
Sei s∈S ein Schlüssel, dann ist f:A*→B* eine Vigenère-Substitution, wenn $\forall$
m∈N und $\forall$ w∈A^m mit w=w_1 ... w_m, und w_i∈A für i∈N mit $1 \leq i \leq m$ gilt
f(w)=$g_{s_1}(w_1)...g_{s_k}(w_k)...g_{s_{m \bmod k}}(w_m)$ wobei für das Nullwort $\varnothing$ gilt f($\varnothing$)=$\varnothing$ und
$g_{s_j}(w_j) = c^{-1}(c(w_j)+s_{j*})$ mit j* = j mod k und c: A→N mit c(a_i)=i und $c^{-1}(j)=a_{j*}$, j*
= j mod k ist.[109]

Angewendet auf das obige Beispiel ergibt sich die folgende Darstellung:

A={A,   ; Z} ist das Klartextalphabet. Mit dem Schlüsselwort (JAMESBOND)
ergibt sich S zu S={10, 1, 13, 5, 19, 2, 15, 14, 4} und F zu
f(KARLSRUHE)= g_{10}(K) g_{13}(A) g_1(R) g_5(L) g_{19}(S) g_2(R) g_{15}(U) g_{14}(H) g_{14}(E)
=TADPKSIUH.

---

[109]Gilt m=k, hat man eine funktionale Darstellung für Verschlüsselungen mit Einmalschlüsseln gewonnen.

Mit der oben beschriebenen Mathematisierung des Vigenère-Verfahrens hat man ein mathematisches Modell für diese Verfahren gewonnen und somit auch eine Verbindung zur fundamentalen Idee des mathematischen Modellierens geschaffen.

Einen weiteren Bezug zur Idee der Zahl bietet die Kryptoanalyse des Vigenère-Verfahrens. So ist beim Kasiski-Verfahren der Begriff der Häufigkeit der zentral verwendete Zahlaspekt. Für die Bestimmung der Schlüsselwortlänge kommen noch Teilbarkeitsaspekte und der Begriff des größten gemeinsamen Teilers hinzu.

Weitere didaktische Aspekte

Unterrichtserfahrungen mit Schülern zeigen, dass auch Grundschüler der vierten Klasse das Vigenère-Verfahren erlernen können,[110] allerdings geht das Entschlüsseln und Verschlüsseln sehr langsam, sodass nur sehr interessierte Schüler für dieses Verfahren zu begeistern sind. So empfiehlt es sich, das Vigenère-Verfahren erst in der Sekundarstufe einzusetzen.

Die Kryptoanalyse des Vigenère-Verfahrens setzt voraus, dass Schüler das Verschlüsseln und Entschlüsseln mit dem Vigenère-Verfahren gut verstanden haben. Des Weiteren ist für das Verständnis des Kasiski-Verfahrens ein Denken in Zusammenhängen notwendig, daher empfehle ich, dieses frühestens in einer siebenten Klasse durchzuführen.[111] Für das Verständnis des Friedman-Tests ist zusätzlich zum Denken in Zusammenhängen noch ein sehr gefestigtes Denken im Umgang mit mathematischen Wahrscheinlichkeiten notwendig, sodass dieser am Ende der Sekundarstufe, Klasse 9 oder 10, sinnvoll eingesetzt werden kann.

Besondere methodische Hinweise

Das Hauptproblem von Schülern beim Entschlüsseln und Verschlüsseln mit dem Vigenère-Verfahren ist der Umgang mit dem Vigenère-Tableau. Beim Heraussuchen des Ver- bzw. Entschlüsselungsbuchstabens verrutschen sie in der Zeile oder in der Spalte. Dieses Problem kann man durch entsprechende Schieber lösen. So habe ich unter Mithilfe von Studierenden des Fachs Technik zur Demonstration ein Vigenère-Tableau entwickelt, bei dem sich das Verschlüsselungsalphabet und der Klartextbuchstabe von zwei unabhängigen Schiebern einstellen lassen.

Abb. VI.63: Vigenère-Tableau mit Holzschiebern

---

[110] Vgl. Connette (2009), S. 132
[111] Vgl. Burkert (2009)

Dieses Vigenère-Tableau eignet sich wegen seiner Größe und Kosten nicht für den Unterricht. Eine einfache Methode das Vigenère-Verfahren für die Hand der Schüler zugänglich zu machen ist, dass man die 26 zyklisch getauschten Alphabete auf einer festen Unterlage aufbringt, z. B. durch einen Aufkleber auf einer Sperrholzplatte. Die Schieber können z. B. mit zwei verschieden farbigen Gummiringen umgesetzt werden. Trotz der einfachen Konstruktion lassen sich die notwendigen Buchstaben gut einstellen.

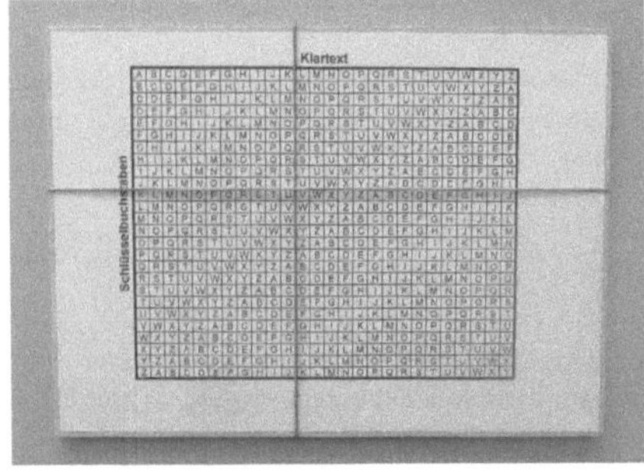

Abb. VI.64: Kleines Vigenère-Tableau mit Gummiringen

Abb. VI.65: Kleines Vigenère-Tableau mit Gummiringen und Nägeln

Wenn man zur Verschlüsselung die Gummiringe richtig eingestellt hat, liegt der Verschlüsselungsbuchstabe unter dem Kreuzungspunkt der Gummiringe und ist nicht ganz so einfach zu erkennen. Diesen Nachteil kann durch das Anbringen von Holznägeln am Ende jeder Trennungslinie des Vigenère-Tableaus behoben werden. Stellt man jetzt die Gummiringe ein, so liegen diese entlang der Trennungslinien und verdecken nicht mehr den Verschlüsselungsbuchstaben, sondern umrahmen ihn. Allerdings wurden dazu in die Sperrholzplatte 106 Nägel eingeschlagen.

2.4 Asymmetrische Verfahren

2.4.1 Schlüsselaustauschverfahren nach Diffie-Hellman

Im Verlaufe der Arbeit wurden unterschiedliche Aspekte des Diffie-Hellman-Schlüsselaustauschverfahrens beleuchtet, damit keine Redundanzen entstehen, sollen diese hier nicht mehr wiederholt werden. Aus einer historischen Perspektive wurde dieses Verfahren im Kapitel IV beleuchtet. Ausführlich vorgestellt wurde es in Kapitel V, auch wurden dabei Sicherheitsaspekte behandelt. Auf einen weiteren Sicherheitsaspekt soll in diesem Zusammenhang noch eingegangen werden. Der interessanteste kryptoanalytische Angriff auf das Diffie-Hellman-Schlüsselaustauschverfahren bietet die *Man-In-The-Middle Attacke*. Bei dieser Art des kryptoanalytischen Angriffs schaltet sich ein Dritter, nennen wir ihn Oskar, zwischen die Kommunikation von Alice und Bob. Dazu hört er die Primzahl q und den Generator g ab und wählt eine Zahl c mit $c \in \{1, ..., q\text{-}1\}$. Er berechnet die folgende Zahl, die er jeweils an Alice und Bob verschickt:

$$O \rightarrow A: \gamma = g^c \bmod q \qquad\qquad O \rightarrow B: \gamma = g^c \bmod q.$$

Wenn er jeweils die Zahl α von Alice und β von Bob abfängt, ist er im Besitz eines geheimen Kommunikationsschlüssels mit Alice und einen mit Bob, dieser berechnet sich im jeweiligen Fall wie folgt:

Kommunikationsschlüssel mit Alice   Kommunikationsschlüssel mit Bob

$$K_a = \alpha^c \bmod q \qquad\qquad\qquad K_b = \beta^b \bmod q$$

Jetzt muss Oskar seine beiden Kommunikationspartner im Glauben lassen, dass diese untereinander einen geheimen Kommunikationsschlüssel vereinbart haben, dann kann er jede Nachricht, die mit diesem Schlüssel verschlüsselt ist, mitlesen. Dazu muss er alle Nachrichten die von Alice stammen mit dem Schlüssel K_a entschlüsseln, somit erhält er den Klartext. Zur Weitergabe an Bob wird der Klartext mit dem Schlüssel K_b verschlüsselt. Schreibt Bob eine Nachricht an Alice, muss er umgekehrt vorgehen. Schafft Oskar diesen Vorgang in kurzer Zeit, dann werden Alice und Bob nicht bemerken, dass sich ein Dritter zwischen ihre vermeintlich geheime Kommunikation geschlichen hat.[112]

Bezüge des Diffie-Hellman-Schlüsselaustauschverfahrens zu den fundamentalen Ideen der Mathematik und der Informatik

Der Algorithmus des Diffie-Hellman-Schlüsselaustauschverfahrens ist mathematisch komplexer als die bisher dargestellten kryptologischen Verschlüsselungsverfahren. Allerdings hat er im Gegensatz z. B. zum Huffman-Algorithmus keine Wiederholungsschleife, die bis zu einem gewissen Abbruchkriterium hin durchlaufen werden muss. Von daher gesehen, handelt es sich algorithmisch betrachtet eher um einen einfachen Algorithmus, der sich wie folgt darstellt:

Eingabe:
Primzahl q, Generator (Primitivwurzel modulo q) $g \in \{1, ..., q\text{-}2\}$, sowie zwei geheime Zahlen $a,\ b \in \{1, ..., q\text{-}2\}$

Berechnung und Austausch:
$$A \to B:\ \alpha = g^a \bmod q \qquad\qquad B \to A:\ \beta = g^b \bmod q.$$

Ausgabe:
$$K = \beta^a \bmod q \qquad\qquad\qquad K = \alpha^b \bmod q$$

Das Diffie-Hellman-Schlüsselaustauschverfahren ist eng verbunden mit der fundamentalen Idee des funktionalen Zusammenhangs, einerseits durch die Verwendung der diskreten Exponentialfunktion, wie in Kapitel V dargestellt. Andererseits stellt der Schlüssel K mit $K(q,g,a,b) = g^{ba} \bmod q$ als solches eine Funktion der vier Eingabevariablen $q,\ g,\ a,\ b$ dar. Betrachtet man diese Funktion nur von der Anzahl der Variablen her, so ist diese durchaus vergleichbar mit einer Formel aus dem Mathematikunterricht z. B. mit den Volumen- und Oberflächenformeln geometrischer Körper, z. B. berechnet sich das Volumen eines Quaders mit $V(a,b,c) = a \cdot b \cdot c$.

Im Kapitel V wurde schon ausführlich dargelegt, dass mit dem Diffie-Hellman-Schlüsselaustauschverfahren das mathematische Modellieren sehr gut thematisiert wird.

An einem Zahlenbeispiel soll die Verbindung des Diffie-Hellmann-Schlüsselaustauschverfahrens mit der fundamentalen Idee der Zahl illustriert werden.

---

[112] Einen Vorschlag für eine unterrichtliche Umsetzung findet sich bei Kuchenbrod (2008), S. 111 ff.

Zahlenbeispiel:

Alice und Bob vereinbaren gemeinsam:
$$q=97^{[113]} \quad g=23$$

Alice wählt $a=20$ und berechnet:
$$\alpha = 23^{20} \bmod 97 = 43$$

Bob wählt b=31 und berechnet
$$\beta = 23^{31} \bmod 97 = 87$$

Beide tauschen die Zahlen α und β aus.

Alice berechnet:
$$K = 87^{20} \bmod 97 = 73$$

Bob berechnet:
$$K = 43^{31} \bmod 97 = 73$$

Beide sind im Besitz des gemeinsamen geheimen Schlüssels $K=73$.

Wie bereits in Kapitel V dargestellt, kann als Generator g auch eine beliebige Zahl aus der Menge $G=\{1, ..., q-2\}$ gewählt werden. Wählt man im obigen Beispiel die Zahl 35 für g, so verkleinert sich die Untergruppe $U_g=\{1, g^1, g^2, ..., g^{q-2}\}$ von $Z_q^{\,*}$ auf 3 Elemente $U_{35}=\{1, 35, 61\}$ statt der 96 möglichen Elemente, also nur 3 % der maximal möglichen Anzahl der Elemente von U_g.

An obigem Zahlenbeispiel werden verschiedene Aspekte über Zahlen benötigt:

- Zur Auswahl der Startinformation q benötigt man eine besondere Zahl, nämlich eine Primzahl.

- Zur Auswahl der Startinformation g benötigt man eine noch speziellere Zahl, eine Primitivwurzel. Je nach Klassenstufe sollte man auf diese Forderung zugunsten eines einfacheren Verständnisses verzichten. Die Grundprinzipien des Verfahrens werden dadurch nicht verändert, es wird nur eine bessere Sicherheit durch die Verwendung einer Primitivwurzel erzielt. Also ist dies insgesamt eine sinnvolle didaktische Reduktion. Die Tatsache, dass man bei der Auswahl der zweiten Zahl sehr sorgsam vorgehen muss, damit U_g möglichst groß wird, sollte erst in einem zweiten Schritt behandelt werden.

Weitere didaktische Aspekte:

Das Diffie-Hellman-Schlüsselaustauschverfahren basiert auf den folgenden Rechenoperationen:

- Potenzieren und

- Modulo Rechnen.

Die Division mit Rest lernen die Schüler schon in der Grundschule, nach dem Bildungsplan von Baden-Württemberg für Grundschulen erfolgt dies bereits in der zweiten Klasse.[114] Das Potenzieren ist traditionell Unterrichtsgegenstand in der Klasse 5 der weiterführenden Schulen. Somit beherrschen Schüler der Klasse 5 alle mathematischen Voraussetzungen für das Diffie-Hellman-Schlüsselaustauschverfahren. Also könnte es problemlos in der Klasse 5

---

[113] Zur Veranschaulichung werden kleine Zahlen gewählt. Bei echten Anwendungen werden Zahlen mit 100 oder mehr Stellen gewählt, damit die entsprechende Sicherheit gewährleistet werden kann.

[114] Vgl. z. B. Bildungsplan für Grundschulen Baden-Württemberg (2004), S. 58

behandelt werden. Allerdings können auch bei nur kleinen Zahlen die Potenzen, die den Zahlen für α, β und K zugrunde liegen sehr groß werden und sind für das Rechnen ohne Taschenrechner ungeeignet, z. B. für $q = 11$, $g = 8$, $a = 7$, $b = 6$, erhält man für K die Rechnung $K = 549755813888 \bmod 11 = 9$. Für das schriftliche Berechnen des Diffie-Hellman Schlüsselaustauschverfahrens müssen sinnvolle Zahlenkombinationen sehr sorgfältig ausgewählt werden.

q	g	(a, b)[115]
11	7	(2, 4)
13	2	(3, 7), (4, 5)
	4	(2, 5),
	6, 7	(2, 3), (2, 4),
17	2	(3, 5), (3, 6), (3, 7)
	3	(2, 4), (2, 6)
	5	(2, 4)
	9, 10, 14	(2, 3)
19	2	(3, 4), (3, 5)
	3	(2, 4), (2, 5), (2, 6)
	4, 5, 6, 9, 10, 13, 14	(2, 3)
23	2	(3, 5), (3, 6), (3, 7), (4, 5)
	3	(2, 4), (2, 5)
	4	(2, 5)
	6	(2, 3), (2, 4)
	7	(2, 4)
	8, 10, 11, 13	(2, 3)

Tab. VI.17: Einfache Zahlenkombinationen für das Diffie-Hellman-Schlüsselausverfahren für den schulischen Einsatz

In der Tabelle VI.17 sind einige zusammengestellt, dabei wurde berücksichtigt, dass alle beteiligten Zahlen q, g, a, b, α, β und K unterschiedlich sind, damit es nicht zu sinnentstellenden zufälligen Übereinstimmungen kommt. Des Weiteren wurde beachtet, dass die zu berechnenden Potenzen kleiner als 1.000.000 sind und dass $q \neq g \neq a \neq b \neq \alpha \neq \beta \neq K \neq 1$ gilt.

Eine Thematisierung des Diffie-Hellman-Schlüsselaustauschverfahrens in der Klasse 5 sollte aus dem genannten Grund nicht erfolgen, zumal für Schüler, die mit den einfachen Zahlenkombinationen aus Tab VI.16 arbeiten, die Schwierigkeit der Umkehrung des diskreten

---

[115] Beim Diffie-Hellman Verfahren können die Parameter a und b gegenseitig ausgetauscht werden und man erhält den gleichen Wert für K, daher wird immer nur ein Zahlenpaar angegeben.

Potenzierens nicht erfassbar ist, da bei allen Beispielen durch einfaches Probieren die Parameter a und b berechenbar sind. Daher bleibt nur die Möglichkeit, dass man das Diffie-Hellman-Schlüsselaustauschverfahren als eine einfache Rechenübung im Rahmen des Potenzierens behandelt, dafür ist es zu schade.

Nach den obigen Ausführungen würde ich das Verfahren nach Diffie-Hellman frühestens dann behandeln, wenn im Mathematikunterricht der Taschenrechner eingeführt worden ist. Wissenschaftliche Rechner z. B. TI- 30 von Texas Instruments oder FX-85 von Casio, sind nur bedingt für das Diffie-Hellman-Schlüsselaustauschverfahren geeignet, sie rechnen intern nur mit einer Genauigkeit von 11-15 Stellen. Natürlich kann man die großen Potenzen umgehen, in dem man bei der Berechnung großer Potenzen die Potenzgesetze beachtet und in jedem Rechenschritt die Modulo Rechnung berücksichtigt z. B. berechnet man den Term T = 2^{129} mod 11 durch die folgende Zerlegung[116]:

2^{129} mod 7 = $2 \cdot (((((((2^2)^2)^2)^2)^2)^2)^2)$ mod 7 = $2 \cdot (((((16)^2)^2)^2)^2)^2)$ mod 7 = ...= 1.

Dieses Verfahren kann man im Allgemeinen erst gegen Ende der Mittelstufe in der Schule zum Einsatz kommen, da zu diesem Zeitpunkt meistens erst die Potenzgesetze behandelt werden.

Besser geeignet für das Diffie-Hellman-Schlüsselaustauschverfahren sind grafikfähige Taschenrechner mit eingebauter Modulo bzw. Rest-Funktion, so rechnet der ClassPad 330 Plus[117] von Casio mit 611[118] Stellen. Eine noch einfachere Alternative in diesem Zusammenhang stellt der im Zubehör des Betriebssystems Windows kostenlos mitgelieferte *Rechner* dar. Dieser *Rechner* funktioniert prinzipiell wie ein „normaler" Taschenrechner. Allerdings rechnet er mit einer Genauigkeit von mindestens 32[119] Stellen. Stellt man diesen Rechner unter *Ansicht → Wissenschaftlich* auf einen ausführlicheren Modus um, so stehen die Potenzfunktion und die Modulo-Funktion zur Verfügung.[120] Die Potenzfunktion liefert Potenzen mit mehreren 10.000 Stellen. Auch die Modulo Funktion arbeitet sehr exakt, so wird diese noch bei Potenzen mit mehreren 10.000 Stellen richtig berechnet. Dieses wird an folgendem Beispiel mit einer 32 stelligen Primzahl q demonstriert:

Zahlenbeispiel:[121]

q = 12345678901234567890123456789947

g = 12345678901234567890123456789097

α = 12345678901234567890123456789097^{30} mod 12345678901234567890123456789097

α =18219050456016726121994481711 34

β = 12345678901234567890123456789097^{45} mod 12345678901234567890123456789097

β = 11867424615428962518992520053772

K = 12345678901234567890123456789097^{1350} mod 12345678901234567890123456789097

---

[116] Sog. Schnelles Potenzieren, vgl. z. B. Engel (1983), S. 314
[117] Bei diesem Taschenrechner handelt es sich um keinen Standardtaschenrechner, er verfügt über ein integriertes Computer Algebra System (kurz: CAS).
[118] Paditz, L. (2007), Anhang α-4-1
[119] Vgl. Hilfemenü des Rechners unter Windows XP
[120] Einen Vorschlag, wie mit diesem Hilfsmittel im Unterricht gearbeitet werden kann, findet man bei Kuchenbrod (2008), S. 111 ff.
[121] Alle Zahlen wurden mit „Mathematica 4.2" kontrolliert. Q und g sind Primzahlen, die auch mit „Mathematica" berechnet wurden.

$K^{122} = 3{,}5092898247076006044194440509793 \cdot 10^{41973} \bmod 1234567890123456789012345 6789097$

$K = 927447936791096423246240142 7002$

Tabellenkalkulationsprogramme wie z. B. *Microsoft Excel* oder der *Calculator* von *OpenOffice.org* sind wie gängige wissenschaftliche Taschenrechner auch, nur bedingt für das Diffie-Hellman-Schlüsselaustauschverfahren geeignet, sie verarbeiten ganze Zahlen mit einer Genauigkeit von 15 Stellen. Allerdings bieten Tabellenkalkulationsprogramme dank der implementierten Rest-Funktion doch einen Vorteil gegenüber den einfachen wissenschaftlichen Taschenrechnern und sind daher empfehlenswert. Bei eigenen Versuchen mit der Restfunktion ist aufgefallen, dass diese bei Microsoft Excel nur bis maximal 10 stelligen ganzen Zahlen fehlerfrei arbeitet, hingegen werden beim Calculator von OpenOffice.org durchaus auch noch 15 stellige ganze Zahlen richtig verarbeitet. Somit ist dieses Programm, zumal es kostenlos ist, bezüglich des Diffie-Hellman-Schlüsselaustauschverfahrens zu bevorzugen. Im Folgenden wird exemplarisch ein Zahlenbeispiel, das für den Unterricht geeignet ist und das mithilfe des Calculators von OpenOffice.org berechnet wurde, dargelegt:

Zahlenbeispiel:
$$q = 97 \qquad g = 13 \qquad a = 5 \qquad b = 8 \qquad \alpha = 74 \qquad \beta = 6$$
$$K = 8^{74} \bmod 97 = 899194740203776 \bmod 97 = 16$$

Die am genauesten rechnenden Computerprogramme sind Computer Algebra Systeme (kurz: CAS), gängige Systeme sind hierbei *Mathematica*, *Maple* oder *maxima*. Diese verarbeiten ganze Zahlen mit mehreren Millionen Stellen in sekundenschnelle. Die Größe der zu verarbeitenden Zahlen ist nur durch den Speicher des Computers begrenzt, so findet man im Handbuch von *Mathematica* den Satz:

> *„Mathematica can handle numbers of any size.“*[123]

Damit sind also auch die im Unterricht verwendeten ganzen Zahlen mehr als hinreichend abgedeckt. In diesem Zusammenhang sehr empfehlenswert ist das Programm *wxmaxima*[124], da es sich hierbei um ein kostenloses CAS handelt. Es bietet nicht den Komfort wie z. B. *Mathematica*, allerdings geht es auch weit über die Inhalte des Mathematikunterrichts an Schulen hinaus, sodass damit der gesamte Schulstoff mehr als abgedeckt ist.

2.4.2 Verfahren nach El Gamal

Die El Gamal-Verschlüsselung stellt eine Verallgemeinerung des Schlüsselaustauschverfahrens nach Diffie-Hellman dar. Es ermöglicht nicht nur den öffentlichen Austausch eines geheimen Schlüssels, sondern auch das Ver- und Entschlüsseln von Informationen. Entwickelt wurde das Verfahren von dem amerikanischen Kryptologen ägyptischer Abstammung Taher El Gamal. Wie bei allen anderen Public-Key-Verschlüsselungen muss die Nachricht in Form einer Zahl vorliegen. In seinem Abstract zu seinem Artikel *„A PUBLIC KEY CRYPTOSYTEM AND A SIGNATURE SCHEME BASED ON DISCRTE LOGARITHM“* aus dem Jahr 1985 charakterisiert er das Verfahren wie folgt:

> *„A new signature scheme proposed together with an implementation of the Diffie-Hellman key distribution scheme that achieves a public key cryptosystem. The*

---

[122] Trotz der Darstellung von K als Fließkommazahl wird diese exakt abgespeichert, da die Modulo-Funktion das exakte Ergebnis wieder gibt.

[123] Wolfram S. (1999), S. 5

[124] Die URL zum Download lautet: http://wxmaxima.sourceforge.net (Stand: 21.09.2010).

security of both systems relies on the difficulty of computing discrete logarithm over finite fields"[125]

Im Folgenden wird gezeigt, wie das Verfahren funktioniert und an welchen Stellen es kongruent zum Diffie-Hellman-Schlüsselaustauschverfahren ist. Analog zum Diffie-Hellman-Schlüsselaustauschverfahren wählt A(lice) zu Beginn der Kommunikation eine Primzahl q und eine weitere ganze Zahl g (sog. Generator), die eine Primitivwurzel von q ist, mit $2 \leq g \leq (q-2)$. Danach wählt sie eine beliebige Zahl a aus der Menge $\{1, ..., q-2\}$. Mit dieser berechnet Alice die Zahl:

$$\alpha = g^a \bmod q.$$

Die Zahl α wird nun nicht wie beim Diffie-Hellman-Schlüsselaustauschverfahren mit Bob ausgetauscht, sondern Alice veröffentlicht das Tripel (q, g, α) als ihren öffentlichen Schlüssel, damit Bob darauf zugreifen kann. Somit ist der Schlüssel von Alice festgelegt und muss nicht für jede Kommunikation neu vereinbart werden. Zur Geheimhaltung darf Alice nur nicht die gewählte Zahl a auch noch veröffentlichen.

Angenommen, Bob möchte an Alice den Klartext m schicken, damit dieser mit dem El Gamal-Verfahren verschlüsselt werden kann, muss m[126]$\in \{1, ..., q-1\}$ sein. Mit dem öffentlichen Schlüssel (q, g, α) von Alice und einer beliebigen Zahl b aus der Menge $\{1, ..., q-2\}$ berechnet Bob den ersten Teil seiner Übermittlung:

$$\beta = g^b \bmod q$$

Die Zahl β wird analog wie beim Diffie-Hellman-Schlüsselaustauschverfahren berechnet und stellt den Schlüsselanteil von Bob an der Kommunikation dar. Zur tatsächlichen Verschlüsselung seiner Nachricht m berechnet Bob den zweiten Teil c seiner Übermittlung:

$$c = \alpha^b \cdot m \bmod q$$

Wäre $m = 1$, dann würde Bob den gemeinsamen geheimen Schlüssel K des Diffie-Hellman-Schlüsselaustauschverfahrens übermitteln. Somit stellt die Zahl c die Verschlüsselung des Klartextes m mit dem gemeinsamen geheimen Schlüssel $K = \alpha^b \bmod q$ dar. Statt $c = \alpha^b \cdot m \bmod q$ kann man auch $c = K \cdot m \bmod q$ schreiben. Schließlich übersendet Bob das Zahlenpaar (β, c).

Die Rekonstruktion des Klartextes erfolgt für Alice in zwei Schritten. Zuerst berechnet sie analog zum Diffie-Hellman-Schlüsselaustauschverfahren den gemeinsamen geheimen Schlüssel K mit:

$$K = \beta^a \bmod q$$

Danach rekonstruiert sie wie folgt aus dem zweiten Teil der Übermittlung c den Klartext m:

$$m' = \frac{c}{K} \bmod q$$

An der folgenden Gleichung wird klar, warum Alice durch die obige Berechnung den Klartext wieder erhält, also $m' = m$ gilt:

---

[125] El Gamal (1985), S. 469
[126] Falls die Nachricht m größer als $q-1$ ist, kann man diese mit dem El Gamal auch verschlüsselt werden, allerdings muss sie dazu in Blöcke, die kleiner als $q-1$ sind, aufgeteilt werden.

$$m = \frac{K \cdot m}{K} \bmod q = \frac{\alpha^b \cdot m}{\beta^a} \bmod q = \frac{g^{ab} \cdot m}{g^{ba}} \bmod q = m'$$

Auf den ersten Blick sieht dies ganz einfach aus. Allerdings wird an einem Zahlenbeispiel sehr deutlich, dass die Rekonstruktion nicht so einfach erfolgen kann, wie oben suggeriert wird.

Zahlenbeispiel:

Alice wählt:

$q=97$[127] $g=37$ und $a=20$

Alice berechnet:

$\alpha = 23^{20} \bmod 97 = 88$

öffentlicher Schlüssel von Alice:

(97, 23, 88)

Bob wählt b = 31 und
möchte die Nachricht m = 17 verschlüsseln.

Bob berechnet:

$\beta = 37^{31} \bmod 97 = 56$ und

$c = 88^{31} \cdot 17 \bmod 97 = 68$

Alice entschlüsselt:

$K = 56^{20} \bmod 97 = 4$

Zur Rekonstruktion von *m* müsste Alice den Term (68:4) mod 97 berechnen. Allerdings ist mit der Division durch 4 nicht die Division im Zahlenraum der rationalen Zahlen gemeint, sondern die Division im Restklassenkörper Z_{97}, d. h. Alice muss das multiplikative Inverse von 4 also $(4)^{-1}$ in Z_{97} finden. Mithilfe des erweiterten Euklidischen Algorithmus und der Vielfachsummendarstellung[128] ist dies einfach zu finden $(4)^{-1}=73$.

Alice entschlüsselt weiter:

$68 \cdot 73 \bmod 97 = 17$

Alternativ könnte sie auch mit der Hilfe des Satzes von Fermat arbeiten und erspart sich die Berechnung des gemeinsamen Schlüssels *K*. Es gilt:[129]

$$\beta^{(q-1-a)} \cdot c \bmod q = \beta^{(q-1-a)} \cdot \alpha^b \cdot m \bmod q = g^{b(q-1-a)} \cdot g^{ab} \cdot m \bmod q$$

$$= (g^{(q-1)})^b \cdot m \bmod q = 1 \cdot m \bmod q = m.$$

Alternativ entschlüsselt Alice weiter:

$56^{(97-1-20)} \cdot 68 \bmod 97 = 17$

---

[127] Zur Veranschaulichung werden kleine Zahlen gewählt. Bei echten Anwendungen werden Zahlen mit 100 oder mehr Stellen gewählt, damit die entsprechende Sicherheit gewährleistet werden kann.

[128] Vgl. Ziegenbalg (2002), S. 39

[129] Vgl. Buchmann (1999), S. 131

Bezüge des El Gamal-Verfahrens zu den fundamentalen Ideen der Mathematik und der Informatik

Der Algorithmus des El Gamal-Verfahrens ist mathematisch komplexer als der des Diffie-Hellman-Schlüsselaustauschverfahrens. Wie schon beim Verfahren nach Diffie-Hellman findet man auch beim El Gamal-Verfahren primär keine Wiederholungsschleife. Von daher besehen, handelt es sich algorithmisch betrachtet auch eher um einen einfachen Algorithmus, der sich wie folgt darstellt:

Eingabe:
Primzahl q, Generator (Primitivwurzel modulo q) $g \in \{1, ..., q\text{-}1\}$, sowie zwei geheime Zahlen $a, b \in \{1, ..., q\text{-}1\}$ und die Nachricht $m^{130} \in \{1, ..., q\text{-}1\}$

Berechnung und Austausch:

$$A \to B: \quad \alpha = g^a \bmod q \qquad\qquad B \to A: \quad \beta = g^b \bmod q.$$
$$B \to A: \quad c = \alpha^b \cdot m \bmod q$$

Ausgabe:

$$m' = c \cdot K^{-1} \bmod q \quad \text{wobei} \quad K = \beta^a \bmod q \quad \text{und } m' = m$$

Geht man davon aus, dass die Nachricht m meistens nicht in Form einer Zahl vorliegt, sondern als Text, so muss bei B noch ein dritter Schritt an den Anfang gestellt werden. In diesem Schritt muss die Umwandlung des Textes in eine Zahl erfolgen und man erhält die Nachricht m. Ist die gewonnene Zahl $m > q\text{-}2$, muss sie in kleinere Zahlenpakete aufgeteilt werden, die nacheinander im Schritt *Ausgabe* von B einzeln verschlüsselt werden müssen.

Das El Gamal-Verfahren verfügt wie das Verfahren nach Diffie-Hellman durch die Verwendung der diskreten Exponentialfunktion über enge Bezüge zur fundamentalen Idee des funktionalen Zusammenhangs. Die verschlüsselte Nachricht c, welche Bob berechnet, ist eine Funktion der fünf Eingabevariablen q, g, a, b, m mit $c\ (q, g, a, b, m) = g^{ab} \cdot m \bmod q$. Angenommen, Bob schickt öfters eine mit dem El Gamal-Verfahren verschlüsselte Nachricht m. Da Alice nicht andauernd ihren öffentlichen Schlüsseln ändern wird, kann man die Variablen q, g und a als fest annehmen. Somit hat Bob nur eine Wahlfreiheit für die Variablen b und m. Sobald Bob die Variable b gewählt hat und man die Menge $\{1, ..., q\text{-}1\}$ als Alphabet für die Nachricht m auffasst, handelt es sich beim El Gamal-Verfahren um eine MM-Verschlüsselung ganz analog zur monoalphabetischen Verschlüsselung, insbesondere kommt dies bei Nachrichten für die $m > p\text{-}1$ gilt zur Geltung.[131] Angesichts der Größe von m – von mehreren hundert Stellen – verbietet sich hier eine einfache Kryptoanalyse.

Die fundamentale Idee des mathematischen Modellierens lässt sich durch das El Gamal-Verfahren sehr gut thematisieren. Dieses Verfahren bietet die Möglichkeit, dass zwei Kommunikationsteilnehmer eine geheime Nachricht über einen öffentlichen Kanal kommunizieren können. Damit wird das kryptologische Grundproblem der geheimen Kommunikation, ohne dass man im Vorhinein einen gemeinsamen geheimen Schlüssel vereinbart hat, gelöst. Wie in Kapitel V schon angedeutet, bietet das El Gamal-Verfahren eine Möglichkeit, digitale Signaturen zu erstellen. Dies soll im Folgenden kurz erläutert werden.[132]

---

[130] Falls die Nachricht m größer als $q\text{-}2$ ist, kann man diese mit dem El Gamal auch verschlüsseln, allerdings muss sie dazu in Blöcke die kleiner als $q\text{-}2$ aufgeteilt werden.
[131] Vgl. Horster (1985), S. 159
[132] Vgl. El Gamal (1985), S. 470

Angenommen, Alice möchte eine Nachricht an Bob signieren. Dazu wählt Alice eine Primzahl q, den Generator (Primitivwurzel modulo q) $g \in \{1, ..., q\text{-}2\}$, sowie eine geheime Zahl $a \in \{1, ..., q\text{-}2\}$. Damit berechnet sie $\alpha = g^a \bmod q$, somit setzt sich ihr öffentlicher Schlüssel aus dem Zahlentripel (g, q, α) zusammen.

Zum Signieren ihrer Nachricht $m \in \{1, ..., q\text{-}1\}$, geht sie wie folgt vor:

1. Sie wählt eine Zufallszahl $k \in \{1, ..., q\text{-}1\}$ mit $k \bmod (q\text{-}1) = 1$.[133]

2. Sie berechnet die Zahl $r = g^k \bmod q$.

3. Sie löst die Gleichung $m = a \cdot r + k \cdot s \bmod (q\text{-}1)$[134] und berechnet s.

4. Alice gibt die Zahlen r und s als Signatur an Bob weiter.

Bob verifiziert die Nachricht, im dem er die Gültigkeit der Gleichung $\alpha^r \cdot r^s \bmod q = g^m$ nachprüft, wobei die Nachricht m Bob schon vorliegen muss und er über den Generator g verfügen muss. Bei der richtigen Berechnung aller Parameter muss die Gleichung wegen der folgenden Überlegung erfüllt sein:

$$g^m \bmod q = g^{(ar+kl)\bmod(p-1)} \bmod q \underset{Fermat}{\overset{wegen}{=}} g^{ar+kl} \bmod q = g^{ar} \cdot g^{kl} \bmod q = \alpha^r \cdot r^l \bmod q$$

In Anlehnung an das obige Zahlenbeispiel soll das Signaturverfahren noch mit Zahlen vergegenwärtigt werden.

Zahlenbeispiel:

Alice wählt: q=97 g= 37 und a=20.
Sie berechnet ihren öffentlichen Schlüssel mit: $\alpha = 37^{20} \bmod 97$=88.
Angenommen, sie möchte die Nachricht $m = 17$ signieren.
So wählt sie die Zufallszahl k = 41 und berechnet r = $37^{41} \bmod 97$=87.
Danach löst sie die Gleichung
$17 = 20 \cdot 87 + 41 \cdot s \bmod 96 \Rightarrow s = (17 - 20 \cdot 87) \cdot 41^{-1} \bmod 96 = -1723 \cdot 89 \bmod 96$=61.
Schließlich sendet Alice das Zahlenpaar (87, 61) als Signatur an Bob.
Bob verifiziert die Signatur, in dem er $37^{17} \bmod 97 = 71$ und $88^{87} \cdot 87^{61} \bmod 97 = 71$ berechnet und die Übereinstimmung der beiden Terme feststellt.

Man kann zeigen, dass das Fälschen der Signatur genauso schwer ist wie die Berechnung des diskreten Logarithmus, daher ist dieser Verfahren sehr sicher.[135]

Das eben dargestellte Verfahren wurde in der Praxis nie eingesetzt, es bildet aber die Grundlage für den Digital Signature Algorithm (kurz: DSA), der 1991 vom National Institut for Standards zum Digital Signature Standard (kurz: DSS) erklärt wurde. Insgesamt gibt es 13.000 Variationen von Signaturverfahren, die auf dem diskreten Logarithmus als Einwegfunktion beruhen.[136] Insgesamt wurde an diesen Ausführungen deutlich, dass durch die mathematischen Berechnungen das außermathematische Problem der digitalen Unterschrift gelöst werden konnte.

---

[133] Durch diese Bedingung an k wird garantiert, dass das Inverse k^{-1} im Restklassenring Z_{p-1} existiert.
[134] Diese Gleichung kann durch eine algebraische Umformung gelöst werden: $(m - a \cdot r) \cdot k^{-1} \bmod (q\text{-}1) = l$.
[135] Vgl. Beutelspacher (2005, 1), S. 142
[136] Vgl. Schmeh (2009), S. 186

Das El Gamal-Verfahren arbeitet genauso wie das Verfahren nach Diffie-Hellman mit Zahlen, wobei unterschiedliche Aspekte von Zahlen benötigt werden. Natürlich spielen alle Aspekte, die schon beim Diffie-Hellman-Schlüsselaustauschverfahren wichtig waren wieder eine Rolle. Eine weitere benötigte Rechenoperation ist die Bestimmung des Inversen in einem Restklassenkörper, wie gezeigt, kann dieses mithilfe des erweiterten Euklidischen Algorithmus oder des Satzes von Fermat gewonnen werden.

Weitere didaktische Aspekte

Das El Gamal-Verfahren ist durch die benötigte Inversenbildung doch deutlich schwieriger als das Diffie-Hellman-Schlüsselaustauschverfahren, alleine schon vom Verständnis und vom rechnerischen Aufwand her. Ein Unterrichtsversuch in der Sekundarstufe[137] zeigt, dass das El Gamal-Verfahren mit kleinen Zahlen und einer Tabellenkalkulation bzw. dem Rechner von Windows begreifbar gemacht werden kann. Allerdings entwickelten die Schüler kein echtes Verständnis für die Zusammenhänge. Daher ist dieses Verfahren optimalerweise im Mathematikunterricht der Oberstufe oder in einem Informatikkurs einzusetzen. Ein Vorschlag für die Umsetzung im Informatikunterricht ist bei Baumann (2.1996) zu finden.

2.4.3 RSA-Verfahren

Im Verlaufe der Arbeit wurden unterschiedliche Aspekte des RSA-Verfahrens schon an verschiedenen Stellen beleuchtet. Aus einer historischen Perspektive wurde dieses Verfahren im Kapitel IV beleuchtet, ausführlich vorgestellt wurde es in Kapitel V.

Bezüge des RSA-Verfahrens zu den fundamentalen Ideen der Mathematik und der Informatik

Der Algorithmus des RSA-Verfahrens zerfällt in zwei unterschiedliche Teile: einerseits die Erstellung des privaten und öffentlichen Schlüssels, andererseits in die Verschlüsselung der Nachricht m. Der erste Teil ist vom potenziellen Empfänger – hier Bob – der Nachricht m zu erledigen, der zweite Teil vom Sender – hier Alice – der Nachricht. Wie auch schon bei den vorangegangenen asymmetrischen Verfahren ist auch beim RSA-Verfahren primär keine Wiederholungsschleife notwendig. Von daher besehen, handelt es sich algorithmisch betrachtet auch eher um einen einfachen Algorithmus, der sich wie folgt darstellt:

Schlüsselerzeugung von Bob:

Eingabe:
Zwei große Primzahlen q, p und eine Zahl e die teilerfremd zu $f = (p\text{-}1)\cdot(q\text{-}1)$ ist.

Berechnung: von d mit der Eigenschaft:
$$e\cdot d \bmod f = 1$$

Ausgabe: öffentlicher Schlüssel
$$(n_B = n, e_B = e)$$

Betrachtet man den Berechnungsschritt genauer, so ist das die Stelle, an der die fundamentale Idee des Algorithmus am stärksten zum Tragen kommt. In diesem Schritt wird d mit dem erweiterten Euklidischen Algorithmus berechnet.

---

[137] Vgl. Hintzen (2006)

Für den zweiten Teil der Verschlüsselung soll davon ausgegangen werden, dass Alice einen Text zu verschlüsseln hat, so ergibt sich der folgende Ablauf:

Textverschlüsselung von Alice:

Eingabe:
Klartext und der öffentliche Schlüssel von Bob ($n_B = n$, $e_B = e$)

Verschlüsselungsvorgang:

1. Text in Zahlen codieren und zur Klartextzahl z zusammensetzen.[138]

2. Gilt $z > n$ muss diese in Blöcke $z_i < n$ mit i∈N und i ≤ k wobei $z = z_1 z_2 ... z_i ... z_k$ und $k∈N$ aufgeteilt werden.

3. Für $i = 1$ bis k wird $c_i = z_i^{e_B} \bmod n$ berechnet und zum Geheimtext $c = c_1 c_2 ... c_i ... c_k$ zusammengesetzt, wobei zwischen jedem Block ein Trennungszeichen anzubringen ist.[139]

Beim Verschlüsselungsvorgang finden zwei verschiedene algorithmische Vorgänge statt. Der erste ist sehr einfach und kommt aus der Codierung, es wird meist mithilfe einer Tabelle jedem Klartextzeichen genau ein Zahlzeichen zugeordnet. Der zweite Vorgang ist algorithmisch nicht viel anspruchsvoller, so wird jedem Klartextzahlenblock mit der oben genannten Berechnung genau ein Geheimtextzahlenblock zugeordnet und zum Geheimtext zusammengesetzt. Die Entschlüsselung des Geheimtextes erfolgt genau in umgekehrter Reihenfolge, nur dass Bob mit seinem privaten Schüssel d_B die Zeichen $z_i = m^{d_B} \bmod n$ berechnet.

An den obigen Überlegungen werden auch die Beziehungen des RSA-Verfahrens zu der fundamentalen Idee des funktionalen Zusammenhangs sehr deutlich. So sind folgende funktionalen Zusammenhänge gegeben:

- Nachricht $m \rightarrow$ Klartextzahl z, meist mit einer Zuordnungstabelle.

- Klartextzahl $z \rightarrow$ Geheimtext c, mit der diskreten Exponentialfunktion, wobei $c_i = z_i^{e_B} \bmod n$ für $i=\{1, ...,k\}$.

Beim RSA-Verfahren kommen die in Kapitel V als Einwegfunktionen dargestellten folgenden Funktionen zum Einsatz:

- das Multiplizieren zweier großer Primzahlen bei der Schlüsselerzeugung und

- die diskrete Exponentialfunktion beim Verschlüsseln (siehe oben).

Die Sicherheit des Verfahrens wird durch die Multiplikation der beiden Primzahlen begrenzt. Zur Zeit sind Schlüssellängen von 1.048 bis 2.096 Bit, also ca. 300 – 600 stellige Primzahlen, üblich.[140] Nach der Meinung von Schmeh[141] liegen Schlüssellängen von 512 Bit, also ca. 150 stellige Primzahlen schon diesseits der NSA-Grenze, d. h. der amerikanische Geheimdienst ist durchaus in der Lage, RSA-Verschlüsselungen mit diesen Schlüssellängen mitzulesen.

---

[138] Die Zusammensetzung erfolgt z. B. durch Konkatenation der einzelnen Zahlen.
[139] Nur damit ist Bob in der Lage, den Geheimtext ohne zusätzliche Informationen zu entschlüsseln.
[140] Vgl. Schmeh (2009), S. 179
[141] Vgl. Schmeh (2009), S. 179

Durch das RSA-Verfahren wird die fundamentale Idee des mathematischen Modellierens illustriert, wie bereits in Kapitel V ausführlich dargelegt. Ein Aspekt fehlt noch, man verwendet das RSA-Verfahren, wie auch das El Gamal-Verfahren, zum Signieren von Nachrichten. Allerdings ist das Signieren von Nachrichten mit dem RSA-Verfahren algorithmisch betrachtet einfacher als mit dem El Gamal-Verfahren. Im Folgenden wird der Signaturalgorithmus mit dem RSA-Verfahren kurz vorgestellt. Angenommen, Alice möchte an Bob eine signierte Nachricht verschicken.

Eingabe:
Schlüssel, die nach dem Schlüsselerzeugungsverfahren des RSA-Verfahrens berechnet wurden: Produkt zweier großer Primzahlen=n_A, öffentlicher Schlüssel von Alice=e_A, geheimer Schlüssel von Alice=d_B, sowie die zu signierende Nachricht m.

Signaturerstellung:
Alice berechnet $s(m) = m^{d_A} \bmod n$ [142].

Verifikation der Signatur:
Bob berechnet[143] $m' = (s(m))^{e_A} \bmod n$. Die Signatur ist erfolgreich verifiziert, falls $m' \equiv m \ (\bmod \ n)$ gilt.

Beim richtigen Berechnen aller Parameter ist die Gleichung $m' \equiv m \ (\bmod \ n)$ erfüllt, es muss nicht extra nachgewiesen werden, da im Vergleich zum Verschlüsseln mit dem RSA-Verfahren nur die Reihenfolge beim Potenzieren mit e und d verändert wurde.

Beim Signieren von Nachrichten mit dem RSA-Verfahren wird die Nachricht als solches wieder rekonstruiert, so bezeichnet man diese Art der Signatur auch als „*Signatur mit Nachrichtenrückgewinnung*".[144] Ganz im Gegensatz zum El Gamal-Verfahren, bei dem nur eine Gleichung verifiziert wird. Ein weiterer Unterschied besteht darin, dass El Gamal-Signaturen länger sind als RSA-Signaturen.[145] Wegen weniger modularen Berechnungen ist das RSA-Signaturverfahren schneller zu berechnen als die El Gamal-Signatur[146].

Insgesamt wurde mit diesen Ausführungen gezeigt, dass auch mit dem RSA-Verfahren eine digitale Unterschrift mathematisch nachgebildet werden kann.

Das RSA-Verfahren weist aufgrund seiner Konstruktion viele Bezüge zur fundmentalen Idee der Zahl auf, die in der folgenden Aufzählung unter Berücksichtigung der verwendeten Rechenoperationen prägnant zusammengefasst werden sollen:

- Primzahlen p und q, als Startinformationen

- Berechnung des GGT für die Wahl von e

- erweiterter Euklidische Algorithmus für die Berechnung von d

- Potenzieren für die Berechnung des Geheimtextes bzw. Klartextes

- Modulo Rechnung für die Berechnung des Geheimtextes bzw. Klartextes.

---

[142] Alice verschlüsselt die Nachricht m mit dem nur ihr bekannten geheimen Schlüssel d_A.
[143] Bob verwendet den für ihn zugänglichen öffentlichen Schlüssel e_A von Alice.
[144] Vgl. Beutelspacher (2005, 2), S. 113
[145] Vgl. Beutelspacher (2005, 1), S. 172
[146] Vgl. Beutelspacher (2005, 1), S. 172

Weitere didaktische Aspekte

Von den mathematischen Voraussetzungen her betrachtet, könnte man das RSA-Verfahren in den ersten beiden Klassen der weiterführenden Schulen auf einer rein phänomenologischen Basis thematisieren. Anhand der folgenden Zahlenkombination ist durchaus aufzeigbar, dass Bob eine Nachricht von Alice empfangen kann, wenn Alice diese mit dem öffentlichen Schlüssel von Bob verschlüsselt:

Einfaches Zahlenbeispiel:
e = 3, d = 7, n = 22, m=2

Berechne:
$c = 2^3 \bmod 22 = 8$
$m' = 8^7 \bmod 22 = 2.097.152 \bmod 22 = 2$

Allerdings zeigt sich an diesem Beispiel: Möchte man, dass der öffentliche Schlüssel e, der private Schlüssel d, die Zahl n (Produkt der beiden Primzahlen p und q) und die Nachricht m alles unterschiedliche Zahlen sind, dann werden die Potenzen, welche der Geheimzahl c und des rückentschlüsselten Klartextes m' zugrunde liegen für die Unterstufe zum Rechnen ziemlich groß (größer als 1.000.000). Das macht die Zahlenbeispiele sehr unhandlich zum Rechnen. Außerdem gibt es nur noch zwei weitere Zahlenbeispiele, bei denen die Zahlen e, d, c und m unterschiedlich sind und die den Zahlen c und m' zugrunde liegenden Potenzen kleiner als 100.000.000.000 sind. Nach diesen Betrachtungen kann nur der Schluss gezogen werden, dass das RSA-Verfahren auch auf einer rein phänomenologischen Ebene nicht in den Unterricht der Unterstufe gehört.

Das Ver- und Entschlüsseln geht mit einem entsprechenden mathematischen[147] oder technischen[148] Hilfsmittel einfacher, so kann dieser Vorgang durchaus in der Mittelstufe behandelt werden. Bei entsprechender Vorbereitung z. B. Behandlung des erweiterten Euklidischen Algorithmus ist auch die Schlüsselgewinnung für den Unterricht in der Mittelstufe geeignet. Ein anderer gangbarer Zugang zum RSA-Verfahren ist über zyklische Gruppen möglich.[149] Allerdings kann der mathematische Beweis, warum das RSA-Verfahren funktioniert, wegen dessen Komplexität, erst in der Oberstufe hinreichend geklärt werden.

---

[147] Vgl. z. B. Engel (1979), S. 43 ff.
[148] Vgl. Abschnitt 2.4.1 oder Kuchenbrod (2006)
[149] Vgl. Berlin (2005), S. 19 ff.

VII Resümee und fachdidaktische Konsequenzen

In einer Stellungnahme der Gesellschaft für Didaktik der Mathematik (GDM) sowie des Deutschen Vereins zur Förderung des mathematischen und naturwissenschaftlichen Unterrichts (MNU) zur „Empfehlung der Kultusministerkonferenz zur Stärkung der mathematisch-naturwissenschaftlichen-technischen Bildung" von 2010 ist die folgende Forderung nachzulesen: *„Ein zeitgemäßer Mathematikunterricht muss die von digitalen Medien geprägte Lebenswelt von Schülerinnen und Schüler berücksichtigen"*[1]. In den vorangegangen Kapiteln dieser Arbeit wurde ausführlich gezeigt, dass die Inhalte der Codierungstheorie und der Kryptologie gerade zu diesem Aspekt der mathematischen und informatischen Bildung einen sehr guten Beitrag leisten. Denkt man an eine schulische Umsetzung der beiden Themen, so stehen verschiedene Alternativen zur Verfügung, beispielsweise:

- als Thema eines Projekts

- in Form einer Arbeitsgemeinschaft (AG)

- integrativ im Unterricht.

Codierung und Kryptologie als Projektthema

Projektarbeit nimmt in Schulen und an Hochschulen inzwischen einen immer wichtigeren Stellenwert ein. Im Rahmen dieser Unterrichtsmethode bieten die Codierungstheorie und Kryptologie einen sehr großen Themenschatz. Da es unzählige Möglichkeiten gibt, diese umzusetzen, möchte ich im Folgenden zwei Beispiele aufführen:

Im Rahmen seiner wissenschaftlichen Hausarbeit: *Moderne kryptografische Verfahren im Mathematikunterricht der Sekundarstufe am Beispiel der RSA-Verschlüsselung* hat ein Student zwei Projekttage zur Kryptologie für eine 9. Klasse der Realschule gestaltet.[2] Dabei behandelte er die Themen: Skytale, Cäsar-Verschlüsselung, Vigenère-Verschlüsselung, ASCII-Code, AES-Verfahren (allerdings in einer didaktisch reduzierten Form), Diffie-Hellman-Schlüsselaustauschverfahren. Als Ergebnis dieser Arbeit ist festzustellen, dass die Schüler die behandelten Verfahren verstanden haben und die Schüler vor allem sehr interessiert an diesen Themen waren.

Eine Lehrerin berichtet davon, dass sie im Rahmen des Mathematikunterrichts in einer 7. Klasse eines Gymnasiums ein Projekt zum Thema *Kryptologie*[3] durchgeführt hat. Nach einer zweistündigen Einführungsphase wurden den Schülern folgende Themen mit inhaltlichen Anregungen (siehe Klammer) vorgestellt:[4]

1. *Übermitteln einer Botschaft* (Situationen in denen man sich mit Sprache verständigt, Morsealphabet, Flaggenalphabet)

2. *Verschlüsseln mit einfachen Verfahren* (Verschlüsselungsverfahren der Antike, Transpositionsverfahren, eigene Geheimschriften)

3. *Verschlüsseln mit monoalphabetischen Verfahren* (bekannte Substitutionsverfahren, Schlüsselwörter)

---

[1] Weigand (2010), S. 32
[2] Vgl. Kuchenbrod (2006)
[3] Siehe Leibig (2001), S. 96 ff
[4] Vgl. Leibig (2001), S. 97/98

4. *Verschlüsseln mit polyalphabetischen Verfahren* (homophone Chiffre, Vigenère-Chiffre)

5. *Entschlüsselungsverfahren* (Warum kann man eine Cäsar-Verschlüsselung leicht entschlüsseln? Knacken der Vigenère-Verschlüsselung)

6. *Identifizieren mit Chipkarten* (Magnetkarten, Chipkarten, Bereiche für den Einsatz von Chipkarten, Verfahren zur Identifizierung)

7. *Prüfziffern* (Welche Fehler gibt es?, Wie werden Prüfziffern berechnet?, 3 Anwendungsbeispiele)

Nach vier Unterrichtsstunden des eigenständigen Arbeitens wurden die Themen anhand von Plakaten gruppenweise präsentiert. Diese Phase dauerte 3 Unterrichtsstunden. Als Ergebnis ist das folgende festzuhalten: *„Insgesamt ist dieses Thema für einen Projektunterricht sehr gut geeignet, da es vielfältig ist und sich auch schwächere Schüler an ein kompliziertes Thema heranwagen können. Es macht sehr viel Spaß eigene Verschlüsselungen zu entwickeln und zu versuchen andere zu knacken.“*[5]

Eine andere Form des projektartigen Arbeitens sind Facharbeiten. Das sind selbstständig von Schülern verfasste Arbeiten in einer wissenschaftspropädeutischen Form. Diese werden teilweise als Abschlussarbeit in der Oberstufe oder als eine besondere Form der Lernleistung erbracht. Die Welt der Codes und Kryptologie bietet hierzu ein sehr großes Feld. Martin Epkenhans schlägt dazu die folgenden Themen vor:[6]

- Der Restklassenring Z*, eine mathematische Fundierung von RSA

- Das Verfahren von EL Gamal

- Der Euklidische Algorithmus

- Eine mathematische Modellierung von Verschiebechiffren

- Die Kryptoanalyse monoalphabetischer Chiffrierungen

- Über das Finden großer Primzahlen

- Über die Faktorisierung natürlicher Zahlen

Diese Themenliste ließe sich fortführen, so wären z. B. auch die folgenden Themen interessant: Kryptoanalyse polyalphabetischer Verschlüsselungen, Signaturverfahren, Einwegfunktionen in der Kryptologie etc. Neben diesen mathematischen Themen sieht Epkenhans die Möglichkeit, dass die Kryptologie auch als Ideengeber für Facharbeiten in Informatik, Deutsch, Sozialwissenschaften, Politik, Geschichte fungiert. Folgende Themen schlägt er vor:

- Informatik: Implementierung eines kryptologischen Algorithmus

- Sozialwissenschaften: Datenschutz

- Geschichte: Cäsar-Verschlüsselung oder Enigma

- Deutsch: Geheimschriften in der Literatur

---

[5] Leibig (2001), S. 101
[6] Epkenhans (2002), S. 32 ff.

Auch das Fach Physik bietet sich hierfür gut an, alle drahtlosen Übertragungssysteme für Informationen arbeiten mit einer kryptologischen Absicherung z. B. das Telefonieren mit dem Handy, der elektronische Autoschlüssel etc. Des Weiteren bieten sich kryptologische Themen in den Fächern Englisch und Latein an, beispielsweise durch die Aufarbeitung von Teilen der Originalquellen z. B. *„Traicté des Chiffres"* von Blaise de Vigenère oder *„De furtivis literarum notis"* von Giovan Battista Porta.

Codierung und Kryptologie in einer Arbeitsgemeinschaft

Im Rahmen seiner Zulassungsarbeit mit dem Titel: *„Aspekte der Informationsgesellschaft: Public Key Verfahren im Hauptschulunterricht"*[7] entwickelt ein Student eine Konzeption für eine Unterrichtseinheit mit 4 Doppelstunden, die im Rahmen einer Internet AG gehalten wurde. Schüler der Klassen 7-10 erhalten einen Einblick in symmetrische und asymmetrische Verschlüsselungsverfahren, wobei er als asymmetrisches Verfahren schwerpunktmäßig die El Gamal-Verschlüsselung behandelte. Es zeigt sich, dass die Schüler mit den symmetrischen Verschlüsselungsverfahren keine Probleme hatten. Das El Gamal-Verfahren konnte er anhand kleiner Zahlen und mithilfe einer Tabellenkalkulation so umsetzen, dass die Schüler den Verschlüsselungsalgorithmus verstehen konnten.

Eine weitere Möglichkeit der methodischen Umsetzung kryptologischer Inhalte ist bei Greefrath[8] zu finden. In diesem Konzept stellt er eine modulare Herangehensweise an das Thema vor. Der dazugehörende Kursus wurde im Rahmen einer Sommerakademie für besonders begabte Jugendliche aus den Jahrgangsstufen 10-12 bei der deutschen Schülerakademie gehalten.

Integrativ im Unterricht

In verschiedenen aktuellen Schulbüchern zum Mathematikunterricht finden sich Vorschläge zur integrativen Behandlung codierungstheoretischer und kryptologischer Inhalte. Einen kleinen Einblick dazu gibt die Tabelle: Tab. VII.1.

Allerdings gibt es noch keine Schulbuchreihe, die die Codierung und Kryptologie als durchgängiges Konzept in allen ihren Facetten berücksichtigt, bisher werden diese Themen eher exemplarisch dargestellt. Im weiteren Verlauf wird ein diesbezüglicher Vorschlag erläutert.

Neben dem Fach Mathematik sind die Themen Codierungen und Kryptologie wichtige Inhalte des Informatikunterrichts. Seit den letzten 15 Jahren ist die Kryptologie Gegenstand der informatikdidaktischen Diskussion. Verwiesen wird beispielsweise auf Baumann (1996, 2), Witten, u. a. (1998), Baumann (1999), Zuber (2001), Witten, u.a. (2006), Fischer & Knapp (2008) und Esslinger & Koy (2009). Des Weiteren wären auch Umsetzungen in anderen Schulfächern wie z. B. Geschichte möglich, da viele kriegerische Auseinandersetzungen mit der Kryptologie in Verbindung stehen.

Einen ganz anderen Ansatzpunkt die Kryptologie zum Unterrichtsgegenstand zu machen, verfolgt Stohr in ihrer Dissertation *„Unterricht in Kryptologie"*.[9] Sie entwickelt dabei eine Konzeption für ein Wahlpflichtfach Kryptologie.

---

[7] Hintzen (2006)
[8] Greefrath (2005), S. 332 ff.
[9] Stohr (2007)

Buchtitel	Klassenstufe	Inhalt
Mathematik Neue Wege Band 1	5	Aufgaben zu Codierungen:[10] Morsecode, Brailleschrift
Fokus Mathematik Gymnasium Band 1	5	Aufgaben zu Codierungen:[11] Morsecode, Brailleschrift
XQuadrat	5	Projektseiten zur Datenverschlüsselung: Syktale, RSA-Verfahren[12]
Mathematik konkret 2	6	Sonderseiten zu den Themen:[13] Prüfziffern, Geheimschriften (monoalphabetische und Bigramm-Verschlüsselungen)
XQuadrat	6	Mehr zum Thema: Cäsar-Verschlüsselung, Häufigkeitsanalyse[14]
Schnittpunkt 3	7	Sonderseite Geheimschrift:[15] Monoalphabetische Verschlüsselung, Häufigkeitsanalyse

Tab. VII.1: Schulbuchübersicht zur integrativen Behandlung codierungstheoretischer und kryptologischer Inhalte im Mathematikunterricht

Die nun folgenden Überlegungen werden nur auf das Unterrichtsfach Mathematik bezogen. Im Rahmen verschiedener Zulassungsarbeiten wurden die vielfältigsten Unterrichtserfahrungen in verschiedenen Schultypen teilweise kombiniert mit innovativen methodischen Konzeptionen gesammelt. Im Folgenden ist eine kleine Übersicht mit den Titeln der Arbeiten und einer kurzen inhaltlichen Charakteristik der unterrichtlich umgesetzten Themen zusammengestellt.

- *Erstellung einer reichhaltigen Lernsituation am Beispiel von Verschlüsselungsverfahren für die Realschule[16]*
  Schüler der Klasse 6 einer Realschule arbeiteten einen ganzen Vormittag an einer Lernlandschaft[17] „Codierung und Kryptologie" mit Stationen zur ASCII-Codierung, Stellenwertrechnung, EAN-Code, Cäsar-Verschlüsselung, Papierstreifenverschlüsselung, homophone Verschlüsselung, Fleissner-Schablone und Vigenère-Verschlüsselung.

- *Geheimschriften in der Elementarstufe unter besonderer Berücksichtigung des genetischen Prinzips[18]*
  Im Rahmen des Mathematikunterrichts einer 4. Klasse wurden 6 Stunden zum Thema Kryptologie unterrichtet. Die Themen waren: Skytale, Cäsar-Verfahren, Vigenère-Verfahren, Fleissner-Methode, Problem der Schlüsselverwaltung und steganografische Methoden.

---

[10] Lergenmüller & Schmidt (2005), S. 97 & S. 98
[11] Esper & Schornstein (2004), S. 210
[12] Griese (2001), S. 224
[13] Koullen (2004), S. 30 & S. 43
[14] Baum (2007), S. 145
[15] Böttner u. a. (2006), S. 170
[16] Trautz (2007)
[17] Vgl. Jost (1999)
[18] Conette (2009)

- *Aspekte von Codierungen im Alltag unter besonderer Berücksichtigung von Strichcodes, ISBN und Blindenschrift – Umsetzungsmöglichkeiten im Mathematikunterricht der Realschule[19]*
  In einer Klasse 7 der Realschule arbeiteten Schüler an einer Lerntheke an zwei Doppelstunden an den Themen: ASCII-Code, Blindenschrift, EAN, Strichcodes, ISBN, PIN und Postleitzahlen.

- *Aspekte der Informationsgesellschaft – Kryptoanalyse im Realschulunterricht[20]*
  Es wurde ein Lernzirkel zu den folgenden Themen erstellt: einfache Kryptoanalyse, Kasiski- und Friedman-Test. In einer Doppelstunde konnten Schüler einer 7. Klasse der Realschule den Lernzirkel bearbeiten.

- *Verschlüsselung durch Transpositionsschemata: Umsetzungen im Mathematikunterricht in der Realschule[21]*
  Die unterrichtliche Umsetzung des Themas „Fleissnersche Verschlüsselungsschablone" erfolgte in einer 5. Klasse der Realschule.

Insgesamt stellte sich heraus, dass bei den Schülern der „Rätselinstinkt"[22] geweckt wurde und die Schüler äußerst motiviert bei allen vorgestellten Unterrichtseinheiten zu Werke gingen. Vor allem die von mir entwickelten bzw. verbesserten Materialien zur Blindenschrift, Cäsar-Verschlüsselung, Vigenère-Verschlüsselung, Fleissner-Verschlüsselung und der EAN zeigten ihre positive Wirkung für das Verständnis der Schüler. In den Klassen der Primar- und Unterstufe ist der handlungsorientierte Zugang durch das Herstellen der eigenen Verschlüsselungswerkzeuge sehr Verständnis fördernd. Damit werden die Verschlüsselungsverfahren erst für die Schüler begreifbar im eigentlichen Wortsinne. Beim Problem der Schlüsselverwaltung stellte sich heraus, dass die Schüler der Grundschule den inhaltlichen Kern nicht verstanden haben, als einen Grund dafür wurde das fehlende Abstraktionsvermögen der Schüler identifiziert.[23] Daher sollte man, wie schon erwähnt, mit den asymmetrischen Verschlüsselungsverfahren frühestens mit der Klasse 7-8 beginnen.

Geleitet aus diesen Unterrichtserfahrungen und allen bisherigen Überlegungen möchte ich den folgenden Lehrgang für die integrative Behandlung von Themen der Codierung und Kryptologie vorschlagen. Dabei ist gedacht, dass sich diese Themen wie ein roter Faden durch den Mathematikunterricht der Klassen 5-12 ziehen. Dafür wurde das Fach Mathematik ausgewählt, da nach den Ausführungen in den vorangegangen Kapitel deutlich wurde, dass die fundamentale Ideen der Mathematik sehr gut anhand von Codes und Kryptologie thematisierbar sind.

Das Kernziel ist in Form einer Leitidee formuliert: *Codierung und Kryptologie sind fundamentale, historisch bedeutsame und facettenreiche Kulturtechniken mit wichtigen Anwendungen in der modernen Kommunikations- und Wissensgesellschaft.*
Damit verbunden sind die folgenden Kompetenzen. Die Schüler sollen:

- Codes im Alltag erkennen,

- das Codieren und Decodieren von Codes beherrschen,

- die Aufgabe von Codes kennen,

---

[19] Janda (2007)
[20] Burkert (2009)
[21] Hoppe (2009)
[22] Connette (2009), S. 116
[23] Vgl. Connette (2009), S. 134

- Ver- und Entschlüsselungsverfahren kennen und deren Anwendung beherrschen,

- Aufgaben der Kryptologie kennen,

- Anwendungen der Kryptologie im Alltag kennen,

- einfache Geheimtexte entschlüsseln können.

Es stellt sich nun die Frage nach den Themen, die zum Erringen dieser Kompetenzen sinnvoll sind. Bei meinen Überlegungen gehe ich von einer maximalen Anzahl von Themen zur Codierung und Kryptologie aus. Insbesondere wird bei der Auswahl der Themen die Idee des Spiralcurriculums nach Bruner beachtet.

Leitidee: *Codierung und Kryptologie sind fundamentale, historisch bedeutsame und facettenreiche Kulturtechniken mit wichtigen Anwendungen in der modernen Kommunikations- und Wissensgesellschaft.*		
Klassenstufe	Thema	mathematische Inhalte
5/6	einfache Codierungen: – Blindenschrift, *Morsecode*, ASCII – *Flaggenalphabet* – EAN/ISBN kombiniert mit Strichcodes einfache Transpositionsverfahren: – Anagramme, Skytale – Fleissner-Schablone einfache Substitutionsverfahren (monoalphabetische Verschlüsselungen): – z. B. Freimaurerverschlüsselung – Cäsar-Verschlüsselung einfache Kryptoanalyse homophone Verschlüsselungen	Binärsystem geometrische Mustererkennung Grundrechenarten Permutation geometrische Abbildungen Division mit Rest Häufigkeitsanalyse
7/8	Polyalphabetische Verschlüsselung – Vigenère-Verfahren – Einmalschlüssel (One-Time-Pad) – Kasiski-Test	Modulorechnung
9/10	Huffman-Codierung Schlüsselaustauschverfahren nach Diffie-Hellman	Wurzelbäume Potenzieren, Modulorechung
11/12	RSA-Verfahren El Gamal-Verschlüsselung	Potenzieren, Modulorechnung

Tab. VII.2: Vorschlag für ein Curriculum zur Codierung und Kryptologie[24]

Der Kursus beginnt in den Klassen 5/6 mit einfachen binären Codierungen, z. B. der Blindenschrift und dem ASCII-Code. Bei den genannten Beispielen handelt es sich um Codes, die im Alltag der Schüler vorkommen und einen starken Bezug zum Binärsystem aufweisen. Der Morsecode stellt in diesem Zusammenhang ein weiteres Beispiel dar, allerdings weist dieser keinen Alltagsbezug auf. Wenn man die Idee der Codierung sehr

---

[24] Kursiv dargestellte Themen in der Themenspalte sind fakultativ.

eindrucksvoll unterstützen möchte, bieten sich das Flaggenalphabet oder ein Fackelcode[25] an. Schließlich wird das Thema Codierung durch die Codes im Supermarkt (EAN) und im Buchhandel (ISBN) sehr alltagsnah abgerundet. Dabei ist aus der Seite der Codierungstheorie vor allem die Fehlererkennung durch die Prüfzifferberechnung hervorzuheben. Im ersten Durchgang durch die Kryptologie sollten die beiden Basisverschlüsselungen Transposition und Substitution thematisiert werden. Die Reihenfolge, ob Transposition oder Substitution zuerst behandelt wird, spielt keine Rolle. Transpositionsverschlüsselungen haben wegen den damit verbunden Wortspielen (Anagrammen) einen extrem hohen Aufforderungscharakter. Substitutionsverschlüsselungen haben diesen wegen ihres offensichtlichen Rätselcharakters. Als Einstieg in die Transpositionsverfahren bieten sich Anagramme und die Skytale an. Auch die Gartenzaunmethode und geometrische Verschlüsselungen sind dafür geeignet. Allerdings ist die Skytale wegen ihres tatsächlich in der Geschichte nachgewiesenen Einsatzes zu bevorzugen. Erst in einem zweiten Schritt sollte die Fleissner-Verschlüsselung behandelt werden. Diese ist gerade wegen ihrer Bezüge zur Mathematik von großer Bedeutung. Zur Einführung in die Substitutionsverfahren sind Verschlüsselungen mit Fantasiezeichen sehr geeignet, da sie in besonderem Maße den Rätselinstinkt der Schüler wecken und andererseits ihre Kreativität beim Erfinden eigener Zeichen fördern. Erst in einem zweiten Schritt sollte die Cäsar-Verschlüsselung behandelt werden, da es sich hierbei um eine systematische Substitution handelt. Durch eine einfache Häufigkeitsanalyse und homophoner Verschlüsselung wird der erste Durchgang durch die Kryptologie abgerundet.

Zur Fortsetzung der Kryptologie in den Klassen 7-8 empfiehlt sich das Vigenère-Verfahren, es knüpft passgenau an die Idee des Cäsar-Verfahrens aus den Klassen 5/6 an. Die Verschlüsselung mit Einmalschlüsseln ist in diesem Zusammenhang das Paradebeispiel für einen unknackbaren Code und sollte deshalb nicht vergessen werden. Die Idee der Kryptoanalyse wird durch den Kasikl-Test passend fortgesetzt. Durch die bisherigen Themen in den unteren Klassen ist die Behandlung symmetrischer Verschlüsselungen abgeschlossen. Weitere Verfahren, wie z. B. DES oder AES, bringen nicht wesentliche neue Ideen, sie bedienen sich auch nur der Substitution und der Transposition als Verschlüsselungsmethode.

Die ASCII-Codierung und der Morsecode werden sehr gut durch den Huffman-Code in den Klassen 9/10 weitergeführt und rücken vor allem den Aspekt der Datenkompression in den Fokus der Schüler. Außerdem bedient man sich dabei moderner mathematischer Hilfsmittel wie Graphen.

Zur Fortführung der Kryptologie ist das Diffie-Hellman-Schlüsselaustauschverfahren geeignet, da es den alten kryptologischen Traum, der öffentlichen Vereinbarung eines geheimen Schlüssels verwirklicht und ihm eine besondere mathematische Modellierung zugrunde liegt. Schließlich wird durch die RSA- und El Gamal-Verschlüsselungen in der Oberstufe (Klasse 11-12), die in den alltäglichen Computeranwendungen vorkommen, der integrative Kursus durch die Kryptologie abgerundet.

Die Diskussion hat gezeigt, dass es unterschiedliche Möglichkeiten gibt, die Codierung und Kryptologie integrativ im Unterricht umzusetzen. Möchte man alle Schüler einer Jahrgangsstufe erreichen, was angesichts der Wichtigkeit des Themas angebracht ist, so empfiehlt sich eine Umsetzung der Themen im Mathematikunterricht, den alle Schüler einer Jahrgangsstufe besuchen müssen. Diese These wird auch dadurch gestützt, dass wegen den vielen Beziehung der Codierungen und Kryptologie zu den fundamentalen Ideen der Mathematik auch wichtige Ziele des Mathematikunterrichts erreichbar sind. Im Rahmen dieser Arbeit

---

[25] Vgl. Fischer (2008), S. 41

wurden verschiedene Unterrichtsprojekte vorgestellt, in denen praktische Umsetzungen untersucht wurden. Diese praktischen Untersuchungen sollten allerdings noch vertieft werden, die in der Arbeit vorgestellten Projekte sind dazu nur ein erster Anfang. Auch sind die in der Literatur dargelegten Unterrichtskonzeptionen bisher nicht ausreichend empirisch untersucht worden.

Einen weiteren Forschungszweig stellen theoretische Überlegungen dar. Die in dieser Arbeit angedeutete Diskussion, die die Beziehungen der Steganografie zu den fundamentalen Ideen der Mathematik und der Informatik aufarbeitet, sollte noch vertieft werden.

Des Weiteren ist die Analyse der Beziehungen der Codierungstheorie und Kryptologie zu anderen Fachbereichen ein weiterer didaktischer Forschungsaspekt, dieser wurde in dieser Arbeit ebenfalls nur angedeutet. So sollten auch diese Untersuchungen mit Blick auf die Allgemeinbildung noch vertieft werden, beispielsweise durch die Fragen, welchen Beitrag die Kryptologie zur historischen Bildung leistet oder wie mittels der Kryptoanalyse die Schreib- und Sprachkompetenz von Schülern geschult werden kann.

In der Literatur verwenden viele Autoren Verschlüsselungsverfahren, beispielweise spielt in der Erzählung „The Gold-Bug" von Edgar Allan Poe eine monoalphabetische Verschlüsselung durch Textzeichen eine wichtige Rolle oder in *„The Adventure of the Dancing man"* eine monoalphabetische Verschlüsselung durch verschiedene Strichmännchen. Neben den historischen Beispielen finden sich auch in aktuellen Romanen kryptologische Inhalte, beispielsweise bei dem Bestsellerautor Dan Brown in seinen Romanen „Digital Fortress"[26] von 1998, „Angels & Demons"[27] von 2000, „The Da Vinci Code"[28] von 2003 oder „The Lost Symbol"[29] von 2009. Die Beispiele aus der neueren Literatur und der große Erfolg der Bücher, welcher auch auf deren kryptologischen Inhalten beruht, bestärken die Annahme, dass Codierungen und Kryptologie über einen äußerst hohen Aufforderungscharakter verfügen, der im Unterricht viel mehr durch die Lehrkräfte genutzt werden sollte. Eine fachdidaktische Forschungsfrage, die sich daran anschließt und die der empirischen Bestätigung bedarf, lautet: Kann man mit gezielter Berücksichtigung der Codes und der Kryptologie im Unterricht die Einstellung der Schüler zum Fach Mathematik oder anderen Fächern verbessern?

---

[26] Deutscher Titel: „Diabolus"
[27] Deutscher Titel: „Illuminati"
[28] Deutscher Titel: „Sakrileg"
[29] Deutscher Titel: „Das verlorene Symbol"

Literaturverzeichnis

Enzyklopädien und Lexika:

- Böhm, W. (2005) (Hrsg.). *Wörterbuch der Pädagogik* (16. Auflage). Stuttgart: Alfred Kröner Verlag 2005

- Brockhaus (2001). *Brockhaus die Enzyklopädie in 24 Bänden.* Leipzig Mannheim: Brockhaus F.A. GmbH

- *Brockhaus online Enzyklopädie* (2010).
  URL: http://www.brockhaus-enzyklopaedie.de/be21_article.php (Stand: 25.08.2010)

- Duden (2001). *Das Herkunftswörterbuch* (3. Auflage). Mannheim Leipzig Wien Zürich: Bibliographisches Institut F.A. Brockhaus AG

- Duden (2001). *Informatik* (3. Auflage). Mannheim Leipzig Wien Zürich: Bibliographisches Institut F.A. Brockhaus AG

- Duden (2005). *Das Fremdwörterbuch* (8. Auflage). Mannheim Leipzig Wien Zürich: Bibliographisches Institut F.A. Brockhaus AG

- Duden (2007). *Das Fremdwörterbuch* (9. Auflage). Mannheim Leipzig Wien Zürich: Bibliographisches Institut F.A. Brockhaus AG [CD-ROM]

- Eisenreich, G. (1989). *Lexikon der Algebra.* Berlin: Akademie-Verlag

- *Encarta-Enzyklopädie* (2003). Microsoft Corporation 1993-2002

- Henning, P. (2000). *Taschenbuch Multimedia.* München Wien: Fachbuchverlag Leipzig im Carl Hanser Verlag

- *Lexikon der Mathematik in 6 Bänden* (2003). Heidelberg: Spektrum Akademischer Verlag GmbH

- *MathWorld* (2010)
  Online Mathematiklexikon der Firma Wolfram research, Inc.
  URL: http://mathworld.wolfram.com/ExhaustiveSearch.html (Stand: 21.08.2010)

- *The New Encyclopædia Britannica* (2002) (15. Auflage). Chicago: Encyclopædia Britanica Inc.

Bücher, Zeitschriften, Artikel:

Aigner, M. (2003). *Diskrete Mathematik* (5. Auflage). Wiesbaden: Friedrich Vieweg & Sohn/ GWV Fachverlage

Aischylos (1983). *Agamemnon (Orestie I).* Stuttgart: Philipp Reclam

Arlt, W. (Hrsg.) (1981). *Informatik als Schulfach, Didaktische Handreichung für das Schulfach Informatik*. München: Oldenbourg

Arnauld, A. (1683). *Nouveaux Elemens de Géométrie* (2. Auflage). Paris: G. Desprez Bezugsquelle: Google Bücher URL:http://books.google.de/books?id=7oA_AAAAcAAJ&pg=PP28&dq=Nouveaux+El ements+de+Geometrie+inauthor:arnauld&hl=de&ei=mZecTMH1MMON4gblpsigDQ& sa=X&oi=book_result&ct=book-thumbnail&resnum=7&ved=0CEsQ6wEwBg#v=one page&q&f=false (Stand: 20.10.2010)

Arnauld, A.(1972). *Die Logik oder die Kunst des Denkens*. Darmstadt: Wissenschaftliche Buchgesellschaft

Baacke, E. (2002). Virtuelle (Lern)Welten und Neue Medien – eine Herausforderung für die politische Bildung. In A. Baacke (Hrsg.) *Virtuelle (Lern)Welten und Neue Medien*. Schwalbach/Ts.: Wochenschau Verlag (Didaktische Reihe der Landeszentrale für Politische Bildung in Baden-Württemberg)

Badisches Landesmuseum Karlsruhe (2008). *Volles Risiko! Glückspiel von der Antike bis heute*. Landshut: Boschdruck

Bauer, F., Goos, G., & Paul, M. (1982). *Informatik. Eine einführende Übersicht. Erster Teil* (3. Auflage). Berlin Heidelberg New York: Springer-Verlag

Bauer, F. (1997). *Entzifferte Geheimnisse. Methoden und Maxime der Kryptologie*. Berlin Heidelberg: Springer-Verlag

Bauer, F. (2007). Fleissner-Raster und Erzherzog. *Informatik Spektrum*, 30, Heft 1, S. 36-38

Baum, D., & Klein, H. (Hrsg.) (2007). *Mathematik 5 XQuadrat*. Ausgabe A. München Düsseldorf Stuttgart: Oldenbourg Schulbuchverlag

Baumann, R. (1990). *Didaktik der Informatik*. Stuttgart: Ernst Klett Schulbuchverlag

Baumann, R. (1994). Datenkompression nach Huffman. *LOG IN*, 14, Heft 5/6, S. 58-62

Baumann, R. (1996, 1). *Didaktik der Informatik* (2. Auflage). Stuttgart: Ernst Klett Schulbuchverlag

Baumann, R. (1996, 2). Informationssicherheit durch kryptologische Verfahren. *LOG IN*, 16, Heft 5/6, S. 52-61

Baumann, R. (1999). Digitale Unterschrift. Sichere Rechtsgeschäfte im Internet. *LOG IN*, 19, Heft 2, S. 46-49

Berlin, J., & Roth-Sonnen, N. (2005). Von Cäsar zum Internet. Mit Max und Lisa durch die Welt der Kryptographie. *Mathe-Welt, Schülerarbeitsheft in der Zeitschrift mathematiklehren*, Heft 129

Beutelpacher A. (1993). *Kryptologie* (3. Auflage). Braunschweig Wiesbaden: vieweg

Beutelspacher, A. (1995). Geheimschriften. In *Mathe-Welt, Schülerarbeitsheft in der Zeitschrift mathematiklehren*, Heft 72

Beutelspacher, A. (1996). Prüfcodes. In *Mathe-Welt, Schülerarbeitsheft in der Zeitschrift mathematiklehren*, Heft 78

Beutelspacher, A., Schwenk, J., & Wolfstetter, K.-D. (2004). *Moderne Verfahren der Kryptographie* (5. Auflage). Wiesbaden: Friedrich Vieweg & Sohn/GWV Fachverlage

Beutelspacher, A., Neumann, H., & Schwarzpaul, T. (2005, 1). *Kryptographie in Theorie und Praxis. Mathematischen Grundlagen für elektronisches Geld, Internetsicherheit und Mobilfunk.* Wiesbaden: Friedrich Vieweg & Sohn/GWV Fachverlag

Beutelspacher, A., (2005, 2). *Kryptologie. Eine Einführung in die Wissenschaft vom Verschlüsseln, Verbergen und Verheimlichen* (7. Auflage). Wiesbaden: Friedrich Vieweg & Sohn/GWV Fachverlag

Bimber, O. (2008). *Mediensysteme schaffen neue Dimensionen: Barcodes mit Farbe und Zeit, Pressemitteilung der Universiät Weimar.* URL: http://www.uni-weimar.de/cms/index. php?id=454&mitteilungid=32973 (Stand: 21.09.2010)

Bitkom (2010). *Software und IT-Dienstleistungen sind die Wachstumstreiber der deutschen Wirtschaft.*
Bezugsquelle: Homepage des Branchenverband Bitkom
URL:http://www.bitkom.org/files/documents/SAP_SOFTWAREAG_BITKOM_Pressei nfo_Software_Studie.pdf (Stand: 21.09.2010)

Blum, W. (1985). Anwendungsorientierter Mathematikunterricht in der Diskussion. *Mathematische Semesterberichte*, 22, S. 195-232

Bopp, K. (1902). *Antoine Arnauld der grosse Arnauld als Mathematiker.* Leipzig: B.G. Teubner

Borelli, M., Fioretto, A., Sgarro, A., & Zuccheri, L. (2002). *Cryptography and statistics: A didactical projekt.* URL: www.math.uoc.gr/~ictm2/ (Stand 21.09.2010)

Borys, T., & Urff, C. (2006). Mathematik in Informations- und Kommunikationstechnik am Beispiel des Huffman-Algorithmus, In J. Ziegenbalg *Algorithmen.* Der Mathematikunterricht, Heft 1, S. 8-17

Böttner, J., Maroska, R., Olpp, A., Pongs, R., Stöckle, C, Wellenstein, H., & Wontroba, H. (2006). *Schnittpunkt 3 Mathematik für Realschulen Baden-Württemberg.* Stuttgart Leipzig: Klett Schulbuchverlage

Brauer, W., Claus, V., Deussen, P., Eickel J., Haake, W., Housseus, W., Koster, C. H. A., Ollesky, D., Weinhart, K., & Gesellschaft für Informatik e.V. (1976). Zielsetzungen des Informatikunterrichts. *Zentralblatt für Didaktik der Mathematik*, 8, Heft 1, S. 35-43

Brenner, A., & Gunzenhäuser, R. (1982). *Informatik Didaktische Materialien für Grund- u. Leistungskurse.* Stuttgart: Klett

Broy, M.(2004). *Informatik, Band 1* (2. Auflage). Berlin Heidelberg New York: Springer-Verlag

Brucker, B., & Steiner, A. (2008). *Die Welt der Anagramme – Worte machen Worte Wenn aus LIEBE BEILE werden.* Wiesbaden: marixverlag

Bruner J. (1960). *The Process of Education.* Cambridge: Harvard University Press

Bruner J. (1980). *Der Prozeß der Erziehung* (5. Auflage). Berlin: Berlin-Verlag

Buchmann, J. (1996). Faktorisierung großer Primzahlen. *Spektrum der Wissenschaft*, 9, S. 80-88

Buchmann, J. (1999). *Einführung in die Kryptographie.* Berlin Heidelberg New York: Springer-Verlag

Burkert, E. (2009). *Aspekte der Informationsgesellschaft – Kryptoanalyse im Realschulunterricht.* Wissenschaftliche Hausarbeit an der Pädagogischen Hochschule Karlsruhe

Bussmann, H., & Heymann, H.W. (1987). Computer und Allgemeinbildung. *Neue Sammlungen*, 27, S. 2-39

Cardano, G. (1558). *De rerum varietate, libri XVII.*
Bezugsquelle: Google Bücher
URL:http://books.google.de/books?id=heEPAAAAQAAJ&printsec=frontcover#v=one page&q=&f=false (Stand: 21.09.2010)

Cäsar, Julius Gaius (1980). *Der Gallische Krieg.* Stuttgart: Philipp Reclam jun.

Casio (2007). *Class Pad 330 Bedienungsanleitung.*
Bezugsquelle: Casio Europa
URL: http://www.casio-europe.com/de/support/manuals/classpad330/
(Stand: 14.09.2010)

Clairaut, A.-C. (1773). *Des Herrn Clairaut Anfangsgründe der Geometrie.* Original Titel: Eléments de géométrie. Hamburg: F. J., Christians Herolds Wittwe
Bezugsquelle: Google Bücher
URL:http://books.google.com/books?id=qQEHAAAAcAAJ&printsec=frontcover&dq= clairaut&as_brr=1&hl=de#v=onepage&q=&f=false (Stand: 21.09.2010)

Cocks, C. (1973). *A NOTE ON NON-SECRET ENCRYPTION.* Internes Dokument vom Goverment Communications Headquaters (GHDC) in Großbritannien.
Bezugsquelle: The National Technical Authority for Information Assurance
URL: http://www.cesg.gov.uk/publications/historical.shtml (Stand: 25.08.2010)

Comenius, J. A. (1982). *Große Didaktik.* Hrsg. A. Flitner, 5. Auflage, Stuttgart: Klett-Cotta

Conette, S. (2009). *Geheimschriften in der Elementarstufe unter besonderer Berücksichtigung des genetischen Prinzips.* Wissenschaftliche Hausarbeit an der Pädagogischen Hochschule Karlsruhe

Copeland, J. (2006). Colossus and the Rise of the Modern Computer. In J. Copeland and others (Hrsg.) *Colossus: The Secrets of Bletchly Park's Codebreaking Computers.* New York: Oxford University press

Courant, R., & Robbins, H. (1973). *Was ist Mathematik?* (3. Auflage). Berlin Heidelberg New York: Springer-Verlag

Dalisda (1929). Genetisches Verfahren. In H. Schwartz (Hrsg.) *Pädagogisches Lexikon* (Zweiter Band). Bielefeld und Leipzig: Verlag von Velhagen und Klasting

Danckwerts, R. (1988). Linearität als organisierendes Element zentraler Inhalte der Schulmathematik. *Didaktik der Mathematik* (2), S. 149-160

Dankmaier, W. (1994). *Codierung – Fehlerbeseitigung und Verschlüsselung.* Braunschweig Wiesbaden: Friedrich Vieweg & Sohn Verlagsgesellschaft mbH

Dewdney, A. K. (1993). *Der Turing-Omnibus – Eine Reise durch die Informatik mit 66 Stationen.* Berlin Heidelberg New York: Springer-Verlag

Dewey, J. (1949). *Demokratie und Erziehung. Eine Einleitung in die philosophische Pädagogik* (2. Auflage). Braunschweig Berlin Hamburg: Georg Westermann Verlag

Dieles, H. (1914). *Antike Technik – Sechs Vorträge.* Leipzig und Berlin: Verlag B. G. Teubner

Diesterweg, F. A. W. (1844). *Wegweiser zur Bildung für deutsche Lehrer 1. Band* (3. Auflage). Essen: G. D. Bädeker
Bezugsquelle: Google Bücher
URL: http://books.google.com/books?id=WAcUAAAAIAAJ&oe=UTF-8
(Stand: 20.09.2010)

Diffie, W., & Hellman, M. E. (1976). New Directions in Cryptography. *IEEE Transactions on Information Theory.* A publication of the IEEE Information Theory Society / Institute of Electrical and Electronics Engineers, 22, Heft 6, S. 644-654

Dörfler, W. (1984). Fundamentale Ideen der Informatik und Mathematikunterricht. In *Symposium über Schulmathematik Österreichische Mathematische Gesellschaft,* Didaktik Reihe Nr. 10, S. 19-40

Dresch, P.-J. (1986). Unterrichtseinheit: Strichcodes und Computerkassen. *LOG IN,* 6, Heft 3, S. 18-24

Dürr, R., & Ziegenbalg, J. (1984). Dynamische Prozesse und ihre Mathematisierung durch Differenzengleichungen. Paderborn: Ferdinand Schöningh

Eckert, C. (2008). *IT-Sicherheit. Konzepte – Verfahren – Protokolle* (5. Auflage). München Wien: Oldenbourg Verlag

Engel, A. (1977). Elementarmathematik vom algorithmischen Standpunkt. Stuttgart: Klett

Engel, A. (1978). The role of algorithms and computers in teaching mathematics at school. In H. Kunle & H. Athen (Hrsg.): Proceedings of the third international congress on mathematical education. S. 265-275

Engel, A. (1979, 2). Datenschutz durch Chiffren: Mathematische und algorithmische Aspekte. In A. Engel (Hrsg.): Algorithmen. Der Mathematikunterricht, 25, Heft 6, S. 30-51

Engel, A. (1979, 2). Algorithmen für den Taschenrechner. In A. Engel (Hrsg.): Algorithmen. Der Mathematikunterricht, 25, Heft 6, S. 52-77

Engel, A. (1983). Algorithms. In M. Zweng, T. Green, J. Kilpatrick, H. Pollak, & M. Suydam (Hrsg.): Proceedings of the fourth international congress on mathematical education. S. 312-330

Epkenhans, M. (2002). Die Kryptologie im Mathematikunterricht als Ideengeber für Facharbeitsthemen. *mathematic didactic*, 25. Jahrgang, S. 17-36

Ertel, W. (2001). *Angewandte Kryptographie*. München: Carl Hanser Verlag

Ertel, W. (2007). *Angewandte Kryptographie* (3. Auflage). München: Carl Hanser Verlag

Esper, N., & Schornstein, J. (2004) (Hrsg.). *Fokus Mathematik Gymnasium Band 1 Gymnasium Baden-Württemberg*. Berlin: Cornelsen

Esslinger, B. (2009). Kryptologie im Unterricht mit Cryptool. *LOG IN*, Heft 157/158, S. 75-78

Eukild (1962). *Die Elemente. Buch I-XII*. Herausgegeben und ins Deutsche übersetzt von Clemens Thaer, 2. Auflage, Darmstadt: wissenschaftliche Buchgesellschaft

Fano, R. M. (1949). *The transmission of information*. Technical report No.65, Research Laboratory of Electronics, M.I.T.

Fischer, H., & Knapp, T. (2008). Informatische Bildung einmal anders. Codieren, Chiffrieren, Nachrichten übertragen mit Mittelschülerinnen und -schülern. In *LOG IN*, Heft 150/151, S. 37-43

Fischer, R. (1976). Fundamentale Ideen bei den reellen Funktionen. *Zentralblatt für Didaktik der Mathematik*, 8, Heft 4, S. 185-192

Fleissner von Wostrowitz, E. (1881). *Handbuch der Kryptographie- Anleitung zum Chiffrieren und Dechiffrieren von Geheimschriften*. Wien: K. k. Hofbuchdruckerei Carl Fromme

Forneck, H. J. (1990). Entwicklungstendenzen und Problemlinien der Didaktik der Informatik, In G. Cyranek, H. J. Forneck, & Goorhuis, H. (Hrsg.): *Beiträge zur Didaktik der Informatik*, Frankfurt am Main: Moritz Diesterweg, S. 18-54

Frank, H., & Meyer, I. (1972). *Rechnerkunde*. Stuttgart Berlin Köln Mainz: Kohlhammer

Fraunhofer Institut (2010). *Die Softwareindustrie in Deutschland.*
Bezugsquelle: Homepage des Fraunhofer-Institut für System- und Innovationsforschung in Karlsruhe
URL: http://isi.fraunhofer.de/isi-de/t/projekte/tl-softwareindustrie-in-deutschland.php
(Stand: 03.09.2010)

Freudenthal (1963). Was ist Axiomatik, und welchen Bildungswert kann sie haben? *Der Mathematikunterricht*, 9, Heft 4, S. 5-29

Freudenthal, H. (1977). *Mathematik als pädagogische Aufgabe Band 1* (2. Auflage). Stuttgart: Klett Verlag

Friedman, W.F. (1976). *Elements of Cryptoanalysis.* Aus der Reihe: A cryptographic series. No. 3, Laguna Hills California: Aegean Park Press

Führer, L. (1997). *Pädagogik des Mathematikunterrichts. Eine Einführung in die Fachdidaktik für Sekundarstufen.* Braunschweig Wiesbaden: Friedrich Vieweg & Sohn

El Gamal, T. (1985). A Public key Cryptosystem and a Signature Scheme Based on Discrete Logarithms. *IEEE Transactions on Information Theory.* A publication of the IEEE Information Theory Society / Institute of Electrical and Electronics Engineers, 31, S. 469-472

Gardner, M. (1977). A new Kind of cipher that would take millions of years to break. *Scientific American*, 237, Heft 8, S. 120-124

Gerthsen, C., Kneser, H. O., & Vogel, H. (1989). *Physik Ein Lehrbuch zum Gebrauch neben Vorlesungen* (16. Auflage). Berlin Heidelberg: Springer Verlag

Graumann, G. (1993). Die Rolle des Mathematikunterrichts im Bildungsauftrag der Schule. *Pädagogische Welt*, Heft 5, S. 194-199 (und 204)

Graumann, G. (1990). Allgemeinbildung durch Mathematik. *Beiträge zum Mathematikunterricht*, S. 103-107

Greefrath, G., & Hoever, G (2005). Kryptologie modular. Ein Kontext in Bausteinen. *MNU* 58/6, S. 332-336

Greefrath, G. (2007). *Modellieren lernen – mit offenen realitätsnahen Aufgaben.* Köln: Aulis Verlag Deubner

Griese, K., Hausknecht, H., Lautenschlager, S., Markowski, K., Schmidt, J., & Scholze, P. (2001). *Mathematik 5 XQuadrat.* München: Oldenbourg Schulbuchverlag

Günthner, H., & Schmailzl, J. (1997), *Kryptologie. Baustein zur Didaktik der Informatik.* München: Staatsinstitut für Schulpädagogik und Bildungsforschung

Halder, H.-R., & Heise, W. (1976). *Einführung in die Kombinatorik.* München: Hanser

Hartmann, P. (2007). *Faktorisierungsalgorithmen.*
Bezugsquelle: Universität Hamburg, Fakultät für Mathematik, Informatik und Naturwissenschaften, Department für Informatik
URL: http://www.zahlen.mathematic.de/FnZ.pdf (Stand: 21.09.2010)

Hebern, E. (1924). *ELEKTRIC CODING MACHINE.* United States Patent Office
Bezugsquelle: Google Patents
URL: http://www.google.com/patents/about?id=NsteAAAAEBAJ&dq=us++1510441 (Stand: 21.09.2010)

Heitele, D. (1976). *Didaktische Ansätze zum Stochastikunterricht in der Grundschule und der Förderstufe.* Augsburg: Dissertationsdruck, Blasaditsch GmbH

Hellman, M. E. (1978). AN OVERVIEW OF PUBLIC KEY CRYPTOGRAPHY. *IEEE Transactions on Information Theory*. A publication of the IEEE Information Theory Society / Institute of Electrical and Electronics Engineers, 16, Heft 6, S. 24-28

Henn, H.-W. (1992). Volumenbestimmung bei einem Rundfaß. Sonderdruck: *Didaktik der Mathematik*, München: Bayrischer Schulbuchverlag

Herget, W. (1989). Prüfziffern und Strichcode-„Computer-Mathematik auch ohne Computer". *mathematiklehren*, Heft 33, S. 19-34

Hermes, H (1971). *Aufzählbarkeit Entscheidbarkeit Berechenbarkeit* (2. Auslage). Berlin Heidelberg New York: Springer-Verlag

Herodot (1991, 1). *Historien IV*. Übersetzt von Marg, W., Bibliothek der Antike, München: Deutscher Taschenbuch Verlag, Artemis Verlag

Herodot (1991, 2). *Historien V-IX*. Übersetzt von Marg, W., Bibliothek der Antike, München: Deutsche Taschenbuch Verlag, Artemis Verlag

Hertz, H. (1894). *Die Prinzipien der Mechanik – In neuen Zusammenhängen dargestellt.* unveränderter fotomechanischer Nachdruck, Darmstadt: Wissenschaftliche Buchgesellschaft 1963

Herzog, R. (1998). *Rede zur Eröffnung des Paderborner Podiums im Heinz Nixdorf-Museumsforum.*
Bezugsquelle: Homepage des Bundespräsidenten
URL: http://www.bundespraesident.de/Reden-und-Interviews/-,11072,2/Reden-Roman-Herzog.htm?link=bpr_liste (Stand: 31.07.2010)

Heymann, H. W. (1989). Allgemeinbildender Mathematikunterricht – was könnte das sein? *mathematiklehren*, Heft 33, S. 4-9

Heymann, H. W. (1996). *Allgemeinbildung und Mathematik.* Aus der Reihe: Studien zur Schulpädagogik und Didaktik Band 13, Weinheim und Basel: Beltz Verlag

Hindenburg, C. F. (1798). Ueber Gitter und Gitterschrift; fernere Aeusserung des Ungenannten. Uebersetzung der von ihm (Heft 3, S. 348) mitgeteihlten geheimen Gitterschrift. In C. F. Hindenburg (Hrsg.) *Archiv der reinen und angewandten Mathematik.* Band 10, Heft 5, Leipzig, Schäferischen Buchhandlung

Hintzen, O. (2006). *Aspekte der Informationsgesellschaft: Public Key Verfahren im Hauptschulunterricht.* Wissenschaftliche Hausarbeit an der Pädagogischen Hochschule Karlsruhe

Hischer, H. (1998). ‚Fundamentale Ideen' und ‚Historische Verankerung'. *mathematica didactica*, 21, S. 3-24

Hoppe, K. (2009). *Verschlüsselungen durch Transpositionsschemata: Umsetzungen im Mathematikunterricht in der Realschule.* Wissenschaftliche Hausarbeit an der Pädagogischen Hochschule Karlsruhe

Horster, P. (1985). *Kryptologie.* In der Reihe: Informatik, Band 47, Mannheim Wien Zürich: Bibliographisches Institut

Hubwieser, P. (2007). *Didaktik der Informatik* (3. Auflage). Berlin Heidelberg: Springer Verlag

Huffman, D. (1952). A Method for the Construction of Minimum-Redundancy Codes. *Proceedings of the I.R.E.*, S. 1098-1101

Humbert, L. (2005). *Didaktik der Informatik mit praxiserprobtem Unterrichtsmaterial.* Wiesbaden: Teubner Verlag / GWV Fachbuchverlag

Humenberger, J., & Reichel, H.-Ch. (1995). Fundamentale Ideen der angewandten Mathematik. Aus der Reihe: Lehrbücher und Monographien zur Didaktik der Mathematik Band 31, Mannheim: Bibliographisches Institut & F.A. Brockhaus

ISBN Agentur für die Bundesrepublik Deutschland (2005). *ISBN Handbuch.* Online-Version URL: http://www.german-isbn.org/isbn_frame.html (Stand: 20.08.2010)

Janda, J. (2007). *Aspekte von Codierungen im Alltag unter besonderer Berücksichtigung von Strichcodes, ISBN und Blindenschrift – Umsetzungsmöglichkeiten im Mathematikunterricht der Realschule.* Wissenschaftliche Hausarbeit an der Pädagogischen Hochschule Karlsruhe

Jennewein, J. (2008). *Anwendungen der Codierung in der Kommunikation – Umsetzungsmöglichkeiten im Mathematikunterricht an der Realschule.* Wissenschaftliche Hausarbeit an der Pädagogischen Hochschule Karlsruhe

Jesse, R., & Rosenbaum, O. (2000). *Barcode – Theorie, Lexikon, Software.* Berlin: Verlag Technik der Huss-Medien GmbH

Jost, D. (1999). *Lernlandschaften für das Erleben und Entdecken von Mathematik.* Luzern: Lehrmittelverlag des Kantons Luzern

Jung, W. (1978). Zum Begriff einer mathematischen Bildung. Rückblick auf 15 Jahre Mathematikdidaktik. *mathematica didactica*, 1, S. 161-176

Kahn, D. (1996). *The Codebreakers – The Story of Secret Writing.* New York: SCRIBNER

Kahney, L.(2003). Grandiose Price for a Modest PC. *wired* Bezugsquelle: Homepage des Computermagazins wired URL: http://www.wired.com/culture/lifestyle/news/2003/09/60349 (Stand: 08.09.2010)

Kasiski, F. W. (1863). *Die Geheimschriften und die Dechiffrierkunst – Mit besonderer Berücksichtigung der deutschen und der französischen Sprache.* Berlin: Mittler und Sohn

Kerckhoff, A. (1883). *La cryptographie militaire.* Journal des sciences militare, IX, S. 5-38 und X, S. 161-191 Bezugsquelle: Fabien Petitcolas URL: http://www.petitcolas.net/fabien/kerckhoffs/crypto_militaire_1.pdf?bcsi_scan_D3 1AD47C8E14CC75=0&bcsi_scan_filename=crypto_militaire_1.pdf (Stand: 21.9.2010)

Kippenhahn, R. (2003, 1). *Verschlüsselte Botschaften Geheimschrift, Enigma und Chipkarte.* Reinbeck bei Hamburg: Rowohlt Taschenbuchverlag

Kippenhahn, R. (2003, 2). *Streng geheim. Wie man Botschaften verschlüsselt und Zahlencodes knackt* (2. Auflage). Reinbeck bei Hamburg: Rowohlt Taschenbuchverlag

Klafki, W. (1996). *Neue Studien zur Bildungstheorie und Didaktik* (5. Auflage). Weinheim und Basel: Beltz Verlag

Klein, F. (1908). *Elementarmathematik vom höheren Standpunkt aus. Teil 1: Arithmetik, Algebra, Analysis.* Leipzig: B. G. Teubner

Klieme, E. u. a. (2003). *Expertise zur Entwicklung nationaler Bildungsstandards.* Bundesministerium für Bildung und Forschung (BMBF)
Bezugsquelle: Homepage des BMBF
URL: http://www.bmbf.de/publikationen/index.php#pub (Stand: 15.08.2010)

Klika, M. (2003). Zentrale Ideen – echte Hilfe. *mathematiklehren*, Heft 119, S. 4-7

Knöß, P. (1989). *Fundamentale Ideen der Informatik im Mathematikunterricht.* Wiesbaden: Deutscher Universitäts-Verlag GmbH

Köchly, H., & Rüstow, W. (1969). *Griechische Kriegsschriftsteller.* Nachdruck von der Ausgabe (1853-1855), Osnabrück: BIBLIO Verlag

Koller, D. (1995). *Simulation dynamischer Vorgänge.* Stuttgart: Ernst Klett Schulbuchverlag

Köthe, G. (Hrsg.) (1949). *Otto Toeplitz: Die Entwicklung der Infinitesimalrechnung. Eine Einleitung in die Infinitesimalrechnung nach der genetischen Methode.* Berlin Göttingen Heidelberg: Springer-Verlag

Koullen, R. (Hrsg.) (2004). *Realschule-Baden-Württemberg Mathematik konkret 2.* Berlin: Cornelsen

Kuchenbrod, S. (2006): *Wissenschaftliche Hausarbeit: Moderne kryptographische Verfahren im Mathematikunterricht der Sekundarstufe am Beispiel des RSA-Verfahrens.* Wissenschaftliche Hausarbeit an der Pädagogischen Hochschule Karlsruhe

Kuchenbrod, S. (2008). Zur Audienz bei einer Königin. In P. Müller, P., W. Kosack, J. Kurtz, T. Borys (Hrsg.) *Mathematik entdecken. karlsruher pädagogische beiträge.* Heft 69, S. 104-114

Lambacher Schweizer (1998). *Mathematisches Unterrichtswerk 11.* Stuttgart: Klett

Leibig, E., & Brenner, H.-J. (2001). Projekt: Kryptologie. In M. Ludwig, M. (Hrsg.) *Projekte im mathematisch – naturwissenschaftlichen Unterricht.* Hildesheim Berlin: Verlag Franzbecker

Lenk, B. (2002). *2D-Codes – Handbuch zur automatischen Identifikation.* Kirchheim unter Teck: Monika Lenk Fachbuchverlag

Lenk, B. (2003, 1). *Die Neuordnung optischer Art.*
URL:http://www.gs1-germany.de/internet/common/files/magazin/32003/c303_20.pdf
(Stand: 20.08.2010)

Lenk, B. (2003, 2). *Handbuch der automatischen Identifikation. Band 1* (2. Auflage). Kirchheim unter Teck: Monika Lenk Fachbuchverlag

Lergenmüller, A., & Schmidt, G. (Hrsg.) (2005). *Mathematik auf neuen Wegen. Arbeitsbuch für das Gymnasium. Band 1.* Braunschweig: Bildungshaus Schulbuchverlage Westermann Schroedel Diesterweg Schöningh Winkles

Leuders, T. (Hrsg.) (2003). *Mathematik Didaktik – Praxishandbuch für die Sekundarstufe I und II.* Berlin: Cornelsen Scriptor

Leue, G. (2008). *35 Jahr Barcode in den Supermärkten.*
Bezugsquelle: Homepage des Heise Verlags
URL: http://www.heise.de/newsticker/meldung/35-Jahre-Barcode-in-den-Supermaerkte n-211487.html (Stand: 21.09.2010)

Levy, S. (2004): The Open Secret. Public key cryptography - the breakthrough that revolutionized email and ecommerce - was first discovered by American geeks. Right? Wrong. *Wired*, Heft 7
Bezugsquelle: Homepage des Computermagazins wired
URL: http://www.wired.com/wired/archive/7.04/crypto.html (Stand: 21.08.2010)

Lindberg, D. (2000). *Die Anfänge des abendländischen Wissens* München: Deutscher Taschenbuch Verlag

LISW (1987). *Neue Informations- und Kommunikationstechnologien 1.* Soest: Landesinstitut für Schule und Weiterbildung

Maaß, K. (2007). *Mathematisches Modellieren – Aufgaben für die Sekundarstufe I.* Berlin: Cornelsen Verlag Scriptor GmbH

Maier, H. P. (2005). *Nussknacker – Mein Mathebuch 3.* Leipzig: Ernst Klett Grundschulverlag GmbH

Malle, G. (2004). Grundvorstellungen zu Bruchzahlen. *mathematiklehren*, Heft 123, S. 4-9

Mandl, H., & Krause, U.-M. (2001). *Lernkompetenzen für die Wissensgesellschaft.* Forschungsbericht Nr. 145 der Ludwig-Maximilian-Universität

Meister, A. (1902) *Die Anfänge der modernen diplomatischen Geheimschrift. Beiträge zur Geschichte der italienischen Kryptographie des XV. Jahrhunderts.* Paderborn: Ferdinand Schöningh

Meister, A. (1906). *Die Geheimschrift im Dienste der päpstlichen Kurie – von ihren Anfängen bis zum Ende des XVI. Jahrhunderts.* Paderborn: Ferdinand Schöningh

Meißner, H. (Hrsg.) (1972). Algorithmen I. *Der Mathematikunterricht*, 18, Heft 1

Meißner, H. (Hrsg.) (1972). Algorithmen II. *Der Mathematikunterricht*, 21, Heft 5

Mendelsohn, C. (1940). Blaise de Vigenère and the „Chiffre Carrè". *Proceedings of the American Philisophical Society*, 82, Heft 1, S. 103-129

Merkle, R. C. (1978). Secure Communications over Insecure Channels. *Communications of the ACM / Association for Computing Machinery*, 21, Heft 4, S. 294–299

Möller, K. (2001): Genetisches Lehren und Lernen – Facetten eines Begriffs. In D. Cech, B. Feige, J. Kahlert, G. Löffler, H. Schreier, H-J. Schwier, H.-J., & U. Stolltenberg, (Hrsg.): *Die Aktualität der Pädagogik Martin Wagenscheins für den Sachunterricht. Walter Köhnlein zum 65. Geburtstag.* Bad Heilbrunn: Klinkhardt

Mollin, R. A. (2000). *An Introduction to Cryptography* (16. Auflage). Boca Raton (Florida) u. a.: Chapman & Hall/CRC

Müller, M. (1980). Fundamentale Ideen der Numerischen Mathematik. *Beiträge zum Mathematikunterricht*, S. 238-245

Neukam, M. (2007). *Ernst Haeckels Biogenetisches Grundgesetz und das Konzept der ontogenetischen Rekapitulation.*
Bezugsquelle: Homepage der „Arbeitsgemeinschaft Evolutionsbiologie im Verband Biologie, Biowissenschaften & Biomedizin"
URL: http://www.evolutionsbiologen.de/biogenetgrundgesetz.pdf (Stand: 22.09.2009)

Niederdenk-Felgner, C. (1988). *Algorithmen der elementaren Zahlentheorie.* In der Reihe: Mathematik – Computer im Mathematikunterricht, Deutsches Institut für Fernstudien an der Universität Tübingen Arbeitsbereich Mathematik/Informatik

Ortlieb, C., v. Dresy, C., Gasser, I., & Günzel, S. (2009). *Mathematische Modellierungen.* Wiesbaden: Vieweg+Teubner

Padberg, F., & Bruns, F. (1979). Prüfziffern – eine praktische Anwendung von Restklassen. *Praxis der Mathematik 21*, S. 257 – 263

Perec, G. (1986). *Anton Voyls Fortgang.* Hrsg.: Helmlé, E., Frankfurt a. M.: Zweitausendeins

Pestalozzi, H. (1820). *Wie Gertrud ihre Kinder lehrt. Ein Versuch den Müttern Anleitung zu geben ihre Kinder selbst zu unterrichten; in Briefen.* Stuttgart und Tübingen: Cotta'sche Buchhandlung
Bezugsquelle: Google Bücher
URL: http://books.google.de/books?id=mzwXAAAAYAAJ&pg=RA5-PA35&dq=pesta lozzi&lr=&as_brr=1#v=onepage&q=&f=false (Stand: 21.09.2010)

Pestalozzi, H. (1822). *Sämtliche Schriften.* 8. Band. Stuttgart und Tübingen: Cotta'sche Buchhandlung
Bezugsquelle: Google Bücher
URL: http://books.google.de/books?id=L5kTAAAAQAAJ&pg=PA1&dq=s%C3%A4m mtliche+schriften+%22achter+band%22+inauthor:pestalozzi&lr=&as_drrb_is=q&as_m inm_is=0&as_miny_is=&as_maxm_is=0&as_maxy_is=&as_brr=0#v=onepage&q=&f= false (Stand: 24.09.2010)

Plutarch (1955). *Grosse Griechen und Römer.* Band 3, Zürich: Artemis-Verlag

Poincaré, H. (1914). *Wissenschaft und Methode.* Leipzig Berlin: B.G. Teubner

Polybios (1961). *Geschichte.* Band 1, Zürich und Stuttgart: Artemis-Verlag

Polybios (1963). *Geschichte.* Band 2, Zürich und Stuttgart: Artemis-Verlag

Porta, B. (1602). *De Furtivis literarum notis vulgo De Ziferis libri quinque. Apud Ioannem Baptistam Subtilem,* Napoli
Bezugsquelle: Les Biliothèques Virtuelles Humanistes unter der wissenschaftlichen Verantwortung des Centre d'Études Supérieures de la Renaissance an der Universität François-Rabelais, Tours
URL:http://www.bvh.univ-tours.fr/Consult/consult.asp?numtable=B861942102_FAM1 406&numfiche=303&mode=3&offset=4&ecran=0 (Stand: 21.09.2010)

Pringsheim, A (1899). Über den Zahl- und Grenzwertbegriff im Unterricht. *Jahresbericht der Deutschen Mathematiker-Vereinigung,* Band 6, S. 73-83

Puhlmann, H. (Federführung) (2008). Grundsätze und Standards für die Informatik in der Schule – Bildungsstandards Informatik für die Sekundarstufe I. Sonderbeilage zum *LOG IN,* Heft 150/151

Purdy, G. (1974). A High Security Log-in Procedure. *Communications of the ACM / Association for Computing Machinery,* 17, S. 442-445

Radatz, H., & Schipper W. (1983). *Handbuch für den Mathematikunterricht an Grundschulen.* Hannover: Schroedel

Reeds, J. (1998). Solved: The Ciphers in Book III of Trithemius's Steganographia. *Cryptologia,* 22, Heft 4
Bezugsquelle: Homepage der Universität Minnesota
URL: http://www.dtc.umn.edu/~reedsj/trit.pdf (Stand: 21.01.2009)

Riepl, W. (1972). *Das Nachrichtenwesen des Altertums – Mit besonderer Rücksicht auf die Römer.* Nachdruck der Ausgabe Leipzig 1913, Hildesheim New York: Georg Olms Verlag

Riesel, H. (1994). *Prime Numbers and Computer Methods for Factorization.* Boston: Birkhäuser

Rivest, R. L., Shamir, A., & Adleman, L. M. (1978). A Method for Obtaining Digital Signatures and Public-Key Cryptosystems. *Communications of the ACM / Association for Computing Machinery,* 21, Heft 2, S. 120-126

Robinsohn, S. (1975). *Bildungsreform als Revision des Curriculum* (5. Auflage). Neuwied Berlin: Herrman Luchterhand Verlag

Röhner, G. (2006). Informatische Bildung in Hessen. *LOG IN,* Heft 143, S. 9

Roth, H. (1971). *Pädagogische Psychologie des Lehrens und Lernens* (13. Auflage). Hannover: Schroedl

Ruwich, S., & Peter-Koop, A. (2003). *Gute Aufgaben im Mathematikunterricht der Grundschule.* Offenburg: Mildenberger Verlag

Scherbius, A. (1918). *Patentschrift 416219: Chiffriermaschine*. Patentiert im Deutschen Reich ab 23.02.1918, ausgegeben am 08.07.1925, Deutsches Reichspatentamt, Bezugsquelle: Foundation for German communication and related technologies URL: http://www.cdvandt.org/enigma_patents.htm (Stand: 13.09.2010)

Scherbius, A. (1923). ‚Enigma' Chiffriermaschine. *Elektrotechnische Zeitschrift: ETZ*, Organ des Verbandes Deutscher Elektrotechniker (VDE), Heft 47/48, S. 1035-1036

Scherbius, A. (1927). *Patentschrift 452194: Elektrische Vorrichtung zum Chiffrieren und Dechiffrieren*. Patentiert im Deutschen Reich ab 20.10.1927, ausgegeben am 14.11.1928, Deutsches Reichspatentamt Bezugsquelle: Foundation for German communication and related technologies URL: http://www.cdvandt.org/enigma_patents.htm (Stand: 13.09.2010)

Schmeh, K. (2008). *Codeknacker gegen Codemacher. Die faszinierende Geschichte der Verschlüsselung* (2. Auflage). Herdecke Witten: W3L-Verlag

Schmeh, K. (2009). *Kryptografie. Verfahren Protokolle Infrastrukturen* (4. Auflage). Heidelberg: dpunkt Verlag

Schmidt, H. J. (1981). *Fachdidaktische Grundlagen des Chemieunterrichts*. Wiesbaden: Vieweg

Schneier, B. (2006). *Angewandte Kryotographie. Der Klassiker. Protokolle, Algorithmen und Sourcecode in C*. München: Person Studium

Schöning, U. (2001). *Algorithmik*. Heidelberg Berlin: Spektum Akademischer Verlag

Schreiber, A. (1979). Universelle Ideen im mathematischen Denken – ein Forschungsgegenstand der Didaktik. *mathematica didactica*, 2, S. 165-171

Schubert, S. (1996). Basismechanismen der Informationssicherheit. *LOG IN*, 16, Heft 5/6 S. 10-15

Schubring, G. (1978). *Das genetische Prinzip in der Mathematik-Didaktik*. Stuttgart: Klett-Cotta

Schulz, R.-H. (2003). *Codierungstheorie* (2. Auflage). Wiesbaden: Friedrich Vieweg & Sohn Verlag/GWV Fachverlag GmbH

Schupp, H. (1984). Optimieren als Leitlinie im Mathematikunterricht. *Mathematische Semesterberichte*, 31, S. 59-76

Schupp, H. (1998). Anwendungsorientierter Mathematikunterricht in der Sekundarstufe I zwischen Tradition und neuen Impulsen. *Der Mathematikunterricht*, 34, Heft 6, S. 5-16

Schweiger, F. (1982). „Fundamentale Ideen" der Analysis und handlungsorientierter Unterricht. *Beiträge zum Mathematikunterricht*, S. 103-111

Schweiger, F. (1992). Fundamentale Ideen. Eine geistesgeschichtliche Studie zur Mathematikdidaktik. *Journal für Mathematikdidaktik*, 13, Heft 2/3, S. 207-214

Schweiger, F. (2010). Fundamentale Ideen. In K.-J. Fuchs (Hrsg.): *Schriften zur Didaktik der Mathematik und Informatik an der Universität Salzburg*. Aachen: Shaker Verlag

Schwenk, J. (2002). *Sicherheit und Kryptographie im Internet*. Wiesbaden: Friedrich Vieweg & Sohn Verlag/GWV Fachverlag GmbH

Schwill, A. (1993). Fundamentale Ideen der Informatik. *Zentralblatt für Didaktik der Mathematik*, 25, Heft 1, S. 20-31

Schwill, A. (1995). Fundamentale Ideen in Mathematik und Informatik. In H. Hischer & M. Weiß (Hrsg.): *Fundamentale Ideen – Zur Zielorientietung eines künftigen Mathematikunterrichts unter Berücksichtigung der Informatik*. Bad Salzdefurth: Verlag Franzbecker, S. 18-25

Schwill, A., & Schuber, S. (2004). *Didaktik der Informatik*. Heidelberg: Elsevier Spektrum Akademischer Verlag

Selter, C. (1997). Genetischer Mathematikunterricht: Offenheit mit Konzeption. *mathematiklehren*, Heft 83, S. 4-8

Shannon, C. E. (1948). A mathematical theory of communication. *Bell System Technical Journal*, 27, S. 379-424 und 623-657

Simon, M. (1908, 1995). *Didaktik und Methodik des Rechnens und der Mathematik*. Paderborn München Wien Zürich: Ferdinand Schöningh

Singh, S. (2006). *Geheime Botschaften* (7. Auflage). München: Deutscher Taschenbuch Verlag

Sommer, R. (2000). Datenkompression – Ein Überblick über spezielle Algorithmen und Kompressionsformate. H. Hischer (Hrsg.): *Modellbildung, Computer und Mathematikunterricht*. Bad Salzdefurth: Verlag Franzbecker, S. 105-111

Spreckelsen, K. (1970). Strukturelemente der Physik als Grundlage ihrer Didaktik. *Naturwissenschaften im Unterricht*, 18, S. 418-424

Stachowiak, H. (1980). Zur Einleitung: Der Weg zum Systematischen Neopragmatismus und das Konzept der Allgemeinen Modelltheorie. In H. Stachowiak (Hrsg.): *Modelle und Modellieren im Unterricht*. Bad Heilbrunn/Obb.: Julius Klinkhardt Verlag, S. 9-49

Statistisches Bundesamt (2005). *Pressemitteilung 105: Exporte von IKT-Produkten stiegen 2004 um 11%*.
Bezugsquelle: Homepage des Statistischen Bundesamts
URL:http://www.destatis.de/jetspeed/portal/cms/Sites/destatis/Internet/DE/Presse/pm/U ebersicht/Informationsgesellschaft,templateId=renderPrint.psml (Stand: 03.09.2010)

Statistisches Bundesamt (2008). *Pressemitteilung 452: PC und Internet prägen zunehmend Berufs- und Privatleben*.
Bezugsquelle: Homepage des Statistischen Bundesamts
URL:http://www.destatis.de/jetspeed/portal/cms/Sites/destatis/Internet/DE/Presse/pm/U ebersicht/Informationsgesellschaft,templateId=renderPrint.psml (Stand: 03.09.2010)

Statistisches Bundesamt (2009, 1). *Pressemitteilung Nr.498: Elektronische Behördendienste gewinnen an Akzeptanz.*
Bezugsquelle: Homepage des Statistischen Bundesamts
URL:http://www.destatis.de/jetspeed/portal/cms/Sites/destatis/Internet/DE/Presse/pm/U ebersicht/Informationsgesellschaft,templateId=renderPrint.psml (Stand: 03.09.2010)

Statistisches Bundesamt (2009, 2). *Pressemitteilung Nr.72: Radiohören und Fernsehen per Internet immer beliebter.*
Bezugsquelle: Homepage des Statistischen Bundesamts
URL:http://www.destatis.de/jetspeed/portal/cms/Sites/destatis/Internet/DE/Presse/pm/U ebersicht/Informationsgesellschaft,templateId=renderPrint.psml (Stand: 03.03.2010)

Stohr, M. (2007). *Unterricht in Kryptologie.* Dissertation an der Fakultät für Mathematik, Informatik und Statistik der Ludwig-Maximilians-Universität München
Bezugsquelle: Homepage der Universitätsbibliothek der Ludwig-Maximilians-Universität München
URL: http://edoc.ub.uni-muenchen.de/8456/1/Stohr_Monika.pdf (Stand: 15.09.2010)

Strasser, G. (1988, 1). Herzog Augusts Handbuch der Kryptographie: Apologie des Trithemius und wissenschaftliches Sammelwerk. In P. Raabe (Hrsg.): *Wolfenbüttler Beiträge – Aus den Schätzen der Herzog August Bibliothek.* Frankfurt am Main: Vittorio Klostermann

Strasser, G. (1998, 2). Lingua Universalis – Kryptologie und Theorie der Universalsprachen im 16. und 17. Jahrhundert. In Herzog August Bibliothek (Hrsg.): *Wolfenbüttler Forschungen.* Band 38, Wiesbaden: In Kommission bei Otto Harrassowitz

Sueton, G. (1993). *Kaiserbiographien.* In der Reihe: Schriften und Quellen der alten Welt, Band 39, Berlin: Akademie Verlag

Suppes, P. (1961). A comparison of the meaning and uses of models in mathematics and the empirical science. In H. Freudenthal: *The concept and the role of the model in mathematics and natural and social science.* Dordrecht-Holland: D. Riedel Publishing Company, S. 163-178

Swoboda, J., Spitz, S., & Pramateftakis, M. (2008). *Kryptographie und IT-Sicherheit.* Wiesbaden: Viewg + Teubner Verlag/GWV Fachverlage

Thomas, M. (2004). Modellbildung im Schulfach Informatik. In H. Hischer (Hrsg.): *Modellbildung, Computer und Mathematikunterricht.* Hildesheim Berlin: Verlag Franzbecker

Tietze, U.-P. (1979). Fundamentale Ideen der linearen Algebra und der analytischen Geometrie – Aspekte der Curriculumsentwicklung im MU der SII. *mathematica didactica,* 2, S. 137-157

Tietze, U.-P., Klika, M., & Wolpers, H. (Hrsg.) (2000). *Mathematikunterricht in der Sekundarstufe II Band 1* (2. Auflage). Wiesbaden: Friedrich Vieweg & Sohn Verlag/ GWV Fachverlag GmbH

Toeplitz, O. (1927). Das Problem der Universitäts-Vorlesungen über Infinitesimalrechnung und ihre Abgrenzung gegenüber der Infinitesimalrechnung an höheren Schulen. *DMV-Jahresberichte*, 36, S. 88-100

Trautz, J. (2007). *Erstellung einer reichhaltigen Lernsituation am Beispiel von Verschlüsselungsverfahren für die Realschule.* Wissenschaftliche Hausarbeit an der Pädagogischen Hochschule Karlsruhe

Trithemius, J. (1518). *Polygraphiae libri sex.* Impressum aere ac impensis gerrimi biblipolea Ioannis Haselbergi de Aia constantiensis
Bezugquelle: Google Bücher
URL:http://books.google.com/books?id=-O5oS_CEeeYC&pg=PT17&dq=polygraphia+inauthor:trithemius&lr=&as_drrb_is=q&as_minm_is=0&as_miny_is=&as_maxm_is=0&as_maxy_is=&as_brr=1&hl=de#v=onepage&q=polygraphia%20inauthor%3Atrithemius&f=false (Stand: 21.09.2010)

Trithemius, J. (1571). *Polygraphiae Libri Sex.* Coloniae: Apud Ioannem Birckmannum, & Theodorum Baumium

Trithemius, J. (1676). *Steganographia.* Hrsg: Wolfgango Ernesto Heidel

Verne, J. (1986). *Mathias Sandorf.* Stuttgart München: Deutscher Bücherbund

Vigenère, B. (1586). *TRAICTÉ DES CHIFFRES, OU SECRETES MANIERES D'ESCRIRE.* Paris
Bezugsquelle: Bibliothèque nationale de France
URL: http://visualiseur.bnf.fr/CadresFenetre?O=NUMM-73371&M=chemindefer (Stand: 10.09.2010)

Vohns, A. (2007). *Grundlegende Ideen und Mathematikunterricht – Entwicklung und Perspektiven eines fachdidaktischen Prinzips.* Norderstedt: Books on Demand GmbH

Vollrath, H.-J (1978). Rettet die Ideen. *Der Mathematische und Naturwissenschaftliche Unterricht*, 31, Heft 8, S. 449-459

Vollrath, H.-J. (2001). *Grundlagen des Mathematikunterrichts in der Sekundarstufe.* Heidelberg Berlin: Spektrum Akademischer Verlag

Wagenschein, M. (1989). *Verstehen lehren. Genetisch – Sokratisch – Exemplarisch* (8. Auflage). Weinheim Basel: Beltz Verlag

Weigand, H.-G. (1989): *Zum Verständnis von Iterationen im Mathematikunterricht.* Bad Salzdetfuth: Franzbecker

Weigand, H.-G., & Langlet, J. (2010). *Stellungnahme der Gesellschaft für Didaktik der Mathematik (GDM) sowie des Deutschen Vereins zur Förderung des mathematischen und naturwissenschaftlichen Unterrichts (MNU) zur „Empfehlung der Kultusministerkonferenz zur Stärkung der mathematisch-naturwissenschaftlichen-technischen Bildung",* Mitteilungen der GDM, 89, S. 32-33

Weinert, F. (1999). *Concepts of Competence.* München: Max Planck Institute for Psychological Research

Weinert, F. (2001). Vergleichende Leistungsmessung in Schulen – eine umstrittene Selbstverständlichkeit. In F. E. Weinert (Hrsg.): *Leistungsmessungen in Schulen.* Weinheim Basel: Beltz Verlag, S. 17-31

Weller, C. (2010). *Computer History.* URL.: http://www.weller.to/ (Stand: 06.09.2010)

Whitehead, A.N. (1911, 1924). *An Introduction to Mathematics.* London: Williams and Norgate

Whitehead, A.N. (1970). The Mathematical Curriculum. In A.N. Whitehead: *The Aims Of Education* (17. Auflage). London: Ernest Benn limited

Whitehead, D. (2001). *AINEIAS THE TACTICIAN: A COMMENTARY – HOW TO SURVIVE UNDER SIEGE* (2. Auflage). Bristol: Classical Press

Wilkes, M. (1975). *Time-Sharing Computer Systems* (3. Auflage). New York: Macdonald and Jane's, London: American Elsevier

Winter, H. (1995). *Mathematikunterricht und Allgemeinbildung.*
Bezugsquelle: Universität Bayreuth
URL: http://blk.mat.uni-bayreuth.de/material/db/46/muundallgemeinbildung.pdf
(Stand: 15.03.2010)

Witten, H. (1994). Codierungstheorie – Ein Überblick. *LOG IN*, 14, Heft 5/6 S. 18-34

Witten, H., Letzner, I., & Schulz, R.-H. (1998). RSA & Co. in der Schule. Moderne Kryptologie, alte Mathematik, raffinierte Protokolle.
Teil 1: Sprache und Statistik. *LOG IN*, 18, Heft 3/4, S. 57-65
Teil 2: Von Cäsar über Vigenère zu Friedmann. *LOG IN*, 18, Heft 5, S. 31-39

Witten, H., Letzner, I., & Schulz, R.-H. (1999). RSA & Co. in der Schule. Moderne Kryptologie, alte Mathematik, raffinierte Protokolle.
Teil 3: Flußchiffren, perfekte Sicherheit und Zufall per Computer. *LOG IN*, 19, Heft 2, S. 50-57

Witten, H., & Schulz, R.-H. (2006). RSA & Co. in der Schule. Moderne Kryptologie, alte Mathematik, raffinierte Protokolle.
Neue Folge – Teil 1: RSA für Einsteiger. *LOG IN*, Heft 140, S. 45-55
Neue Folge – Teil 2: RSA für große Zahlen. *LOG IN*, Heft 143, S. 50-59
Neue Folge – Teil 3: RSA und die elementare Zahlentheorie. *LOG IN*, Heft 152, S. 60-70

Wittenberg, A. (1963). *Bildung und Mathematik.* Stuttgart: Ernst Klett Verlag

Wittmann, E. (1973). Mutterstrategien der Heuristik. *Die Schulwarte* 26, Heft 8/9, S. 53-65

Wittmann, E. (1981). *Grundfragen des Mathematikunterrichts* (6. Auflage). Braunschweig: Friedrich Vieweg & Sohn Verlagsgesellschaft mbH

Wobst, R. (1997). *Abenteuer Kryptologie. Methoden, Risiken und Nutzen der Datenverschlüsselung.* Bonn: Addison-Wesley-Logman

Wolfram, S. (1999). *The Mathematica Book* (4. Auflage). Champaigne (USA) Cambridge (UK): Cambridge University Press

Wrixon, F. (2006). *Geheimschriften – Codes, Chiffren und Kryptosysteme.* Köln: Könemann

Zech, F. (2002). *Grundkurs Mathematikdidaktik* (10. Auflage). Weinheim und Basel: Beltz Verlag

Ziegenbalg, J. (1985). Algorithmen? *Bildschirm – Faszination oder Information. Jahresheft III.* Velber: Friedrich Verlag

Ziegenbalg, J. (1998). *Fachdidaktische Facetten. Elemente einer auf den Mathematikunterricht bezogene fachdidaktische Analyse.* Skriptum, Pädagogische Hochschule Karlsruhe

Ziegenbalg, J. (2002). *Elementare Zahlentheorie.* Frankfurt am Main: Wissenschaftlicher Verlag Harri Deutsch

Ziegenbalg, J. (2007, 1). *Algorithmen: von Hammurapi bis Gödel* (2. Auflage). Frankfurt am Main: Wissenschaftlicher Verlag Harri Deutsch

Ziegenbalg, J. (2007, 2). *Skript zur Vorlesung Codierung und Kryptologie.* Pädagogische Hochschule Karlsruhe. Erhältlich beim Autor, E-Mail: ziegenbalg@ph-karlsruhe.de

Ziegenbalg, J. (2010). *Public Key Cryptography.*
Bezugsquelle: Portal für Codierung und Kryptographie von Prof. Dr. Ziegenbalg
URL: http://www.ziegenbalg.ph-karlsruhe.de/materialien-homepage-jzbg/cc-interaktiv/ index.htm (Stand: 21.09.2010)

Zuber, J. (2001). Kryptologie. *LOG IN*, 21, Heft 3/4, S. 52-66

Bildungsstandards, Bildungspläne, Lehrpläne, Rahmenpläne:

Kultusministerkonferenz

Beschlüsse der Kultusministerkonferenz
- Bildungsstandards im Fach Mathematik für den Primarbereich vom 15.10.2004, Luchterhand, 2005 Wolters Kluwer Deutschland GmbH, München, Neuwied

- Einheitliche Prüfungsanforderungen Informatik,
  URL:http://www.kmk.org/fileadmin/veroeffentlichungen_beschluesse/1989/1989_12_ 01-EPA-Informatik.pdf (Stand: 24.08.2010)

Baden-Württemberg
Kultus und Unterricht Amtsblatt des Kultusministeriums Baden-Württemberg:
- Lehrplanheft 9/1977: Lehrpläne für die neugestaltete gymnasiale Oberstufe (allgemeinbildende Gymnasien, Jahrgangsstufe 12 und 13, mathematisch-naturwissenschaftliches Aufgabenfeld), Neckar-Verlag, Villingen-Schwenningen,
- Bildungsplan für das Gymnasium der Normalform Band 1 Lehrplanheft 8/1984, Neckar-Verlag, Villingen-Schwenningen

- Bildungsplan für das Gymnasium der Normalform Band 2 Lehrplanheft 9/1984, Neckar-Verlag, Villingen-Schwenningen
- Bildungsplan für das Gymnasium Lehrplanheft 4/1994, Neckar-Verlag, Villingen-Schwenningen
- Bildungsplan für Grundschulen
  Homepage des Ministeriums für Kultus und Sport für Baden-Württemberg
  URL: http://www.bildung-staerkt-menschen.de/service/downloads/Bildungsplaene
  (Stand: 21.09.2010)
- Bildungsplan für das allgemeinbildende Gymnasium 2004
  Homepage des Ministeriums für Kultus und Sport für Baden-Württemberg
  URL: http://www.bildung-staerkt-menschen.de/service/downloads/Bildungsplaene
  (Stand: 21.09.2010)

Schulcurriculum des Fichte Gymnasiums Karlsruhe (2006)
    Homepage des Fichte Gymnasiums Karlsruhe
    URL: http://www.fichte-gymnasium.de/profil/fichte_curriculum_7_8.pdf
    (Stand: 21.09.2010)

Bayern
Bayrisches Staatsministerium für Kultus und Unterricht
- Lehrplan für die Jahrgangstufe 6 (Gymnasium)
- Lehrplan für die Jahrgangstufe 7 (Gymnasium)
- Lehrplan für die Jahrgangstufe 9 (Gymnasium)
- Lehrplan für die Jahrgangstufe 10 (Gymnasium)
- Lehrplan für Informatik Klasse 11-12 am Gymnasium 2004
  Homepage des Staatsinstituts für Bildungsqualität und Bildungsforschung
  URL:http://www.isb.bayern.de/isb/index.asp?MNav=6&QNav=4&TNav=0&INav=0
  &Fach=&LpSta=6&STyp=14 (Stand: 21.09.2010)

Berlin
Senatsverwaltung für Bildung, Jugend und Sport Berlin
- Rahmenlehrpläne Grundschule Vorwort, Wissenschaft und Technik Verlag, 2004
- Rahmenlehrplan Grundschule Sachunterricht, Wissenschaft und Technik Verlag, 2004
- Rahmenlehrplan der Sekundarstufe I ITG, Informatik Wahlpflichtfach, Oktoberdruck AG Berlin 2006,
- Rahmenlehrplan für die gymnasiale Oberstufe der Gymnasien, ..., Informatik, 2006
  Homepage des Landes Berlin
  URL: http://www.berlin.de/imperia/md/content/sen-bildung/schulorganisation/lehrpl a ene/sek2_informatik.pdf?start&ts=1245159490&file=sek2_informatik.pdf
  (Stand: 21.09.2010)

Brandenburg
Ministerium für Bildung, Jugend und Sport des Landes Brandenburg
- Rahmenlehrplan Grundschule Sachunterricht, Wissenschaft und Technik Verlag, 2004
  Homepage des Landesinstituts für Schule und Medien Berlin-Brandenburg (LISUM) im Auftrag des Ministeriums für Bildung, Jugend und Sport (MBJS) des Landes Brandenburg

URL:http://bildungsserver.berlin-brandenburg.de/rahmenlehrplaene_grundschule.html
(Stand: 21.09.2010)
- Implementationsbrief zum Rahmenlehrplan Sekundarstufe I Informatik, 2008
  Homepage des Landesinstituts für Schule und Medien Berlin-Brandenburg (LISUM)
  im Auftrag des Ministeriums für Bildung, Jugend und Sport (MBJS) des Landes
  Brandenburg
  URL: http://bildungsserver.berlin-brandenburg.de/curricula_s1_bb.html (Stand:
  21.09.2010)
- Rahmenlehrplan für die Sekundarstufe I Jahrgangsstufen 7 – 10 Informatik, 2008
  Homepage des Landesinstituts für Schule und Medien Berlin-Brandenburg (LISUM)
  im Auftrag des Ministeriums für Bildung, Jugend und Sport (MBJS) des Landes
  Brandenburg
  URL: http://bildungsserver.berlin-brandenburg.de/curricula_s1_bb.html (Stand:
  21.09.2010)
- Rahmenlehrplan für den Unterricht in der gymnasialen Oberstufe im Land
  Brandenburg Informatik, Wissenschaft und Technik Verlag, 2006
  Homepage des Landesinstituts für Schule und Medien Berlin-Brandenburg (LISUM)
  im Auftrag des Ministeriums für Bildung, Jugend und Sport (MBJS) des Landes
  Brandenburg
  URL: http://bildungsserver.berlin-brandenburg.de/curricula_gost_bb.html (Stand:
  21.09.2010)

Bremen
Senator für Bildung und Wissenschaft, Bremen
- Rahmenlehrplan Grundschule Sachunterricht, Wissenschaft und Technik Verlag, 2004
- Medienbildung Rahmenplan für die Sekundarstufe I, 2002
- Informatik Rahmenlehrplan für die Sekundarstufe II gymnasiale Oberstufe, 2001
  Homepage des Landesinstituts für Schule, Bremen
  URL: http://www.lis.bremen.de/sixcms/detail.php?gsid=bremen56.c.15219.de (Stand:
  21.09.2010)

Hamburg
Freie und Hansestadt Hamburg Behörde für Bildung und Sport
- Rahmenplan Aufgabengebiete, Bildungsplan achtstufiges Gymnasium Sekundarstufe
  I, 2004
- Rahmenplan Wahlpflichtfach Informatik Bildungsplan achtstufiges Gymnasium
  Sekundarstufe I, 2004
- Rahmenplan Informatik Bildungsplan gymnasiale Oberstufe, 2009
  Homepage der Freien und Hansestadt Hamburg Behörde für Bildung und Sport
  URL: www.bildungsplaene.bbs.hamburg.de (Stand: 10.07.2010)

Hessen
Hessisches Kultusministerium
- IKG-Hinweise zu den Lehrplänen, 2005
  Hessischer Bildungsserver des Amtes für Lehrerbildung
  URL: http://medien.bildung.hessen.de/projekte_medien/ict/ict-lehrplanvorgaben.html
  (Stand: 16.09.2010)

- Lehrplan Informatik gymnasialer Bildungsgang, 2002
  Hessischer Bildungsserver des Amtes für Lehrerbildung
  URL:http://www.kultusministerium.hessen.de/irj/HKM_Internet?cid=9e0b5517dfc688
  683c15ce252202d4b9 (Stand 10.09.2010)

Didaktisches Forum Informatik vom 12.7. – 14.7.05 in Weilburg

- Empfehlung für den Wahlpflichtunterricht Informatik
  Hessischer Bildungsserver des Amtes für Lehrerbildung
  URL: http://lernarchiv.bildung.hessen.de/sek_i/informatik/materialien/index.html
  (Stand: 15.09.2010)

Mecklenburg-Vorpommern

Ministerium für Bildung, Wissenschaft und Kultur des Landes Mecklenburg-Vorpommern

- Rahmenlehrplan Grundschule Sachunterricht, Wissenschaft und Technik Verlag, 2004
  Homepage des Landesinstituts für Schule und Ausbildung Mecklenburg-Vorpommern
  (L.I.S.A.),
  URL: http://www.bildungsserver-mv.de/cms-rahmenplan.aspx (Stand: 21.09.2010)
- Rahmenplan Orientierungsstufe informatische Grundbildung, 2002
- Rahmenplan Gymnasium integrierte Gesamtschule Informatik, 2002
- Steckbrief Informatik vom 12.03.2007
- Kerncurriculum für die Qualifikationsphase der gymnasialen Oberstufe Informatik,
  2006
  Homepage des Landesinstituts für Schule und Ausbildung Mecklenburg-Vorpommern
  (L.I.S.A.),
  URL: http://www.bildung-mv.de/de/unterricht/faecher_allgemein/informatik.html
  (Stand: 21.09.2010)

Niedersachsen

Niedersächsisches Kultusministerium

- Kerncurriculum für das Gymnasium Schuljahrgänge 5 -10 Mathematik
  Homepage des Niedersächsischen Kultusministeriums
  URL:http://nline.nibis.de/cuvo/menue/nibis.phtml?menid=116&PHPSESSID=aecf535
  165df6efd75ff1984d3e02d08 (Stand: 21.09.2010)
- Rahmenrichtlinien für das Gymnasium – gymnasiale Oberstufe, die Gesamtschule –
  gymnasiale Oberstufe, das Fachgymnasium, das Abendgymnasium, Informatik, 1993,
  Schroedel Schulbuchverlag, Hannover

Nordrhein-Westfalen

Ministerium für Schule, Jugend und Kinder des Landes Nordrhein-Westfalen

- Kernlehrplan für das Gymnasium – Sekundarstufe I in Nordrhein-Westfalen
  Mathematik, 2004, Verlaggesellschaft Ritterbach, Frechen
  URL: http://www.schul-welt.de/news.asp (Stand: 21.09.2010)

Ministerium für Schule und Weiterbildung, Wissenschaft und Forschung (früher)

- Richtlinien und Lehrpläne für die Sekundarstufe II – Gymnasium/Gesamtschule in
  Nordrhein-Westfalen Informatik, 1999, Verlagsgesellschaft Ritterbach, Frechen
  URL: http://www.schul-welt.de/news.asp (Stand: 21.09.2010)

Kultusministerium Nordrhein-Westfalen (früher)

- Richtlinien und Lehrpläne für das Gymnasium – Sekundarstufe I – in Nordrhein-Westfalen Informatik, 1993, Verlagsgesellschaft Ritterbach, Frechen
- Vorläufige Richtlinien zur Informations- und Kommunikationstechnologischen Grundbildung in der Sekundarstufe I., Düsseldorf, 1990

Rheinland-Pfalz
Ministerium für Bildung, Frauen und Jugend
- Lehrplan Mathematik (Klassenstufen 5 – 9/10), Juli 2007
  Homepage des Landesmedienzentrums Rheinland-Pfalz, Bildungsserver RLP
  URL: http://lehrplaene.bildung-rp.de/lehrplaene-nach-faechern.html (Stand: 21.09.2010)
- Lehrplan Wahlfach Informatik an Gymnasien, 2005
- Grund- und Leistungsfach Einführungsphase und Qualifikationsphase der gymnasialen Oberstufe (2008)
  Homepage des Landesmedienzentrums Rheinland-Pfalz, Bildungsserver RLP
  URL: http://gymnasium.bildung-rp.de/lehrplaene-epa.html (Stand: 21.09.2010)

Saarland
Ministerium für Bildung, Kultur und Wissenschaft
- Informationstechnische Grundbildung im achtjährigen Gymnasium, 2001, Krüger Druck + Verlag, Dillingen/Saar
- Achtjähriges Gymnasium Neue Medien, 2006
- Achtjähriges Gymnasium Lehrplan Informatik für die Einführungsphase der gymnasialen Oberstufe, Feb. 2006
- Achtjähriges Gymnasium Lehrplan Informatik, 2008
  Homepage des Landes Saarland Ministerium für Bildung
  URL: http://www.saarland.de/7039.htm (Stand: 21.09.2010)
- Stundentafel des Achtjährigen Gymnasiums im Saarland,
  Homepage des Landes Saarland Ministerium für Bildung
  URL: http://www.saarland.de/5939.htm (Stand: 21.09.2010)

Sachsen
Staatsministerium für Bildung und Schulentwicklung
- Lehrplan Technik/Computer, 2004
- Lehrplan Informatik, 2004/2007
- Lehrplan Gymnasium Naturwissenschaftliches Profil 2005/2009
  Homepage des Sächsischen Bildungsinstituts
  URL: http://www.sachsen-macht-schule.de/apps/lehrplandb (Stand: 21.09.2010)
- Eckwerte zur informatischen Bildung, 2004
  Homepage des Sächsischen Bildungsinstituts
  URL: http://www.sachsen-macht-schule.de/apps/lehrplandb/lehrplaene/listing/1/2 (Stand: 21.09.2010)
- Verwaltungsvorschrift des Sächsischen Staatsministeriums für Kultus über Lehrpläne und Stundentafeln für Grundschulen, Förderschulen, Mittelschulen, Gymnasien (Sekundarstufe I), ...
  Homepage des Sächsischen Bildungsinstituts
  URL: http://www.sachsen-macht-schule.de/schule/5820.htm (Stand: 21.09.2010)

Sachsen-Anhalt
Kultusministerium
- Rahmenrichtlinien Gymnasium Einführung in die Arbeit mit dem PC Wahlpflichtfach: Schuljahrgänge 7 – 8, 2004
- Rahmenrichtlinien Gymnasium Informatik Wahlpflichtfach: Schuljahrgänge 10 – 12, 2003
  Homepage des Landesinstituts für Lehrerbildung, Lehrerweiterbildung und Unterrichtsforschung
  URL: http://www.rahmenrichtlinien.bildung-lsa.de/faecher/fachueb.html (Stand: 21.09.2010)

Schleswig-Holstein
Ministerium für Bildung, Wissenschaft, Forschung und Kultur des Landes Schleswig-Holstein
- Lehrplan für die Sekundarstufe I der weiterführenden allgemeinbildenden Schulen Hauptschule, Realschule, Gymnasium, Gesamtschule Mathematik, 1997
- Lehrplan für die Sekundarstufe II Gymnasium, Gesamtschule, Fachgymnasium, 2002
  Homepage des Ministeriums für Bildung und Frauen
  URL: http://lehrplan.lernnetz.de (Stand: 21.10.2010)

Thüringen
Thüringer Kultusministerium
- Verwaltungsvorschrift des Thüringer Kultusministeriums zur Durchführung des Kurses Medienkunde an den Thüringer allgemeinbildenden weiterführenden und berufsbildenden Schulen (2009)
- Kursplanmedienkunde (2009)
  Homepage des Freistaates Thüringen
  URL: http://www.schulportal-thueringen.de/web/guest/bildung_medien/medienkunde (Stand: 21.09.2010)
- Lehrpläne Gynmasium, 1999
  Homepage des Freistaates Thüringen
  URL: http://www.thillm.de/thillm/start_serv_lp.html (Stand: 21.09.2010)

Anhang A: Auszüge aus verschiedenen Bildungsplänen des Landes Baden-Württemberg

Auszug aus dem Bildungsplan für das Gymnasium Band 2, Baden-Württemberg, Fach: Informatik 1984[1]

„Lehrplaneinheit 1: Algorithmen (5)
Die Beschäftigung mit Algorithmen führt zum Erkennen ihrer Bedeutung und zur Vertrautheit mit ihren Darstellungsformen. ...

Algorithmus und Programm	
Variable	
Ein- und Ausgabezuweisung	*Formatierung der Ausgabe*
Wertzuweisung Arithmetische Ausdrücke	
Standardfunktionen	
Betriebsanweisung	
Prinzipielle Vorgehensweise bei der	
Problemlösung mit Computern	
Analyse des Problems	*Sprachliche Formulierung ...*
Entwurfsphase	*oder graphische Darstellung ...*
Übersetzung in ein Programm	
Test- und Ausführungsphase	
Dokumentation	

Lehrplaneinheit 2: Verzweigte Algorithmen (13)
Viele mathematische und nichtmathematische Aufgaben erfordern zu ihrer Lösung Algorithmen mit Verzweigungen und Wiederholungsanweisungen. ...

Bedingte Anweisungen	
Verzweigungen	*Realisierung durch*
	Sprungsanweisungen
Wiederholungsanweisungen	*In diesem Zusammenhang*
	empfiehlt es sich, auf die Grenze
	der Rechengenauigkeit
	einzugehen
REPEAT- bzw. WHILE-Schleife	
FOR-Schleife, Schleifenvariable	*...*
Schrittweite	
Schleifen mit Abbruchbedingung an	
beliebiger Stelle	
Schachtelung von Schleifen	

---

[1] Kultus und Unterricht Lehrplanheft 9/1984, S. 1287-1292,

Lehrplaneinheit 3: Variablentypen und Felder (10)
Der Schüler erkennt die Bedeutung der Variablentypen und lernt, sie problemgerecht zu verwenden. ...

Einfache Variable	*Integer-, Real-, Zeichenketten-Variable*
Feldvariable	*Anwendung bei Sortieralgo-rithmen*
Typendeklaration	
Z Textverarbeitung	

Lehrplaneinheit 4: Prozeduren und Funktionen (12)
Der Schüler lernt in Prozeduren und Funktionen die Hilfsmittel kennen, die es ermöglichen, ein Problem in eine Folge von leicht lösbaren Teilproblemen zu zerlegen. ...

Prozeduren mit und ohne Parameterübergabe	*Wert- und Variablenparameter*
Globale und lokale Variable	
Funktionen als spezielle Prozeduren	
Prinzipien des Strukturierten Programmierens	*Zusammenfassende Reflexion über die Methode des Strukturierten Programmierens*
Z Rekursive Prozeduren	
Z Graphische Anwendungen	

Lehrplaneinheit 5: Datenverarbeitung (14)
Das Arbeiten mit Dateien macht dem Schüler Möglichkeiten der Datenverarbeitung deutlich und schärft sein Bewußtsein für die kriterienabhängige Auswertung von Daten.

Datei	*Sequentieller bzw. wahlfreier Zugriff*
Arbeiten mit Dateien	
Einrichten	
Ausgeben	*Ausgabe aller oder einzelner Daten nach bestimmten Kriterien*
Auswerten	
Ändern	
Datensicherung	

Lehrplaneinheit 6: Aufbau, Peripherie und Betrieb einer Rechenanlage (6):
Die Kenntnis des Rechneraufbaus ermöglicht das Verständnis des Zuammenwirkens der einzelnen Komponenten der Rechenanlage bei der Abarbeitung eines Programms; ...

Zentraleinheit	
Peripheriegeräte	
Anwendungen des Computers in der Arbeitswelt	*Besuch eines Rechenzentrums...*
Aufgaben eines Betriebssystems	
Betriebsarten	*Stapelverarbeitung, interaktiver Betrieb am Einzelplatzrechner Dialogbetrieb mit mehrer Teilnehmern*
Benutzertechniken	*Menuetechnik, Bildschirm, Masken*

Lehrplaneinheit 7: Aufbau und Arbeitsweisen einer Zentraleinheit (10)
... Er (der Schüler) erfährt, wie der Computer Programme durch Interpretation von Befehls-folgen abarbeitet.

Funktionseinheiten	*...*
Leitwerk, Rechenwerk, Speicherwerk	
Register als Baustein von	
Funktionseinheiten	
Akkumulator	
Befehlsregister	
Befehlszähler	
Befehlstypen	*Arithmetische Befehle*
	Transportbefehle
	Sprungbefehle...
Befehlsausführung	
Ablaufsteuerung durch Taktgeber	
Programmausführung	

Lehrplaneinheit 8: Maschinenorientierte und Problemorientierte Programmiersprachen (12):
Durch das Übersetzen von Ausdrücken einer problemorientierten in eine maschinen-orientierte Sprache erkennt der Schüler Zusammenhänge und Unterschiede zwischen den beiden Sprachtypen und lässt ihn die Notwendigkeit erkennen, Daten und Anweisungen in einer für den Rechner geeigneten Weise darzustellen. ...

Zahlen- und Zeichendarstellungen	*Binäre Darstellung*
Code als Mittel zur Darstellung von	*ASCII, BCD*
Zeichen	*Codebaum*
Codierung und Decodierung	
Maschinenorientierte Sprachen	*Maschinencode, Assembler*
Problemorientierte Sprachen	*BASIC, PASCAL*
Dialogsprache	*Editoren*
Übersetzung einfacher Anweisungen in	*A:= B	C*
eine maschinenorientierte Sprache	*IF...THEN..ELSE*
Wirkungsweise von Interpreter und	
Compiler	

Lehrplaneinheit 9: Schaltnetze und Schaltwerke als Bausteine der Zentraleinheit (8):
Die logische Einheit begreift der Schüler als Grundbausteine des Computers. ...

	...
	Veranschaulichung mit geeigneten
	Geräten z. B. Gattern
Logische Verknüpfungen und ihre	
Realisierung	
Speicherelemente	
Register	
Schaltnetze	
Addierer	
Schaltwerke	
Serienaddierer	

Lehrplaneinheit 10: Geschichtliche Entwicklung und gesellschaftsbezogene Aspekte (10):
Die geschichtliche Entwicklung der Datenverarbeitung eröffnet dem Schüler fächerüber-
greifende Aspekte. Die Bekanntschaft mit der technologischen Entwicklung erschließt
Interesse für neue Technologien. Der Einfluß der Computer auf die Arbeitswelt und auf den
menschlichen Privatbereich verdeutlicht die Chancen der Datenverarbeitung, aber auch die
Gefahren bei unkontrolliertem Einsatz. ...

Geschichtliche Entwicklung	*Schickhardt, Pascal, Leibniz, Jacquard, Hollerith, Zuse, von Neumann*
Technologische Entwicklung	*Computergeneration, neue Technologien, Mikroprozessoren, Rechnernetze*
Rolle und Bedeutung des Computers insbesondere in der Arbeitswelt	*Automation, ..., Informationssysteme, Datenbanken, Kommunikationsnetze*
Datenschutz	
Ein nicht entscheidbares Problem	*Halteproblem für Turingmaschinen*

Lehrplaneinheit 11: Angewandte Informatik (12):
Eine komplexe Aufgabe mit direktem Bezug zum Alltag wird – möglichst in Arbeitsteilung –
von den Schülern gelöst. ...

Anwendungen (wahlweise) *Programmierung des Computers zur Prozeßsteuerung*	
Entwicklung und Realisierung eines Programmpakets zur Verwaltung einer Schülerbibliothek	
Entwicklung und Realisierung eines Programmpaketes zur Textverarbeitung	

Auszug aus dem Bildungsplan für das Gymnasium Band 1, Baden-Württemberg 1994,
zum Computereinsatz in diversen Fächern

- Evangelische Religionslehre
  Klasse 6: *„Lehrplaneinheit 6.6.1 W: Verantwortlicher Umgang mit Medien"*[2]:

Moderne Medien als unverzichtbarer Bestandteil gegenwärtiger Lebenswirklichkeit	*...Umgang mit dem Computer*

- Im Abschnitt Erziehungs- und Bildungsauftrag der Naturwissenschaften des
  Bildungsplans von 1994 findet man den folgenden Hinweis: *„An geeigneten*
  Beispielen sollen die Schülerinnen und Schüler den Einsatz des Computers im
  naturwissenschaftlichen Unterricht bei der Erfassung und Auswertung von Meßwerten
  sowie bei der Simulation von Naturvorgängen erleben."[3]

---

[2] Kultus und Unterricht Lehrplanheft 4/1994, S. 112
[3] Kultus und Unterricht Lehrplanheft 4/1994, S. 29

Physik:
Klasse 10: *„Lehrplaneinheit 2: Struktur der Materie"[4]*

Kernzerfall, Halbwertszeit	*→ M, LPE 2: Exponentielles Wachstum* *Bei Zählratenmessungen kann der* *Computer eingesetzt werden.*

- Biologie
  Klasse 11: *„Lehrplaneinheit 1: Wirkung von abiotischen und biotischen Umwelt-faktoren auf Lebewesen"[5]*

Biotische Faktoren und ihre Wirkungen
auf eine Population
    Wachstum, Dynamik
        Räuber-Beute-Beziehung
	Simulationen mit dem Computer

Grundkurs 12 und 13: *„Lehrplaneinheit 6: Evolution"[6]*

Ursachen der Evolution
    Erklärungsversuche von Lamarck und
    Darwin
    Moderne Evolutionstheorie
        Mutation, Rekombination,
        Selektion, Gendrift als
        Evolutionsfaktoren
	Evolutionsspiele, Simulationen mit dem
	Computer

- Erdkunde:
  Klasse 5: *„Lehrplaneinheit 2: Natur und Mensch im Heimatraum"[7]*

Einführung in die Karte *Maßstab, Legende*	*Vom Bild zur Karte, Veranschaulichen im* *Gelände, Umgang mit dem Computer* *Messen und Zeichnen* *Üben mit Hilfe eines einfachen* *Computerprogramms*

Klasse 6: *„Lehrplaneinheit 3: Der Kontinent Europa - Beispiele aus verschiedenen Großräumen"[8]*

Orientierung	*Europäisches Festland* *Inseln und Halbinseln* *Gebirge und Tiefländer, Meere,* *Staaten, Sprachen, Hauptstädte* *Üben mit Hilfe eines* *Computerprogramms*

---

[4] Kultus und Unterricht Lehrplanheft 4/1994, S. 486
[5] Kultus und Unterricht Lehrplanheft 4/1994, S. 577
[6] Kultus und Unterricht Lehrplanheft 4/1994, S. 766
[7] Kultus und Unterricht Lehrplanheft 4/1994, S. 66
[8] Kultus und Unterricht Lehrplanheft 4/1994, S. 125

Klasse 6: *„Lehrplaneinheit 4: Die Klima- und Vegetationsgebiete der Erde"[9]*

Zonale Anordnung von Klima- und Vegetationsgebieten	*Zusammenhänge zwischen Klima und Vegetation im Überblick* *Zeichnen eines vereinfachten Längsprofils der Vegetationszonen* *Einsatz eines Computerprogramms (Klimadaten)*

- Deutsch:

Klasse 8: *„Arbeitsbereich 1: Sprechen und Schreiben"[10]*

Inhaltsangabe *Als Vorstufe der Textinterpretation*	*Gliederung, Erfassen und Benennung des Themas, Beachtung des Motivationszusammenhangs in erzählenden und dramatischen Texten* *Berücksichtigung des Charakters literarischer Figuren* *Computereinsatz möglich*

Klasse 9: *„Arbeitsbereich 1: Sprechen und Schreiben"[11]*

Informieren *Ergebnisprotokoll* *Lebenslauf und Bewerbung*	*Von Unterrichtsstunden, SMV-Sitzungen (Erstellung mit dem Computer möglich)* *Unterrichtsmitschrift* *Computereinsatz möglich (Serienbrief)*

Klasse 10: *„Arbeitsbereich 2: Literatur, andere Texte und Medien"[12]*

Aufbau und Gliederung einer Zeitung	*Layout einer Zeitungsseite mit dem Computer*

- Musik:

Klasse 9: *„Lehrplaneinheit 5: Projekte im Pop / Rock-Bereich"[13]*

a) Produktion eines Songs ...	*Experimentelle Arbeit mit Instrumenten oder Synthesizer / Computer*

- Bildende Kunst:

Klasse 9: *„Arbeitsbereich 1: Malerei, Grafik, Medien"[14]*

Körperhaftigkeit *Räumlichkeit*	*Helldunkel, Formlinien, Fotografie, Video, Computerhilfe* *Räumliche Wahrnehmung,...,* *Fotografie, Video, Computerhilfe*

---

[9] Kultus und Unterricht Lehrplanheft 4/1994, S. 180
[10] Kultus und Unterricht Lehrplanheft 4/1994, S. 246
[11] Kultus und Unterricht Lehrplanheft 4/1994, S. 322
[12] Kultus und Unterricht Lehrplanheft 4/1994, S. 426 ff
[13] Kultus und Unterricht Lehrplanheft 4/1994, S. 394
[14] Kultus und Unterricht Lehrplanheft 4/1994, S. 398

Auszug aus dem Bildungsplan für das Gymnasium 1994, Baden-Württemberg, Fach: Informatik in der Oberstufe[15]

Grundkurs 12 und 13 Informatik: Lernziele, Inhalte und Hinweis

Lehrplaneinheit 1: Grundlagen für das algorithmische Problemlösen mit dem Computer (4)
... Ein Problem und seine Lösung mit dem Computer werden vorgestellt. Die Schülerinnen und Schüler lernen exemplarisch, daß Eingabe, Ausgabe, Zuweisung, Verzweigungen und Wiederholungen Bestandteile algorithmischer Problemlösungen sind. An dieser Stelle soll nicht auf Einzelheiten einer Programmiersprache eingegangen werden.

Einfaches Funktionsmodell eines Computers	*Eingabe ⇔ Speicher ⇔ Ausgabe* *⇕* *Verarbeitung*
Vorstellung einer Problemlösung Variablenbegriff	*....*
Elementare Bausteine eines Algorithmus und ihre Anwendung bei der Lösung eines Problems	*Zuweisung* *Anweisungsfolge* *Verzweigung* *Wiederholung* *Prozedur*
Ein- und Ausgabe Algorithmusbegriff	

Lehrplaneinheit 2: Elemente Strukturierter Programme (22)
... Die Übertragung von Algorithmen auf den Computer erfordert genaue Kenntnisse der Elemente der verwendeten Programmiersprache; die Vermittlung der Syntax darf aber nicht die zentrale Rolle im Unterricht spielen.

Die folgenden Formulierungen beziehen sich auf eine imperative Sprache wie zum Beispiel Pascal....	
	...
Einfache Datentypen mit zugehörigen Operationen Variablenbezeichner und -inhalt	
Zuweisung	*...*
Ein- und Ausgabe	*...*

Strukturen zur Ablaufsteuerung
   Anweisungsfolge,
   Verzweigung und Wiederholung	

Prozeduren und Funktionen
   Parameterübergabe
   Gültigkeitsbereich von Variablen
	Selbsterstellte Prozeduren und Funktionen Verwendung von Softwarebausteinen, z. B. für Grafikprogramme oder interaktive Anwendungen

---

[15] Kultus und Unterricht Lehrplanheft 4/1994, S. 774-778

Rekursion in einfachen Fällen *Strukturierte Datentypen* *Feld und Verbund*	*...*

Lehrplaneinheit 3: Strukturiertes Problemlösen: Methoden und Anwendungen (10)
*Die Schülerinnen und Schüler setzen die bisher erworbenen Kenntnisse und Fähigkeiten bei
der Lösung von anwendungsorientierten Problemen ein. Sie lernen dabei planvoll und
methodisch vorzugehen. Viele Probleme erfordern bei ihrer Lösung ein arbeitsteiliges
Vorgehen; die Schülerinnen und Schüler werden dabei zur Teamarbeit angeleitet. ...*

Problem
    Schritt 1: Präzisierung,
                Modellbildung
	Geeignete Vereinfachung einer
	realen Situation auf eine
	entsprechende formale
	Beschreibung

Spezifizierte Aufgabe *Schritt 2: Modularisierung, Entwurf*	*...*
Spezifische Teilaufgaben *Schritt 3: Entwurf der Algorithmen*	*...*
Algorithmen *Schritt 4: Realisierung*	*Umsetzung in eine Programmier-* *sprache, Testen*

Programm
    Schritt 5: Anwendungen des
                Programms
	Interpretation des Ergebnisses
	Überprüfung auf Zulässigkeit

Lösung der spezifizierten Aufgabe	

Lehrplaneinheit 4: Informationsverarbeitende Systeme, Anwendungen und Auswirkungen (12)
*... sollen sie die vielschichtigen Auswirkungen beim Einsatz des Computers erkennen,
abschätzen und bewerten lernen. Dazu eignen sich auch Betriebserkundungen und durch
Medieneinsatz vermittelte Beispiele. Die Schülerinnen und Schüler erkennen die
Notwendigkeit, mit informationsverarbeitenden Systemen verantwortungsvoll umzugehen.*

Anwendungen der *Informationsverarbeitung*	*Computerunterstützte Planung,* *Konstruktion und Fertigung* *Informationssysteme* *Kommunikation mit* *Rechnerunterstützung ...*
Struktur, Aufbau und interaktive *Benutzung einer Anwendersoftware*	*Beispiele: (wahlweise)* *Datenbanksystem ...* *Expertensystem ...* *CAD-System (Computer-Aided-* *Design)* *...*

Auswirkungen der Informationsverarbeitung: Chancen und Risiken *Datenschutz und Datensicherhei*	*Informationelle Selbstbestimmung* *Datenschutzgesetze ...*

Lehrplaneinheit 5: Aufbau und prinzipielle Arbeitsweise des Computers (18)
... *Die Übersetzung von Anweisungen einer Hochsprache in eine maschinennahe Sprache zeigt Zusammenhänge und wesentliche Unterschiede zwischen den beiden Sprachebenen. ... Allgemeingültige Prinzipien sind vorrangig gegenüber technischen Detailkenntnissen zu vermitteln..*

Im Unterricht können geeignete Simulationsprogramme oder -modelle eingesetzt werden.	
Übersetzung einfacher Anweisungen einer Hochsprache in eine maschinennahe Sprache *Elementare Befehle einer Maschinensprache*	*Transportbefehle* *Arithmetische Befehle* *Sprungbefehle*
Darstellung von Daten und Befehlen im Speicher	*Daten: Zahlen, Zeichen* *Befehle: Operations- und Adressteil* *Binäre und hexadezimale Darstellung* *...*

Rechnerkomponenten
    Speicher
    Adress- und Datenbus
    Rechenwerk
 Steuerwerk
 Zusammenwirken der Rechnerkomponenten bei der Interpretation von Maschinenbefehlen
 Steuerung des Programmablaufs	

Lehrplaneinheit 6: Wahlpflichtthemen (18)
An einer größeren Aufgabenstellung werden die bisher erworbenen Methoden und Kenntnisse der Informatik vertieft. ...

Von den folgenden drei Schwerpunkten muß einer behandelt werden.	
Lösen eines anwendungsorientierten Problems unter Verwendung komplexer Datenstrukturen oder objektorientierter Programmiermethoden	*z. B. Liste, Keller, Schlange, Baum Kapselung, Vererbung, Nachrichtenaustausch*
Arbeiten mit einer nichtimperativen Programmiersprache	*z. B. PROLOG, LISP*
Lösen eines anwendungsorientierten, technischen Problems unter Verwendung von endlichen Automaten	*z. B. Entwicklung von Schaltwerken*
Für die Behandlung soll ein durchgängiges Thema gewählt werden.	
	Themenvorschläge: Interpreter oder Compiler für mathematische Terme Simulation neuronaler Netze Strategiespiele Verarbeitung natürlicher Sprache an einfachen Beispielen Automaten für Steuerungs- und Regelungsaufgaben

Lehrplaneinheit 7: Praktische und theoretische Grenzen des Computereinsatzes (5)
Beim Lösen von Problemen mit dem Computer können Fehler auftreten. Die Schülerinnen und Schüler lernen Ursache, Wirkung und Tragweite solcher Fehler kennen und erwerben Kenntnisse, die zu ihrer Vermeidung beim Programmentwurf beitragen. Praktische und prinzipielle Grenzen des Computereinsatzes werden aufgezeigt. Die historische Entwicklung der Informatik wird unter diesen Aspekten betrachtet.

Die Inhalte dieser Lehrplaneinheit sollten im Rahmen der Lehrplaneinheiten 1 bis 6 behandelt werden.	
Korrektheitsüberlegungen	*Fehler beim Algorithmenentwurf und beim Programmieren, Systematisches Testen von*

	Programmen
Effizienzbetrachtungen	*Aufzeigen an einfachen Standardalgorithmen, z B. Sortieren, Suchen*
Praktische Grenzen beim Realisieren eines Algorithmus in einer Programmiersprache	*Beschränkte Speichergröße, Bereichsüberschreitungen, Auswirkung von Rundungsfehlern, Kritisches Laufzeitverhalten*
Theoretische Grenzen der Algorithmisierbarkeit von Problemen	*Problemstellungen, die prinzipiell nicht mit einem Computer gelöst werden können*
Geschichtliche Entwicklung der Informatik	*Leistungsfähigere Systeme verschieben die praktischen Grenzen*

<u>Lehrplaneinheit 8: Verantwortung im Umgang mit informationsverarbeitenden Systemen</u> (3)
... Dabei soll das Bewußtsein geweckt werden, daß im Umgang mit informationsverarbeitenden Systemen qualifiziertes Wissen über ihre Arbeitsweise und darauf gründendes verantwortliches Handeln aller beteiligten Personen erforderlich ist.

Die Inhalte dieser Lehrplaneinheit sollten im Rahmen der Lehrplaneinheiten 1 bis 6 behandelt werden.	
Rechtliche und ethische Fragen der Softwarenutzung	*...*
Verantwortung beim Entwurf und beim Einsatz informationsverarbeitender Systeme	*Sicherheit von Informations-, Kommunikations- und Steuerungssystemen*

Auszug aus dem Bildungsplan für das Gymnasium 2004, Baden-Württemberg, Fach: Informatik in der Oberstufe[16]

1) Leitidee „Information und Daten
... Unsere Informations- und Wissensgesellschaft basiert auf der automatisierten Verarbeitung von Informationen. Dazu müssen Informationen durch geeignete Daten repräsentiert werden. ... Die Digitalisierung erlaubt eine einheitliche Darstellung gänzlich verschiedenartiger Informationen. Digitale Daten lassen sich auf einfache Weise übertragen und weiterverarbeiten.
Die Schülerinnen und Schüler können

- *zwischen Information und Daten unterscheiden;*
- *Information darstellen und Daten interpretieren;*
- *die Bedeutung der Digitalisierung darlegen.*
  - *Datei, Dokument, Interpretationsvorschrift, zugehöriges Programm*
  - *Einfache Formate für Text und Grafik*
  - *Kodierung, Bit und Byte*

2) Leitidee „Algorithmen und Daten"
Zentral für die Informatik ist die automatische Verarbeitung von Daten. Ein Algorithmus ist die präzise Beschreibung der notwendigen Verarbeitungsschritte. Die elementaren Bausteine von Algorithmen werden an geeigneten Problemen erarbeitet und verwendet. Zur Realisierung der Problemlösung auf einem Rechner werden die Algorithmen in einer Programmiersprache implementiert. Die Testphase ermöglicht, Ursache, Wirkung und Tragweite von Fehlern zu erkennen.
Die Schülerinnen und Schüler können

- *elementare Datentypen und Strukturen zur Ablaufsteuerung anwenden;*
- *Benutzerschnittstellen mit einfachen Komponenten gestalten;*
- *Algorithmen entwerfen und in Programme umsetzen;*
- *Techniken zur Modularisierung einsetzen;*
- *Überlegungen zur Effizienz und Korrektheit bei einfachen Algorithmen durchführen;*

und

- *kennen Grenzen des Rechnereinsatzes.*
  - *Variablenkonzept: Bezeichner, Wert, Typ, Zuweisung*
  - *Einfache und strukturierte Datentypen*
  - *Anweisung, Anweisungsfolge, Verzweigung, Wiederholung*
  - *Prozeduren und Funktionen, Parameterkonzept*
  - *Rekursion in einfachen Fällen*
  - *Einfache Sortier- und Suchverfahren*
  - *Rechnen mit endlicher Stellenzahl, kritisches Laufzeitverhalten*

3) Leitidee „Problemlösen und Modellieren"
Der Prozess zur Lösung eines hinreichend großen Problems lässt sich gliedern in Analyse, Modellbildung und Implementierung. Ein Modell ist eine abstrahierte Beschreibung eines Systems. Modellieren beziehungsweise Modellbildung ist die Erstellung eines solchen Modells. Programmierung, verstanden als Implementierung

---

[16] Bildungsplan von 2004 Gymnasium, MKS, B-W S. 438 ff

von Modellen, sorgt letztendlich dafür, dass diese veranschaulicht, überprüft und bewertet werden können. ...

Die Schülerinnen und Schüler
- *kennen grundlegende Prinzipien beim Problemlösen;*
- *können ein Problem arbeitsteilig im Team lösen;*
- *können den Problemlöseprozess strukturieren;*
- *kennen Basiskonzepte der objektorientierten Modellierung;*
- *können reale Probleme in Objekte und Klassen abbilden;*
- *können Beziehungen zwischen Objekten beziehungsweise Klassen und die Kommunikation zwischen Objekten analysieren und beschreiben;*
- *können eine Lösung dokumentieren, präsentieren und vertreten;*
- *können ein Modell in einer Programmiersprache realisieren.*
  - *Top-down- und Bottom-up-Vorgehensweise*
  - *Modularisierung*
  - *Geheimnisprinzip*
  - *Problemanalyse, Modellbildung, Implementierung und Bewertung der Lösung*
  - *Objekt, Klasse, Attribut, Methode, Kapselung*
  - *Zustand und Verhalten eines Objektes, Lebenszyklus*
  - *Vererbung, Polymorphie*
  - *Diagramme zur Darstellung von Klassen und Interaktionen*

4) Leitidee „Wirkprinzipien von Informatik-Systemen"
In vielen Lebensbereichen unserer Gesellschaft werden komplexe Informatiksysteme verwendet. Um solche Systeme kompetent zu nutzen, ist ein grundlegendes Verständnis ihres Aufbaus und ihrer Funktionsweise erforderlich. Dazu gehören wesentlich die Organisation großer Datenmengen auf Rechnern, die Kommunikation zwischen Rechnern und die Abläufe innerhalb eines Rechners.... In lokalen und globalen Netzen wird Informationsaustausch organisiert und Kommunikation ermöglicht... Zum Verständnis der Wirkungsweise eines Rechners gehören Kenntnisse über das Betriebssystem, die Übersetzungsvorgänge zwischen unterschiedlichen Sprachebenen und das Prinzip der Interpretation von Maschinenbefehlen durch den Prozessor.
Die Schülerinnen und Schüler
- *kennen den prinzipiellen Aufbau und die Wirkungsweise von Datenbanksystemen;*
- *kennen Grundlagen der Rechnerkommunikation;*
- *können das Zusammenspiel der Protokollschichten am Beispiel eines Internetdienstes erläutern;*
- *gewinnen Einsicht in den Aufbau und die Prinzipien der Arbeitsweise des Rechners;*
- *können das Zusammenwirken von Rechenwerk, Steuerwerk und Speicher erläutern.*
  - *Datenbankmodell: Tabellen, Abfragen*
  - *Client-Server-Prinzip*
  - *Protokoll, Adressierung, einfaches Schichtenmodell: Anwendungsschicht, Transportschicht, Vermittlungsschicht, Netzwerkschicht*
  - *Betriebssystem, Compiler, Maschinensprache*
  - *Prinzip des Von-Neumann-Rechners*

5) Leitidee „Informatik und Gesellschaft"

... Durch die einheitliche Darstellung sowie die globale Vernetzung sind auch unerwünschte Eingriffe von Seiten Dritter möglich. Die einfache Möglichkeit, bestehende auch verteilte Daten zu verknüpfen, birgt die Gefahr einer missbräuchlichen Nutzung. Nur mit Kenntnissen grundlegender informatischer Konzepte und Zusammenhänge lassen sich global vernetzte Systeme verantwortlich einsetzen sowie Chancen und Risiken ihrer Nutzung beurteilen.

Die Schülerinnen und Schüler

- *kennen Aspekte der Datensicherheit;*
- *haben Einblick in grundlegende Rechte und Gesetze des Datenschutzes;*
- *entwickeln ein Bewusstsein für rechtliche und ethische Fragen der Nutzung von Information und Software;*
- *gewinnen Einsicht in die Verantwortung beim Entwurf und beim Einsatz informationsverarbeitender Systeme.*
  - *Spuren im Netz, Angriffe aus dem Netz, Schutzmaßnahmen*
  - *Verschlüsselung, digitale Signatur*
  - *Informationelle Selbstbestimmung, Datenschutzgesetz*
  - *Respektierung geistigen Eigentums*
  - *Wirtschaftliche und soziale Folgen durch den Einsatz von Informatiksystemen*
  - *Verlagerung von Entscheidungen vom Menschen auf Maschinen*[17]

---

[17] Bildungsplan von 2004 Gymnasium, MKS, B-W S. 439-441

Anhang B: Tabellarische Übersicht der informatischen Bildung in Deutschland

Zur Verdeutlichung des Aufbaus der folgenden Tabelle wird jede einzelne Kategorie und deren Intension vorgestellt.

Bundesland

Die tabellarische Übersicht der informatischen Bildung in Deutschland ist nach den verschiedenen Bundesländern gegliedert, da fast jedes Bundesland andere Vorschriften hat. Nur die Länder Berlin, Brandenburg, Mecklenburg-Vorpommern und Bremen haben sich auf einen gemeinsamen Rahmenlehrplan für die Grundschule geeinigt, daher wird dieser als exemplarisches Beispiel für die informatische Bildung in der Primarstufe aufgenommen (vgl. dazu Berlin). Für die gymnasiale Oberstufe haben sich die Länder Berlin, Brandenburg und Mecklenburg-Vorpommern auf einen gemeinsame Rahmenplan verständigt (vgl. dazu Berlin).

Jahrgangsstufe

Zur genauen zeitlichen Einordnung der Inhalte in die Bildungsentwicklung der Schüler wird die Jahrgangsstufe gewählt und nicht die vermeintlich einfachere und klassische Kategorisierung des Gymnasiums in Unter-, Mittel- und Oberstufe. Diese einfache Kategorisierung wäre nicht flächendeckend auf das gesamte Bundesgebiet übertragbar, beispielsweise dauert in den Ländern Berlin, Brandenburg, Bremen und Mecklenburg-Vorpommern die Grundschule 6 Jahre, erst danach können die Schüler auf das Gymnasium wechseln.

Organisationsform

Die Organisationsform der informatischen Bildung ist in den Klassen 5-10 der einzelnen Bundesländer ist sehr unterschiedlich, diese reicht von einer einfachen Medienerziehung bis hin zu einem eigenständigen Fach Informatik. Aus diesem Grund ist die Organisationsform ein sehr interessanter Aspekt für den Vergleich der informatischen Bildung in den verschiedenen Bundesländern. Allerdings ist die Organisationsform der informatischen Bildung in den Klassen 11-13 (falls es überhaupt eine 13. Klasse noch gibt) recht ähnlich, es ist in jedem Bildungsplan jeden Bundeslandes ein Informatikkurs in irgendeiner Form als Leistungs-, Grund-, Wahlkurs, ... vorgesehen.

Leitideen, zentrale Inhalte, Module, ...

Die Inhalte der informatischen Bildung sind unter sehr unterschiedlichen Rubriken in den einzelnen Bildungsplänen zu finden, so wird diese Kategorie nicht durchgängig gleich beschriftet, sondern für jedes Bundesland individuell definiert. Die in dieser Kategorie dargestellten Inhalte sind meist auf die wesentlichen zentralen Gliederungspunkte des zugrunde liegenden Bildungsplans reduziert, die genauen Inhalte können im Internet nachgelesen werden, die entsprechenden Links sind im Literaturverzeichnis angegeben.

Weitere inhaltliche Schwerpunkte

Neben der informatischen Bildung wird in der Übersicht ein Überblick der codierungstheoretischen und kryptologischen Inhalte der einzelnen Bildungspläne zur informatischen Bildung herausgearbeitet. Dabei werden nur Inhalte ausgewählt, die sich ganz konkret auf die besagten Themen beziehen.

Informatische Bildung in Deutschland geordnet nach den verschiedenen Bundesländern unter besonderer Berücksichtigung codierungstheoretischer und kryptologischer Inhalte

Bundesland/Er.J.	Jhgst	Organisationsform	Leitideen	codierungstheoretische Inhalte	kryptologische Inhalte
Baden-Württemberg[1] (2004)	5-10	integrativer Ansatz der informations-technischen Grund-bildung	1)Selbstständiges Arbeiten und Lernen mit informationstechnischen Werkzeugen 2)Erfolgreich zusammenarbeiten und Kommunizieren 3)Entwickeln, Zusammenhänge verstehen und Reflektieren	in 3) – Grundlegende Ideen und Konzepte digitaler Informationsbearbeitung: … Kodierung.. – Grundlegende Ideen und Konzepte digitaler Informationsbeschaffung anwenden: …Kodierung…	in 2) impliziert mit: Die Schülerinnen und Schüler wissen um die Problematik der Sicherheit und Authentizität von Mitteilungen in globalen Netzen und kennen Möglichkeiten zur Wahrung der Persönlichkeitssphäre.
	11-12	Wahlkurs: Informatik (2 Std.)	1)Information und Daten 2)Algorithmen und Daten 3)Problemlösen und Modellieren 4)Wirkprinzipien von Informatiksystemen 5)Informatik und Gesellschaft	in 2) – Kodierung – Bit – Byte – Einfache Formate für Text und Grafik in 4) – Client-Server-Prinzip	in 5) Datensicherheit: – Verschlüsselung – Digitale Signatur
Bundesland/Er.J.	Jhgst	Organisationsform	zentrale Inhalte	codierungstheoretische Inhalte	kryptologische Inhalte
Bayern[2] (2004)	6	Integration in das Fach *Natur und Technik* als Schwer-punkt Informatik (ca. 28 Gesamtstd.)	1)Information und ihre Darstellung 2)Informationsdarstellung mit Graphikdokumenten - Graphiksoftware 3)Informationsdarstellung mit Textdokumenten – Textverarbeitungs-software 4)Informationsdarstellung mit einfachen Multimediadokumenten – Präsentationssoftware 5)Hierarchische Informationsstrukturen - Dateisysteme	keine	keine
	7	Integration in das Fach: *Natur und Technik* als Schwer-	1)Vernetzte Informationsstrukturen – Internet 2)Austausch von Information – E-Mail	keine	in 2) – Transportmechanismen: Zustellen und Abholen; Analogie zur

---

[1] Bildungsplan Gymnasium, Ministerium für Kultus und Sport, Baden-Württemberg, 2004

[2] Klasse 6-10: Lehrpläne der Jahrgangstufen 6-10 Gymnasium, Bayrisches Staatsministerium für Kultus und Unterricht, 2004
 Klasse 11-12: Lehrplan für Informatik Klasse 11-12 am Gymnasium, Bayrisches Staatsinstitut für Bildungsqualität und Bildungsforschung, 2004

Bundesland/Er.J.	Jhgst	Organisationsform	Themen/Kompetenzen und Inhalte	codierungstheoretische Inhalte	kryptologische Inhalte
		punkt Informatik (ca. 28 Gesamtstd.)	3)Beschreibung von Abläufen durch Algorithmen		Briefpost; Sicherheit
	9	naturwissenschaftliches – technologisches Gym. Fach: Informatik (2 Std.)	1)Funktionen und Datenflüsse; Tabellenkalkulation 2)Datenmodellierung und Datenbanksysteme	keine	keine
	10	naturwissenschaftliches – technologisches Gym. Fach: Informatik (2 Std.)	1)Objekte und Abläufe 2)Generalisierung und Spezialisierung 3)Komplexere Anwendungsbeispiele	keine	keine
	11-12	Wahlkurs: Informatik (2 Std.)	1)Rekursive Datenstrukturen 2)Softwaretechnik 3)Formale Sprachen 4)Funktionsweise eines Rechners 5)Grenzen der Berechenbarkeit 6)Kommunikation und Synchronisation von Prozessen	in 3) Anhand einfacher Beispiele wie Autokennzeichen, E-Mail-Adressen oder Gleitkommazahlen lernen die Schüler den Begriff der formalen Sprache als Menge von Zeichenketten kennen, die nach bestimmten Regeln aufgebaut sind. – Einfache Beispiele für formale Sprachen über einem Alphabet; Zeichen, Zeichenvorrat (Alphabet), Zeichenkette	in 5) Den Jugendlichen wird deutlich, dass die Sicherheit moderner Verschlüsselungsverfahren auf den praktischen Grenzen der Berechenbarkeit beruhen. – Hoher Laufzeitaufwand als Schutz vor Entschlüsselung durch systematisches Ausprobieren aller Möglichkeiten (Brute-Force-Verfahren)
Berlin[3] (2004)	1-4	integrativ im Sachunterricht, Themenfeld: *Medien nutzen*	Themenfeld: Medien nutzen 1)Medien verwenden, bewerten und produzieren 2)Mit dem Computer arbeiten	keine	in 1) – Passwort verwenden
(2006)	7-8	informationstechnische Grundbildung (Stunden werden nach Stundentafeln der Schulen individuell verteilt)	1)Aufbau und Wirkungsweise von Informatiksystemen 2)Nutzung von Standardsoftware 3)Informationsbearbeitung 4)Leben mit vernetzten Systemen	in 2) S. & S. – kennen verschiedene Dateiformate für Texte, Pixel- und Vektorbilder sowie Zahlen- und Datentabellen, beschreiben ihre Eignung für bestimmte Einsatzzwecke, kennen und nutzen Konvertierungsmöglichkeiten	in 1) S. & S. – kennen Gefahren für eine geschützte Privatsphäre durch den Gebrauch weltweit vernetzter stationärer und mobiler Geräte, – kennen Informationsquellen über aktuelle Gefährdungen und Gegenmaßnahmen

[3] Klasse 1-4: Rahmenlehrplan Grundschule Sachunterricht, Senatsverwaltung für Bildung, Jugend und Sport Berlin, 2004
Klasse 7-10: Rahmenlehrplan der Sekundarstufe I ITG, Informatik Wahlpflichtfach, Senatsverwaltung für Bildung, Jugend und Sport Berlin, 2006
Klasse 11-12: Rahmenlehrplan für die gymnasiale Oberstufe, Senatsverwaltung für Bildung, Jugend und Sport Berlin, 2006

				Inhalt: – Umwandeln in unformatierten (ASCII)- oder Hypertext	in 4) Inhalt – Grundprinzipien des Zahlens über Kreditkarten, Kontokarten, Kundenkarten, E-Cash oder mit digitaler Signatur, Einschätzung der Sicherheit der Verfahren
(2006)	9-10	Wahlpflichtfach: Informatik (Stunden werden nach Stundentafeln der Schulen individuell verteilt)	1)Aufbau und Wirkungsweise von Informatiksystemen (Pflichtmodul) 2)Leben mit vernetzten Systemen (Pflichtmodul) 3)Informationssysteme (Pflichtmodul) 4)Automatische und technische Systeme (Wahlmodul) 5)Multimedia (Wahlmodul)	in 2) Inhalt – Protokolle als Vereinbarungen zwischen Kommunikationspartnern, in 5) S. & S. – kennen Vor- und Nachteile gängiger Datenformate im gewählten Medienbereich Inhalt: – Bilder: Physikalische Grundlagen von Licht und Farbe, additive und subtraktive Farbmodelle mit Bezug zu Ausgabegeräten (Monitor, Drucker) – Unterschied zwischen analogen und digitalen Datenmodellierungen, Digitalisierung als Wandlungsvorgang mit den Parametern Ausschnittsbildung, Anzahl der zahlenmäßig erfassten Einzelereignisse pro Ausschnittseinheit (Auflösung) sowie Zahlbereich für einen einzelnen Wert (Genauigkeit)	keine
(2006)	11-12	Grund- bzw. Leistungskurs Informatik	1)Datenbanken 2)Rechner und Netze 3)Softwareentwicklung 4)Sprachen und Automaten 5)Informatik, Mensch und Gesellschaft	in 2) Inhalt – Protokolle mögliche Kontexte – Zahlensysteme, Rechnen im Dualsystem – Codierung	in 1) möglicher Kontext – Kryptologie in 2) mögliche Kontexte – Datenschutz und Datensicherheit – Vertraulichkeit und Authentizität in 5) Inhalte: – Datenschutz und Datensicherheit – Vertraulichkeit und Authentizität

Bundesland/Er.J.[4]	Jhgst	Organisationsform	Themenfelder/Inhaltsbereiche	codierungstheoretische Inhalte	kryptologische Inhalte
Brandenburg[4]	1-4	siehe Berlin			
(2008)	7-10	Wahl-, Pflichtfach	1)Grundlagen der Informatik 2)Anwendungen der Informatik 3)Computernetze 4)Algorithmen und Softwareentwicklung	in 1) – Historische Entwicklung der Informationsübertragung – Historische und aktuelle Entwicklung der Rechentechnik	in 3) – Risiken und Chancen bei der Nutzung von Computernetzen – Urheberrecht, Datensicherheit und Datenschutz.
(2006)	12-13	siehe Berlin			

Bundesland/Er.J.[5]	Jhgst	Organisationsform	Bereiche	codierungstheoretische Inhalte	kryptologische Inhalte
Bremen[5]	1-4	siehe Berlin			
(2002)	5-10	integrativer Ansatz Medienbildung	1)Technische Grundbildung 2)Informationsverarbeitung 3)Algorithmik - Automatisierte Prozesse 4)Gestalterische Medienarbeit 5)Internet 6)Medienanalyse und Medienkritik	in 1) – Grundlegende Kenntnisse der den audio-visuellen Medien und der Kommunikations- und Informationstechnik zugrunde liegenden physikalischen Phänomene und technischen Konzepte – Bits & Bytes	in 5) Datenschutz: – In der offenen Umgebung des Internets lernen Schülerinnen und Schüler den verantwortungsvollen Umgang mit eigenen und fremden Daten. Damit gehen die Wahrung der Privatsphäre und die Akzeptanz der persönlichen Integrität der anderen einher.
(2001)	11-13	Grund- bzw. Leistungskurs Informatik	1)Fundamentale Algorithmen der Informatik 2)Konzepte von Programmiersprachen 3)Verteilte Systeme 4)Fragestellungen der künstlichen Intelligenz 5)Prozessverarbeitung in technischen Systemen 6)Geschichte der Informatikentwicklung 7)Datenbanken und Informationssysteme 8)Modellbildung und Simulation 9)Computergraphik und Bildverarbeitung 10) Sprach- und Signalverarbeitung 11) Datenschutz und Datensicherheit 12) Tabellenkalkulation,	in 5) – Verarbeitung (großer Mengen) von kontinuier-lich anfallenden Daten in 9) – Farbsysteme	in 11) Zu diesem Thema gehören Übertragungsverfahren und kryptologische Verschlüsselungsalgorithmen, die zunächst stark mathematikbetont zu sein scheinen, aber innerhalb informatischer Anwendungen aus diesem Themenbereich wie z. B. Telebanking und Teleshopping nur einen Aspekt unter mehreren darstellen. – Kryptologische Methoden, – Anwendungen im Alltag, – Digitale Signatur, Zertifizierung, Zertifizierungsinstanzen.

---

[4] Klasse 9-10: Rahmenlehrplan für die Sekundarstufe I Jahrgangsstufen 7 – 10 Informatik, Jugend und Sport des Landes Brandenburg, 2008

[5] Klasse 11-13: Informatik Rahmenlehrplan für die Sekundarstufe II gymnasiale Oberstufe, Senator für Bildung und Wissenschaft, Bremen, 2001

Bundesland/Er.J.	Jhgst	Organisationsform	Bereiche/Inhalte/Leitlinien	codierungstheoretische Inhalte	kryptologische Inhalte
			13) Informationspräsentation 14) Tabellenkalkulation 15) Grundlagen der Rechnertechnologie		
Hamburg[6] (2004)	5-10	Integrativer Ansatz in Form einer *Medienerziehung*	1)Medienangebote sinnvoll auswählen und nutzen 2)Problemlösungstechniken anwenden und Werkzeuge einsetzen 3)Eigene Medienbeiträge gestalten, präsentieren und verbreiten 4)Mediengestaltungen verstehen und bewerten 5)Medieneinflüsse erkennen und einordnen Bedingungen der Medienproduktion und –verbreitung durchschauen und einschätzen	keine	keine
(2004)	8-9	Wahlpflichtfach: Informatik (je 2 Std.)	*a) informatische Leitlinien* 1)Interaktion mit Informatiksystemen 2)Wirkprinzipien von Informatiksystemen 3)Informatische Modellierung 4)Wechselwirkungen zwischen Informatiksystemen, Individuum und Gesellschaft *b) verbindliche Inhalte* 1)Text-Dokumente 2)Grafik 3)Präsentation 4)Kommunikation *c) Wahlinhalte* 1)Klang-Dokumente 2)Kryptologie, Datensicherheit 3)Simulation 4)Prozessdatenverarbeitung 5)Roboter 6)Bewegte Bilder	in a) 1) Daten – Digitalisieren, – Codieren, decodieren, – Komprimieren in b) 2) – Digitalisierung – Gestaltung von Pixelgrafiken – Grundlagen der Pixelgrafik in c) 1) – Eingabe von Klängen: Digitalisieren, Rippen – Sounddateien Formate (WAV, MP3, Real Audio), Abhängigkeit von Qualität und Dateigrößen, Codieren und Decodieren	in a) 1) Daten – Chiffrieren, – Dechiffrieren in b) 4) – Kommunikationsverhalten: Netiquette, Verschlüsselung in c) 2) verbindliche Inhalte: – Historische Chiffrierverfahren – Einfache monoalphabetische und poly-alphabetische Verfahren – Kryptoanalyse einfacher Verfahren – Unterscheidung symmetrischer und asymmetrischer Verfahren – Prinzipien moderner Verfahren – Verschlüsselung von E-Mails

[6] Klasse 5-10: Rahmenplan Aufgabengebiete, Bildungsplan achtstufiges Gymnasium Sekundarstufe I, Freie und Hansestadt Hamburg Behörde für Bildung und Sport, 2004
Klasse 8-9: Rahmenplan Wahlpflichtfach Informatik Bildungsplan achtstufiges Gymnasium, Freie und Hansestadt Hamburg Behörde für Bildung und Sport, 2004
Klasse 10-12: Rahmenplan Informatik Bildungsplan gymnasiale Oberstufe, Freie und Hansestadt Hamburg Behörde für Bildung und Sport, 2009

Bundesland/Er.J.	Jhgst	Organisationsform	Themen	codierungstheoretische Inhalte	kryptologische Inhalte
			7)3D-Modellieren		Wahlinhalte: – Funktionsweise der Enigma – DES-Verfahren – Firewalls
(2009)	10	Wahlpflichtfach: Vorstufe Informatik (je 2 Std.)	*verbindlicher Inhalt:* 1)Daten analysieren und modellieren 2)Daten und Prozesse	keine	keine

(2009)	11-13	Informatik:
		erweitertes Niveau
			1)Objektorientierte Modellierung
			2)Verteilte Systeme
			3)Möglichkeiten und Grenzen von
			   Informatiksystemen
			4)Simulation
				in 2)
				– Client-Server-Modell, Netze,
				  Protokolle, TCP/IP- 1
					in 2)
					Verbindliche Unterrichtsinhalte:
					– Sicherheit im Internet, Schutz
					  lokaler Netze vor Angriffen von
					  außen,
					– Verfahren zur Sicherung von
					  Vertraulichkeit, Integrität und
					  Authentizität von Kommunikation

Hessen[7]
(2005)
	5-9	integrativer Ansatz
		als
		*Informations- und
		kommunikations-
		technische
		Grundbildung
		(IKG)*
			1)Grundlagen der
			   Informationstechnologie
			2)Umgang mit einem Betriebssystem
			3)Umgang mit einer Textverarbeitung
			4)Umgang mit einer Tabellenkalkulation
			5)Umgang mit einem
			   Datenbankprogramm
			6)Erstellen einer Präsentation
			7)Information und Kommunikation
				in 7)
				– Protokolle (http, ftp etc.), ..., Aufbau
				  von WWW-Adressen,
					in 1)
					– Zugriffsschutz, Passwörter,
					  Computerviren, Firewall,
					  Datensicherung, Sicherheit im In-
					  ternet

Empfehlung
(2005)
	9-10	Wahlpflichtfach:
		Informatik
		(je 2 Std.)
			Fundamentum
			1)Nutzen von Anwendersystemen
			2)Einführung in die Programmierung
			3)Internet und HTML
			4)Geschichtliche Entwicklung der Daten-
			   verarbeitung
			5)Datenschutz, Datensicherheit
			Wahlthemen
			6)Kryptologie
			7)Technik
				in 1)
				– Bildbearbeitung (Pixel- und
				  Vektorgrafik)
				in 3)
				– Protokolle
				in 4)
				– Kodierung
					in 5)
					– Authentifizierung
					in 6)
					– Klassische Verfahren
					– Symmetrische - asymmetrische
					  Verfahren

[7] Klasse 5-9: IKG (Informations- und kommunikationstechnische Grundbildung) Hinweise zu den Lehrplänen, Hessisches Kultusministerium, 2005
Klasse 9-10: Empfehlung für den Wahlpflichtunterricht Informatik, Didaktisches Forum Informatik vom 12.7. – 14.7.05 in Weilburg
Klasse 11-13: Lehrplan Informatik gymnasialer Bildungsgang, Hessisches Kultusministerium, 2002

Bundesland/Er.J.	Jhgst	Organisationsform	Themen	codierungstheoretische Inhalte	kryptologische Inhalte
(2002)	11-13	Grund- bzw. Leistungskurs Informatik	8)Simulationen dynamischer Systeme (bspw. mit TK, NetLogo) 9)KI 10) 3D-Modellieren (z. B. mit VRML) 11) Netzwerke verbindliche Themen 1)Internet 2)Grundlagen der Programmierung 3)Objektorientierte Modellierung 4)Datenbanken 5)Konzepte und Anwendungen der Theoretischen Informatik Wahlthema 6)Betriebssysteme 7)Rechnernetze 8)Computergraphik 9)Prolog als Sprache der künstlichen Intelligenz 10) Simulationen, Chaostheorie 11) Technische Informatik	in 1) – Adressen und Protokolle in 7) – Prinzipien und Protokolle – in 8) – Farbmodell (RGB, CMYK, …) – Komprimierung (JPEG, GIF (LZW-Kompri-mierung) oder TIFF (LZH-Komprimierung)) in 11) – Binärcodierung (Binärcode, BCD-Code, HexCode, Subtraktion durch Komplementbildung)	keine
Mecklenburg-Vorpommern[8]	1-4	siehe Berlin			
(2002)	5-6	Arbeit-Wirtschaft-Technik und Informatik	1)Textverarbeitung 2)Kommunikation – gestern, heute, morgen		
(2002)	7-8	integrativer Ansatz Informatik	verbindliche Themen 1)Informieren in Datenbanken und Datennetzen 2)Sparen und Kalkulieren fakultative Inhalte 3)Bilder gestalten 4)Karten als Informationsträger	in 3) – Digitalisierung von Bildern verstehen und sachgerecht ausführen – Merkmale und Anwendungsbereiche von grafischen Dateiformaten kennen – Speicherplatzbedarf für digitale Bilder abschätzen bzw. berechnen in 4) – Lesbare und kodierte Informationen	in 4) – Datenschutz und Datensicherheit beim Einsatz von Karten unterscheiden und die Notwendigkeit gesetzlicher Regelungen erkennen

---

[8] Klasse 5-6: Rahmenplan Orientierungsstufe informatische Grundbildung, Ministerium für Bildung, Wissenschaft und Kultur des Landes Mecklenburg-Vorpommern, 2002
Klasse 7-10: Rahmenplan Gymnasium integrierte Gesamtschule Informatik, Ministerium für Bildung, Wissenschaft und Kultur des Landes Mecklenburg-Vorpommern, 2002

				auf Karten unterscheiden – Verschiedene Möglichkeiten der Kodierung von Informationen auf Karten erkennen – Digitalisierung und Binärkodierung als Grundprinzipien maschineller Informationsverarbeitung erkennen	
(2002)	9-10	Wahlpflichtfach: Informatik (bis zu 3 Std.)	verbindliche Themen 1)Publizieren 2)Sprachen und Sprachkonzepte fakultative Inhalte 3)Vom Computer zum Netzwerk 4)Computer und Recht 5)Prinzipien des objektorientierten Programmierens 6)Nutzen und Gestalten von Multimedia	in 2) – Digitalisierung und Binärkodierung als Grundprinzipien maschineller Informationsverarbeitung erkennen in 3) – duales und hexadezimales Zahlensystem zur Kodierung von Daten und Befehlen kennen	in 3) – Datensicherheit als technische Komponente des Datenschutzes kennen
(2006)	11-12	siehe Berlin			
Bundesland/Er.	Jhgst	Organisationsform	Bereiche	codierungstheoretische Inhalte	kryptologische Inhalte
Niedersachsen[9] (1993)	11-13	Vorstufe und Grundkurs: Informatik	1)Werkzeuge und Methoden der Informatik 2)Funktionsprinzipien von Hard- und Software-Systemen einschließlich theoretischer bzw. technischer Modellvorstellungen 3)Anwendungen von Hard- und Software-Systemen sowie deren gesellschaftliche Auswirkungen	in 2) – Rechnermodelle und reale Rechnerkonfigurationen o Codierung von Zahlen und Zeichen	in 3) – Datenschutz und Datensicherheit o Verschlüsselung (Codierverfahren)
Bundesland/Er.J.	Jhgst	Organisationsform	Lerninhalte/Lernbereiche	codierungstheoretische Inhalte	kryptologische Inhalte
Nordrhein-Westfalen[10] (1990)	7-9	integrativer Ansatz als *Informations- und Kommunikationstechnologische Grundbildung (IKG)*	1)Prozessdatenverarbeitung 2)Textverarbeitung, Dateiverwaltung, Kalkulation 3)Modellbildung und Simulation	keine	keine

[9] Klasse 11-13: Rahmenrichtlinien für das Gymnasium - gymnasiale Oberstufe, Niedersächsisches Kultusministerium, 1993

[10] Klasse 7-9: Vorläufige Richtlinien zur Informations- und Kommunikationstechnologischen Grundbildung in der Sekundarstufe I., Kultusministerium des Landes Nordrhein-Westfalen, 1990.
Klasse 9-10: Richtlinien und Lehrpläne für das Gymnasium – Sekundarstufe I – in Nordrhein-Westfalen, Informatik, Kultusministerium des Landes Nordrhein-Westfalen, 1993
Klasse 11-13: Richtlinien und Lehrpläne für die Sekundarstufe II – Gymnasium/Gesamtschule in Nordrhein-Westfalen, Informatik, Ministerium für Schule und Weiterbildung, ... , 1999

(1993)	9-10	Wahlpflichtfach Informatik (3 Std.)	1)Umgang mit Software 2)Funktionsweisen von Software 3)Funktionsweisen von Hardware, Prozessdatenverarbeitung 4)Softwareprojekte	in 3) – Digitale Informationsdarstellung, Bit, Byte, Codierung von Zahlen und Zeichen	keine
(1999)	11-13	Grund-Leistungskurs	a) Modellieren und Konstruieren 1)Ein Informatikmodell gewinnen: Probleme eingrenzen und spezifizieren, reduzierte Systeme definieren 2)Daten und Algorithmen abstrahieren 3)Lösungen nach einem Programmierkonzept realisieren, überprüfen ... b) Analysieren und Bewerten 1)Typische Einsatzbereiche, Möglichkeit, Grenzen, Chancen und Risiken der Informations- und Kommunukationssysteme untersuchen und einschätzen 2)Algorithmen, Sprachkonzepte und Automatenmodelle beurteilen 3)Technische, funktionale und organisatorische Prinzipien von Hard- und Softwaresystemen kennen lernen ... c) Lernen im Kontext der Anwendung	in b) 3) – ...Prinzipien der Digitalisierung und der binären Codierung von Daten und Befehlen... in c) – Bildbearbeitung und Mustererkennung z. B. o Scannen von Identnummern (Ausweise und Warencodes) o Scannen von Textseiten als Bild – Telekommunikation z. B. o einfache Protokolle	in c) – Datenschutz und Datensicherheit z. B. o Kryptologische Verschlüsselungsverfahren o Telebanking

Bundesland/Er.J.[11]	Jhgst	Organisationsform	Inhaltsbereiche	codierungstheoretische Inhalte	kryptologische Inhalte
Rheinland-Pfalz[11] (2005)	9-10	Wahlfach: Informatik (insgesamt 4-6 Std.)	1)Grundlagen der Informationsverarbeitung 2)Algorithmisches Problemlösen 3)Nutzung und Modellierung von Datenbanken	in 1) Binäre Darstellung von Daten erläutern – Bit und Byte – Binärdarstellung von Zahlen – Binärdarstellung von Zeichen – Binärdarstellung von Bildern, Tönen, Filmen Grundlagen der Kommunikation in Rechnernetzen beschreiben – Protokoll	in 1) Grundlagen der Kommunikation in Rechnernetzen beschreiben – Datensicherheit im Internet – Verschlüsselung von Daten (Erste Ansätze zur Lösung von Sicherheitsproblemen anhand einfacher (monoalphabetischer) Verschlüsselungsverfahren entwickeln.)

---

[11] Klasse 9-10: Lehrplanentwurf für das Wahlfach Informatik an Gymnasien, Ministerium für Bildung, Wissenschaft, Jugend und Kultur, 2005
Klasse 11-13: Lehrplanentwurf für das Grund- und Leistungsfach Informatik, Ministerium für Bildung, Wissenschaft, Jugend und Kultur, 2008

Bundesland/Er.J.	Jhgst	Organisationsform	Inhalte	codierungstheoretische Inhalte	kryptologische Inhalte
(2008)	11-13	Leistungsfach: Informatik	1)Information und ihre Darstellung 2)Aufbau und Funktionsweise eines Rechners 3)Kommunikation in Rechnernetzen 4)Algorithmen und Datenstrukturen 5)Grenzen algorithmisch arbeitender Systeme 6)Informatische Modellierung 7)Deklarative Programmierung – prädikativ 8)Software-Entwicklung 9)Wechselwirkungen zwischen Informatiksystemen, Individuum und Gesellschaft	in 3) Strukturen von Kommunikationssystemen analysieren und beschreiben – Einfache Kommunikationsvorgänge experimentell durchführen (z. B. Morsen, Lichtsignale, Handzeichen) und dabei die Konzepte „Sender", „Empfänger", „Nachricht" und „Protokoll" erarbeiten – Anhand historischer Verfahren (z. B. optischer Telegrafie) und Kommunikationsvorgängen aus dem Alltag (z. B. Telefonieren, Briefversand) Eigenschaften von Kommunikationssystemen herausarbeiten. Kommunikation in Rechnernetzen erläutern und am Beispiel des Internets verdeutlichen – ... Client-Server-Struktur ... – Protokolle (z. B. HTTP, POP, SMTP, FTP) ...	in 3) Datensicherheit unter Berücksichtigung kryptologischer Verfahren erklären und beachten – Vertraulichkeit, Authentizität, Integrität, Verbindlichkeit als Sicherheitsziele – Historische Verfahren ... – ... asymmetrische Verfahren ... – ... Prinzip der Einwegfunktion ... – ... RSA-Verfahren ... – Berechnungen von öffentlichen und geheimen Schlüsseln für einfache Zahlenbeispiele durchführen und Kodierungen bzw. Dekodierungen nachvollziehen. in 10) Kommunikation unter Aspekten der Datensicherheit bewerten – Aspekte der Datensicherheit, Vertraulichkeit, Authentizität, Integrität, Verbindlichkeit an alltäglichen Kommunikation ...
Saarland[12] (2001)	5	integrativer Ansatz als *Informationstechnische Grundbildung (ITG)*	1)Handhabung und Werkzeugcharakter des Computers 2)Integration des Computers als Unterrichtsmedium in den Fachunterricht		

(2006)	10	Wahlpflichtfach Informatik	Verbindliche Inhalte
			1)Grundbegriffe
			2)Modellieren und entwerfen
			3)Einführung in die Programmentwicklung
				in 1)
				– Zahlensysteme und Codierung
				  o Binär-, Hexadezimalsystem
				  o Bit und Byte
				  o ASCII-Code
					in 1)
					– Grundbegriffe der Chiffrierung
					  o Klartext,
					  o Geheimtext,
					  o Schlüssel,

---

[12] Klasse 5: Informationstechnische Grundbildung im achtjährigen Gymnasium, Ministerium für Bildung, Kultur und Wissenschaft, 2001
Klasse 10: Achtjähriges Gymnasium Lehrplan Informatik für die Einführungsphase der gymnasialen Oberstufe, Ministerium für Bildung, Kultur und Wissenschaft, 2006
Klasse 11-12: Achtjähriges Gymnasium Lehrplan Informatik, Ministerium für Bildung, Kultur und Wissenschaft, 2008

			4)Klassische kryptographische Verfahren fakultative Inhalte 5)Vertiefung des Themas Klassische Kryptographie 6)Modellieren mit Automaten	○ Codierung von Zeichen und Zahlen ○ Zeichenketten, Zeichensätze	○ Chiffrieralgorithmus ○ Beispiele (Historische Transpositions- und (monoalphabetische) Substitutionsverfahren) – Sicherheit ○ Prinzip von Kerckhoffs ○ One-Time-Pad – Angriffsarten ○ Passive und aktive Angriffe: ○ Brute-force, ○ Ciphertext-only, ○ Known-plaintext, ○ Chosen-plaintext in 4) – Homophone, – Polyalphabetische Verschlüsselungsverfahren – Einfache kryptoanalytische Methoden
(2008)	11-12	G-Kurs Informatik	1)Strukturiertes Programmieren 2)Objektorientiertes Modellieren und Programmieren 3)Datentypen und Datenstrukturen 4)Suchen und Sortieren 5)Algorithmenanalyse, Grenzen der Berechenbarkeit 6)Automaten und formale Sprachen 7)Funktionsweise von Computersystemen 8)Kommunikation und Sicherheit in Rechnernetzen	in 8) – Client-Server-Modell – LAN, WAN, Router – IP-Adressen	in 1) Kryptographische Grundbegriffe – Klartext, Geheimtext, Schlüssel – Substitutions-, Transpositionsalgorithmus – Chiffrieralgorithmus, – Prinzip von Kerckhoff Sicherheit – Vertraulichkeit, Authentizität, Integrität Symmetrische und asymmetrische Verschlüsselungsverfahren Symmetrische Verschlüsselung – Einwegfunktion, Trapdoor-Einwegfunktion – Asymmetrische Verschlüsselung, RSA-Algorithmus – Modulare Arithmetik

Bundesland/Er.J.	Jhgst	Organisationsform	Lernbereiche	codierungstheoretische Inhalte	kryptologische Inhalte

					− Schlüsselerzeugung,
					− Verschlüsselung, Entschlüsselung,
					  Korrektheit der Entschlüsselung
					− Trapdoor-Eigenschaft der
					  Verschlüsselungsfunktion
					− Sicherheit des RSA-Algorithmus
					− Blockweise Chiffrierung
					− Signaturverfahren

Sachsen[13] (2004)	5	Integration in das Fach *Technik und Computer* (2 Std.)	1)Fertigen technischer Objekte 2)Informationsbeschaffung mit dem Computer Lernbereiche mit Wahlpflichtcharakter 1)Transport und Verkehr 2)Traditionelles Handwerk 3)Entsorgung von Wertstoffen und Geräten 4)Nachrichten übertragen	in Lernbereiche mit Wahlpflichtcharakter 4) − Einblick gewinnen in die Entwicklung der Nachrichtenübermittlung o Betrachten von Möglichkeiten der Nachrichtenübertragung (Beispiele aus der Geschichte und Gegenwart: Rauchzeichen, Flügeltelegraf, Morsegerät, Telefon, E-Mail, SMS)	in Lernbereiche mit Wahlpflichtcharakter 4) − Einblick gewinnen in die Entwicklung der Nachrichtenübermittlung o Ver- und Entschlüsseln einer Nachricht (Morsealphabet, Geheimschrift)
(2004)	6	Technik und Computer (1 Std.)	1)Konstruieren technischer Objekte 2)Informationsaustausch mit dem Computer Lernbereiche mit Wahlpflichtcharakter 1)Wahlpflicht 1: Transport und Verkehr 2)Wahlpflicht 2: Modernes Handwerk 3)Wahlpflicht 3: Anlagen zur Nutzung alternativer Energien 4)Wahlpflicht 4: Signale nutzen	keine Angaben	keine Angaben
(2007)	7	Fach: Informatik (1 Std.)	1)Computer verstehen – Prinzipien und Strukturen. 2)Computer benutzen – Elemente und Strategien 3)Computer verwenden – Komplexaufgabe Lernbereiche mit Wahlpflichtcharakter 1)Kommunikation gestern und heute	in Lernbereiche mit Wahlpflichtcharakter 2) − Einblick gewinnen in die Darstellung von Zahlen und Symbolen im Computer o Bedeutung von Bit und Byte o Speicherkapazität	keine

---

[13] Klasse 5-6: Lehrplan Technik/Computer, Sächsisches Staatsministerium für Bildung und Schulentwicklung, 2004

Klasse 7-12: Lehrplan Informatik, Sächsisches Staatsministerium für Bildung und Schulentwicklung 2004/2007 und Lehrplan Gymnasium Naturwissenschaftliches Profil 2005/2009

			2)Bits und Bytes 3)Computer im Alltag		
	8	Fach: Informatik (1 Std.)	1)Informationen repräsentieren 2)Daten verarbeiten 3)Informationen interpretieren – Daten schützen Lernbereiche mit Wahlpflichtcharakter 1)Rechentechnik gestern und heute 2)Logik im Computer 3)Computer im Alltag	keine	in Lernbereich 3) – Einblick gewinnen in die Problematik schützenswerter Daten – Datensicherheit

(2009)	9-10	integrativer Ansatz:
		in den
		Profillehrplänen
		(je 1 Std.)
		am Beispiel des
		naturwissenschaftlichen Profils
			Lernbereiche mit informatischen Anteilen:
			1)Licht und Farben
			2)Messen, Steuern, Regeln
			3)Kommunikation
			4)Boden
			5)Astronomische Beobachtungen
			6)Bionik – Lernen von der Natur
				in 1)
				– Kennen von Medientypen
				  o Pixel- und Vektorgrafik
				  o Video und Animation
				  o Audiomedien
				– Einblick gewinnen in den Zusammenhang zwischen Medientyp, Medienformat, Konvertierung und Kompression
				in 3)
				– Dateitransfer: POP3, SMTP, http, ftp
					in 3)
					Sich positionieren zu Maßnahmen zur Gewährleistung von Datensicherheit und Datenschutz in vernetzten Systemen:
					– Passwortschutz,
					– Verschlüsselung,
					– Zugriffsrechte,
					– Virenschutz

(2004)	11-12	Grundkurs:
		Informatik
		(2 Std.)
			1)Kommunikation in Netzen
			2)Informatische Modelle
			3)Sicherheit von Informationen
			4)Datenstrukturen und Modularisierung
			5)Algorithmen
			6)Datenmodellierung und Datenbanken
			7)Wissenschaft Informatik
			8)a. Theoretische Informatik – Theoretische Grundlagen von Programmiersprachen
			  b. Technische Informatik – Hardware und Prozessdatenverarbeitung
			  c. Praktische Informatik – Vertiefte Programmierung
			  d. Angewandte Informatik Computergrafik und Bildbearbeitung
				in 8) d.
				– Kennen von Farbmodellen
				  o Farbmischung
				  o Farbtiefe
				– Kennen von Verfahren der Bildgenerierung und -analyse
				  o rechnerinterne Beschreibung grafischer Objekte
				  o Speicherbedarf
					in 3)
					– Kennen von Anforderungen an die Informationssicherheit
					  o Vertraulichkeit
					  o Integrität
					  o Authentizität
					– Einblick gewinnen in die Kryptologie
					  o Kryptographie
					  o Kryptoanalyse
					– Kennen von Verfahren zur Gewährleistung der Vertraulichkeit
					– symmetrische Verfahren
					  o klassische Verfahren: Cäsar-Chiffre, Vigenère-Verschlüsselung, Prinzip der

Bundesland/Er.J.	Jhgst	Organisationsform	Themen	codierungstheoretische Inhalte	kryptologische Inhalte

			Lernbereiche mit Wahlpflichtcharakter
			9)Dynamische Datentypen
			10) Suchalgorithmen
			11) Computergrafik im Alltag
			12) Programmieren von Grafiken
					Enigma
					o Verfahren mit geheimem
					  Schlüssel: DES, AES, SSL
					– asymmetrische Verfahren
					o RSA-Verfahren, El Gamal
					– nicht kryptographische Verfahren
					o Steganographie
					– Kennen von Verfahren zur
					  Gewährleistung der Integrität und
					  Authentizität
					o One-Way-Hash Funktion
					o elektronische Unterschriftt
					– Beherrschen der Nutzung von
					  Verfahren zur Gewährleistung der
					  Sicherheit von Informationen

Sachsen-Anhalt[14]
(2004)
	7-8	Wahlpflichtfach:
		Einführung in die
		Arbeit mit dem PC
			1)Grundaufbau und Bedienung eines
			  Computersystems
			2)Textverarbeitung und -gestaltung
			3)Internet – Recherche und
			  Kommunikation
			4)Tabellen und Diagramme
			5)Computergestützte Präsentations-
			  gestaltung
					in 3)
					E-Mail
					o Sicherheit bei
					  Datenübertragungen – z. B.
					  digitale Signatur

(2003)	10-12	Wahlpflichtfach:
		Informatik
			1)Grundlagen der Informationstechnik
			2)Projektarbeit unter Nutzung von
			  Standardsoftware
			3)Informatik und Gesellschaft
			4)Computer-Netzwerke
			5)Algorithmenstrukturen und ihre
			  Implementierung
			6)Strukturierte Datentypen
			7)Informatisches Modellieren
			8)Wahlthemen
			  a. Modellbildung und Simulation
				in 1)
				– Begriffe Kodieren und Dekodieren
				o Umrechnung zwischen
				  Zahlensystemen
				o ASCII/ANSI-Code
				o Wiederholung Dualzahlen
				o Binärsystem, Dezimalsystem,
				  Hexadezimalsystem
				o Begriffe Bit, Byte
				in 8) b.
				– Digitalisierung analoger Größen
					in 4)
					– Datenschutz und Datensicherheit
					  in Netzwerken
					o Signaturen
					in 8) g.
					– Grundlagen
					o Begriffsbestimmung und
					  Bestandteile (Kryptographie,
					  Kryptoanalyse, Steganographie)
					  der Kryptologie
					o Entwicklung der Kryptologie

---

[14] Rahmenrichtlinien Gymnasium Einführung in die Arbeit mit dem PC Wahlpflichtfach: Schuljahrgänge 7 – 8, Kultusministerium Sachsen-Anhalt, 2004
Rahmenrichtlinien Gymnasium Informatik Wahlpflichtfach: Schuljahrgänge 10 – 12, Kultusministerium Sachsen-Anhalt, 2003

			b. Analyse und Design eines Informatiksystems
			c. Computergrafik
			d. Abstrakte Datentypen und ihre Implementierung
			e. Suchen und Sortieren von Daten
			f. Endliche Automaten und formale Sprachen
			g. Kryptologie
			h. Einsatz von Datenbanken zur dynamischen Webseitengenerierung
			9)Projektarbeit zur Softwareentwicklung
				sowie die Umwandlung digitaler in analoge Signale
				in 8) c.
				– Rastergrafik und Vektorgrafik
				  o Grafikdateiformate (BMP, GIF, JPG, PNG, CDR, WMF)
				  o Farbmodelle (RGB, CMYK)
					– gesellschaftliche und technische Notwendigkeit der Verschlüsselung von Daten,
					– Grundlagen der Kryptologie, Algorithmen und Schlüssel
					  o Hilfsmittel zur Verschlüsselung (zum Beispiel Muster und Häufigkeiten in einer Sprache, Leerzeichen, Koinzidenzindex Kappa)
					– Funktionsprinzipien von Chiffrieralgorithmen
					  o Monoalphabetische Chiffrierung und polyalphabetische Chiffrierung
					  o Transpositionschiffren, Substitutionschiffren und deren Kombination
					  o Symmetrische und asymmetrische Algorithmen
					– Kryptoanalyse
					  o Sicherheit von Chiffrieralgorithmen
					  o Kryptoanalyse und deren Grenzen
					  o Hilfsmittel zur Kryptoanalyse (Kasiski-Test, Friedmann-Test, Häufigkeitsanalyse)
					– Praktische Grundlagen der Kryptographie sowie der Kryptoanalyse und Implementierung ausgewählter Verfahren in der gewählten Programmiersprache

Bundesland/Er.J.	Jhgst	Organisationsform	Thema und Inhalt bzw. Sachgebiete	codierungstheoretische Inhalte	kryptologische Inhalte
Schleswig-Holstein[15] (1997)	5-10	integrativer Ansatz, allerdings kein spezieller Lehrplan für die informatische Bildung vorhanden, daher wird exemplarisch der Fachlehrplan Mathematik herangezogen	Mathematik Klasse 6 Umgang mit dem Computer 1)Aufbau eines Computers 2)Bedienung eines Computers Mathematik Klasse 8 Computer als Hilfsmittel 1)Bedienen eines Computers und seiner Peripherie 2)Entwickeln von Programmen 3)Datenschutz	Klasse 8 in 2) – Codierung	keine
(2002)	11-13	Grund- und Leistungskurs Informatik	1)Einführung in die Informatik/Datenverarbeitung 2)Algorithmen und Datenstrukturen 3)Höhere Algorithmen und Entwicklung von Anwendungen 4)Systementwicklung 5)Einblicke in mathematisch-theoretische Grundlagen	in 5) Betriebssysteme und Netzwerke – Protokolle und Dienste im Internet (http, ftp, www) Kryptologie – Codierungen	in 5) Auswirkungen auf den Einzelnen, die Gesellschaft und die Umwelt – Sicherheitsaspekte der Nutzung des Internets (…, Veränderung der Kommunikation durch electronic commerce …) Kryptologie – Chiffrierungen, – Entschlüsseln eines Codes, – Häufigkeitsanalyse, – Historische Verschlüsselungen, – Vigenère-Algorithmus, – Asymmetrische Verschlüsselungen, – Arbeit mit Einwegfunktionen, – Quasi-Zufallsfolgen

---

[15] Klasse 7-10: Lehrplan für die Sekundarstufe I der weiterführenden allgemeinbildenden Schulen Hauptschule, Realschule, Gymnasium, Gesamtschule Mathematik, Ministerium für Bildung, Wissenschaft, Forschung und Kultur des Landes Schleswig-Holstein, 1997
Klasse 11-13: Lehrplan für die Sekundarstufe II Gymnasium, Gesamtschule, Fachgymnasium, Ministerium für Bildung, Wissenschaft, Forschung und Kultur des Landes Schleswig-Holstein, 2002

Bundesland/Er.J.	Jhgst	Organisationsform	Lernbereiche/Themenbereiche	codierungstheoretische Inhalte	kryptologische Inhalte
Thüringen[16] (2009)	5-10	integrativer Ansatz in Form einer *Medienkunde*	1)Information und Daten 2)Kommunikation und Kooperation 3)Medienproduktion, informatische Modellierung und Interpretation 4)Präsentation 5)Analyse, Begründung und Bewertung 6)Lernbereich: Mediengesellschaft 7)Recht, Datensicherheit und Jugendmedienschutz	in 1) – Digitalisierung, Codierungen, Unicode – FTP in 2) – Signal, Code in 3) – Pixel – Bild – Farbmodell, Pixelgrafik, Kompression, … in 5) – HTML, Unicode/ASCII, …	in 7) – Datensicherheit, Datenschutz, … – Der Schüler kann die Unsicherheit einfacher Verschlüsselungsverfahren einschätzen.

(1999)	11-12	Leistungsfach Informatik	1)Kommunikation in Netzen
			2)Bearbeiten von Problemen mit PASCAL oder OBERON
			3)Iteration, Rekursion und Backtracking
			4)Sortieren und Suchen
			5)Listen und Bäume
			6)Realisation und Anwendung von abstrakten Datentypen
			7)Projektarbeit I
			8)Möglichkeiten und Grenzen des Einsatzes von Informatiksystemen
			9)Logik-orientiertes Programmieren
			10) Wahl-Themenbereiche:
			   10.1 Einblick in die Technische Informatik
			   10.2 Einblick in formale Sprachen
			11) Projektarbeit II
			12) Prüfungsvorbereitung
				in 1)
				– Darstellung von Information (Digitalisierung, binäre Codierung, …)
					in 1)
					– Anforderungen an Datensicherheit
					  o Erläutern von Angemessenheit, Vertraulichkeit, Authentizität, Integrität, Anonymität und datenschutzfreundlichen Technologien
					– Verschlüsseln als Beitrag zur Datensicherheit

---

[16] Klasse 5-10: Kursplanmedienkunde, Thüringer Kultusministerium, 2009
Klasse 11-12: Lehrplan das Gymnasium Informatik, Thüringer Kultusministerium, 1999